普通高等教育机电类系列教材

现代机械工程制图

主　编　白聿钦　莫亚林
副主编　段　鹏　许幸新　侯守明
参　编　杜宝玉　胡爱军　曲海军
　　　　魏　锋
主　审　谭建荣

机 械 工 业 出 版 社

本教材依据教育部高等学校工程图学教学指导委员会2010年制订的"普通高等学校本科工程图学课程教学基本要求"的精神，结合工程图学的发展趋势及新世纪人才培养的要求，总结编者多年来的教学经验及教学改革成果编写而成。全书坚持三维设计理念与工程图学经典内容有机融合，继承基本理论，探索新方法的原则，以立体表达为主线，以异维图示（即用二维投影图和三维立体图共同表达立体的方式，简称"异维图示"）为工具，以培养学生空间思维能力、构形设计能力以及计算机应用能力为目标，构建基于异维图示的机械工程制图教材内容新体系。

本书内容包括机械制图的基本知识、立体的图示原理、简单立体及其表达方式、组合体、零件的表达方法、机械制造基础知识、零件图和装配体的表达方式。

本书可作为普通工科院校机械制图课程的教材，也可供相关工程技术人员参考。

另外编有《机械工程制图习题集》和辅助教学用多媒体课件，与本教材配套使用。

图书在版编目（CIP）数据

现代机械工程制图/白聿钦，莫亚林主编. —北京：机械工业出版社，2013.8（2022.6重印）
普通高等教育机电类系列教材
ISBN 978-7-111-42494-9

Ⅰ.①现… Ⅱ.①白…②莫 Ⅲ.①机械制图－高等学校－教材 Ⅳ.①TH126

中国版本图书馆CIP数据核字（2013）第136509号

机械工业出版社（北京市百万庄大街22号 邮政编码100037）
策划编辑：舒 恬 责任编辑：舒 恬 赵亚敏
责任校对：刘志文 肖 琳 封面设计：张 静
责任印制：郜 敏
北京富资园科技发展有限公司印刷
2022年6月第1版第6次印刷
184mm×260mm · 25.75印张 · 635千字
标准书号：ISBN 978-7-111-42494-9
定价：55.00元

电话服务
客服电话：010-88361066
010-88379833
010-68326294

网络服务
机 工 官 网：www.cmpbook.com
机 工 官 博：weibo.com/cmp1952
金 书 网：www.golden-book.com
机工教育服务网：www.cmpedu.com

前　言
Foreword

本教材依据教育部高等学校工程图学教学指导委员会2010年制订的“普通高等学校本科工程图学课程教学基本要求”的精神，结合工程图学的发展趋势及新世纪人才培养的要求，总结编者多年来的教学经验及教学改革成果编写而成。全书坚持三维设计理念与工程图学经典内容有机融合，继承基本理论，探索新方法的原则，以立体表达为主线，以异维图示为工具，以培养学生空间思维能力、构形设计能力以及计算机应用能力为目标，构建基于异维图示的机械工程制图教材内容新体系。

本教材具有如下特点：

1. 采用“异维图示”方式表达工程形体

在图纸平面上，用二维投影图和三维立体图共同表达立体的方式，本教材称为异维图示。

教材从开始就引入这种表达方式，此后在基本体、组合体、零件和装配体各阶段均采用异维图示。通过对照二维图与三维图，能较快地帮助学生及工程技术人员理解立体结构，有利于读者从简单到复杂、由浅到深地认识工程体，使读者较快地在头脑中完成各种空间表象的积累，适应二维图与三维图之间的切换思维，强化空间思维，进而提高读图效率和准确度。

2. 异维图示是基于计算机绘图技术的表达方式

由于用传统方法绘制复杂立体图烦琐、效率低且不易实现，二维图成为表达工程体的主要方式，三维图仅作为辅助手段，用以表达简单形体。所以，工程体采用异维图示是传统工程制图“可望而不易及”的表达方式。

计算机绘图技术的发展、各种绘图软件的成熟，为工程体三维建模提供了广阔的空间，立体的三维模型与二维投影图的转换已经实现，工程体的表达方式应与时俱进。

通过异维方式图示工程形体，必须与计算机绘图技术相结合。基于此，本教材在各个章节均采用计算机绘图软件 SolidWorks 创建各类实例。由三维建模实现异维图示，有助于学生在了解传统绘图方式的基础上，熟练掌握较先进的计算机绘图技术，紧跟时代发展步伐，适应社会发展需要。

3. 基于立体表达构建教材内容体系

立体表达这根主线贯穿整个教材。画法几何部分从“体”的表达介绍点、线、面，从平面立体投影图分析点、线、面的投影，此后基本体、截断体、相贯体和组合体各部分内容都是从体的角度进行表述，对立体的表面交线仅介绍其作图的基本原理。专业制图部分，主要通过计算机绘图技术构建立体的三维模型，由异维图示实现工程体的三维直观显示和二维准确表达。

4. 专业制图部分加入机械制造的基本知识

为弥补大学一年级学生机械制造实践知识的缺乏和经典机械制图教材机械制造方面知识的不足，在学习零件图前，加入“机械制造基本知识”一章，使学生能够对零件的机加工过程有所了解，了解各种机床、加工方法、各类零件的加工过程和工艺结构等，为学生进一步学好专业制图奠定基础。

5. 采用新的国家标准

教材采用了最新的制图国家标准。

本教材由河南理工大学主持编写，由白聿钦、莫亚林、侯守明任主编，段鹏、许幸新任副主编，参加编写的有：莫亚林（编写第一章），杜宝玉（编写第二章），白聿钦（编写第三章），胡爱军（编写第四章），许幸新（编写第五章），曲海军（编写第六章），段鹏（编写第七章），侯守明和魏锋（编写第八章）。

另外编有《机械工程制图习题集》和辅助教学用多媒体课件与本教材配套使用。

本教材得到谭建荣院士的关心和支持，他对本教材的目录、大纲及编写提出了宝贵的建设性指导意见，对此我们表示衷心感谢！

由于编者水平有限，本书难免存在疏漏之处，敬请广大读者提出宝贵意见与建议，以便今后继续改进。

编　者

目 录
Contents

第一章

机械制图的基本知识

内容提要

1. 以手柄的工程图为例，介绍制图国家标准的有关规定：图幅、比例、字体、图线及尺寸标注。
2. 介绍3种绘图方式：尺规绘图、徒手绘图、计算机绘图。
3. 常见的几何作图方法：直线段等分、正多边形画法、圆弧连接及椭圆的画法等。
4. 平面图形的分析方法及绘图步骤。
5. 利用三维软件 SolidWorks 创建特征、草图和工程图。

学习提示及要点

1. 制图国家标准是我国对技术制图和机械制图等建立的统一规定，本章重点掌握图幅的格式、比例的应用、字体的书写、图线的应用及尺寸的注法。
2. 掌握常见绘图仪器和工具的使用方法，培养尺规绘图和徒手绘图的基本能力。
3. 在几何作图部分，重点掌握圆弧连接的作图原理，能够准确地求出连接圆弧的圆心和切点位置。
4. 学会对平面图形的尺寸和线段分析，掌握平面图形的绘图方法和步骤。
5. 了解三维设计软件 SolidWorks 的主要功能、模块及用户界面，掌握 SolidWorks 软件的常用操作。

第一节　工程图样概述

图样的诞生及应用比文字还要早，从原始人画图形以便记忆或传达信息开始，到古代的先人们在农业、手工业、建筑业中大量地采用很朴素的图样，图样的应用已有悠久的历史。在现代工业生产中，机器与设备的设计、制造、维修，更是离不开图样。图样是表达和交流技术思想的必备工具，它是产品设计、加工、装配和检验的重要依据。不会画图，就无法表达自己的构思；不会读图，就无法理解别人的设计意图，因此工程图样一直被认为是工程界的共同语言。

在工程技术中，根据投影原理、国家标准或有关规定，准确地表达物体形状、大小及技术要求的图样，称为工程图样。

图1-1所示为手柄的工程图。根据投影原理，绘出手柄的正投影图和轴测投影立体图，为了说明其大小，并标注尺寸，此外，配上图框和标题栏，就得到符合国家制图标准的图样。在国家标准中，对绘制图样的图纸幅面及格式、比例、字体、图线等内容都有严格的规定，工程技术人员必须自觉遵守，这些内容将在本章各节中作详细介绍。

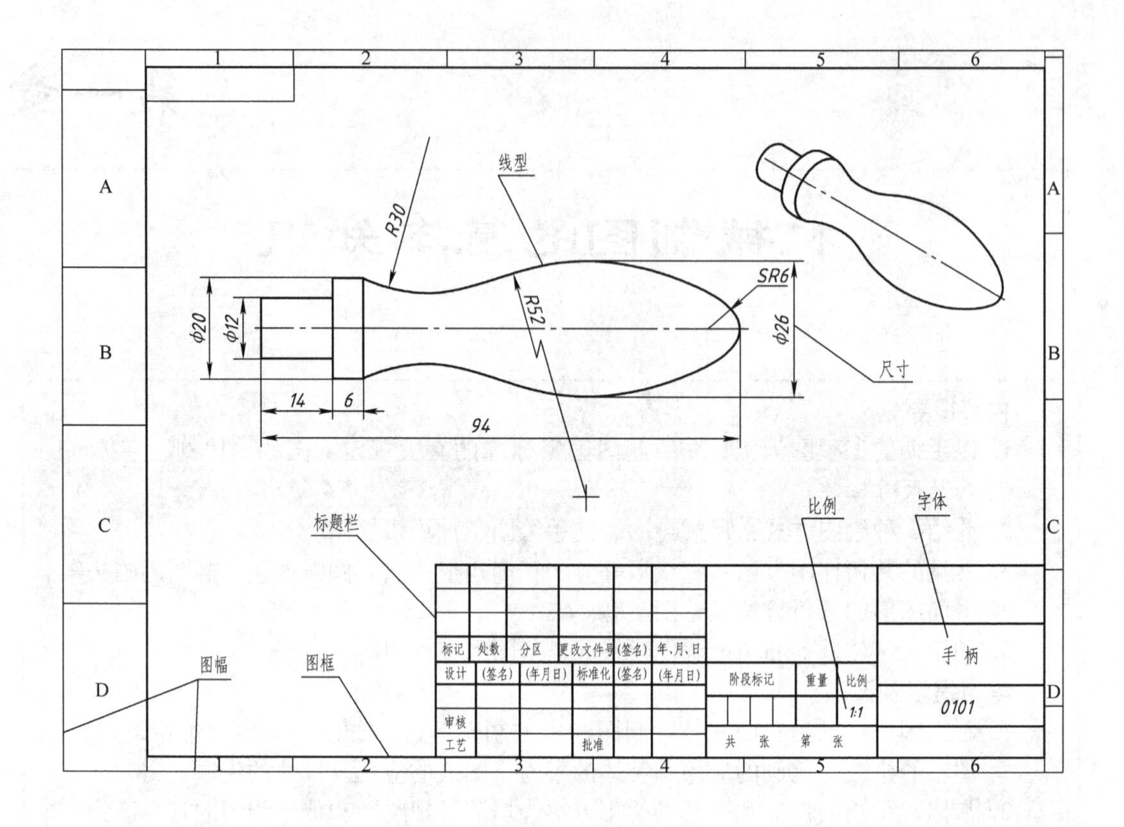

图 1-1　手柄的工程图

第二节　国家标准的基本规定

为便于生产、管理和交流，必须对图样的画法、尺寸注法等作出统一的规定。《技术制图与机械制图》是国家技术监督局发布的中华人民共和国国家标准（简称国标），该标准统一规定了在有关生产和设计时需要共同遵守的技术方面的规则。

我国国家标准的代号为“GB”（“GB/T”为推荐性国标），字母后面的两组数字，分别表示标准顺序号和标准颁布的年代号，例如“GB/T 14689—2008”，其中“14689”是标准顺序号，“2008”是标准颁布的年代号。

一、图纸幅面及格式（GB/T 14689—2008、GB/T 10609. 1—2008）

（一）图纸幅面尺寸

为了便于图纸的装订、保管及合理地利用图纸，规定图纸幅面有 5 种基本尺寸，见表 1-1。绘制图样时，应优先采用表 1-1 所规定的图纸基本幅面尺寸。

必要时，图纸可按规定加长幅面。这些幅面的尺寸是由图纸基本幅面的短边成整数倍增加（短边尺寸不变）后得出，如图 1-2 所示。

表 1-1　图纸基本幅面及边框尺寸　（单位：mm）

尺寸代号 \ 幅面代号	A0	A1	A2	A3	A4
$B \times L$	841 × 1189	594 × 841	420 × 594	297 × 420	210 × 297
a	25				
c	10			5	
e	20		10		

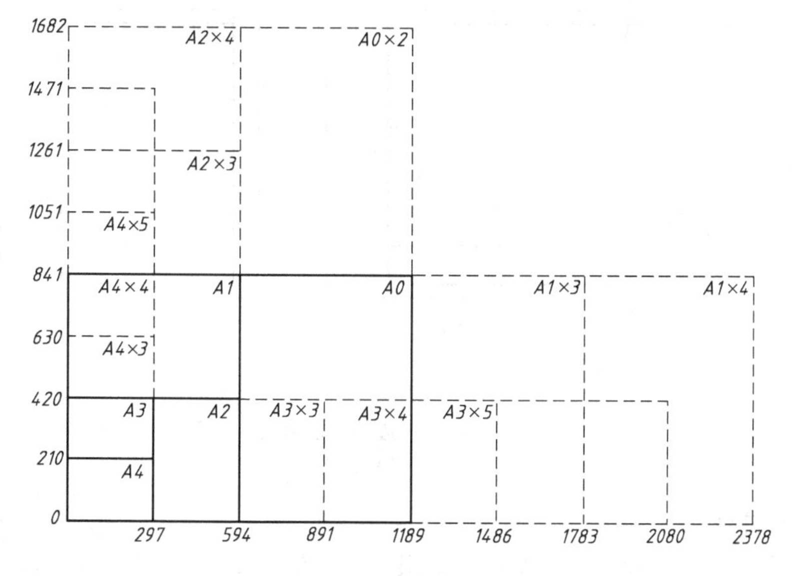

图 1-2　基本幅面与加长幅面

（二）图框格式

图要画在图框里边，图框线必须用粗实线画出。

根据图纸是否装订可将图框分为两种格式，分别如图 1-3 和图 1-4 所示，但同一产品的图样只能采用一种格式。

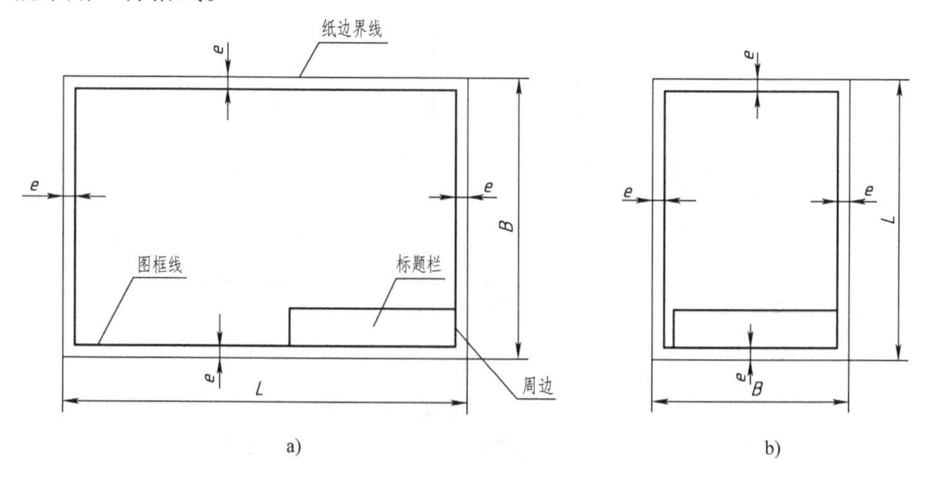

图 1-3　不留装订边的图框格式

a）X 型　b）Y 型

留装订边：装订边宽为 a，其余留边宽度为 c。

不留装订边：各边均为 e（a、c、e 的值参照表 1-1）。

图纸可以横放也可以竖放，按照标题栏在图框的方位可分为 X 型和 Y 型两种。

X 型又称横式，标题栏长边平行于图纸长边——A0 ~ A3。

Y 型又称竖式，标题栏长边垂直于图纸长边——A4。

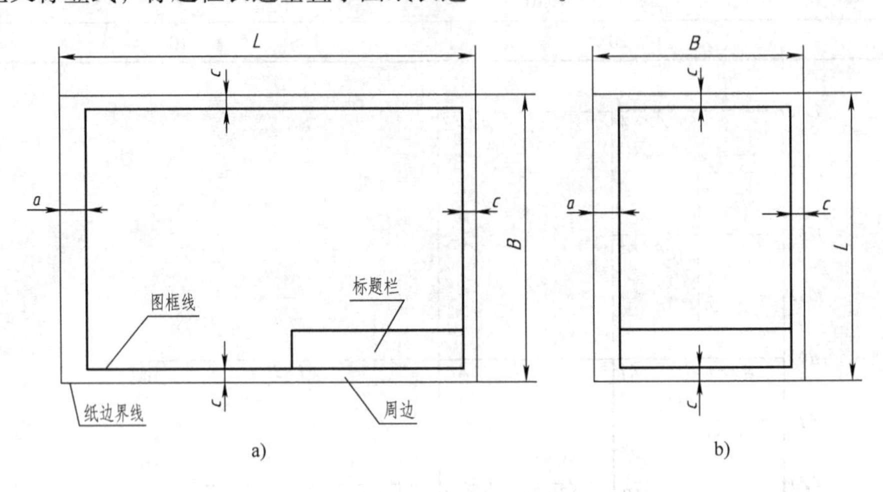

图 1-4　留装订边的图框格式

a）X 型　b）Y 型

（三）附加符号

（1）对中符号　为了使图样复制和微缩摄影时定位方便，应在图纸各边长的中点处分别画出对中符号（图 1-5）。对中符号用短粗实线绘制，线宽应不小于 0.5mm，长度从图纸边界开始到伸入图框内约 5mm 为止。当对中符号处在标题栏范围内时，伸入标题栏的部分省略不画。

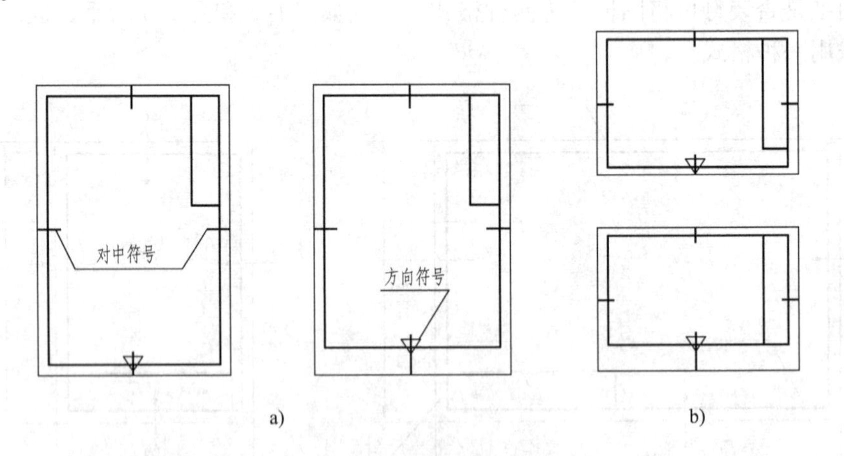

图 1-5　对中符号及方向符号

a）X 型图纸的短边置于水平位置使用　b）Y 型图纸长边置于水平位置使用

（2）方向符号　当标题栏位于图纸右上角时，为了明确绘图与看图的方向，应在图纸

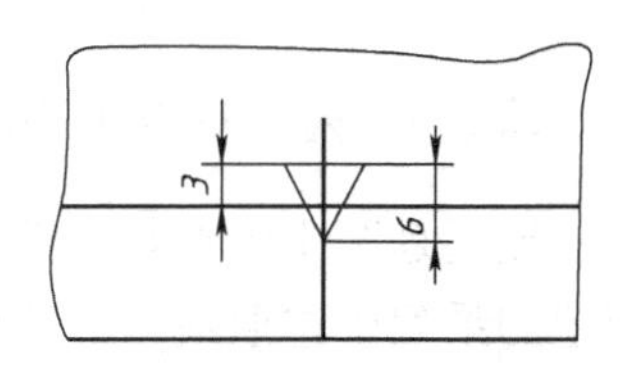

图 1-6　方向符号画法

的下边对中符号处画出一个方向符号，其所处位置如图 1-5 所示。

方向符号是用细实线绘制的等边三角形，其大小如图 1-6 所示。

当图样中的方向符号的尖角对着读图者时，其向上的方向即为看图的方向，但标题栏中的内容及书写方向仍按常规处理。

（四）标题栏及明细栏

每张图纸上都必须有标题栏，一般位于图纸的右下角，用来填写图样的综合信息，标题栏中文字书写方向通常代表看图方向，如果改变，必须标注方向符号。标题栏格式如图 1-7 所示。

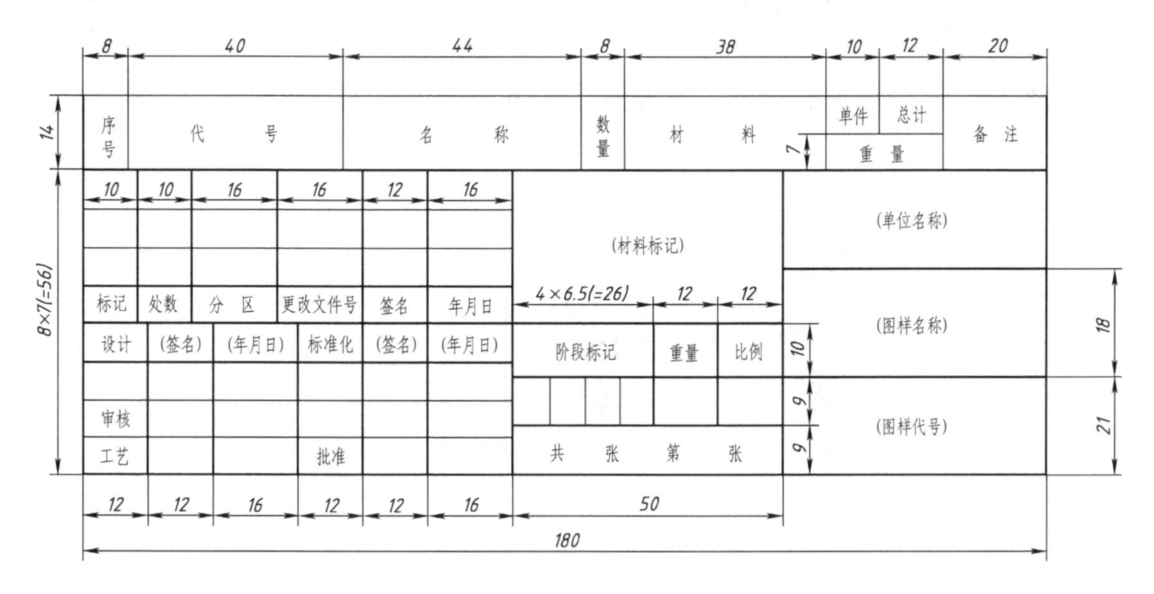

图 1-7　标准标题栏及明细栏

在学校的制图作业中，标题栏可以采用图 1-8 所示的格式。标题栏内一般图名用 10 号字书写，图号、校名用 7 号字书写，其余都用 5 号字书写。

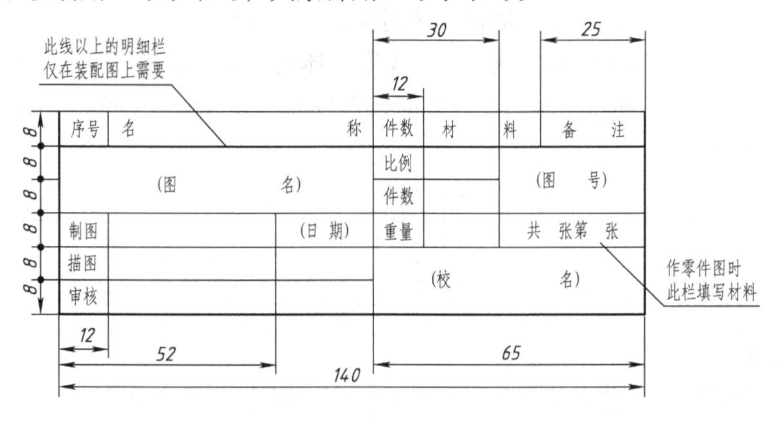

图 1-8　学校作业标题栏格式

二、比例（GB/T 14690—1993）

比例是图中图形与机件相应要素的线性尺寸之比。需要按比例绘制图样时，应由表1-2规定的系列中选取适当的比例，优先选用不带括号的比例。

绘制同一机件的各个视图时，应尽可能采用相同的比例，并在标题栏的比例栏中填写。

表1-2　图纸的比例

原值比例	1:1
缩小比例	(1:1.5) 1:2 (1:2.5) (1:3) (1:4) 1:5 1:10 (1:6) $1:2\times10^n$ $(1:2.5\times10^n)$ $(1:3\times10^n)$ $(1:4\times10^n)$ $1:5\times10^n$ $(1:6\times10^n)$
放大比例	2:1 (2.5:1) (4:1) 5:1 $1\times10^n:1$ $2\times10^n:1$ $(2.5\times10^n:1)$ $(4\times10^n:1)$ $5\times10^n:1$

注：n 为正整数。

绘制图样时，不管所采用的比例是多少，仍应按实物的实际尺寸标注，与绘图的比例无关（图1-9）。

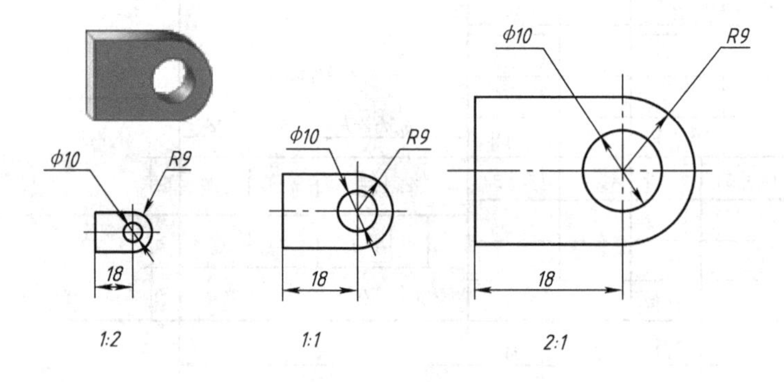

图1-9　采用不同比例所画的视图

三、字体（GB/T 14691—1993）

工程图样中常用的文字有汉字、阿拉伯数字、拉丁字母等。图样中书写的汉字、数字、字母都必须做到：字体端正、笔画清楚、排列整齐、间隔均匀。

字体的高度（用 h 表示，单位为mm）代表字体的号数（简称号数）。图样中字号分为20mm、14mm、10mm、7mm、5mm、3.5mm、2.5mm、1.8mm八种。字体的高宽比为 $1:1/\sqrt{2}$，见表1-3。

表1-3　常用字体的大小　（单位：mm）

字　号	2.5	3.5	5	7	10	14	20
高×宽	2.5×1.8	3.5×2.5	5×3.5	7×5	10×7	14×10	20×14

（一）汉字

汉字应采用国家正式公布的简化字，并采用长仿宋体，汉字高不应小于3.5mm。基本笔画和汉字示例见表1-4和图1-10。

表 1-4　仿宋体字基本笔画的写法

名称	横	竖	撇	捺	挑	点	钩
形状	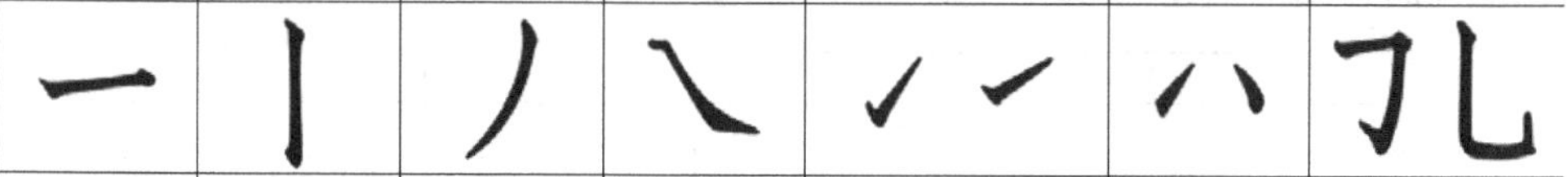						
笔法	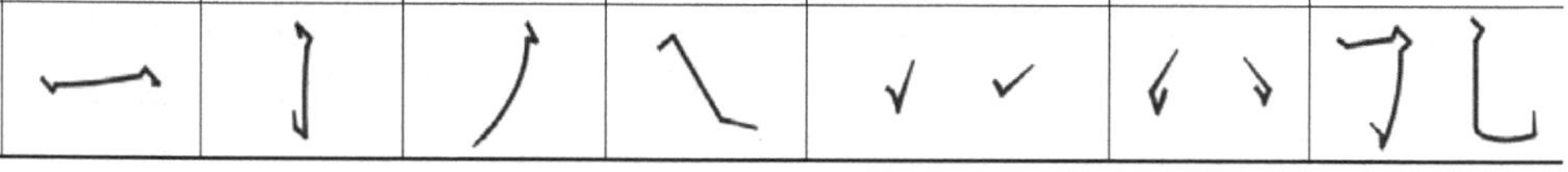						

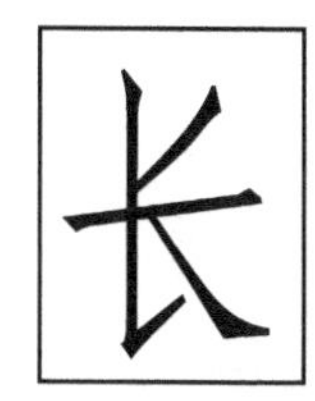

图 1-10　长仿宋汉字示例

书写长仿宋体字的要领是：横平竖直，注意起落，结构均匀，填满方格。

（二）字母和数字

字母和数字分为 A 型和 B 型。字体的笔画宽度用 d 表示。A 型字体的笔画宽度 $d=h/14$，B 型字体的笔画宽度 $d=h/10$。在同一图样上，只允许选用一种型式的字体。数字和字母可写成斜体或直体，但全图要统一。斜体字字头向右倾斜，与水平基准线成 75°。

用做指数、分数、极限偏差、注脚等的数字和字母，一般采用小一号的字体。

（三）字母和数字应用示例

图 1-11 所示为 B 型字母和数字在图纸上的应用示例。

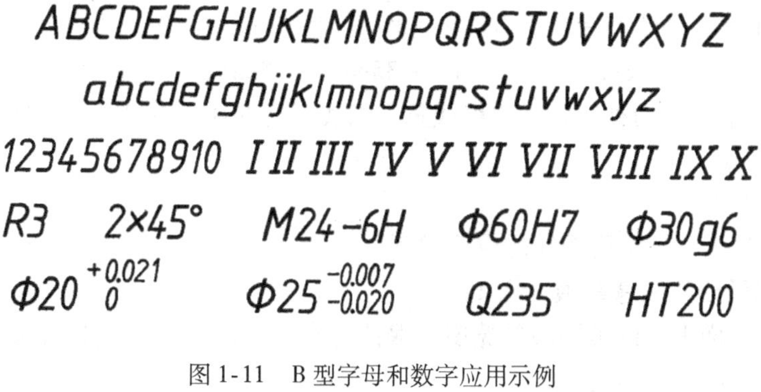

ABCDEFGHIJKLMNOPQRSTUVWXYZ

abcdefghijklmnopqrstuvwxyz

12345678910　I II III IV V VI VII VIII IX X

R3　2×45°　M24-6H　Φ60H7　Φ30g6

$\Phi 20^{+0.021}_{0}$　$\Phi 25^{-0.007}_{-0.020}$　Q235　HT200

图 1-11　B 型字母和数字应用示例

四、图线（GB/T 17450—1998、GB/T 4457.4—2002）

为了表示不同的内容且能分清主次，图样须用不同的线型及粗细来表示。

（一）基本线型

常用的基本图线线型有实线、虚线、点画线、双点画线、波浪线、双折线等，见表 1-5。

表 1-5　基本线型及主要用途

图线名称	图线型式	图线宽度	主要用途
粗实线		d	可见轮廓线
细实线		约 $d/2$	尺寸线、尺寸界线、剖面线、辅助线、重合断面的轮廓线、指引线、过渡线、螺纹的牙底线及齿轮的齿根线
波浪线		约 $d/2$	断裂处的边界线、视图与剖视图的分界线
双折线		约 $d/2$	断裂处的边界线
细虚线	2～6　≈1	约 $d/2$	不可见的轮廓线
细点画线	≈20　≈3	约 $d/2$	轴线、对称中心线、齿轮的分度圆及分度线
细双点画线	≈20　≈5	约 $d/2$	相邻辅助零件的轮廓线、中断线、极限位置的轮廓线、剖切面前的结构轮廓线

（二）图线宽度

标准规定了 9 种图线宽度，所有线型的图线宽度 d 应按图样的类型和尺寸大小在下列数系中选择：0.13mm、0.18mm、0.25mm、0.35mm、0.5mm、0.7mm、1mm、1.4mm、2mm。

在机械图样上采用两种线宽，粗线线宽与细线线宽的比例为 2∶1；在通常情况下，粗线的宽度优先采用 0.7mm。

（三）图线应用

图 1-12 给出了几种常用图线的应用举例。

（四）图线画法的注意事项（图 1-13）

1）在同一图样中，同类图线的宽度应保持基本一致。虚线、点画线及双点画线的线段长度和间隔应各自大致相等。

2）绘制圆的对称中心线时，中心线应超出圆外 3～5mm，圆心应为线段的交点。点画线和双点画线的首末两端应是线段而不是点，且应超出图形外 2～5mm。

3）在较小的图形上绘制点画线或双点画线有困难时，可用细实线代替。

4）实线与虚线、点画线、双点画线相交时，或虚线、点画线、双点画线相交时，应该是线段相交。当虚线是粗实线的延长线时，在连接处应断开。

5）当各种图线重合时，应按粗实线、虚线、点画线的顺序画出。

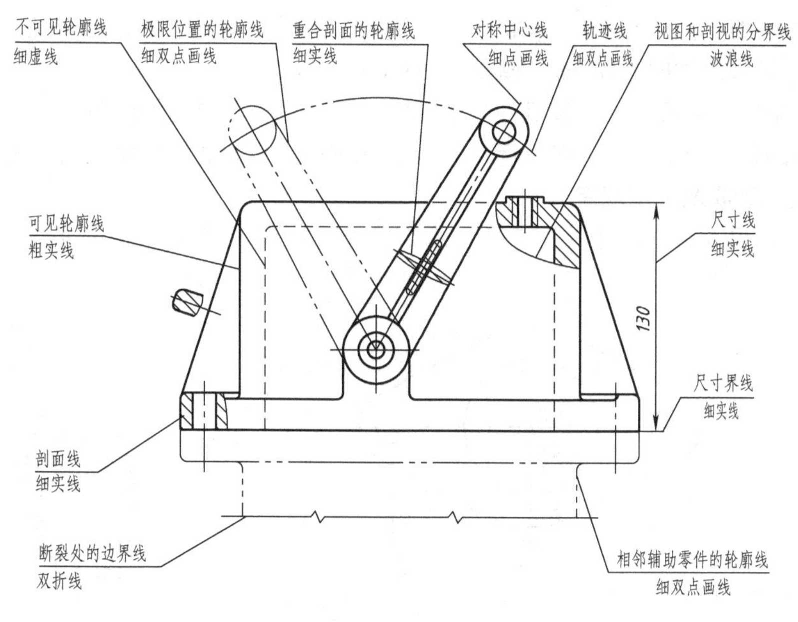

图 1-12　图线及其应用

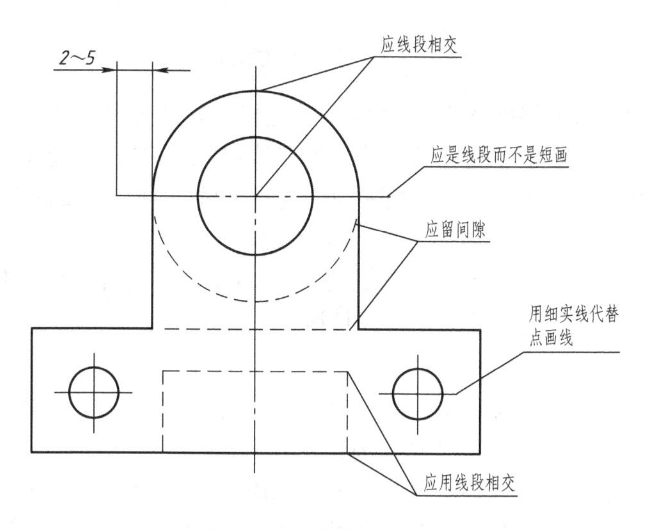

图 1-13　图线的画法

五、尺寸标注（GB/T 16675.2—1996、GB/T 4458.4—2003）

一张完整的图样，只有图形还不够，因为图形只能表示机件的形状，而机件的大小和相对位置还需要通过机件的尺寸来表达。尺寸是制造和检验机件的直接依据，如果尺寸有遗漏或错误，就会给生产带来困难和损失。因此，图样中的尺寸标注必须正确、完整、清晰、合理。

（一）基本规则

1）机件的真实大小应以图样上所标注的尺寸数值为依据，与绘图比例的大小及绘图的准确度无关。

2）图样中的尺寸，以 mm（毫米）为单位时，不需注明计量单位代号或名称。若采用其他单位时，则必须注明，如 cm（厘米）、m（米）等。

3）图样中所注的尺寸，为该机件的最后完工尺寸，否则应另加说明。

4）机件的每一个尺寸，一般只标注一次，并应标注在最清晰反映该结构的图形上。

（二）尺寸组成及基本规定

一个完整的尺寸，由尺寸界线、尺寸线、尺寸线终端（箭头）和尺寸数字组成，如图 1-14a 所示。

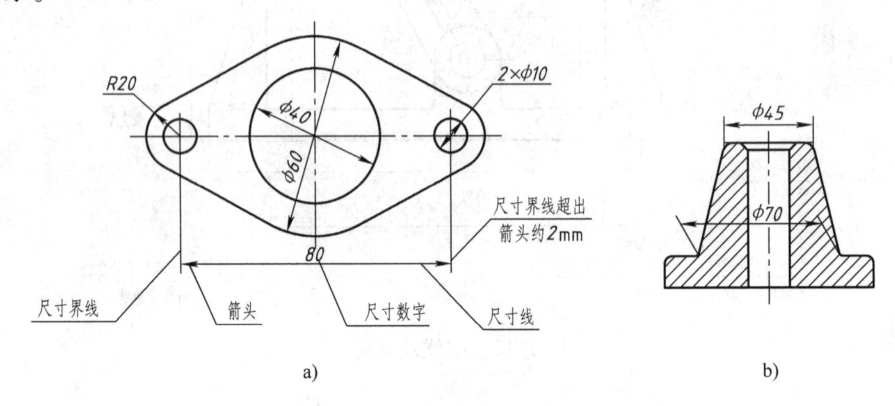

图 1-14　尺寸组成

（1）尺寸界线　尺寸界线表明尺寸标注的范围，用细实线绘制。尺寸界线一般应由图形的轮廓线、轴线或对称中心线引出，超出尺寸线终端 2 ~ 3mm。也可直接用轮廓线、轴线或对称中心线作为尺寸界线。尺寸界线一般应与尺寸线垂直，必要时允许倾斜，如图 1-14b 所示。

（2）尺寸线　尺寸线表明尺寸度量的方向，必须单独用细实线绘制，不能用其他图线代替，也不得与其他图线重合或画在其延长线上，并应尽量避免尺寸线之间及尺寸线与尺寸界线之间相交。

标注线性尺寸时，尺寸线必须与所标注的线段平行，相同方向的各尺寸线的间距要均匀，一般不小于 5mm，以便注写尺寸数字和有关符号。

（3）尺寸线终端　尺寸线终端可以有箭头和斜线两种形式，机械图样一般用箭头，其尖端应与尺寸界线接触，箭头长度约为粗实线宽度的 6 倍，如图 1-15 所示。

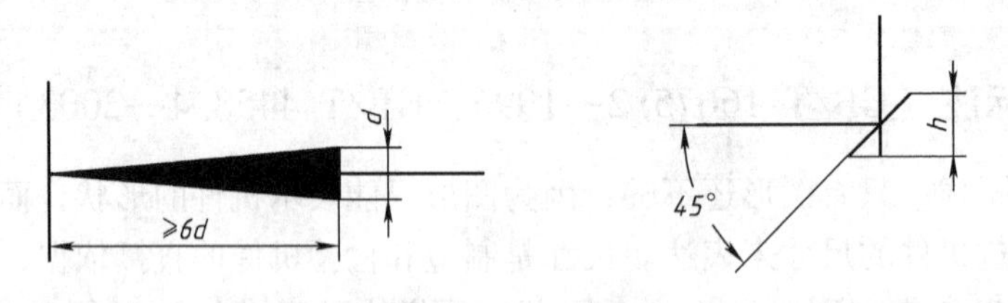

图 1-15　尺寸线终端的画法

（4）尺寸数字　尺寸数字表明尺寸的数值，应按国家标准对字体的规定形式书写，一般注写在尺寸线上方或尺寸线中断处，且不能被任何图线通过，否则必须将图线断开。同一图样内字号大小一致，位置不够可引出标注。

（三）尺寸基本注法

（1）线性尺寸的注法　标注线性尺寸时，尺寸线必须与所标注的线段平行。线性尺寸数字的方向，一般应按图1-16a所示的方向注写，并尽可能避免在图示30°范围内标注尺寸。当无法避免时，可按图1-16b的形式标注。

（2）圆、圆弧及球面尺寸的注法

1）标注圆的直径时，尺寸线应通过圆心，尺寸线的两个终端应画成箭头，并在尺寸数字前加注符号“ϕ”；当图形中的圆只画出一半或略大于一半时，尺寸线应略超过圆心，此时仅在尺寸线一端画出箭头，如图1-17a所示。

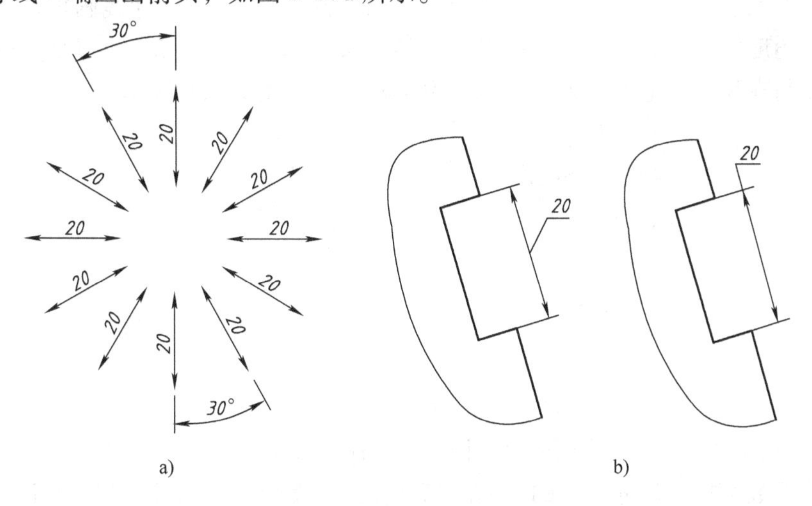

图1-16　线性尺寸的数字注法

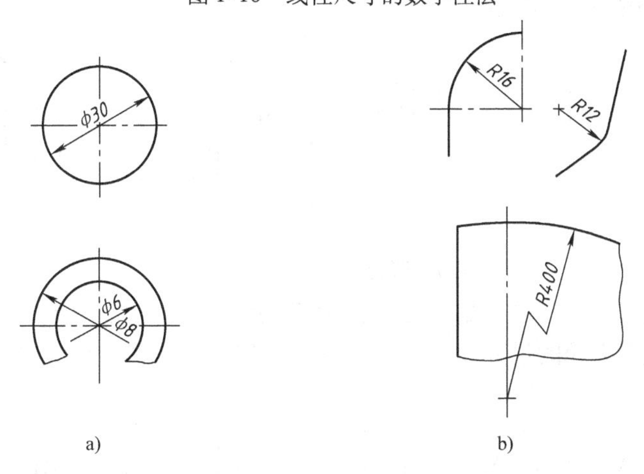

图1-17　圆的直径和圆弧半径的注法

2）标注圆弧的半径时，尺寸线一端一般应画到圆心，另一端画成箭头，并在尺寸数字前加注符号“R”；大圆弧的半径过大时，或在图样范围内无法标出其圆心位置时，可将尺寸线折断，如图1-17b所示。

3）标注球面的直径或半径时，应在尺寸数字前分别加注符号“$S\phi$”或“SR”，如图1-18a所示。但对于有些轴及手柄的端部，在不致引起误解的情况下，可省略符号“S”，如图1-18b所示。

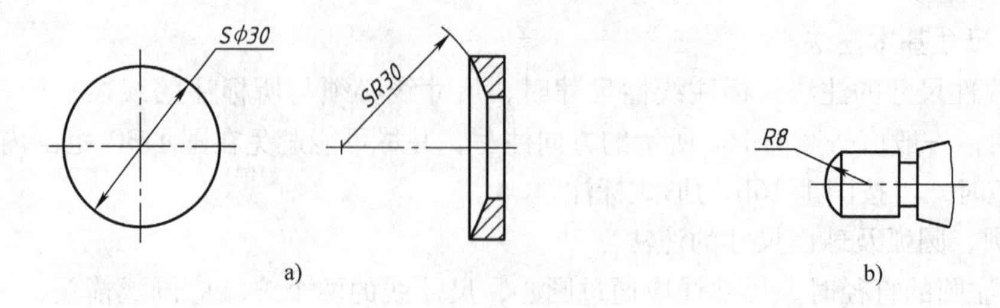

图 1-18　球面的尺寸注法

（3）角度尺寸注法　标注角度时，尺寸界线应沿径向引出，尺寸线画成圆弧，圆心是该角的顶点。角度的尺寸数字一律水平书写，即字头永远朝上，一般注在尺寸线的中断处，必要时也可注写在尺寸线上方或外面，也可引出标注，如图 1-19b 所示。

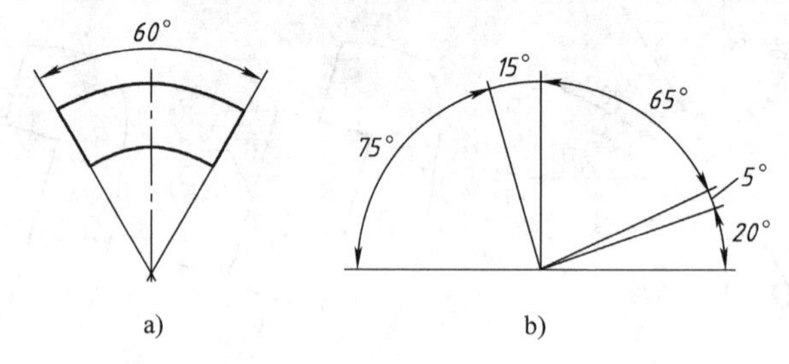

图 1-19　角度尺寸注法

（4）小尺寸的注法　对于较小的尺寸，在没有足够的位置画箭头或注写尺寸数字时，可将箭头或尺寸数字放在尺寸界线的外面。当标注连续多个较小的尺寸时，允许用小圆点或细斜线代替箭头，如图 1-20 所示。

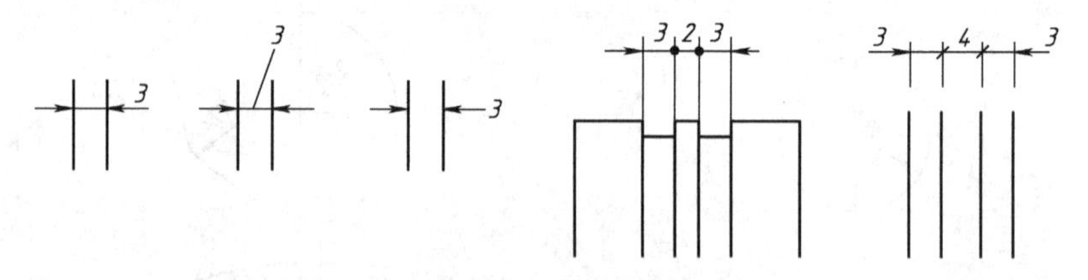

图 1-20　箭头与尺寸数字的调整

直径较小的圆或圆弧，在没有足够的位置画箭头和注写尺寸数字时，可按图 1-21 所示形式标注。标注小圆弧半径的尺寸线，不论其是否画到圆心，其延长线都必须通过圆心。

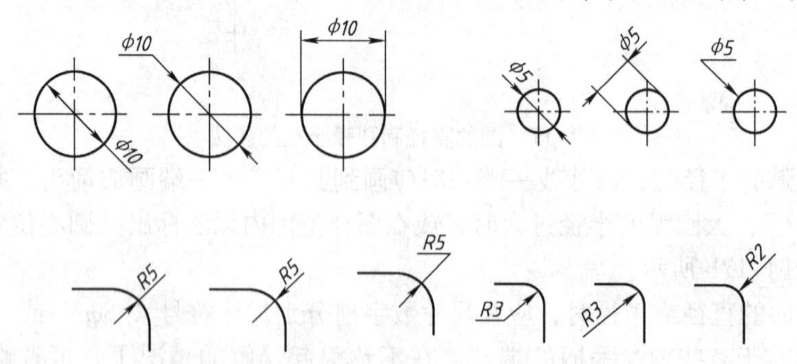

图 1-21　小圆或圆弧的标注

其他尺寸的注法，如光滑过渡处的尺寸注法、对称尺寸的注法、板状机件的厚度、正方形结构的尺寸注法分别如图 1-22a ~ d 所示。

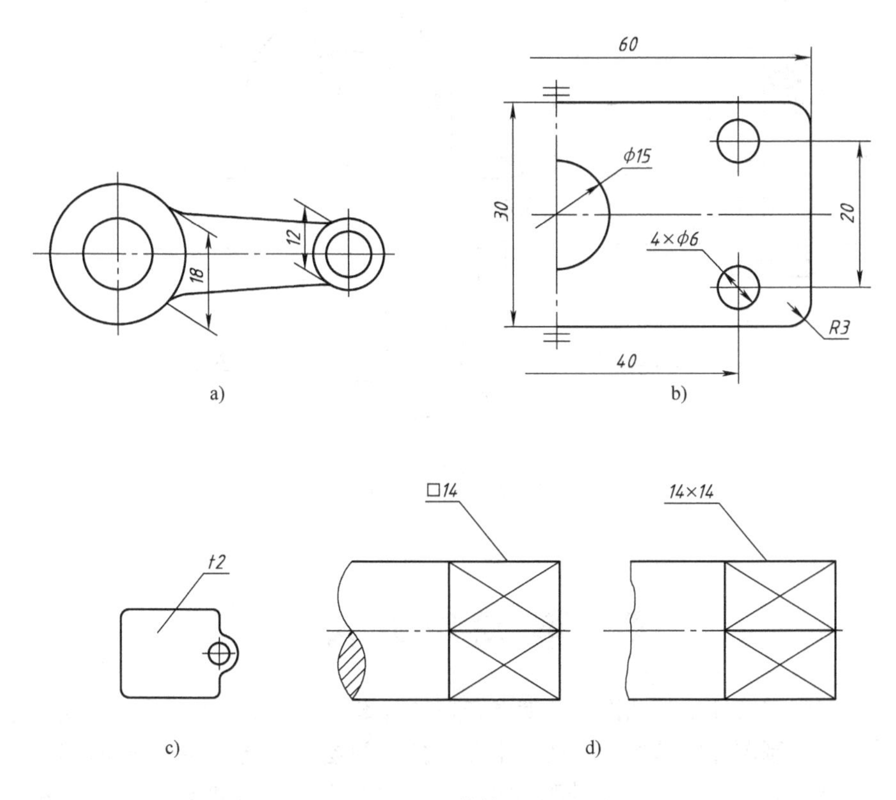

图 1-22　其他尺寸的注法

（5）规定的标注符号和缩写词　标注尺寸时，尽可能采用规定的符号和缩写词（表 1-6）。

表 1-6　符号和缩写词

名　　称	符号或缩写词	名　　称	符号或缩写词
直径	ϕ	45°倒角	C
半径	R	深度	↧
球直径	$S\phi$	沉孔或锪平	⌴
球半径	SR	埋头孔	∨
弧长	⌒	均布	EQS
厚度	t	斜度	∠
正方形	□	锥度	◁

（四）常见错误示例

图 1-23 用正误对比的方法，列举了初学者标注尺寸时的一些常见错误。

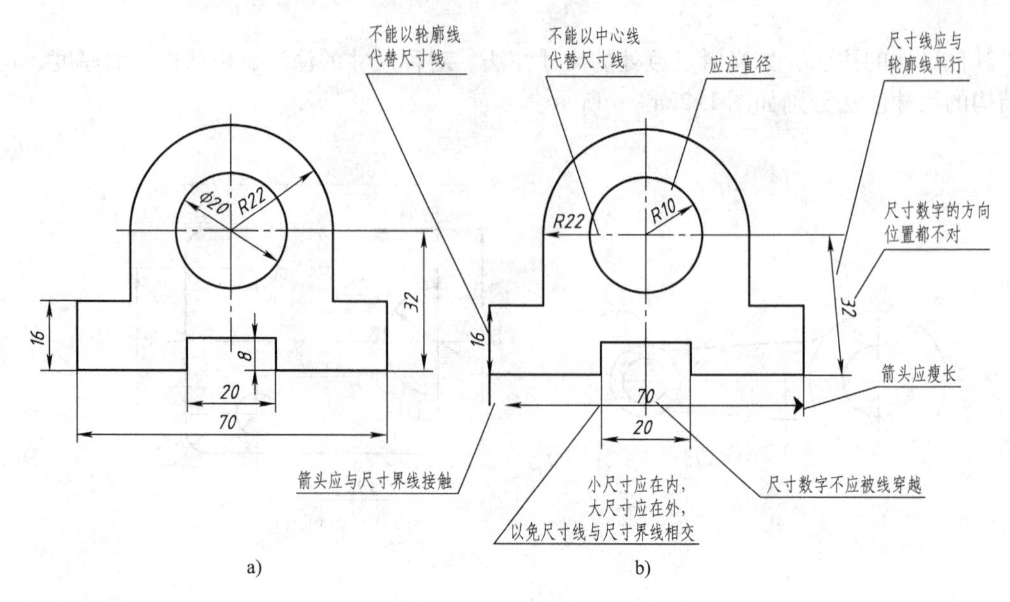

图1-23 常见错误示例
a）正确 b）错误

第三节 绘图方式

机械制图是一门实践性很强的课程，就像音乐和美术一样，需要通过大量的实践来培养人的右脑思维。机械制图课的基本绘图技能主要包括尺规绘图、徒手绘草图和计算机绘图。手绘过程是脑、眼、心、手并用，多种感觉相结合的实践活动，能够全方位的提高观察能力、感受能力、造型能力，以及创造性思维能力。随着计算机绘图技术的发展，现代绘图技术发生了巨大的变化，特别是计算机三维技术已经在工业设计中得到了广泛应用，因此在掌握尺规工具绘图的基础上，还必须学习和掌握先进的计算机绘图技术，以适应现代设计的需要。

一、尺规绘图

尺规绘图指的是借助于绘图工具和仪器进行图样的绘制，熟练掌握绘图工具的使用方法和图样画法，是每一个工程技术人员必备的基本素质。

（一）绘图工具的使用方法

常用的绘图工具有：图板、丁字尺、三角板、圆规、分规、比例尺、曲线板、擦图片、绘图铅笔、绘图橡皮、胶带纸、削笔刀等，如图1-24所示。现将几种常用的绘图工具及使用方法分别介绍如下。

1. 图板、丁字尺和三角板

图板是供画图时使用的垫板，要求表面平坦光洁，用作导边的左边必须平直，以保证与丁字尺内侧边的紧密接触。

丁字尺由尺头和尺身两部分组成。丁字尺与图板配合使用，主要用来画水平线。丁字尺与三角板配合使用，主要用来画竖直线。

图 1-24　常用的绘图工具

用丁字尺画水平线时，用左手握住尺头，使其紧靠图板的左侧导边作上下移动，右手执笔，沿尺身上部工作边自左向右画线。如画较长的水平线或所画线段的位置接近尺尾时，左手应按牢尺身，以防止尺尾翘起和尺身摆动。用铅笔沿工作边画直线时，笔杆应稍向外倾斜，尽量使笔尖贴靠工作边，如图 1-25 所示。画垂直线时，如图 1-26 所示。

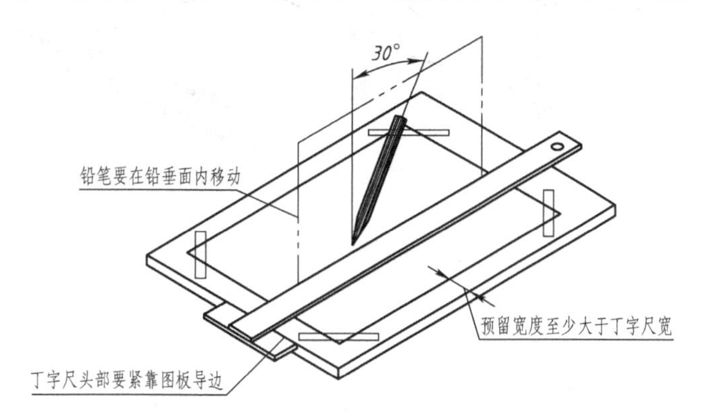

图 1-25　用丁字尺画水平线图

画线时，铅笔在前后方向应与纸面垂直，而且向画线前进方向倾斜约 30°。当画粗实线时，因用力较大，倾斜角度可小一些。画线时用力要均匀，匀速前进。

三角板有 45°和 30°/60°两块，可以配合丁字尺画垂直线，也可配合丁字尺画 15°倍角的倾斜线，或用两块三角板配合画任意角度的平行线，如图 1-27 所示。

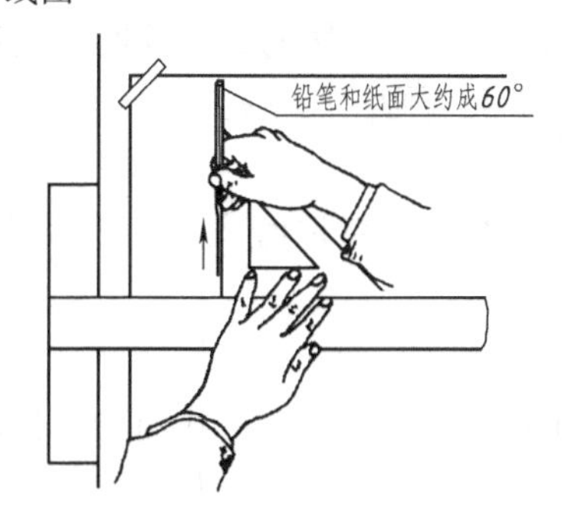

图 1-26　用丁字尺画垂直线

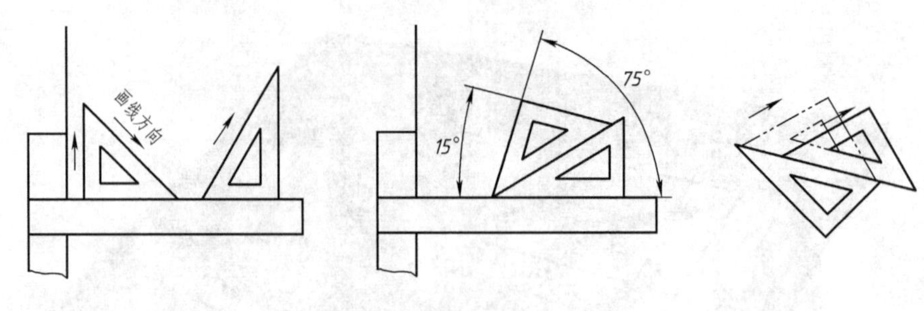

图 1-27　三角板的使用

2. 铅笔和铅芯

绘制工程图样时要选择专用的绘图铅笔，一般需要准备以下几种型号的绘图铅笔：

B 或 HB——用来画粗实线。

HB——用来画细实线、点画线、双点画线、虚线和写字。

H 或 2H——用来画底稿。

H 前的数字越大，画出来的图线就越淡，B 前的数字越大，画出来的图线就越黑。由于圆规画圆时不便于用力，因此安装在圆规上的铅芯一般要用 2B 以上的绘图铅笔。用于画粗实线的铅笔和铅芯应磨成矩形断面，其余的磨成圆锥形，如图 1-28 所示。

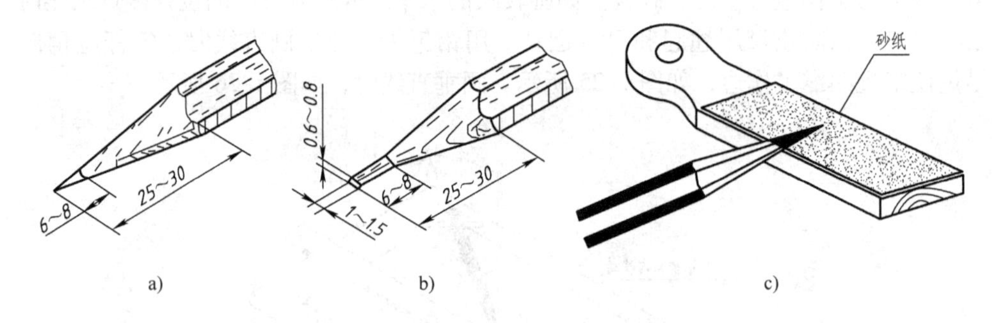

图 1-28　铅笔的削法

a）磨成锥形　b）磨成矩形　c）铅笔的磨法

3. 圆规

圆规用于画圆和圆弧，如图 1-29 所示，使用前应先调整圆规的针脚，钢针选用带台阶一端，使针尖略长于铅芯，使用时将针尖插入图板，台阶接触纸面，画图时应使圆规向前进方向稍微倾斜。画圆时，应使圆规的针脚和铅笔脚均保持与纸面垂直。当画大圆时，可用加长杆来扩大所画圆的半径。

4. 分规

分规是用来量取线段长度和分割线段的工具，分规使用时两针尖应平齐，如图 1-30 所示。

5. 比例尺

比例尺有三棱式和板式两种，如图 1-31a、b 所示，尺面上有各种不同比例的刻度。在用不同比例绘制图样时，只要直接在比例尺的相应比例刻度上直接量取，省去了麻烦的计算，加快了绘图速度，如图 1-31c 所示。

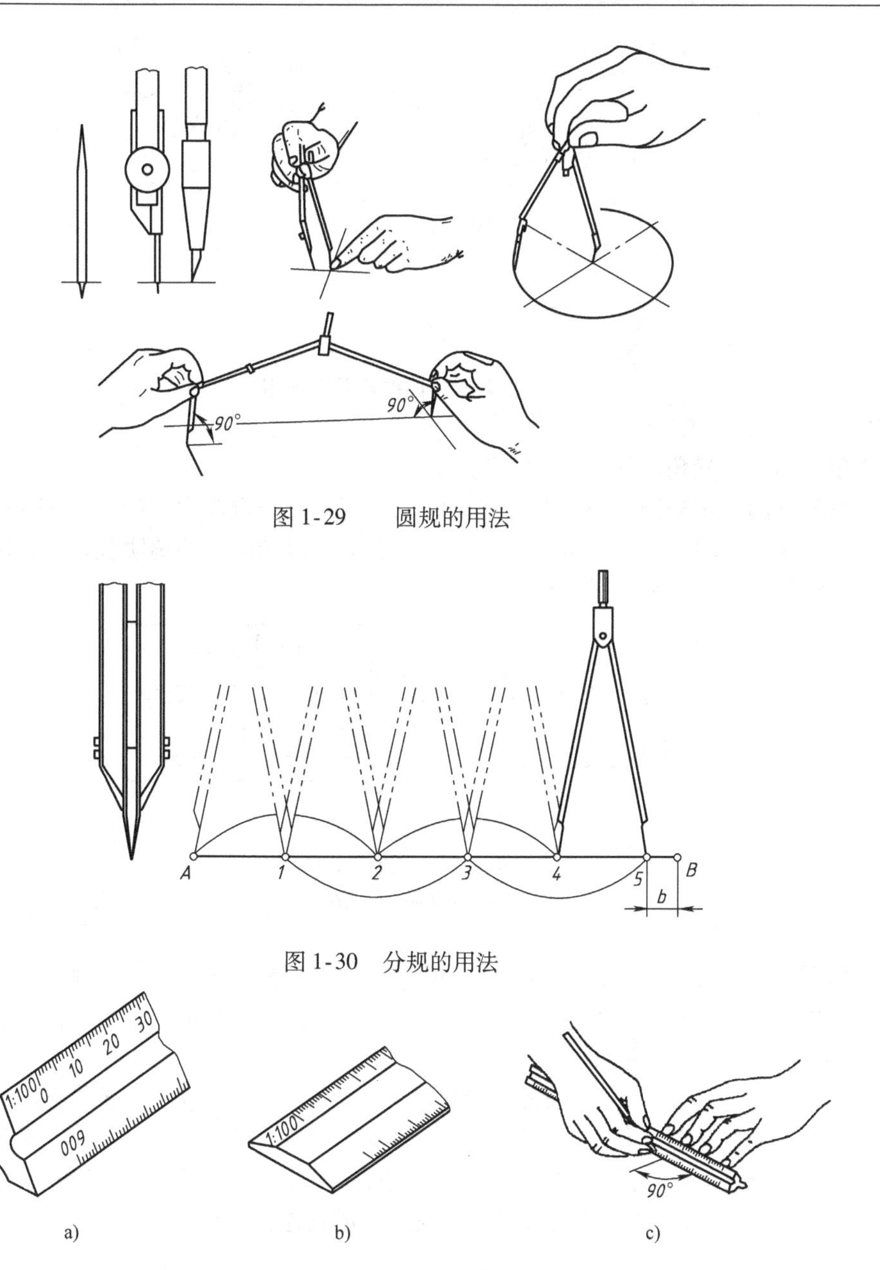

图 1-29　圆规的用法

图 1-30　分规的用法

图 1-31　比例尺及其使用方法
a）三棱式　b）板式　c）绘图示例

6. 曲线板

曲线板是用来绘制非圆曲线的工具，其轮廓线由多段不同曲率半径的曲线组成，如图1-32 所示。

作图时，先徒手用铅笔轻轻地把曲线上一系列的点顺次地连接成一条光滑曲线，然后选择曲线板上曲率合适的部分与徒手连接的曲线贴合，并将曲线加深。每次连接应至少通过曲线上三个点，并注意每画一段线，都要比曲线板边与曲线贴合的部分稍短一些，这样才能使所画的曲线光滑地过渡。

图 1-32　曲线板及其使用

7. 其他绘图用品

量角器用来测量角度如图 1-33a 所示。

简易的擦图片用来防止擦去多余线条时把有用的线条也擦去，如图 1-33b 所示。

另外，在绘图时，还需要准备铅笔刀、橡皮、固定图纸用的透明胶带纸、磨铅笔用的砂纸，以及清除图面上橡皮屑的小刷等。

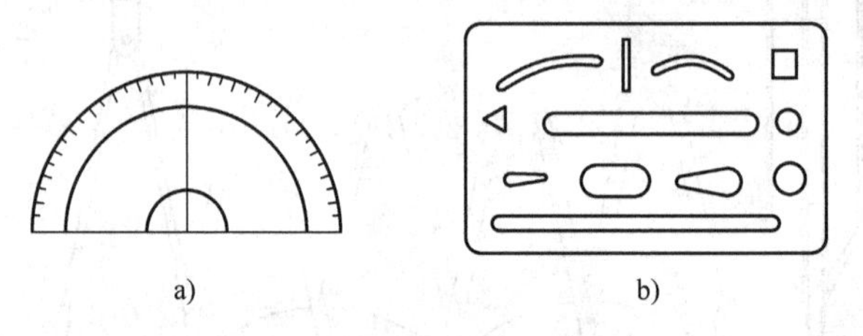

图 1-33　其他绘图工具

a）量角器　b）擦图片

（二）几何作图

虽然零件的轮廓形状是多种多样的，但它们的图样基本上都是由直线、圆弧和其他一些曲线所组成的几何图形，因此在绘制图样时，经常要运用一些最基本的几何作图方法。

1. 直线段的任意等分

图 1-34 表示等分已知直线段的一般作图法。如将已知直线段 AB 5 等分，则可过其一个端点 A 任作一直线 AC，用分规以任意相等的距离在 AC 上量得 1、2、3、4、5 各等分点（图 1-34a），然后连接 $5B$，并过各等分点作 $5B$ 的平行线，即得 AB 上的各等分点 1′、2′、3′、4′（图 1-34b）。利用此种办法也可将一直线段分成任意比的两段。

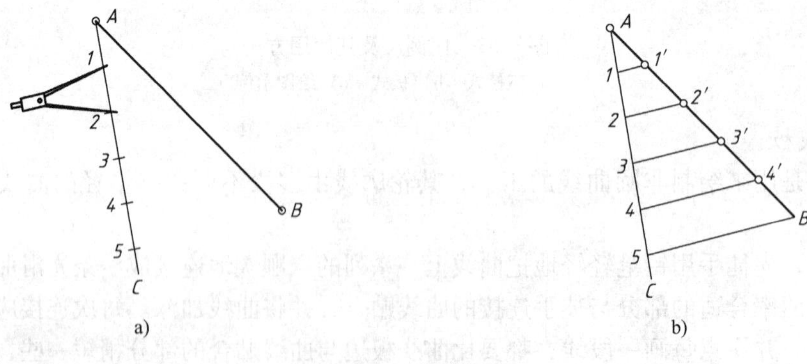

图 1-34　等分线段

2. 正多边形画法

1）作圆内接正五边形，如图1-35所示。若已知外接圆直径求作正五边形，其作图步骤是：

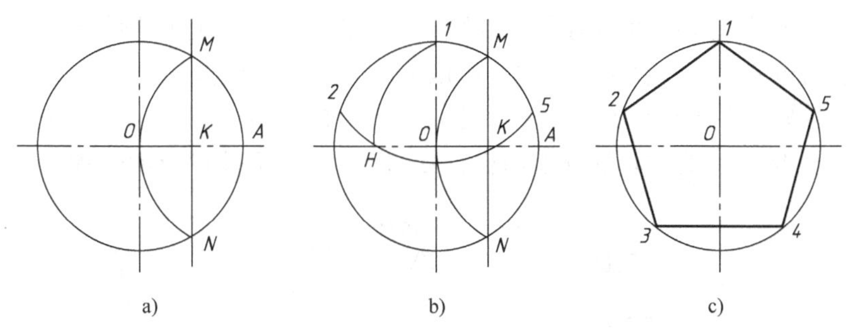

图1-35　正五边形的作图方法

① 以点 A 为圆心、AO 为半径作圆弧，交圆于点 M，点 N；连点 M、点 N，MN 与 OA 的交点为点 K；

② 以 K 点为圆心、$K1$ 为半径作圆弧，交水平直径于 H 点；再以1点为圆心、$1H$ 为半径作圆弧，交圆于点2和点5。

③ 分别以点2、点5为圆心，弦长12为半径作圆弧，交圆于点3和点4。

④ 连接点1、点2、点3、点4、点5，即为正五边形。

2）作圆内接正六边形。工程图样中最常遇到的正多边形即为正六边形，在实际制图时，人们习惯于使用30°和60°三角板与丁字尺配合，根据已知条件直接作出正六边形，其外接圆也可省略不画。具体作法如图1-36所示。

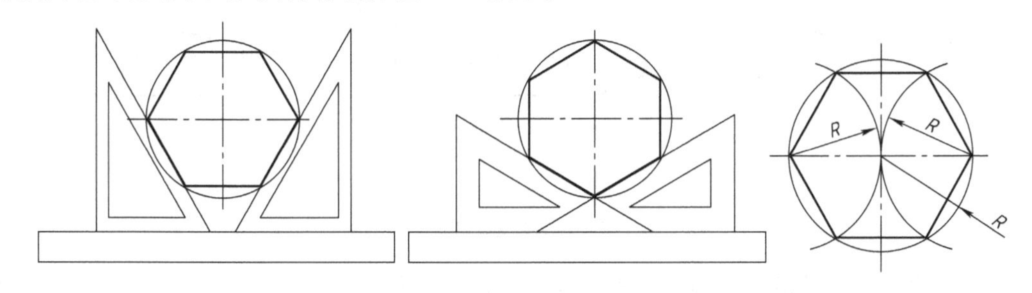

图1-36　正六边形的作图方法

3）作任意边数的正多边形。任意边数的正多边形的近似作法如图1-37所示。以画正七边形为例，具体步骤如下：

① 根据已知条件作出正多边形的外接圆。

② 等分铅垂直径 AH 为7等份。

③ 以点 A 为圆心、AH 为半经画弧交水平直径延长线于点 M。

④ 延长 $M2$、$M4$、$M6$ 与外接圆分别交于点 B、点 C、点 D。

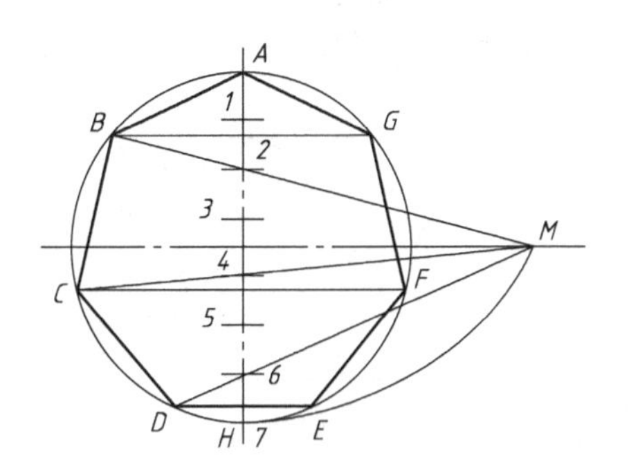

图1-37　正七边形的作图方法

⑤ 分别过点 B、点 C、点 D 作水平线，与外接圆分别交于点 G、点 F、点 E。

⑥ 顺次连接 A、B、C、D、E、F、G 各点即可。

3. 斜度与锥度

（1）斜度　斜度是指一直线对另一直线或一平面对另一平面的倾斜程度，通常以直角三角形中两直角边的比值来表示，在图样中以∠1∶n 的形式标注。

斜度的符号如图 1-38a 所示，图中尺寸 h 为数字的高度，符号的线宽为 $h/10$。标注斜度的方法如图 1-38b、c 所示，应注意斜度符号的方向应与斜度的方向一致。

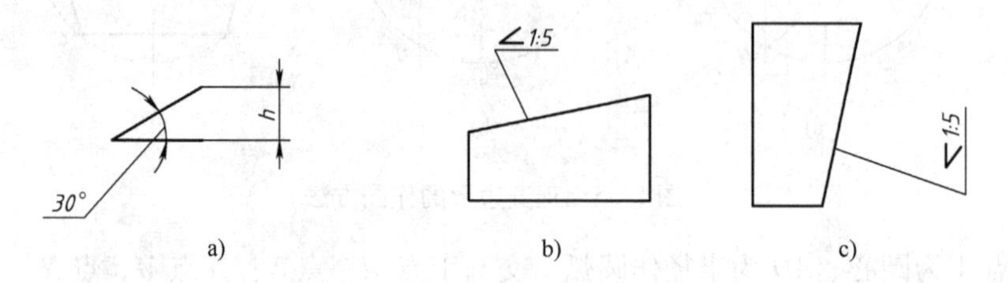

图 1-38　斜度的符号及标注法

图 1-39a 所示物体的左部具有斜度为 1∶5 的斜面。其正面投影的作图步骤如下，先按其他有关尺寸作出它的非倾斜部分的轮廓（图 1-39b），再过点 A 作水平线，用分规任取一个单位长度 AB，并使 $AC=5AB$，过点 C 作 AC 的垂线，并取 $CD=AB$，连 AD 即完成该斜面的投影（图 1-39c）。

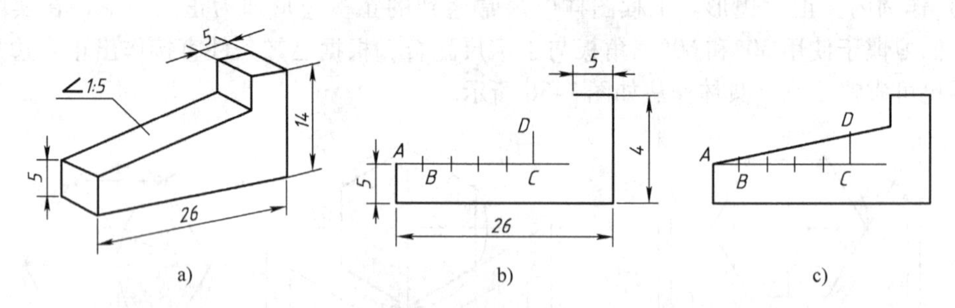

图 1-39　斜度及其作图法

（2）锥度　锥度是指圆锥的底面直径与高度之比。如果是锥台，则为底面直径与顶面直径之差与高度之比。

在制图中一般将锥度值化为 1∶n 的形式进行标注。图 1-40a 所示圆台具有 1∶3 的锥度。

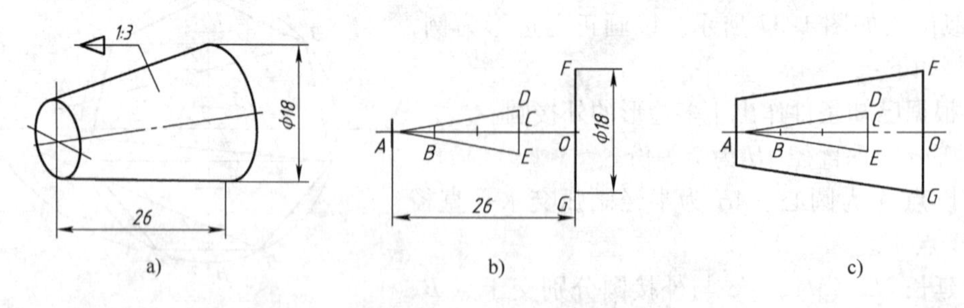

图 1-40　锥度及其作图法

作该圆台的正面投影时，先根据圆台的尺寸26和$\phi18$作出AO和FG线，过点A用分规任取一个单位长度AB，并使$AC=3AB$（图1-40b），过点C作垂线，并取$DE=2CD=AB$，连AD和AE，并过点F和点G作线分别相应地平行于AD和AE（图1-40c），即完成该圆锥台的投影。

锥度的符号如图1-41a所示，标注锥度的方法如图1-41b、c所示。锥度可直接标注在圆锥轴线的上面，也可从圆锥的外形轮廓线处引出进行标注，应注意锥度符号的方向应与锥度的方向一致。

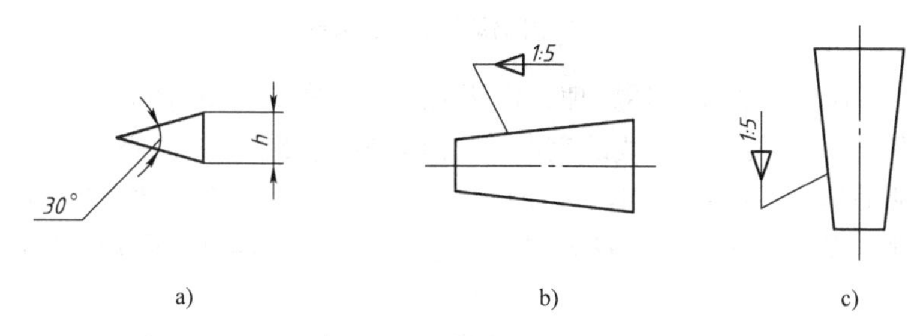

图1-41　锥度的符号及标注法

4. 圆弧连接

机件图样中的大多数图形是由直线与圆弧、圆弧与圆弧连接而成的。圆弧连接，实际上就是用已知半径的圆弧光滑地连接两已知线段（直线或圆弧）。其中起连接作用的圆弧称为连接弧。

圆弧连接有以下几种情况：

用已知半径的圆弧连接两条已知直线，如图1-42a中$R10$连接弧。

用已知半径的圆弧连接已知圆弧和已知直线，如图1-42a中$R8$连接弧。

用已知半径的圆弧连接两个已知圆弧，如图1-42b中$R18$、$R40$连接弧。

这里讲的连接，是指光滑连接，即连接弧与已知线段（直线或圆弧）在连接处是相切的。因此，在作图时，必须根据连接弧的几何性质，准确求出连接弧的圆心和切点的位置。

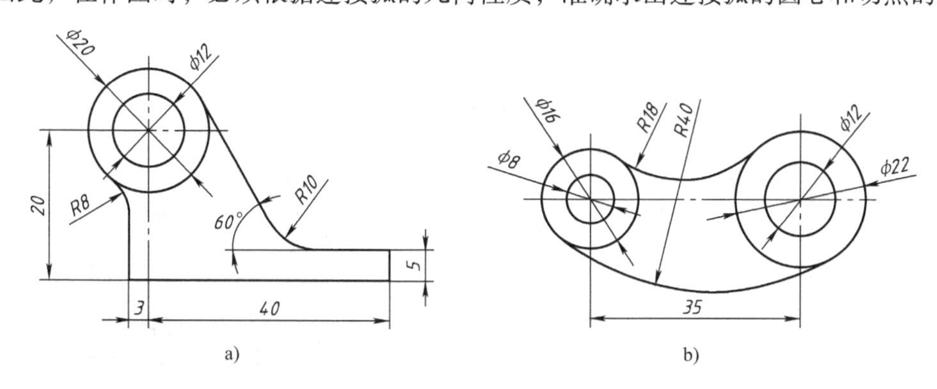

图1-42　圆弧连接

1）用圆弧连接两已知直线。已知直线AC、BC及连接圆弧的半径R（图1-43），作连接圆弧的方法如下：

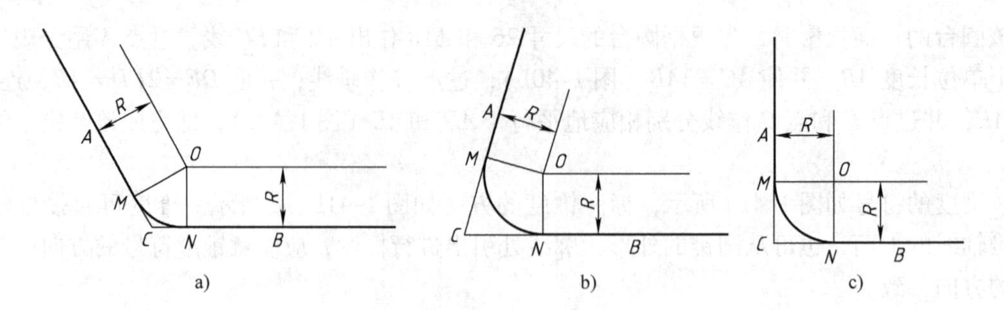

图 1-43　用圆弧连接两已知直线

① 求连接弧的圆心。根据上述原理，作两辅助直线分别与 AC 及 BC 平行，并使两平行线之间的距离都等于 R，两辅助直线的交点 O 就是所求连接圆弧的圆心。

② 求连接弧的切点。从 O 点向两已知直线作垂线，得到两个点 M、N，就是切点。

③ 作连接弧。以 O 点为圆心，OM 或 ON 为半径作弧，与 AC 及 BC 切于 M、N 两点，即完成连接。

2）用圆弧连接两已知圆弧。已知两圆的半径 R_1、R_2 及连接圆弧半径 $R_{内}$、$R_{外}$（图 1-44a），求作图 1-44b 所示的两条连接弧。

分析：该题的作图可分为两部分，即以 $R_{外}$ 为半径作与两圆外切的连接弧和以 $R_{内}$ 为半径作与两圆内切的连接弧，两者的区别在于求连接弧的圆心时所使用的半径不同。作图方法分别如图 1-45 和图 1-46 所示。

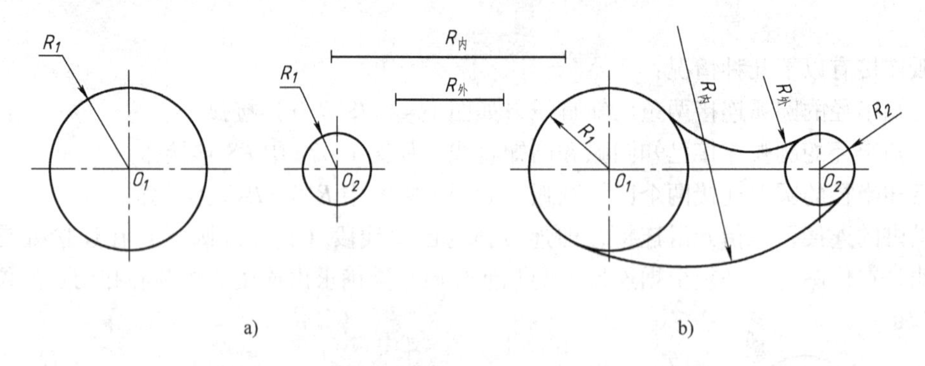

图 1-44　用圆弧连接两已知圆弧

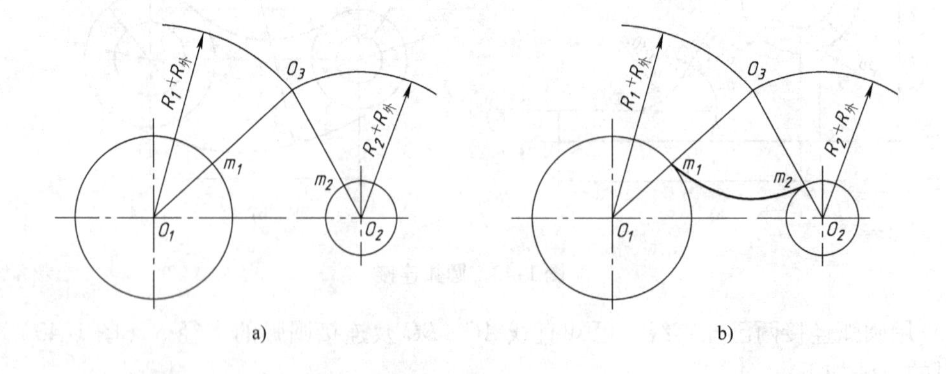

图 1-45　作外切连接弧

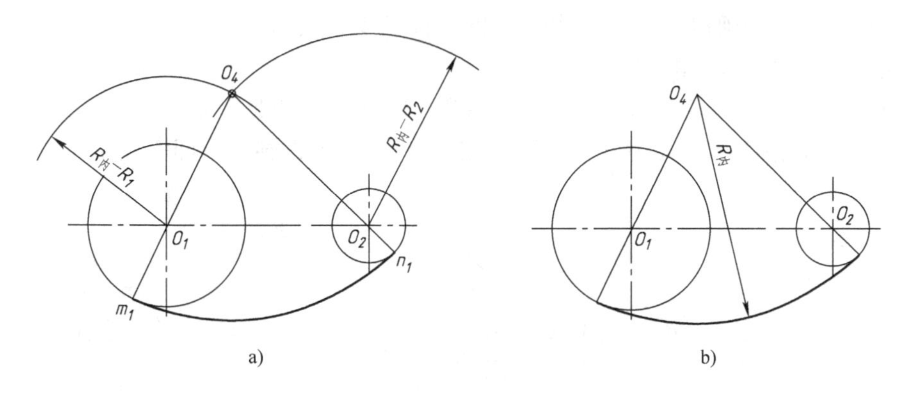

图 1-46　作内切连接弧

5. 椭圆的画法

绘图时，除了直线和圆弧外，也会遇到一些非圆曲线。在这里只介绍已知椭圆长、短轴时，椭圆的一般常用画法。

（1）同心圆法（图 1-47）　作图步骤如下：

1）以 O 点为圆心，分别以 OA、OC 为半径，作出同心的两个圆。

2）将其中的一个圆作任意等分（如 12 等分），过圆心和各等分点作直线，与两圆相交。

3）过大圆上的交点引平行于 CD 的直线；过小圆上的交点引平行于 AB 的直线，它们的交点即为椭圆上的点。

4）用曲线板光滑地连接所得的各点，即为所求椭圆。

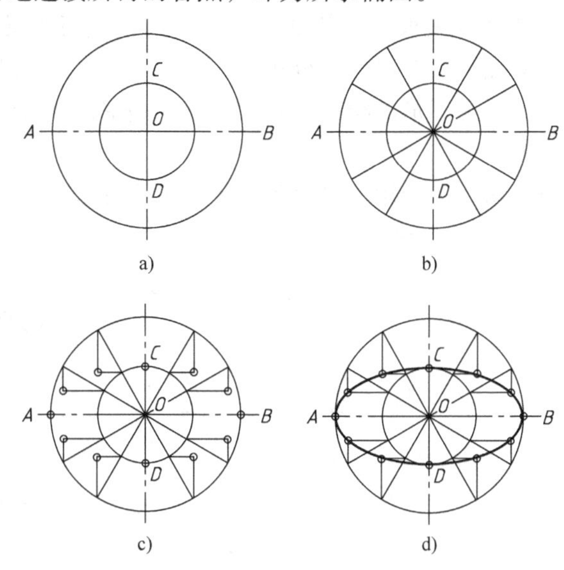

图 1-47　同心圆法作椭圆

（2）四心法（图 1-48）　作图步骤如下：

1）连接 AC，在 AC 上截取 $CE=OA-OC$。

2）作 AE 的垂直平分线，分别交长轴和短轴于点 1 和点 3。

3）分别在长、短轴上找出点 1 和点 3 的对称点 2 和点 4。

4）连接 13、14、23 和 24 点。

5）分别以点 3 和点 4 为圆心，3*C*（或 4*D*）为半径作圆弧。

6）再分别以点 1 和点 2 为圆心，1*A*（或 2*B*）为半径作圆弧，即完成作图。

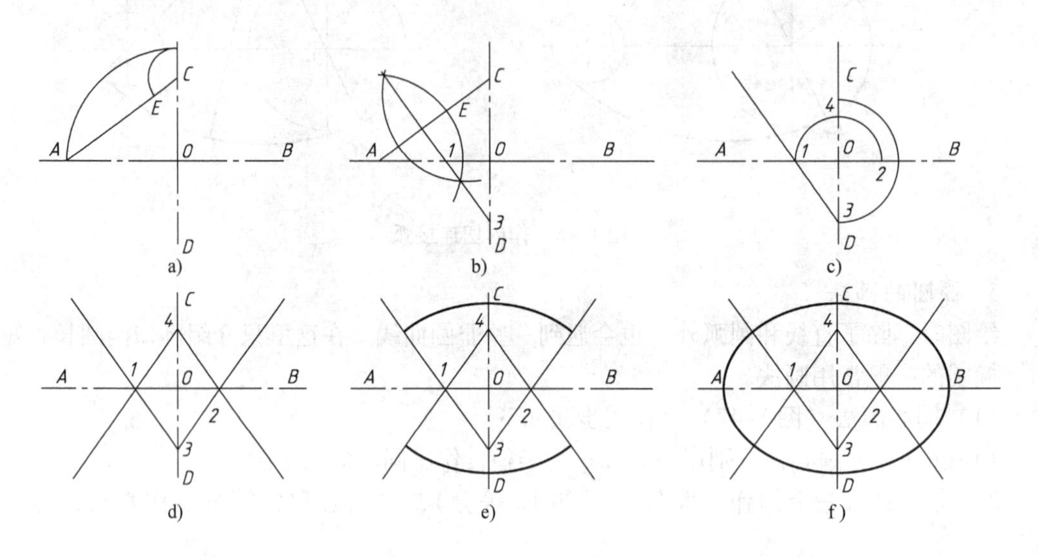

图 1-48　四心法作椭圆

（三）平面图形的绘制

每个平面图形由直线或曲线线段共同构成，曲线线段以圆弧为最多。绘制平面图形之前，应先根据给定的尺寸对图形各线段进行分析，明确每一线段的形状、大小和相对位置，然后逐个画出各线段，因此平面图形的绘制与其尺寸标注是密切相关的。

1. 平面图形的尺寸分析

尺寸按其在平面图形中所起的作用，可分为定形尺寸和定位尺寸两类。现以图 1-49 所示平面图形为例进行分析。

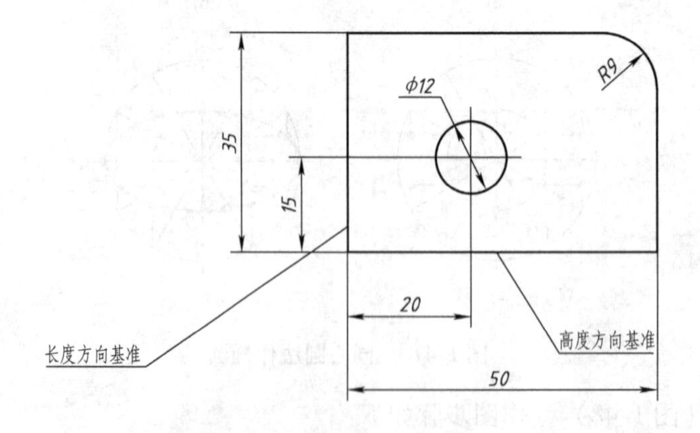

图 1-49　平面图形的尺寸分析

（1）定形尺寸　确定平面图形上几何元素大小的尺寸称为定形尺寸，如直线段的长度（图 1-49 中的尺寸 35、50）、圆直径（图 1-49 中的 $\phi12$）、半径 $R9$ 等尺寸。

（2）定位尺寸　确定平面图形上几何元素与基准之间或各元素之间相对位置的尺寸称为定位尺寸，如图 1-49 中的圆心位置尺寸 20、15。

（3）尺寸基准　对于平面图形来说，标注定位尺寸时，必须在长、高两个方向分别选出尺寸基准，每个方向至少有一个尺寸基准。尺寸基准就是标注尺寸的起点。常用的尺寸基准是对称图形的对称线、圆的中心线或图形的主要轮廓线等，如图 1-49 所示。

2. 平面图形的线段分析

平面图形中的线段（直线或圆弧）按所给尺寸的数量可分为 3 类，以手柄为例（图 1-50）进行说明。

（1）已知线段　有足够的定形尺寸和定位尺寸，能直接画出的线段为已知线段，如图 1-50 中的 $\phi12$、$\phi20$、14、6、圆弧 $R6$ 都是已知线段。

（2）中间线段　缺少一个定位尺寸，必须依靠其与一端相邻线段的连接关系才能画出的称为中间线段，如图 1-50 中的圆弧 $R52$ 是中间线段。

（3）连接线段　只有定形尺寸，其定位尺寸必须依靠与两端相邻已知线段的关系才能画出的线段为连接线段，如图 1-50 中的圆弧 $R30$ 是连接线段。

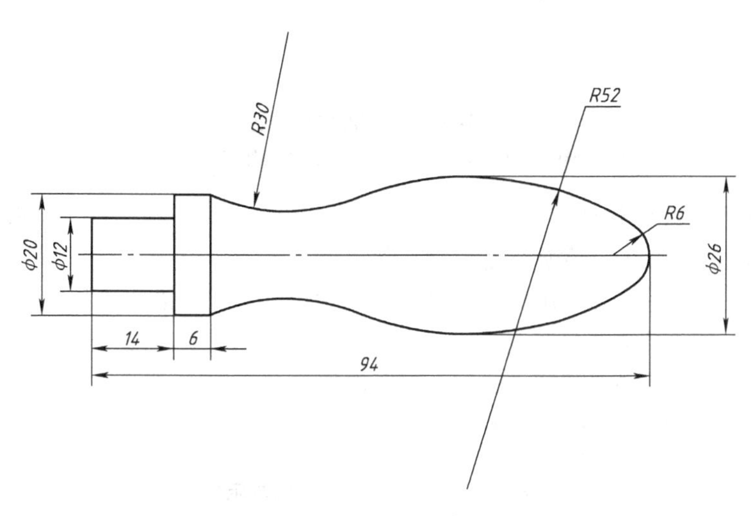

图 1-50　手柄

3. 手柄图形实例分析

通过对平面图形的尺寸与线段分析可知，在绘制平面图形时，首先应画已知线段，其次画中间线段，最后画连接线段。

下面以图 1-51 所示的手柄图形为例，说明其作图过程。

1）作出手柄的中心线和已知线段，如图 1-51a 所示。

2）作出手柄的中间线段弧 $R52$，且与弧 $R6$ 内切，如图 1-51b 所示。

3）作出手柄的连接弧 $R30$，且与弧 $R52$ 外切，如图 1-51c 所示。

4）根据其对称性，用同上方法作出手柄的下部图形，并检查加深，如图 1-51d 所示。

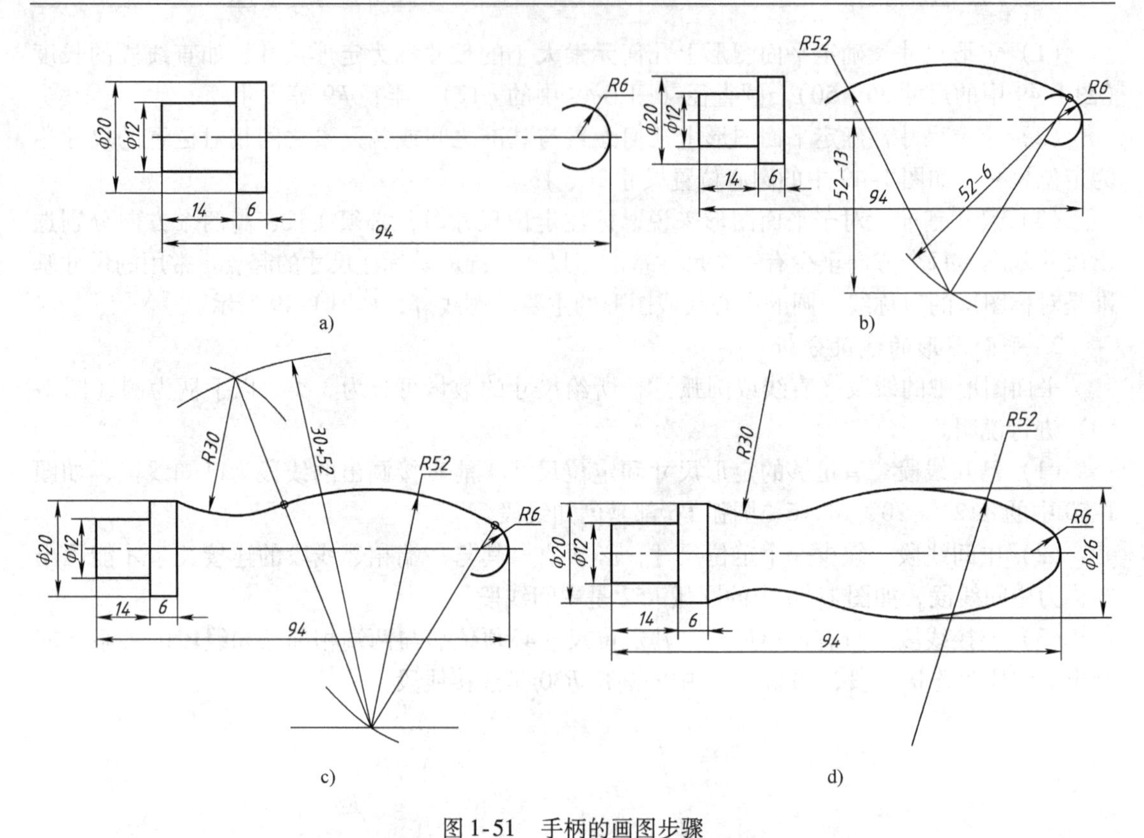

图 1-51　手柄的画图步骤

a）画已知线段　b）画中间线段　c）画连接线段　d）检查加深

4. 平面图形的尺寸注法

标注平面图形的尺寸，必须满足 3 个要求：

（1）正确　尺寸标注要按国标规定进行，尺寸数字不能写错位置和方向。

（2）完整　尺寸必须注写齐全，不遗漏，也不要重复。

（3）清晰　尺寸布局要整齐、美观，便于阅读。

平面图形的尺寸标注示例见表 1-7。

表 1-7　平面图形的尺寸标注示例

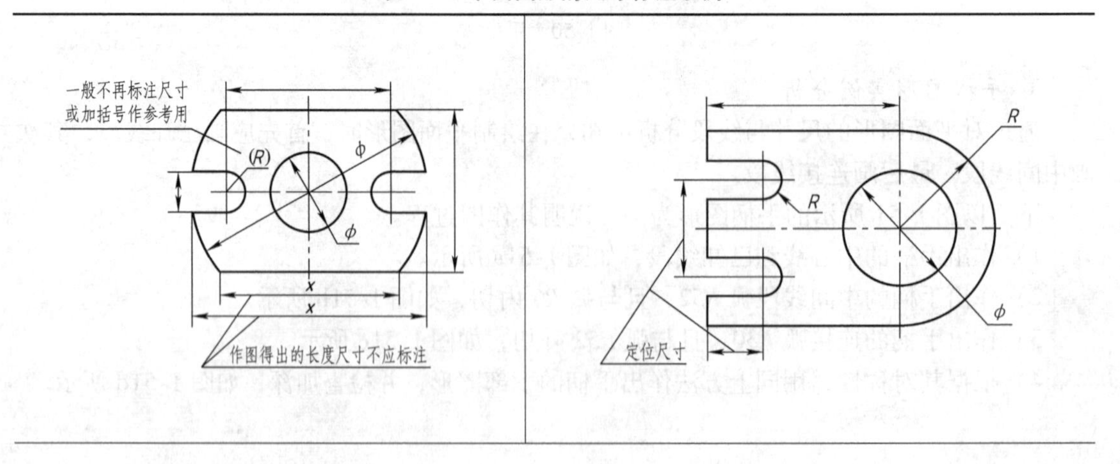

（续）

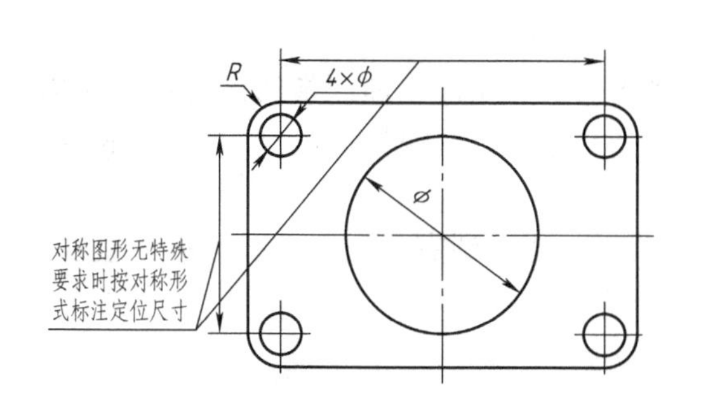

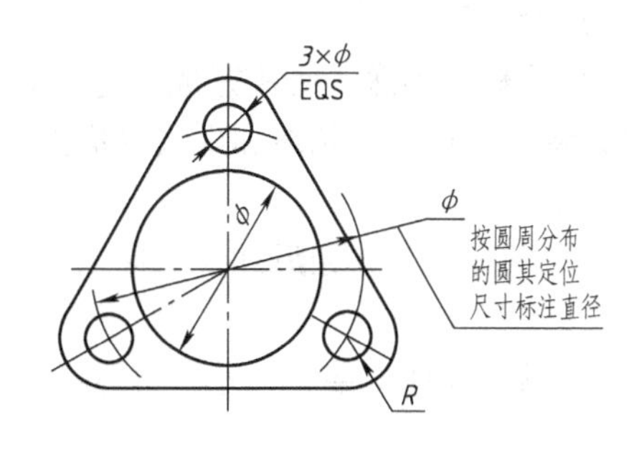

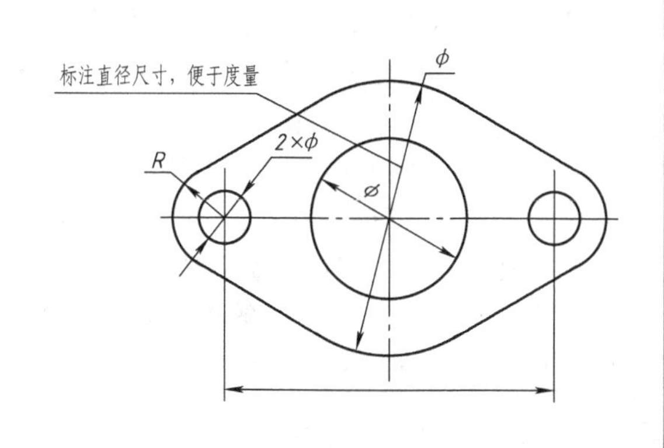

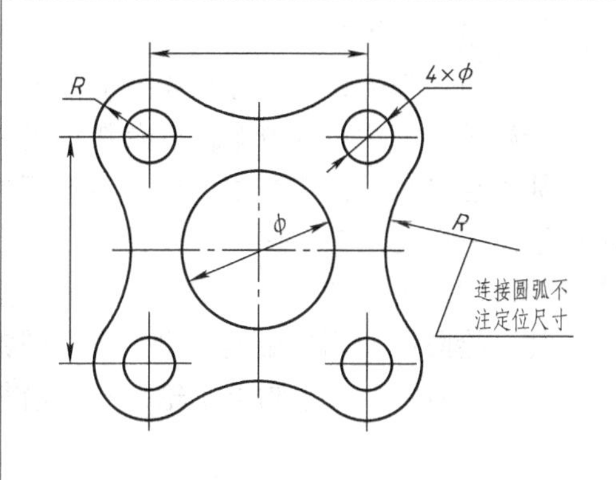

5. 尺规绘图的方法和步骤

1）做好准备工作。“工欲善其事，必先利其器”。作图之前需将铅笔按照不同线型的要求削、磨好；圆规的铅芯按同样要求磨好并调整好两脚的长度；图板、丁字尺和三角板等用干净的布或软纸擦拭干净；各种用具放在固定的位置，不用的物品不要放在图板上。

2）选择图纸幅面和比例。根据所绘图形的多少、大小及复杂程度，选择合适的图纸幅面和比例，选取时必须遵守国家标准中的有关规定。

3）固定图纸。丁字尺尺头紧靠图板左边，图纸的水平边框与丁字尺的工作边对齐后，用胶纸条固定在图板上。注意使图纸下边与图板下边之间保留 1 ~ 2 个丁字尺尺身宽度的距离。绘制较小幅面图样时，图纸尽量靠左固定，以充分利用丁字尺根部，保证较高的作图准确度。

4）布图及绘制底稿。布图时，要计算图形的最大轮廓，注意各图形在图纸上要分布均匀，不可偏向一边。图形要留有标注尺寸的余地，不要紧靠拥挤，也不能相距甚远显得松散。按所设想好的布图方案先画出各图形的基准线，如中心线、对称线和物体主要平面（如机件底面）的线，再画各图形的主要轮廓线，最后绘制细节，如小孔、槽和圆角等。

绘制底稿时用 H 铅笔，画线要尽量细和轻淡以便于擦除和修改。

绘制底稿时要尽量利用投影关系，几个图形同时绘制，以提高绘图速度。

绘制底稿时，点画线和虚线均可用极淡的细实线代替以提高绘图速度和描黑后的图线质量。

绘制底稿的要领可用“轻、准、快”3 个字概括。

5）标注尺寸

6）校核、加深。底稿完成后进行校核，将图面掸扫干净。加深指的是将粗实线描粗、描黑；将细实线、点画线和虚线等描黑、成型。要注意线条的均匀和光滑，线型要符合国标中的规定。

加深顺序是：先粗后细，先曲后直，自上而下，从左到右，先水平线，再垂直线，后斜线。

7）书写其他文字、符号，填写标题栏。

二、徒手绘图

徒手绘图在工程测绘和设计思想交流时经常用到，是构思设计、创意设计、概念设计所必备的素质。根据目测估计物体各部分的尺寸比例，用徒手绘制的图形，称为草图。一般在设计开始阶段表达设计方案，以及在现场测绘时，常用这种方法。

徒手绘制草图仍应基本做到：图形正确，线型分明，比例匀称，字体工整，图面整洁。画徒手图一般先用 HB 或 B、2B 铅笔，常在有线格纸上画图。徒手绘图时，手腕要悬空，小指接触纸面。一般图纸不固定，并且为了便于画图，还可以随时将图纸旋转适当的角度。

徒手绘图所使用的铅笔，铅芯磨成圆锥形，用于画中心线和尺寸线的铅芯要磨得较尖，如图 1-52a 所示，用于画可见轮廓线的铅芯要磨得较钝，如图 1-52b 所示。

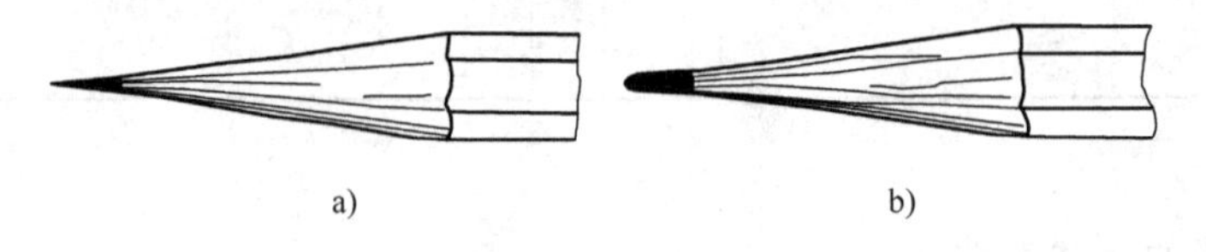

a)　　b)

图 1-52　绘草图用铅笔

a）圆锥形铅芯　b）较钝的铅芯

一个物体的图形无论怎样复杂，总是由直线、圆、圆弧和曲线所组成。因此要画好草图，必须掌握徒手画各种线条的手法。

（一）直线的画法

徒手绘图时，手指应握在铅笔上离笔尖约 35mm 处。在画直线时，手腕不要转动，使铅笔与所画的线始终保持约 90°，眼睛看着画线的终点，轻轻移动手腕和手臂，依笔尖向着要画的方向作近似的直线运动，如图 1-53 所示。

画长斜线时，为了运笔方便，可以将图纸旋转适当角度，使它转成水平线来画。

（二）圆及圆角的画法

用徒手画小圆时，应先画出中心线以定出圆心，再用目测的方法，根据半径大小在中心线上定出 4 点，然后过这 4 点画圆，如图 1-54a 所示。当圆的直径较大时，可过圆心增添两条 45°的斜线，在线上再定出 4 点，然后过这 8 点画圆，如图 1-54b 所示。

图 1-55 所示是画圆角的方法。先目测在分角线上选取圆心位置，使它与角的两边的距离等于圆角的半径大小。过圆心向两边引垂直线定出圆弧的起点和终点，并在分角线上也定出一圆周点，然后用徒手作圆弧把这 3 点连接起来。

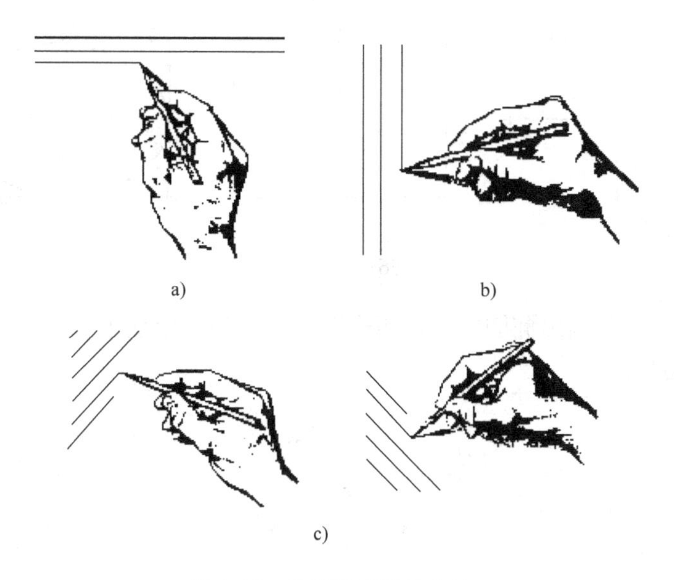

图 1-53　徒手画直线的方法
a）移动手腕自左向右画水平线　b）移动手腕自上向下画垂直线　c）倾斜线的两种画法

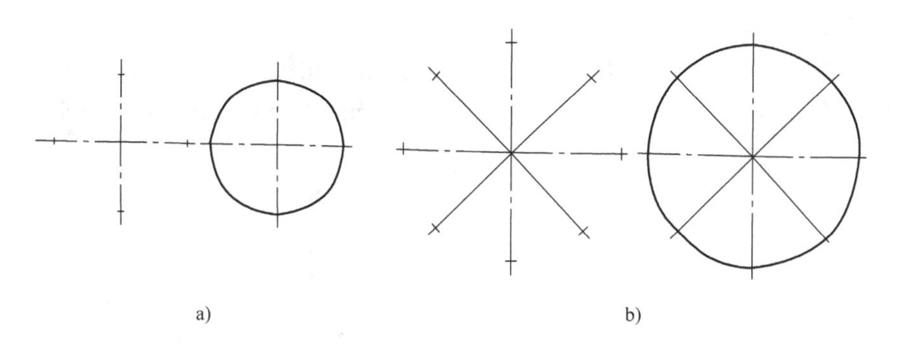

图 1-54　徒手画圆的方法
a）四点画圆　b）八点画圆

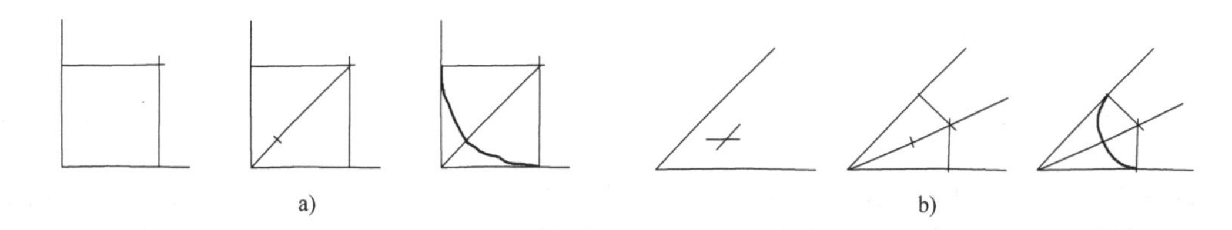

图 1-55　画圆角的方法
a）画 90°圆弧　b）画任意角度圆弧

（三）椭圆的画法

如图 1-56 所示，先画出椭圆的长短轴，并目测定出其端点位置，过这 4 点画一矩形。然后徒手作椭圆与此矩形相切。

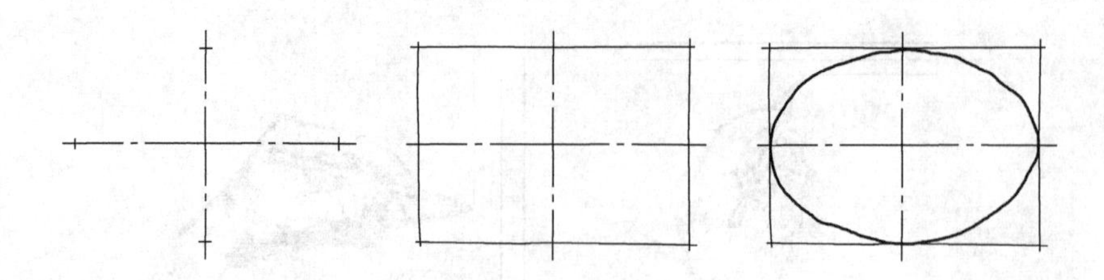

图 1-56　画椭圆的方法

如图 1-57 所示，先画出椭圆的外切四边形，然后分别用徒手方法作两钝角及两锐角的内切弧，即得所需椭圆。

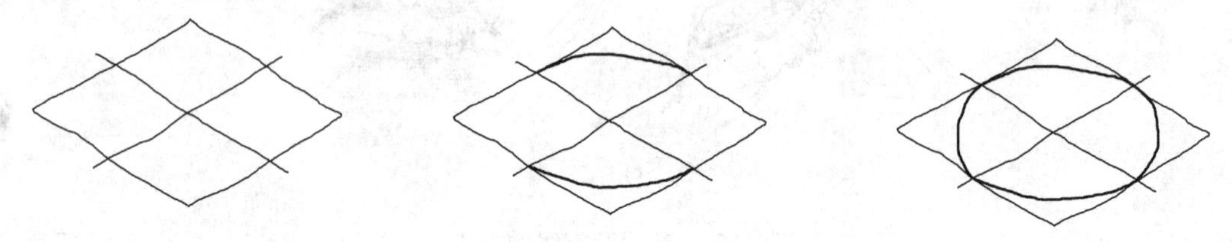

图 1-57　利用外切平行四边形画椭圆的方法

（四）角度线的画法

对 30°、45°、60°等常见角度线，可根据两直角边的比例关系，定出两端点，然后连接两点即为所画的角度线。如画 10°、15°等角度线，可先画出 30°角后，再等分求得，如图 1-58 所示。

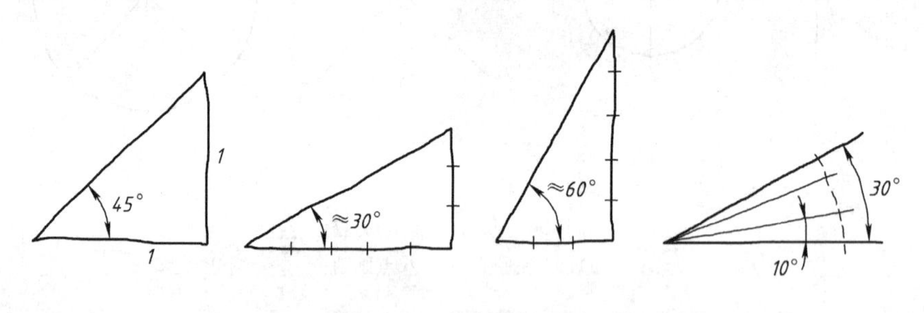

图 1-58　角度线的画法

三、计算机绘图

计算机绘图是指应用绘图软件及计算机硬件，实现辅助绘图与设计的一项技术。特别是计算机三维绘图技术正在被广泛使用并得到快速发展。与传统的手工绘图比较，计算机三维绘图具有如下优点：

1）三维建模形象、直观，真正实现“所见即所得”。

2）采用尺寸驱动和参数关联等先进技术，使实体建模和绘图编辑更容易、方便、快捷。

3）很容易将三维模型转换生成二维工程图。

4）可实现绘图设计与加工制造一体化。

本节主要介绍计算机三维绘图软件 SolidWorks 的基础知识。

（一）SolidWorks 软件概述

SolidWorks 是目前比较流行的三维计算机辅助设计（CAD）软件，主要面向机械设计及工业造型领域，并可作为其他三维设计的基础平台，具有强大的实体造型和图形编辑功能。

1. 软件主要功能及模块

SolidWorks 采用了包括特征造型、参数化以及三维与二维的数据关联等 CAD 领域中的先进技术，其设计过程全相关性，可以在设计过程的任何阶段修改设计，同时牵动相关部分的改变。利用 SolidWorks，可以迅速地将设计思想转化为机械零件的三维实体模型，并在此基础上自动生成与其相关联的二维工程图形，从而极大地提高设计效率。

在 SolidWorks 系统中存在 3 种基本的文件类型：零件（. sldprt）、装配体（. sldasm）、工程图（. slddrw），分别对应：3D 零件设计环境、3D 装配设计环境和 2D 工程图设计环境（图 1-59）。

（1）零件设计环境　提供了丰富的草图定义和特征造型功能，使设计者置身于三维设计空间，自由地创建由简单到复杂的各类零件三维模型；同时，还提供了方便实用的分析计算工具，可快速而准确地计算出零件的体积、质量等物理性质。

（2）装配设计环境　在该环境中允许根据设计意图将不同零件组织在一起，形成与实际产品装配相一致的装配结构，并可生成装配体的爆炸视图。同时，系统还提供实用的分析统计工具，可进行装配合理性及运动干涉性分析等。

（3）工程图设计环境　可以将零件设计环境中的三维模型自动生成二维工程图，保证二/三维数据关联，在此基础上还可以定义各类剖视图，进行各种工程标注等。

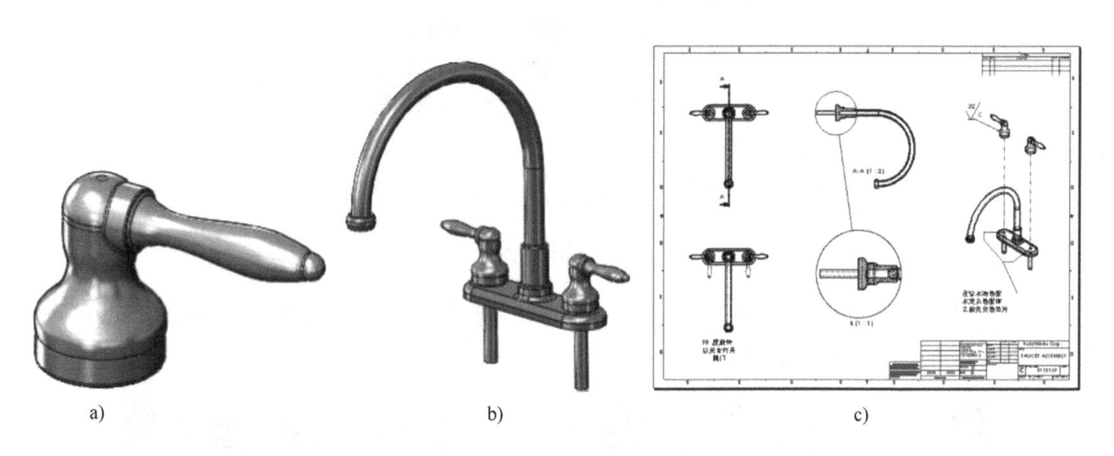

a)　b)　c)

图 1-59　SolidWorks 的文件类型

a）三维零件　b）三维装配体　c）二维工程图

2. 用户主界面

SolidWorks2008 的主界面，由菜单栏、工具栏、文档窗口、状态栏等组成。

文档窗口根据文档类型分为：零件窗口、装配窗口、工程图窗口等。这几种窗口又由命令管理器、结构树、绘图区等构成。图 1-60 所示为 SolidWorks2008 零件窗口。

界面主要内容说明如下：

（1）菜单栏和标准工具栏　默认情况下，菜单栏是隐藏的，只显示标准工具栏按钮，提供常规的文件操作，如图 1-61 所示。

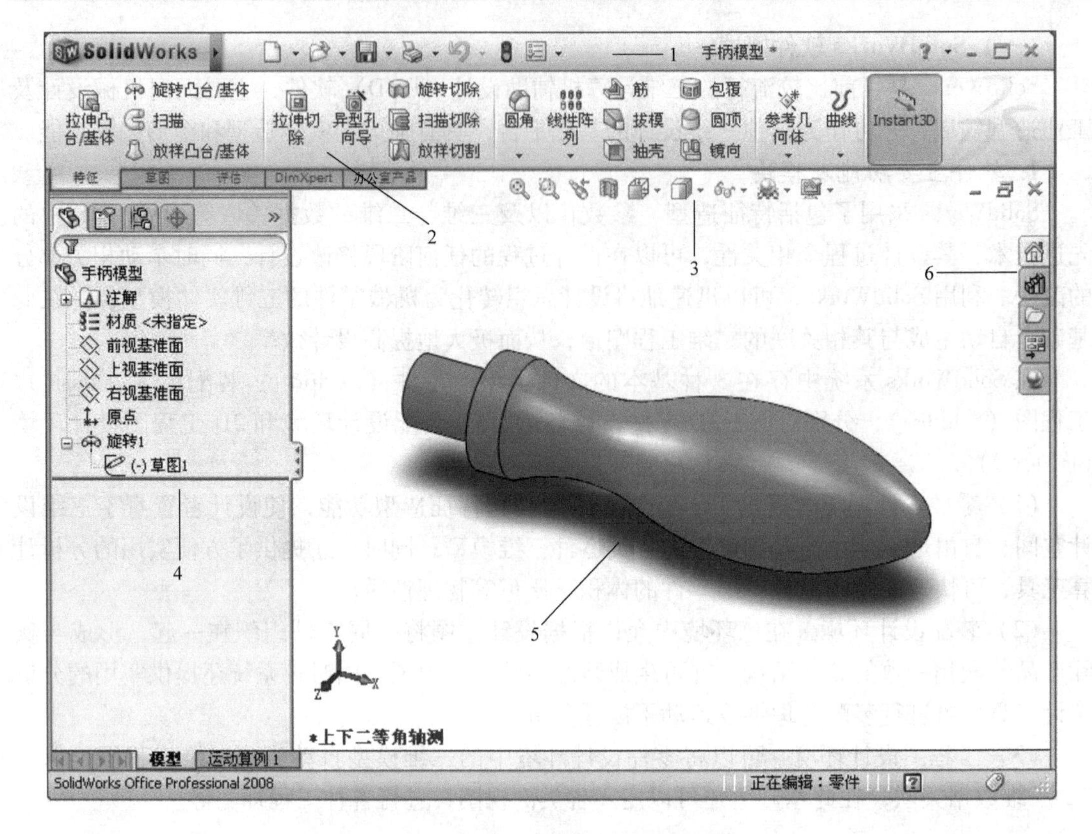

图 1-60　SolidWorks2008 零件窗口主界面

1—菜单栏和工具栏　2—命令管理器　3—前镜视图工具栏

4—结构树　5—绘图区　6—教程和辅助区

图 1-61　标准工具栏

菜单栏中包含 SolidWorks 所有的操作命令，要显示菜单，只要将鼠标移到 SolidWorks 徽标上或单击它，如图 1-62 所示。

图 1-62　菜单栏

（2）命令管理器　考虑到操作方便，SolidWorks2008 将命令进行了编组，汇集成名为“命令管理器”的图标群。命令管理器可以智能感应所要进行的任务并进行命令动态调整，如在草图状态就会自动切换到草图常用工具栏，建立特征时会自动切换到特征工具栏，装配体状态时则又会自动切换到装配工具栏。工具栏中许多命令按钮附近带有向下的三角形图标，单击该图标会弹出工具栏，有多种相关联命令供选择。

图 1-63、图 1-64 所示为“特征”命令管理器和“草图”命令管理器。

图 1-63　“特征”命令管理器

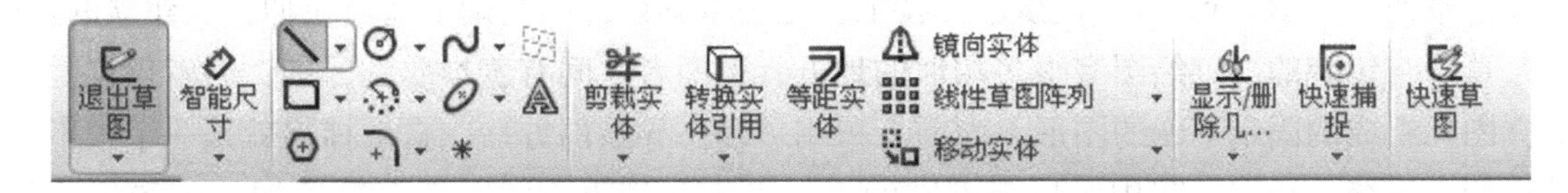

图 1-64　“草图”命令管理器

（3）前镜视图工具栏　该工具栏提供操纵视图所需的常用工具，如放大、缩小、是否带虚线显示等。此外，可以添加“外观”和“布景”来显示逼真的模型和环境。

（4）结构树　该区域包含有模型特征管理、属性管理、配置管理等标签，其中特征管理区是 SolidWorks 软件窗口中比较常用的部分，对于不同的操作类型（零件、装配、工程图）其内容是不同的，管理区中的设计树真实地记录了在操作中所做的每一步，用来组织和记录各个要素及要素之间的参数信息和相互关系，以及模型、特征和零件之间的约束关系。用户可以过滤显示特征树中的特征。例如，利用文字过滤设计树，使树中只包含具有特定文字的特征。该区域可以根据需要快速隐藏和显示。

（5）绘图区　绘图区如图 1-60 中的序号 5 所指。

（6）教程和辅助区　界面右侧为 SolidWorks 资源、文件探索器、设计库，提供软件教程和帮助等。

3. *右键菜单*

在绘制草图、生成零件、进行装配体安装、绘制工程图时，SolidWorks 提供了高效的右键菜单。在绘图区空白处、草图边线上、模型的几何体上或结构树中的图标上单击鼠标右键，弹出一个适用于当前单击右键区域的快捷命令菜单，使用右键菜单，可以实现如下功能：

1）无需将鼠标移动到工具栏上便可实现工具栏的命令。

2）用右键单击结构树中的特征名或草图名，可再编辑和修改。

3）改变或查看结构树上某个节点的属性。

4）在属性对话框中，给定一个特征或尺寸新的名称。

5）用右键单击结构树的某个节点，便可以隐藏或显示草图、基准面、基准轴或装配体的零部件。

6）打开一个装配体的零部件进行编辑。

7）在工程图中使用尺寸标注或工程图标注等。

（二）三维绘图设计基础

三维绘图是指在零件设计环境中，直接通过实体的特征造型技术，建立零件的三维模型，之后就可以很方便地进行其他环节的设计工作，如生成零部件工程图、模拟装配、运动模拟、干涉检查以及数控加工等。

所谓特征是 SolidWorks 中可以用参数驱动的实体模型，它是建模的最小单元、是机械产品可描述成所有特征的有机集合。实体特征大多都建立在草图基础之上，如对草图进行拉伸、旋转、放样或沿某一路径扫描等操作后即生成特征。草图是由点、直线、圆弧等基本几何元素构成的几何图形。草图必须在平面上绘制，这个平面可以是基准面，也可以是模型上的任意平面。如图 1-65 所示，该基体特征就是在草图设计的基础上通过拉伸方法建立的。

草图与传统的二维绘图有很多相似的地方，但两者之间有着本质的区别：后者仅仅是由孤立图元组成的固定不变的图形，而前者采用了动态导航的方法。自动捕捉就是一个很不错的功能，系统在绘图过程中，呈现不同的光标形态和锁点方式，并自动添加约束和记录尺寸，赋予其几何意义，而且可以随时修改这些尺寸和约束。这两者的区别正是参数化绘图与非参数化绘图的重要区别。

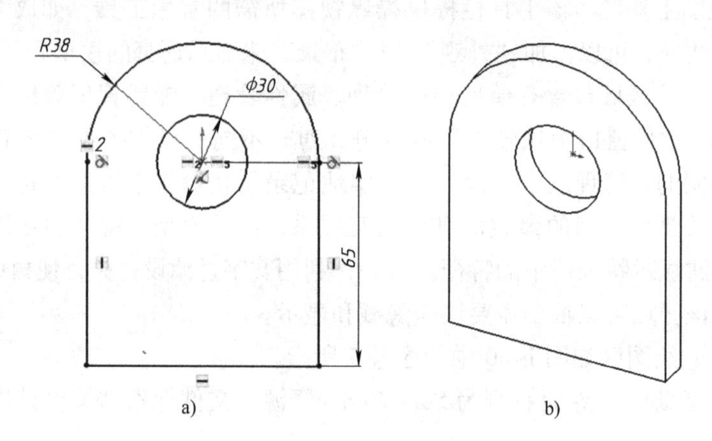

图 1-65 “拉伸凸台/基体”命令建立特征的过程

a）草图设计　b）拉伸建模

1. 约束

为确定草图图元的大小和位置，需要给相应的图元标注一些尺寸或添加一些限制条件（如水平、垂直等），从而保证草图图元的位置关系，这些尺寸和限制条件就是草图中的约束。约束包括尺寸约束和几何约束。

（1）尺寸约束　尺寸约束用来注明图元的长度、距离、半径、直径、角度等，当改变了尺寸数值的大小时，图元轮廓将随之发生相应的变化。

（2）几何约束　几何约束用来限定各个图元之间的特殊关系，如平行、垂直、水平、竖直、相切、共线、同心、固定、交汇等。

2. 草图状态

约束会引起草图自由度的变化（表 1-8），一般来讲，在任何时候，草图都处于完全定义、欠定义、过定义 3 种状态之一。欠定义显示为蓝色，完全定义以黑色显示，过定义则显示为红色，并提示：项目冲突，如图 1-66 所示。

表 1-8　草图状态

状　　态	描　　述
完全定义	通过对草图添加适当的尺寸约束和几何约束，使草图图元具有唯一的形状和位置
欠定义	草图图元的形状或位置处于不确定状态，需要添加足够的信息来对其进行约束，否则该草图在修改尺寸后可能出现不符合设计意图的结果
过定义	草图中有重复的尺寸或相互冲突的定义关系，出现过定义提示，将多余的约束关系删除后，才能对草图进行修改

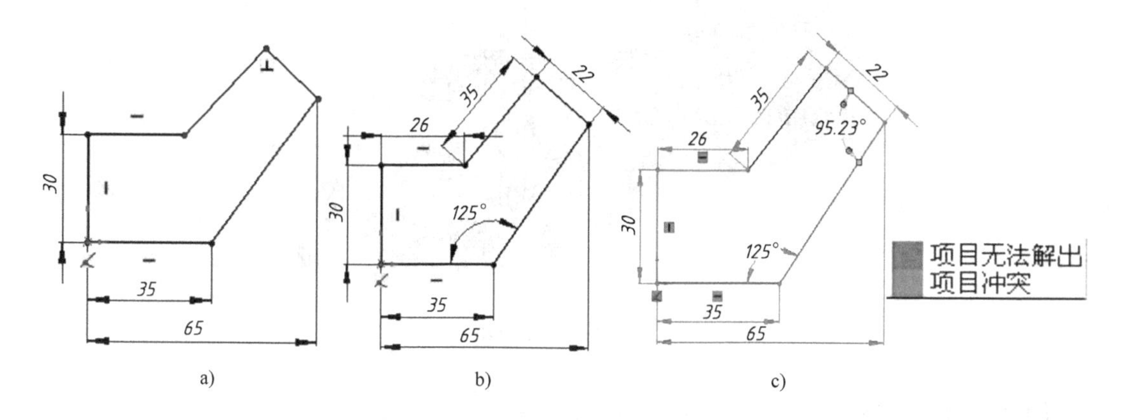

图 1-66　草图约束与自由度的 3 种状态

a）草图欠定义（蓝色）　b）草图完全定义（黑色）　c）草图过定义（红色）

在绘制草图的过程中，合理地标注尺寸和添加几何关系，最好使用完全定义的草图。约束是草图设计的重要概念，必须很好理解和掌握。

如果将 SolidWorks 设计过程比喻成雕塑过程，基体特征就是最初的材料，然后根据设计需要不断进行“加”操作或“减”操作。零件设计是三维 CAD 系统的核心，特征设计是关键，草图设计是基础。

（三）综合实例

下面通过“手柄”实例（图 1-67），完整地说明使用 SolidWorks 创建三维模型和工程图的过程。

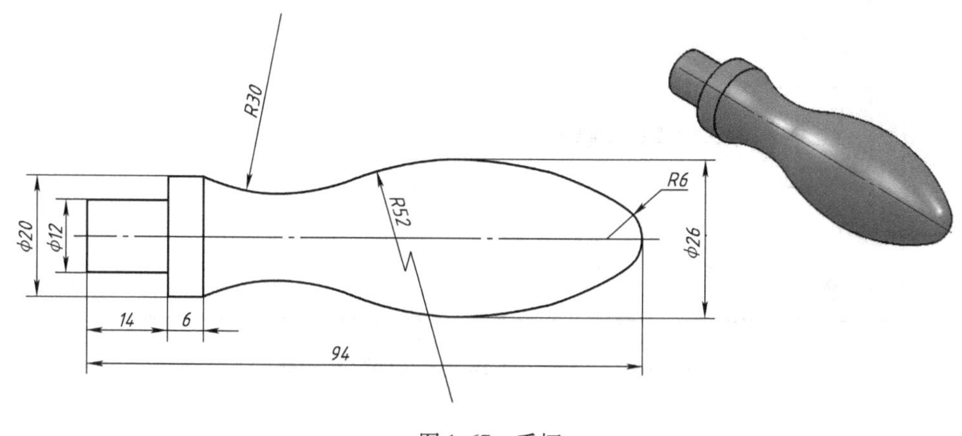

图 1-67　手柄

1. 手柄三维建模

【步骤一】建模分析。

手柄三维模型的创建原理同制陶转盘工艺一样，可用旋转法来实现，用单一的草图表示一个剖切面，以外形轮廓线（仅取一半）和一条旋转轴作为草图形状，这个草图中还必须包含作为形成特征所需的几何信息和尺寸，如图 1-68 所示。

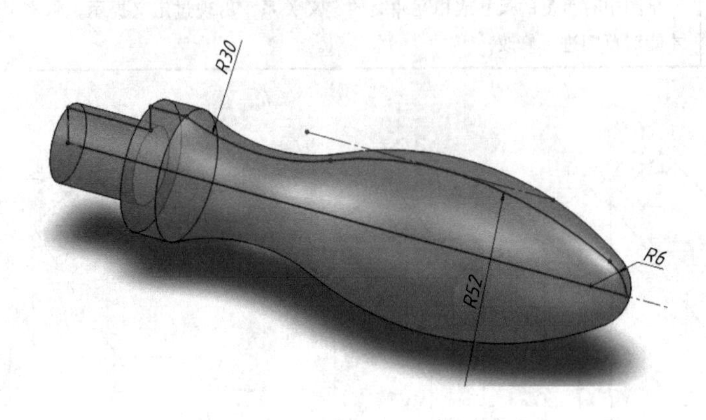

图 1-68　建模分析

【步骤二】新建零件文件。

在 SolidWorks 的“标准”工具栏中单击“新建”按钮，或者选择菜单栏中的“文件”→“新建”菜单项，系统弹出“新建 SolidWorks 文件”对话框，如图 1-69 所示，选择创建“零件”文件类型并确定。

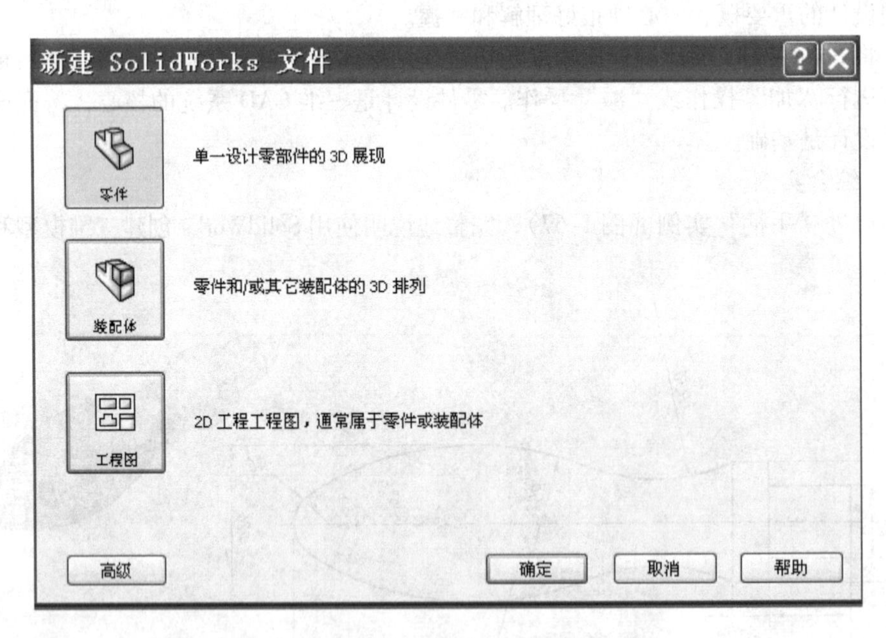

图 1-69　“新建 SolidWorks 文件”对话框

【步骤三】创建草图。

1）首先选择工作平面。在左侧特征结构树中直接拾取默认坐标平面“前视基准面”作为工作平面，如图 1-70 所示。

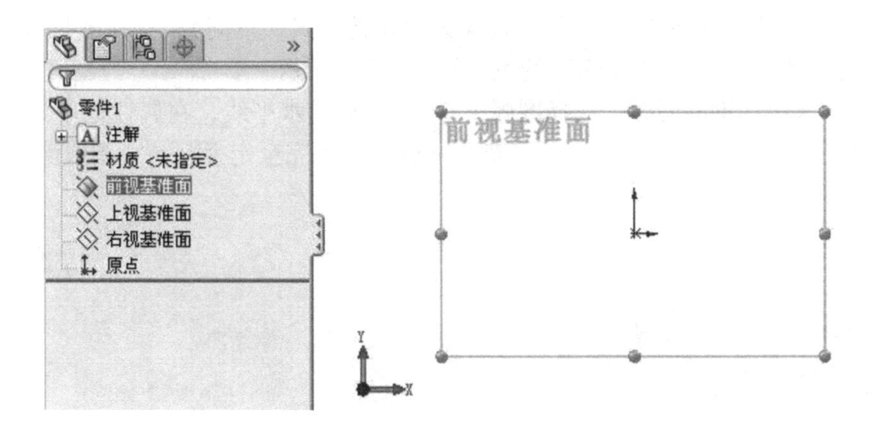

图 1-70　选择前视基准面

2）创建空白草图。选择命令管理器中“草图”标签，此时“草图”工具栏处于激活状态，单击“草图”工具栏中的“草图绘制”按钮，就在所选平面上创建了一张空白草图，即可开始绘制草图。

3）绘制已知线段，如图 1-71 所示。

① 单击“直线”命令按钮（单击右侧的下拉箭头可选择线型），经过坐标原点绘制一条水平中心线（也可以是一条实线），作为草图的中心要素和旋转轴线，结束绘制直线按“esc”键或双击鼠标左键。

② 接着绘制 4 段连续直线和一条辅助水平中心线。

③ 单击“圆弧”命令按钮画 $R6$mm 圆弧，注意要将圆心和圆弧起点定义在旋转轴线上。

④ 单击智能标注尺寸命令按钮，对图线进行尺寸标注。

在作图过程中，系统会自动给定几何关系，在图线的附近添加几何标记，这样可免去用户对每个绘制的实体添加几何关系的动作，当然也可以单击按钮修改或添加现有图线的几何约束关系。

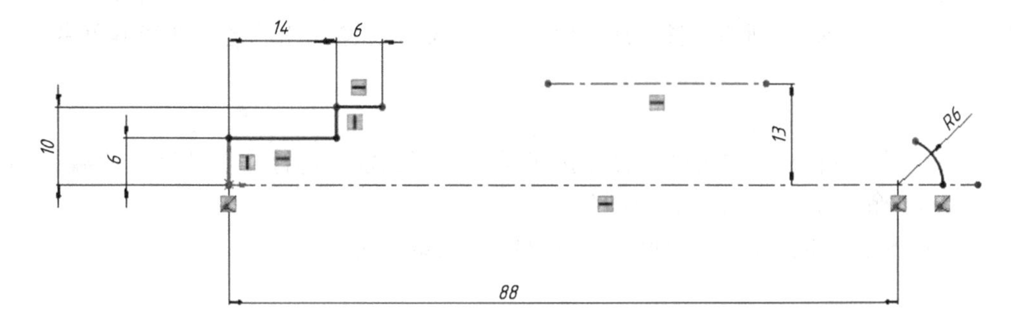

图 1-71　作已知线段

4）绘制中间线段弧 $R52$mm，如图 1-72c 所示。

① 在草图工具栏选择画圆弧命令任意画一条圆弧线，并标注尺寸为 $R52$mm，显然所画圆弧不符合设计要求，还需要添加新的几何关系以给予图形几何限制。

② 按住“Ctrl”键的同时（添加几何关系的快捷方式，下同），选择圆弧 $R52$mm 和圆弧 $R6$mm，在属性框中添加“相切”约束，如图 1-72a 所示。

③ 按住“Ctrl”键的同时，选择圆弧 $R52$mm 和辅助水平线，在属性框中添加“相切”约束，如图 1-72b 所示，此时中间线段 $R52$mm 圆弧处于完全定义状态，图线颜色由蓝色变为黑色。

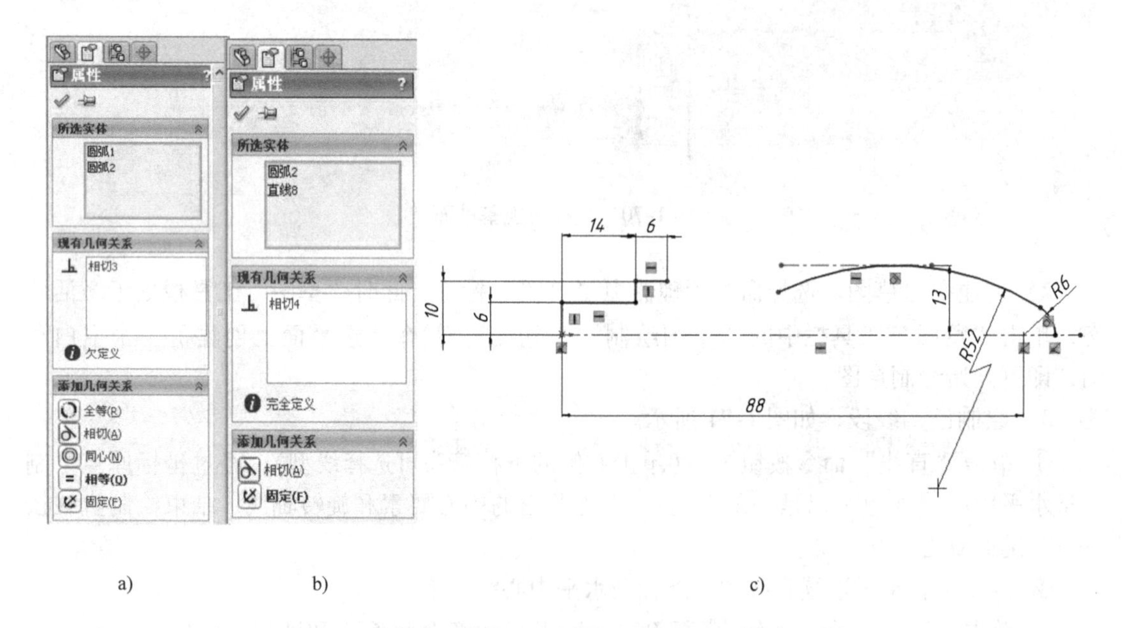

a) b) c)

图 1-72 作中间线段

a）圆弧 $R52$mm 与 $R6$mm 相切约束 b）圆弧 $R52$mm 与辅助水平线相切约束 c）中间线段的绘制

5）绘制连接线段弧 $R30$mm。

① 在草图工具栏选择画圆弧命令画一条圆弧线，圆弧要注意经过尺寸为 6mm 的水平线端点，并标注尺寸为“$R30$mm”，如图 1-73b 所示。

② 按住“Ctrl”键的同时，选择圆弧 $R52$mm 和圆弧 $R30$mm，在属性框中选择“相切”约束，如图 1-73a 所示，此时连接线段 $R30$mm 圆弧处于完全约束状态，图线颜色由蓝色变为黑色。

6）修剪图线，退出草图绘制。

① 在草图工具栏选择“剪裁”命令按钮，在对话框中选择“剪裁到最近端”，将圆弧连接处的多余部分修剪掉，如图 1-74 所示。

② 在草图工具栏选择“退出草图”按钮，结束草图绘制。

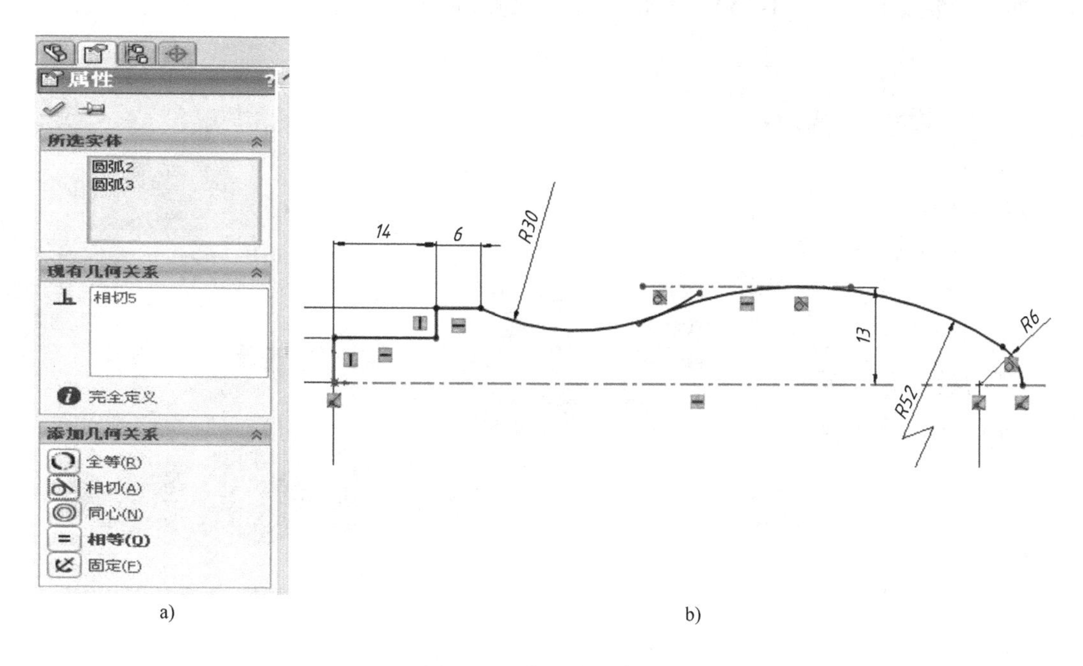

a)　　b)

图 1-73　作连接弧线段

a）相切约束　b）作连接弧 $R30$mm

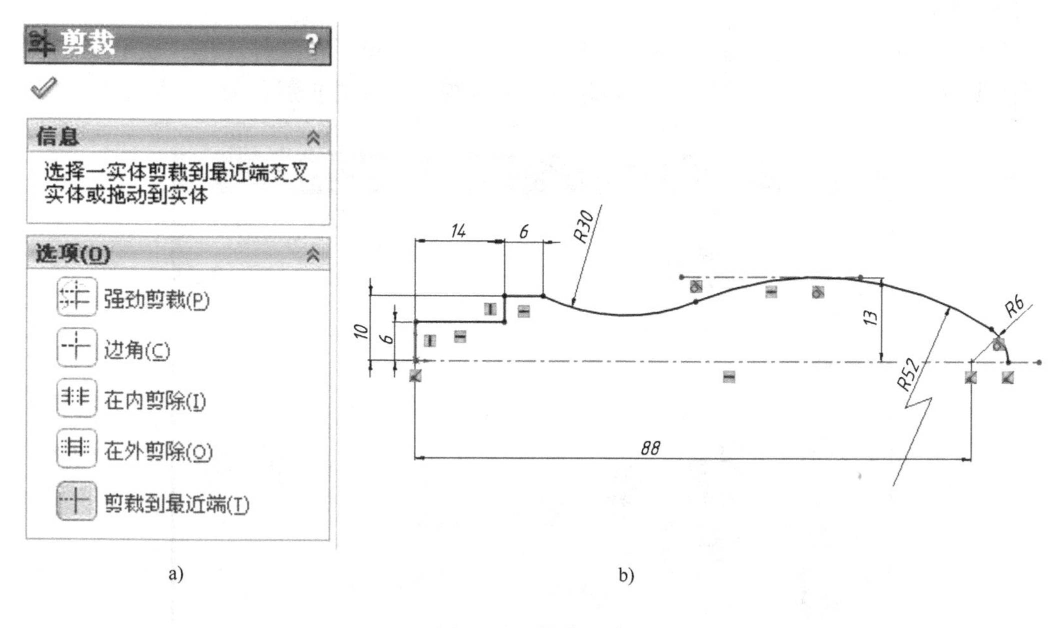

a)　　b)

图 1-74　剪裁图线

a）剪裁对话框　b）修剪后的草图

【步骤四】生成“旋转”特征。

1）在命令管理器的“特征”工具栏中选择“旋转凸台/基体”命令按钮。

2）然后根据对话框中的要求在绘图区的草图上指出旋转轴，并将其封闭，系统自动显示手柄的三维效果图（图 1-75），至此手柄的三维建模工作完成。

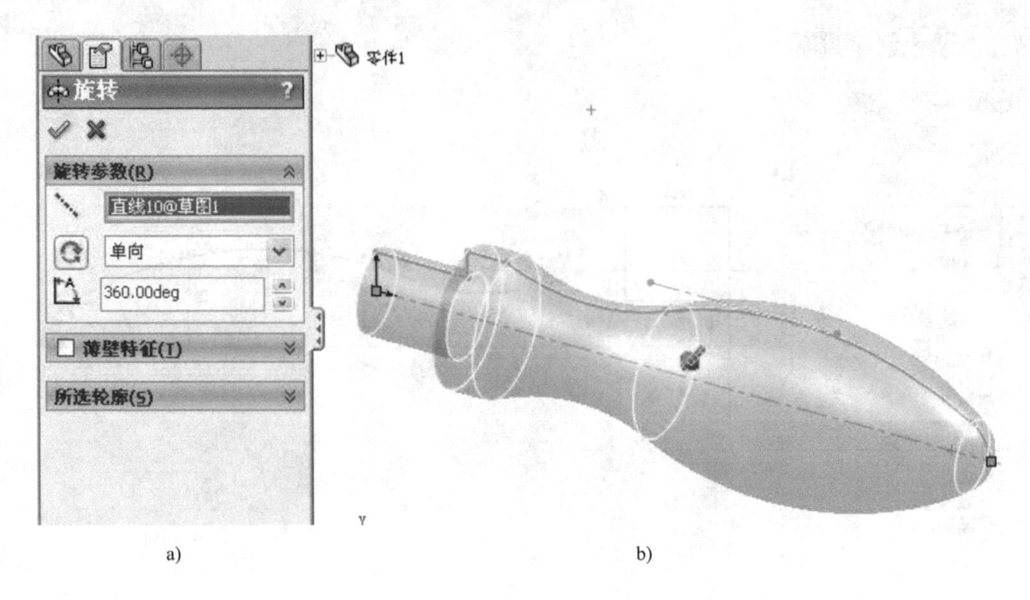

a)　　　　b)

图 1-75　旋转生成特征

a）“旋转”对话框　b）旋转生成特征

【步骤五】保存文件。

单击“标准”工具栏中的“保存”按钮，或选择菜单栏“文件”→“另存为”菜单项（图 1-76），取名为“手柄”，保存到磁盘，零件模型的文件扩展名为“. sldprt”。

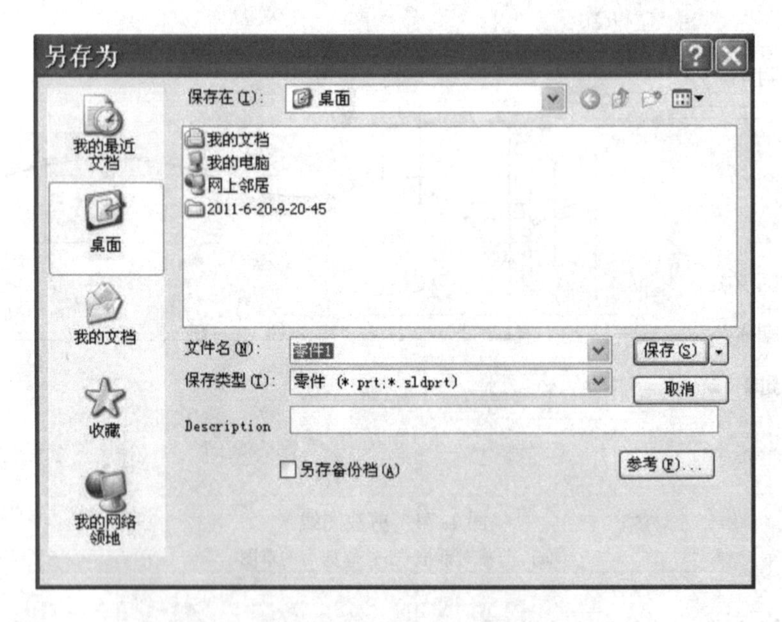

图 1-76　保存文件对话框

2. 手柄工程图

一旦手柄的三维模型建成，便可以进入工程设计环境，生成二维工程图。

【步骤一】新建工程图文件。

在 SolidWorks 的“标准”工具栏中单击“新建”按钮，系统弹出“新建”对话框（与“新建”SolidWorks 文件对话框相同，如图 1-69 所示），选择“工程图”类型并确定。

接着选择图纸格式和大小。系统已经提供常见的图纸图幅格式，如图 1-77 所示也可以修改生成自己的模板文件。

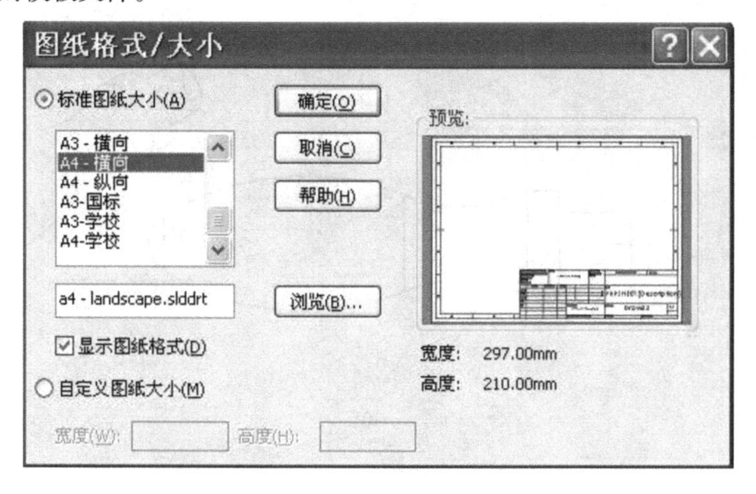

图 1-77　图纸格式

【步骤二】生成二维投影图。

1）在弹出的“模型视图”对话框（图 1-78a）中，打开之前生成的手柄零件文件（图 1-78b）。

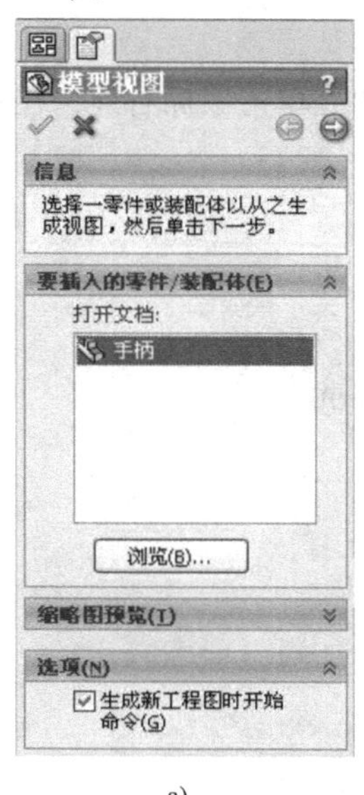

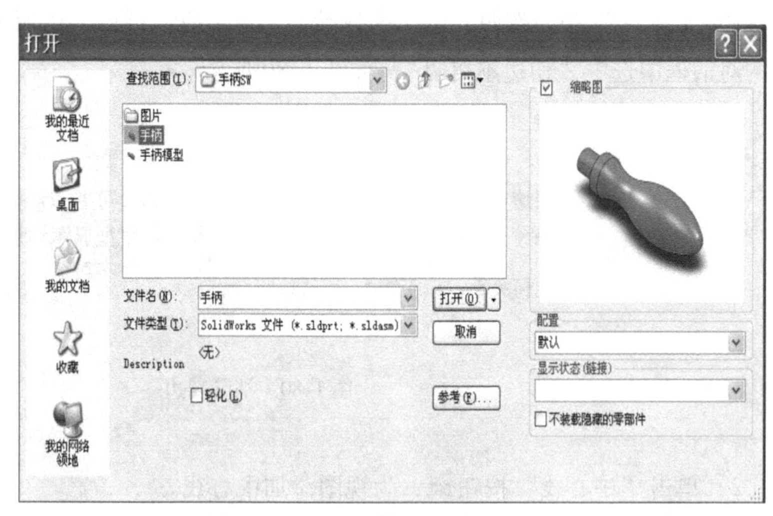

a)　　b)

图 1-78　打开手柄零件文件

a）“模型视图”对话框　b）“打开”对话框

2）选择合适的比例，分别生成前视图和等轴测图，即异维图（其概念将在后续章节中学习），如图 1-79 所示。

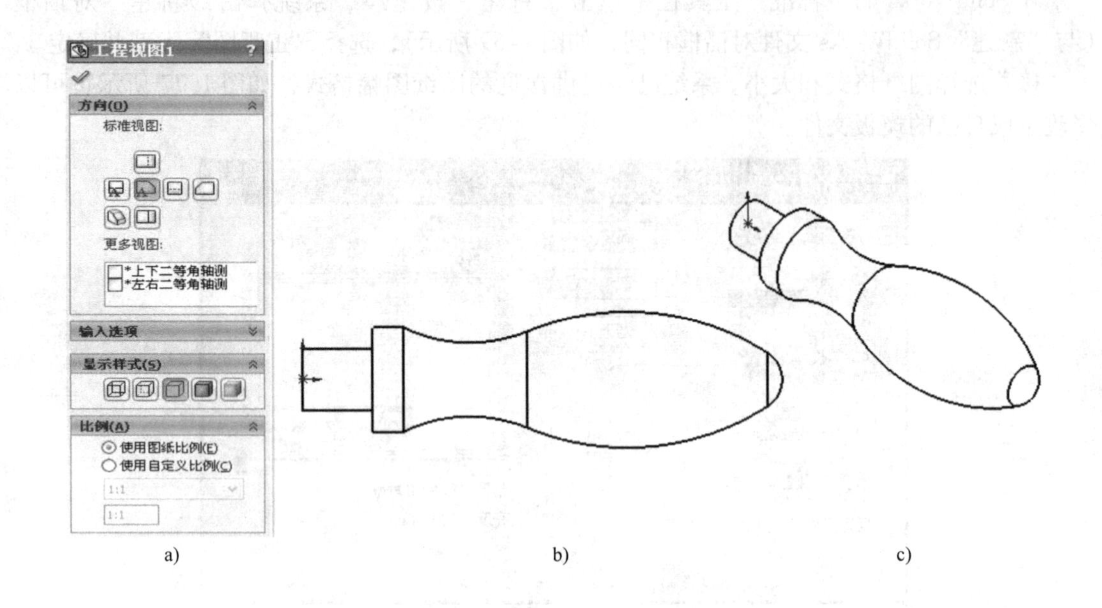

图 1-79　生成前视图和等轴测图

a）选择比例　b）生成前视图　c）生成等轴测图

【步骤三】完成视图注解。

1）在图 1-79 中，按照我国国家标准，切边不应该可见。在切边处单击鼠标右键，在弹出的对话框中选中“切边不可见”，如图 1-80 所示。

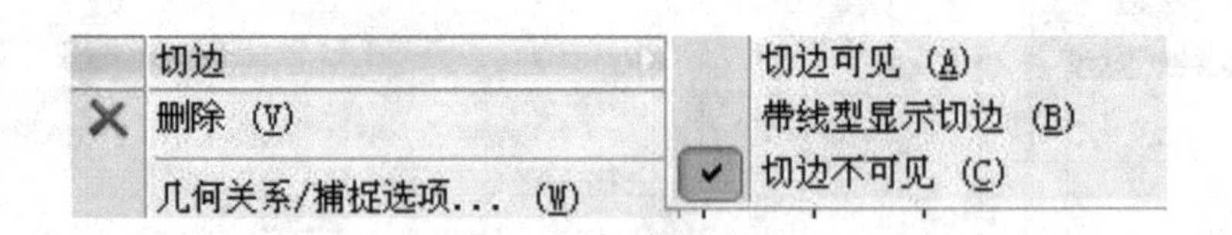

图 1-80　消除切边

2）单击“中心线”按钮，为视图添加中心线。

3）为视图添加尺寸和说明等，如图 1-81 所示。

【步骤四】保存工程图文件，取名为“手柄”，工程图的文件扩展名为“. slddrw”。

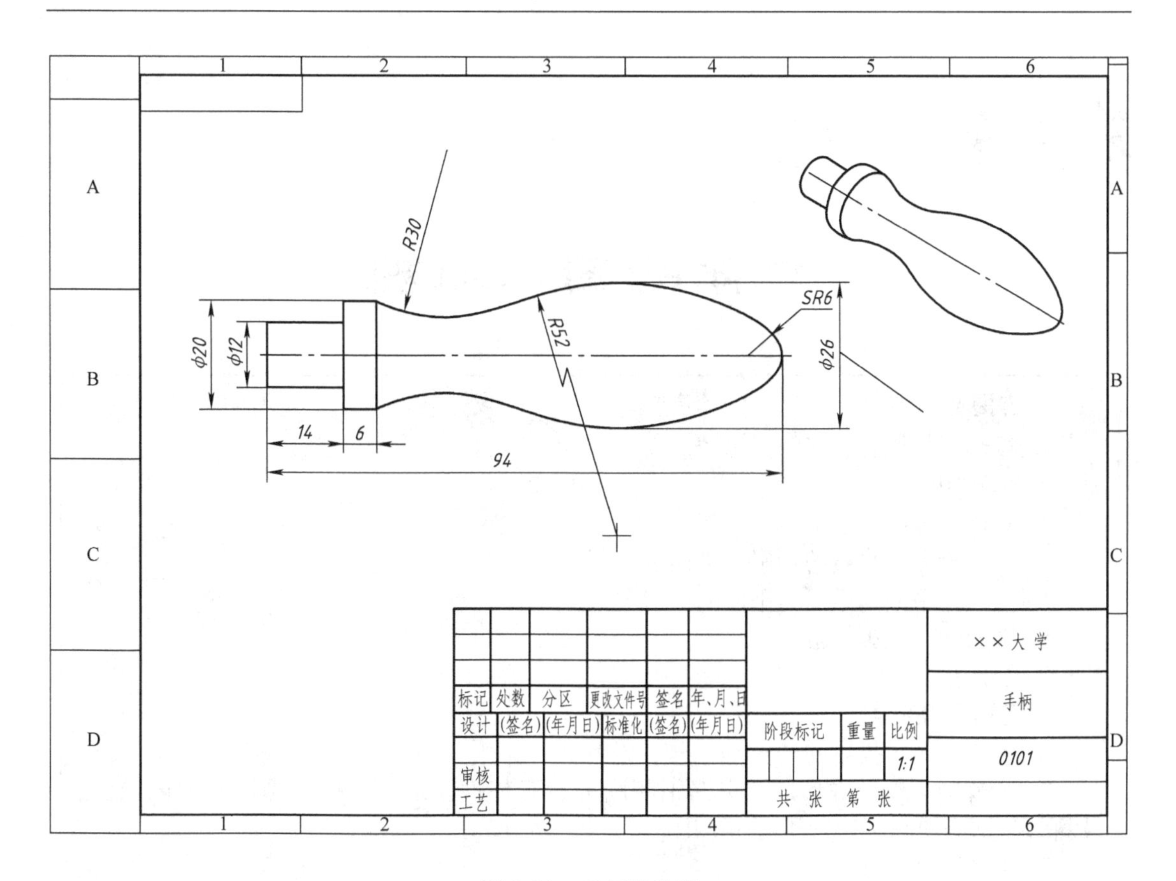

1
2
3
4
5
6
A
B
C
D
R30
R52
SR6
φ20
φ12
φ26
14
6
94
标记
处数
分区
更改文件号
签名
年、月、日
设计
(签名)
(年月日)
标准化
(签名)
(年月日)
审核
工艺
阶段标记
重量
比例
1:1
共 张 第 张
××大学
手柄
0101

图 1-81 手柄异维图

第二章

立体的图示原理

内容提要

1. 投影法的概念、三面投影图。
2. 轴测图。
3. 立体的异维图示。
4. 点的投影、直线的投影、平面的投影。
5. 直线与平面、平面与平面的相对位置。
6. 平面立体投影分析。
7. 换面法。

学习提示及要点

1. 熟练应用正投影的“三等”规律。
2. 了解轴测投影的形成，掌握轴测图的投影特性。重点掌握正等轴测图的画法，及斜二等轴测图画法特点和适用范围。
3. 了解什么是异维图示。
4. 重点掌握各种位置的直线、平面的投影特性。
5. 学会在平面上取点和直线，掌握直线与平面、平面与平面相交时交点和交线的求法与可见性判断。
6. 运用前面所学知识，会对平面立体投影图进行分析。
7. 学习换面法时，着重掌握换面法的六个基本问题及其作图方法。

第一节　投　影　法

一般物体都是三维的，都有长、宽、高三个方向的尺寸，如图 2-1 所示。如何才能在一张只有长、宽的二维图纸上准确而又全面地表达三维的空间物体，就是投影法要解决的问题。

一、投影概念

物体在灯光或阳光的照射下，就会在墙上或地面上留下影子。科学家将这一自然现象抽象概括以后，就得到了投影法。如图 2-2 所示，有一平面 P 和不在该平面内的一点 S，空间有一点 A，连接 SA 交平面 P

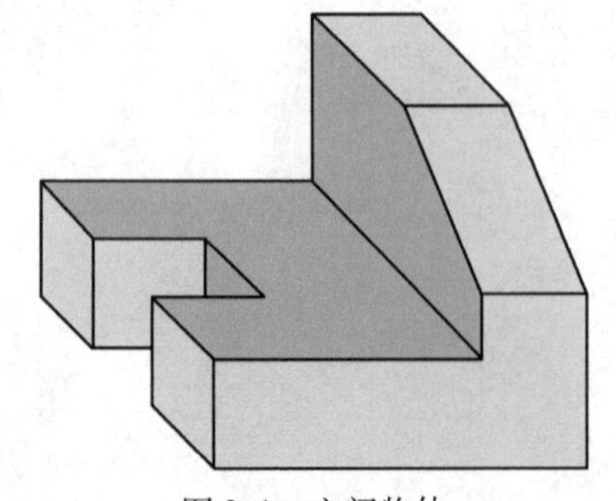

图 2-1　空间物体

于点 a。通常把平面 P 称为投影面，点 S 称为投射中心，经过投射中点到达投影面的光线 SAa 称为投射线，交点 a 称为空间点 A 在投影面 P 上的投影。这种投射线通过物体，向选定的投影面投射，并在该投影面上得到图形的方法称为投影法。注意，空间物体用大写字母表示，投影用小写字母表示。

二、投影法分类

根据投射线的性质（平行或相交）可将投影法分为两大类：中心投影法和平行投影法。

1. 中心投影法

如图2-3所示，投射中心 S 在投影面 P 的有限远处，由空间△ABC 各顶点引出的投射线都相交于投射中心 S。这种投射线都交汇于一点的投影方法称为中心投影法，用中心投影法所得到的投影称为中心投影。在中心投影法中，物体的投影大小与物体的位置有关，当物体平移靠近或远离投影面时，它的投影就会变大或者变小，且一般不能反映物体的实际形状，作图比较复杂，所以中心投影法在机械制图中很少采用。

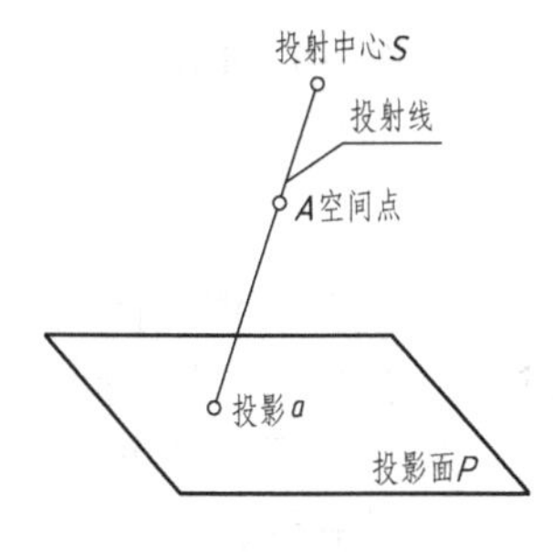

图2-2　投影法基础

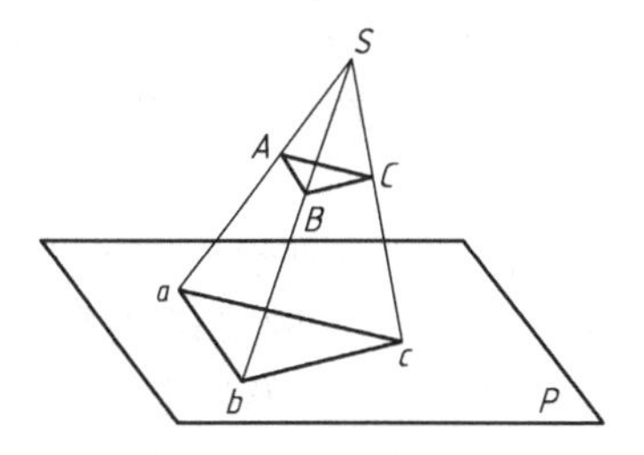

图2-3　中心投影法

2. 平行投影法

当投射中心移至无穷远时，所有的投射线都相互平行，这种投射线相互平行的投影方法称为平行投影法，所得的投影称为平行投影。在平行投影法中，当空间物体相对投影面上下平移时，其投影的形状和大小都不会改变。根据投影线与投影面是否垂直，可将平行投影法分为两类：正投影法和斜投影法。

（1）斜投影法　投射线与投影面倾斜的投影法，如图2-4所示。

（2）正投影法　投射线与投影面垂直的投影方法，如图2-5所示。

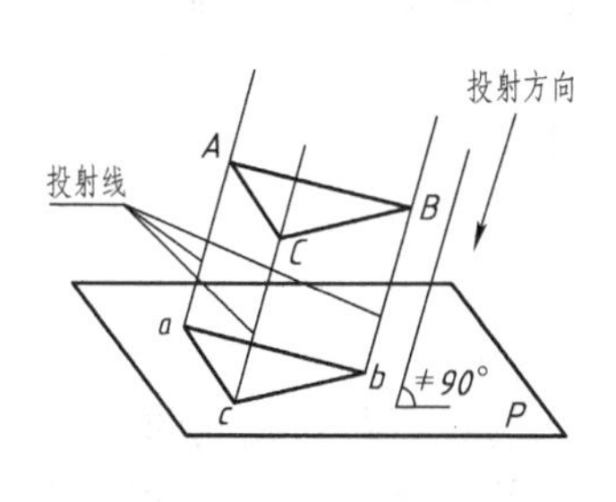

图2-4　斜投影法

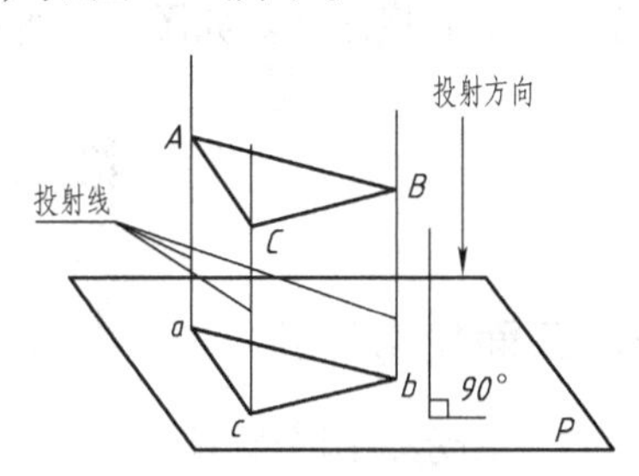

图2-5　正投影法

在正投影法中，当空间平面平行于投影面时，它的投影反映该平面的真实形状和大小，作图比较简便。因此，机械制图中一般都采用正投影法。如无特殊说明，本教材以后所指的投影法均为正投影法。

三、正投影的基本性质

1. 实形性

当空间直线或平面平行于投影面时，其投影反映该直线段的实长或反映该平面的实形。如图 2-6 所示，平面 M 平行于投影面 P，则其投影 m 反映平面 M 的真实形状和大小。直线 AB 平行于投影面 P，则其投影反映直线的实长，$L_{ab}=L_{AB}$。

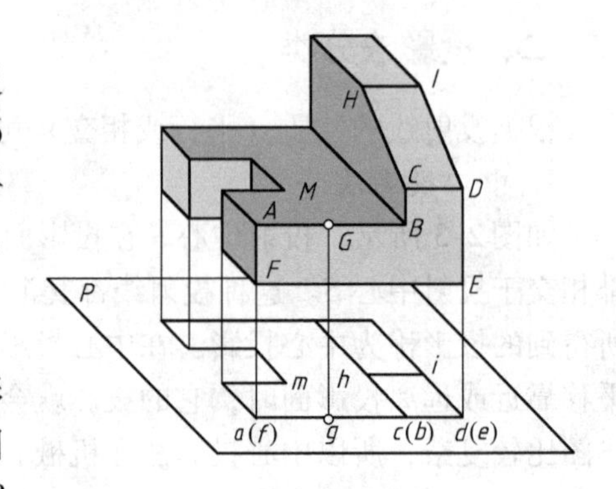

图 2-6　正投影法

2. 积聚性

当直线或平面与投影面垂直时，则直线的投影积聚成一点，平面的投影积聚成一条直线。如图 2-6 所示，直线 AF 垂直投影面 P，AF 在投影面 P 上的投影积聚为一点 a（f）；平面 $ABCDEF$ 垂直于投影面 P，则该平面在投影面 P 上的投影积聚为一条直线 ad。

3. 类似性

当直线或平面既不平行、又不垂直于投影面时，直线的投影仍是直线，但其长度小于该直线的实长，平面图形的投影仍是原图形的类似形（多边形的投影仍为相同边数的多边形），但其面积小于原图形的面积。如图 2-6 所示，直线 CH 既不平行、又不垂直于投影面 P，CH 的投影 ch 仍为直线，但 $L_{ch}<L_{CH}$。平行四边形 $CDIH$ 既不平行、又不垂直于投影面 P，则其投影 $cdih$ 仍为平行四边形，但 $S_{cdih}<S_{CDIH}$。

4. 平行性

若空间两直线相互平行，则其投影仍然相互平行。如图 2-6 所示，$HC /\!/ ID$，则 $hc /\!/ id$。

5. 从属性

若点在直线上，则点的投影仍在该直线的投影上；若点或直线在平面上，则点或直线的投影仍在该平面的投影上。如图 2-6 所示，点 G 在直线 AB 上，其投影 g 也在直线 AB 的投影 ab 上。点 G、直线 AG 在平面 M 上，则其投影 g，ag 也在平面 M 的投影上。

6. 定比性

直线上的点把直线分为两段，两线段实长之比等于其投影长度之比；平行两线段实际长度之比等于其投影长度之比。如图 2-6 所示，$L_{AG}:L_{GB}=L_{ag}:L_{gb}$；$HC /\!/ ID$，则 $L_{HC}:L_{ID}=L_{hc}:L_{id}$。

第二节　三面投影图

一、三面投影体系

如图 2-7 所示，两个物体形状不同，但在同一投影面上的投影却是相同的。这说明仅用一个投影是不能准确表达空间物体形状的。为清楚地表达空间物体三个方向的空间形状，常把物体放在三面投影体系中，分别向三个投影面进行投影，如图 2-8 所示。

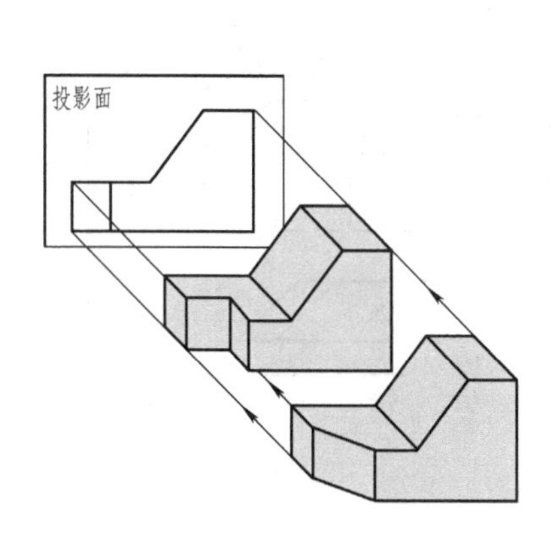

图 2-7 物体的单面投影

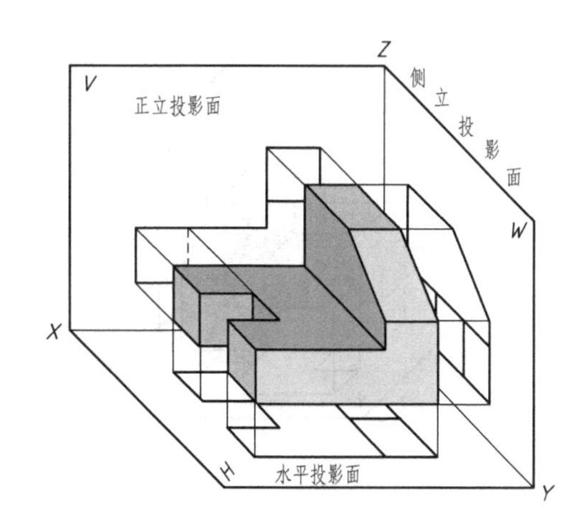

图 2-8 物体的三面投影

在三面投影体系中，三个投影面两两相互垂直，分别称为正立投影面（简称正面，用 V 表示）、水平投影面（简称水平面，用 H 表示）和侧立投影面（简称侧面，用 W 表示）。三个投影面两两相交，V 面与 H 面交于 OX 轴、H 面与 W 面交于 OY 轴、V 面与 W 面交于 OZ，OX、OY、OZ 称为投影轴，三个投影轴相互垂直且交于一点 O，该点称为原点。物体在这三个投影面上的投影分别称为正面投影、水平投影和侧面投影。

二、三视图的形成

在机械制图中，通常把互相平行的投射线当作人的视线，根据有关标准和规定，用正投影法绘制的物体的图形称为视图。

如图 2-9a 所示，将物体置于观察者和投影面之间，由前向后投射，在正立投影面上的投影称为主视图；由左向右投射，在侧立投影面上的投影称为左视图；由上向下投射，在水平投影面上的投影称为俯视图。在绘图中规定，物体的可见轮廓线画成粗实线，不可见轮廓线画成虚线，当两者重叠时，按粗实线绘制。

为了使三个投影面绘制在同一个平面内，需将三个相互垂直的投影面展开。国家标准规定正面保持不动，把水平面绕 OX 轴向下旋转 90°，使其与 V 面共面，把侧面绕 OZ 轴向右旋转 90°，使其与 V 面共面，如图 2-9b 所示。展开后，主视图、俯视图和左视图的相对位置如图 2-9c 所示。展开时，OY 轴随 H 面、W 面各展开一次，在 H 面上的 OY 轴记为 OY_H，在 W 面上的 OY 轴记为 OY_W。

投影面可以为无限大的平面，因此为了简化作图，在三视图中不必画出投影面的边框线和投影轴，视图之间的距离可根据具体情况确定，视图的名称也不必标出。如图 2-9d 所示。

三、三视图的投影规律

1. 三视图的位置关系

由投影面的展开过程可以看出，三视图之间的位置关系是：以主视图为准，俯视图在主视图的正下方，左视图在主视图的正右方。

2. 三视图之间的投影关系

如果把物体的左右方向（OX 轴方向）的尺寸称为长，前后方向（OY 轴方向）的尺寸

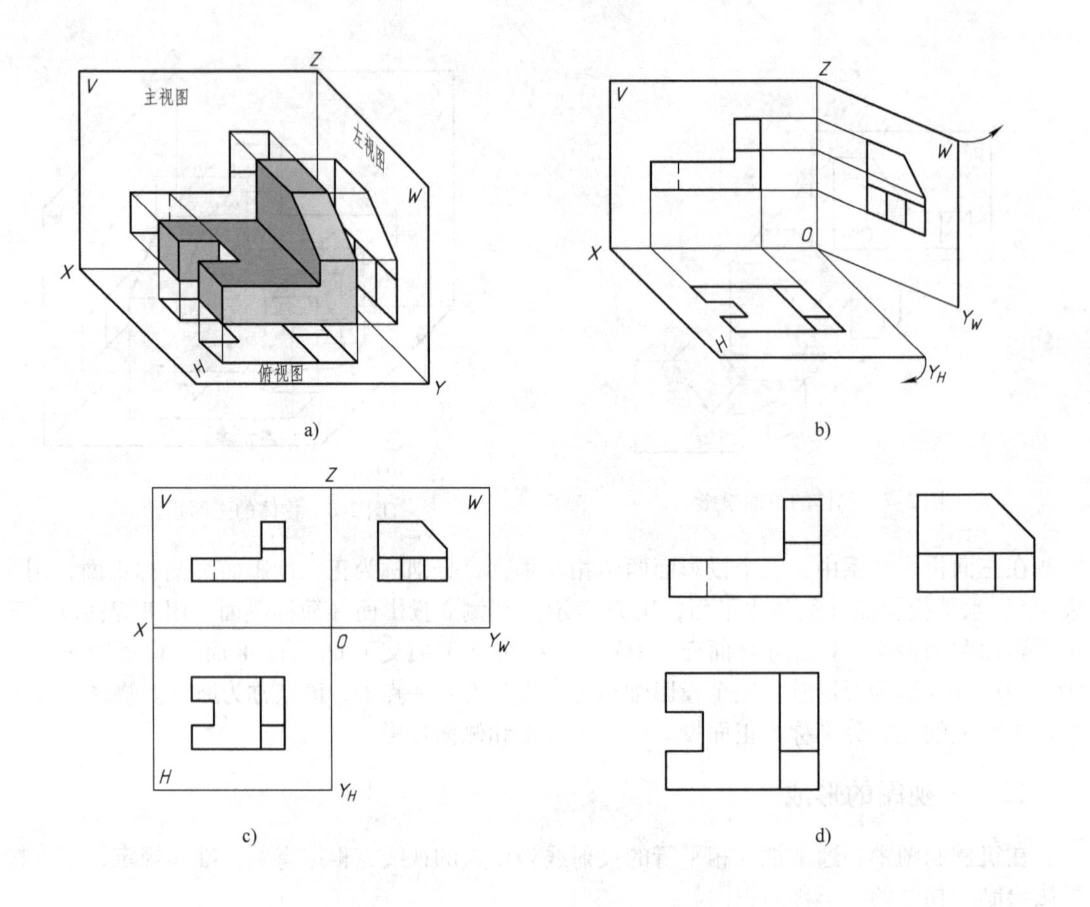

图 2-9　三视图的形成

a）物体的三面投影　b）投影面的展开　c）展开后的投影面　d）物体的三视图

称为宽，上下方向（OZ 轴方向）的尺寸称为高，那么，从三视图的形成过程可以看出，主视图和俯视图都反映了物体的长度，主视图和左视图都反映了物体的高度，俯视图和左视图都反映了物体的宽度。由于三个视图表达的是同一个形体，而且进行投影时，形体与各投影面的相对位置保持不变，因此，主视图、左视图、俯视图之间的投影应保持下列关系，即

主、俯视图：长对正。

主、左视图：高平齐。

左、俯视图：宽相等。

如图 2-10a 所示，“长对正、高平齐、宽相等”是三视图之间的投影规律，也称为视图之间的三等关系（三等规律），不仅适用于整个物体的投影，也适用于物体的每个局部的投影。

3. 视图与物体的方位关系

如图 2-10b 所示：

主视图反映了物体的上、下和左、右位置关系。

俯视图反映了物体的前、后和左、右位置关系。

左视图反映了物体的前、后和上、下位置关系。

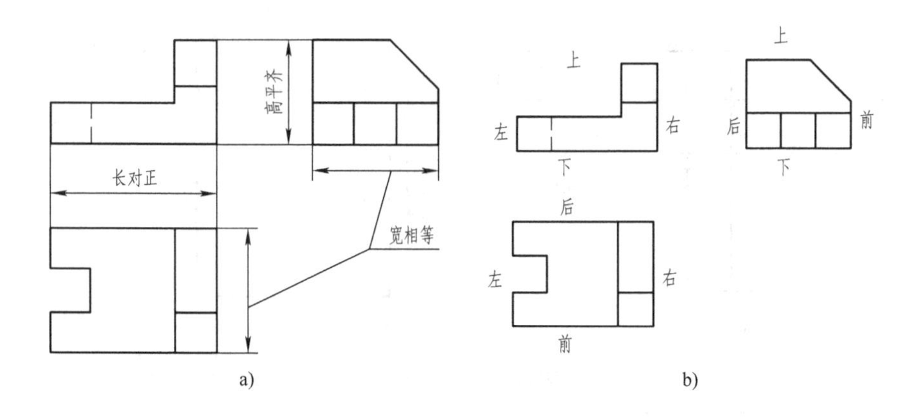

图 2-10　三视图的关系
a）度量关系　b）方位对应关系

在应用投影规律画图和看图时，必须注意物体的前后位置在视图上的反映，在俯视图和左视图中都反映了物体的前后，以主视图为准，靠近主视图的一边表示物体的后边，远离主视图的一边表示物体的前边。因此，在根据“宽相等”作图时，不但要注意量取尺寸的起点，而且要注意量取的方向。

四、立体的三视图画法

下面举例说明物体的三视图画法。

［**例 2-1**］　画出图 2-1 所示立体的三视图。

形体分析：此立体可以看成是由两个被截切后的长方体组成。下底板长方体左端被切去了一个长方体，上面立板长方体被切去了一个角。

作图：画立体三视图底稿的步骤，一般是先画各基本体的投影，然后根据截切位置画出切口的投影。画图时，一般先画大的形体，后画小的形体。具体的画图步骤如下：

1）画底板的三视图。根据长宽高和三视图的投影规律，画出底板长方体的三视图，如图 2-11a 所示。

2）画左端方槽的三视图。由于构成方槽的三个平面的水平投影都积聚成直线，反映了方槽的形状特征，所以先画出其水平投影，然后根据“长对正，宽相等”画出其他两个投影，如图 2-11b 所示。

3）画立板的三视图。因左视图反映立板的形状特征，先从左视图画起，然后根据“高平齐，宽相等”画出其他两个视图，如图 2-11c 所示。

4）检查加深。检查画的是否正确，擦去多余的图线，检查无误后加深图线，如图2-11d 所示。

五、徒手画立体三视图

1. 徒手画三视图的方法

1）根据目测估计物体各部分的尺寸比例，估算出各视图应占的幅面，据此安排各视图的具体位置，同时各视图之间应留有适当的距离，以便于标注尺寸。

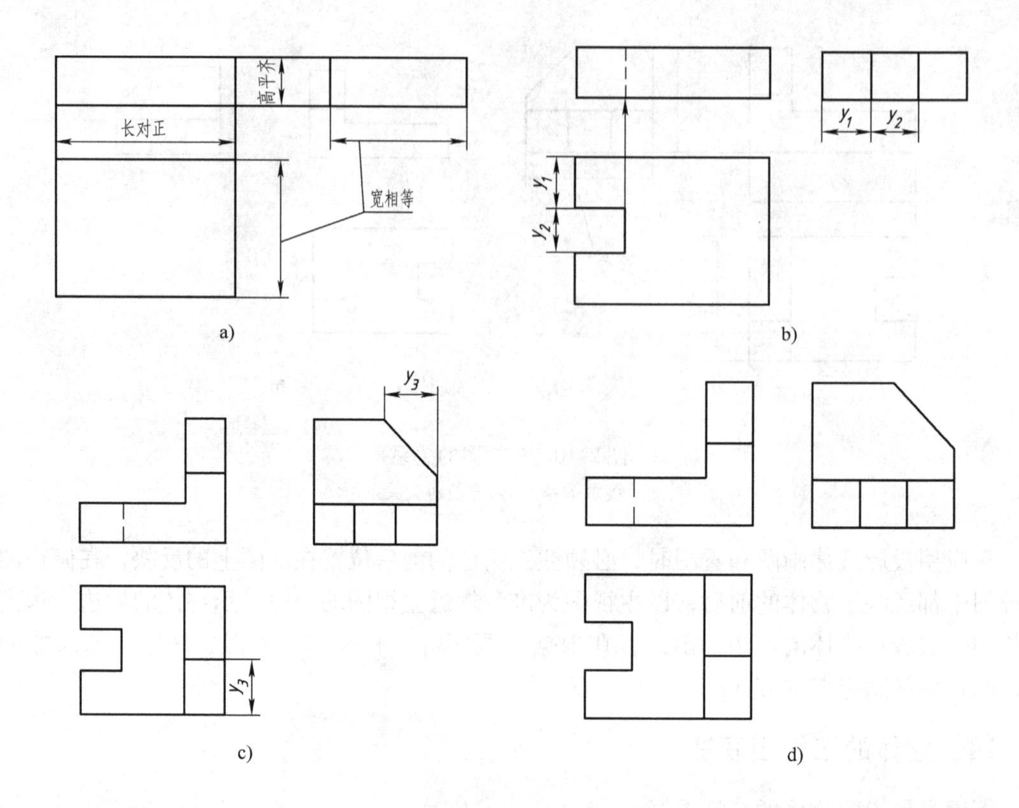

图 2-11　三视图的画法

a）画底板的三视图　b）画左端方槽的三视图　c）画立板的三视图　d）检查加深

2）画出各视图的基准线和局部结构的中心线。为了便于控制各部分的比例及投影关系，画图时要先主体后细节，既要注意图形总体尺寸的比例，又要注意图形的整体与细部的比例。开始练习画草图时，可先在方格纸上进行，这样较容易控制图形的大小比例。尽量让图形中的直线与方格线重合，以保证所画图线的平直。

3）先用细实线画出物体的主要外形轮廓，然后再画物体的内部及细节结构。徒手画三视图的具体步骤与画物体三视图的步骤相同，见例 2-1。

2. 画三视图草图举例（图 2-12）

第一步：在方格线上定出各视图基准线的位置。

第二步：用细实线画出物体的主要轮廓线及细部结构。

第三步：校核、检查、加深完成全图。如要标注尺寸，也可在此步进行。

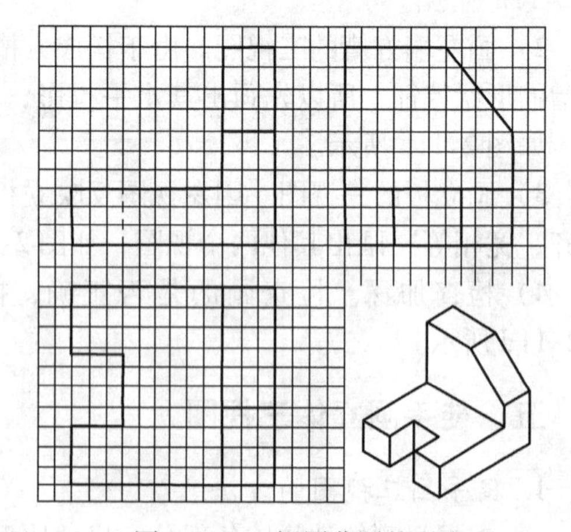

图 2-12　三视图草图的画法

第三节　轴　测　图

轴测图是一种单面投影图，它能同时反映物体的长、宽、高三个方向的形状，直观性强，一般人都能看懂。但它不能同时反映上述各面的实形，度量性差，而且对形状比较复杂的立体不易表达清楚，作图又麻烦，因此在生产中一般作为辅助图样。

一、轴测投影的基本知识

1. 轴测投影图的形成

轴测图的形成方法如图 2-13 所示，假设将物体放置在一个空间直角坐标系 $O_0X_0Y_0Z_0$ 中，使形体的三条相互垂直的棱线 O_0A_0、O_0B_0、O_0C_0 与直角坐标系的三个坐标轴重合。选定一个合适的投影面 P，将立体连同确定其空间位置的直角坐标系，用平行投影法沿不平行于任何坐标面的方向，向选定的单一的投影面进行投影，使所得的投影图能同时反映物体的长、宽、高三个方向的形状，这样的投影图称为轴测投影图，简称轴测图。

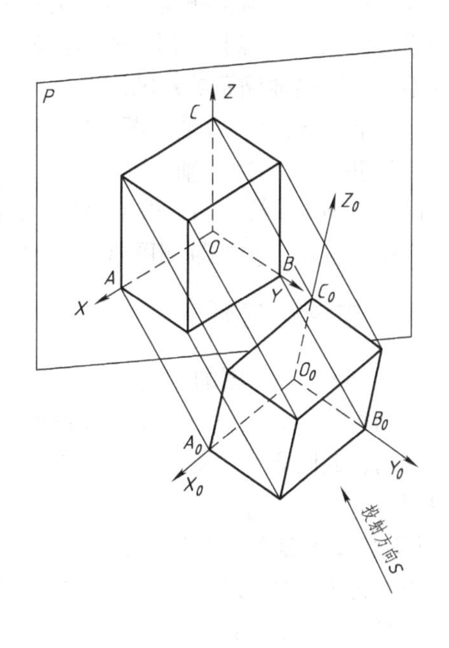

图 2-13　轴测图的形成

2. 轴测图的基本术语和参数

如图 2-13 所示，投影面 P 称为轴测投影面；S 为轴测投影方向；空间点所在的直角坐标系中的坐标轴 O_0X_0、O_0Y_0、O_0Z_0 在轴测投影面上的投影 OX、OY、OZ，称为轴测投影轴（简称轴测轴）。

（1）轴间角　两条轴测轴之间的夹角称为轴间角，记为 $\angle XOY$、$\angle XOZ$、$\angle YOZ$。

（2）轴向伸缩系数　沿轴测轴方向的线段长度（轴测投影长度）与空间立体上沿坐标轴方向的对应线段长度（真实长度）之比，称为轴向伸缩系数，图 2-13 中，

X 轴的轴向伸缩系数　$$p = \frac{OA}{O_0A_0}$$

Y 轴的轴向伸缩系数　$$q = \frac{OB}{O_0B_0}$$

Z 轴的轴向伸缩系数　$$r = \frac{OC}{O_0C_0}$$

3. 轴测图的投影特性

由于轴测图是用平行投影法绘制的，因而它具有平行投影的特性。

1）平行性。空间物体表面上相互平行的线段，它们的轴测投影也相互平行。因而，平行于某坐标轴的空间线段，其轴测投影仍平行于相应的轴测轴。

2）定比性。空间物体表面上相互平行的两线段长度之比，等于它们的轴测投影长度之比。因此，空间平行某坐标轴的线段，其伸缩系数与该坐标轴的伸缩系数相同，即空间平行

于某坐标轴的线段，其轴测投影长度等于该坐标轴的轴向伸缩系数与线段真实长度的乘积。

3）立体上平行于轴测投影面的直线和平面，在轴测图上反映实长和实形。

在画轴测图时，轴间角和轴向伸缩系数是已知的，物体表面上与坐标轴平行的线段，应按平行于相应轴测轴的方向画出，并可根据各坐标轴的轴向伸缩系数来测量其尺寸。“轴测”二字即由此而来，包含沿轴测量的意思。其他方向的可转换为沿轴测轴方向度量的问题。

4. 轴测图的分类

根据投射方向与轴测投影面的相对位置，轴测图可分为：正轴测图（投射方向垂直于轴测投影面）；斜轴测图（投射方向倾斜于轴测投影面）两大类。在各类轴测图中，根据选定的不同的轴向伸缩系数，轴测图又可分为3种：

（1）正（或斜）等轴测图　轴向伸缩系数 $p=q=r$，如正等测 $p=q=r\approx 0.82$。

（2）正（或斜）二轴测图　通常采用 $p=r\neq q$，如斜二测 $p=r=1$ 及 $q=0.5$。

（3）正（或斜）三轴测图　轴向伸缩系数 $p\neq q\neq r$。

其中，应用较多的轴测图有正等轴测图和斜二轴测图，下面主要介绍它们的画法。

二、正等轴测图

（一）正等轴测图的形成

当轴测投影方向垂直于轴测投影面时，物体上的3个空间坐标轴旋转到与轴测投影面的夹角相同，此时3个坐标轴的轴向伸缩系数相等，这样得到的投影图称为正等轴测图，如图2-14所示。

（二）正等轴测图的基本参数

由于物体上的三个坐标轴与投影面的夹角相等，因此三个轴间角均为120°，画轴测图时，轴测轴 OZ 画成铅垂方向，根据计算，三个轴的轴向伸缩系数 $p=q=r\approx 0.82$。在实际作图时，为了简化作图，常采用简化的轴向伸缩系数 $p=q=r=1$，这样画出的正等轴测图沿各轴向的长度都分别放大了约 $1/0.82\approx 1.22$ 倍，但不影响轴测图的立体感。本章均采用简化的轴向伸缩系数绘制正等轴测图，如图2-15所示。

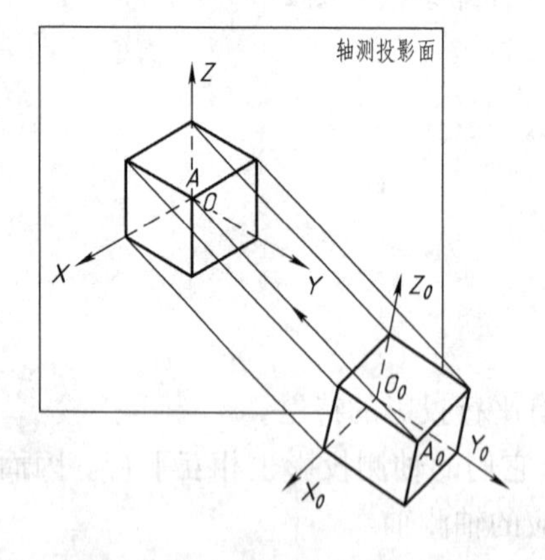

图2-14　正等轴测图的形成

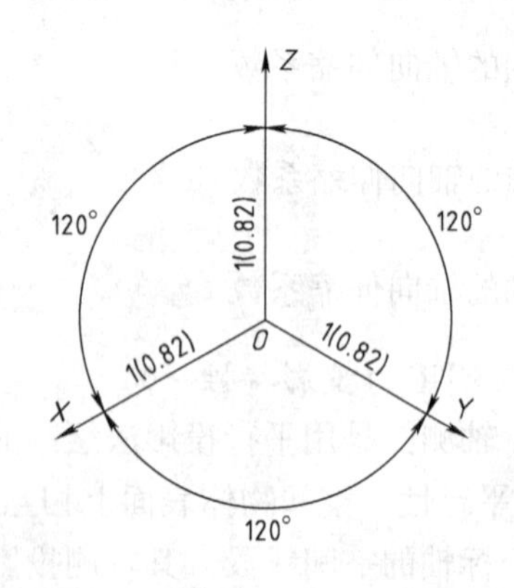

图2-15　正等轴测图的基本参数

（三）正等轴测图的作图方法

根据物体的三视图绘制轴测图的方法和步骤如下：

1）对所画物体的三视图进行形体分析，弄清其形体特征，在三视图上确定坐标轴和原点的位置。原点和坐标轴的选择，应以作图简便为原则，一般选取物体的对称中心线、轴线、主要轮廓线为坐标轴。

2）由轴间角画出轴测轴，确定轴向伸缩系数。

3）选择合适的作图方法，逐步画出构成形体的各个几何元素的轴测图。轴测图中一般只画出可见部分，必要时才画出不可见部分。

（四）平面立体正等轴测图

绘制平面立体轴测图的基本方法是根据立体表面上各顶点的坐标，分别画出各顶点的轴测投影，然后按顺序连接各顶点的轴测投影，擦去不可见的线段，即完成平面立体的轴测图，这种方法称为坐标法，见例 2-2。坐标法是画轴测图的基本方法，适用于绘制平面立体，也适用于绘制曲面立体。

［**例 2-2**］　根据平面立体的三视图（图 2-16a），画出它的正等轴测图。

作图步骤如下：

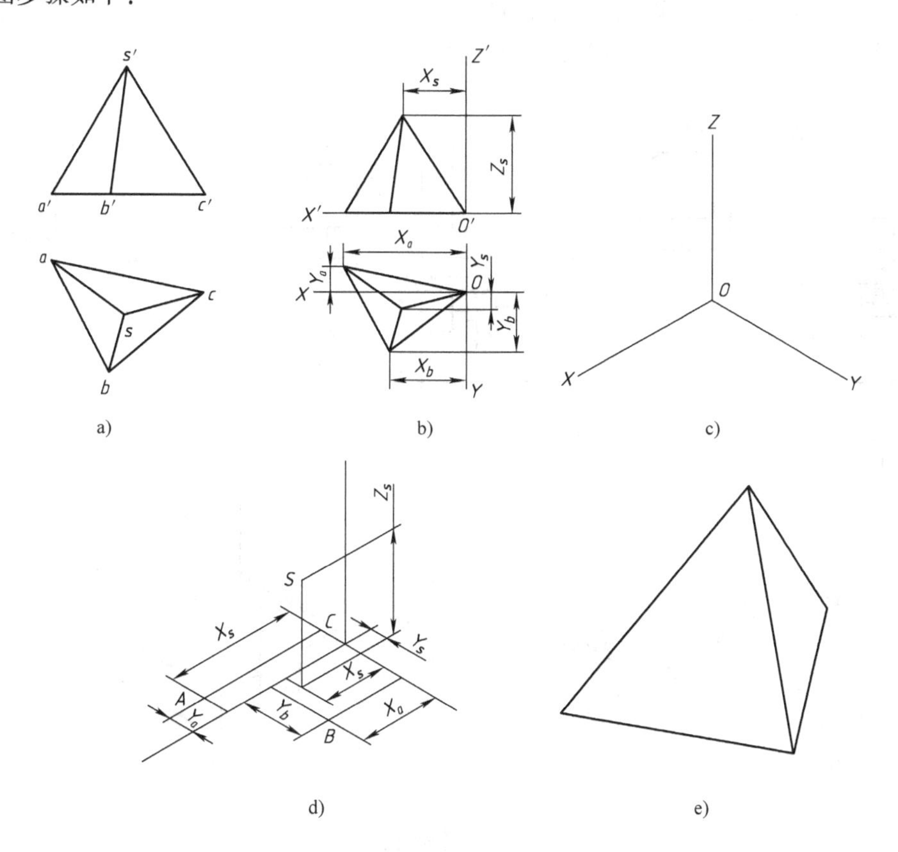

图 2-16　坐标法绘制正等轴测图

a）三视图　b）画坐标原点和坐标轴　c）画轴测轴

d）画点的轴测投影　e）完成的立体正等轴测图

1）在三视图上标出坐标原点和坐标轴，如图 2-16b 所示。

2）根据轴间角画出轴测轴，如图 2-16c 所示。

3）根据平面立体四个顶点的坐标及轴向伸缩系出，作出 A、B、C、D 四个点的轴测投影，如图 2-16d 所示。

4）连接各顶点的轴测投影、擦去多余的辅助线并加深图形，看不见的虚线一般省略不画，如图 2-16e 所示。

画轴测图的基本方法是坐标法，但在实际作图时，还应根据物体的形状特点而灵活采用各种不同的作图方法。

［例 2-3］　平面立体的三视图如图 2-17a 所示，画出它的正等轴测图。

分析：该立体可以看成是由两个被截切后的长方体组成，下面底板长方体左端被切去了一个长方体，上面立板长方体被切去了一个角。

作图步骤如下：

1）在三视图上标出坐标原点和坐标轴，如图 2-17b 所示。

2）作出底板长方体的轴测图，如图 2-17c 所示。

3）作出立板长方体的轴测图，如图 2-17d 所示。

4）作出各截平面的轴测图，如图 2-17e 所示。

5）擦去多余的线条，检查加深，如图 2-17f 所示。

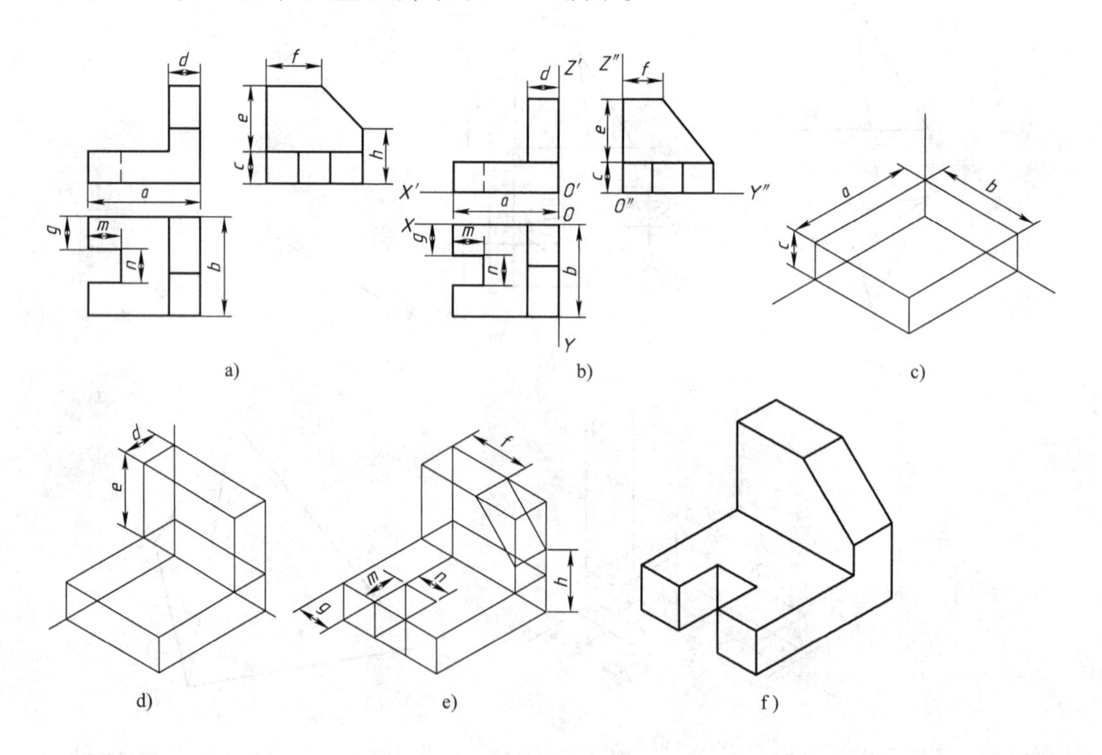

图 2-17　立体正等轴测图作图过程

a）三视图　b）画坐标原点和坐标轴　c）画底板的轴测图

d）画立板的轴测图　e）画各截平面的轴测图　f）完成的立体正等轴测图

［例 2-4］　由方槽板的三视图（2-18a），作出其正等轴测图。

分析：该立体可以看作是一个长方体，左方前后各切去一个角，底上挖切去一个长方体而成。

作图步骤如下：

1）在三视图上标出坐标原点和坐标轴。

2）画出轴测轴，其中将 Y 轴的正方向反向，作出方槽基本体长方体的轴测投影，如图 2-18b 所示。

3）作出长方体左边前后两个切平面的轴测投影，如图 2-18c 所示。

4）作出长方体底部挖切去的方槽的轴测投影，如图 2-18d 所示。

5）擦去多余的线条，检查加深，如图 2-18e 所示。

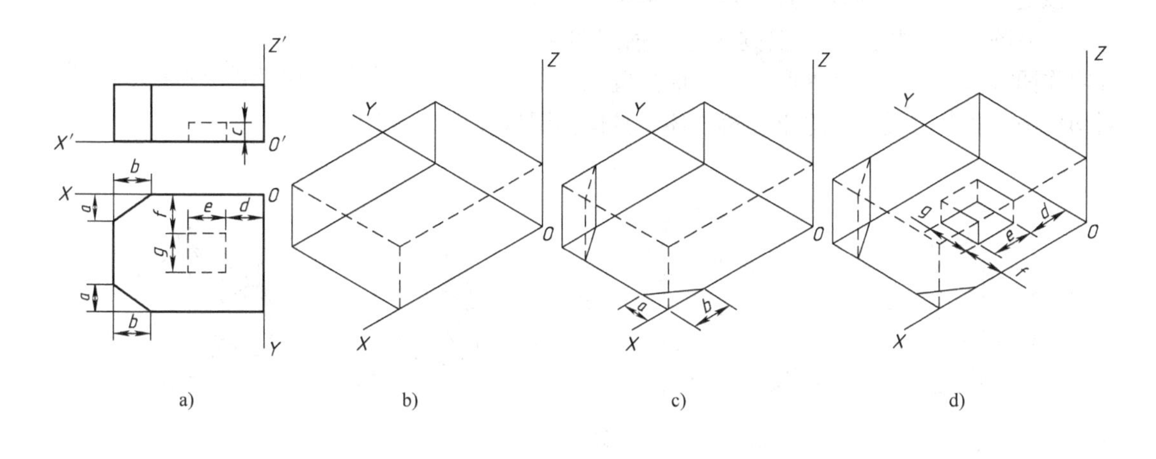

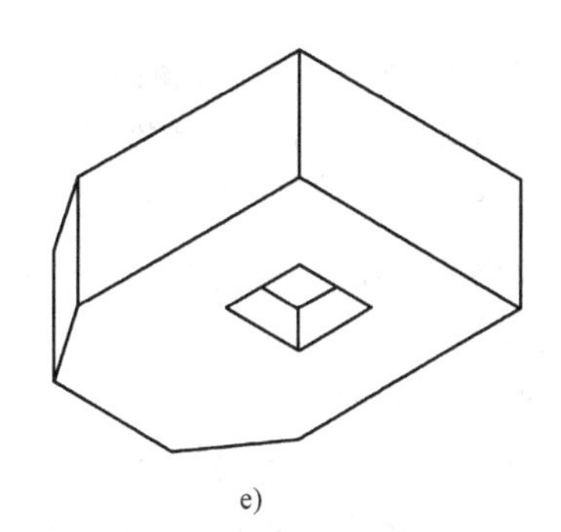

图 2-18　作底面带方槽的板的正等轴测图

a）三视图及平面坐标系　b）方槽基本体轴测投影　c）切平面轴测投影

d）方槽轴测投影　e）方槽板的正等轴测图

注意：在前面各例题中，轴测投射方向是从“上、前、左”指向“下、后、右”，看到的是立体的上方、前方、左方的表面。本例中为表达槽板下部的方槽，将 Y 轴的正方向反向，轴测投射方向从“下、前、右”指向“上、后、左”。看到的是立体的下方、前方、右方的表面。从图 2-18 中可以看出：Y 轴正方向的改变代表的是轴测图看图方向的改变。

（五）曲面立体的正等轴测图

1. 平行于坐标面的圆的正等轴测图

在正等轴测图中，因空间三个坐标面都与轴测投影面倾斜，且倾角相等，所以三个坐标面（或其平行面）上直径相等的圆，其轴测投影均为长短轴相等的椭圆，但长短轴的方向不同，根据理论分析，长轴与其所在坐标面相垂直的轴测轴垂直，短轴与该轴测轴平行，如图 2-19 所示。

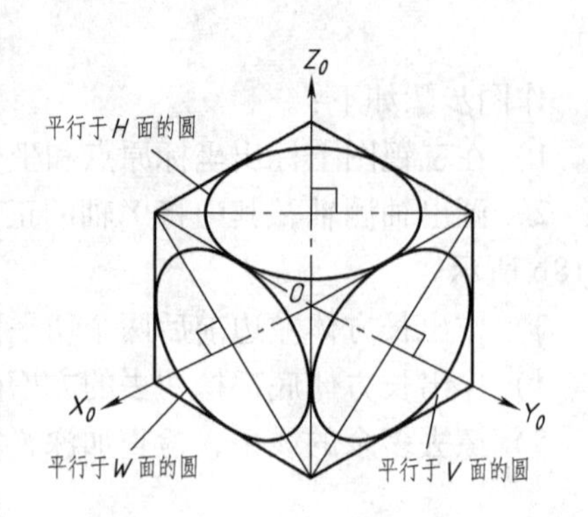

图 2-19　平行于坐标面的圆的正等轴测图

为了作图简便，轴测投影中的椭圆通常采用四心圆法近似画出。作图时，可把坐标面上或坐标面平行面上的圆看作正方形的内切圆，先画出正方形的正等轴测图为菱形，则圆的正等轴测图为椭圆，该椭圆内切于该菱形。然后用四段圆弧分别与菱形相切，并光滑连成椭圆。现在以水平面上圆的正等轴测图为例，说明作图方法，平行于另外两个坐标面的圆的正等轴测图作图过程与之类似，这里不再详述。具体作图过程如图 2-20 所示。

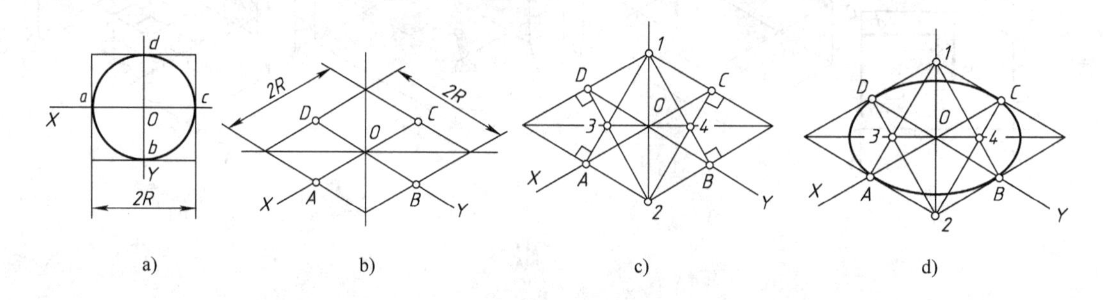

图 2-20　平行坐标面的圆（水平圆）的正等轴测图——外切四边形法

a）水平圆的外切正方形　b）外切正方形的轴测投影

c）求圆心　d）水平圆的轴测投影

1）过圆心作坐标轴 OX 和 OY，再作该圆的外切正方形，正方形的四条边平行于坐标轴，切点为 a、b、c、d，如图 2-20a 所示。

2）画出轴测轴，从 O 点沿轴向直接量取圆的半径，得切点 A、B、C、D。过各切点分别作轴测轴的平行线，即得圆的外切正方形的轴测投影，如图 2-20b 所示。

3）求四个圆心 1、2、3、4：菱形短对角线（椭圆短轴）上的两个顶点 1 和 2 即为两个圆心，连接点 1、点 A 和点 1、点 B，线段 $1A$ 和 $1B$ 与长对角线的（椭圆长轴）交点即为圆心 3 和 4，如图 2-20c 所示。

4）画四段圆弧：分别以点 1 和点 2 为圆心，$1A$ 为半径画出等直径的两段大圆弧（AB 和 CD），分别以点 3 和点 4 为圆心，$3D$ 为半径画出等直径的两段小圆弧（AD 和 BC），这四段圆弧光滑连接，即得近似椭圆，如图 2-20d 所示。

2. 圆角的正等轴测图画法

圆角的轴测投影为椭圆弧，用圆弧来代替椭圆弧，是画圆角的简便方法。从图 2-20d 可以看出，菱形相邻两边中垂线的交点就是该圆弧的圆心，垂足即为切点也即圆弧的起点和终点。

［**例 2-5**］　已知带圆角底板的视图如图 2-21a 所示，求作其正等轴测图。

作图步骤如下：

1）作长方体的正等轴测图，如图2-21b所示。

2）沿角的两边量取圆角半径R，得圆弧切点（1、2、3、4），过各切点作切点所在边的垂线，其交点即为底板顶面圆的圆心（A、B），如图2-21c所示。

3）以点A为圆心，点1、2为起点和终点，以点B为圆心，点3、4为起点和终点，作圆弧，如图2-21d所示。

4）分别将点1、2、3、4及点A、B沿Y轴向后平移h，然后以点C、D为圆心作圆弧。方法同上。作圆弧的外公切线，得轴测图的转向轮廓线，如图2-21e所示。

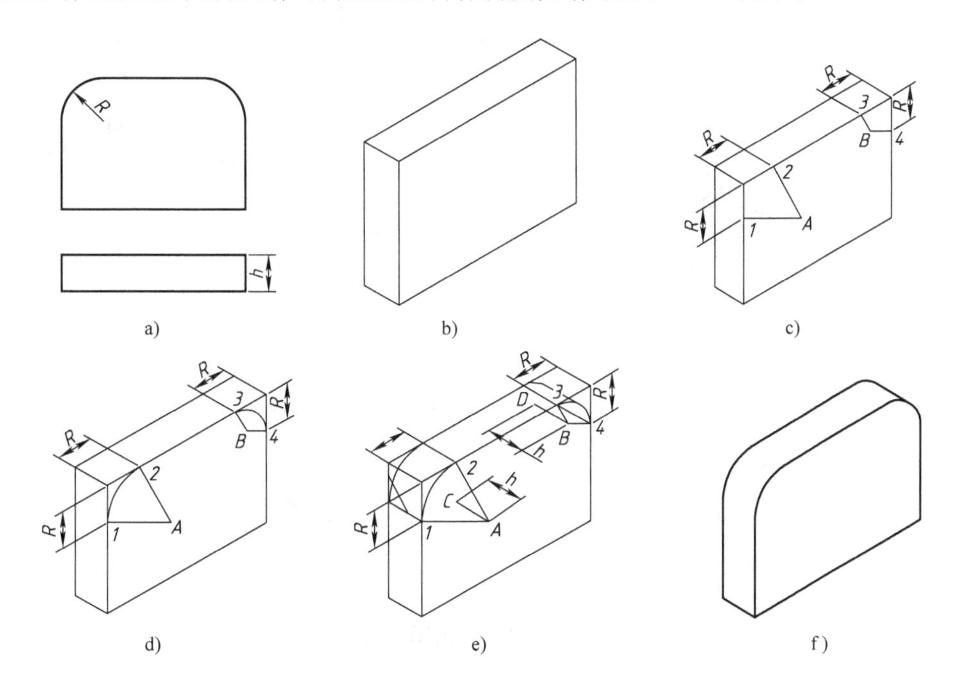

图2-21　圆角正等测图的作图步骤

5）整理、加深，如图2-21f所示。

［**例2-6**］　由圆柱的视图，作其正等轴测图（图2-22）。

作图要点：为了减少作图辅助线，在设立坐标轴时，将坐标圆点建立在上底面上。先作出上底面圆的正等轴测图，画法如图2-20所示，再将四个圆心1、2、3、4沿Z轴方向下移圆柱高度h得点A、B、C、D（移心法），作出下表面圆的正等轴测图，为保证作图质量，可将四段圆弧的切点也下移h，得到底面四段圆弧的切点；再作两椭圆的外公切线（轴测投影面P的转向轮廓线）；最后完成铅垂圆柱的正等轴测图，作图过程如图2-22所示。

三、斜二等轴测图

1. 斜二等轴测图的形成

如果使物体的一个坐标面（如$X_0O_0Z_0$坐标平面）平行于轴测投影面P，投射方向倾斜于轴测投影面，这样得到的具有立体感的轴测图称为斜轴测图。在绘制斜轴测图时，一般采用斜二等轴测图，本节仅讨论斜二等轴测图的画法，如图2-23所示。

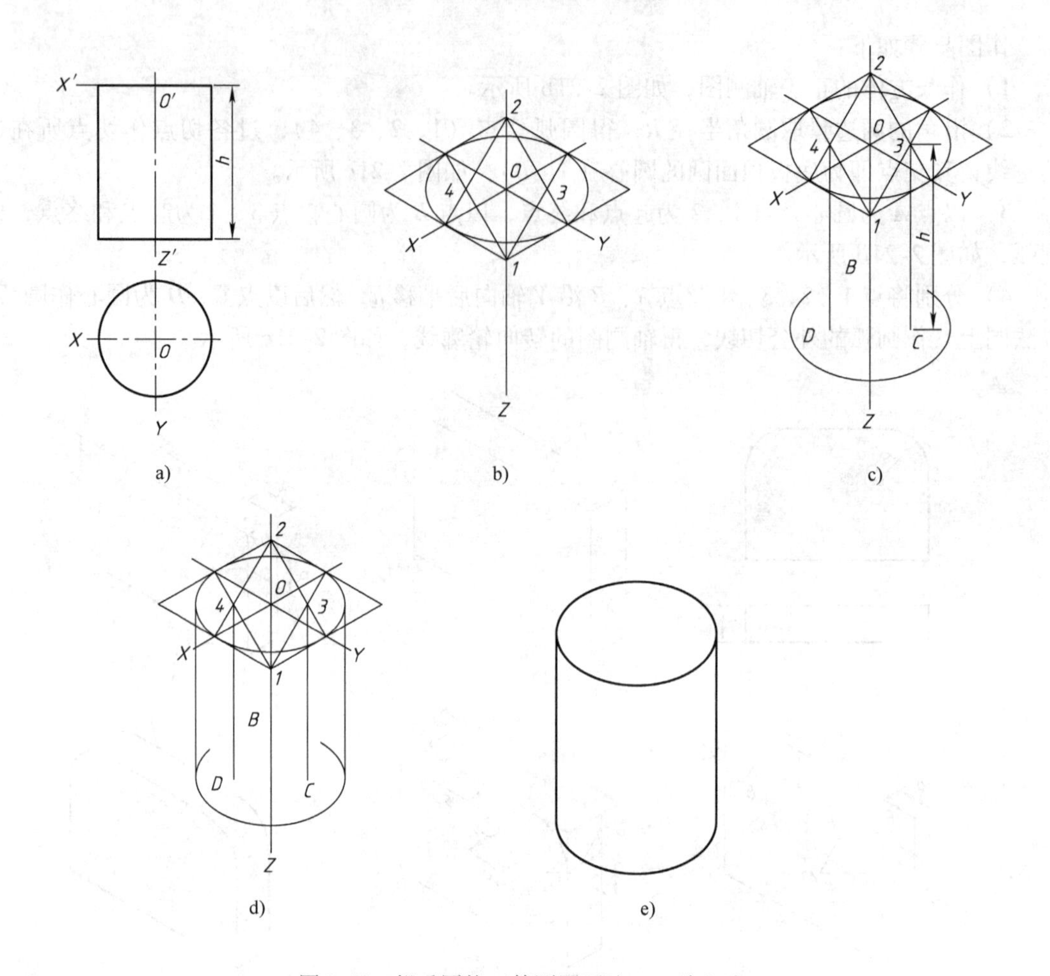

图 2-22　铅垂圆柱正等测图画法——移心法

2. 斜二等轴测图的基本参数

从图 2-23 中可以看出，在形成斜二等轴测图时，坐标面 $X_0O_0Z_0$ 平行于轴测投影面，那么这个坐标面的轴测投影反映实形，所以 X、Z 方向的轴向伸缩系数为 $p=r=1$，$\angle XOZ$ 为 90°。轴测轴 Y 的位置及 Y 轴的轴向变形系数随投射方向的改变而改变，但为了作图简便，常选用 $\angle XOY=\angle YOZ=135°$，$Y$ 轴的轴向变形系数为 $q=0.5$，如图 2-24 所示。这种斜轴测图称为斜二等轴测图，简称斜二测图。

图 2-23　斜二等轴测图的形成

3. 平行于坐标面的圆的斜二等轴测图

图 2-25 作出了正立方体表面上三个内切圆（分别平行于三个坐标面）的斜二等轴测图。由于坐标面 XOZ 平行于轴测投影面，所以，平行于该坐标面的圆的斜二等轴测图反映该圆的实形，而立体上平行于坐标面 XOY 和坐标面 YOZ 的圆不平行于轴测投影面，因此平

行于这两个坐标面的圆的斜二测投影都是椭圆。由于这种椭圆作图较繁，故斜二等轴测图一般用来表达某一只在互相平行的平面内有圆或圆弧的立体，这时总把这些平面选为平行于 XOZ 坐标面。

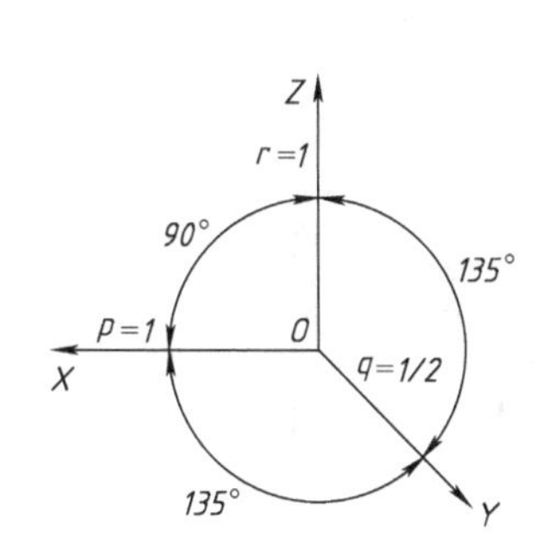

图 2-24 斜二等轴测图的基本参数

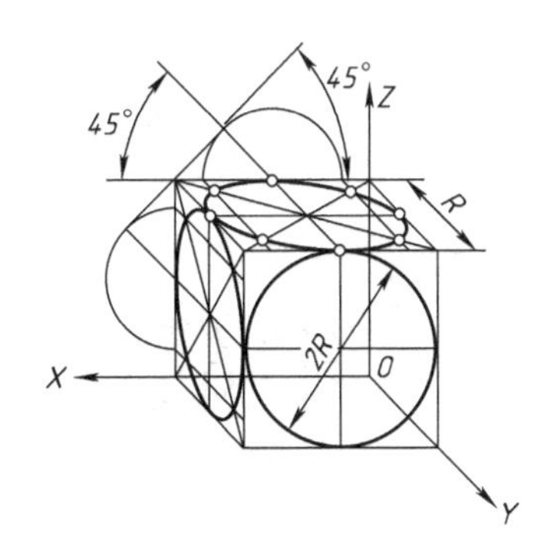

图 2-25 平行于坐标面的圆的斜二等轴测图

4. 立体的斜二等轴测图画法举例

［**例 2-7**］ 画出如图 2-26a 所示端盖的斜二等轴测图。

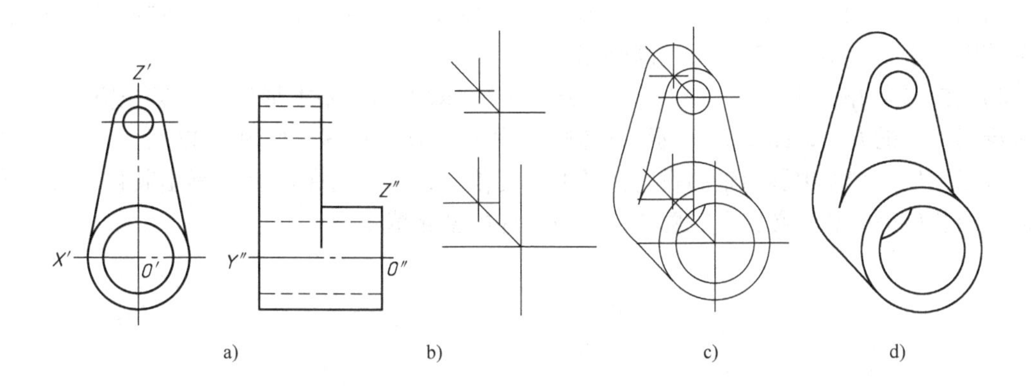

图 2-26 端盖的斜二等轴测图画法

a）选定坐标轴 b）画轴测轴 c）画圆柱及后板 d）整理、加深

解：由投影可知，端盖的形状特点是在一个方向上有相互平行的圆，其他方向没有圆，所以应用斜二等轴测图，选择圆所在的平面平行于坐标面 XOZ。作图过程如图 2-26 所示。

四、徒手画轴测投影图

徒手绘制的轴测图称为轴测草图，是不借助任何绘图仪器、工具，目测、徒手绘制的轴测图。由于尺规绘制轴测图较烦琐，所以徒手绘制轴测草图常被采用。轴测草图是表达设计思想、记录先进设备、指导工程施工很有用的工具。设计人员画出初步构思草图后，可边画边修改，逐步完善，最后定形。机器测绘中，常用它来记录零件的相对位置或总体布置。在很多交流信息场合，也要求迅速地向没有阅读多面正投影图能力者作产品介绍、施工说明，此时使用轴测草图最为方便。

在绘制轴测草图时，除了要熟练地掌握第一章介绍的绘制草图技巧外，还要注意以下几点：

1）绘制轴测轴时应使轴间角尽量准确。由于是徒手、目测作图，可以用图 2-27 所示的两种方法绘制正等轴测轴和斜二轴测轴。

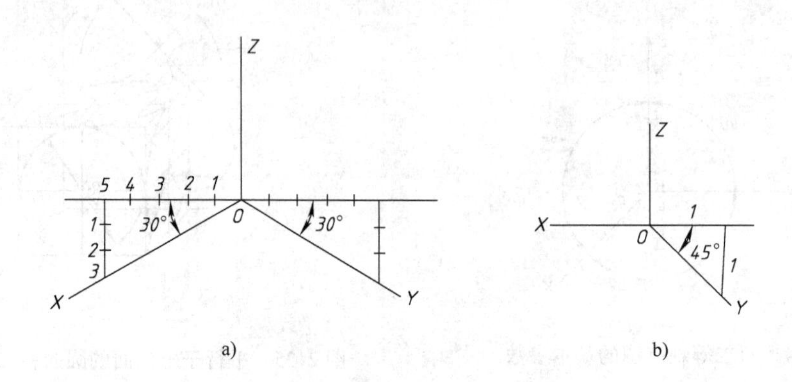

图 2-27　正等轴测轴和斜二轴测轴的画法

a）正等轴测轴的画法　b）斜二轴测轴的画法

2）在画图中要熟练运用轴测投影的基本特性，如定比性、平行性等，它们是准确绘制轴测草图的重要依据，同时又可提高画图速度。

3）在绘制轴测草图时，常常采用“方箱法”，即先画出基本形体的包容长方体，再绘出其准确形状的方法，图 2-28 所示为绘制一个平面立体的过程。如图 2-29 所示，画圆柱时可先画出圆柱前端面中圆的轴测投影椭圆的外切菱形，再按圆柱长度 *H* 画出其包容长方体，最后画出相应椭圆和投影转向轮廓线，完成圆柱的轴测草图。

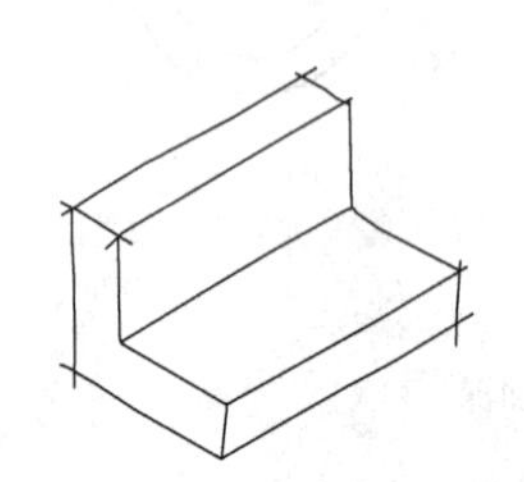
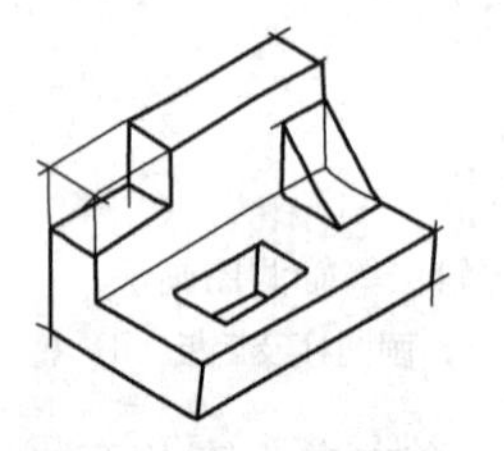
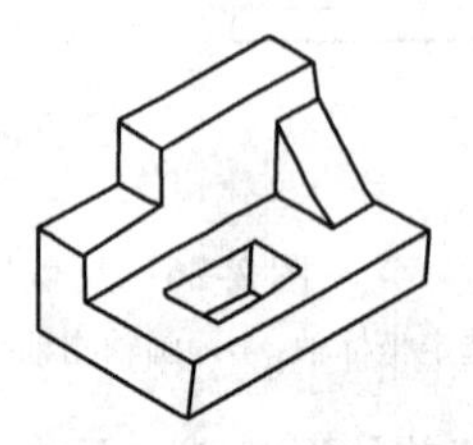

图 2-28　徒手绘制平面立体的过程

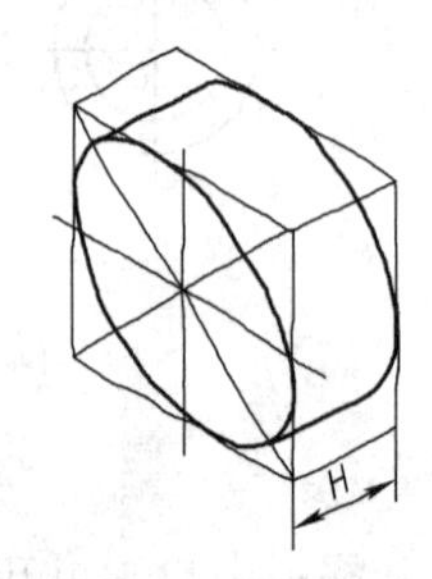

图 2-29　方箱法画圆柱

第四节　立体的异维图示

一、立体的多面正投影和轴测投影比较

立体的多面正投影图是立体在多个投影面上的投影，为了作图简便，通常将物体正放，使物体的主要表面与投影面平行或者垂直，这样物体表面的投影便会反映实形或者积聚。多面投影图的优点是：能确切地表达物体的空间形状，度量性好，作图简便，便于标注尺寸。缺点是：立体感比较差，看图比较困难。

轴测图是立体向单一的投影面作投影，为了在一个投影图中同时表达物体的长、宽、高三个方向的形状，就要求投影线不能与物体的表面平行。轴测图的优点是：立体感强，容易看图；缺点是：一般不反映物体的实形，度量性较差，作图比较麻烦，对于形体比较复杂的物体，很难表示清楚，并且不便于标注尺寸。多面正投影图和轴测图的形成和比较如图2-30所示。

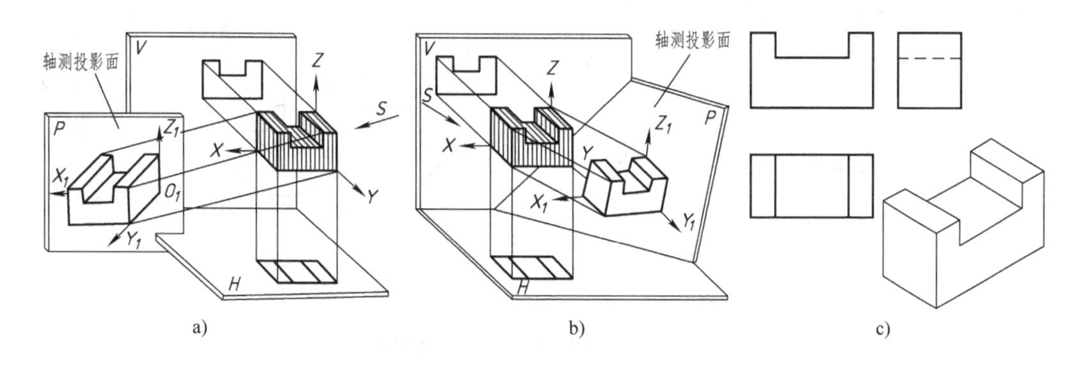

图2-30　多面正投影图和轴测图的形成和比较

a）多面正投影图与斜轴测图的形成　b）多面正投影图与正轴测图的形成　c）多面投影图与轴测图的比较

二、立体的异维图示

工程上通常用多面正投影图表达物体的空间形状，但其缺乏立体感，给读图带来一定的困难。轴测投影正好可以弥补这方面的不足。通过立体的多面投影与轴测投影的比较不难看出，它们互为补充，可以互补不足。

同时用多面正投影和轴测投影一起表达物体，如图2-31所示，其中多面正投影为二维图，而轴测投影为三维图。本教材将几何形体在同一张图纸平面上用二维投影图和三维立体图表达的方式称为异维图示。通过异维图示法获得的几何立体视图称为异维图。

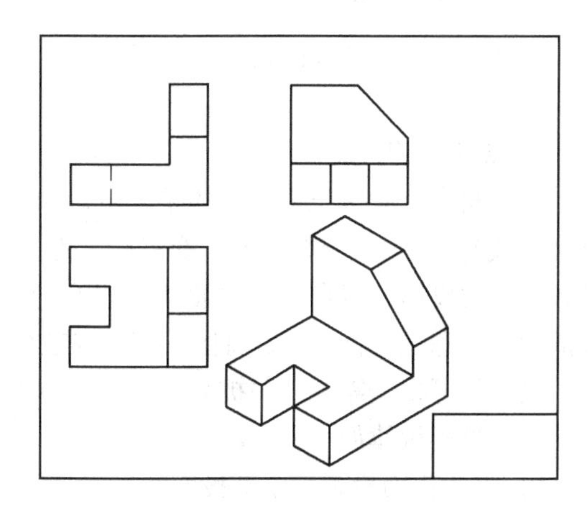

图2-31　异维图

异维图既能直观地反映物体的空间形状，又能从不同视角准确表达物体的形状和尺寸。降低了看图的难度，提高了看图速度。过去也知道这样做的便利，但由于在当时的条件下，物体的三维作图麻烦和困难，不易实现。随着计算机三维绘图软件的普及应用为同时用二维投影图和三维立体图来表达立体奠定了基础，用异维图表达空间物体是一个必然趋势。

三、空间几何要素的异维图示

在同一平面上，采用不同维度的方式表达空间几何元素，本教材称为空间几何要素的异维图示。空间几何要素的异维图为 A（a'，a，a''…），A 代表空间的点、线、面、体的三维图示形式，a'，a，a''…表示这些三维几何元素对应的二维投影图。线、面、体的异维视图如图 2-32 所示。

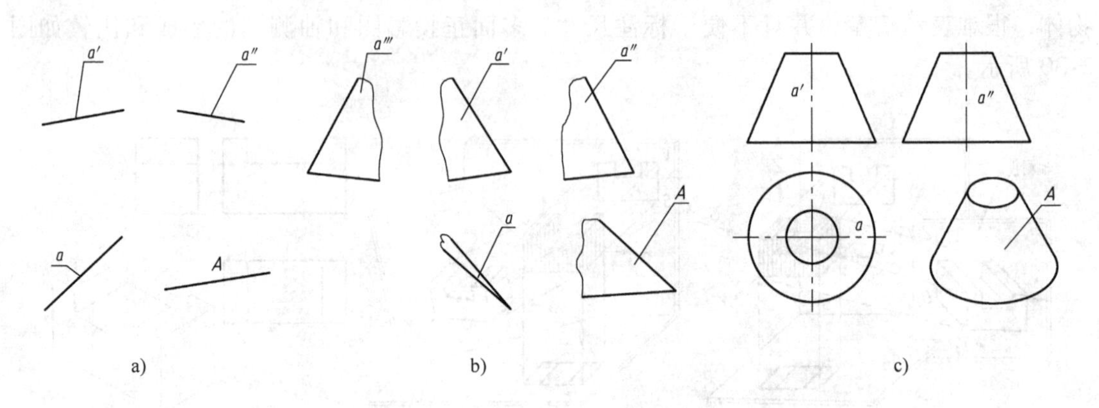

图 2-32　空间几何要素的异维视图

a）直线　b）平面　c）立体

第五节　空间几何元素的投影

要正确而又迅速地画出较为复杂的物体投影，仅有前面的投影知识是远远不够的，必须学习一些构成空间物体最基本的几何元素（点、线、面）的投影规律。

一、点的投影

点是构成一切形体的最基本元素，研究点的投影规律是掌握其他几何要素投影规律的基础。

1. 点的投影规律

将空间点 A 置于三面投影体系之中，如图 2-33a 所示。过点 A 分别向三个投影面作投射线（垂线），投射线与投影面的交点即为点 A 在三个投影面上的投影。为了区分点 A 在不同投影面上的投影，将点 A 在 H 面上的投影记为 a，在 V 面上的投影记为 a'，在 W 面上的投影记为 a''。移去空间点 A，将图 2-33a 按三视图展开的方法展开，得到图 2-33b 所示的投影图。投影面可根据需要无限扩大，所以可不画出投影面的边界，如图 2-33c 所示。

点的投影规律如下：

1）点的正面投影与水平投影的投影连线垂直于 OX 轴，即 $aa' \perp OX$。

证明：在图 2-33a 中，过相交直线 Aa' 和 Aa 作一平面，该平面与 OX 轴交于点 a_x。

因为 $Aa' \perp V$ 面，所以 $OX \perp Aa'$。同理 $OX \perp Aa$。所以 $OX \perp$ 平面 $Aa'a_xa$。那么有 $OX \perp a'a_x$，$OX \perp aa_x$ 成立。当 V 面不动，H 面向下旋转到与 V 共面时，仍有 $OX \perp a'a_x$，$OX \perp aa_x$ 成立。由于在同一平面内，过一点只能作一条直线与已知直线垂直，所以 $a'a_x$ 与 aa_x 共线，且同时垂直于 OX 轴，即 $aa' \perp OX$。

2）点的正面投影与侧面投影的投影连线垂直于 OZ 轴，即 $a'a'' \perp OZ$。（证明方法同上）

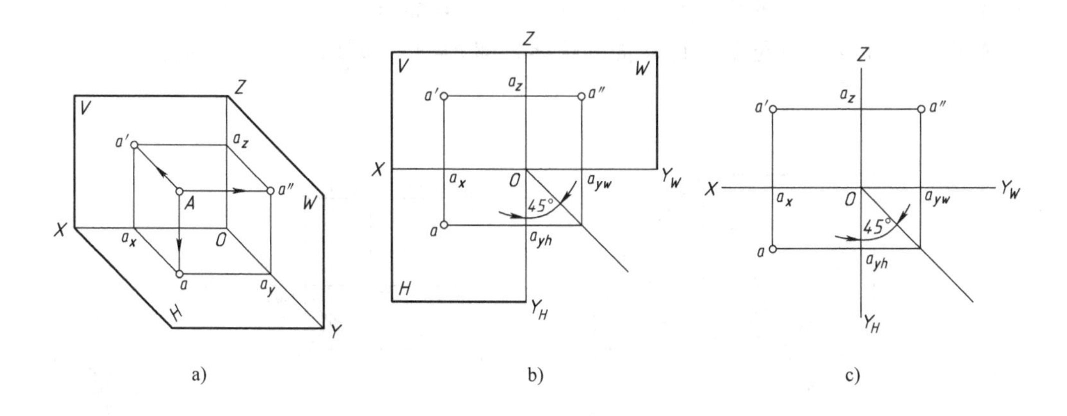

a)　　b)　　c)

图 2-33　点的投影

3）水平投影到 X 轴的距离等于侧面投影到 Z 轴的距离，即 $aa_x = a''a_z$。

证明：由上面的证明可以看出，平面 $Aa'a_xa$ 为矩形，所以有 $aa_x = Aa'$；同理 $a''a_z = Aa'$。所以 $aa_x = a''a_z$。

如图 2-33a 所示，点的两个投影即可确定空间点的位置，因此可根据点的两个投影作出第三个投影。作图时，常用$\angle Y_HOY_W$的角平分线来辅助作图，如图 2-33c 所示。

［例 2-8］　如图 2-34a 所示，根据点 A 和 B 的两个投影求第三个投影

解：根据点的投影规律，$a'a'' \perp OZ$，故点 a''必在过 a'所作的 OZ 轴的垂线上；又因 $aa_x = a''a_z$，过 a 作 OY_H的垂线与 45°辅助线相交，过交点作 OY_W的垂线与过 a'的水平线相交，交点即为 a''，作图过程如图 2-34b 所示。B 点的作图过程同 A 点。

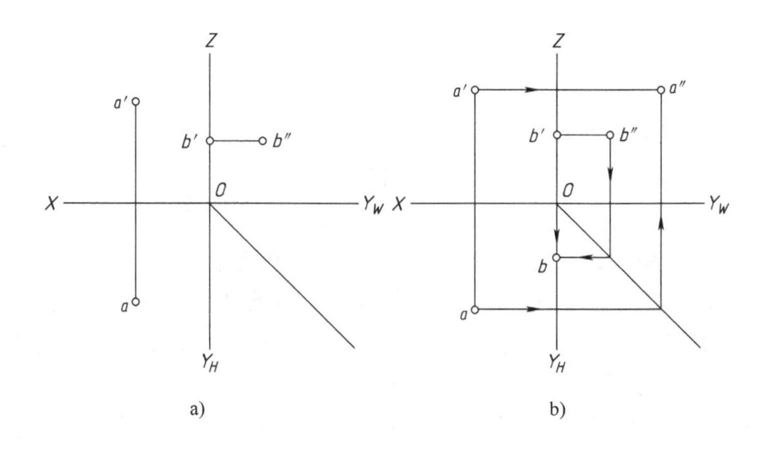

a)　　b)

图 2-34　根据点的两个投影求第三个投影

2. 点的三面投影与直角坐标的关系

如果把三面投影体系看作空间直角坐标系，则 H、V、W 面即为坐标面，X、Y、Z 轴即为坐标轴，O 点即为坐标原点。如图 2-35 所示，空间点 A（x、y、z）到三个投影面的距离可以用直角坐标来表示，即：

点 A 的 X 坐标等于空间点 A 到 W 面的距离，即 $x = Aa'' = aa_{yh} = Oa_x = a'a_z$。

点 A 的 Y 坐标等于空间点 A 到 V 面的距离，即 $y = Aa' = aa_x = Oa_y = a''a_z$。

点 A 的 Z 坐标等于空间点 A 到 H 面的距离，即 $z = Aa = a''a_{yw} = Oa_z = a'a_x$。

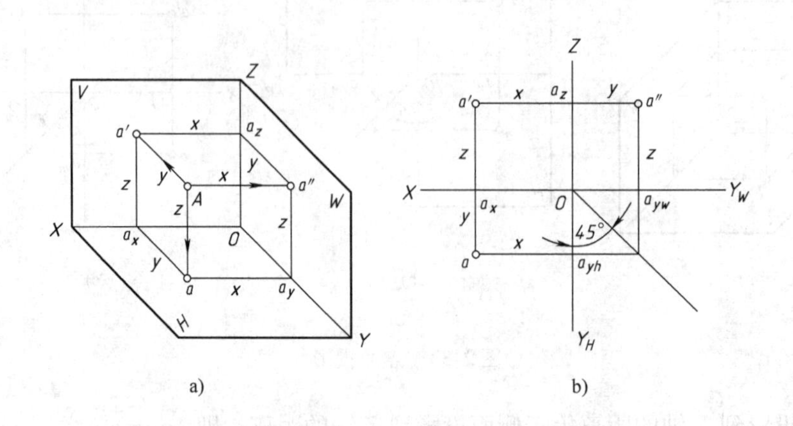

a)　　　　　　b)

图 2-35　点的投影与空间直角坐标的关系

由此可见，若已知空间点的三个坐标，即可作出点的三面投影。

［**例 2-9**］　已知点 A（10，15，20），求作点 A 的三面投影图。

作图：如图 2-36 所示，从 O 点向左沿 X 轴 10 处作垂线 aa'，然后在 aa'上，从 X 轴开始向上和向下分别量取 20 和 15，求得 a 和 a'。过 a'作 Z 轴的垂线 aa''，在 aa''上，从 Z 轴开始向右量取 15，即得 a''。也可利用 45°辅助线，根据点的投影规律求得 a''。

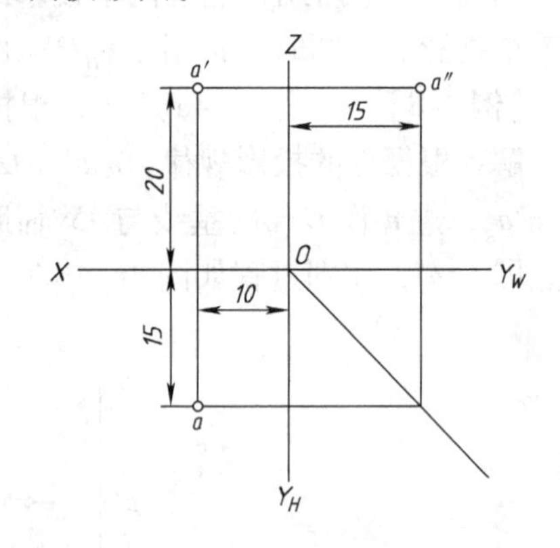

图 2-36　根据点的坐标求点的投影

3. 两点的相对位置

空间两点的相对位置是指两点的上下、左右、前后位置关系，可以通过两点的投影图来判断，也可通过两点的坐标来判断。V 面投影反映两点上下、左右位置关系；H 面投影反映两点左右、前后位置关系；W 面投影反映两点上下、前后位置关系。X 坐标越大，点越靠左，Y 坐标越大，点越靠前，Z 坐标越大，点越靠上。

如图 2-37 所示，根据空间两点 A、B 的投影图，判断其相对位置：比较 V 面上的投影 a'和 b'，可知 A 在 B 的左、下方。比较 H 面上的投影 a 和 b 可知 A 在 B 的后方，综合起来得出空间点 A 在点 B 的左、后、下方，如图 2-37a 所示。

如果利用两点的坐标，判别相对位置，也可以看出：$X_A > X_B$，A 在 B 的左方；$Y_A < Y_B$，A 在 B 的后方；$Z_A < Z_B$，A 在 B 的下方。综合得出，点 A 在点 B 的左、后、下方。

［**例 2-10**］　已知点 A 的三面投影如图 2-38a 所示，另一点 B 对点 A 的相对坐标 $\Delta X = -4$，$\Delta Y = 2$，$\Delta Z = -2$，求点 B 的三面投影。

作图：以点 A 为基准点，由两点的相对坐标，及点的坐标与投影的关系可作出点 B 的三面投影如图 2-38b 所示。

只要保持两点同面投影的坐标差不变，两点与投影面距离的变化并不能影响两点的相对位置。因此，画两个以上点的投影图时就可以不画出投影轴，如图 2-38c 所示。

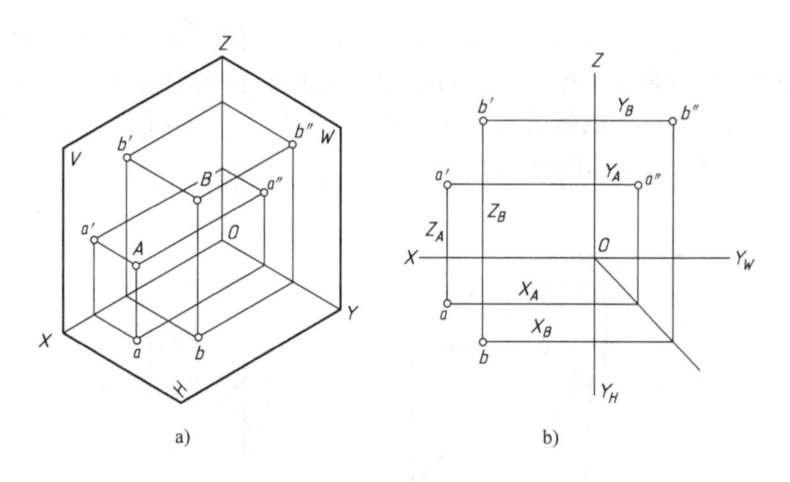

a)　　b)

图 2-37　两点的相对位置

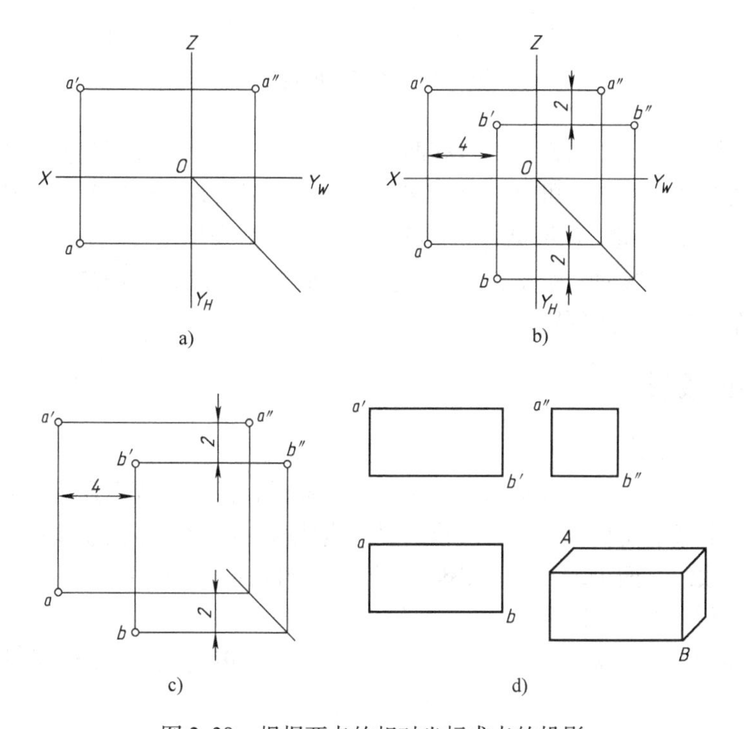

a)　　b)

c)　　d)

图 2-38　根据两点的相对坐标求点的投影

如果把点 A、B 分别看作是长方体对角线上的两个点，如图 2-38d 所示，那么这个长方体的长、宽、高分别为 $|\Delta X|$ 、$|\Delta Y|$ 、$|\Delta Z|$ 。要表示该长方体的形状和大小，只要保证其长、宽、高（$|\Delta X|$ 、$|\Delta Y|$ 、$|\Delta Z|$ ）不变即可，与长方体对投影面的距离无关。因此画立体投影时就可以不画出投影轴。

4. 重影点的投影

如果空间两点处于某一投影面的同一条投射线上，则两点在该投影面上的投影就重合为一点。这种有两个坐标相等，一个坐标不相等的两点称为对该投影面的重影点。如图 2-39 所示，点 B 在点 A 的正前方，其中 $X_A = X_B$，$Z_A = Z_B$，它们的正面投影重合为一点，则两点

A、B 是对 V 面的重影点。从前面垂直 V 面向后看时，B 可见，A 不可见。通常规定在该投影面上不可见的点的投影加括号，而该点在其他面的投影不加括号。同理，若一点在另一点的正下方或正上方，则这两点是对水平投影面的重影点。若一点在另一点的正左方或正右方，则这两点是对侧立投影面的重影点。

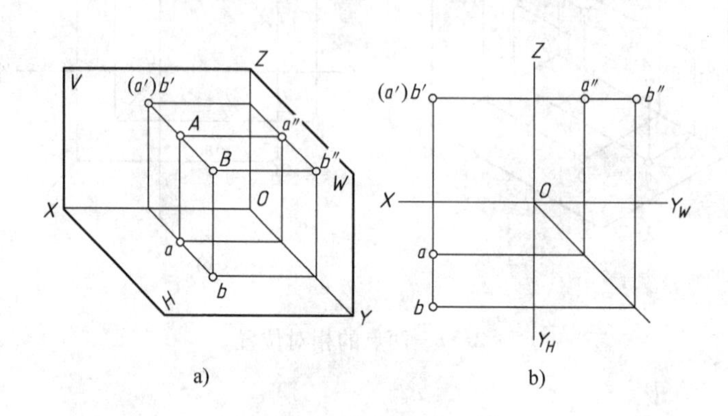

图 2-39　重影点的投影

重影点可见性的判别方法：重影点有两个坐标相同，一个坐标不相同，比较两点不相同的那个坐标，其中坐标大的点可见。例如图 2-39b 中，两点 A、B 的 X 和 Z 坐标相同，Y 坐标不等，因 $Y_B > Y_A$，因此，b'可见，a'不可见（加括号即表示不可见）。

由此可见，对正投影面、水平投影面、侧投影面的重影点，它们的可见性应分别由前遮后、上遮下、左遮右的方法判别。

二、直线的投影

（一）直线的投影图

两点确定一条直线，两点确定的直线是无限延伸的，但在工程上研究无限长的直线往往是没有意义的，本书中通常所说的直线指的是一直线段。因此作空间直线的投影只需作出直线上两点（通常取线段两个端点）的投影，然后连接同面投影即可。如图 2-40 所示。求作直线 AB 的投影时，首先作出两端点 A、B 的三面投影 a、a'、a''和 b、b'、b''，然后连接 a、b 即可得到 AB 的水平投影 ab，同理可得到 $a'b'$、$a''b''$。一般情况下直线的投影仍为直线，特殊情况下积聚为一点。

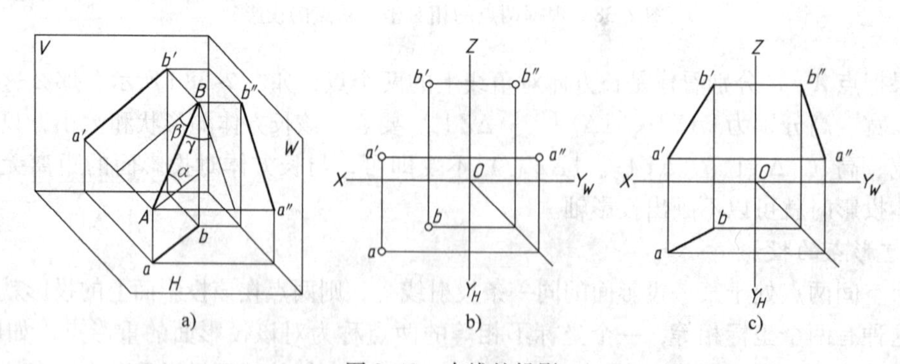

图 2-40　直线的投影

（二）各类直线的投影特性

根据直线在三面投影体系中的位置可将直线分为三类：投影面平行线、投影面垂直线和一般位置直线。前两类直线又称为特殊位置直线。直线与水平投影面、正立投影面、侧立投影面的夹角，称为直线对该投影面的倾角，分别用 α、β、γ 表示（图 2-40a）。

1. 投影面平行线

平行于一个投影面而与另外两个投影面倾斜的直线称为投影面平行线。平行 V 面的直线称为正平线；平行 H 面的直线称为水平线；平行 W 面的直线称为侧平线。

表 2-1 分别列出了正平线、水平线、侧平线的轴测图、投影图及投影特性。

表 2-1　投影面的平行线

名称	正　平　线	水　平　线	侧　平　线
轴测图	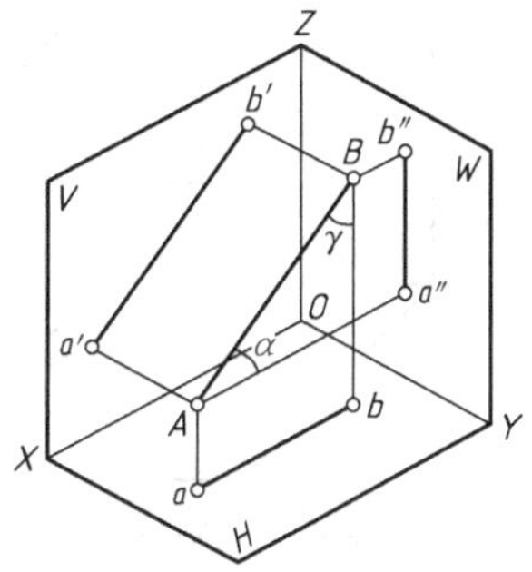	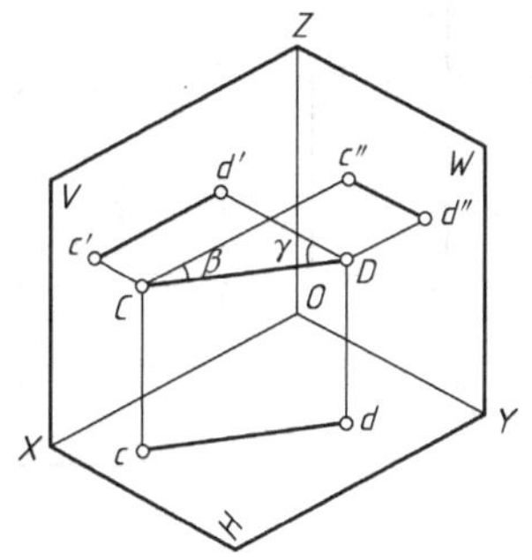	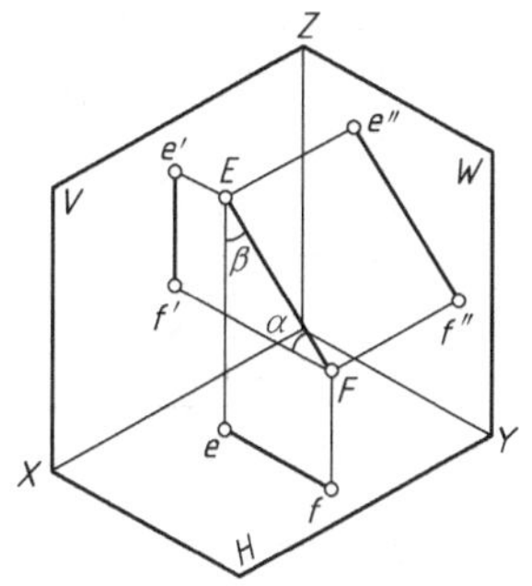
投影图	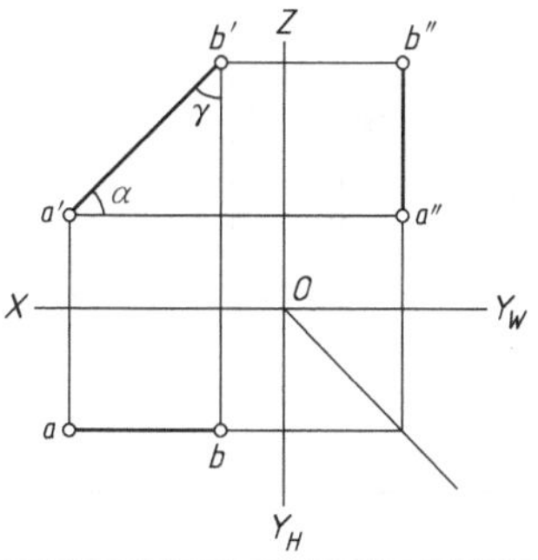	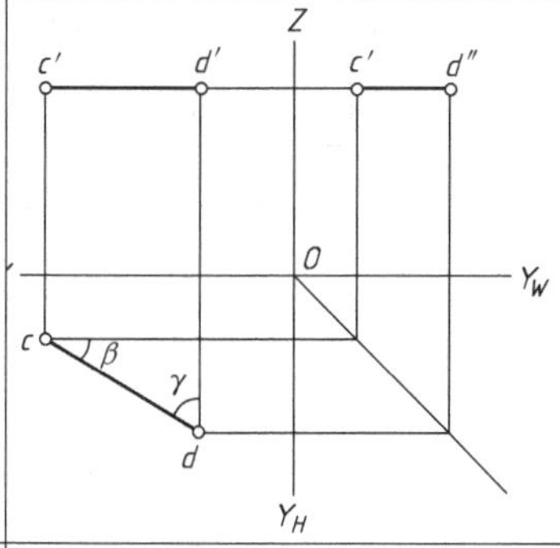	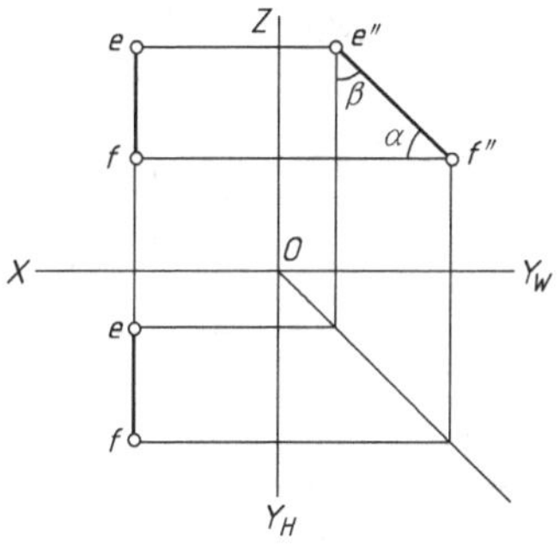
举例	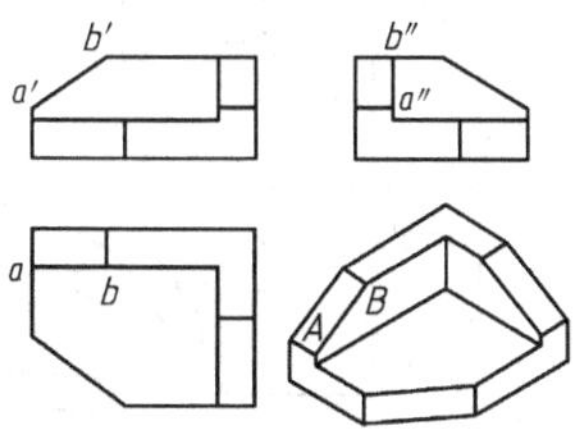	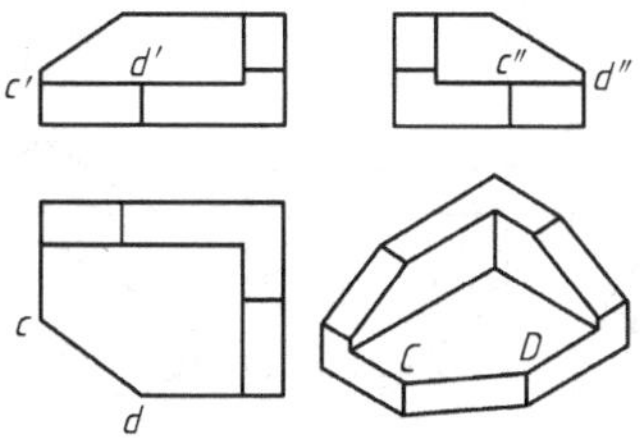	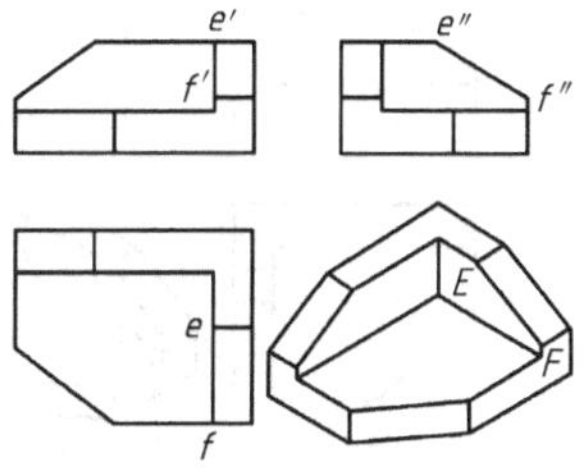
投影特性	$a'b'=AB$； V 面投影反映倾角 α、γ； $ab \parallel OX$、$ab<AB$， $a''b'' \parallel OZ$、$a''b''<AB$	$cd=CD$； H 面投影反映倾角 β、γ； $c'd' \parallel OX$、$c'd'<CD$， $c''d'' \parallel OY_W$、$c''d''<CD$	$e''f''=EF$； W 面投影反映倾角 α、β； $ef \parallel OY_H$、$ef<EF$， $e'f' \parallel OZ$、$e'f'<EF$

投影面平行线的投影特性如下：

1）直线在与其平行的投影面上的投影为与投影轴倾斜的直线，反映该线段的实长和与其他两个投影面的倾角；

2）直线在其他两个投影面上的投影分别平行于相应的投影轴，且比线段的实长短。

2. 投影面垂直线

垂直于一个投影面即同时与另外两个投影面都平行的直线称为投影面垂直线。垂直 V 面的直线称为正垂线，垂直 H 面的直线称为铅垂线，垂直 W 面的直线称为侧垂线。

表 2-2 分别列出了正垂线、铅垂线、侧垂线的轴测图、投影图及投影特性。

表 2-2 投影面的垂直线

名称	正垂线	铅垂线	侧垂线
轴测图	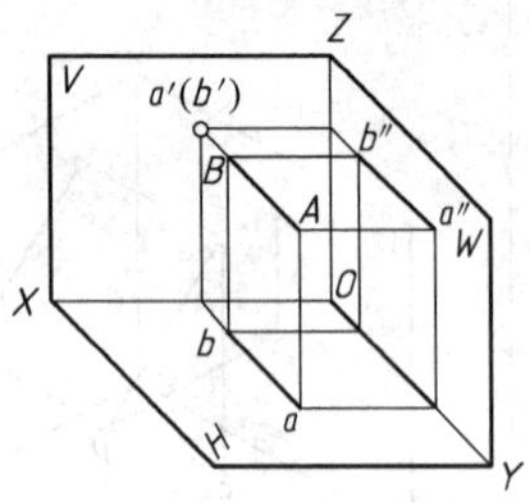	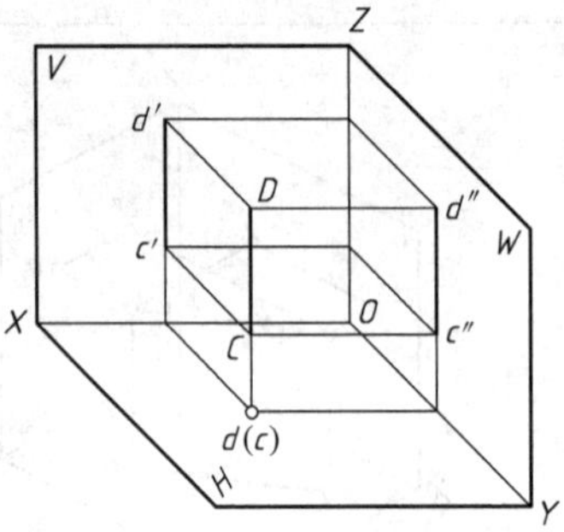	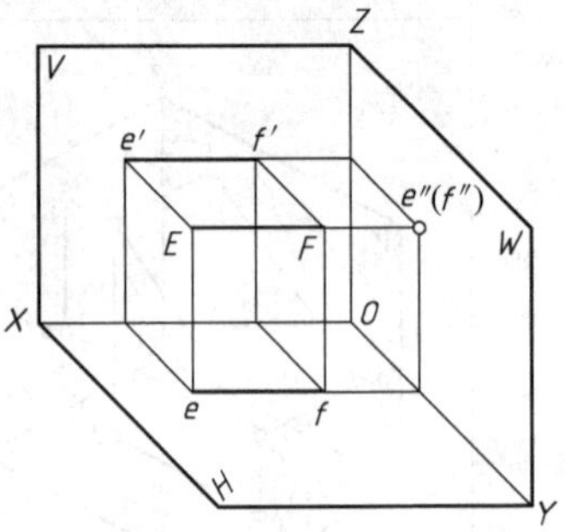
投影图	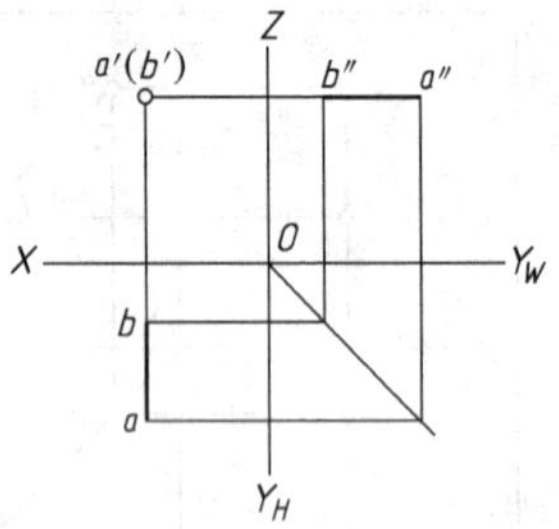	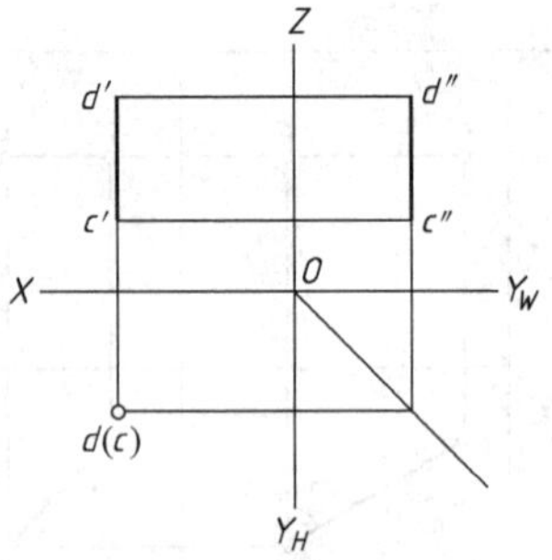	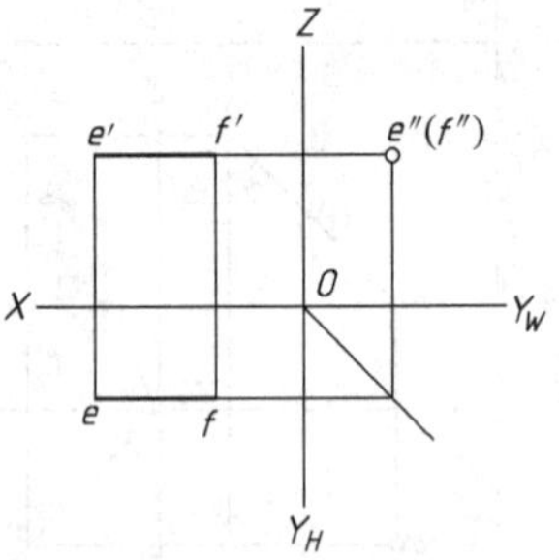
举例	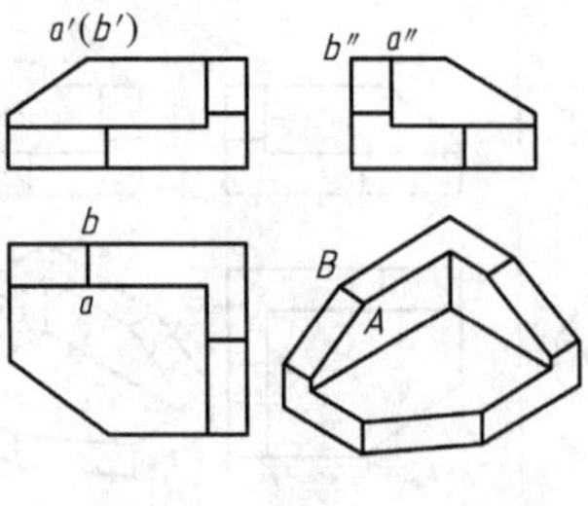	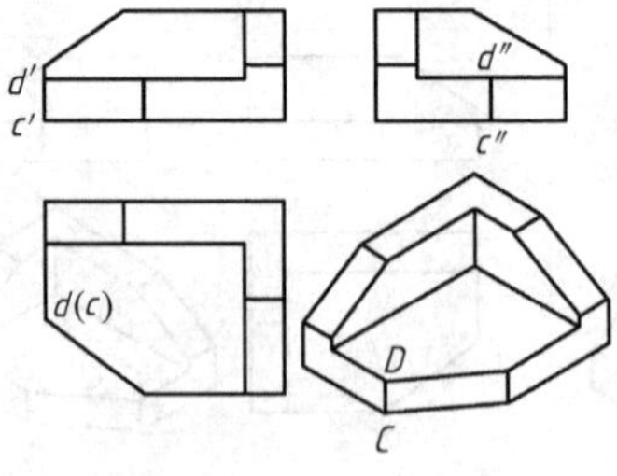	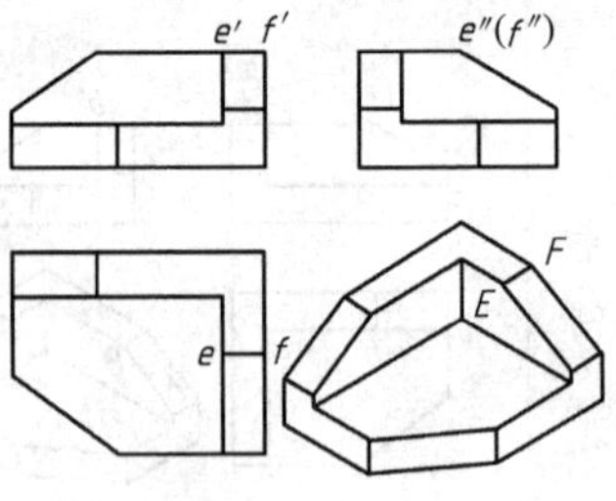
投影特性	正面投影重影为一点 a'（b'）； $ab \perp OX$、$a''b'' \perp OZ$； $ab = a''b'' = AB$	水平投影重影为一点 d（c）； $c'd' \perp OX$、$c''d'' \perp OY_W$； $c'd' = c''d'' = CD$	侧面投影重影为一点 e''（f''）； $ef \perp OY_H$、$e'f' \perp OZ$； $ef = e'f' = EF$

投影面垂直线的投影特性如下：

1）直线在与其所垂直的投影面上的投影积聚成一点。

2）在另外两个投影面上的投影分别垂直于相应的投影轴，且反映实长。

3. 一般位置直线

与三个投影面都倾斜的直线称为一般位置直线，如图 2-41a 所示。一般位置直线的实长，投影长度和倾角之间的关系为

$$ab = AB\cos\alpha;\ a'b' = AB\cos\beta;\ a''b'' = AB\cos\gamma$$

一般位置直线的 α、β、γ 都大于 0°小于 90°，因此其三个投影长（ab、$a'b'$、$a''b''$）均小于实长。

一般位置直线的投影特性为：

1）三个投影都与投影轴倾斜，长度都小于实长。

2）直线的三个投影与投影轴的夹角都不反映直线对投影面的倾角。

（三）直线段的实长和对投影面的倾角

由上面的分析可知，特殊位置直线的实长和对投影面的倾角在投影图中均能反映出来，而一般位置直线段的投影在投影图上不反映其实长和倾角，但可在投影图上用作图的方法求出其实长和对投影面的倾角。

1. 几何分析

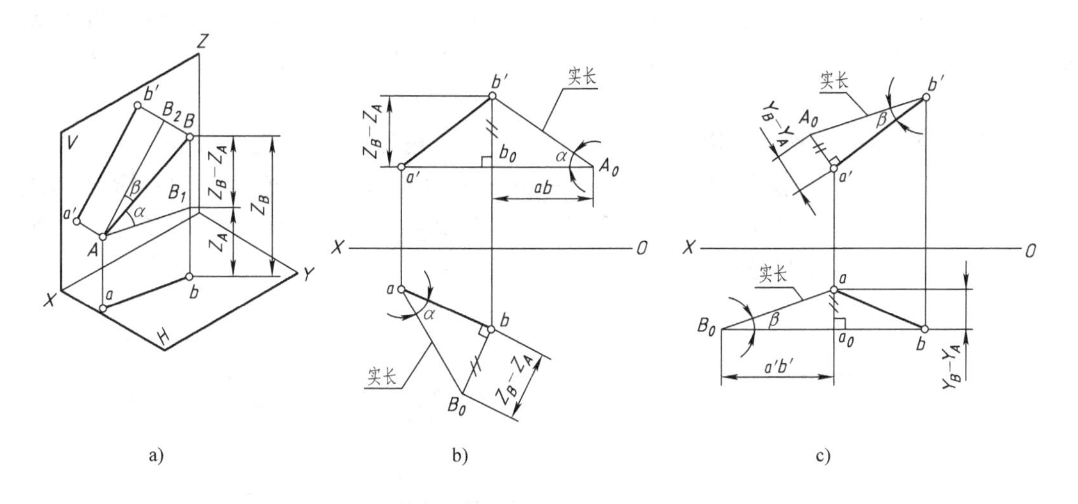

a)　　b)　　c)

图 2-41　直角三角形法求实长和倾角

如图 2-41a 所示，AB 为一般位置直线，在平面 $AabB$ 内，过点 A 作水平投影 ab 的平行线 AB_1 交 Bb 于点 B_1，即得直角三角形 ABB_1。该直角三角形的一条直角边 $AB_1 = ab$，为该直线水平投影的长度，另一直角边 BB_1 为两端点 A、B 的 Z 坐标差（$Z_B - Z_A$），AB 与 AB_1 的夹角即为 AB 对 H 面的倾角 α。由于两直角边的长度在投影图中已知，因此可以作出这个直角三角形，求出实长及直线与 H 面的倾角 α。

同理，过点 A 作 $AB_2 /\!/ a'b'$，可得另一直角三角形 ABB_2，它的斜边 AB 是直线段的实长，$AB_2 = a'b'$，是正面投影的长度，BB_2 为两端点 A、B 的 Y 坐标差（$Y_B - Y_A$），AB、AB_2 的夹角为 AB 对 V 面的倾角 β。因此，只要求出直角三角形 ABB_2，即可得到 AB 的实长和对投影

面 V 的倾角 β。同理也可求得 AB 对 W 面的倾角 γ。

这种利用一般位置直线的投影求作其实长和倾角的方法称为直角三角形法。

2. 作图方法

求直线 AB 的实长和倾角 α 的作图过程如图 2-41b 所示。

1）过 a 或 b（图 2-41b 为过 b）作 ab 的垂线，在此垂线上量取 $bB_0 = |Z_B - Z_A|$，B_0b 即为另一直角边。连 a、B_0，aB_0 即为所求的直线段 AB 的实长，$\angle B_0ab$ 即为倾角 α。

2）过 a' 作 X 轴的平行线，与 $b'b$ 相交于 b_0，$b'b_0 = |Z_B - Z_A|$，在该平行线上量取 $b_0A_0 = ab$，则 $b'A_0$ 也是所求直线段的实长，$\angle b'A_0b_0$ 也是 α 角。

同理也可求出 AB 对 V 面的倾角 β，如图 2-41c 所示。以 $a'b'$ 为直角边，另一直角边 $A_0a' = |Y_B - Y_A|$，则斜边 $b'A_0$ 反映 AB 的实长，而 $b'A_0$ 与 $a'b'$ 的夹角即为 AB 对 V 面的倾角 β。类似作法，使 $B_0a_0 = a'b'$，则 $aB_0 = AB$，$\angle aB_0a_0 = \beta$。

用直角三角形求直线实长和倾角的方法可以归纳为：以直线在某一投影面上的投影长为一直角边，直线两端点与这个投影面的距离差为另一直角边，形成的直角三角形的斜边是直线的实长，投影长与斜边的夹角就是直线对这个投影面的倾角。

[例 2-11]　已知直线 AB 的实长，及点 A 的投影，如图 2-42a 所示，并知其 $\alpha = 30°$，$\beta = 45°$，完成其正面投影及水平投影。

分析：已知 AB 实长及倾角 α、β，可分别作出以 AB 实长为一斜边，α 或 β 为一顶角的两个直角三角形，通过两个直角三角形，可分别求出 AB 的水平投影 ab 的长度和两端点 A、B 的 Z 坐标差及 AB 的正面投影 $a'b'$ 的长度和两端点 A、B 的 Y 坐标差，进而求出 B 点的两个投影。

作图：如图 2-42b 所示，以 AB 为斜边作一直角三角形 ABB_1，使 $\angle B_1AB = \alpha = 30°$，则直角边 AB_1 为 AB 的水平投影 ab 的长度，另一直角边为 A、B 的 Z 坐标差。以 AB 为斜边作一直角三角形 ABB_2，使 $\angle B_2AB = \beta = 45°$，则直角边 AB_2 为 AB 的正面投影 $a'b'$ 的长度，另一直角边为两端点 A、B 的 Y 坐标差。

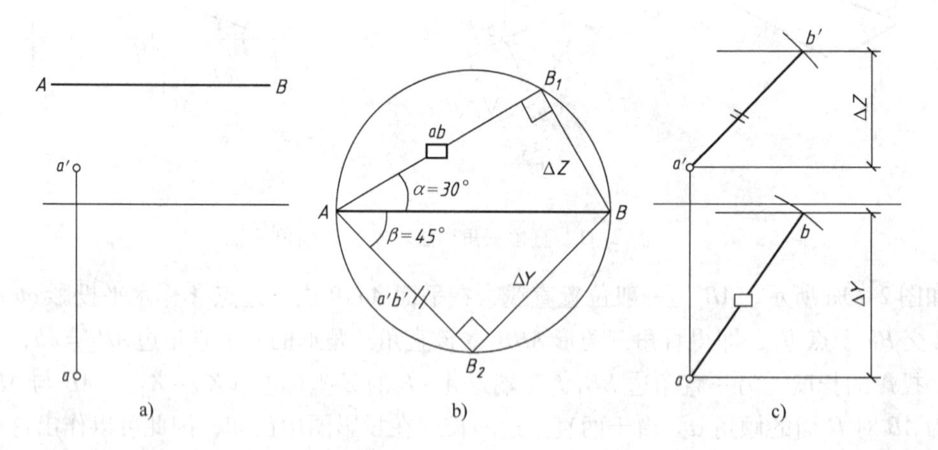

图 2-42　用直角三角形法完成线段的投影

利用两端点的 Y 坐标差及 AB 的水平投影长度，求出 B 点的水平投影，如图 2-42c 所示，同理可求出 B 点的正面投影。由于并未指明 A、B 两点的高低、前后位置，因此本题有多解，图 2-42c 所示为其中一解，其他各解请读者自行分析。

（四）直线上的点

1. 从属性

点在直线上，则点的各个投影必在该直线的同面投影上，反之，如果点的各个投影都在直线的同面投影上，则该点一定在直线上。如图 2-43 所示，C 点位于直线 AB 上，则 C 点的三面投影 c、c'、c''分别在直线的同面投影 ab、$a'b'$、$a''b''$上。如图 2-43b 所示，C 点的三个投影分别在直线 AB 的同面投影上，因此可以断定，空间点 C 在直线 AB 上。若点不在直线上，则点的投影至少有一个不在直线的同面投影上。

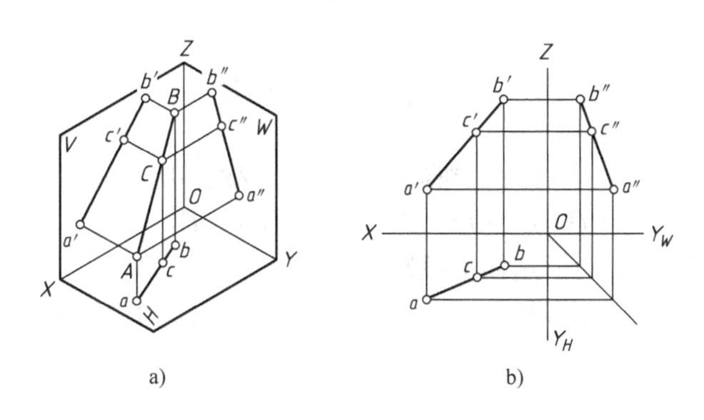

图 2-43　直线上的点

2. 定比性

若点在直线上，则点分直线所得的两线段长度之比等于其投影长度之比。如点 C 在线段 AB 上，则它把 AB 分成 AC 和 CB 两段。根据正投影的基本特性，线段及其投影关系为：$AC:CB = ac:cb = a'c':c'b' = a''c'':c''b''$。

［**例 2-12**］　如图 2-44a 所示，判断点 K 是否在直线 AB 上。

方法一（利用从属性）：

作出直线 AB 和点 K 的侧面投影，在侧面投影中，如果 k''在 $a''b''$上，则点 K 在 AB 上，否则点 K 不在 AB 上。如图 2-44b 所示，k''不在 $a''b''$上，所以点 K 不在直线 AB 上。

方法二（利用定比性）：

如不求侧面投影，用定比关系也可判定。作图方法如图 2－44c 所示。

1）过点 a 引一射线，并在射线上取点 k_0 和 b_0，使 $ak_0 = a'k'$，$k_0b_0 = k'b'$。

2）连接 k、k_0，如果直线 $kk_0 \parallel bb_0$，则满足定比性，K 点在直线 AB 上，反之 K 点不在直线 AB 上。

3）由于 kk_0 不平行于 bb_0，说明：$a'k'/k'b' \neq ak/kb$，则点 K 不在直线 AB 上。

（五）两直线的相对位置

两直线的相对位置有三种：平行、相交、交叉。其中平行、相交的两直线又可称为共面直线，交叉两直线又可称为异面直线。

1. 两直线平行

若空间两直线相互平行，则它们的同面投影也一定互相平行（或者重合），并且两平行线段长度之比等于其同面投影长度之比。反之，若两直线的三面投影相互平行，则空间两直线也相互平行，如图 2-45 所示。空间两直线 $AB \parallel CD$，则 $ab \parallel cd$，$a'b' \parallel c'd'$，$a''b'' \parallel c''d''$

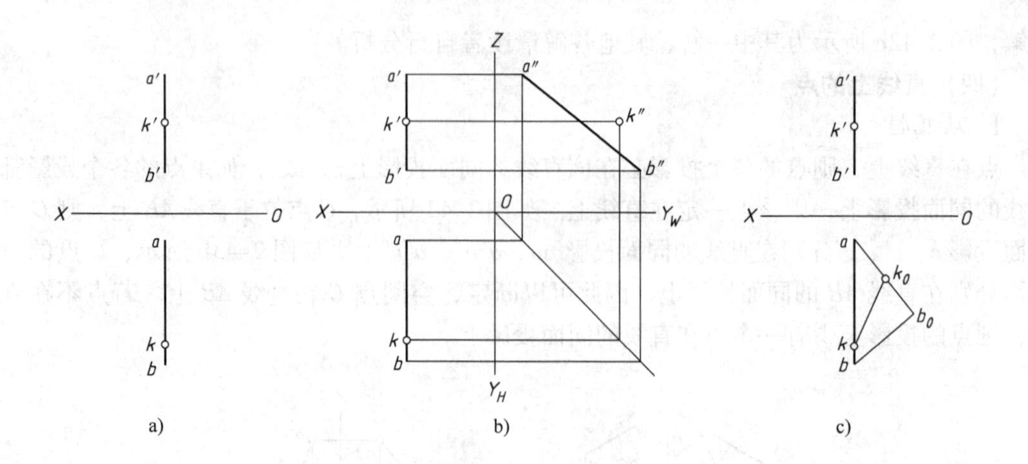

图 2-44　判断 K 点是否在侧平线 AB 上

（图 2-45a 中未示出）；AB: $CD = ab$: $cd = a'b'$: $c'd' = a''b''$: $c''d''$。

对于一般位置直线，若有两组同面投影相互平行，就可判定空间两直线相互平行。若直线为投影面的平行线，则需要根据直线所平行的投影面上的投影是否平行来断定它们在空间是否相互平行。

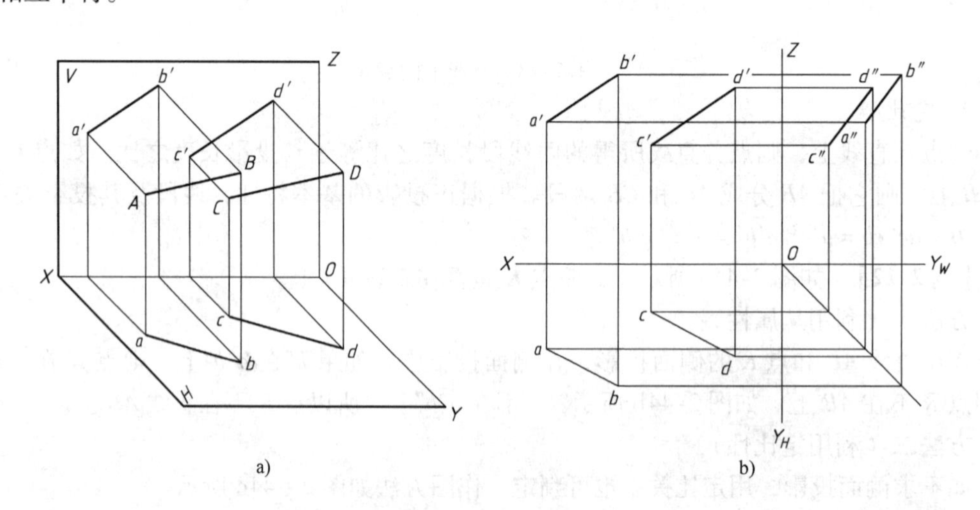

图 2-45　两直线平行

2. 两直线相交

若空间两直线相交，则它们的各同面投影必定相交（或重合），且各投影的交点符合点的投影规律。

如图 2-46 所示，AB 与 BC 相交于点 B，点 B 是 AB、BC 的共有点，故点 B 的三个投影 b、b'、b''分别是 ab 与 bc、$a'b'$与 $b'c'$、$a''b''$与 $b''c''$的交点，由于 b、b'、b''是空间同一点 B 的三面投影，所以它们符合点的投影规律。反之，若两直线在投影图上的各组同面投影都相交，且各组投影的交点符合点的投影规律，则两直线在空间必定相交。

在一般情况下，若直线两组同面投影都相交，且两投影交点符合点的投影规律，则空间两直线相交。但若两直线中有一直线为投影面平行线时，则要根据直线所平行的投影面上的投影来断定它们是否相交。

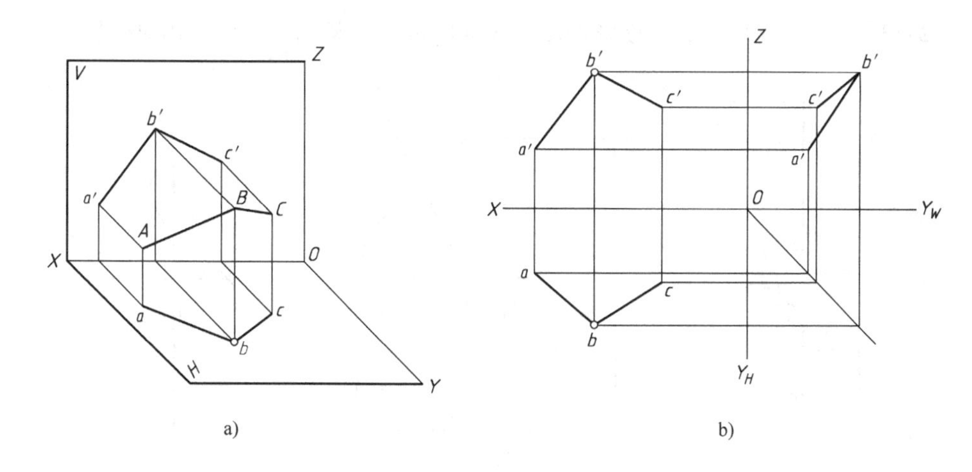

图 2-46　两直线相交

3. 两直线交叉

既不平行又不相交的两直线称为交叉两直线。交叉两直线的投影可能会有一组或二组互相平行，如图 2-47 所示，但不可能三组同面投影都互相平行；也可能三组都是相交的，但各个投影的交点一定不符合点的投影规律，如图 2-48 所示。如图 2-48a 所示，*AB*、*CD* 水平投影的交点其实为直线 *AB* 上的点Ⅰ与直线 *CD* 上的点Ⅱ的重影点，直线 *AB* 上的点Ⅰ在直线 *CD* 上的点Ⅱ的正上方，从上往下看时，点Ⅰ、点Ⅱ的投影重合，点Ⅰ可见，点Ⅱ不可见。同理 *AB*、*CD* 的正面投影交点也是重影点。

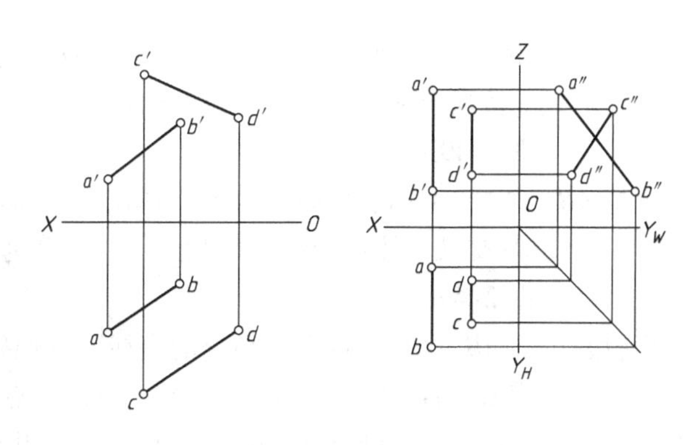

图 2-47　交叉两直线的投影

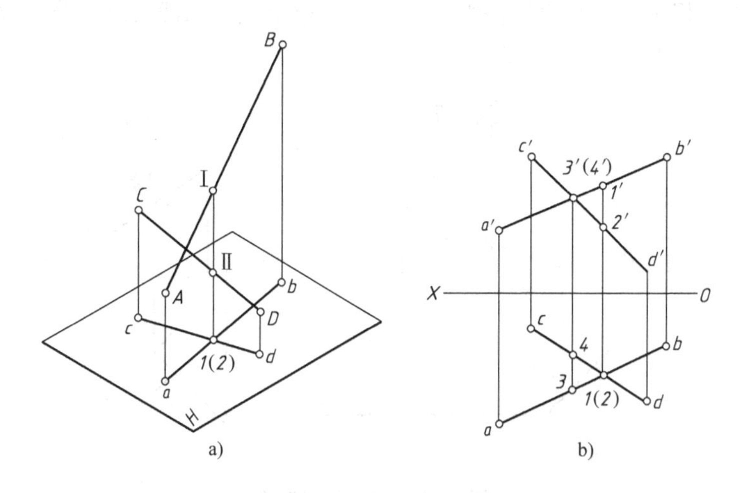

图 2-48　两直线交叉及其重影点

［例 2-13］　直线 AB、CD 的投影如图 2-49a 所示，判断 AB、CD 的相对位置。

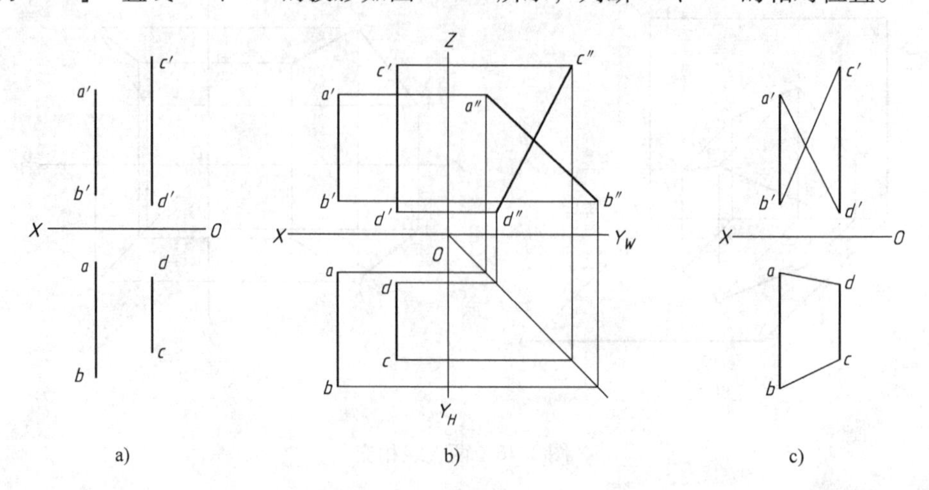

图 2-49　判断两直线的相对位置

分析：由 AB、CD 的两个投影可知，AB、CD 均为侧平线，因此，不能因为它们的两个投影平行，就直接断定 AB、CD 为平行的两直线。

方法一（图 2-49b）：

根据 AB、CD 在 V 面、H 面上的投影作出其 W 面投影，若 $a''b''//c''d''$，则 $AB//CD$；反之，则 AB 和 CD 交叉。按作图结果可判断 AB、CD 为交叉直线。

方法二（图 2-49c）：

由投影可知 AB、CD 一定不是相交的直线，它们要么平行，要么交叉。分别连接点 A 和点 D、点 B 和点 C，若 AD、BC 为相交两直线，则点 A、B、C、D 四点共面，则 $AB//CD$；反之，若 AD、BC 交叉，则点 A、B、C、D 四点不共面，则 AB 和 CD 交叉。按作图结果可知 AB、CD 为交叉直线。

（六）直角投影定理

空间垂直（相交或交叉）的两直线，若其中一直线为投影面的平行线，则两直线在该投影面上的投影互相垂直。此投影特性称为直角投影定理。以两直线垂直相交，其中一直线是水平线为例，证明如下（图 2-50）。

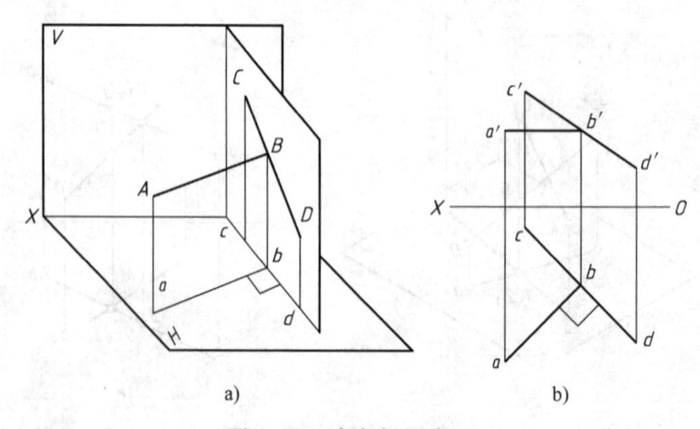

图 2-50　直角投影定理

已知：$AB \perp CD$，$AB /\!/ H$ 面，证明：$ab \perp cd$。

证明：因 $Bb \perp H$ 面，$AB /\!/ H$ 面所以 $AB \perp Bb$；又知 $AB \perp CD$，则 $AB \perp$ 平面 $CcdD$，因 $ab /\!/ AB$，所以 $ab \perp$ 平面 $CcdD$，因此，$ab \perp cd$。

如图 2-50a 所示，当直线 CD 不动，水平线 AB 平行上移时，ab 与 cb 仍互相垂直。因此，此投影特性也适用于交叉垂直的两直线。

直角投影定理的逆定理仍成立。如果两直线在某一投影面上的投影互相垂直，若其中有一直线为该投影面的平行线，那么这两条直线空间互相垂直。

[例 2-14] 已知矩形 $ABCD$ 中 BC 边的两面投影 bc 和 $b'c'$ 以及 AB 边的正面投影 $a'b'$（$a'b' /\!/ OX$ 轴），求作长方形的两面投影（图 2-51a）。

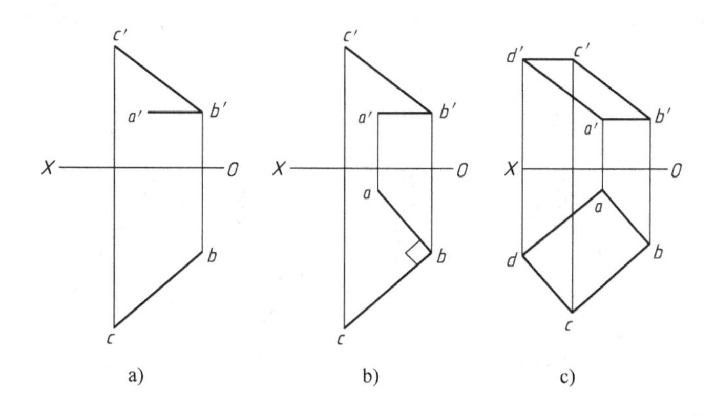

图 2-51 根据条件作出矩形的投影

分析：由于 $a'b' /\!/ OX$ 轴，所以 AB 平行于水平面，又因为 $ABCD$ 为矩形，其邻边相互垂直，因此 AB 与 BC 在水平面上的投影也成直角，即 $ab \perp bc$。

作图步骤如下：

1）过点 b 作 bc 的垂直线，并根据点的投影规律作出 a（图 2-51b）。

2）根据正投影的投影特性，空间相互平行的两直线，其投影仍然相互平行。$ABCD$ 为矩形所以对边相互平行，即 $AB /\!/ CD$，$BC /\!/ AD$，则其投影 $ab /\!/ cd$，$bc /\!/ ad$。作图过程如图 2-51c 所示。

三、平面的投影

平面是物体表面的重要组成部分，平面的投影一般仍为平面，特殊情况下积聚为直线。

（一）平面的表示方法

1. 用一组几何元素的投影表示表面

平面通常用确定该平面的点、直线或平面图形等几何元素的投影表示，如图 2-52 所示。

各组几何元素是可以互相转换的，从图 2-52 中可以看出，不在同一直线上的三个点是决定平面位置的基本几何元素组。

2. 用平面的迹线表示平面

平面与投影面的交线称为平面的迹线，也可以用来表示平面。如图 2-53 所示，平面 P 与 H 面的交线称为水平迹线，用 P_H 表示，与 V 面的交线称为正面迹线，用 P_V 表示，与 W 面的交

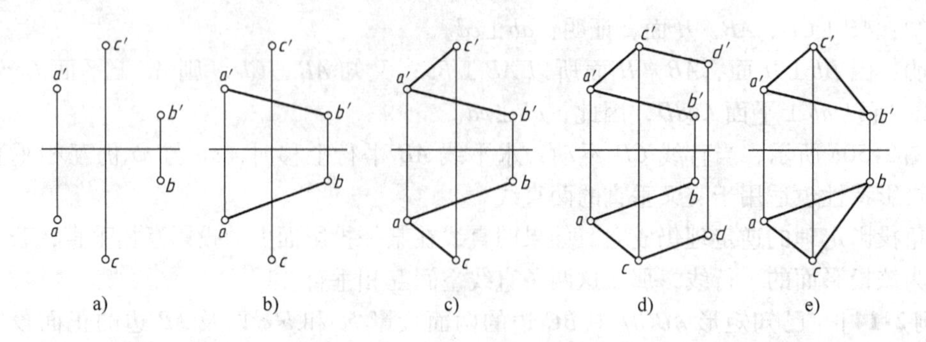

图 2-52　平面的表示方法

a）不在同一直线上的三点　b）一直线和该直线外一点　c）相交两直线　d）平行两直线　e）任意平面图形

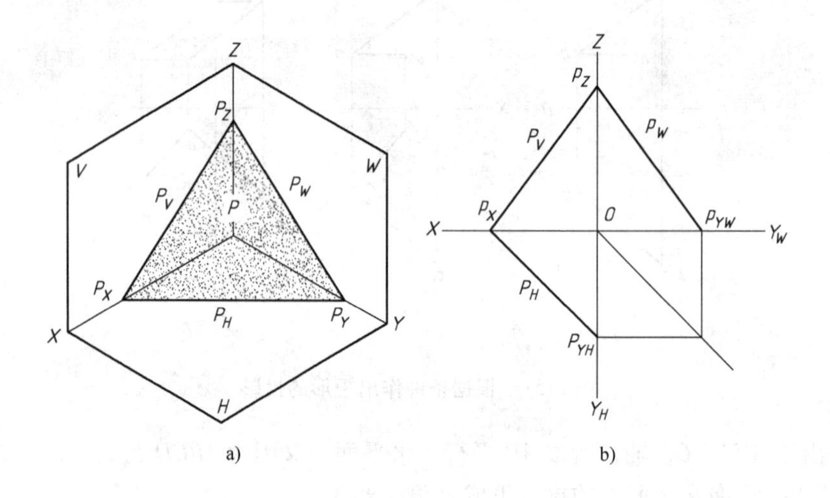

图 2-53　平面的迹线表示

线称为侧面迹线，用 P_W 表示。P_H、P_V、P_W 两两相交的交点 P_X、P_Y、P_Z 称为迹线集合点。

由于迹线既在平面内又在投影面内，所以迹线的一个投影与其本身重合，另外两个投影与相应的投影轴重合。用迹线表示平面时，只画出并标注出与迹线本身重合的投影，而省略与投影轴重合的迹线投影，如图 2-53b 所示。

（二）各种位置平面的投影特性

根据平面在三面投影体系中的位置可将平面分为：投影面垂直面、投影面平行面和一般位置平面。其中前两类称为特殊位置平面。平面与投影面 H、V、W 的两面角，分别称为平面对该投影面的倾角，分别用 α、β、γ 表示。

1. 投影面垂直面

垂直于一个投影面与另外两个投影面都倾斜的平面称为投影面垂直面。垂直于 H 面的平面称为铅垂面；垂直于 V 面的平面称为正垂面；垂直于 W 面的平面称为侧垂面。表 2-3 中分别列出了铅垂面、正垂面和侧垂面的投影及其投影特性。

投影面垂直面的投影特性为：

1）平面在与其所垂直的投影面上的投影积聚成与投影轴倾斜的直线，并反映该平面与其他两个投影面的倾角。

表 2-3　投影面垂直面的投影特性

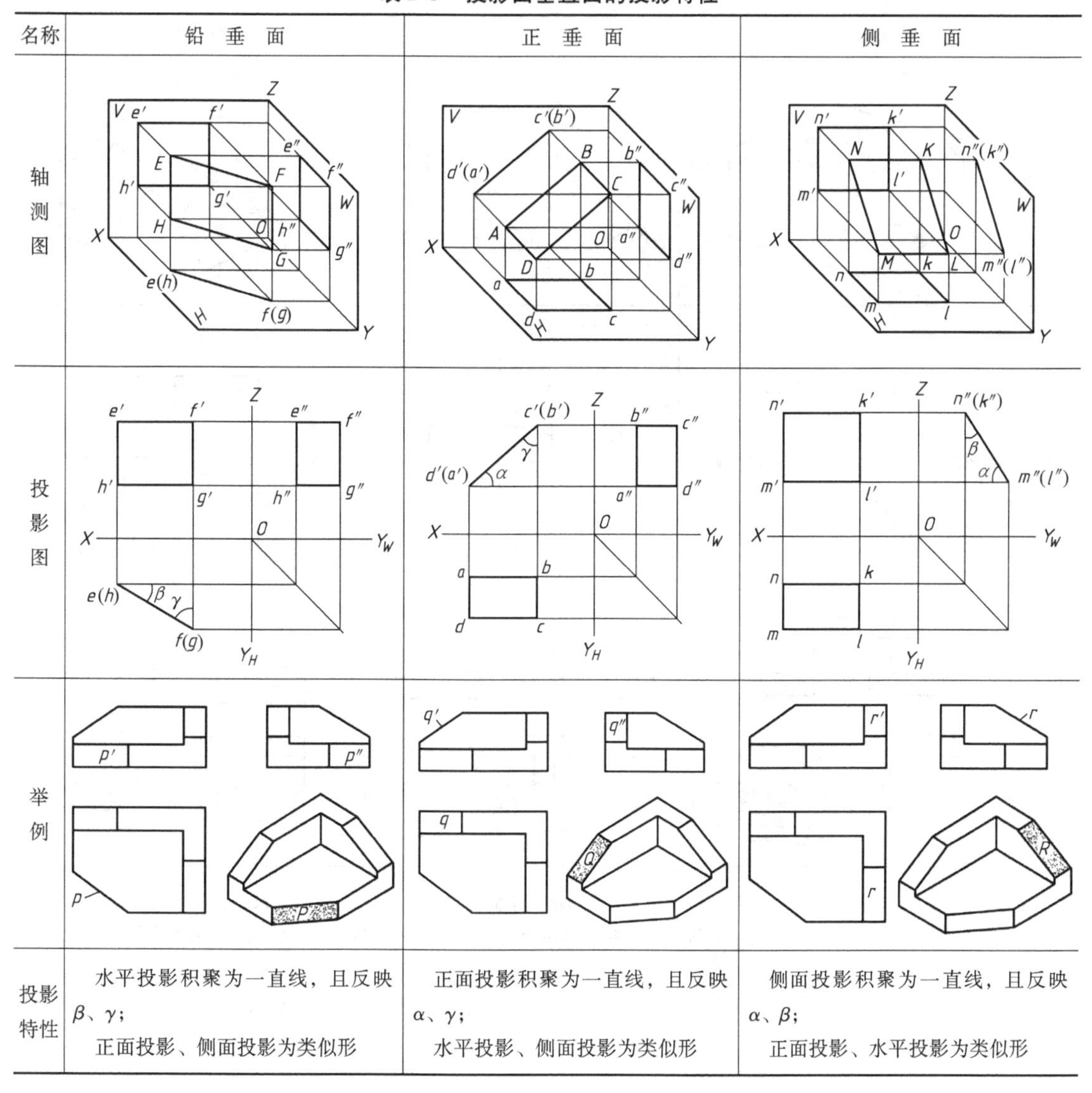

名称	铅垂面	正垂面	侧垂面
投影特性	水平投影积聚为一直线，且反映 β、γ； 正面投影、侧面投影为类似形	正面投影积聚为一直线，且反映 α、γ； 水平投影、侧面投影为类似形	侧面投影积聚为一直线，且反映 α、β； 正面投影、水平投影为类似形

2）平面的其他两个投影面都是面积小于原平面图形的类似形。

2. 投影面平行面

平行于一个投影面即同时垂直于其他两个投影面的平面称为投影面平行面。平行于 H 面的平面称为水平面，平行于 V 面的平面称为正平面，平行于 W 面的平面称为侧平面。在表 2-4 中分别列出水平面、正平面和侧平面的投影及其投影特性。

投影面平行面的投影特性为：

1）平面在与其平行的投影面上的投影反映该平面图形的实形。

2）平面在其他两个投影面上的投影均积聚成平行于相应投影轴的直线。

3. 一般位置平面

与三个投影面都倾斜的平面称为一般位置平面，如图 2-54 所示。在图中，$\triangle ABC$ 与三个投影面都倾斜，因此它的三个投影 $\triangle abc$、$\triangle a'b'c'$、$\triangle a''b''c''$ 均为类似形，不反映实形，也不反映该平面与投影面的倾角 α、β、γ。

表 2-4　投影面平行面的投影特性

名称	水平面	正平面	侧平面
轴测图			
投影图			
举例			
投影特性	水平投影反映平面实形； 正面投影积聚为直线，与 OX 轴平行； 侧面投影积聚为直线，与 OY_W 平行	正面投影反映平面实形； 水平投影积聚为直线，与 OX 轴平行； 侧面投影积聚为直线，与 OZ 平行	侧面投影反映平面实形； 正面投影积聚为直线，与 OZ 轴平行； 水平投影积聚为直线，与 OY_H 平行

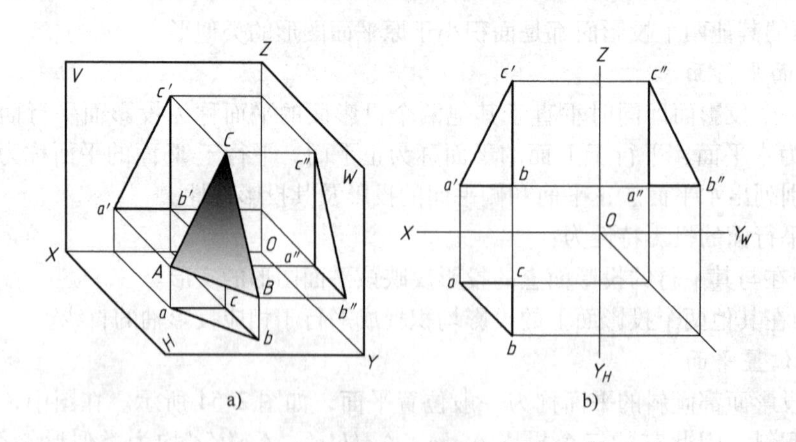

图 2-54　一般位置平面的投影特性

一般位置平面的投影特性如下：

1）它的三个投影均为类似形，而且面积比原平面图形小。

2）投影图上不直接反映平面对投影面的倾角。

各种位置平面也可用迹线来表示。例如，图 2-55b 所示铅垂面 P，其水平迹线 P_H 与 X 轴的夹角反映平面的倾角 β，与 Y_H 的夹角反映平面的倾角 γ。正面迹线 P_V 与 X 轴垂直，侧面投影 P_W 与 Y_W 轴垂直。有时为作图简单起见，P_V、P_W 可不画出，仅画出有积聚性的 P_H，如图 2-55c 所示。

图 2-56 所示水平面 P，其正面迹线 $P_V /\!/ X$ 轴，侧面迹线 $P_W /\!/ Y$ 轴，水平迹线 P_H 不存在，故不画出。

一般位置平面的迹线如图 2-53 所示。

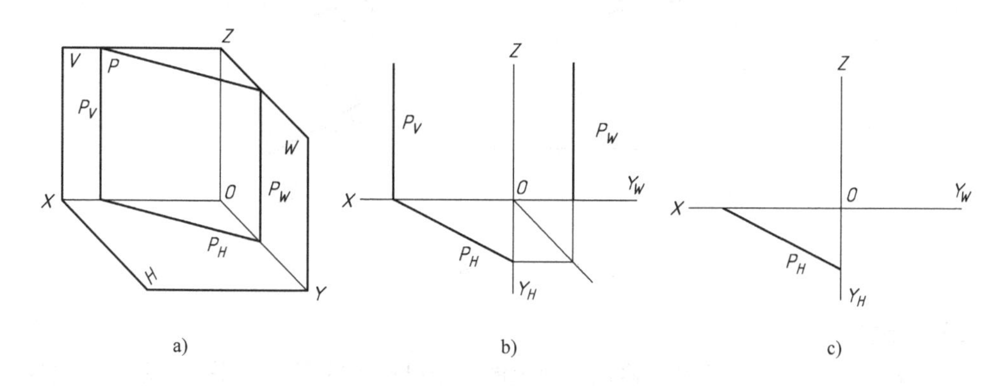

图 2-55　铅垂面的迹线表示法

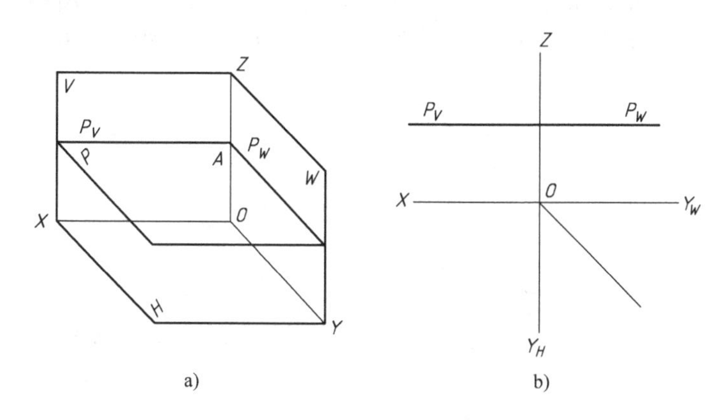

图 2-56　水平面的迹线表示法

第六节　直线与平面、平面与平面之间的相对位置

直线与平面、平面与平面之间的相对位置包括：①直线在平面内或两平面位于同一平面上；②直线与平面平行或者相交；③平面与平面平行或者相交。其中垂直是相交的特殊情况。

一、点、直线在平面内

（一）点在平面上

点在平面上的几何条件是：点在平面内的一条直线上。在平面内取点，除在平面内已知直线上直接取点外，一般需在平面内先取一直线作为辅助线，然后在该直线上取点。如图2-57所示，△*ABC* 确定一平面 *P*，两点 *M*、*N* 分别在平面 *P* 内的直线 *AB*、*AC* 上，则两点 *M*、*N* 在平面 *P* 上。

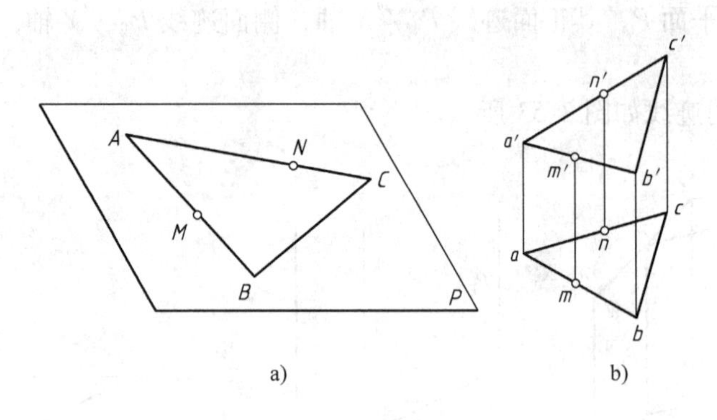

图2-57　点在平面上

（二）直线在平面上

直线在平面上的几何条件是：通过平面上的两个已知点或者通过平面上的一个已知点并平行于平面上的一条已知直线。如图2-58所示，直线 *AB*、*AC* 为相交直线，则 *AB*、*AC* 确定一个平面，两点 *M*、*N* 分别在直线 *AB*、*AC* 上，则直线 *MN* 在 *AB*、*AC* 所确定的平面内。如图2-58b所示，点 *K* 在 *EF* 上，*KL*∥*DE*，则直线 *KL* 在 *ED*、*EF* 所确定的平面内。

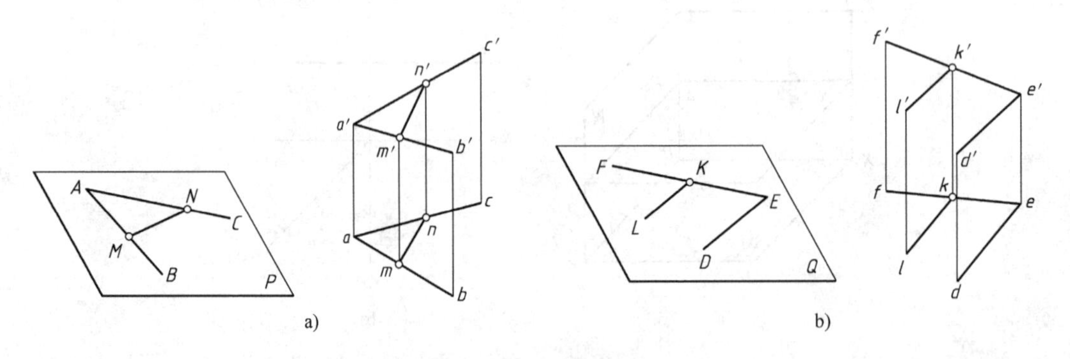

图2-58　直线在平面上

a）通过平面内的两点　b）过平面内一点且平行于平面内的一直线

[例2-15]　判别点 *M* 是否在平面 *ABC* 内，并作出△*ABC* 平面上的点 *N* 的正投影（图2-59a）。

分析：判别点是否在平面上和求平面上点的投影，可利用若点在平面上，那么点一定在平面内的一条直线上这一投影特性。

作图步骤如下：连接 $a'm'$ 并延长交 $b'c'$ 于 $1'$，作出点Ⅰ的水平投影1，这样 *A*Ⅰ为

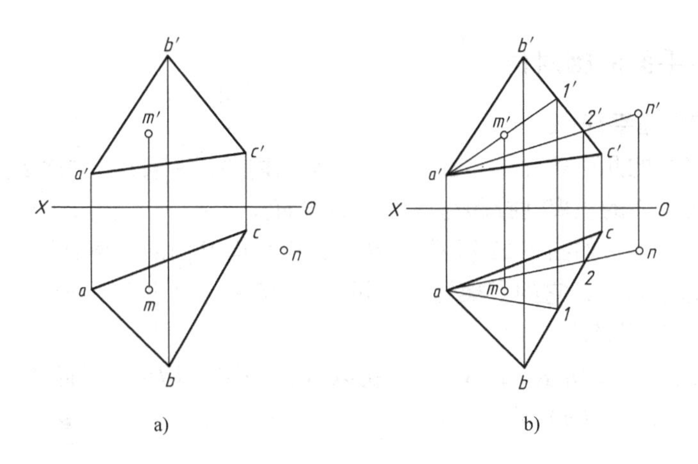

图 2-59　平面上的点

△*ABC* 平面内的直线，由于 *m* 不在 *a*1 上，所以点 *M* 不在△*ABC* 平面上。连接 *an* 交 *bc* 于 2，作出点Ⅱ的正面投影 2′，连接 *a*′2′并延长与过 *n* 作的投影连线相交于 *n*′。因 *A*Ⅱ是△*ABC* 平面上的直线，点 *N* 在此直线上，所以点 *N* 在△*ABC* 平面上。

从本例可以看出，判断点是否在平面内，不能只看点的投影是否在平面的投影轮廓线内，一定要用几何条件和投影特性来判断。

［例 2-16］　在平面 *ABC* 内作一条距 *H* 面为 20mm 的水平线（图 2-60a）。

分析：水平线的正面投影与 *OX* 轴平行，水平投影与 *OX* 轴倾斜。距 *H* 面为 20mm 的水平线，即线上所有点的 *Z* 坐标为 20mm，只需在正面投影中作一条与 *OX* 轴平行、距 *OX* 轴为 20mm 的直线即可。

作图步骤如下：

1）作 *m*′*n*′∥*OX*，且距离 *OX* 轴为 20mm，*m*′、*n*′分别落在 *a*′*b*′、*a*′*c*′上，如图 2-60b 所示。

2）根据点的投影规律，找到 *MN* 的水平投影，点 *M*、点 *N* 的水平投影也应该分别落在 *ab*、*ac* 上。

3）加深直线 *MN* 的两个投影。

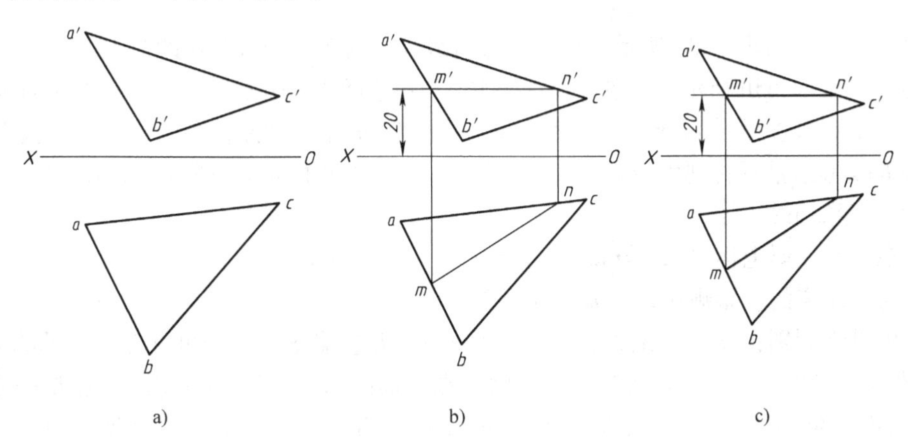

图 2-60　平面内取一条直线

二、直线与平面的相对位置

（一）直线与平面平行

直线与平面平行的几何条件是：直线平行于平面内的任一直线。当直线与垂直投影面的平面相平行时，则平面的积聚性投影与该直线的同面投影平行，或者直线、平面在同一投影面上的投影都有积聚性。如图 2-61 所示，*AB* 平行于平面 *P* 内的一条直线 *CD*，则 *AB* 平行于平面 *P*。平面 *P* 为铅垂面，它的积聚性水平投影与 *AB* 的水平投影平行，*MN* 也平行于平面 *P*，*MN* 的水平投影有积聚性。

应用实例：如图 2-62 所示，*BC*//*AD*，所以 *BC*//平面 *ADHE*，平面 *ADHE* 垂直于 *H* 面，它们的水平投影 *a*（*e*）*d*（*h*）//*bc*。

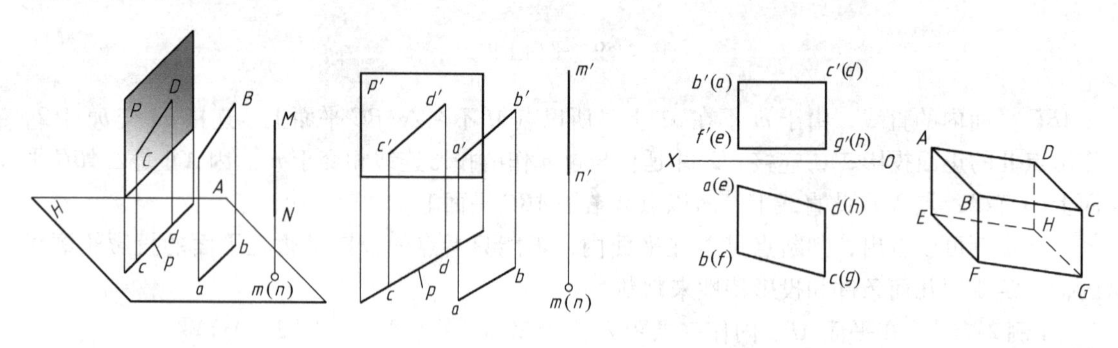

图 2-61　直线与平面平行　　　　图 2-62　应用实例

（二）直线与平面相交

直线与平面若不平行，则一定相交。直线与平面的交点是直线与平面的共有点，该交点是唯一的，同时交点又是直线与平面投影重合部分可见与不可见的分界点。

1. 一般位置直线与特殊位置平面相交

特殊位置平面一定与某一投影面垂直，其在该投影面上的投影有积聚性。交点的投影必定在平面有积聚性的投影上，同时，它又在直线的同面投影上，二者的交点就是交点的一个投影，然后再根据点在直线上的投影特性，求出另外的投影。在作图时，除了求出交点的投影以外，还要判断直线的可见性。

［**例 2-17**］　求图 2-63a 所示的一般位置直线 *MN* 与铅垂面 *ABCD* 的交点。

分析：如图 2-63b 所示，一般位置直线 *MN* 与铅垂面 *ABCD* 相交，交点 *K* 的 *H* 面投影 *k* 在平面 *ABCD* 的积聚性投影 *ad* 上，又在直线 *MN* 的投影 *mn* 上。因此，交点 *K* 的 *H* 面投影 *k* 就是 *mn* 与 *ad* 的交点。然后再利用 *MN* 上取点的方法，找到 *K* 点的正面投影 *k*′，*k*′在 *m*′*n*′上。

作图步骤如下：

1）在水平投影上标出 *mn* 与 *abcd* 的交点 *k*，如图 2-63c 所示。

2）再利用点的投影规律，在 *m*′*n*′上找到 *k*′。

3）可见性判别：交点 *K* 是直线 *MN* 与平面 *ABCD* 投影重合部分可见与不可见的分界点，同时，直线与平面相交，交点是唯一的，因此在正面投影中 *m*′*n*′与 *d*′*c*′的交点是一重影点，根据 *H* 面投影可知，*MN* 上的点 Ⅰ 在前，*DC* 上的点 Ⅱ 在后，因此 1′*k*′可见，画成粗实线，另一部分被平面遮挡，不可见，应画成细虚线，如图 2-63c 所示。

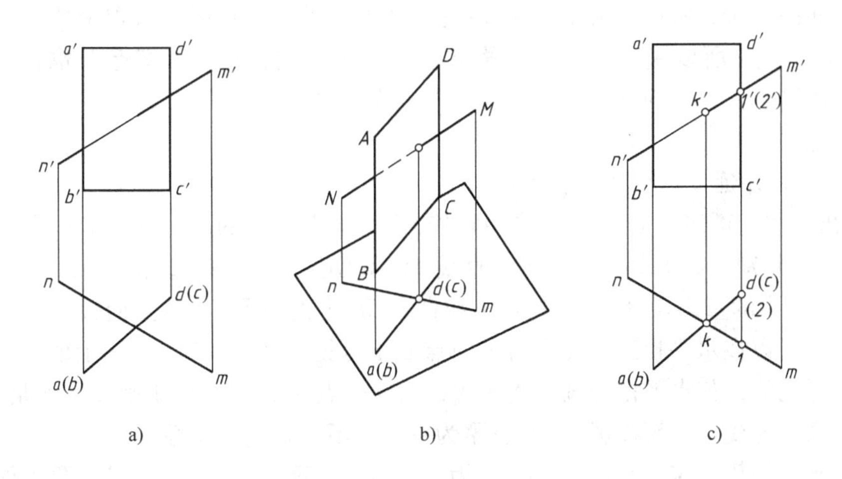

图 2-63　求一般位置直线与铅垂面的交点

也可利用投影图直接判断直线的可见性。从水平投影中很容易看出，交点 *K* 的右边，直线 *MN* 在平面 *ABCD* 的前方，因此在正面投影中，直线在交点 *K* 的右边是可见的，反之，交点 *K* 的左边与平面投影重合的部分是不可见的。

应用实例：如图 2-64 所示，平面 *ABC* 为正垂面，直线 *AD* 为一般位置直线，它们的交点 *A* 的正面投影 *a*′，为直线 *AD* 的正面投影 *a*′*d*′与平面 *ABC* 的积聚性正面投影 *a*′*b*′*c*′的交点。

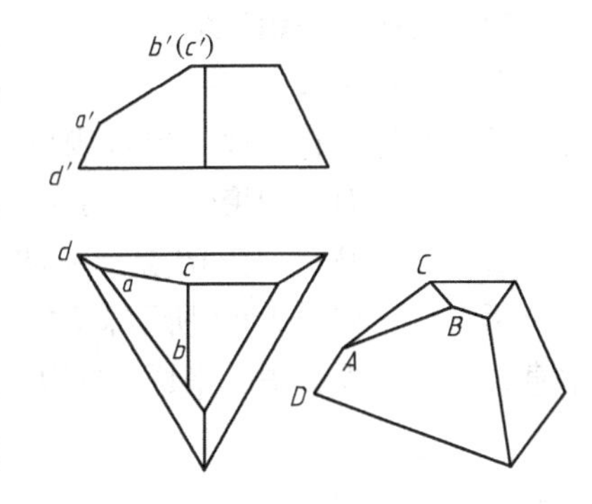

图 2-64　应用实例

2. 投影面垂直线与一般位置平面相交

投影面垂直线的某一投影具有积聚性，交点在该直线上，那么交点的一个投影一定与该直线的积聚性投影重合。然后利用在面上取点的方法，找到交点的其他投影。

［**例 2-18**］　如图 2-65 所示，求正垂线 *AB* 与一般位置平面△*CDE* 的交点，并判断可见性。

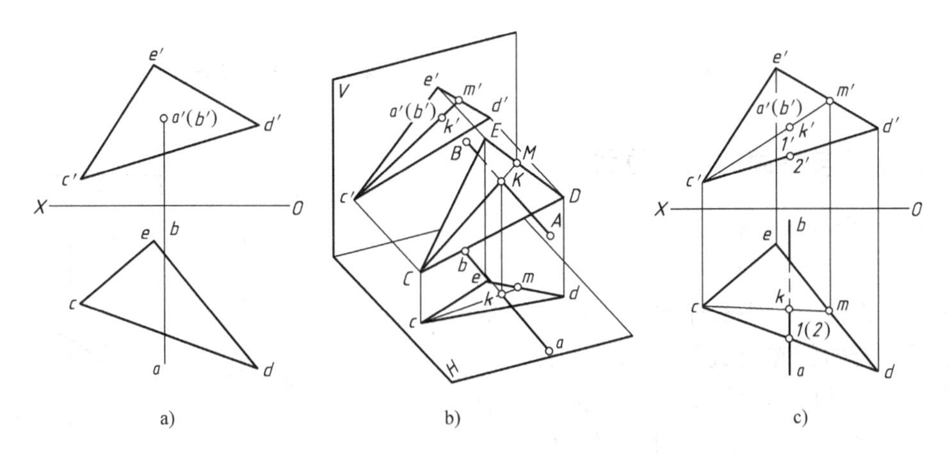

图 2-65　求正垂线与平面相交的交点

分析：如图2-65b所示，由于直线AB是正垂线，其正面投影具有积聚性，交点K是直线AB上的一个点，所以K点的正面投影k'和a'（b'）重合；又因交点K也在三角形平面上，故可利用平面上取点的方法，作出交点K的水平投影k。

作图步骤如下：

1）连接$c'k'$并延长至与$d'e'$相交于m'。

2）求出直线CM的水平投影cm与ab的交点即为交点K的水平投影k（图2-65c）。

3）可见性判别。如图2-65c所示，直线AB和$\triangle CDE$的三条边都交叉，取交叉直线AB和CD水平投影中的重影点（AB上的点Ⅰ和直线CD上的点Ⅱ），从正面投影中可以看出1′在2′的上面，所以在水平投影中点Ⅰ可见而点Ⅱ不可见。因此，直线AB上的KⅠ线段位于平面上方是可见的，其水平投影画成粗实线，相反交点K另一侧位于平面下方是不可见的，其水平投影画成虚线。正面投影中AB积聚为一点，不需判别可见性。

应用实例：如图2-66所示，直线AF为正垂线，平面$ABCDE$为一般位置平面，它们的交点A的正面投影a'在AF的积聚性投影$a'f'$上。

（三）直线与平面垂直

如果一条直线垂直于一个平面上的任意两条相交直线，则该直线垂直于该平面，且直线垂直于平面上的所有直线。当直线与特殊位置平面垂直时，直线一定平行于该平面所垂直的投影面，而且平面有积聚性的投影一定与直线的同面投影相垂直。如图2-67所示，直线AB垂直于铅垂面$CDEF$，则AB是水平线，且$ab \perp cdef$。

应用实例：如图2-62所示，$BF \perp BC$，$BF \perp AB$，所以$BF \perp$平面$ABCD$，平面$ABCD$与V面垂直，在正面投影中，平面$ABCD$的积聚性投影$a'b'c'd'$与BF的投影$b'f'$垂直。

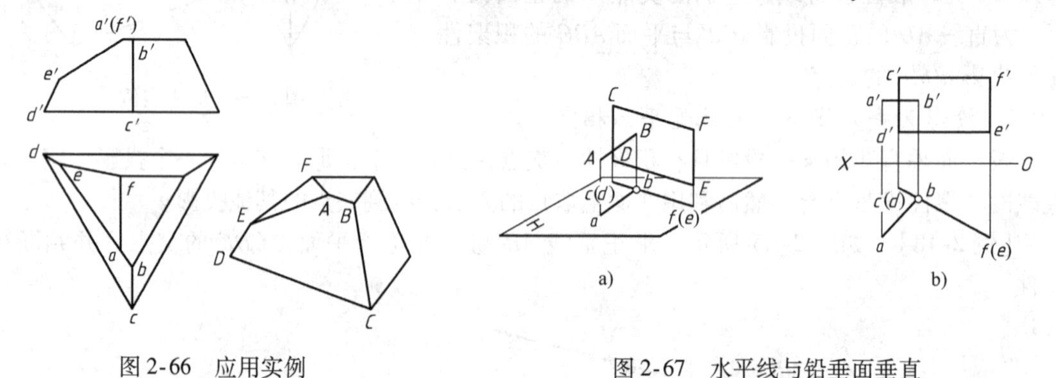

图2-66　应用实例　　　　图2-67　水平线与铅垂面垂直

三、平面与平面的相对位置

（一）平面与平面平行

平面与平面平行的几何条件是：一平面上两条相交直线对应平行于另一平面上两条相交直线。若两特殊位置平面相互平行，则它们具有积聚性的那组同面投影必然相互平行。如图2-68所示，两个铅垂面P、Q相互平行，它们的积聚性水平投影也相互平行。

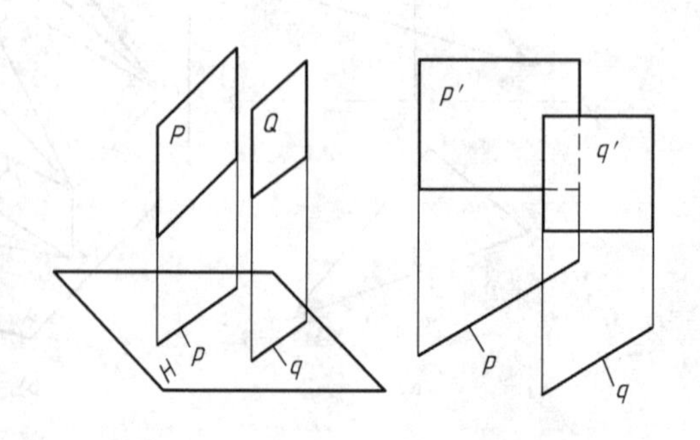

图2-68　平面与平面平行

应用实例：如图2-62所示，$BC//AD$，$BF//AE$，所以平面 $ADHE//$ 平面 $BCGF$。平面 $ADHE$ 与平面 $BCGF$ 均为铅垂面，它们有积聚性的水平投影平行。

（二）平面与平面相交

两平面相交其交线为一直线，交线为两平面共有，交线唯一且又是平面与平面投影重合部分可见与不可见的分界线。求交线的方法可以是求出交线上任意两点连接而得，也可以求出其中一点，然后由交线的方向确定。若相交两平面之一，有一个平面与投影面垂直，可利用该平面有积聚性的投影直接求得交线，然后再根据交线是两平面所共有的，求出交线的其他投影。

1. 两特殊位置平面相交

两个垂直于同一投影面的平面相交，交线一定是这个投影面的垂线，两平面在该投影面上的积聚性投影的交点，就是交线有积聚性的投影，进而作出交线的其他投影。

[例2-19] 求两正垂面 ABC 和 DEF 的交线（图2-69）。

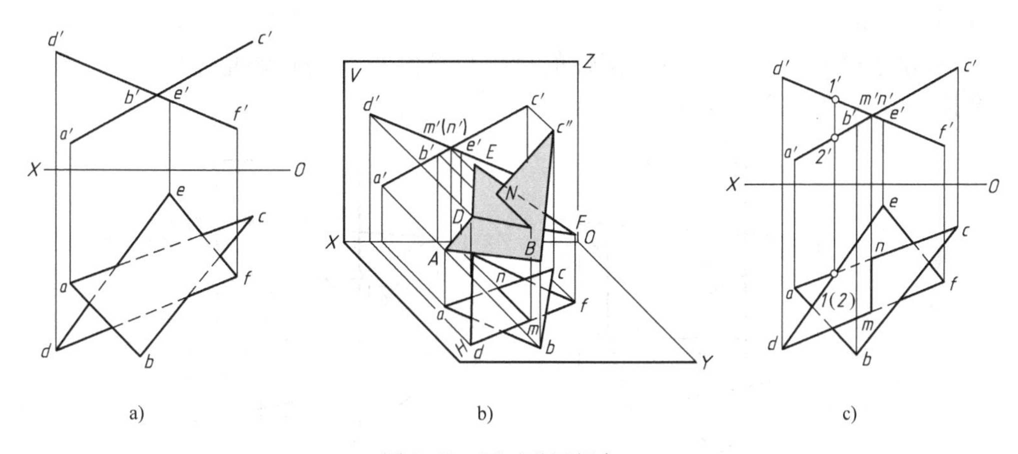

图2-69　两正垂面相交

分析：如图2-69b所示，正垂面△ABC 与正垂面△DEF 同时垂直于 V 面，因此，它们的交线 MN 是正垂线。交线的正面投影积聚为一点，即 $a'b'c'$ 和 $d'e'f'$ 的交点。正垂线 MN 的水平投影垂直于 OX 轴，并且交线是两平面所共有的，因此，MN 的水平投影应该位于两平面投影重合的公共部分。

作图步骤如下：

1）$a'b'c'$ 和 $d'e'f'$ 的交点，即是交线 MN 的积聚性投影 $m'n'$。

2）由 $m'n'$ 引投影连线，在两个三角形的水平投影相重合范围内作出 mn，就得到交线 MN 的两面投影，如图2-69c所示。

3）可见性判别：正面投影不重合，所以正面投影不需判断可见性；水平投影有一部分重合，需要判断可见性。交线 MN 为可见与不可见的分界线。从图2-69b中正面投影可以看出：在交线 MN 的左侧△DEF 在△ABC 的上方，故△def 在 mn 的左侧可见，画粗实线，而△abc 在 mn 的左侧与△def 重合的部分不可见，画细虚线；而右侧可见性正好相反。也可以利用重影点进行判断，如图2-69c所示。

应用实例：如图2-70所示，平面 ABC 与平面 $CDEB$ 都与 V 面垂直，它们的交线 BC 也一定与 V 面垂直。在正面投影中，BC 的积聚性投影 $b'c'$ 为平面 ABC 的积聚性投影 $a'b'c'$ 与平面 CDEB 的积聚性投影 $c'd'e'f'$ 的交点。

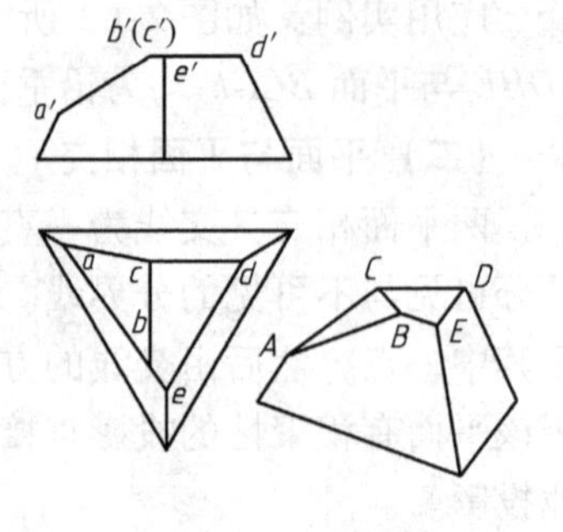

图 2-70 应用实例

2. 特殊位置平面与一般位置平面相交

特殊位置平面的一个投影有积聚性，交线在该平面上，那么交线的一个投影一定在该平面的积聚性投影上，由此可得到交线的一个投影。然后利用在一般位置平面上取点，找到交线的其他投影。

［例 2-20］ 求铅垂面 DEFG 与一般位置平面 ABC 的交线（图 2-71）。

分析：因为铅垂面 DEFG 的水平投影有积聚性，交线 MN 在平面 DEFG 上，因此，交线 MN 的水平投影 mn 必在 DEFG 的水平投影 gd 上。又因为 MN 在平面 ABC 上，利用在面 ABC 上取点的方法，找到 MN 的正面投影。

作图步骤如下：

1）在水平投影中，DEFG 有积聚性的投影与平面 ABC 的投影重合的部分，即为交线 MN 的水平投影，如图 2-71b 所示。

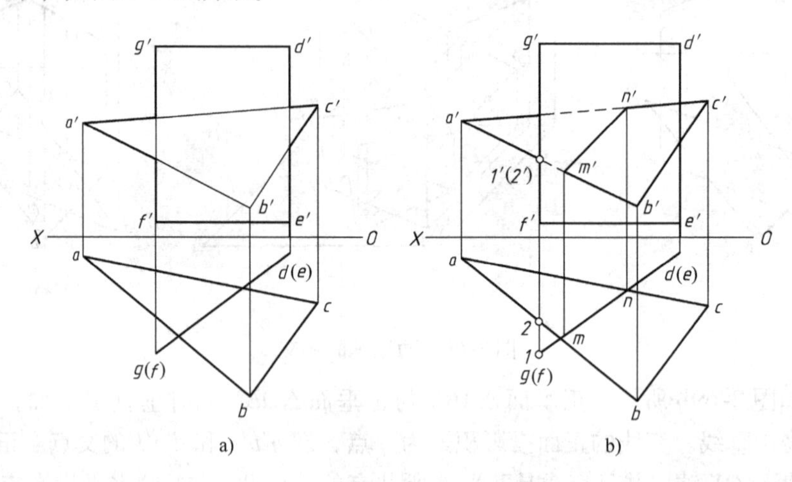

图 2-71 求两平面相交的交线

2）MN 又在平面 ABC 上，点 M 在边 AB 上，点 N 在边 AC 上，利用投影规律，求得 $m'n'$。

3）判断可见性。平面 DEFG 的水平投影具有积聚性，所以水平投影不需判断可见性。正面投影可利用重影点来判断可见性。GF、AB 为交叉直线，它们的正面投影有一重影点 1′和 2′。根据 H 面投影可知，GF 上的点Ⅰ在前，AB 上的点Ⅱ在后，因此在交线的左边。GF 可见，$m'2'$不可见。结果如图 2-71b 所示。也可直接从投影图中判断，在水平投影中，交线 mn 的右边，平面 ABC 在前，DEFG 在后，因此正面投影中，交线右边，两平面投影重合的部分 DEFG 不可见，ABC 可见。

应用实例：如图 2-62 所示，平面 ABC 为正垂面，平面 ABDEF 为一般位置平面，二者的交线 AB 的正面投影在平面 ABC 的积聚性投影上。

（三）平面与平面垂直

如果直线垂直一平面，则包含这条直线的一切平面都垂直于该平面。反之，如两平面互相垂直，则从第一平面上的任意一点向第二平面所作的垂线，必定在第一平面内。

当两个互相垂直的平面同垂直于一个投影面时，两平面有积聚性的同面投影垂直，交线是该投影面的垂直线。

如图2-73所示，两铅垂面*ABCD*、*CDEF*互相垂直，它们的*H*面有积聚性的投影垂直相交，交点是两平面交线（铅垂线）的积聚性投影。

应用实例：如图2-62所示，平面*ABCD*与平面*ABFE*垂直，且它们同时垂直于*V*面，则它们在*V*面上的积聚性投影垂直。

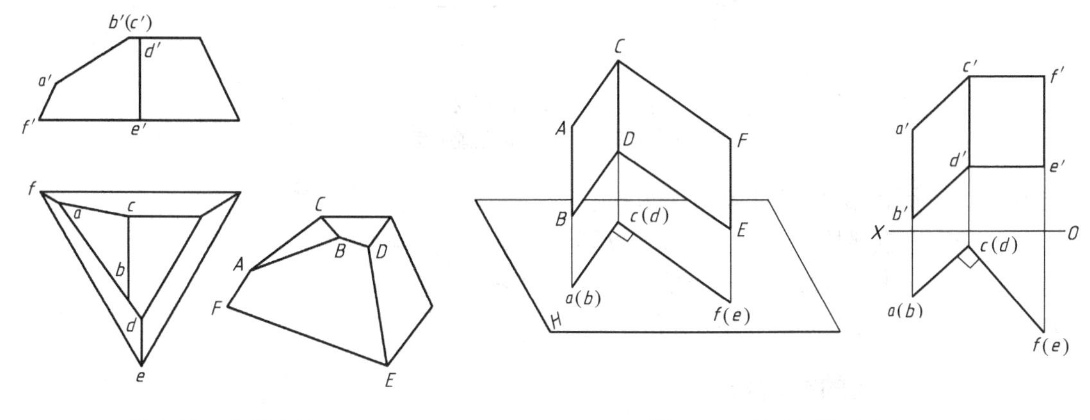

图2-72　应用实例　　　图2-73　平面与平面垂直

第七节　平面立体投影图

表面全部由平面围成的立体称为平面立体。研究平面立体的投影即研究围成平面立体的平面的投影。运用直线和平面的投影规律，分析物体表面的形状和位置的方法称为线面分析法。

一、分析平面的形状

由平面的投影特性可知，当平面与投影面垂直时，平面在该投影面上的投影积聚为直线；当平面与投影面平行时，平面在该投影面上的投影反映实形；当平面与投影面倾斜（即不平行，又不垂直）时，平面在该投影面上的投影是一个比实形小的类似形。因此可以说，平面的投影“若非类似形，必有积聚性”。如图2-74所示，平面*A*为正垂面，正面投影积聚为直线，水平投影和侧面投影均为相似形。平面*B*为一般位置平面，三个投影均为相似形。

分析平面图形的投影时，除了要注意“长对正、高平齐、宽相等”等投影规律外，还必须注意平面的投影“若非类似形，必有积聚性”这一特性。分析平面投影时，优先考虑类似形，找不到类似形再考虑积聚性。

如图2-75a所示，它的正面投影有两个线框，线框1′为一三角形，水平投影上与线框1′对正的投影有两个：一个是三角形，另一个是矩形。显然矩形与三角形不是类似形，所以线框1′应对应水平投影上的三角形。线框2′为一四边形，在水平投影中没有一个类似的四边

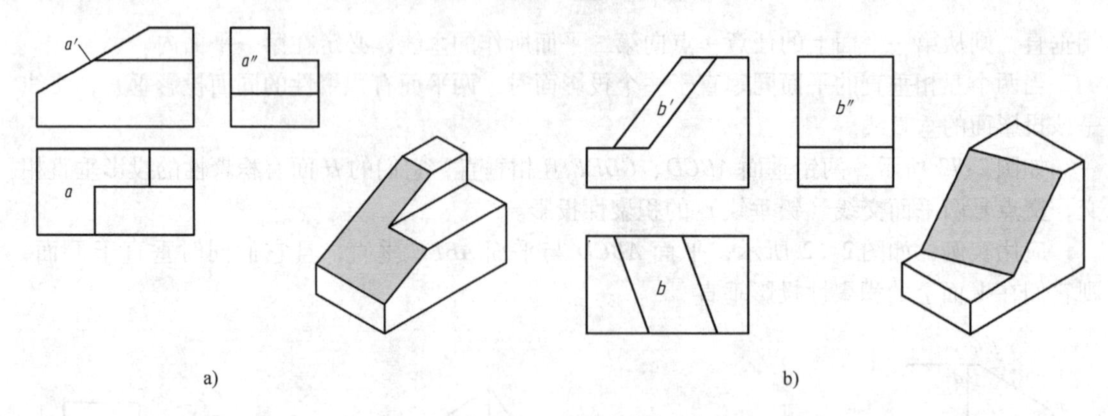

a)　　b)

图 2-74　平面的形状

a）正垂面　b）一般位置平面

形与其对应，因此线框 2′对应的是水平投影上的一条水平直线段 2。同理，水平投影中的线框 3 对应正面投影中的直线段 3′。图 2-75a 所示的立体的形状如图 2-75b 所示。

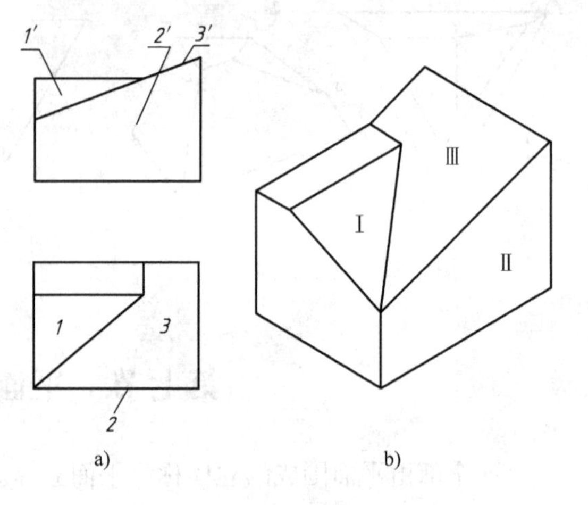

a)　　b)

图 2-75　用线面分析法读图

二、分析平面的相对位置

在投影图中，任何相邻的封闭线框，必定是物体上相交的或者平行的两个平面的投影。但这两个平面的相对位置究竟如何，必须根据其他投影来分析。如图 2-76a 所示，正面投影 b'和 c'为相邻的封闭线框，从水平投影可以看到，二者是相交的两平面。如图 2-76b 所示，正面投影 a'、b'和 c'为相邻的封闭线框，由于它们的投影在水平投影中都是实线，所以只能是高的平面在后，低的平面在前，即平面 A 在最后，平面 B 在中间，平面 C 在最前。从水平投影图中可以判断出它们是相互平行的平面，并能确定各平面的相对位置。

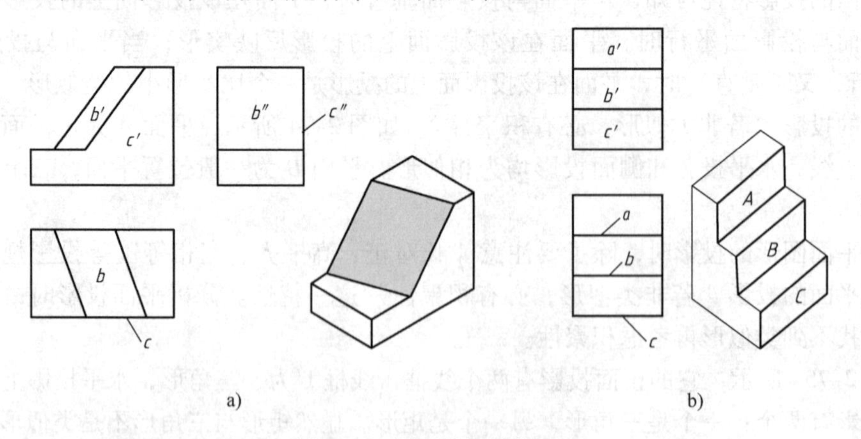

a)　　b)

图 2-76　平面的相对位置

三、分析平面与平面的交线

当立体上出现较多面与面的交线时，会给看图带来一定的困难，这时就需要对面与面的交线进行分析。如图2-77所示，该立体为一长方体被一正垂面 P 和一铅垂面 Q 截切，平面 P 与平面 Q 的交线为 AB。根据直线的投影特性，交线 AB 为一般位置直线。

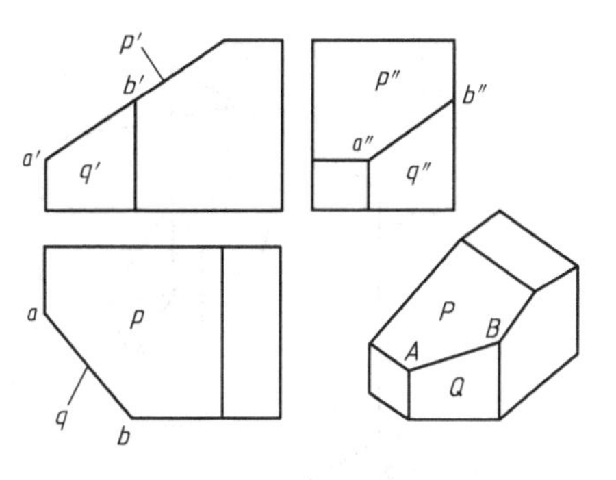

图2-77　平面与平面的交线

第八节　投影变换

从前面直线和平面的投影分析可知，当直线或平面相对于投影面处于特殊位置（平行或者垂直）时，其投影可反映实长、实形，两直线间的距离，直线与平面、平面与平面的交点、交线，如图2-78所示。要解决一般位置几何元素的定位和度量问题，可以设法把它们与投影面的相对位置由一般位置变为特殊位置，使之处于有利于解题的位置。

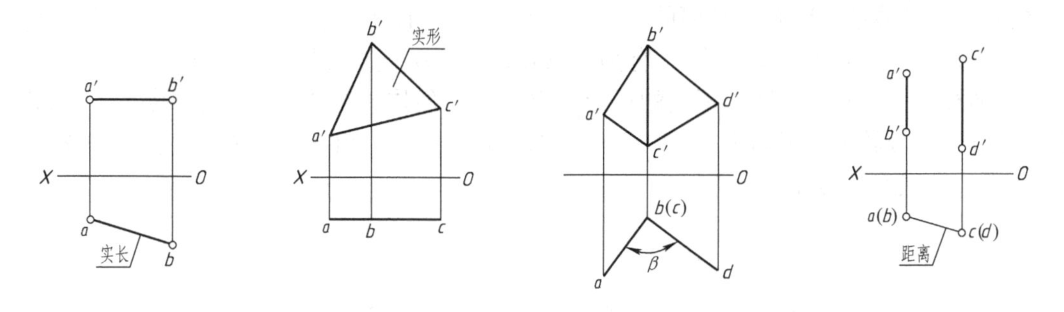

图2-78　几何元素处于有利于解题的位置

空间几何元素的位置保持不变，用新的投影面代替原来的投影面，使空间几何元素相对于新的投影面处于有利于解题的位置，这种方法称为变换投影面法，简称换面法，如图2-79所示为一处于铅垂位置的三角形平面，该平面在 V/H 体系中不反映实形，为了求其实形，现作一与 H 面垂直的新投影面 V_1 平行于三角形平面，用 V_1 面代替 V 面，组成新的投影面体系 V_1/H，再将三角形平面向 V_1 面投影，这时三角形在 V_1 面上的投影反映该平面的实形。

新投影面的选择应符合以下两个条件：

1）新投影面必须垂直于原来投影面体系中某一保留投影面，形成一个新的两面投影体系；

2）新投影面相对于空间几何元素必须处于最有利于解题位置。

只有保证第一个条件才能应用两投影面体系中的正投影规律，而后一个条件是解题的需要。

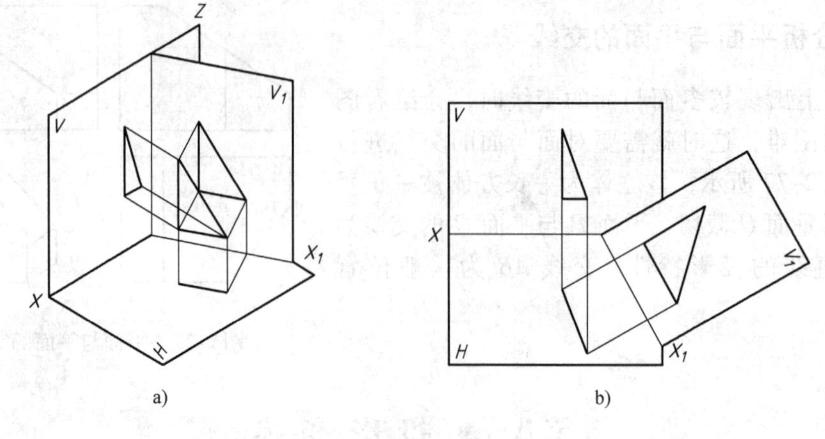

图 2-79　变换投影面法

一、换面法的基本投影规律

（一）点的一次变换

1. 点的一次变换规律

如图 2-80a 所示，水平投影面 H 保持不变，用一个与 H 面垂直的新投影面 V_1 代替 V 面，建立新的 V_1/H 体系，V_1 面与 H 面的交线称为新的投影轴，用 X_1 表示。水平投影 a 称为被保留的投影，点 A 在 V_1 面上的投影 a_1' 称为新投影，a 和 a_1' 同样可以确定点 A 的空间位置。将 V_1 沿新轴按箭头方向旋转到与不变的投影面 H 重合，便构成新的两面投影，然后 V_1 面和 H 面一起绕 X 轴旋转到与 V 面重合，展开后如图 2-80b 所示。由图可以看出，点 A 的各个投影 a、a'、a_1' 之间有如下的关系：

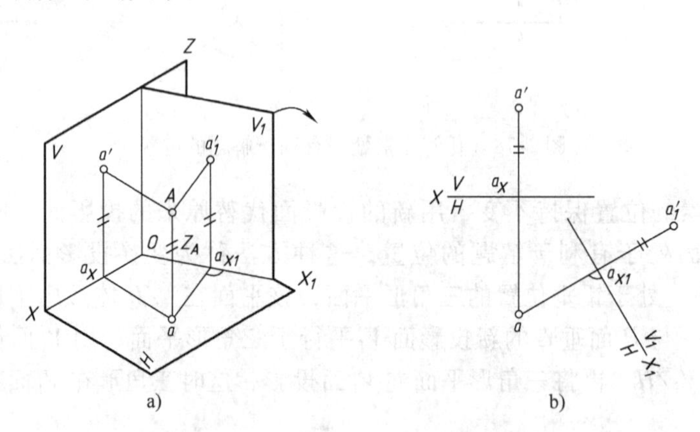

图 2-80　点的一次变换（变换 V 面）

1）a 和 a_1' 的连线垂直于新投影轴 X_1，即 $aa_1' \perp X_1$ 轴。

2）a_1' 到 X_1 轴的距离，等于空间点 A 到 H 面的距离，由于新旧两投影面体系具有同一水平面 H，所以点 A 到 H 面的距离保持不变，即 $a_1'a_{x1} = a'a_x = Aa$。

同理，图 2-81a 所示的点 B，用垂直于 V 面的投影面 H_1 来替代 H 面组成 V/H_1 投影体系，H_1 面与 V 面的交线 X_1 称为新投影轴。b、b'、b_1 之间的关系为：$b'b_1 \perp X_1$ 轴，$b_1b_{x1} = bb_x = Bb'$。

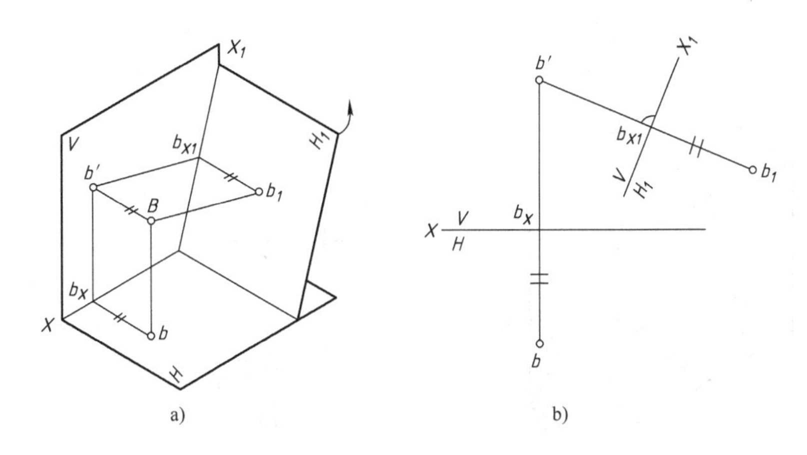

图2-81　点的一次变换（变换 H 面）

综上所述，点的换面法的基本规律可归纳如下：

1）点的新投影和被保留投影的连线，垂直于新投影轴。

2）点的新投影到新投影轴的距离等于被代替的投影到旧投影轴的距离。

2. 点的一次变换的作图步骤

变换 V 面的作法（图2-80b）如下：

1）作新投影轴 X_1，以 V_1 面代替 V 面形成 V_1/H 体系。

2）过投影 a 作 X_1 的垂线，交 X_1 轴于 a_{x1}。

3）在垂线 aa_{x1} 的延长线上量取 $a_{x1}a_1' = a'a_x$，即得点 A 的新投影 a_1'。

点 B 变换 H 面的投影图的作法与点 A 相类似，如图2-81b所示。

（二）点的二次变换

在运用换面法解决实际问题时，有时经一次换面后还不能解决问题，必须变换两次或多次才能达到解题的目的。二次变换是在一次变换的基础上进行的，变换一个投影面后，在新的两投影面体系中再变换另一个还未被代替的投影面。类似地可以作多次变换。应当指出：新投影面的选择除必须符合前述两个条件外，它不能连续两次更换同一个投影面，而必须是交替地进行更换。

如图2-82所示，顺次变换两次投影面求点的新投影的方法，其原理和作图方法与一次换面完全相同，其作图步骤如下：

1）先变换一次，以 V_1 面代替 V 面，组成新体系 V_1/H，作出新投影 a_1'。

2）在 V_1/H 的基础上，再变换一次，这时如果仍变换 V_1 面就没有实际意义，因此第二次变换应变换前一次还未被替换的投影面，即以 H_2 面来代替 H 面组成第二个新体系 V_1/H_2，这时 $a_1'a_2 \perp X_2$ 轴，$a_2a_{x2} = aa_{x1}$。由此作出新投影 a_2。

二次变换投影面时，也可先变换 H 面，再变换 V 面。变换投影面的先后次序按实际需要而定。

二、换面法中的六个基本问题

（一）将一般位置直线变换成投影面平行线

选择一个与已知直线平行，而与原来某一个投影面垂直的新投影面，经过一次换面就可

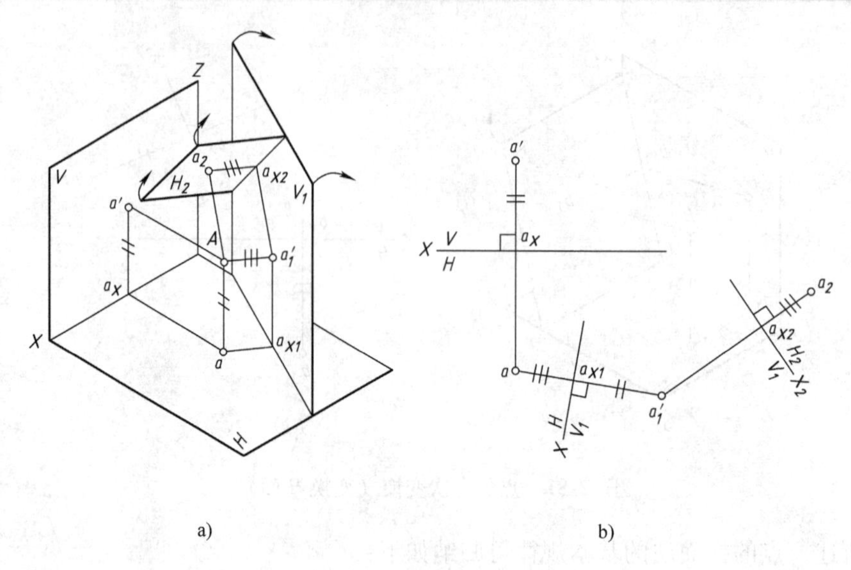

a)　　　　b)

图 2-82　点的二次变换

将一般位置直线变换成新投影面的平行线，如图 2-83 所示。在这里变换 V 面，使新投影面 V_1 平行于直线 AB，则新轴 $X_1 /\!/ ab$，具体作图步骤如下（图 2-83b）：

1）作新投影轴 $X_1 /\!/ ab$。

2）分别过投影 a、b 作 X_1 轴的垂线，与 X_1 轴交于 a_{x1}、b_{x1}，然后在垂线上量取 $a_1'a_{x1} = a'a_x$，$b_1'b_{x1} = b'b_x$，得到新投影 a_1'、b_1'。

3）连接 a_1'、b_1' 得投影 $a_1'b_1'$，它反映直线 AB 的实长，它与 X_1 轴的夹角反映直线 AB 对 H 面的倾角 α，如图 2-83b 所示。

如果要求出直线对 V 面的倾角 β，则要替换 H 面，使新投影面 H_1 平行于已知直线，作图时轴 $X_1 /\!/ a'b'$，如图 2-84 所示。

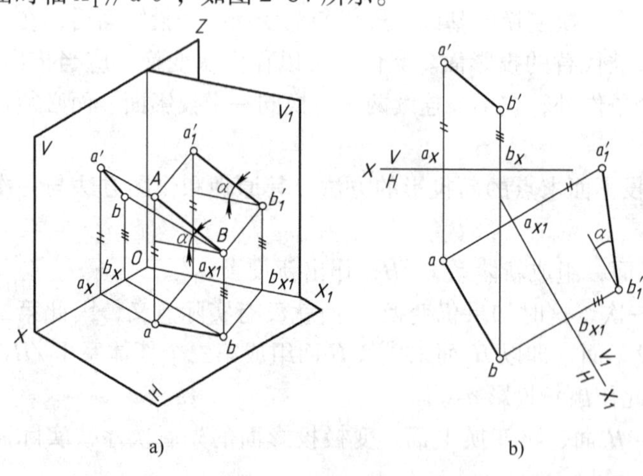

a)　　　　b)

图 2-83　一般位置直线变换成投影面平行线（求 α 角）

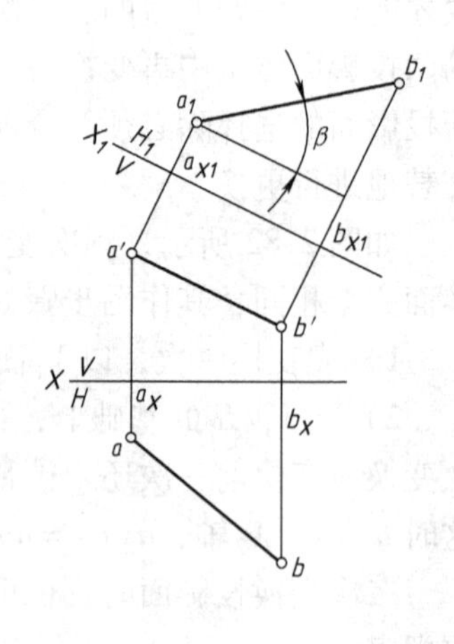

图 2-84　一般位置直线变换成水平线（求 β 角）

（二）将投影面平行线变换成投影面垂直线

图 2-85 所示为水平线 AB 变为投影面垂直线的情况。由于新的投影面要垂直于水平线，

因此它必定垂直于水平投影面 H，因此保留 H 面，用新的投影面 V_1 代替 V 面，V_1 与 AB 垂直，则新轴 X_1 与投影 ab 垂直。图 2-85b 所示为它的投影图，作图时，先在适当位置画出与水平投影 ab 垂直的新投影轴 X_1，再用投影变换规律作出直线的新投影 $a_1'b_1'$，$a_1'b_1'$ 必积聚为一点。

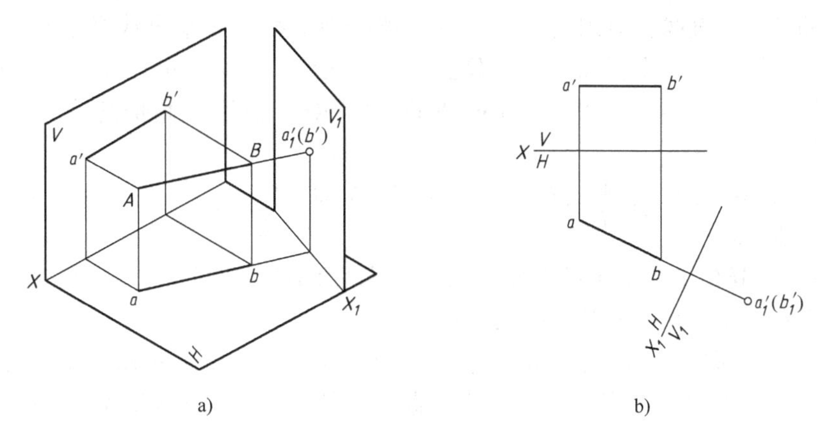

图 2-85　投影面平行线变换成投影面垂直线

（三）将一般位置直线变换成投影面垂直线

要将一般位置直线变换成投影面垂直线，只更换一次投影面是不可能的。因为与一般位置直线垂直的平面也一定是一般位置平面，它与 H 面或 V 面都不垂直，因此不能与原有投影面中的任何一个构成相互垂直的新投影面体系。

为了解决这个问题，需要经过二次投影变换，第一次将一般位置直线变换成投影面平行线，第二次将投影面平行线变换成投影面垂直线。如图 2-86 所示，直线 AB 为一般位置直线，如先变换 V 面，使 V_1 面 // 直线 AB，则直线 AB 在 V_1/H 体系中为 V_1 面的平行线，再变换 H 面，作 H_2 面 ⊥ 直线 AB，则直线 AB 在 V_1/H_2 体系中为 H_2 面的垂直线。其具体作图步骤如下（图 2-86b）：

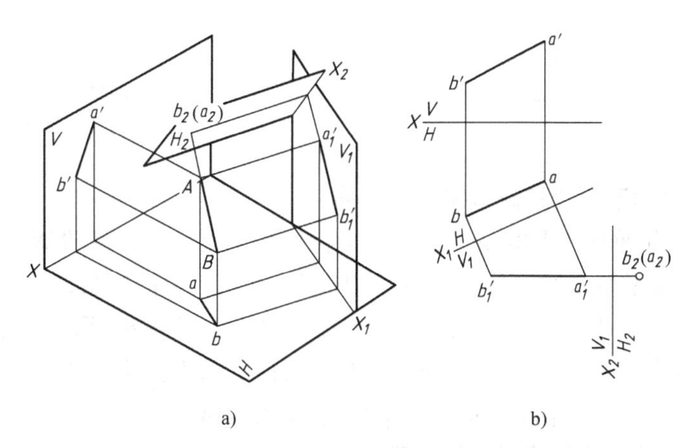

图 2-86　一般位置直线变换成投影面垂直线

1）先作 X_1 轴 // ab，求得直线 AB 在 V_1 面上的新投影 $a_1'b_1'$。

2）再作 X_2 轴 ⊥ $a_1'b_1'$，求出直线 AB 在 H_2 面上的投影 b_2（a_2），这时 a_2 与 b_2 重影为

一点。

（四）将一般位置平面变换成投影面垂直面

如果将一般位置平面内的任一直线变为新投影面的垂直线，则该平面即变为新投影面的垂直面。如图2-87所示，为了能使平面△*ABC*成为投影面垂直面，新投影面应当垂直于平面△*ABC*内的某一条直线。但因将一般位置直线变换成投影面垂直线必须经过两次变换，而把投影面平行线变换成投影面垂直线只需经过一次变换，所以可先在平面△*ABC*内取一投影面平行线，图2-87中先作平面△*ABC*中的一水平线，然后作V_1面与该水平线垂直，其作图步骤如下（图2-87b）：

1）在平面△*ABC*上作水平线*CD*，其中$c'd' /\!/ X$轴。

2）作X_1轴⊥*cd*。

3）作平面△*ABC*在V_1面上的新投影$a_1'b_1'c_1'$，而$a_1'b_1'c_1'$必定积聚为一直线，它与X_1轴的夹角即反映平面△*ABC*对*H*面的倾角α。

如要求平面△*ABC*对*V*面的倾角β，则可在此平面上取一正平线*AE*，作H_1面垂直直线*AE*，则平面△*ABC*在H_1面上的投影积聚为一直线，它与X_1轴的夹角反映该平面对*V*面的倾角β。具体作图如图2-88所示。

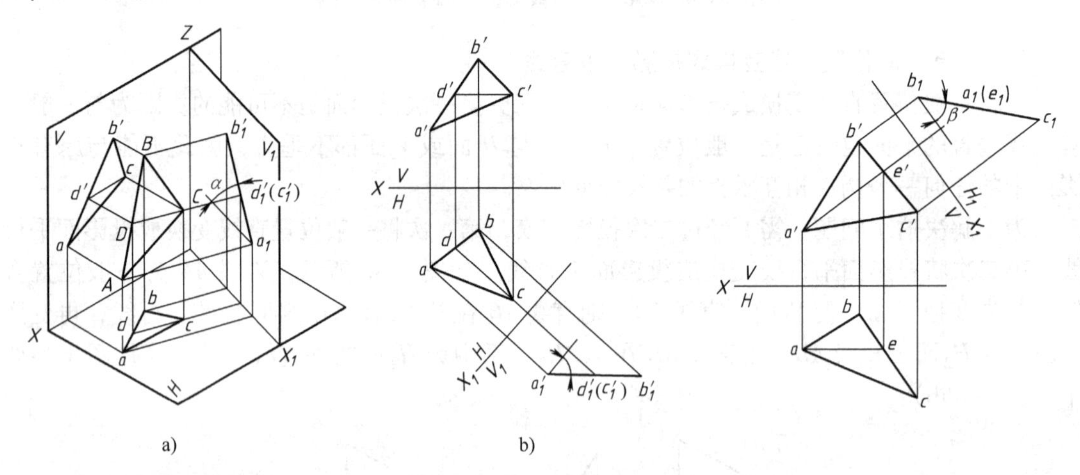

图2-87 一般位置平面变换成投影面垂直面（求α角）

图2-88 一般位置平面变换成投影面垂直面（求β角）

（五）将投影面垂直面变换成投影面平行面

图2-89所示为铅垂面△*ABC*变为投影面平行面的情况。由于新投影面与平面△*ABC*平行，因此它必定与投影面*H*垂直，并与*H*面组成V_1/H新投影面体系，平面△*ABC*在新体系中是正平面，新轴X_1与平面△*ABC*的水平投影*ac*平行。图2-89b所示为它的投影图，作图时，先画出新投影轴X_1平行于平面△*ABC*的有积聚性的水平投影，再求出平面△*ABC*各顶点的新投影$a_1'b_1'c_1'$，然后连接即成，$\triangle a_1'b_1'c_1'$反映实形。

（六）将一般位置平面变换成投影面平行面

新投影面若与一般位置平面相平行，则新投影面必定是一般位置平面，它和原体系的哪一个投影面都不垂直，所以它不符合新投影面应具备的条件。因此一般位置平面变换成投影面平行面，只经过一次换面是不行的。可先进行一次变换将一般位置平面变换成投影面垂直

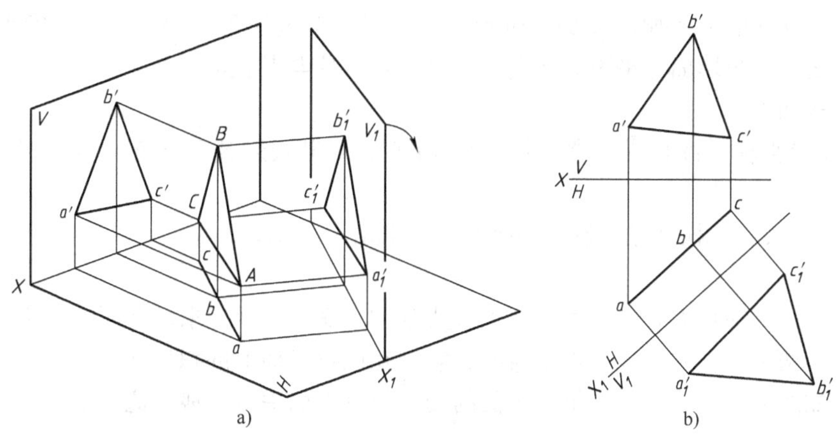

图 2-89　投影面垂直面变换成投影面平行面

面，然后再将投影面垂直面变换成投影面平行面。如图 2-90 所示，先以 H_1 面替换 H 面，将平面△ABC 变换成与 H_1 面垂直的垂直面，再以 V_2 面替换 V 面，使其平行于△ABC。具体作图步骤如下：

1）在平面△ABC 上取正平线 AD，作 X_1 轴 ⊥$a'd'$，然后作出平面△ABC 在 H_1 面上的新投影 $a_1b_1c_1$，它积聚成一直线。

2）作 X_2 轴∥$a_1b_1c_1$，然后作出平面△ABC 在 V_2 面上的新投影△$a_2'b_2'c_2'$。△$a_2'b_2'c_2'$反映平面△ABC 的实形。

图 2-90　一般位置平面变换成投影面平行面

三、换面法的应用举例

［例 2-21］ 试求图 2-91a 所示立体上的正垂面 P 的实形。

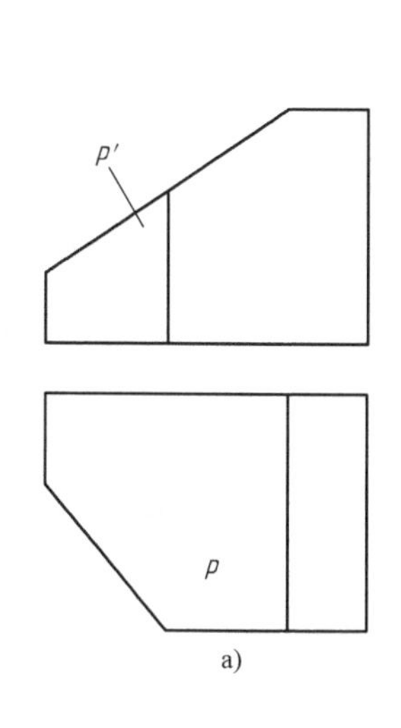

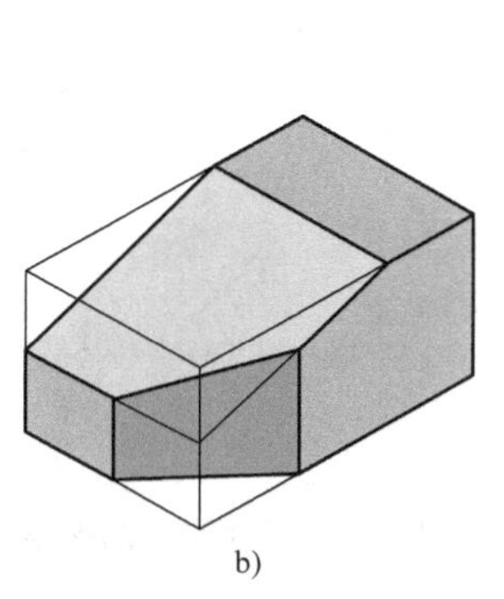

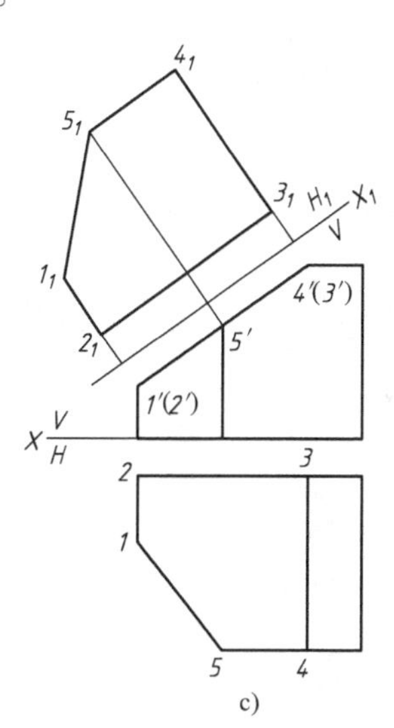

图 2-91　求平面的实形

分析：该立体的形状如图 2-91b 所示。正垂面 P 为五边形，要求出它的实形，必须更换水平投影面，新投影面与平面 P 平行，即新投影轴应与其正面投影 p'平行。

作图步骤如下：

1）建立投影轴。将旧轴 X 建立在立体的下底面，新投影轴 X_1 与正面投影 p'平行，如图 2-91c 所示。

2）画出新投影。根据点的投影变换规律，求出 1_1、2_1、3_1、4_1、5_1，即得正垂面 P 的实形。

[**例 2-22**]　平面 ABC 与平面 BCD 的投影如图 2-92a 所示，求两平面的夹角。

分析：当两平面同时与投影面垂直时，它们在该投影面上的积聚性投影的夹角即为两平面的夹角，如图 2-92b 所示。如果两平面的交线与投影面垂直，那么这两个平面就同时与投影面垂直。

作图步骤如下：

1）将两平面的交线 BC 变换为投影面的平行线。新投影轴 X_1 平行于 $b'c'$，根据点的投影变换规律，求出 a_1、b_1、c_1、d_1，如图 2-92c 所示。

2）二次变换，将交线 BC 变换为投影面的垂直线。新投影轴 X_2 垂直于 b_1c_1，根据点的投影变换规律，求出 a_2'、b_2'、c_2'、d_2'。此时过交线 BC 的平面 ABC 与平面 BCD 均与新投影面 V_2 垂直，两平面在新投影面上的投影具有积聚性，它们的夹角即为两平面的夹角。

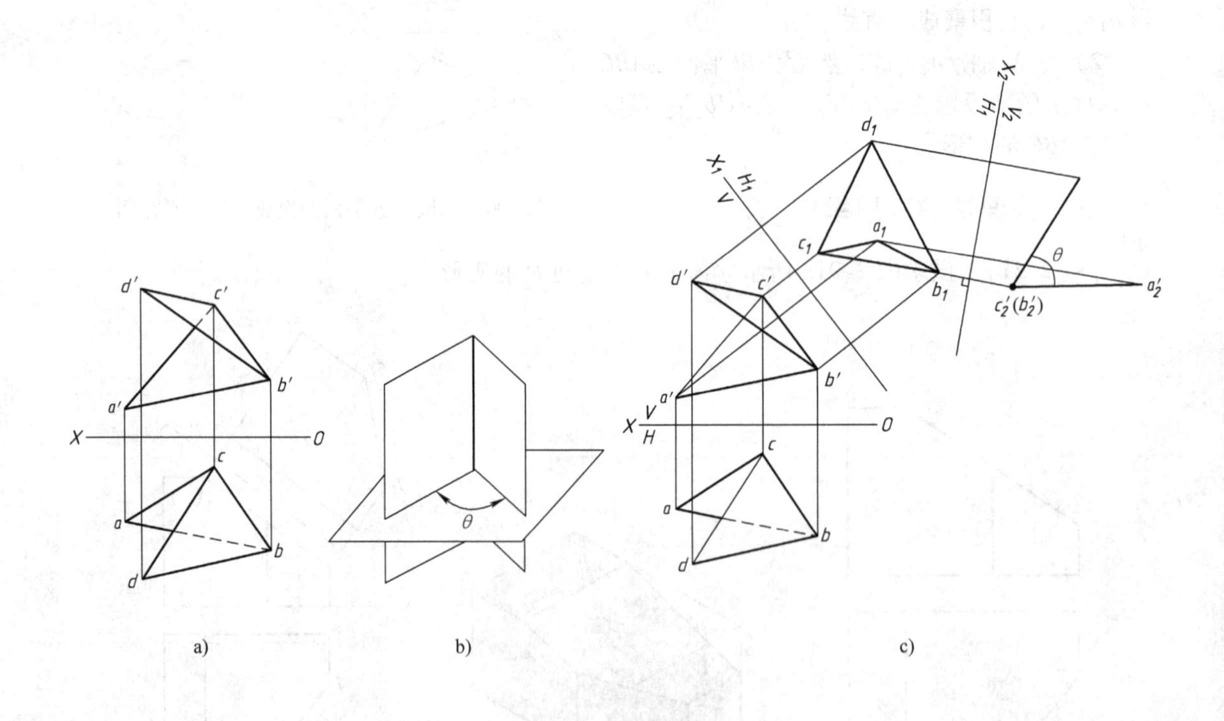

图 2-92　求两平面的夹角

第三章

简单立体及其表达方式

内容提要

1. 平面立体和曲面立体的投影特性、作图方法及立体表面上作点、线的基本方法。
2. 平面立体和曲面立体的异维图。
3. 利用 SolidWorks 创建平面立体和曲面立体的异维图。
4. 利用 SolidWorks 创建截交体和相贯体的异维图。
5. 立体表面交线二维作图方法。（限用表面取点法和辅助平面法）

学习提示及要点

1. 平面立体和曲面立体的投影，掌握各种立体的投影特性、作图方法。重点学会在立体表面上作点、线的基本方法。
2. 平面立体和曲面立体的异维图，着重理解异维图的概念和作用。重点掌握利用 SolidWorks 创建平面立体和曲面立体的异维图的方法步骤。
3. 截断体必须了解其形成，重点是截断体上截交线形状的决定因素。在此基础上重点掌握截断体的异维图的创建和尺寸标注。
4. 相贯体重点是相贯体上相贯线形状的决定因素。在此基础上重点掌握相贯体的异维图的创建和尺寸标注。
5. 立体表面交线二维作图方法部分，要求了解并学会运用基本投影理论生成截断体和相贯体的二维图原理。重点掌握应用表面取点法和辅助平面法求截交线和相贯线。

基本体是构成工程形体的最小单元体，可以看成是由若干表面围成的形状简单的几何体。依表面性质不同，基本体有平面立体和曲面立体之分。表面全是平面的基本体称为平面立体；表面全是曲面或既有曲面又有平面的基本体称为曲面立体。工程应用中极少使用单纯的基本体，通常是根据需要将基本体切割、开槽、穿孔后形成一类简单几何体，本书中将这一类几何体称为截断体。另外将两种基本体相交构成的几何体称为相贯体。为区别于组合体，将上述基本体、截断体和相贯体统称为简单立体。本章顺次介绍简单立体及其表达方式。

第一节　平面立体及其投影

平面立体是由若干平面围成的多面体，立体表面上不同面的交线称为棱线，棱线与棱线的交点称为顶点。

用投影图表示平面立体，就是要画出围成立体各个平面和各条棱线的投影。画图时，假定立体的表面是不透明的，将可见轮廓线画成粗实线，不可见轮廓线画成虚线。

工程上常见的平面立体，分为棱柱体和棱锥体两大类。

本书指的棱柱体均为棱线垂直于棱柱顶（底）面的正棱柱。棱柱体的各截断面均相同，整个立体可以看作是一平面正多边形沿其法线方向拉伸而形成，如图 3-1a 所示。

棱锥体均指正棱锥，其棱面为等腰三角形，底面为边数大于等于 3 的正多边形，各棱线汇交于锥顶。棱锥体的各截断面均为形状渐变的类似形，整个立体可以看作是一平面正多边形沿其法线方向、按一定角度拉伸而形成。图 3-1b 为一个七边形沿垂直于水平面方向、按 30°角拉伸而形成的棱锥体。

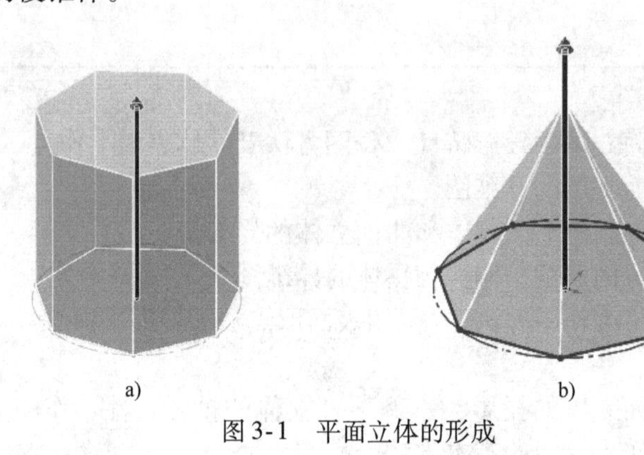

图 3-1　平面立体的形成

a）棱柱体　b）棱锥体

一、棱柱及其投影

以六棱柱为例介绍棱柱体的投影。

1. 形体分析

正六棱柱由两个端面和 6 个侧面组成。上下水平面为正六边形，6 个侧面均为矩形，6 条棱线相互平行。

2. 安放位置

为便于画图和看图，在绘制平面立体的三面投影图时，应尽可能地将它的一些棱面或棱线放置于与投影面平行或垂直的位置。本例将六棱柱的两个端面置为水平面，前后侧面置为正平面。其余 4 个侧面置为铅垂面，6 条棱线均为铅垂线。

3. 投影的形成与分析

按上述将六棱柱置于三投影面体系内，由前向后投射，在 *V* 面上得到六棱柱的正面投影；由左向右投射，在 *W* 面上得到六棱柱的侧面投影；由上向下投射，在 *H* 面上得到六棱柱的水平投影。按图 3-2 所示展开得到六棱柱的三面投影图。

如图 3-2 所示，正六棱柱的上、下底面均为水平面，它们的水平投影反映实形并且重合在一起。6 个棱面中，前后两个为正平面，其正面投影反映实形且重合。其余 4 个铅垂面，其水平投影积聚为直线段。

4. 作图

作投影图时，先画上、下底面的投影：水平投影反映实形且两面重影；正面、侧面投影都积聚成直线段。再画 6 条棱线：六棱柱的各棱线均为铅垂线，水平投影积聚在六边形的 6

个顶点上；正面和侧面投影均反映实长。

由图 3-2 看到，立体距投影面的距离只影响各投影图之间的距离而不影响各投影图的形状以及它们之间的相互关系。为使作图简便、图形清晰，今后可省去投影轴不画。正六棱柱的三面投影图，如图 3-3 所示。

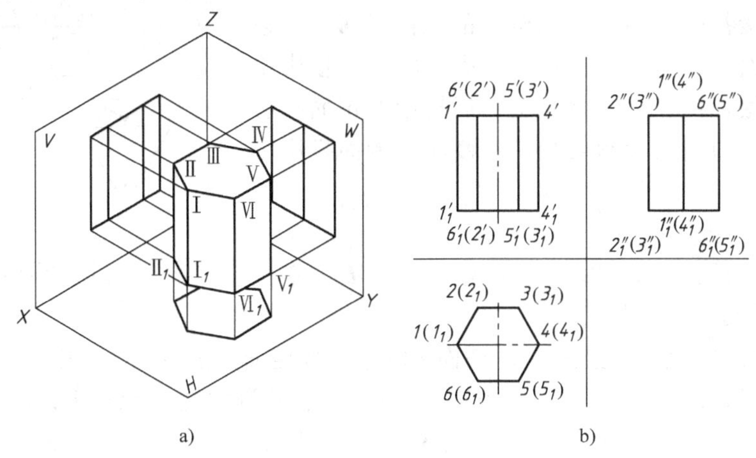

图 3-2　正六棱柱的投影形成过程

取消投影轴后，立体的各个投影之间仍要保持正确的投影关系。立体沿 X、Y、Z 三个方向的尺寸分别称为立体的长、宽、高。显然，立体的三面投影之间应有如下关系："长对正，高平齐，宽相等"。要特别注意水平投影与侧面投影之间，必须符合宽度相等和前后对应的关系，作图时可直接用分规量取距离，也可用添加 45°辅助线的方法作图，如图 3-3 所示。

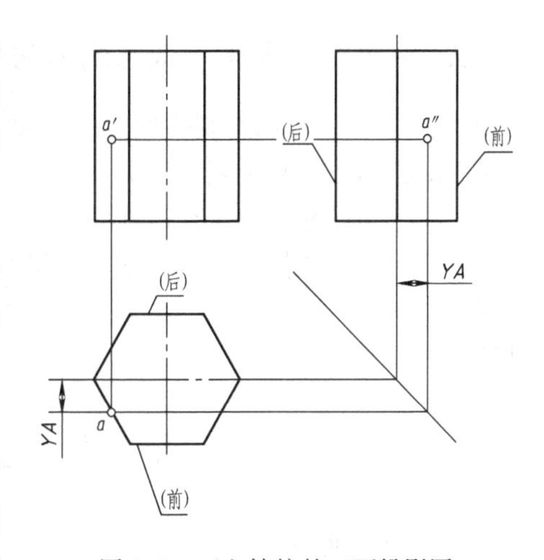

图 3-3　正六棱柱的三面投影图

5. 棱柱表面上的点

棱柱体表面上取点就是已知立体表面上一个点的投影，求它的其余两个投影。其原理和方法与平面上取点相同，先要确定点所在的平面并分析平面的投影特性。

如图 3-3 所示，已知正六棱柱表面上点 A 的正面投影 a'，求点 A 的水平投影 a 和侧面投影 a''。

因为 a' 是可见的，故点 A 应属于六棱柱的左前棱面。此棱面是铅垂面，水平投影有积聚性，由此，可由 a' 直接得 a。接下来可据 a'、a 求得 a''。

为保证 a 与 a'' 间正确的投影关系，作图时，可将六棱柱的前后对称中心线作为确定宽度方向的定位基准。由于点 A 所在棱面的侧面投影可见，故 a'' 可见。

二、棱锥体及其投影

1. 投影分析

图 3-4 所示是一正三棱锥，锥顶为 S，其底面为 $\triangle ABC$，是一水平面，水平投影 abc 反

映实形。左、右棱面为一般位置平面，它们的各个投影为类似形，后棱面为一个侧垂面。

2. 作图

先画出底面△ABC 的各个投影，再作出锥顶的各个投影，然后连接各棱线即得正三棱锥的三面投影。可以看出：三个棱面的水平投影都可见，底面的水平投影不可见；左、右棱面的正面投影可见，后棱面的正面投影不可见，左棱面的侧面投影可见，右棱面的侧面投影不可见。

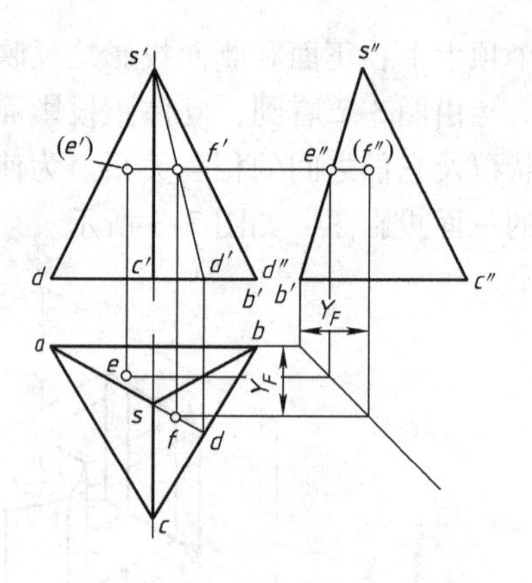

图 3-4　正三棱锥表面上的点

3. 棱锥表面上的点

如图 3-4 所示，已知三棱锥上的点 E 和点 F 的正面投影 e'、f'，求其水平投影 e、f。

由图 3-4 可知，点 E 在三棱锥的棱面 SAB 上，此棱面是侧垂面，侧面投影具有积聚性，因此可直接求得 e''，然后可据 e'、e''求得 e。点 F 在三棱锥的棱面 SBC 上，此棱面是一般位置平面，可借助于棱面 SBC 上的辅助线 SD。为此先过 s'及 f'画出辅助线 SD 的正面投影 $s'd'$，然后根据投影关系找出辅助线 SD 的水平投影 sd，进而求得 f，然后根据 f、f'求得 f''。

三、平面立体表面上取点的方法

由以上两例，可以得到平面立体表面上取点的作图步骤如下：

1）由已知条件判别点的可见性。

2）由已知投影图确定点所在的立体表面。

3）凡属于特殊位置表面上的点，可利用投影的积聚性直接求得其投影；而属于一般位置表面上的点可通过平面取点的方法，作辅助线（平行线法、任意直线法等）间接求出点的其他投影。

第二节　曲面立体及其投影

曲面立体由曲面或曲面和平面所围成。曲面立体的投影就是它的所有曲面表面或曲面表面与平面表面的投影。

回转曲面是工程上常用的曲面，可以看作由一动线（直线、圆弧或其他曲线）绕一定线（直线）回转一周后形成的曲面。这条运动的线称为母线，而曲面上任意位置的母线称为素线。母线上任意一点绕轴线旋转时，形成的垂直于轴线的轨迹称为纬圆。

回转面的形状取决于母线的形状及母线与轴线的相对位置。由于回转体的侧面是光滑曲面，因此，画投影图时，仅画曲面上可见面和不可见面的分界线的投影，这种分界线称为转向轮廓线。

一、圆柱体的构形及其投影

1. 构形

圆柱面是由一条直母线 AE，绕与它平行的轴线 OO_1旋转形成的，如图 3-5a 所示。圆柱体由圆柱面和顶面、底面围成。

2. 投影分析

图3-5b、c所示为一直立圆柱的三面投影。圆柱的顶面、底面是水平面，V面和W面投影积聚为一直线，由于圆柱的轴线垂直于H面，所以圆柱面上所有素线都垂直于H面，故圆柱面在H面上的投影积聚为圆。

在圆柱的V面投影中，前、后两半圆柱面的投影重合为一矩形，矩形的两条竖线分别是圆柱的最左、最右素线的投影，也是前、后两半圆柱面分界的转向线的投影。在圆柱的W面投影中，左、右两半圆柱面的投影重合为一矩形，矩形的两条竖线分别是圆柱的最前、最后素线的投影，也是左、右两半圆柱面分界的转向线的投影。矩形的上、下两条水平线则分别是圆柱顶面和底面的积聚性投影（图3-5c）。

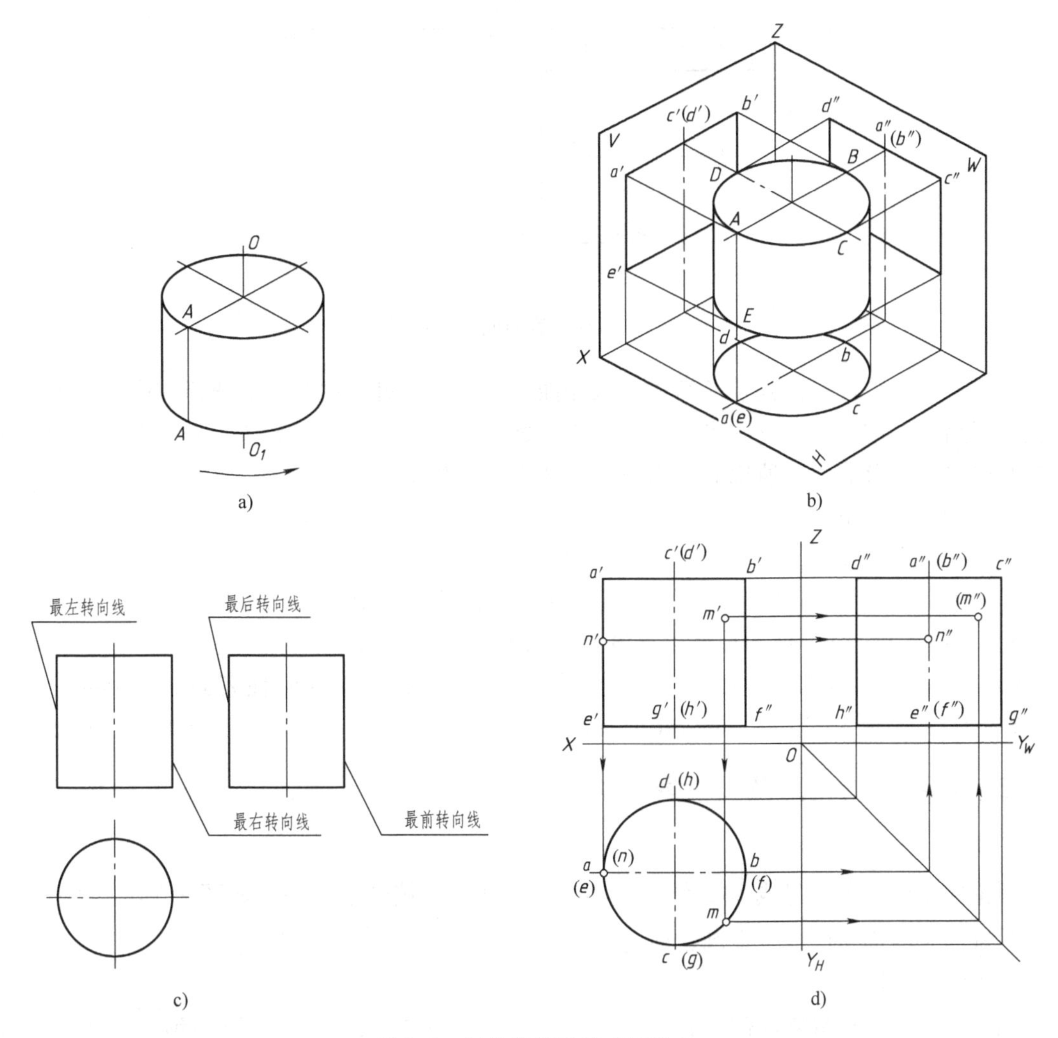

图3-5　圆柱的投影及表面取点

3. 圆柱体表面上取点

如图3-5d所示，圆柱面上有两点M和N，已知投影n'和m'，且为可见，求两点的另外两投影。

由于点 N 在圆柱的转向线上，其另外两投影可直接求出；而点 M 可利用圆柱面有积聚性的投影，先求出点 M 的 H 面投影 m，再由 m 和 m' 求出 m''。点 M 在圆柱面的右半部分，故其 W 面投影 m'' 为不可见。

［**例 3-1**］　已知圆柱表面的曲线 AE 的 V 面投影直线 $a'e'$，求其另外两投影（图 3-6）。

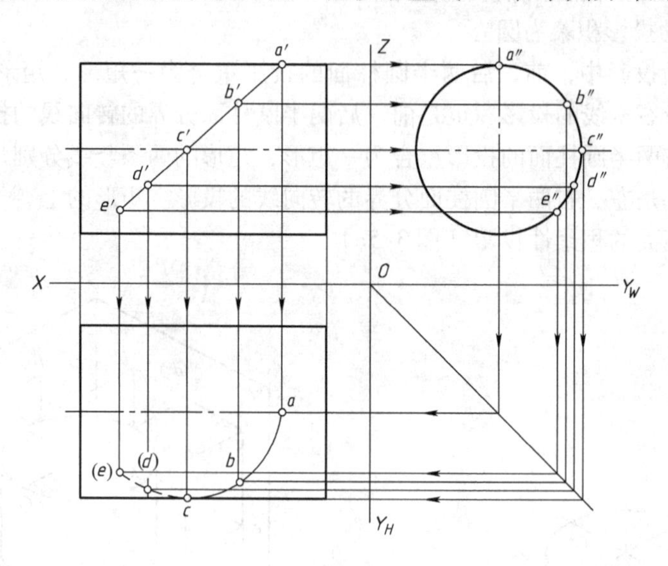

图 3-6　圆柱表面曲线的投影

曲线可以看作由一系列点所组成。求作曲线的投影，可先在曲线上选择其中若干点，求出其投影后，再顺序连接这些点的同面投影，即得曲线的投影。因为转向线上点的投影是曲线投影的可见性分界点，所以必须求出转向线上点的投影。

其作图步骤如下：

1）在 $a'e'$ 上选取若干点，如 a'、b'、c'、d'、e'。

2）利用积聚性，先求各个点的 W 面投影：a''、b''、c''、d''、e''。

3）再由各点的 V、W 面投影，求各个点的 H 面投影：a、b、c、d、e。

4）用曲线板依次圆滑连接各点的同面投影。由于曲线 AC 在圆柱表面的上半部，而曲线 CE 在圆柱表面的下半部，故其 H 面投影 abc 为可见，画粗实线；cde 为不可见，画虚线。

二、圆锥体的构形及其投影

1. 构形

圆锥面是由一条直母线 SA，绕与它相交的轴线 OO_1 旋转形成的，如图 3-7a 所示。圆锥体由圆锥面和底面所围成。在圆锥面上任意位置的素线，均交于锥顶点。

2. 投影分析

图 3-7 所示为一直立圆锥，它的 V 和 W 面投影为同样大小的等腰三角形。等腰三角形的两腰 $s'a'$ 和 $s'b'$ 分别是圆锥面的最左和最右转向线的投影，其 W 面投影与轴线重合不应画出，它们把圆锥面分为前、后两半圆锥面；W 面投影的两腰 $s''c''$ 和 $s''d''$ 分别是圆锥面最前和最后转向线的投影，其 V 面投影与轴线重合，它们把圆锥面分为左、右两半圆锥面。

圆锥面的 H 面投影为圆，它与圆锥底圆的投影重合。最左和最右转向轮廓线 SA、SB 为

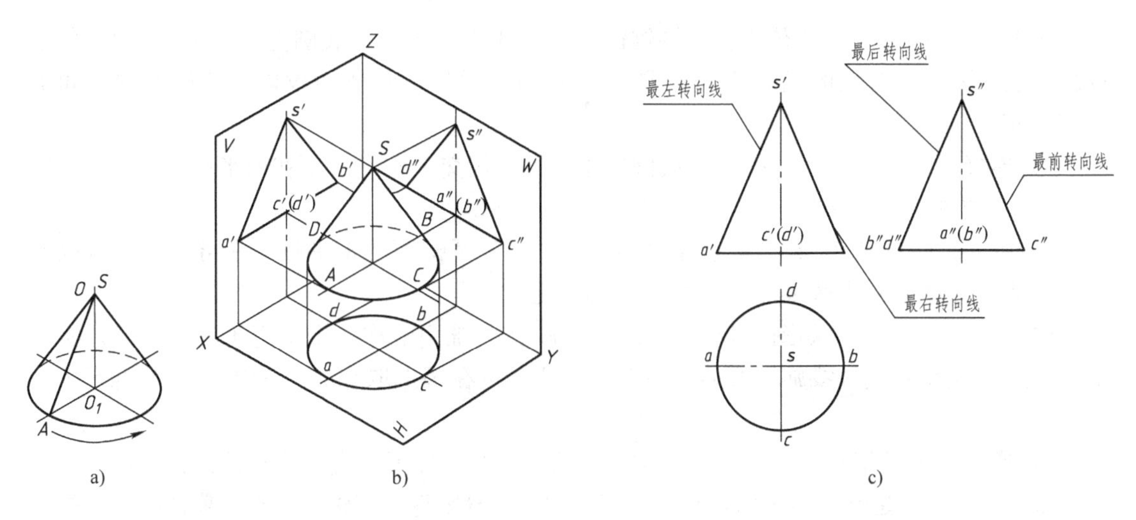

a)　b)　c)

图3-7　圆锥的投影

正平线，其 H 面投影与圆的水平对称中心线重合；最前和最后转向线 SC、SD 为侧平线，其 H 面投影与圆的垂直对称中心线重合（图3-7c）。

3. 三面投影画法

1）画回转轴线的三面投影。

2）画底圆的水平投影、正面投影和侧面投影。

3）画正面投影中前后两部分圆锥面转向线的投影，画侧面投影中左右两部分圆锥面转向轮廓线的投影。

4. 圆锥体表面上取点

如图3-8所示，已知圆锥表面上点 M 的正面投影 m'，求作其水平投影 m 和侧面投影 m''。

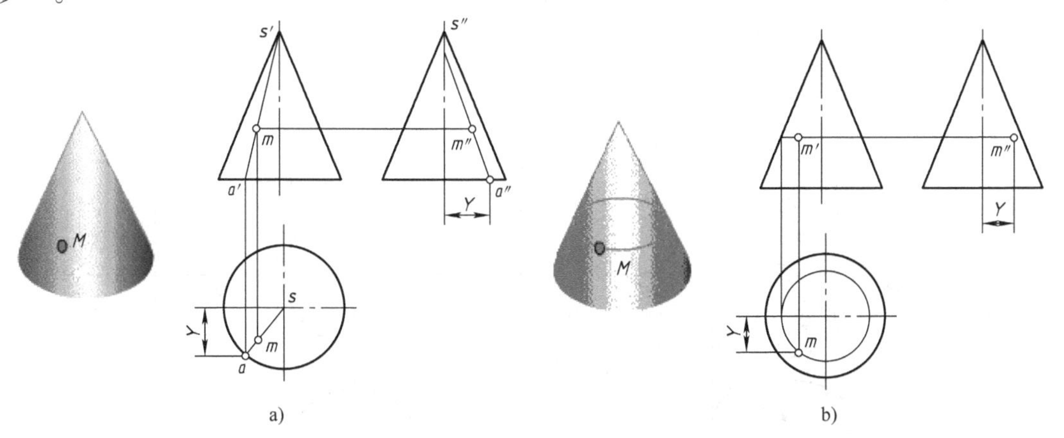

a)　b)

图3-8　圆锥体表面取点

a）素线法　b）纬圆法

因为圆锥面在三个投影面上的投影都没有积聚性，所以必须用作辅助线的方法实现在圆锥表面上取点。作辅助线的方法有两种：

【方法一】素线法：如图3-8a所示，过锥顶 S 与点 M 作一辅助素线交底面圆周于点 A，

因为 m' 可见，所以素线 SA 位于前半圆锥面上，点 A 也位于前半底圆上。求出素线 SA 各个投影后便可按直线上点的投影规律，求出点 M 的水平投影和侧面投影。其作图过程如下(图 3-8a)：

1）连接 s' 和 m'，延长 $s'm'$，与底圆的正面投影相交于 a'。由 a' 在前半底圆的水平投影上作出 a，再作出 a''。分别连接 sa、$s''a''$。

2）由 m、m' 分别在 sa、$s''a''$ 上作出 m、m''。由于圆锥面的水平投影是可见的，所以 m 可见，又因点 M 在左半圆锥面上，所以 m'' 也可见。

【方法二】纬圆法：如图 3-8b 所示，过点 M 在圆锥面上作一个平行于底面的圆，实际上这个圆就是点 M 绕轴线旋转所形成的纬圆。然后再在圆上取点 M。其作图过程如下（图 3-8b）：

1）通过 m' 作垂直于轴线的水平圆的正面投影，其长度就是直径的实长，它与轴线的正面投影的交点，就是圆心的正面投影，而圆心的水平投影重合于轴线的有积聚性的水平投影上，即重合于 s，于是可画出这个圆的反映实形的水平投影。

2）因为 m' 可见，所以点 M 应在前半圆锥面上，于是可由 m' 作出 m。

3）由 m'、m 作出 m''。可见性的判别方法同上。

三、圆球的构形及其投影

1. 构形

圆球体由一圆绕其直径旋转而成。圆在旋转过程中，在任意位置上留下的轨迹为球面圆素线，这无数条圆素线的集合就构成了圆球体的表面，即球面。

2. 圆球的投影

如图 3-9a 所示，圆球的三面投影均为与其直径相等的圆。三个投影面上的圆分别是球面上的最大正平圆 A、最大水平圆 B 和最大侧平圆 C，这三个圆也分别是球的三面投影的转

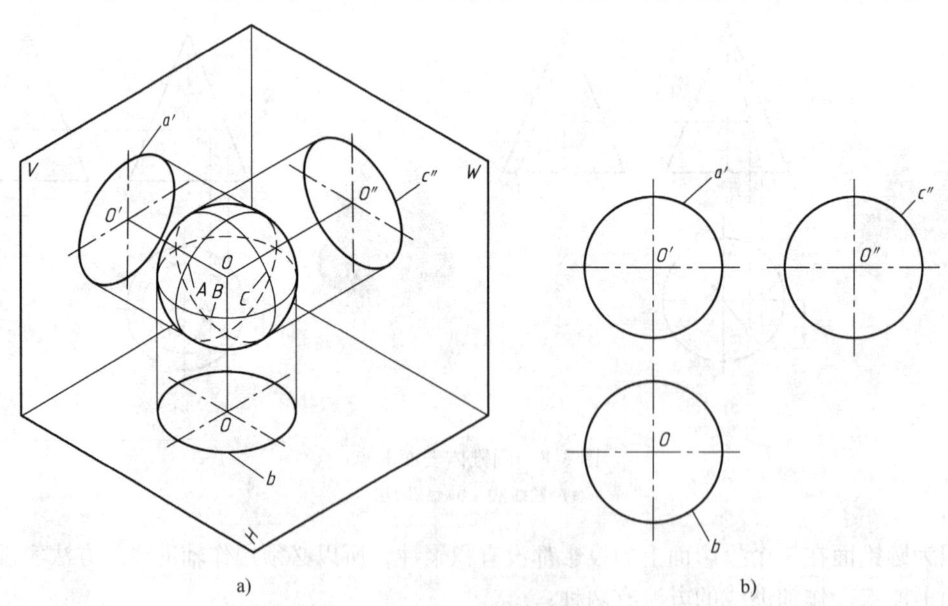

图 3-9　圆球的投影

向轮廓线。从图 3-9b 可以看出：球的正面投影转向轮廓线 a' 是球面上前后两部分可见与不可见的分界线，其对应投影 a 和 a'' 与相应投影面上的中心线重合而不必画出。轮廓线 B、C 的对应投影和可见性，请读者自己分析。

画圆球的投影时，应先画出三面投影中圆的对称中心线，对称中心线的交点为球心，然后再分别画出三面投影的转向轮廓线。球面的投影没有积聚性，球面上画不出直线，如图 3-9 所示。

3. 圆球表面上取点

由于球面上不存在直线，表面投影又无积聚性，故表面取点可运用在球面上作平行于投影面的辅助圆的方法。辅助圆可选用正平圆、水平圆或侧平圆。

如图 3-10 所示，已知球面上点 M、N 的正面投影 m' 和 n'，求作其水平和侧面投影。

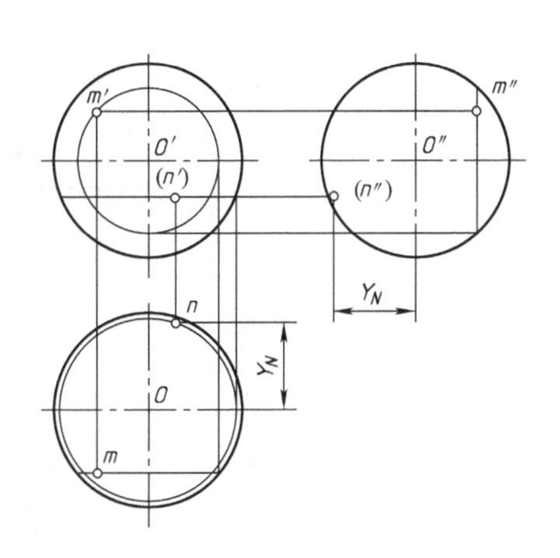

图 3-10　圆球表面上取点

可用辅助圆的方法，作图过程如下：

1）过 m' 以 o' 为圆心作正平圆，其正面投影反映该圆的实形。

2）正平圆的水平投影和侧面投影都积聚为一条直线，并反映正平圆直径的实长。因 m' 为可见，故点 M 在前半球面上，由此确定正平圆的水平投影和侧面投影。

3）在正平圆的水平投影和侧面投影上分别取 m、m''，而且由 m' 的位置决定了点 M 在左、前、上方八分之一球面上，故 m、m'' 均可见。

同理过 n' 作一水平圆的正面投影，即过 n' 的一条积聚性直线段等于水平圆直径，其水平投影为以 O 为圆心的圆，根据投影规律求出 N 点的其余的两个投影 n，n''，由于 N 点位于球体的右、后、下方八分之一球面上，故 n、n'' 均不可见。

第三节　基本立体的异维图示

根据立体异维图示和异维图的定义，基本立体异维图的作图步骤为：

1）按照视图的投影规律绘制立体的二维视图。

2）基于立体的视图运用轴测投影的规律绘制立体的三维图。

3）将立体的二维视图和三维图结合构成基本立体的异维图。

一、平面立体的异维图示

以六棱柱体为例介绍平面立体的异维图示步骤。

1. 六棱柱的三视图

由六棱柱的两视图（图 3-11a），按照三视图的投影规律作出六棱柱的第三视图。

2. 六棱柱的轴测图

由六棱柱的三视图绘制轴测图，如图 3-11b 所示。

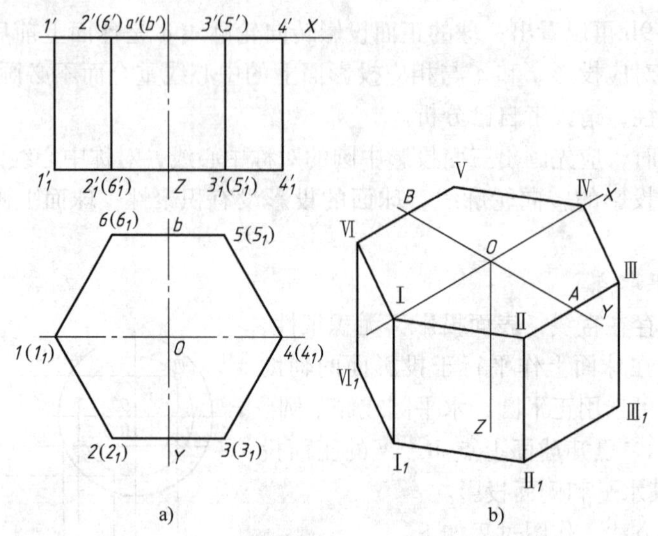

图 3-11　由六棱柱的两视图绘制其轴测图

3. 六棱柱的异维图

六棱柱的三视图和轴测图结合构成其异维图，如图 3-12 所示。

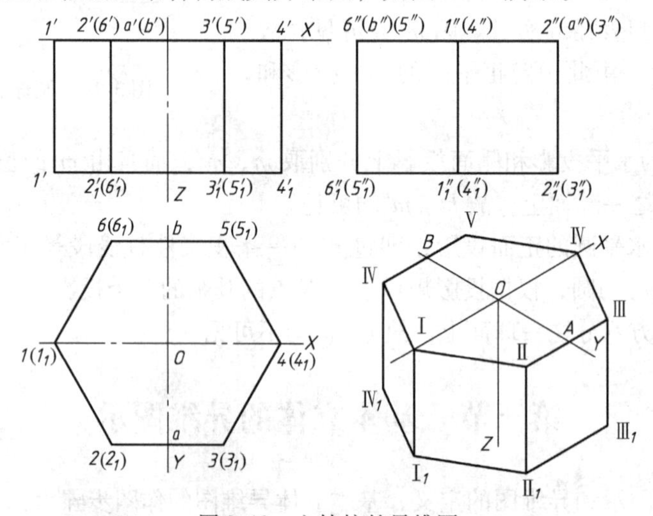

图 3-12　六棱柱的异维图

二、曲面体的异维图示

以圆锥体为例介绍作图方法。

1. 圆锥体的三视图

用前述的方法作出圆锥体的三视图。

2. 圆锥体的轴测图

由圆锥体的三视图绘制轴测图。

3. 圆锥体的异维图示

圆锥体的三视图和轴测图结合构成其异维图，如图 3-13 所示。

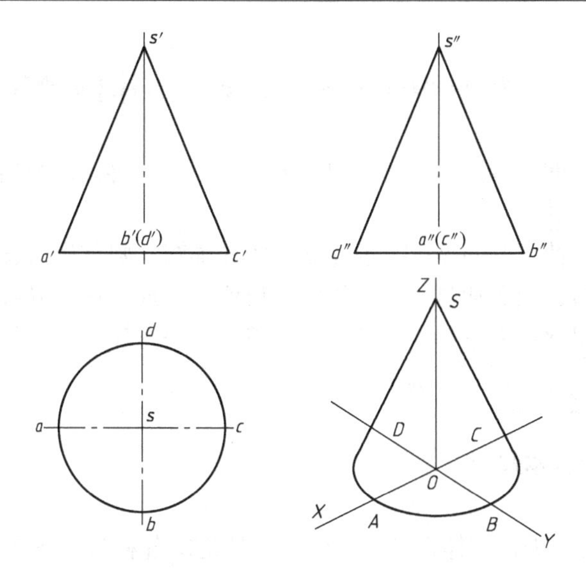

图 3-13　圆锥体的异维图

三、常见基本体的异维图

工程上常用的基本体为圆柱体、圆锥体、圆环体及圆球体，其异维图如图 3-14 所示。

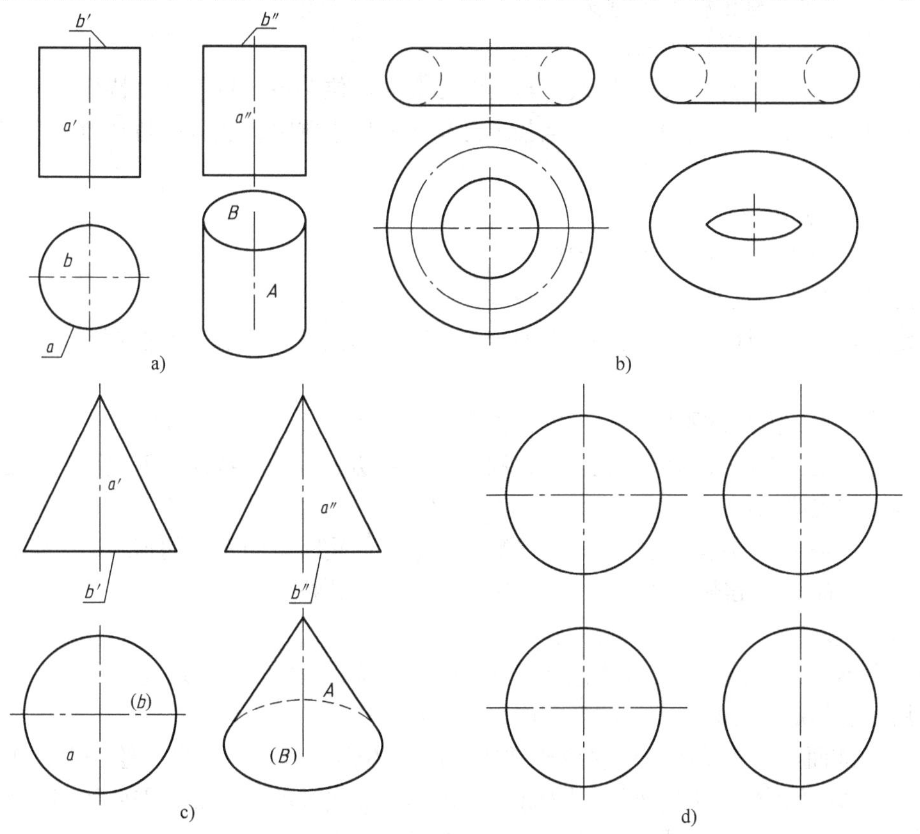

图 3-14　常见基本体的异维图

a）圆柱体　b）圆环体　c）圆锥体　d）圆球体

第四节　用 SolidWorks 实现基本体的异维图示

从上述知，基本体的异维图示首先画出立体的三视图，再据此画出其轴测图，二者结合构成基本体的异维图。

与前述步骤相反，使用 SolidWorks 创建立体的异维图，则首先通过其零件绘图模块构建基本体的三维立体模型，然后通过其工程图绘图模块来完成立体的异维图。下面依次介绍如何运用 SolidWorks 绘图软件来进行立体的三维建模、工程图和异维图的创建。

一、立体三维建模

（一）三维建模的基本知识

1. 特征的概念

SolidWorks 基于特征进行实体造型。任何实体都是由各种特征来生成，零件的设计过程就是特征的累积过程。

特征是指可以用参数驱动的实体模型。它应满足如下条件：

1）特征必须是一个实体或零件中的具体构成之一。

2）特征能对应于某一形状。

3）特征应该具有工程上的意义。

4）特征的性质是可以预料的。

改变特征的形状与位置，可以改变与模型相关的形位关系。对于某个特征既可以将其与某个已有的零件相联结，也可以把它从某个已有的零件中删除，还可以与其他多个特征创建新的实体。

2. 特征的分类

构成零件的特征分为基本特征和构造特征两类。

最先建立的特征就是基本特征，它是零件最重要的特征。

在建立好基本特征后，才能创建具他各种特征，基本特征之外的这些特征统称为构造特征。

按照特征生成方法的不同，又可以将构成零件的特征分为草图特征和放置特征。

草图特征是指在特征的创建过程中，利用草绘剖切面生成的特征。创建草图特征是零件建模过程中的主要工作。

放置特征是系统内部定义好的一些参数化特征。创建时按照系统的提示，设定各种参数即可。这类特征一般是零件建模过程中的常用特征，如孔特征。

3. 参考几何体

SolidWorks 提供的参考几何体包括基准面、基准轴、坐标系和原点，如图 3-15 所示。它主要用于参与定义曲面或实体的形状或组成方式。

（1）基准面　构建立体三维模型通常要绘出立体剖切面轮廓草图，绘制草图前，首先要选择一个基准面作为绘图平面，对于除了标准基准面之外的基准面，需要使用参考面。

SolidWorks 为新建文件提供默认的三个基准面：前视基准面、上视基准面和右视基准面，数学上的平面是无边界的，为观测方便，各个基准面带有一个边框，基准面的边框可以

图 3-15　参考几何体

显示、隐藏。

选择基准面后，通过拖动边框上的蓝色小球，扩大基准面的边界，如图 3-16 所示。

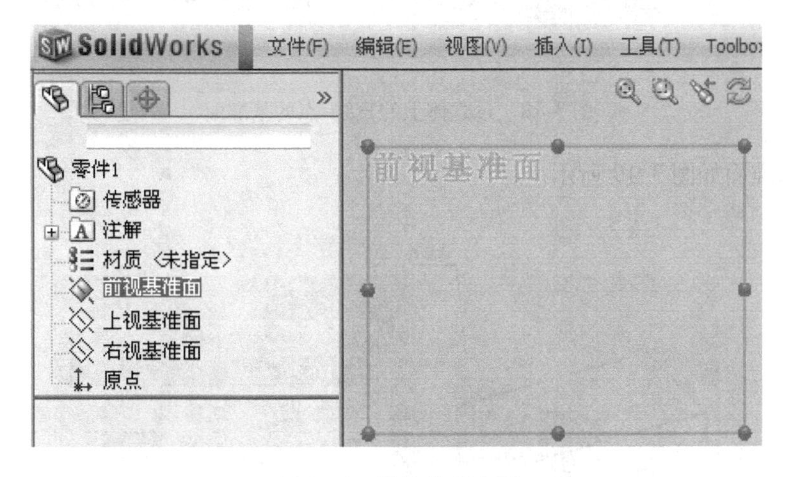

图 3-16　默认的基准面

除默认的基准面外，还可创建参考基准面。参考基准面的创建是在已有的三维立体模型上进行的。单击“参考几何体”，在下拉菜单中选择 基准面 弹出“基准面”属性管理器对话框，如图 3-17 所示。“基准面”对话框包括的功能选项如下。

① 选择：当在绘图区中已有的三维立体模型上拾取某一图元后，该列表框中将显示该图元的名称。如果要放弃对某图元的选择，在该列表框双击其名称即可。

② 基准面类型：基准面有六种类型，其参数要求有所不同，如图 3-17 所示。

下面介绍其中常用基准面的创建方法。

1）创建通过立体上的直线/点的基准面。选择“通过直线/点”，在立体模型上选择直线和点，通过所选择的直线和点构成的平面作为所需的基准面，单击 ，创建的基准面如图 3-18 所示。

2）创建通过立体上的点且平行于立体上某一平面的基准面。单击“点和平行面”按钮 ，在立体上选择一个平面和某一点，单击 ，创建的基准面通过该点并且平行于所选平

图 3-17　“基准面”对话框

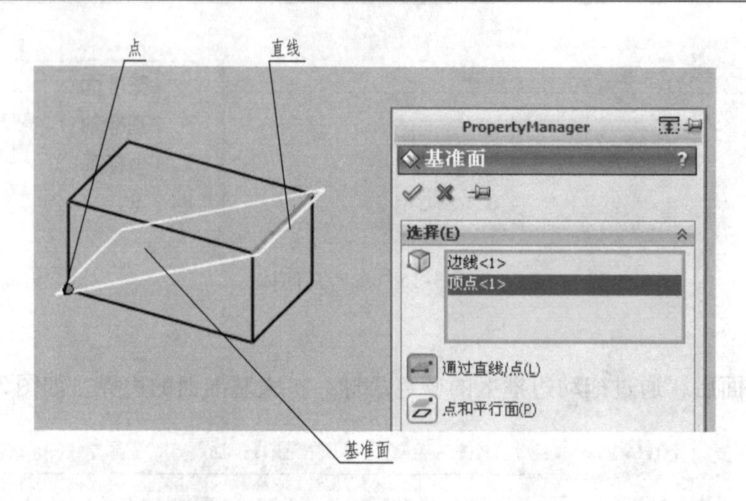

图 3-18　过立体上的直线/点的基准面

面。创建的基准面如图 3-19 所示。

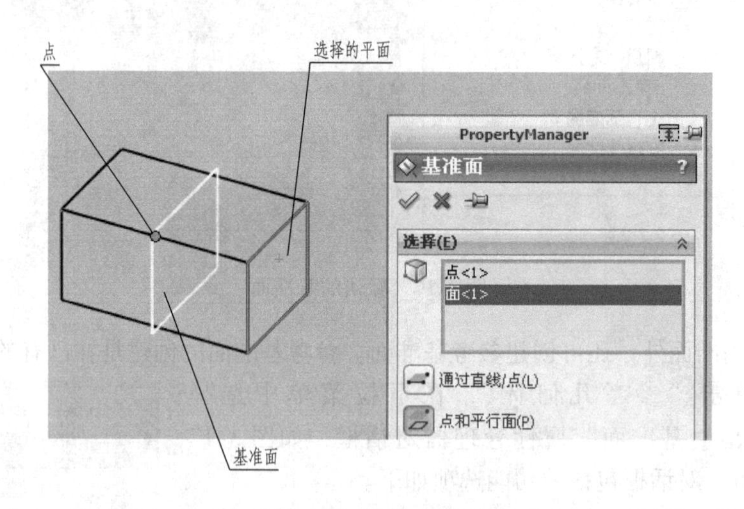

图 3-19　过立体上的点且平行于某平面的基准面

3）创建通过立体某一平面上的一直线且与该平面成一定角度的基准面。单击“两面夹角”按钮，依次在立体上选择平面、直线，输入旋转角值（如 19.00），单击按钮，得到通过直线与所选平面成输入角度的基准面，如图 3-20 所示。

4）创建与立体上某一平面平行且定距的基准面。单击按钮，在立体上选择某一平面，输入距离（如 20mm），单击按钮，得到与所选平面相距所输入距离的基准面，如图 3-21 所示。

其余两种读者自己去上机实践。

（2）基准轴　基准轴是建立实体对象时的参考轴，在生成草图几何体时或在圆周阵列中使用基准轴。基准轴可作为中心线以及同轴特征的参考轴。

基准轴创建步骤：单击“参考几何体”工具栏中的“基准轴”按钮，弹出“基准轴”对话框，如图 3-22 所示。基准轴有五种形式可供选择。

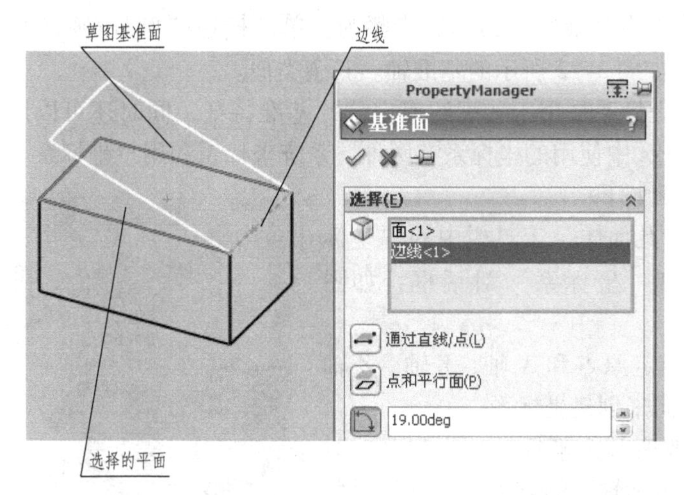

图 3-20　与所选平面成一定角度的基准面

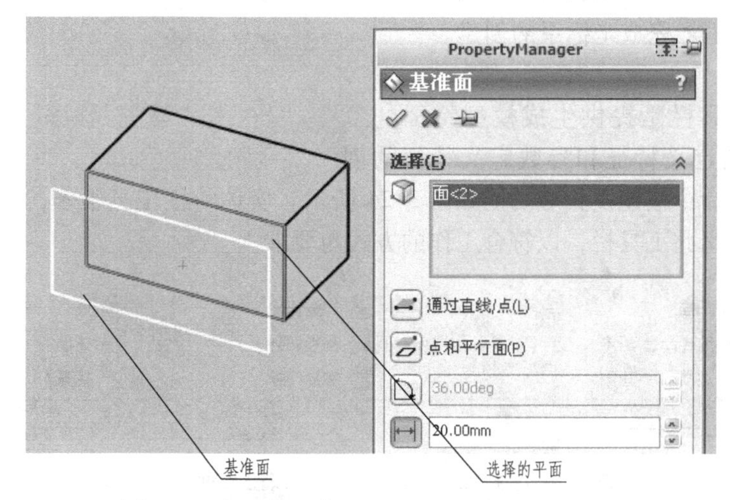

图 3-21　与立体上某一平面平行且定距的基准面

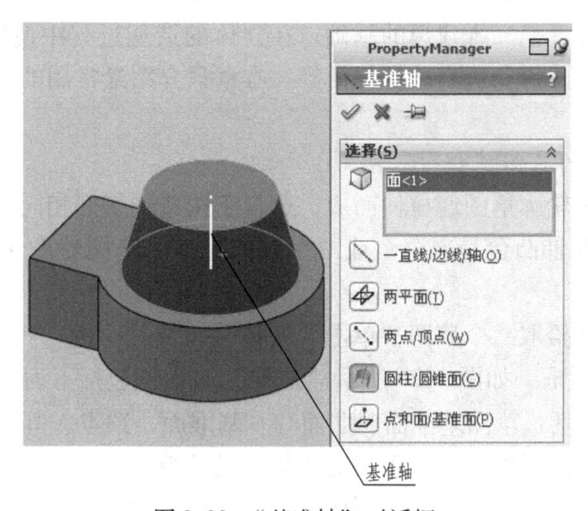

图 3-22　“基准轴”对话框

常选回转体轴线为基准轴，其创建步骤为：单击按钮“圆柱/圆锥面”，选择回转面，单击按钮，得到如图 3-22 所示的基准轴。其余类似。

（3）坐标系　坐标系是用于装配约束定位的基准特征，同时还可以用于物性分析中的坐标定位。SolidWorks 中使用的坐标系有两种：系统坐标系和用户坐标系。

坐标系创建步骤如下：

1）单击“参考几何体”工具栏中的“坐标系”按钮，弹出“坐标系”对话框，如图 3-23 所示。

2）可以通过指定原点和 X 轴、Y 轴、Z 轴中任意两个轴的方向来创建坐标系。

3）如果需要改变某个坐标轴的方向，在对话框中，单击相应坐标轴下的方框，方框呈绿色高亮显示后，在对话框中根据需要勾选。

4）单击按钮完成坐标系的创建。

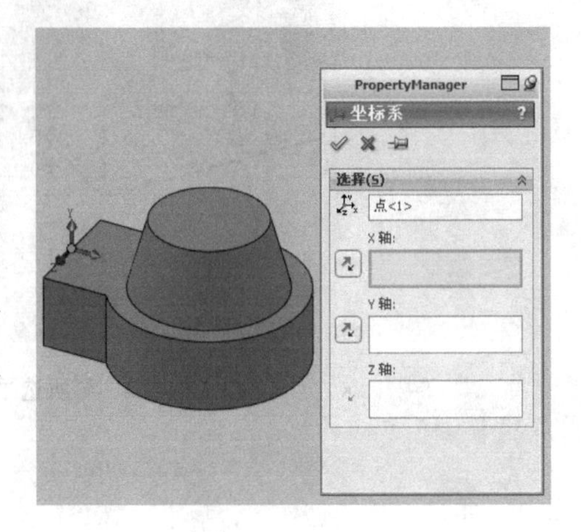

图 3-23　“坐标系”对话框

4. 工具栏

“特征”工具栏是提供生成模型特征的工具，即实现草图定义特征和参数定义特征的创建。工具栏各种命令按钮及相应功能如图 3-24 所示。实体特征工具很多，可以通过新增或移除图标来自定义此工具栏，以符合工作的方式与要求。

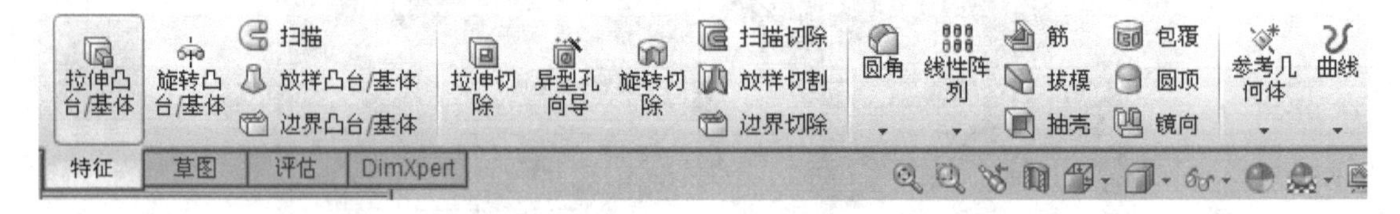

图 3-24　“特征”工具栏各命令按钮及对应功能

（二）三维建模基本方法

特征是模型的组元，是三维建模的基础。在立体的造型过程中使用较多的如拉伸凸台、旋转凸台、扫描、放样凸台和边界凸台特征等。本章只介绍最常用的通过拉伸和旋转创建特征的方法。

1. 基于拉伸特征的三维建模

拉伸特征由剖切面轮廓草图经拉伸而成，适合于构造剖切面相同的实体特征。

（1）拉伸凸台　拉伸凸台是向一个或两个方向拉伸一草图轮廓来生成一实体特征，如图 3-25 所示。

创建过程：绘制并拾取一个草图，单击“实体”工具栏中的“拉伸凸台基体”按钮，弹出“拉伸”特征对话框，如图 3-26 所示“拉伸”对话框包括下列一些选项。

① 拉伸起点包括：草图基准面、曲面/面/基准面、顶点、等距，如图 3-26a 所示。

② 方向：分为方向 1 和方向 2，可以分别设置给定深度、成形到一顶点、成形到一面、到离指定面指定的距离、成形到实体、两侧对称等拉伸参数，如图 3-26b 所示。

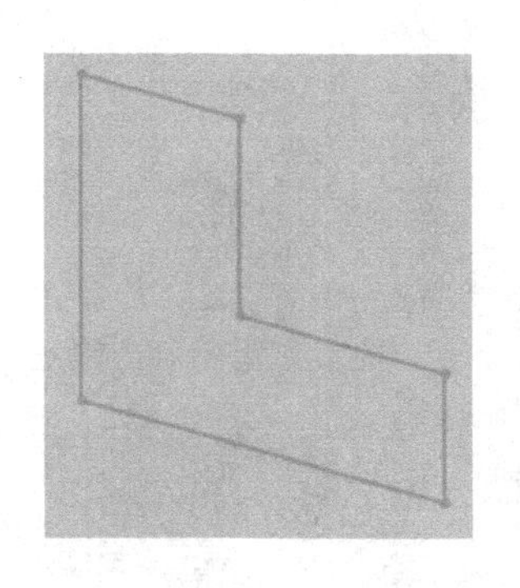

图 3-25 拉伸凸台实例

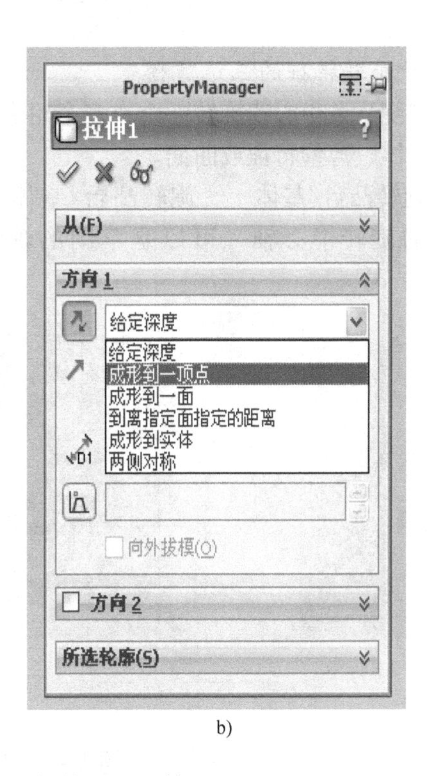

a) b)

图 3-26 “拉伸”和“拉伸 1”对话框

③ 反向：勾选该复选框后，将沿与默认方向相反的方向进行拉伸。

④ 起模角：当拉伸特征需要带起模角时，可以勾选该复选框。

⑤ 距离：输入距离数值。

输入相应的参数后，点击，得到通过拉伸获得的实体特征，如图 3-25 所示。

(2) 拉伸切除 拉伸切除与拉伸凸台相似，不同的是生成一个减去材料的特征，是将草图轮廓向一个方向或两个方向拉伸切除实体。

在创建的立体某一表面上绘制草图轮廓并拾取，单击“实体”工具栏中的“拉伸切除”按钮，在已有的实体特征上完成拉伸切除特征。其过程如图 3-27 所示。

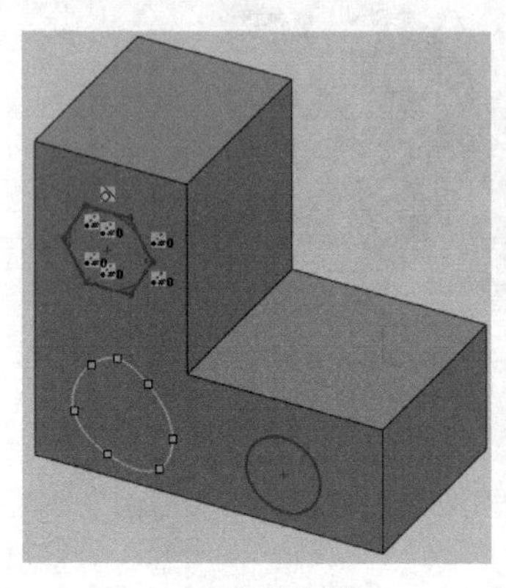
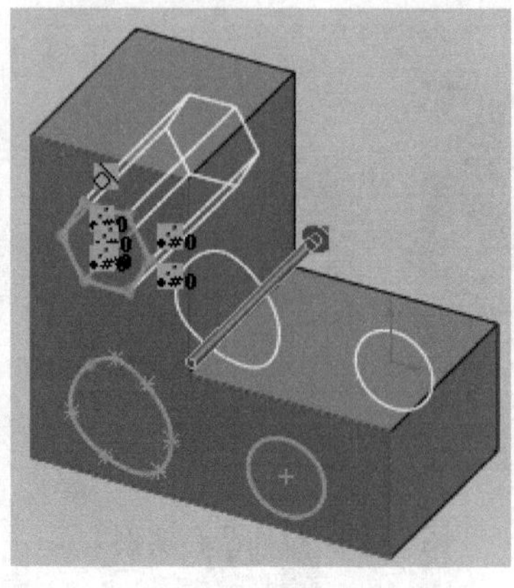

图 3-27　拉伸切除

2. 基于旋转特征的三维建模

通过围绕一条中心线旋转一个或多个轮廓，来生成一个增加或去除材料的特征。旋转特征可以是实体、薄壁特征或曲面。

（1）旋转凸台/基体　“旋转凸台/基体”命令是将一个草图轮廓（图 3-28a）围绕一条指定的旋转中心轴（可以是草图的轴线或者草图轮廓的一条边）生成实体特征（图 3-28b、c）。

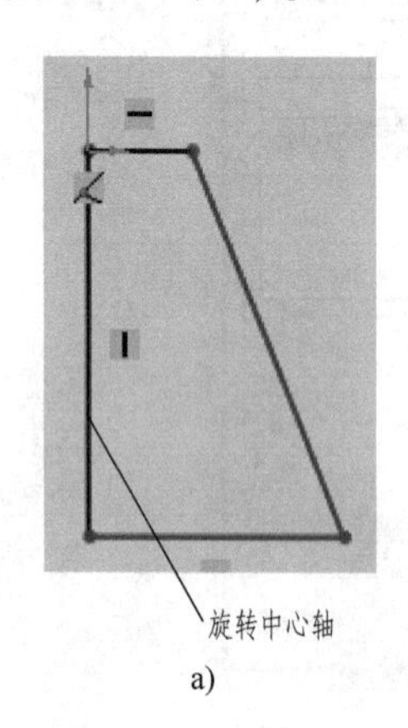

a)

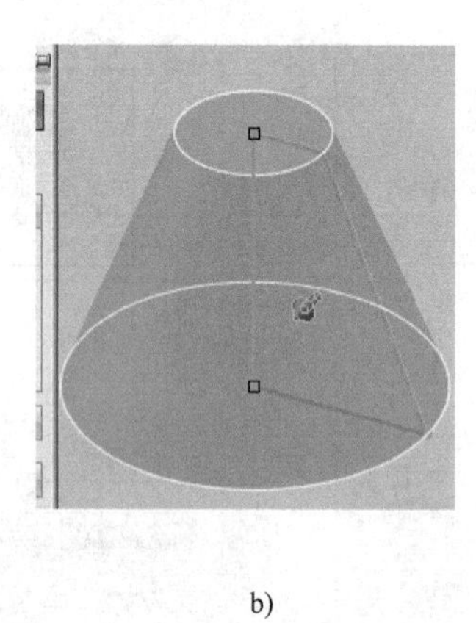

b)

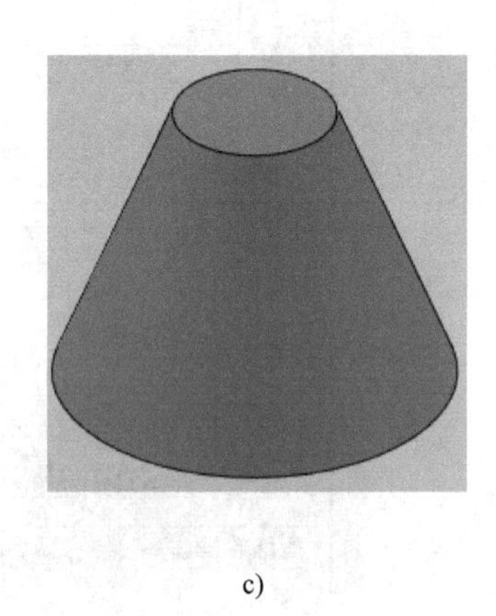

c)

图 3-28　旋转凸台实例

在绘图区中拾取作为旋转中心轴的草图线，单击“实体”工具栏中的按钮 旋转凸台/基体，弹出“旋转”对话框，如图 3-29a 所示。“旋转”对话框包括以下选项。

① 旋转轴：直线2@草图1。

② 旋转类型：单向，单项、两侧对称和双向；

③ 旋转夹角：360.00deg，即旋转的角度，介于 0°～360°。

④ 反向：用于控制旋转方向。

⑤ 薄壁特征：缺省值为生成实体特征，当勾选“薄壁特征”复选框时，对话框中会增加“厚度”。

注意：旋转轴必须是旋转轮廓线的一条直线或者轴线。

a)

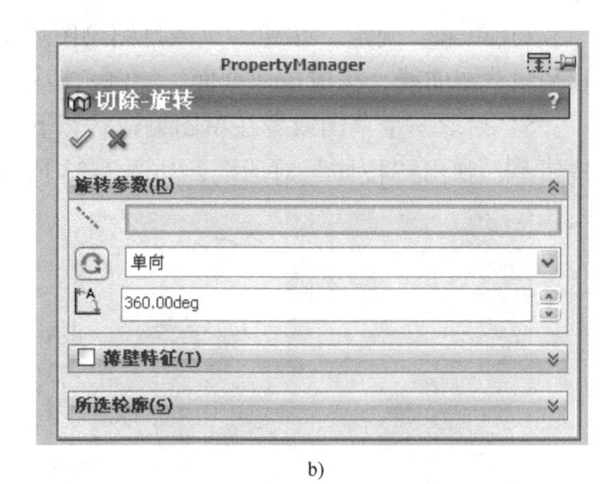

b)

图 3-29　“旋转”和“切除－旋转”对话框

输入相应的参数后，点击✓，得到旋转实体特征，如图 3-28 所示。

（2）旋转切除　“旋转切除”与“旋转凸台/基体”相似，不同的是生成一个减去材料的特征，是将草图轮廓向一个方向或两个方向旋转为切除实体的命令。

在绘图区中已有的立体上的某一绘图平面上绘制一草图轮廓（图 3-30a），拾取旋转轴线，单击“特征”工具栏中的按钮 旋转切除，弹出“切除－旋转”对话框，如图 3-29b 所示。选择需要的参数，完成立体上的旋转切除构成新的三维模型，如图 3-30b 所示。

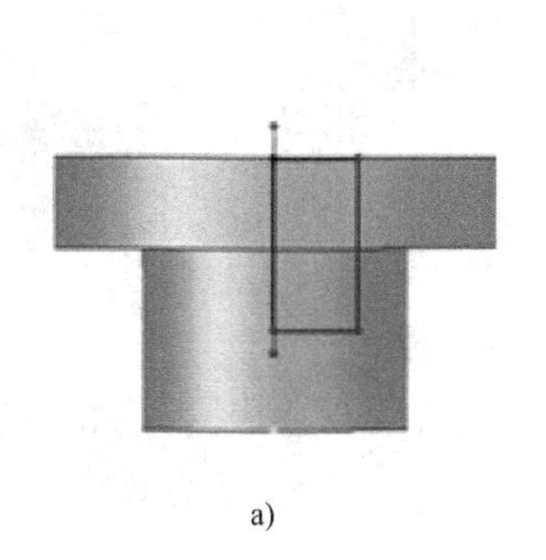

a)

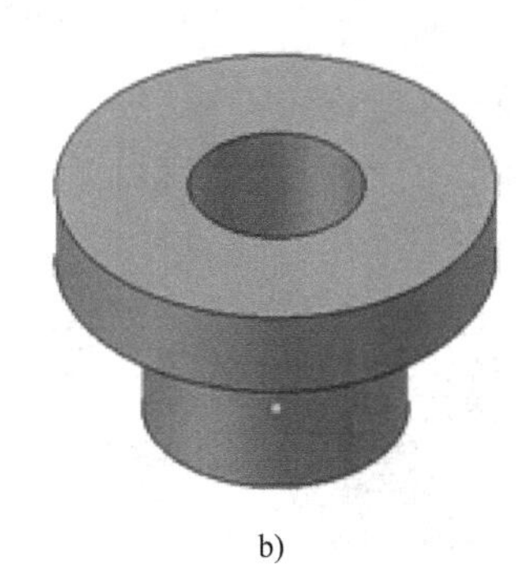

b)

图 3-30　旋转切除

（三）基本体的三维建模步骤

以六棱柱三维模型创建为例来介绍立体建模步骤。

1）打开“新建 SolidWorks 文件”对话框。选择“零件”图标，如图 3-31 所示。

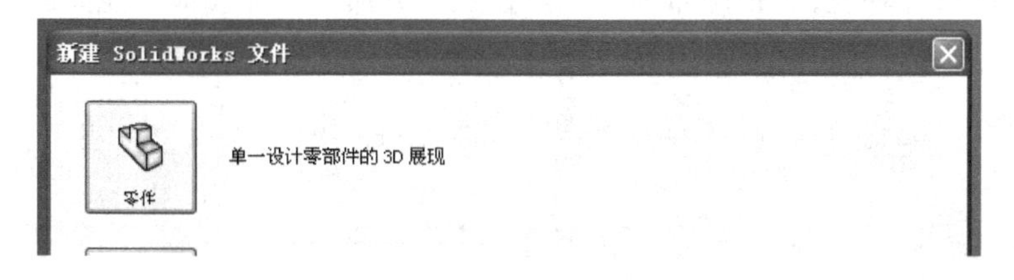

图 3-31　选择 3D 零件模块

2）单击“确定”按钮，进入草图绘图环境。利用草图工具栏的各种命令按钮直接绘制和编辑草图曲线，构成拉伸截面。绘制六棱柱的截面草图轮廓，如图 3-32 所示。

3）拾取一个草图或者在草图编辑状态下，单击“特征”工具栏中的“拉伸凸台/基体”按钮，弹出“拉伸”对话框，如图 3-33 所示。

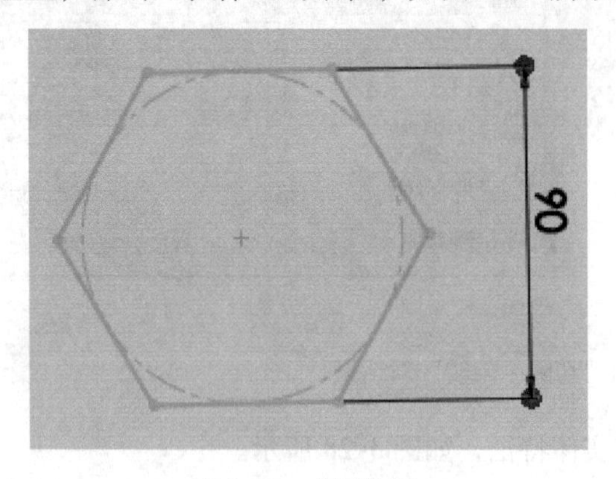

图 3-32 草图轮廓

图 3-33 拉伸类型

4）在给定深度框内，输入深度值（如 113mm），如图 3-34a 所示，单击按钮，得到六棱柱三维模型图（图 3-34b）。保存图形。

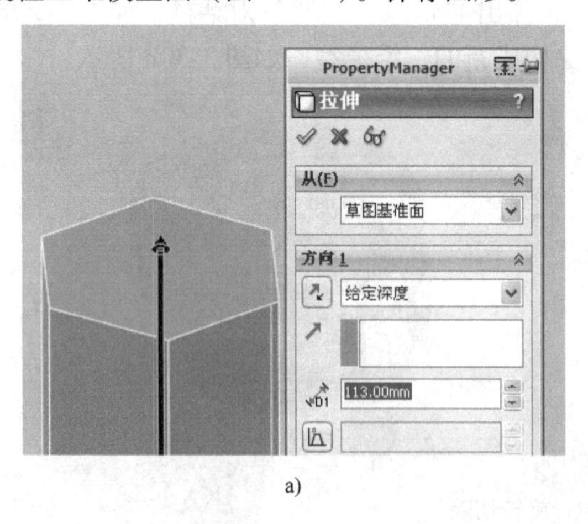

a)

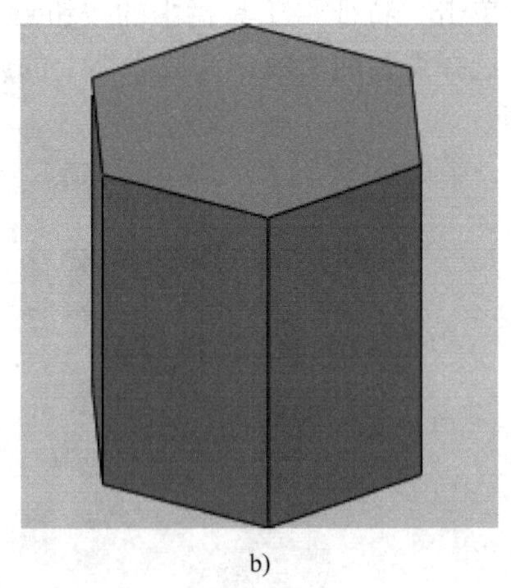

b)

图 3-34 六棱柱拉伸过程

二、基本体的标准三视图及异维图

进入工程图设计环境，“视图布局”工具栏及部分命令按钮相应功能如图 3-35 所示。

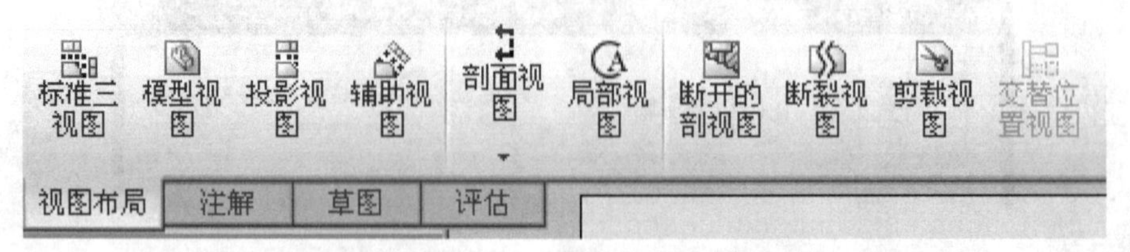

图 3-35 “视图布局”工具栏及部分命令按钮相应功能

SolidWorks 可以迅速地将三维零件自动转换为二维工程图。下面以六棱柱为例介绍其异维图的创建过程。

（一）基本体的标准三视图

SolidWorks 的工程图设计模块提供了工程图模板功能，用户可以选择其自带的模板，也可以通过自定义模板来确定工程图的图纸格式。

1）单击“基本”工具栏中的“新建”按钮，弹出“新建 SolidWorks 文件”对话框。选择“工程图”选项，如图 3-36a 所示。

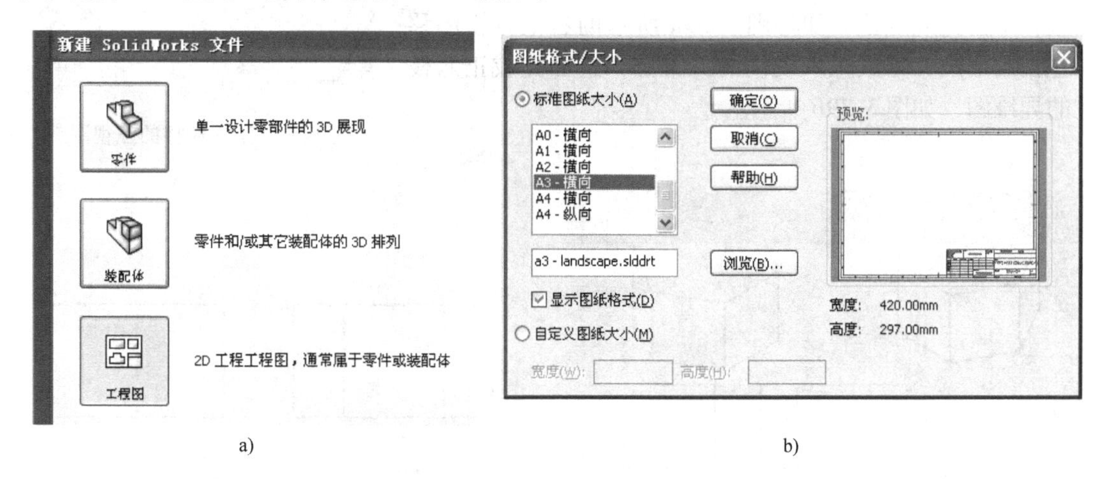

a)　　b)

图 3-36　工程图和图纸格式

2）单击“确定”按钮，弹出“图纸格式/大小”对话框，如图 3-36b 所示。

选择“标准模板”选项，根据需要选择图纸图幅，如“A3 - 横向”。

单击“确定”按钮，打开“模型视图”对话框，如图 3-37a 所示。

3）单击“浏览”按钮，出现“打开”对话框，在“查找范围”下拉列表中选择“正六棱柱”，如图 3-37b 所示。

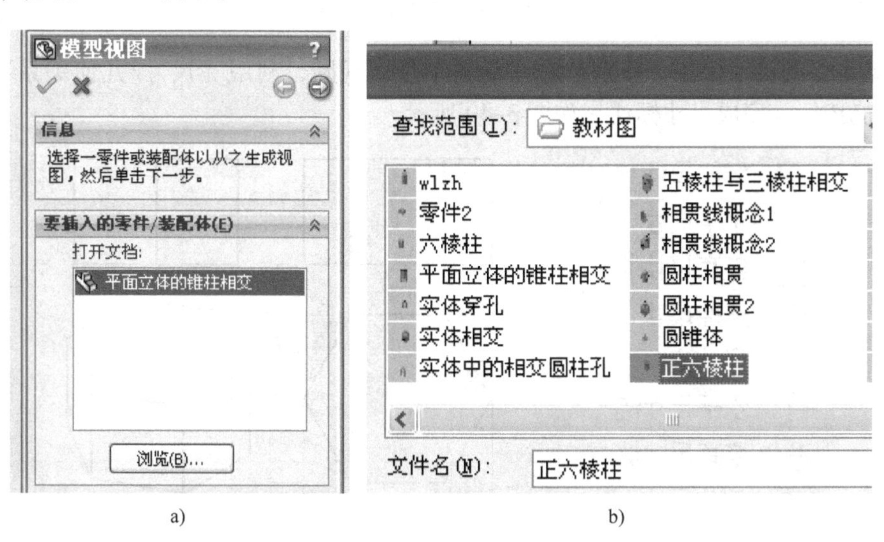

a)　　b)

图 3-37　选择立体—正六棱柱

4）单击按钮“确定”，得到正六棱柱的主视图，再分别沿竖直和水平方向拖动鼠标，就得到正六棱柱的俯视图和左视图，如图3-38所示。

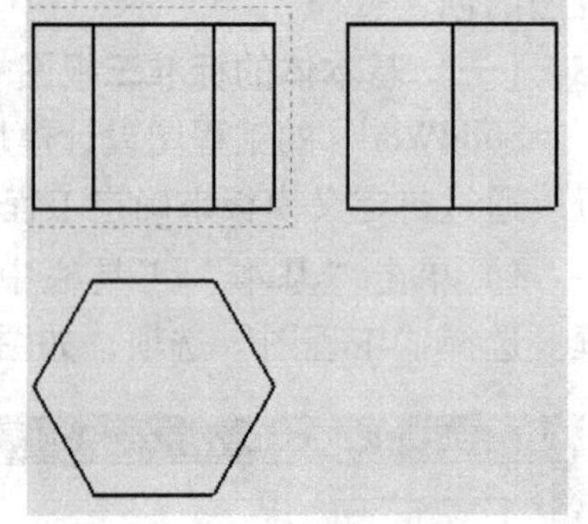

图3-38 正六棱柱的三视图

（二）基本体的异维图

1）在三视图的绘图区内选择正六棱柱的主视图，沿主视图图框对角线方向拖动鼠标，就看到四个不同视角方向上正六棱柱的三维模型图，如图3-39a所示。

2）选择合适位置的立体三维模型图，将该图移到适当位置，单击完成定位。如将图3-39a所示的右上方视图移至左视图下边，完成正六棱柱的三维图，进而完成正六棱柱的异维图，如图3-39b所示。

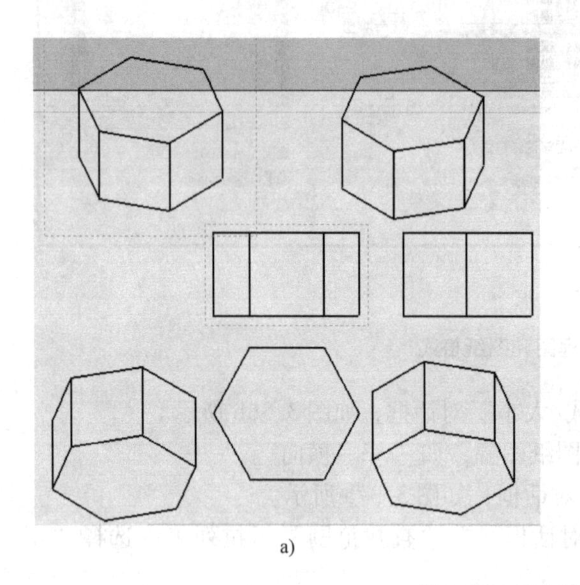

a)

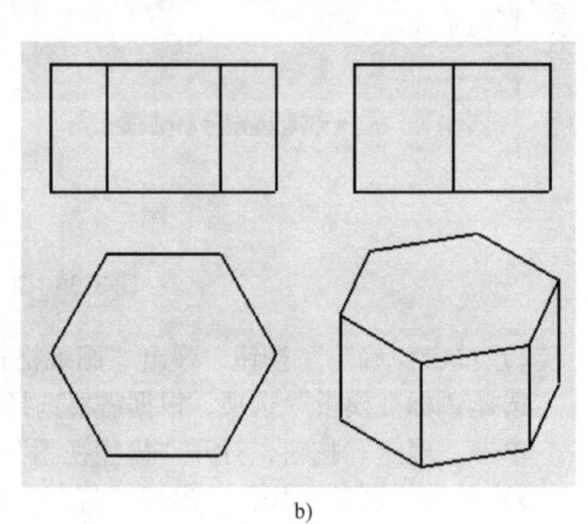

b)

图3-39 正六棱柱的异维图

3）基本体的尺寸标注。分别单击激活各个投影视图，利用“尺寸/几何关系”工具栏相关的功能按钮，完成尺寸标注，如图3-40所示。

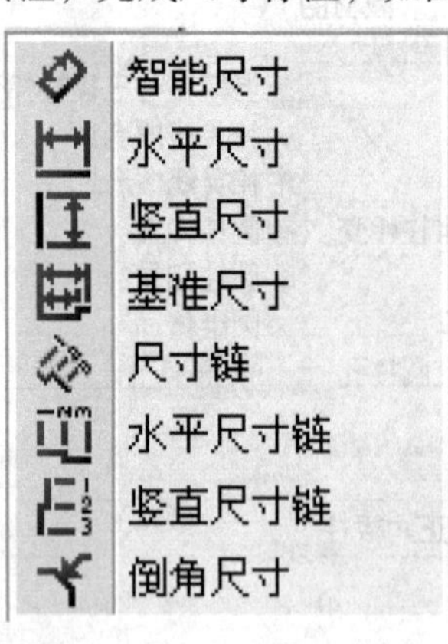

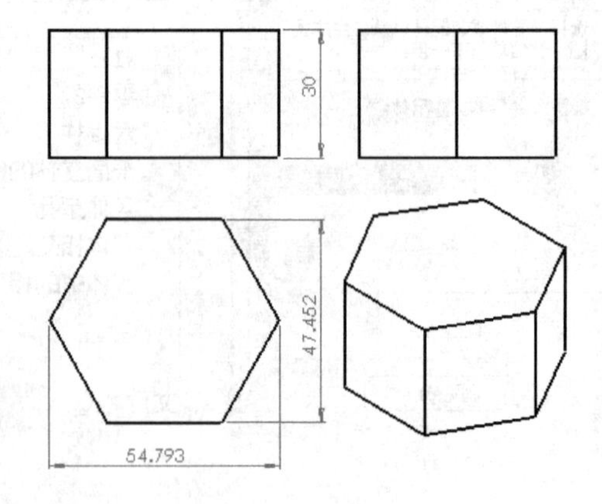

图3-40 尺寸标注

第五节　截断体及其表达方式

一、截断体及其性质

（一）截断体的形成

基本体被一假想平面体截切后剩余的部分称为截断体，此假想的起截切作用的平面立体称为切割体，切割体上垂直于切割方向的初始表面称为切割体端面，切割体上与基本体相截切的平面称为截平面，其他的平面称为构成面。截平面与立体表面的交线称为截交线，截交线围成的平面图形称为截断面。如图 3-41 所示。

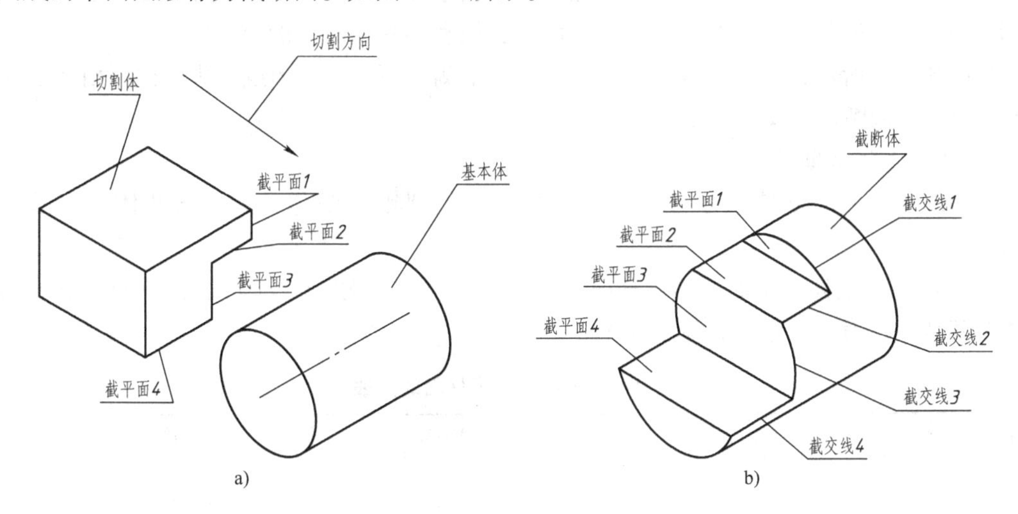

图 3-41　截断体的形成

a）截断体的形成　b）截断体的结构

（二）截断体的分类

1. 平面立体截断体

工程上常用的平面立体截断体为棱柱截断体和棱锥截断体，如图 3-42 所示，下面分别介绍。

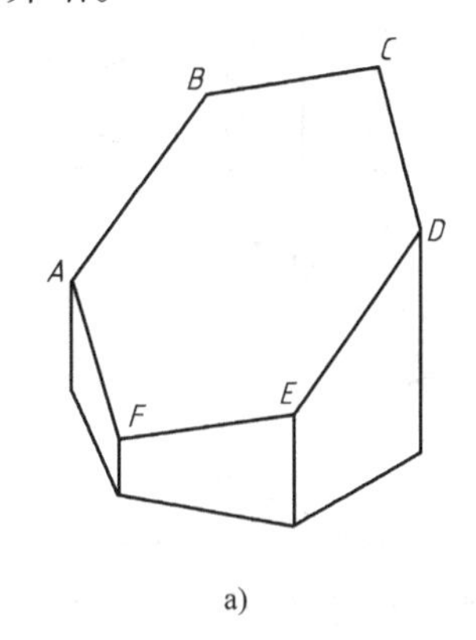

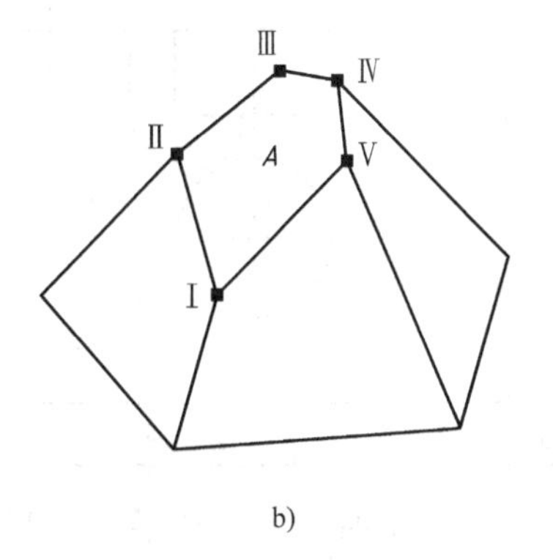

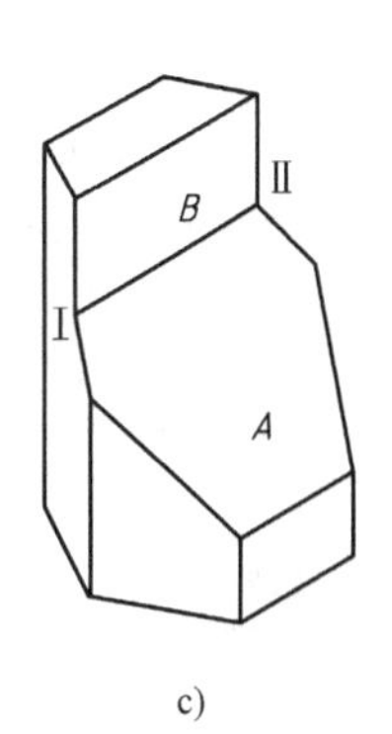

图 3-42　平面立体截断体

(1) 棱柱截断体　棱柱被切割体截切，剩余的部分为棱柱截断体。其截断面为平面，其边界为封闭平面多边形，每条边为切割体的截平面与平面立体相对应平面的截交线。如图3-42a所示，六棱柱被一正垂面截切，其截断面为一六边形 *ABCDEF*。*AB*、*BC*、*CD*、*DE*、*EF* 和 *FA* 分别为截平面与六棱柱相对应侧面的截交线。

(2) 棱锥截断体　棱锥被切割体截切，剩余的部分为棱锥截断体。其截断面为平面，其边界也为封闭平面多边形，每条边为切割体的截平面与平面立体相对应平面的截交线。

如图3-42b所示，五棱锥被切割体截切，其截断面为五边形ⅠⅡⅢⅣⅤ，各个顶点为截切体上的截平面与棱锥棱线的交点，相邻交点的连线为切割体上的截平面与棱锥棱面的交线，如连线ⅠⅡ为截平面与棱锥左侧棱面的交线。

两个或两个以上连续截平面截切棱柱，除了在平面立体相邻表面上形成截交线外，还形成相邻两截断面交线。每个截断面的边界由截交线和相邻截断面的交线围成。

如图3-42c所示，六棱柱被一个正平面和一个侧垂面截切，形成六边形截断面 *A* 及矩形截断面 *B*，两截断面的交线为ⅠⅡ。

2. 曲面立体截断体

常用的主要曲面立体截断体为：圆柱截断体、圆锥截断体、圆球截断体，下面分别介绍。

(1) 圆柱截断体　平面截切圆柱时，由于截平面与圆柱轴线相对位置不同，形成的截断体及其截交线有3种情况，见表3-1。

表3-1　截平面与圆柱面的交线

截平面位置	与轴线平行	与轴线垂直	与轴线倾斜
立体图	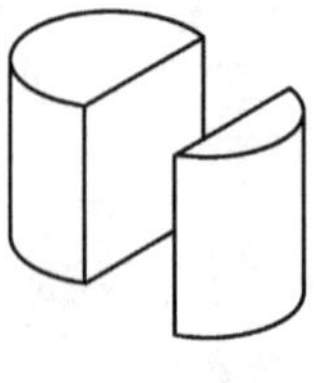	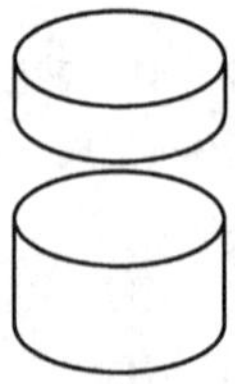	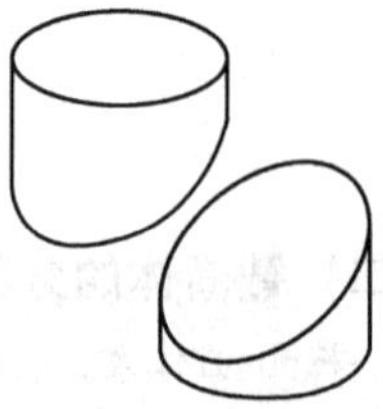
投影图	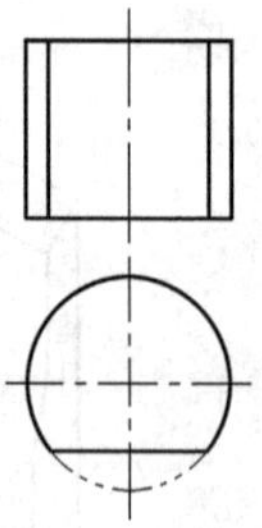	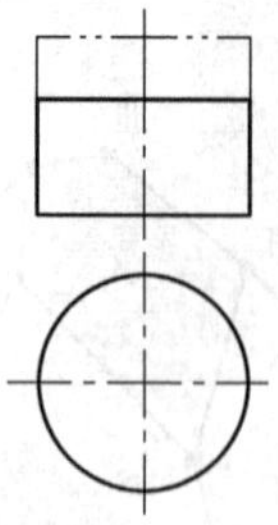	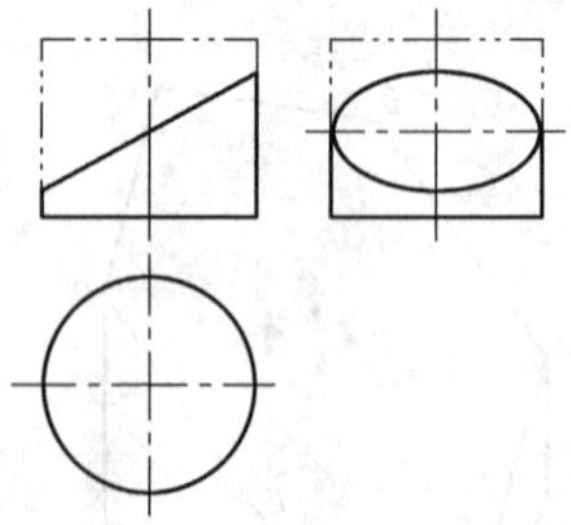
交线	平行于轴线的直线	圆	椭圆

(2) 圆锥截断体　平面截切圆锥时，由于截平面与圆锥轴线相对位置不同，形成的截断体及其截交线有5种情况，见表3-2。

表3-2　截平面与圆锥面的交线

截平面位置	垂直于轴线	倾斜于轴线且（$\alpha > \varphi$）	倾斜于轴线且（$\alpha = \varphi$）	倾斜于轴线（$\alpha < \varphi$）平行于轴线（$\alpha = 0$）	通过锥顶
立体图	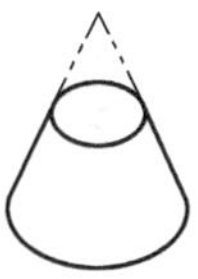	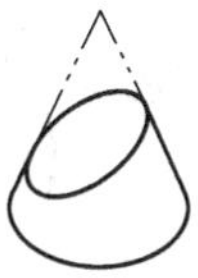	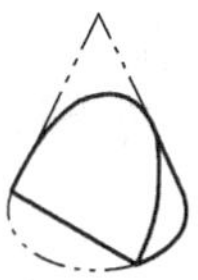		
投影图	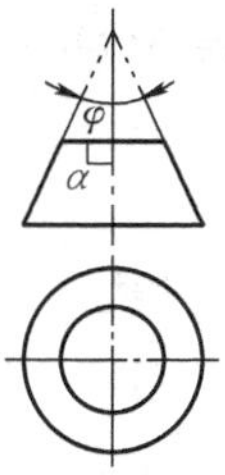 φ α	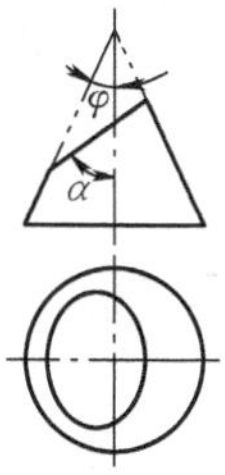 φ α	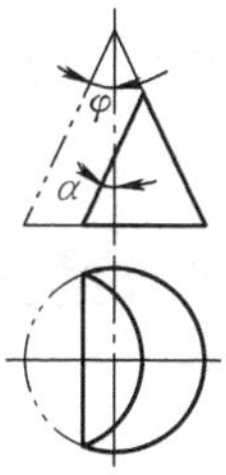 φ α	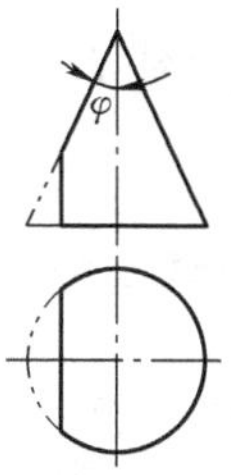 φ	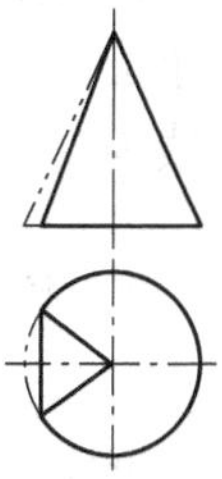
交线	圆	椭圆	抛物线	双曲线	两条相交直线

（3）圆球截断体　平面截切圆球时，其截交线为圆，由于截平面与投影面相对位置不同，形成的截交线的投影主要有两种情况，见表3-3。

表3-3　截平面与圆球的交线

截平面的性质	投影面平行面	投影面垂直面
立体图	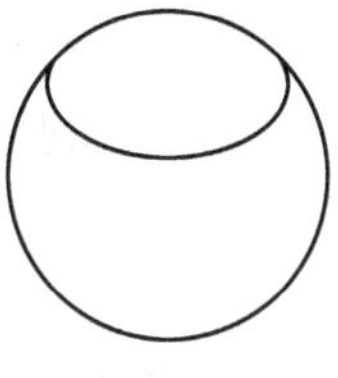	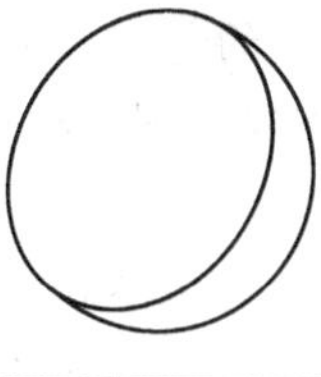
投影图	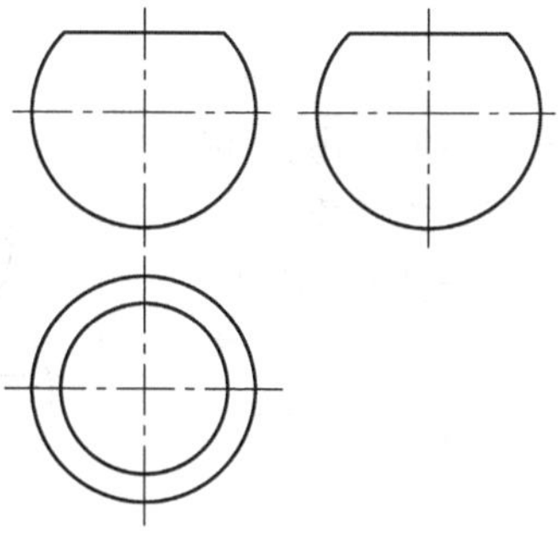	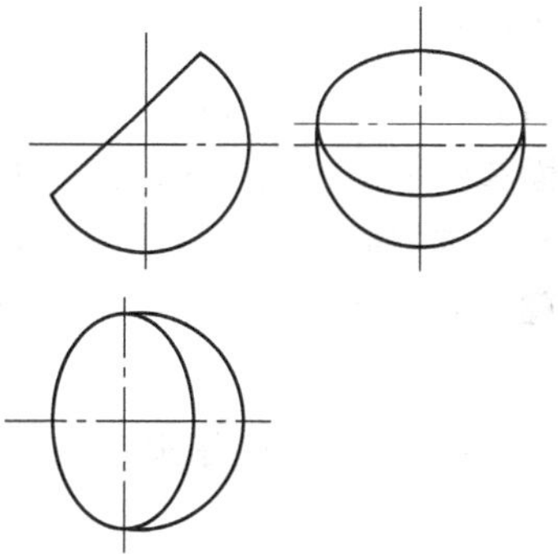

（三）截断体的表达

表达截断体就是表达基本体及其各个截断面。表达截断面的关键就是画出截交线及相邻截断面的交线。

截交线的形状与基本体表面性质及截平面的位置有关，它具有下列3个基本性质：

1）截交线是截平面和平面立体表面的共有线，截交线上的点也是它们的共有点。

2）截交线形状取决于被截切基本体的性质，基本体不同，截交线的形状不同。

3）截交线形状还取决于截平面和平面立体表面的相对位置，二者相对位置不同，截交线的形状、大小不同。

如图 3-43 所示，同一圆锥体上截平面 1 平行于圆锥轴线，其截交线 1 为双曲线，截平面 2 垂直于圆锥轴线其截交线 2 为圆弧，两相邻截平面交线为直线。

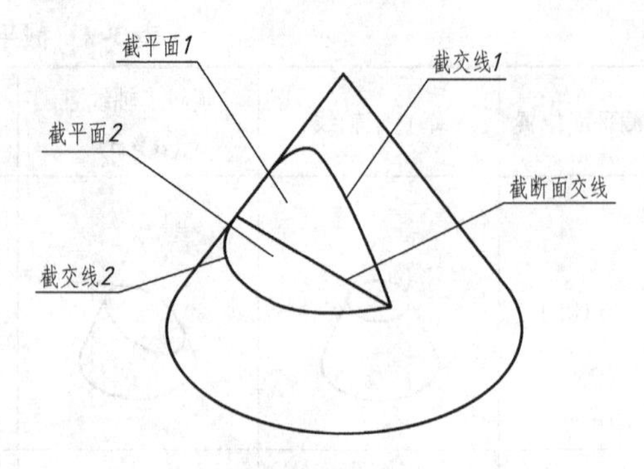

图 3-43　截断体的组成

二、基于 SolidWorks 实现截断体的异维图示

1. 截断体的三维建模

截断体是经假想的切割体截切形成的。因此，其三维建模也是在基本体三维建模的基础上，通过构造虚拟的切割体，然后利用 SolidWorks 的实体工具栏中的“拉伸切除”命令实现的。因此，截断体的三维建模，关键是切割体的构建和定位。首先确定切割方向，切割体的断面轮廓垂直于切割方向，由切割方向确定切割体断面轮廓的绘图平面。绘制断面轮廓时，要确定其与基本体的相对位置，通过定位尺寸确定切割体上断面投影的位置。

截断体的三维建模步骤为：构建基本体三维模型→绘制切割体断面草图轮廓→拉伸切除→截断体模型。

2. 截断体的异维图示

与基本体异维图示相仿，在截断体三维建模的基础上，利用工程图模块获得截断体的异维图。

3. 截断体表达举例

［**例 3－2**］　如图 3-44 所示，已知圆锥截断体视图和尺寸，作出其异维图。

（1）形体分析：由圆锥截断体视图知，其截平面分别为正垂面和侧平面，其中正垂面与圆锥的截交线为椭圆弧，侧平面与圆锥的截交线为双曲线，两截平面的交线为正垂线。

（2）创建基本特征——圆锥体　用“旋转凸台/基体”命令创建圆锥体。

1）在 *XZ* 面上创建圆锥体断面草图，生成“草图 1”，如图 3-45a 所示。

2）单击“草图 1”，选择“旋转凸台/基体”命令，完成圆锥体的创建，如图 3-45b 所示。

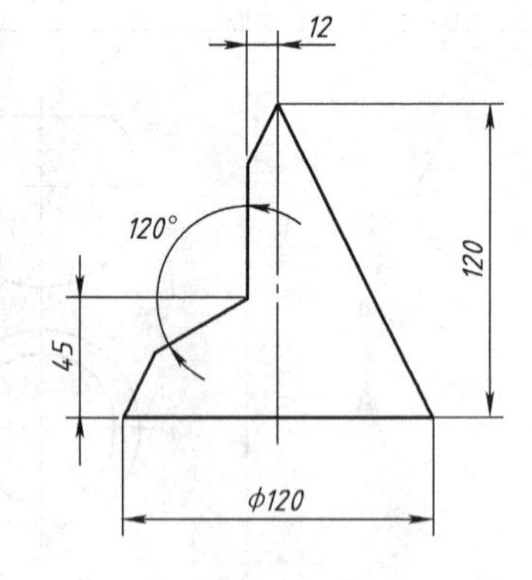

图 3-44　圆锥截断体视图

（3）创建截断体　用“拉伸切除”命令创造截断体。

1）绘制切割体断面草图。因两截平面的交线为正垂线，切割方向垂直于 *XZ* 面，故选择基准面 *XZ* 作为创建切割体断面轮廓草图的绘图平面。

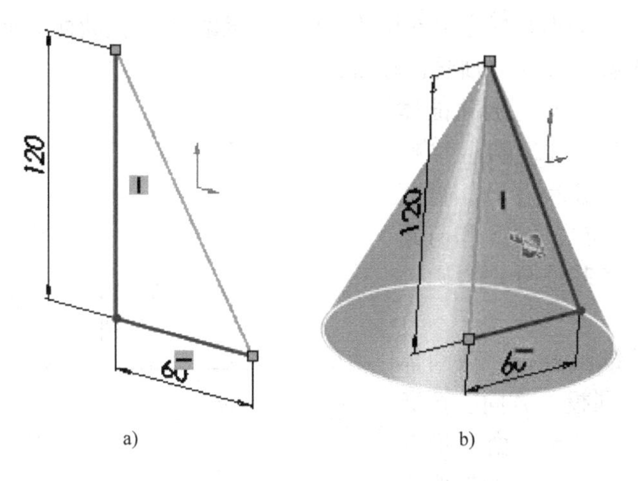

a)　　b)

图 3-45　旋转凸台构造圆锥体

在草绘平面上绘制一封闭四边形，生成“草图 2”作为切割体断面，选择圆锥体底面为高度尺寸基准，标注出正垂切割面的高度定位尺寸 45 和角度 60、以其轴线作为长度尺寸基准，标注侧平面沿长度方向的定位尺寸，如图 3-46a 所示。

绘制切割体断面草图，注意除了截平面及其位置是确定的，构成面数量和形状不限制，原则是其数量应最少、形状最简单。

2）利用“拉伸切除”特征，完成圆锥截断体的三维模型，如图 3-46b、c 所示。

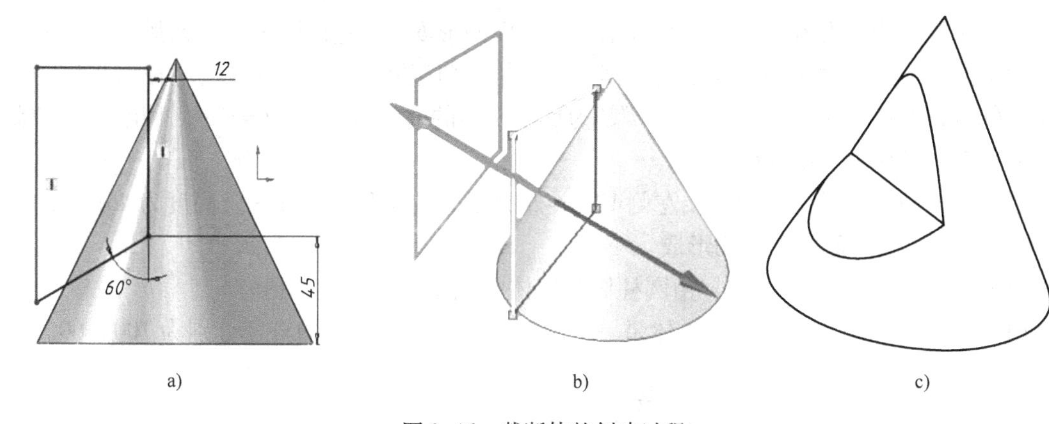

a)　　b)　　c)

图 3-46　截断体的创建过程

（4）截断体异维图生成和尺寸标注　用 SolidWorks 创建圆锥截断体的二维投影图及三维立体图，并标注尺寸。

1）截断体异维图生成。利用 SolidWorks 按投影视图的创建方法分别生成截断体投影图及三维立体图，构成截断体的异维图，如图 3-47 所示。

2）截断体异维图的尺寸标注。利用“草图编辑工具栏”的尺寸编辑功能，给截断体标注尺寸。

截断体的尺寸包括：基本体的尺寸和截断面的定位尺寸。截断面的形状尺寸除了取决于基本体的性质外，还取决于截断面与基本体的相对位置。由于其边界线（即截交线）形状取决于截平面和平面立体表面的相对位置，二者相对位置不同，截交线的形状、大小不同。

因此，截断体的截交线上不必标注定形尺寸，但必须标注各个截断面的定位尺寸。这些定位尺寸的基准，通常选择回转面的轴线，底面、端面。

如图 3-47 所示，不仅注出圆锥体的底圆直径 $\phi120$ 和锥高 120 外，又标注出截断面 A 的水平定位尺寸 12，截断面 B 在竖直方向的定位尺寸 45 和与圆锥轴线的夹角 60°，其基准分别为圆锥体的轴线、底面。

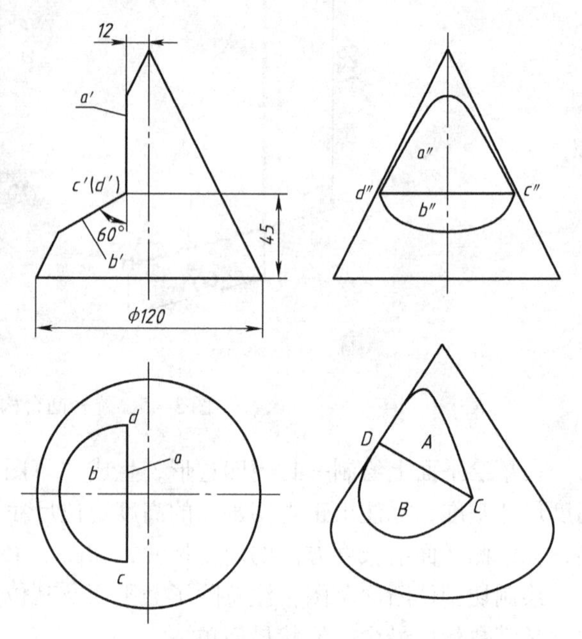

图 3-47　圆锥截断体的异维图及尺寸标注

3）截断体的异维图分析。截断体的异维视图显示出不同投影方向上截断体的形态。如图 3-47 所示，由圆锥截断体的二维投影图和三维立体图对照可以看出，截断面 A（a''、a'、a）和截断面 B（b''、b'、b）构成圆锥截断体左边的切口。截断面 A 为侧平面，其主视图 a'和俯视图 a 均积聚为直线段，其左视图 a''为由双曲线和一直线围成的平面图形，并反映截断面 A 的真实形状。截断面 B 为正垂面，其主视图积聚为一直线段 b'，其俯视图为一椭圆弧和一直线段围成的平面图形 b，其左视图为一椭圆弧和一直线段围成的平面图形 b''，两个视图均不反映其真实形状。两截断面的交线 CD 的主视图积聚为一个点 $c'(d')$，其俯视图 cd 和左视图 $c''d''$都为反映实长的直线段，即 $cd = c''d''$。截断面 A 和截断面 B 的交线 CD 为一正垂线。

因此，该截断体是由位于轴线左侧 12mm 处的侧平面 A 和通过 A 面上高度为 45mm 的直线与轴线成 60°的正垂面 B 截切形成。

［例 3-3］　如图 3-48 所示，由圆柱筒截断体的视图作出其异维图。

（1）结构分析　本例中的基本体是一个圆筒，其内外圆柱面的直径分别为 100、60，高

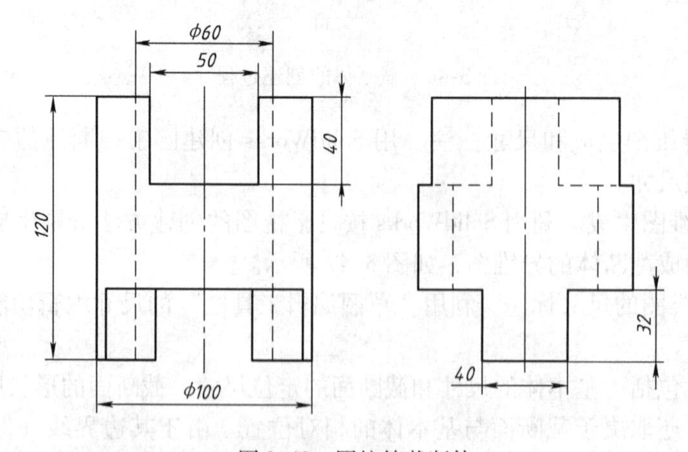

图 3-48　圆柱筒截断体

度为120；由一个截平面为长50、高40的长方体沿前后方向对称截切该圆筒上部形成一个凹槽；在该圆筒下部由两个截平面高度为32、宽30的长方体自左向右冲切，形成两个缺口，这两个长方体与圆筒前后对称面的距离均为20，如图3-48所示。

（2）建模分析　由于上部截切方向为前后方向，下部截切方向为左右方向，建模的关键是分别在前视投影面和右视投影面绘制截断体断面轮廓，然后采用拉伸切除命令在上述两个方向拉伸切除穿通，构成圆柱筒截断体。

（3）三维建模　创建圆柱筒，用“拉伸切除”命令生成圆柱筒截断体。

1）圆柱筒截断体建模。构建圆柱筒体。在前视投影面圆柱筒上部绘制缺口断面草图，如图3-49a所示。

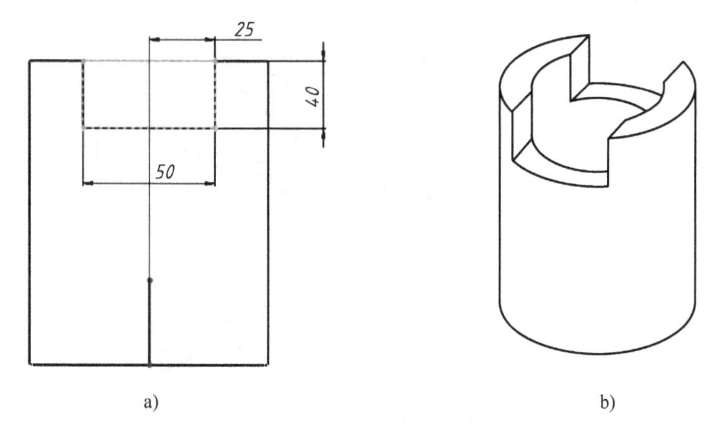

图3-49　圆筒上部凹槽的形成

2）通过拉伸切除命令构建圆筒上部凹槽，如图3-49b所示。

3）在左视投影面圆筒下部绘制左右缺口截断体的断面草图轮廓，如图3-50a所示。

4）通过拉伸切除命令构建圆筒下部前后对称两缺口，最后构成圆柱筒截断体，如图3-50b所示。

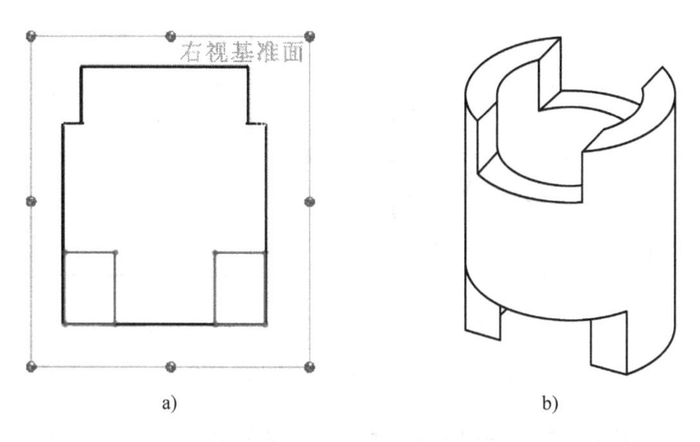

图3-50　圆柱筒截断体的形成

（4）圆柱筒截断体的异维图示　进入工程图模块，应用前述方法形成圆柱筒截断体的异维图，如图3-51所示。

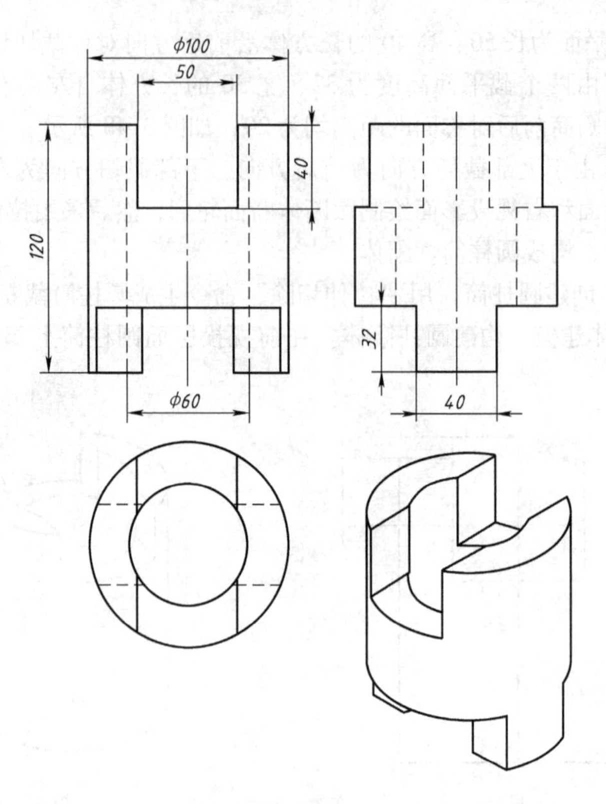

图 3-51　圆柱筒截断体的异维图

［例 3-4］　创建圆柱被一三角形穿孔后的截断体及其异维图。截断体投影图如图 3-52a 所示。

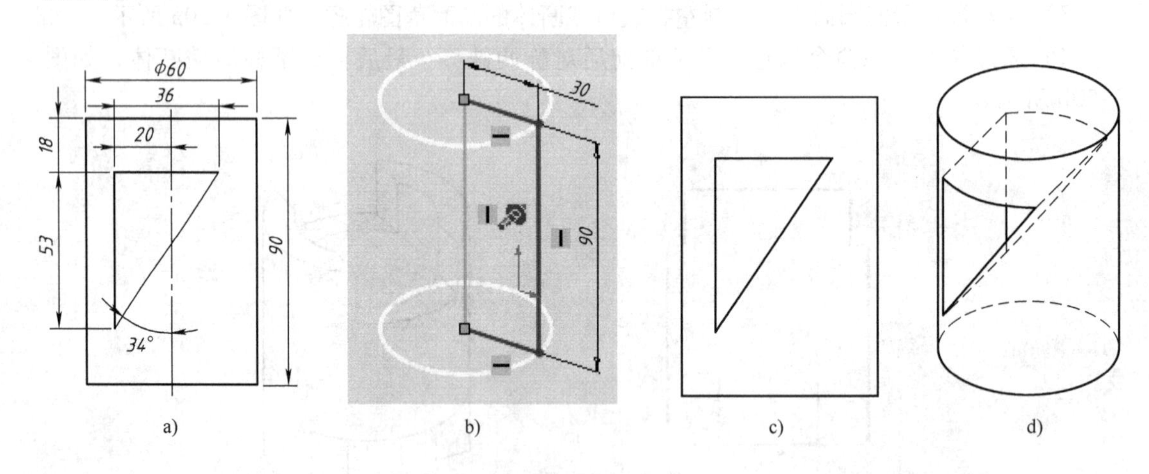

图 3-52　圆柱穿孔体的创建过程

（1）结构分析　由图 3-52a 可以看出，该圆柱分别由水平面、侧平面和正垂面截切成一个三角形截面孔，由于截平面与圆柱轴线的相对位置不同，产生圆柱面截交线的 3 种情况：平行直线、圆、椭圆。这些截交线与相应的截断面交线，分别构成矩形、圆弧形矩形和椭圆弧形矩形截断面。

（2）建模分析　由投影图给出的尺寸，首先创建直径为60、高90的圆柱体，在前视投影面上，绘制切割体的断面草图，最后，采取拉伸切除方法，完成该截断体。

（3）三维建模　创建圆柱，用“拉伸切除”命令生成圆柱穿孔体。

1）旋转凸台创建基本体——圆柱，如图3-52b所示。

也可以采用拉伸凸台特征创建圆柱体，请读者自行分析。

2）拉伸切除创建切割体。

① 选择前视基准面，创建草图。在草绘平面上绘制一封闭平面三角形，生成“草图2”，如图3-52c所示。

② 单击“草图2”，单击按钮 拉伸切除，生成拉伸切除特征，图3-52d所示。

（4）创建穿孔体的异维图　按投影视图的创建方法自动生成圆柱穿孔体的异维图，如图3-53所示。

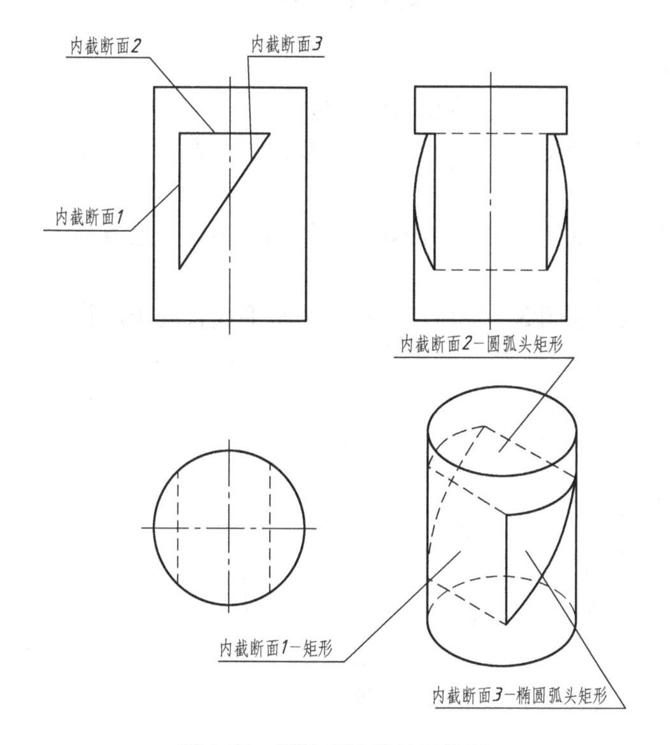

图3-53　圆柱穿孔体的异维图

第六节　相贯体及其表达方式

一、相贯体及其性质

（一）相贯体的形成

两个或两个以上基本体相交构成的形体称为相贯体，其表面交线称为相贯线，它是相交各个立体表面的分界线，也是相邻两立体表面的共有线。这些相贯线明确的区分出参与相交的各立体的范围，如图3-54所示。

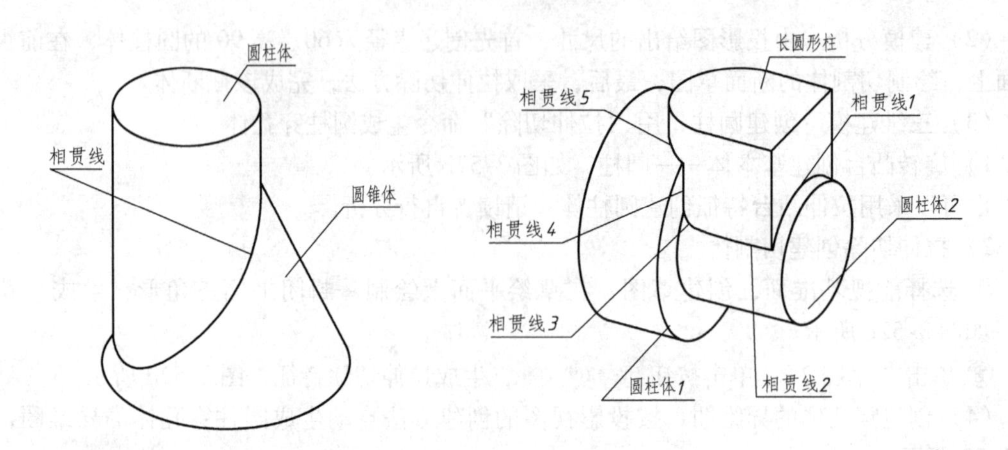

图 3-54　相贯体的概念

（二）相贯体的分类

根据相交基本体的性质，可以将相贯体分为：

1）平面立体相贯。如图 3-55a 所示，在六棱锥的上方插入一个五棱柱形成的平面立体相贯体。

2）平面立体与曲面立体相贯，如图 3-55b 所示，半球体上方插入一个四棱柱构成的平曲相贯体。

3）曲面立体相贯。如图 3-55c 所示，在一个水平放置的半圆柱上方插入一个圆锥台构成曲面立体相贯体。

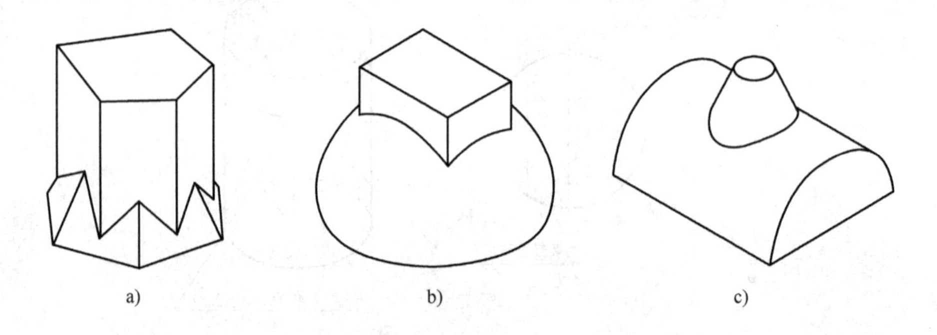

图 3-55　相贯体的分类

a）平面立体相贯体　b）平面立体与曲面立体相贯体　c）曲面立体相贯体

（三）相贯体的 3 种相交形式

1）两实体表面相交（实实相贯）。图 3-56a 所示为两实体圆柱相交。

2）实体上穿孔相交（实虚相贯）。图 3-56b 所示为实体圆柱上穿孔。

3）实体中两孔相交（虚虚相贯）。图 3-56c 所示为长方体内水平和竖直两方向穿孔。

由图 3-56 看出，虽然相交体的形式不同，其交线作图原理和方法是相同的。

（四）相贯体的表达内容

表达相贯体就是表达出相交各个形体及其相贯线。其关键是求出相贯体的分界线即相贯线。

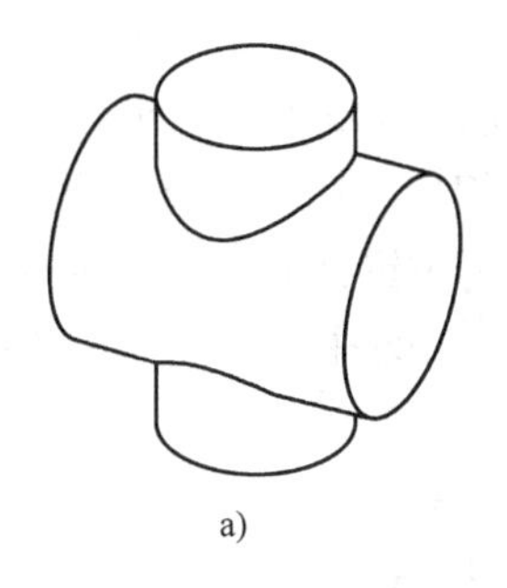

a)

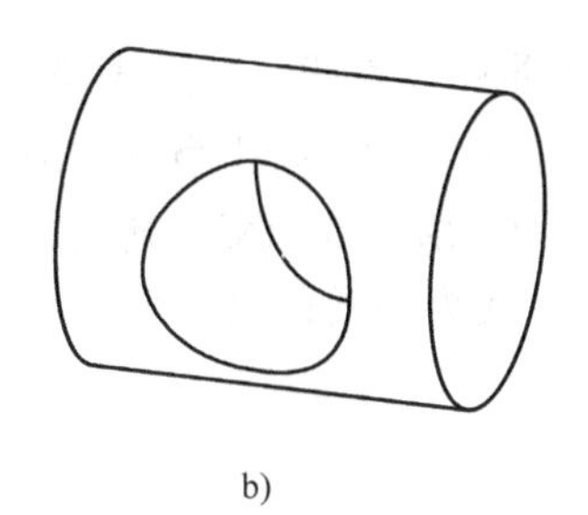

b)

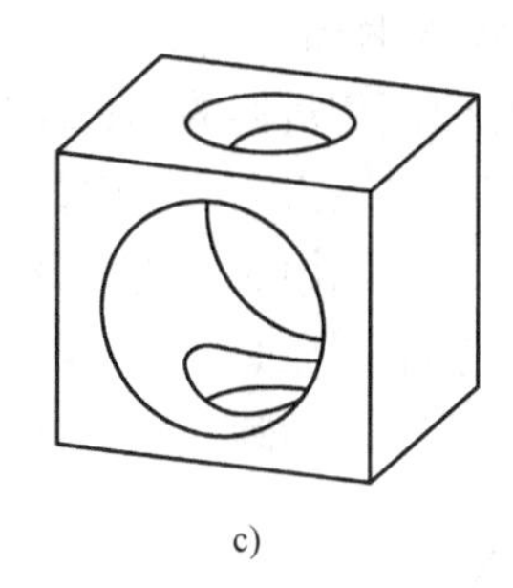

c)

图 3-56　相贯体的形式

1. 平面立体的相贯

平面立体相贯的相贯线是两平面立体中参与相交的棱面之间的交线构成，相贯线上的点是两立体表面的共有点。求作平面立体的相贯线，就是将其相交的表面分解为两两相交的平面，分别求出各条交线，最后形成平面立体的相贯线。

图 3-57a 所示是三棱柱与五棱柱相贯体，三棱柱三个侧面均参与了相交，五棱柱的右边四个侧面参与相交，产生十条面面交线，分布在五棱柱的右边前后侧面上，构成两条空间折线即前后相贯线，空间折线的各个顶点为参与相交的棱线与参与平面的贯穿点。

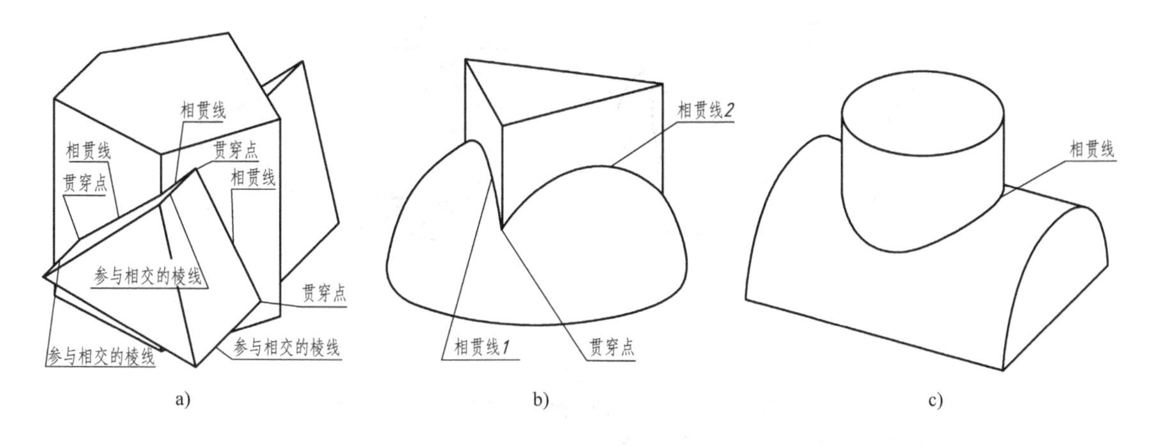

图 3-57　各类相贯体的相贯线

a）平面立体相贯的相贯线体　b）平面立体与曲面立体相贯体的相贯线　c）曲面立体相贯体的相贯线

2. 平面立体与曲面立体的相贯

平面立体与曲面立体的相贯体，其相贯线由若干条平面曲线或平面曲线和直线组成，这些平面曲线实质是平面立体上参与相交的各个棱面与曲面立体表面的截交线，每两条截交线的交点成为结合点，它又是平面立体的棱线与曲面立体的贯穿点。

图 3-57b 所示是三棱柱与半球体相交的平曲相贯体，三棱柱左侧面、前侧面与球面相交产生相贯线 1、相贯线 2，二者的交点是棱线的贯穿点。

3. 曲面立体的相贯

曲面立体的相贯体，其相贯线一般情况下为封闭的空间曲线。

图 3-57c 所示为水平半圆柱与竖直圆柱的相贯体，其相贯线为一条封闭的空间曲线。

4. 特殊曲面相贯体

特殊曲面相贯体的相贯线为平面曲线或直线，如图 3-58 所示。图 3-58a 所示为锥球同轴相贯，其相贯线为上下圆周；图 3-58b 所示为轴线平行的两圆柱相贯，其相贯线由两条平行的直线和一段圆弧构成；图 3-58c 所示为共顶圆锥相交，其相贯线为过锥顶的两条圆锥素线；图 3-58d 为等直径圆柱垂直相交，其相贯线为椭圆；图 3-58e 为圆锥与圆柱（公切于一个球）相交，其交线亦为椭圆。

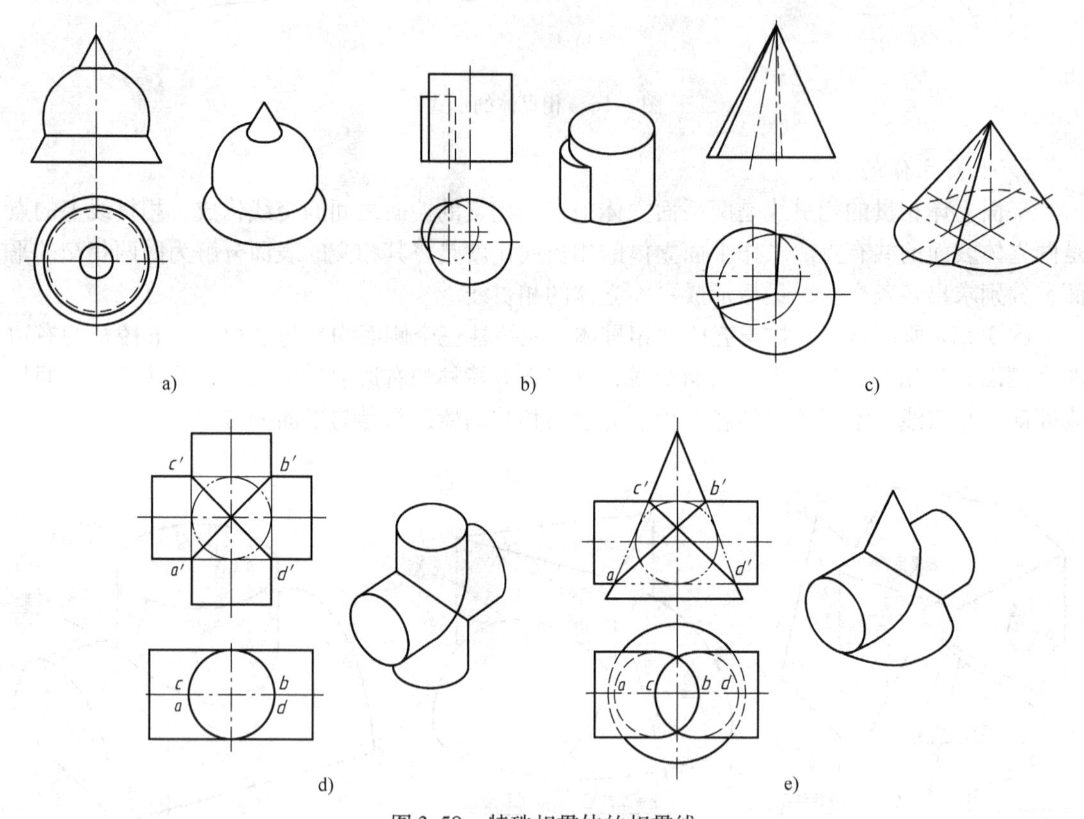

图 3-58　特殊相贯体的相贯线

a）锥球相贯体　b）轴线平行的两圆柱相贯体　c）共顶圆锥相贯体

（五）影响相贯体的相贯线形状的因素

1. 两相交立体的性质不同引起其相贯体的相贯线形状的变化

图 3-59 所示为同一直径的半圆柱分别与圆柱、圆锥台相交形成的两相贯体。相贯线 1 与相贯线 2 相比较，二者在形状、大小两方面存在很大的差别。

2. 两相贯立体的大小不同引起其相贯体的相贯线形状和位置的变化

如图 3-60 所示，相交两圆柱直径的变化，不仅引起相贯线形状的改变，而且相贯线位置也发生了变化。

由图 3-60a 看出，圆柱 1 直径 < 圆柱 2 的直径时，相贯线位于圆柱 2 的左右两侧；而在图 3-60b 中，由于圆柱 1 直径 > 圆柱 2 的直径，相贯线位于圆柱 1 的上下两侧。

3. 两相贯立体的相对位置不同引起其相贯体的相贯线形状的变化

如果相交两圆柱直径不变，改变二者的相对位置，其相贯线的形状随着发生变化，如图 3-61 所示。

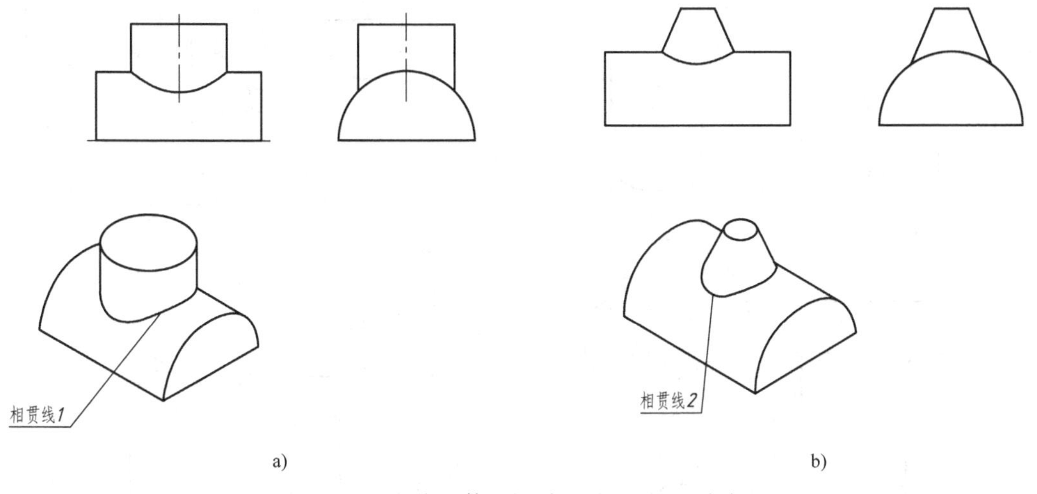

图3-59　两相交立体的性质不同引起相贯线变化

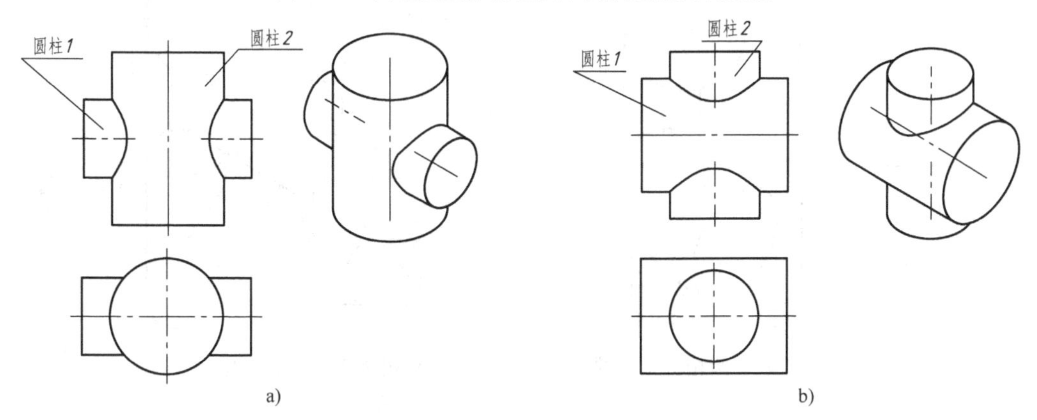

图3-60　两相贯立体的大小变化引起相贯线变化

当两圆柱轴线正交时，其相贯线为两段分离的封闭空间曲线，如图3-61a所示；当垂直的圆柱向前移动时，两段分离的封闭空间曲线相距越来越近，如图3-61b所示；当移至图3-61c所示位置时，两段分离的封闭空间曲线相接触于一点；当移至图3-61d所示位置时，两段分离的封闭空间曲线上下连通合成一条封闭的空间曲线。

二、利用SolidWorks实现相贯体的异维图示

利用SolidWorks实现相贯体的异维图示，就是在其零件绘图环境下，构建相贯体的三维模型；在其工程图绘图环境下，同时将相贯体的三维立体图和二维投影图显示出来，从不同维度反映相贯体的结构特征。

（一）平面立体相贯

平面立体相贯体的三维建模就是分别作出两平面体的立体图。在已构建的基本体上，首先确定第二个立体端面或断面草图绘图平面，其次以基本体的某些面或线为基准对第二个立体定位，然后绘出第二个立体端面或断面草图，最后利用拉伸凸台功能完成平面立体相贯体的三维建模。其相贯线为一组或两组空间折线。

[例3-5]　如图3-62所示，求作两三棱柱相贯体的异维图。

（1）分析　此相贯体为竖直三棱柱和水平三棱柱相贯，其相贯线为一组空间折线。由

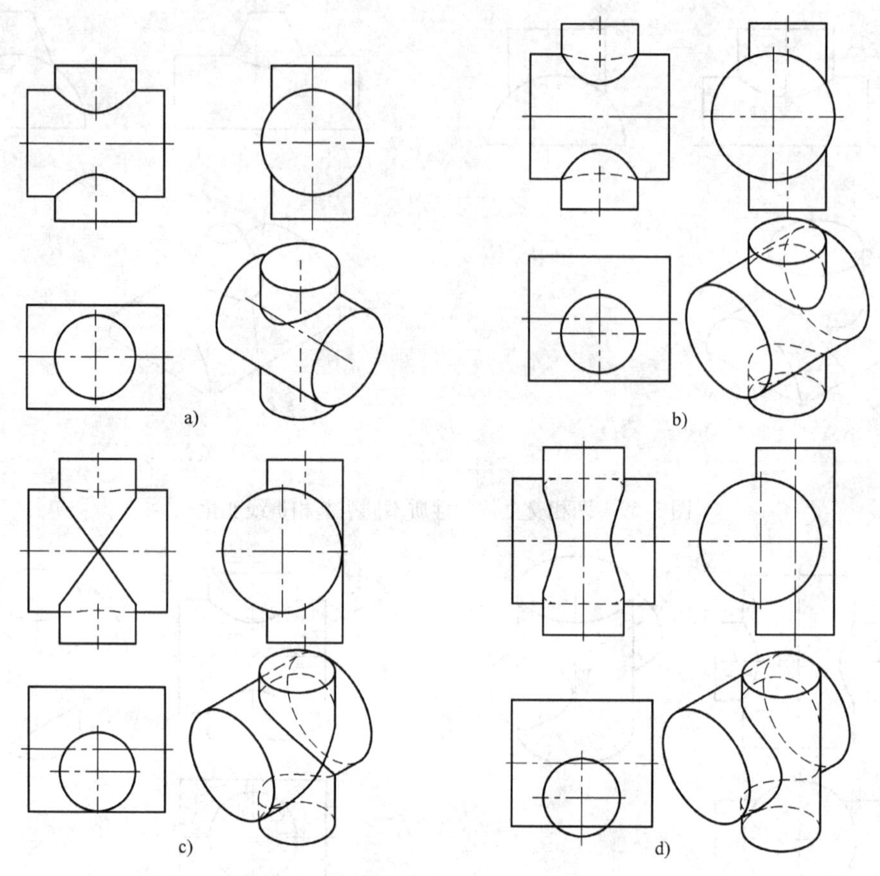

图 3-61　两相贯立体的相对位置变化引起相贯线形状的变化

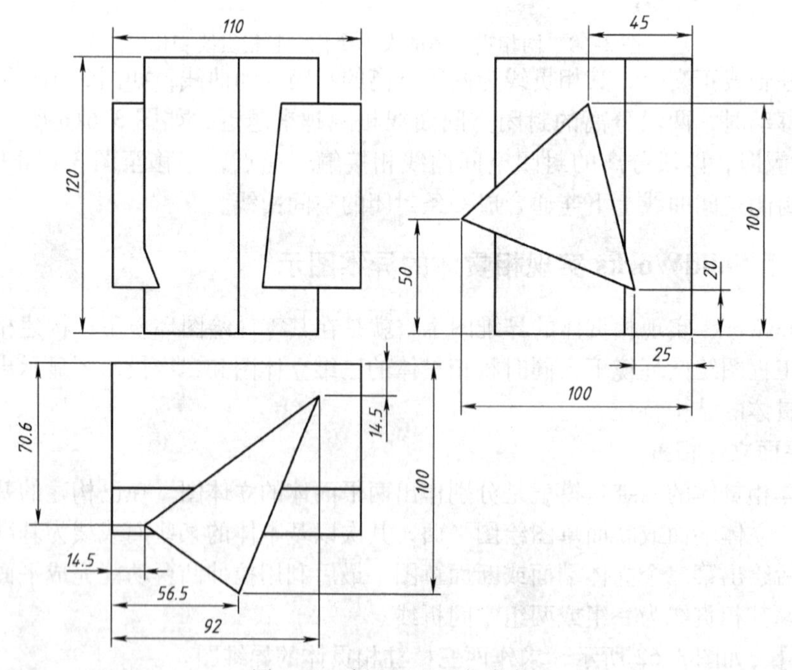

图 3-62　例 3-5 的已知条件

于竖直三棱柱垂直于 H 面，相贯线的水平投影与竖直三棱柱的水平投影重合；水平三棱柱垂直于侧面，相贯线的侧面投影与水平三棱柱的侧面投影重合。通过构建相贯体的三维模型，实现其异维图示，完成其正面投影。

（2）作图

1）利用拉伸功能作竖直三棱柱；选择右视基准面为水平三棱柱端面的绘图平面，如图3-63a。

2）作出水平三棱柱端面，选择竖直三棱柱的前面棱线和底面为基准确定水平三棱柱在前后和上下方向的位置，通过标注尺寸确定两三棱柱的相对位置，如图 3-63b 所示。

3）选择端面草图，通过拉伸凸台形成水平三棱柱，完成两三棱柱相贯体的三维建模，如图 3-63c、d 所示。

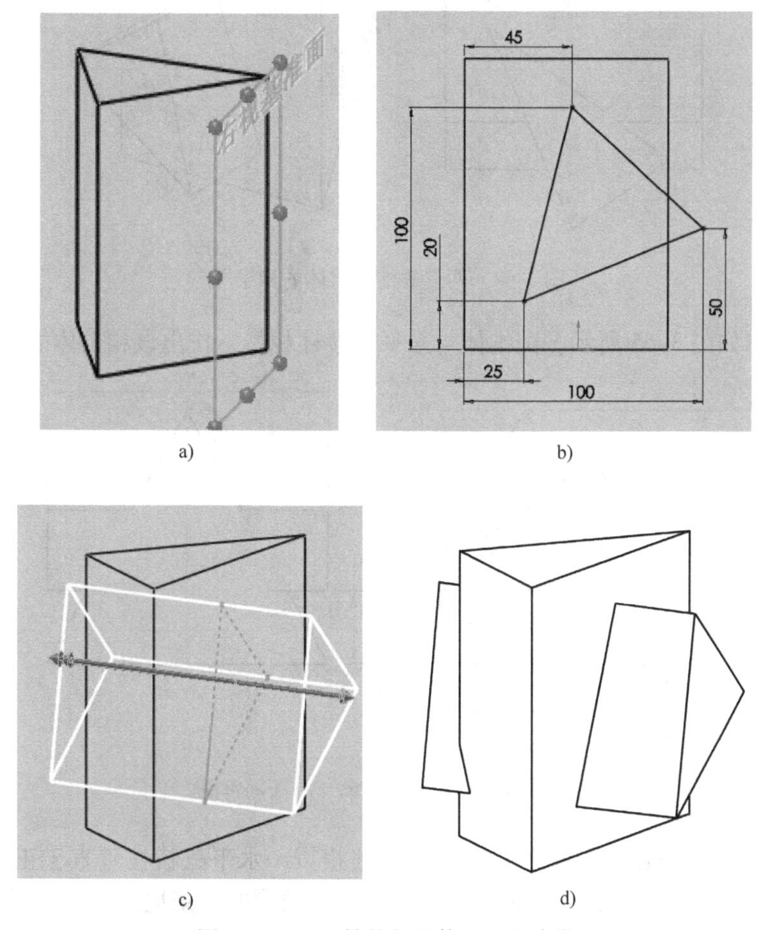

a)　b)　c)　d)

图 3-63　两三棱柱相贯体的三维建模

4）进入工程图环境，实现相贯体的异维图示，如图 3-64 所示。

（二）平面立体与曲面立体相贯

与平面立体相贯体的三维建模类似，平面立体与曲面立体相贯体建模，在曲面体基础上，以曲面体的某些面或轴线为基准对平面立体定位，并绘出其端面或断面草图，利用拉伸凸台功能完成三维建模。其相贯线为位于不同平面上的一组或两组平面曲线。

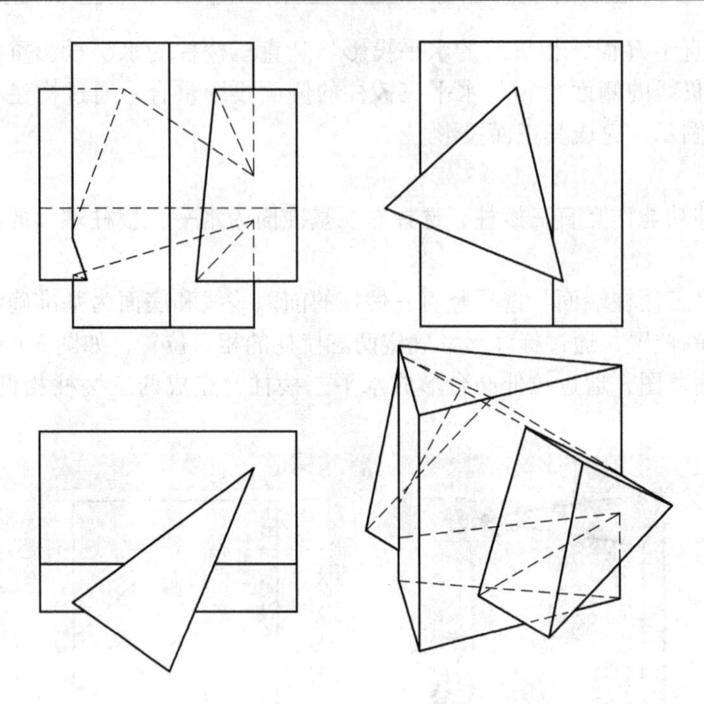

图 3-64　两三棱柱相贯体的异维图

［例 3-6］　如图 3-65 所示，圆锥体与水平三棱柱相贯，作出该相贯体的异维图。

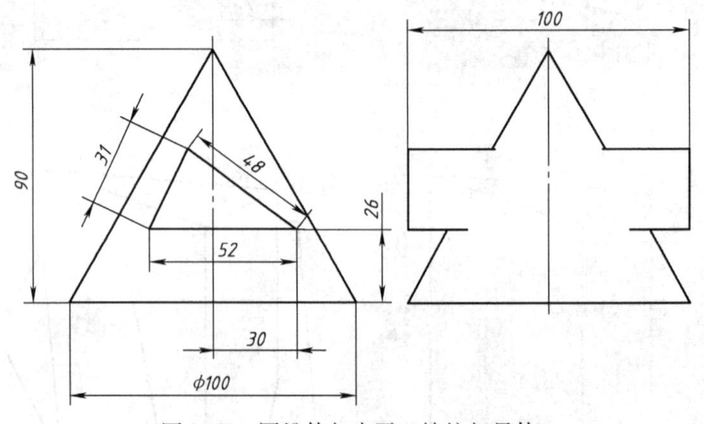

图 3-65　圆锥体与水平三棱柱相贯体

（1）分析　此相贯体为圆锥体和水平三棱柱相贯，水平三棱柱垂直于正面，其三个棱面为两个正垂面和一个水平面，正面投影积聚为一三角形的三条边。棱面与圆锥轴线夹角大于半锥顶角其交线为前后对称的两段椭圆弧；棱面与圆锥轴线夹角等于半锥顶角其交线为前后对称的两段抛物线；棱面与圆锥轴线垂直其交线为前后对称的两段圆弧；整个相贯线由前后两组对称的相贯线组成，相贯线的正面投影与水平三棱柱的正面投影重合即为一三角形的三条边。通过相贯体的异维图示，完成其三维立体图及侧面投影和水平投影。

（2）作图

1）利用旋转功能作圆锥体；选择前视基准面为水平三棱柱端面的绘图平面，见图 3-66a。

2）作出水平三棱柱断面，选择圆锥体轴线和底面为基准，通过标注其定形尺寸和定位尺寸，确定水平三棱柱左右和上下方向的位置，如图 3-66b 所示。

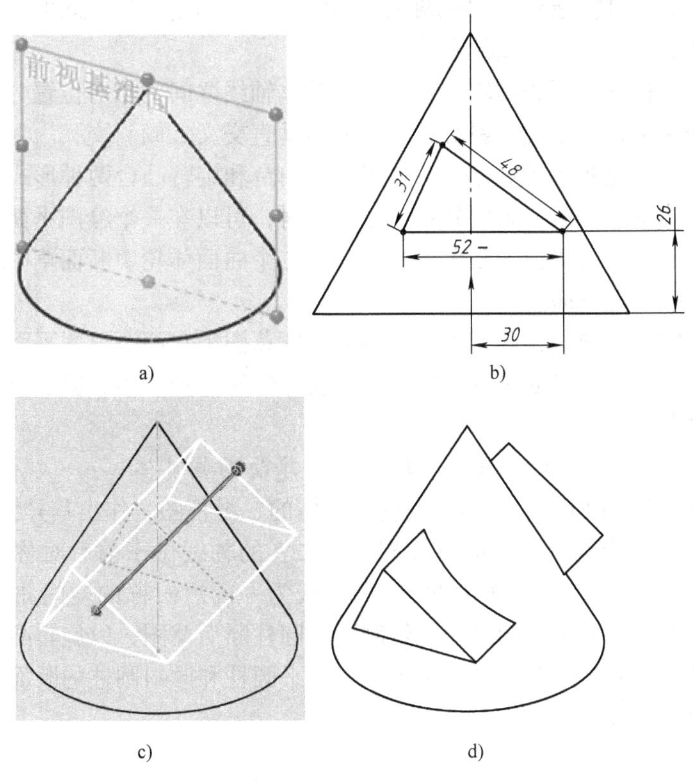

图 3-66　圆锥体与水平三棱柱相贯体的三维建模

3）选择断面草图，通过前后拉伸凸台形成水平三棱柱，完成水平三棱柱与圆锥体相贯的三维建模，如图 3-66c、d 所示。

4）进入工程图环境，实现相贯体的异维图示，如图 3-67 所示。

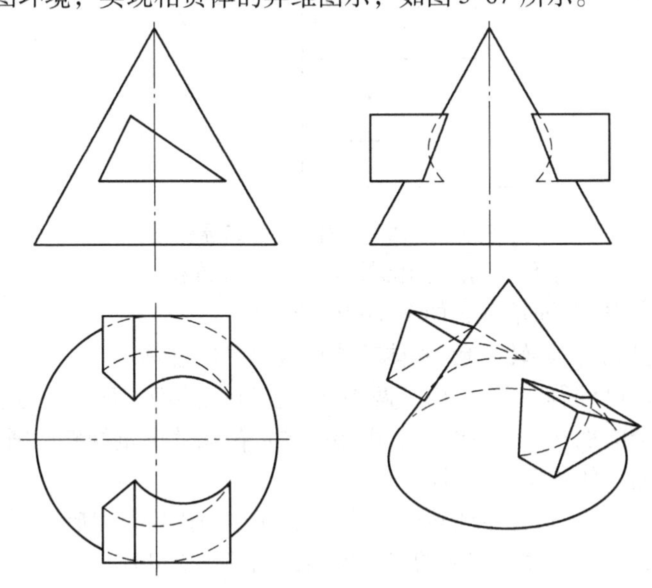

图 3-67　圆锥体与水平三棱柱相贯体的异维图

（三）曲面立体相贯

两曲面体相贯的三维构建包括构建两相交的曲面体和确定二者之间的相对位置。两曲面的性质和相对位置决定二者相贯线的形状。

常见的曲面立体相贯主要为回转体相贯。回转体轴线之间的相对位置分共面和异面两种情况，其中共面分为平行、正交、斜交；异面分为垂直交叉、倾斜交叉。

利用 SolidWorks 构建曲面相贯体一般采用拉伸凸台和旋转凸台两种形式。

若两相交曲面体轴线共面，采用旋转凸台方式时，可以在一个绘图平面内完成两相贯立体断面轮廓草图的创建；采用拉伸凸台方式时，第二个曲面体轮廓断面草图绘图平面应垂直于第一个曲面体轮廓草图平面。

若两相交曲面体轴线异面，两相贯立体断面轮廓草图须在两个绘图平面内完成。构建第二个曲面体时，其轴线所在平面平行于第一个曲面体轮廓草图平面，第二个曲面体轴线位置由相应的定位尺寸保证。

1. 两相交曲面体轴线共面且采用旋转凸台构建曲面相贯体

[**例 3-7**]　如图 3-68 所示，已知两圆柱斜交体的二维视图，作出其异维图。

（1）分析　此为两个直径不同的圆柱相交，二者的轴线位于前后对称平面上，两轴线的交点位置如图 3-68 所示，其夹角为 60°，相贯线为一前后对称的空间曲线。由于斜交两圆柱轴线共面，可以在同一个草图平面内绘制两个圆柱断面草图，以旋转凸台方式完成相交体的三维建模；也可以用拉伸凸台方式实现，但水平圆柱和倾斜圆柱的断面草图的绘制需要在不同的绘图平面上完成。

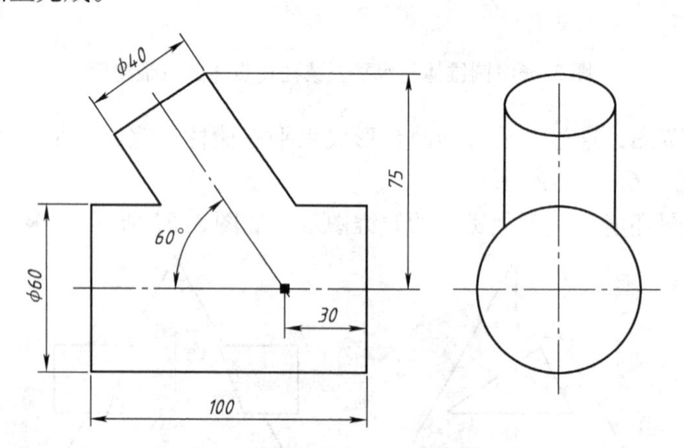

图 3-68　两圆柱斜交体的二维视图

（2）作图　根据已知条件，完成两圆柱斜交体的异维图。

1）绘制水平圆柱体断面草图，如图 3-69a 所示。

2）选择草图轮廓，由旋转凸台/基体功能形成水平圆柱体。

3）绘制倾斜圆柱体断面草图。由于两相交圆柱轴线共面，所以，倾斜的圆柱体草图断面轮廓可以在同一个前视基准面内绘制。由相关的定位尺寸确定倾斜的圆柱体的轴线，绘制倾斜圆柱体断面草图，如图 3-69b 所示。

4）创建倾斜圆柱体。选择草图轮廓，选择转轴，如图 3-69c 所示，使用旋转凸台功能，完成倾斜的圆柱体，即两圆柱斜交体的三维模型，如图 3-69d 所示。

5）两圆柱斜交体的异维图。用前述方法实现圆柱斜交体的异维图，如图 3-70 所示。

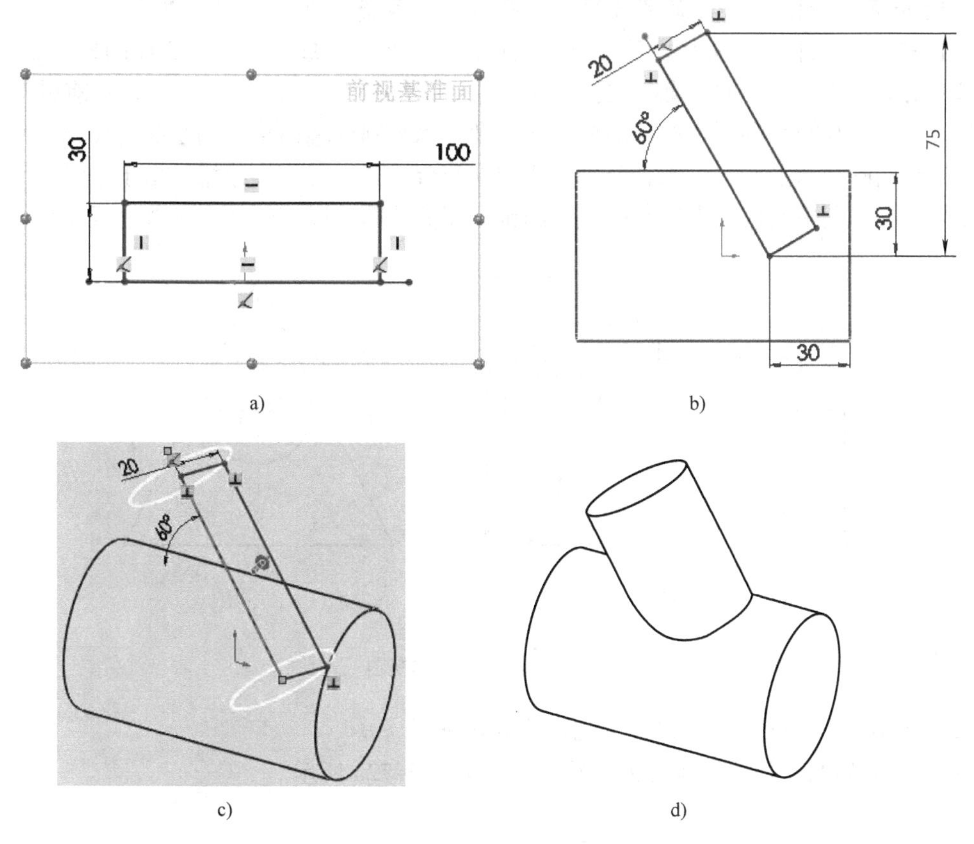

图 3-69　两圆柱斜交体三维模型构建

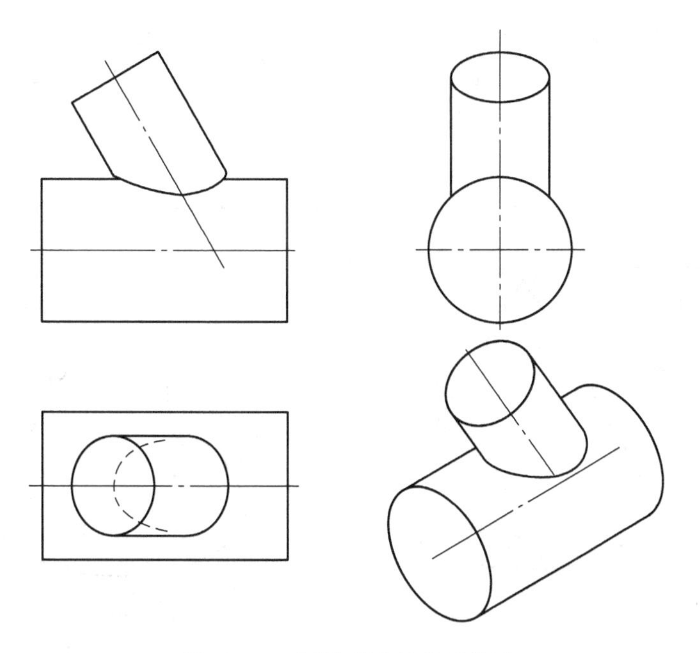

图 3-70　两圆柱斜交体的异维图

2. 两相交曲面体轴线共面且采用拉伸凸台方式构建曲面相贯体

[**例 3-8**]　如图 3-71 所示，已知锥柱相贯体的视图，构成以锥柱正交体的异维图。

（1）分析　圆柱与圆锥的轴线正交，位于前后对称平面上，其相贯线为一前后对称的空间曲线。圆柱与圆锥都可用拉伸凸台方式实现。水平圆柱端面草图的绘制需要在侧平面上完成，圆锥底圆在水平面上绘制，分别采用拉伸凸台方式进行三维建模。由于轴线共面，也可以在同一个草图平面内分别绘制圆柱、圆锥的端面草图，以旋转凸台方式完成相贯体。

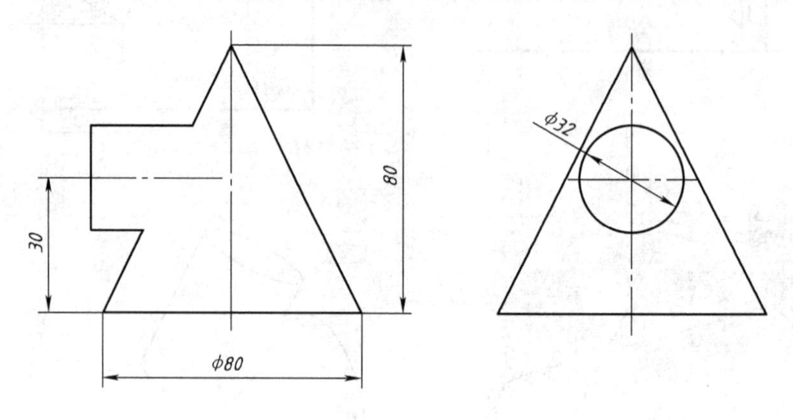

图 3-71　锥柱相贯体视图

（2）作图　根据已知条件，完成相贯体的异维图。

1）采用旋转凸台构建圆锥体的三维模型，如图 3-72a 所示。

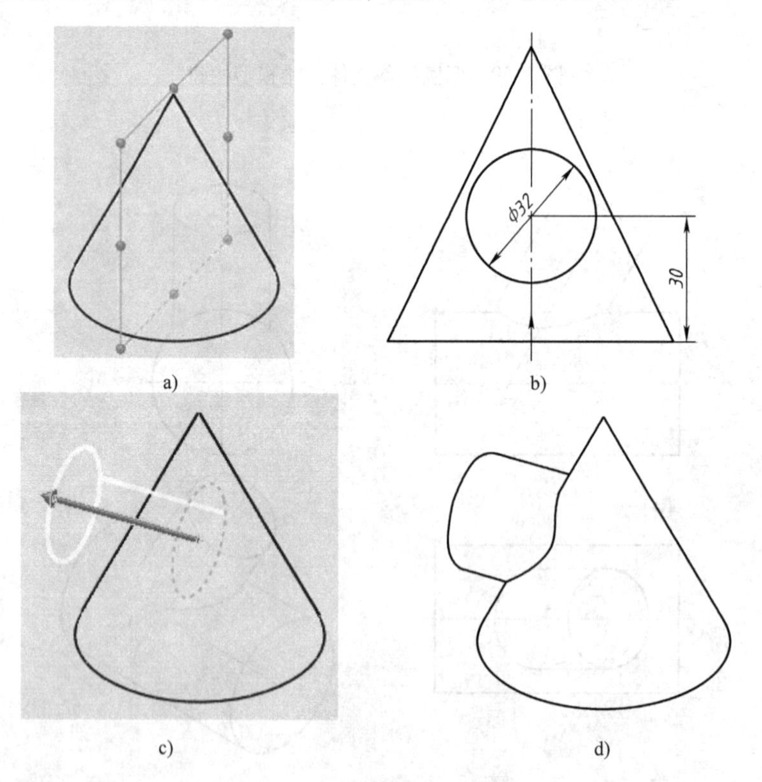

图 3-72　锥柱相贯体的三维建模

2）由于与圆锥正交的圆柱轴线为侧垂线，其断面必为一侧平面，取过圆锥轴线的侧平面为圆柱断面的绘图平面，绘制圆柱断面草图，标注轴线的定位尺寸，如图3-72b所示。

3）构建与圆锥相交的圆柱体的三维模型。选择草图轮廓，采用拉伸凸台构建圆柱，完成相贯体的三维模型，如图3-72c、d所示。

4）锥柱相贯体的异维图。相贯体的异维图的创建步骤与基本体类似不再叙述。锥柱相贯体的异维图如图3-73所示。

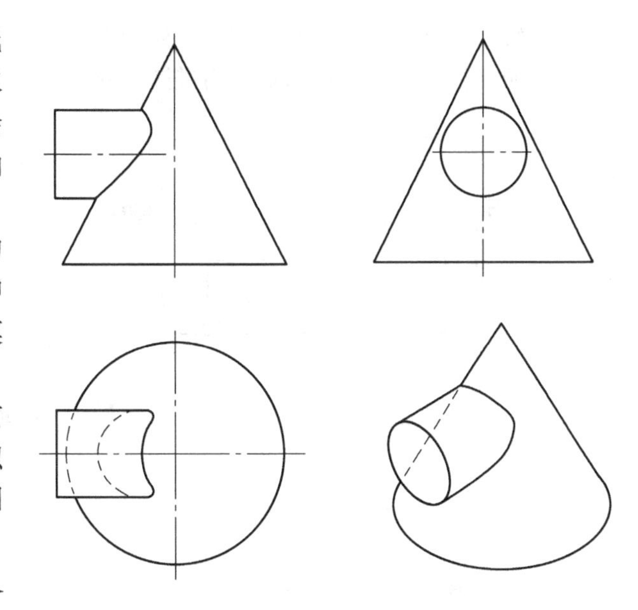

图3-73　锥柱相贯体的异维图

3. 两相交曲面体轴线异面且采用旋转凸台方式构建曲面相贯体

［**例3-9**］　如图3-74所示，已知圆柱偏斜交体的视图，构成以圆柱偏斜交体的异维图。

（1）分析　由图3-74知，两斜交圆柱的轴线不共面，前后相距8mm，两轴线夹角60°。若水平圆柱断面草图是在前视基准面内绘制，则第二个倾斜的圆柱体断面草图绘图平面平行于前视其基准面且位于前面8mm处。由于斜圆柱与水平圆柱偏交，其相贯线为一前后左右都不对称的封闭的空间曲线。

（2）作图　根据已知条件，创建圆柱偏斜交体的异维图。

1）旋转凸台创建水平圆柱，如图3-75a所示。

2）确定倾斜圆柱的作图平面，如图3-75b所示。

3）由标注尺寸确定两轴线正面投影的交点及夹角，绘制旋转断面轮廓如图3-75c所示。

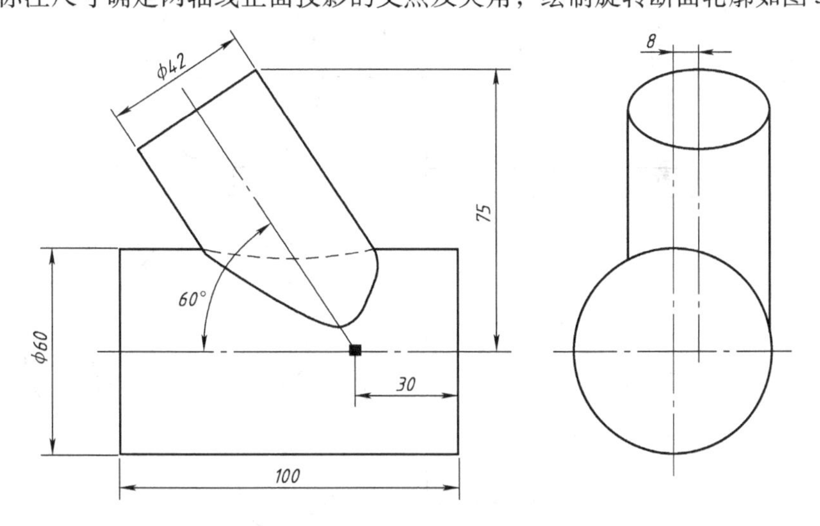

图3-74　圆柱偏斜交体视图

4）旋转凸台创建两圆柱偏斜交体，如图 3-75d 所示。

5）按照立体的异维图自动生成相贯体的异维图，如图 3-76 所示。

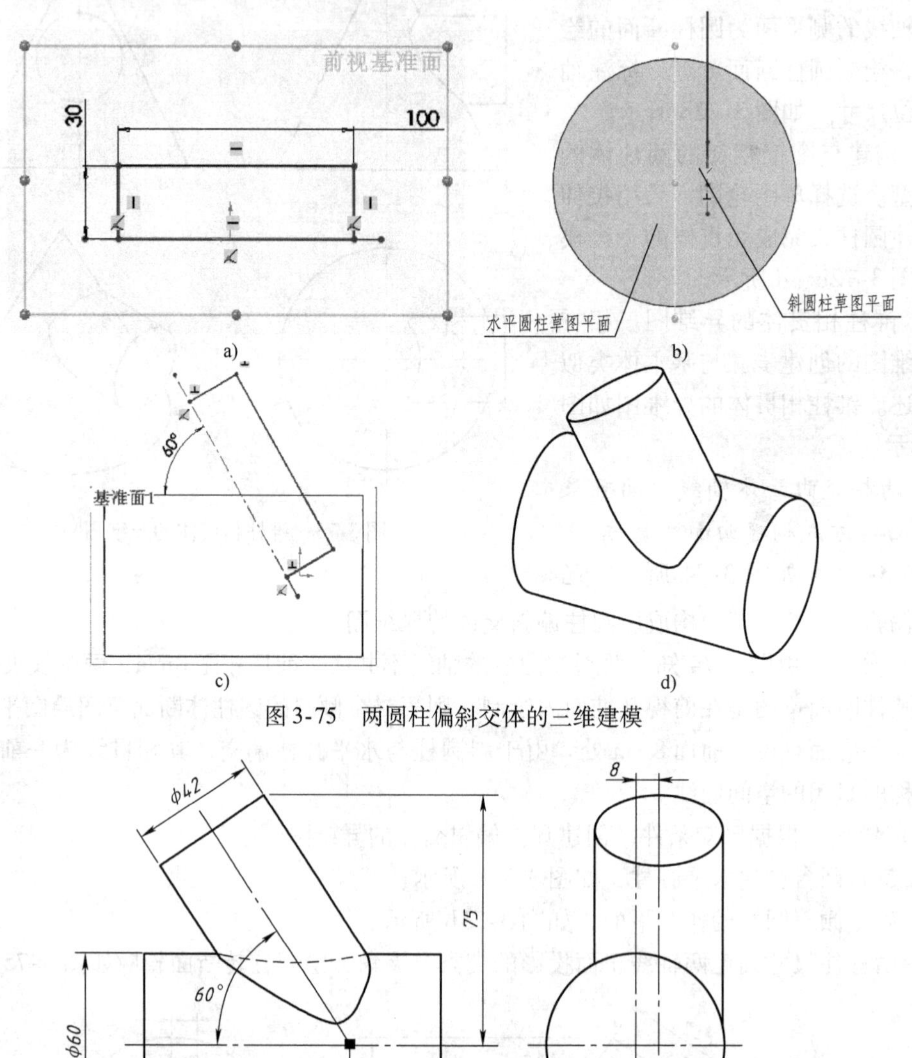

a)　b)　c)　d)

图 3-75　两圆柱偏斜交体的三维建模

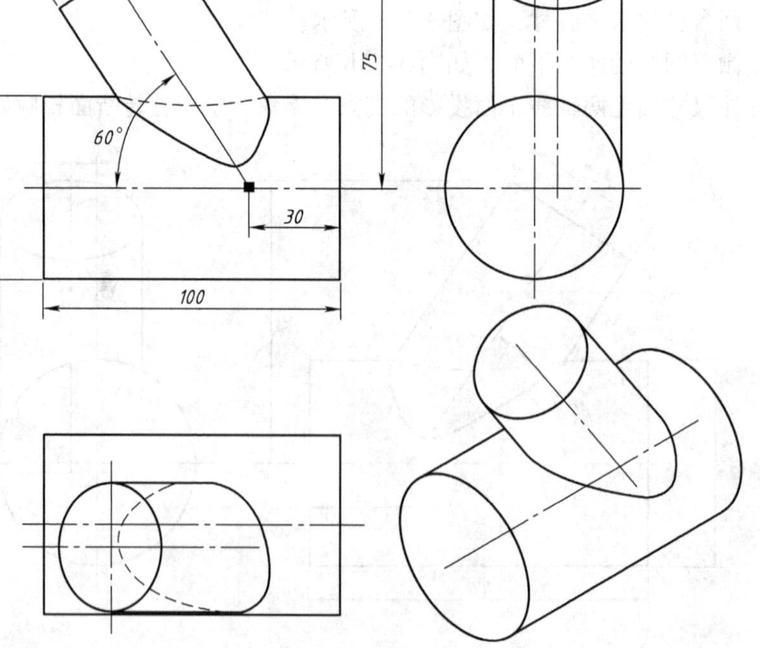

图 3-76　两圆柱偏斜交体的异维图

相贯体三维建模时两相交立体的相对位置的确定是关键。当两相贯的回转体其轴线如为正交、斜交、平行时，两轴线为共面直线，可以在同一个作图基准面内，绘制两相交立体的草图轮廓；当两相贯的回转体其轴线为偏交且为异面直线时，两相交立体的草图轮廓必须在不同的作图基准面内绘制。各种草图基准面的确定在参考几何体的基准面类型中选择。

对于相贯体，重点研究的是两回转体相贯。从以上几例可以看出，当两回转体相贯时，对于实实相贯，可以采用凸台特征（拉伸或旋转）创建两基本体；对于虚实相贯，可以先采用凸台特征（拉伸或旋转）创建其中一个基本体，再利用切除特征（拉伸或旋转）创建另一个基本体；对于虚虚相贯，可以采用切除特征（拉伸或旋转）创建两基本体。这几类相贯体都可以按投影视图的创建方法自动生成其异维图。

4. 穿孔相贯

[例 3-10]　创建圆锥被穿一圆柱孔的相贯体的异维图。

其创建步骤如下：

1）旋转凸台创建基本体——圆锥，如图 3-77a 所示。

2）创建基本体——水平圆柱孔。采用旋转切除，构建圆锥穿孔体，如图 3-77b、c 所示。

3）按投影视图的创建方法自动生成相贯体异维图，如图 3-78 所示。

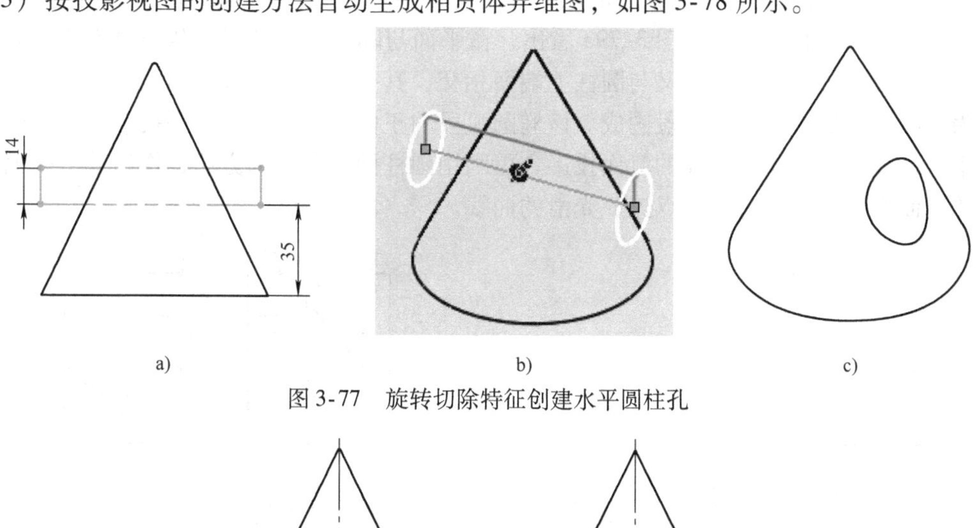

a)　　b)　　c)

图 3-77　旋转切除特征创建水平圆柱孔

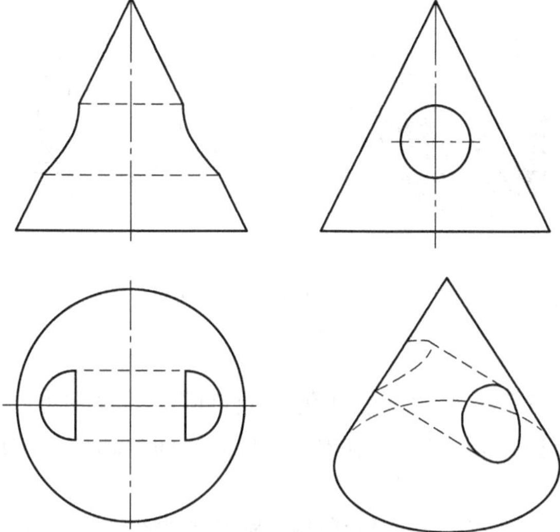

图3-78　圆锥穿孔相贯体的异维图

第七节　立体表面交线的二维作图原理

截断体和相贯体是立体的两种基本形式，截断体中的截断面是由平面曲线和截平面间的交线所围成的，平面曲线即截交线是截平面与基本立体表面的共有线；相贯体的交线即相贯线是空间曲线，并且是相贯两形体表面的共有线。这两种形式的曲线都是由一系列共有点组成。

在传统投影理论中截断体和相贯体表达的思路是：首先作出立体的三面投影，基于此，作出其表面交线的投影，而这些表面交线的投影是由一系列共有点的投影连接构成的，因此，求线的问题转化成求点的问题，即在立体表面上取一系列点构成线。立体表面取点常用的方法为：积聚性法、纬圆法和辅助平面法。下面结合具体例子介绍采用表面取点法和辅助平面法求作立体的表面交线。

一、用积聚性法求立体表面交线

[**例 3-11**]　已知竖直圆柱被一正垂面所截（图 3-79a），求作截断体的投影。

形体分析和投影分析　由图 3-79a 看出，截平面与圆柱轴线倾斜，截平面与圆柱面的交线是一段椭圆，同时，截平面又与圆柱上端面相交，其交线为正垂线，因此，截断面的空间形状为一段椭圆加一段正垂线段围成。该椭圆弧段的正面投影积聚，水平投影与圆柱面的积聚圆重合，故只需求作截交线的侧面投影。可利用圆柱面上取点的方法，作出截交线上一系列点的侧面投影，然后将这些点连成光滑的曲线。

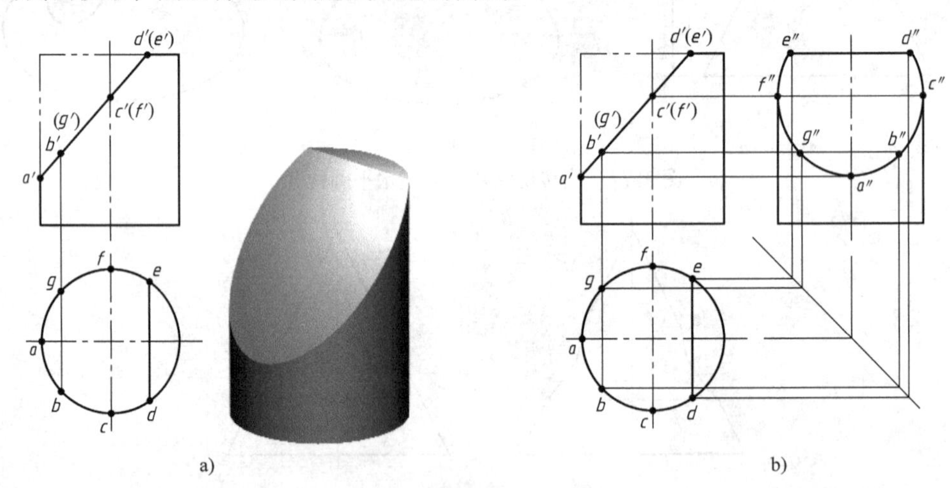

图 3-79　正垂面截切圆柱

其作图方法和步骤如下：

1）求特殊点。如图 3-79b 所示，点 A 为最低点同时兼最左点，点 C、F 为最前、最后点，也是水平投影转向轮廓线上的点，点 D、E 是截平面与圆柱上端面相交的两点。分别作出它们的侧面投影 a''、c''、d''、e''、f''。

2）求一般点。如果特殊点间隔比较稀疏，为了使曲线连得光滑，可适当拾取若干个一般点，如点 B、G，先由已知的正面投影找出它们的水平投影 b、g，再定出它们的侧面投影

b''、g''。

3）连线并判断可见性。将水平投影上得到的各点依次光滑连接成椭圆。截平面的位置决定了椭圆截交线为可见的，应画成粗实线。

4）整理轮廓线。圆柱的侧面投影转向轮廓线在点 C、F 以上被截去，所以该轮廓线仅画到 c、f 处。

二、用纬圆法求立体表面交线

［例 3-12］ 图 3-80a 所示为一直立圆锥被正垂面截切，求作截断体的投影。

图 3-80a 所示为一直立圆锥被正垂面截切，截交线为一椭圆。由于圆锥前后对称，所以此椭圆也一定前后对称，椭圆的长轴就是截平面与圆锥前后对称面的交线（正平线），其端点在最左、最右转向线上。而短轴则是通过长轴中点的正垂线。截交线的 V 面投影积聚为一直线，其 H 面投影和 W 面投影通常为一椭圆。其作图步骤如下（图 3-80b）：

1）求特殊点。最低点Ⅰ、最高点Ⅱ是椭圆长轴的端点，也是截平面与圆锥最左、最右转向线的交点，可由 V 面投影 $1'$、$2'$作出 H 面投影 1、2 和 W 面投影 $1''$、$2''$。圆锥的最前、最后转向线与截平面的交点Ⅴ、Ⅵ，其 V 面投影 $5'$、（$6'$）为截平面与轴线 V 面投影的交点，根据 $5'$、（$6'$）作点 $5''$、$6''$，再由 $5'$、（$6'$）和 $5''$、$6''$求得 5、6。

椭圆短轴的端点Ⅲ、Ⅳ在 V 面上的投影 $3'$、（$4'$）应在 $1'2'$的中点处。H 面投影 3、4 可利用纬圆法求得。再根据 $3'$、（$4'$）和 3、4 求得 $3''$、$4''$。

2）求一般点。为了准确作图，在特殊点之间作出适当数量的一般点。如点Ⅶ、Ⅷ，可用辅助纬圆法作出其各投影。

3）依此连接各点，即得截交线的 H 面投影与 W 面投影。

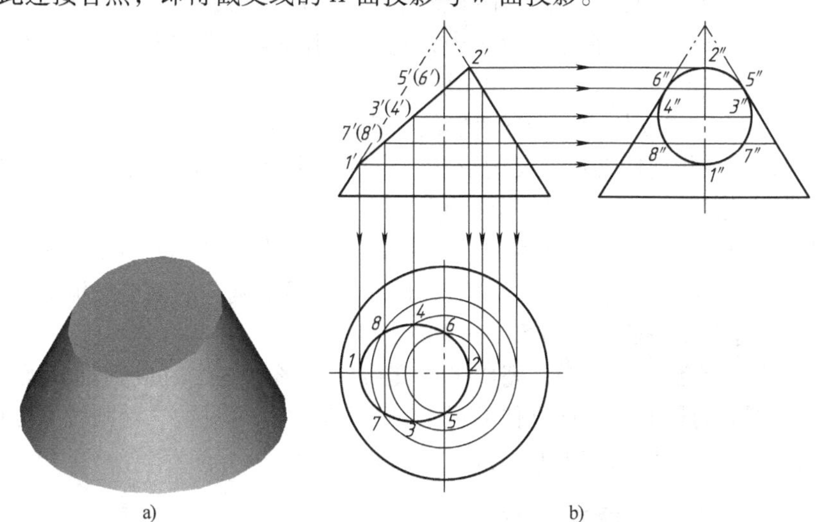

图 3-80　圆锥被正垂面截切

［例 3-13］ 已知两正交圆柱的三面投影，完成相贯体的投影（图 3-81）。

从图 3-81a 中可以看出，大圆柱轴线为侧垂线，小圆柱轴线为铅垂线，两圆柱轴线垂直相交。相贯线的水平投影和侧面投影都与圆柱有积聚性的投影重影，于是问题归纳为已知相贯线的水平投影和侧面投影，求其正面投影。其作图方法和步骤如下（图 3-81b）：

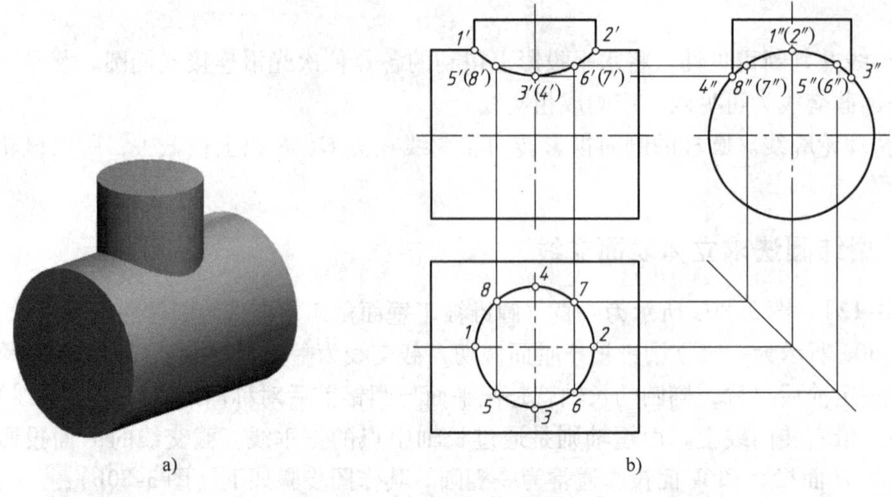

图 3-81 圆柱相贯体的投影图

1）求特殊点。在水平投影中找出相贯线的最左、最右、最前、最后点 1、2、3、4，然后作出这四点相应的侧面投影 1″、2″、3″、4″，再由这四点的水平投影和侧面投影求出其正面投影 1′、2′、3′、4′。可以看出：点Ⅰ、Ⅱ是大圆柱正面投影转向轮廓线上的点，是相贯线上的最高点，点Ⅲ、Ⅳ是相贯线上的最低点。

2）求一般点。在相贯线的水平投影上，作出左右、前后对称的四个点Ⅴ、Ⅵ、Ⅶ、Ⅷ的水平投影 5、6、7、8，然后作出其侧面投影 5″、6″、7″、8″，最后求出正面投影 5′、6′、7′、8′。

3）连成曲线并判别可见性。按水平投影的顺序，将各点的正面投影连成光滑的曲线。由于相贯线是前后对称的，故在正面投影中，只需画出前段可见的部分 1′5′3′6′2′，后段不可见的部分 1′（8′）（4′）（7′）2′与之重影。

由上述例子看出，求立体表面交线投影的一般步骤是：

1）根据投影图分析两回转体表面的形状、相对尺寸大小及其轴线的相对位置，判断表面交线的范围、变化趋势及各投影的形状特点。

2）尽可能多地求出表面交线上特殊点的投影。特殊点包括回转体转向轮廓线上的点、对称平面上的点及最高、最低、最左、最右、最前、最后等确定表面交线极限位置的点。

3）根据需要作若干一般点的投影。

4）依次光滑连接各点的投影，完成表面交线的投影。连线时应判别表面交线的可见性。一段表面交线只有同时位于两立体的可见表面上时才是可见的，否则就不可见。

5）根据实际情况，将立体的投影轮廓线补画完整。

三、用辅助平面求立体表面交线

1. 辅助平面法的作图原理

图 3-82 所示为圆柱与圆锥相贯体，选用不同的辅助平面同时截切两立体。如图 3-82a 所示，截平面与圆柱表面的交线为两条平行直线，与圆锥表面交得一圆，两组截交线的交点即为相贯线上的点。如图 3-82b 所示，截平面与圆柱表面的交线为两条平行直线，与圆锥表面交得两条过锥顶的相交直线，同样，两组截交线的交点即为相贯线上的点。

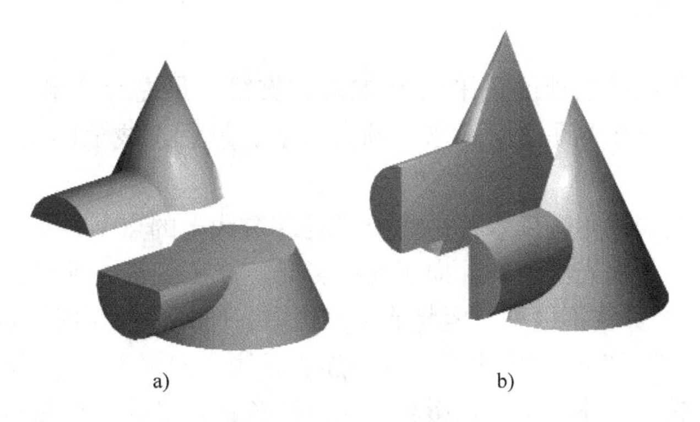

图 3-82 辅助平面法作图原理

2. 作图步骤

由上述作图原理可得辅助平面法的作图步骤（图 3-83）如下：

1）设立辅助截平面。

2）分别作出辅助截平面与两个已知曲面的截交线（辅助交线）。

3）求出两条辅助交线的交点（相贯线上的点）。

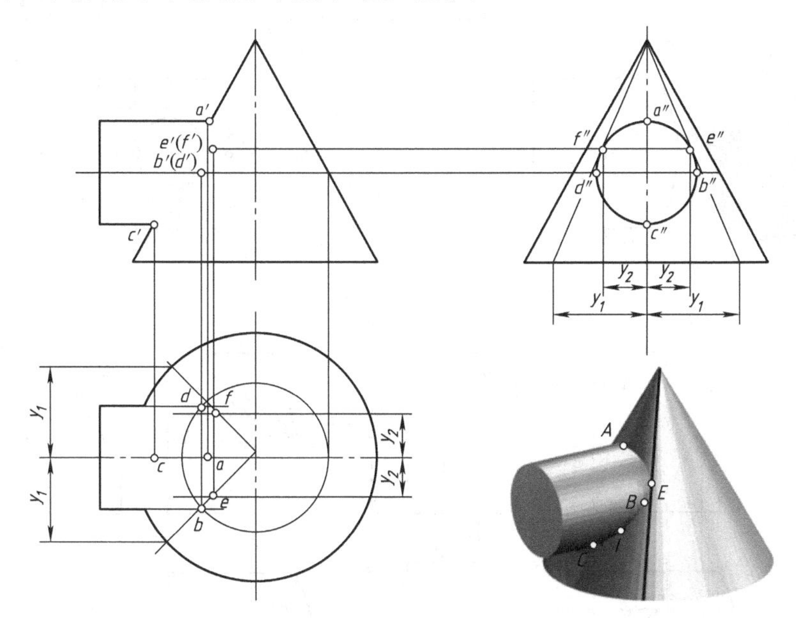

图 3-83 用辅助平面法求相贯线上点的投影

3. 选择辅助截平面的原则

辅助截平面与两个曲面的截交线（辅助交线）之投影都应是最简单易画的线（直线或圆）。因此在实际应用中往往多采用投影面的平行面。

［**例 3-14**］ 求作圆台与球的相贯线。

从图 3-84a、b 可知，该球体仅 1/4，且前后被对称正平面截切。而圆台的轴线垂直于水平面且经过球体的对称面，但不过球心，所以相贯线为一条前后对称的封闭空间曲线。又由于圆台和球面的三面投影都没有积聚性，所以不能用表面取点法作相贯线的投影，但可用辅助平面法求出。辅助平面除了可选过锥顶的正平面和侧平面外，应选水平面。其作图方法和步骤如下：

1）作特殊点。利用过锥顶的正平面 R 求得相贯线上最左点Ⅰ和最右点Ⅲ（也是最低点、最高点）。过锥顶再作侧平面 P，求得圆台最前、最后素线上的点Ⅱ和Ⅳ，如图 3-84c 所示。

2）作一般点。例如选用辅助水平平面 Q 求得相贯线上的点Ⅴ、Ⅵ，如图 3-84d 所示。

3）判别可见性，顺次光滑连线。向正面投影时，点Ⅰ、Ⅲ之前的相贯线可见应以粗实线光滑相连，后半段相贯线不可见，但与前半段重影。向侧面投影时，点Ⅱ、Ⅳ之左的相贯线可见，4″、6″、1″、5″、2″连成粗实线，其余连成虚线，如图 3-84e 所示。

4）将两立体看成一整体，整理投影轮廓线。注意圆台最前、最后素线的侧面投影分别画到 2″、4″。

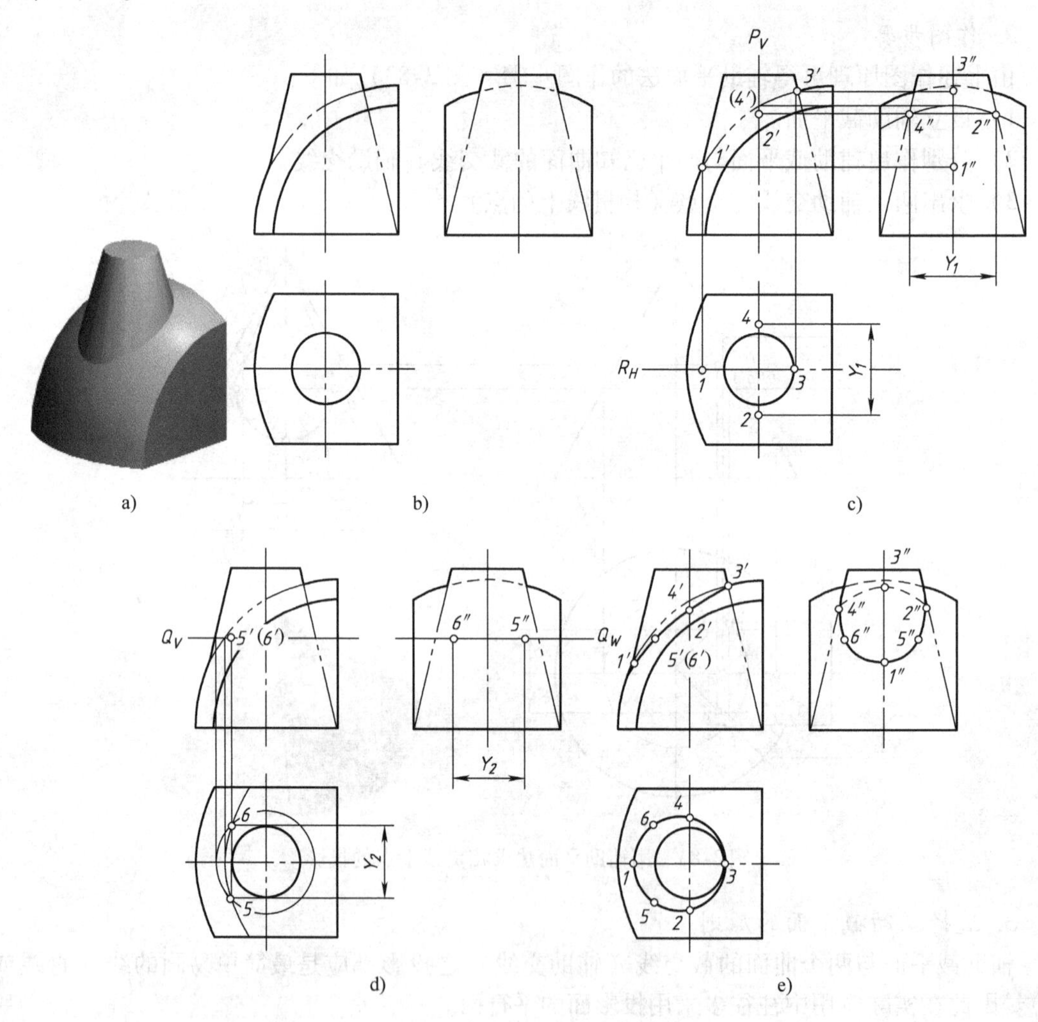

图 3-84　求作圆台与球的相贯线

第四章

组 合 体

内容提要

1. 组合体的构形。
2. 组合体的三维建模和三视图绘制。
3. 组合体的尺寸标注。
4. 组合体的读图方法。

学习提示及要点

1. 介绍组合体的构形、形体分析法和线面分析法、画图和看图的方法步骤。形体分析法是组合体画图的基本方法，也是本章的重点，应熟练掌握，灵活运用。线面分析法是看图的重要工具，也是本章的难点，但只要正确地分析，就可以使复杂的问题简单化。在学习的过程中，应多加练习，把重点放在分析方法的具体应用上。
2. 组合体的尺寸标注要求完整和正确，为以后零件图的尺寸标注奠定基础。
3. 通过 SolidWorks 三维建模以及绘制三视图，进一步掌握 SolidWorks 的各种绘图命令及工程图的画图步骤。

组合体以基本体为基础，因此，学习组合体的投影，必须紧密联系和运用点、线、面、体的投影特性及基本作图方法。通过本章的学习，要求大家熟练地掌握组合体视图之间的投影规律，在画图、读图、尺寸标注等实践环节中，应该自觉地运用形体分析法、线面分析法，来培养观察问题、分析问题的能力，以提高自身的空间想象能力和构思能力。

第一节　组合体的构形

由基本形体（如棱柱、棱锥、圆柱、圆锥、圆球等）通过一定方式组合而形成的立体称为组合体。从工程设计和分析表达的角度来说，任何复杂的机器零件，如果只考虑它们的形状大小和表面相对位置，都可以抽象为组合体，组合体与机器零件不同的地方在于略去了一些局部的、细微的工程结构，如螺纹、圆角、倒角、凸台和槽坑等，只保留其主体结构。

一、组合体概述

（一）组合体概念

由若干个基本形体组合而成的立体称为组合体，这些基本形体可以是一个完整的基本几合体（如棱柱、棱锥、圆柱、圆锥、圆球等），也可以是一个不完整的基本几何体或者是它们的简单组合。

（二）组合体的分类

组合体按其形成方式，可分为叠加、切割和综合三种组合方式的组合体。

1. 叠加类组合体

由若干个基本形体按照一定的要求叠加而成的组合体。如图 4-1a 所示的组合体，可以认为是由Ⅰ、Ⅱ、Ⅲ、Ⅳ四个基本形体叠加而成，如图 4-1b 所示。但是一定要注意：组合体是一个完整的整体，只是在分析的时候把它想象成是几个简单立体的组合，这样便于理解，便于想象组合体的空间形状。

另外，还要注意的是，同一个组合体的形成方法不是唯一的，可能有多种不同的分析过程，虽然分析过程不一样，但是最终的结果是一样的。如图 4-1c 所示，该组合体的上部可以看成由三棱柱和一个较宽的四棱柱叠加而成，如图 4-1d 所示；也可看成由一个梯形棱柱和一个较窄的四棱柱叠加而成，如图 4-9e 所示。

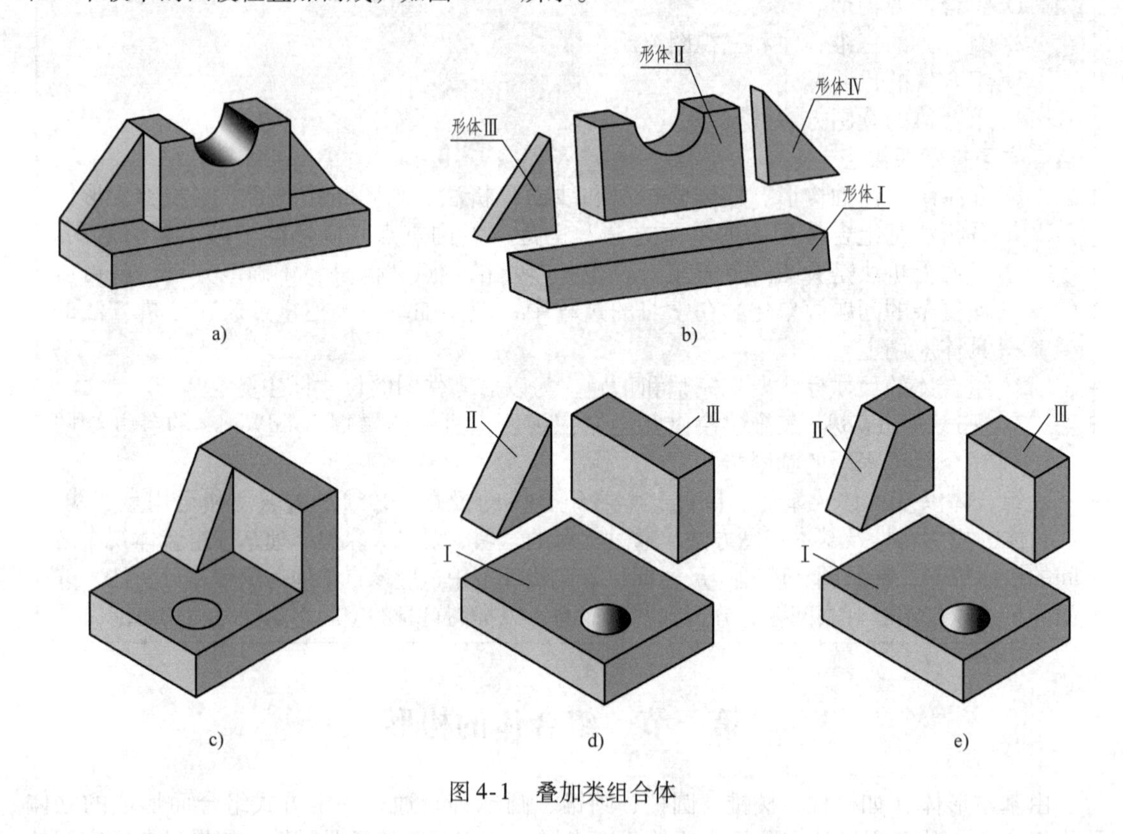

图 4-1　叠加类组合体

2. 切割类组合体

由一个基本形体进行切割形成的组合体。如图 4-2a 所示，该组合体可以认为是从基本形体（图 4-2b）四棱柱上切去Ⅰ、Ⅱ、Ⅲ 三个基本形体而形成。同样，切割类组合体和叠加类组合体一样，其形成方法也不是唯一的，读者可以思考一下，该组合体还有哪些其他形成方法。

3. 综合类组合体

一个组合体单纯地由叠加或切割一种方式来构成是很少的，往往是由叠加和切割这两种方式共同构成的。图 4-3a 所示的组合体，可以认为由Ⅰ、Ⅱ、Ⅲ、Ⅳ四个基本形体

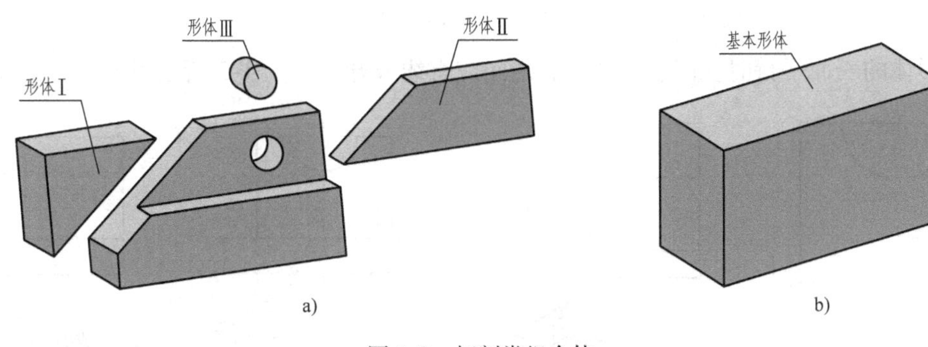

图 4-2　切割类组合体

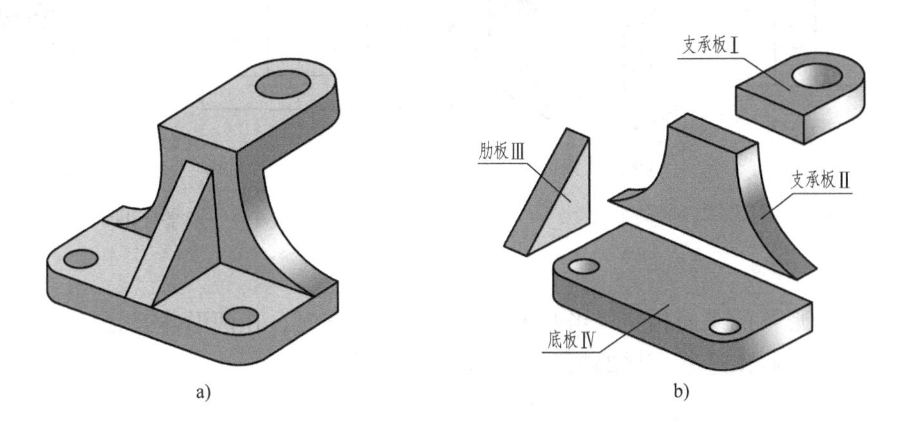

图 4-3　综合类组合体

（图 4-3b）叠加而成，在其中Ⅰ、Ⅳ两个形体上，又分别切去一个和两个内圆柱体。

为了方便绘图和看图，把组合体分解成若干基本形体，以确定它们的形状，再根据各基本形体的表面相对位置及组合方式，构建组合体。这样的分析方法称为**形体分析法**。本教材将组成组合体的各个基本形体称为组元体。

在学习画组合体视图、看视图和尺寸标注时，经常要运用形体分析法，使复杂问题变得较为简单。

（三）组元体的相对位置

组元体的相对位置是指组元体之间相对高低、前后、左右的位置关系，如图 4-1 所示，形体Ⅱ在中间位置，且在形体Ⅰ的上面；形体Ⅲ在形体Ⅱ的左边，形体Ⅳ在形体Ⅱ的右边。如图 4-2 所示，在基本形体的前面切去形体Ⅱ。理解组元体之间的相对位置对于想象组合体的空间形状有很大的帮助。

（四）相邻组元体表面连接方式

不管是由哪一种方式构成的组合体，两相邻组元体的表面都存在相对位置关系，在画它们的视图时，都必须正确表示各组元体之间的表面相对位置。组元体表面之间的位置关系一般可分为：共面（平齐）、平行、相交、相切等四种情况。

1. 共面

共面是指两形体之间有的表面相互重合。两个形体的表面共面时，该两表面之间不应画线，如图 4-4 所示组合体的主视图。

2. 平行

两形体的表面平行时，两表面的投影之间应有线分开，如图 4-5 所示组合体的主视图。

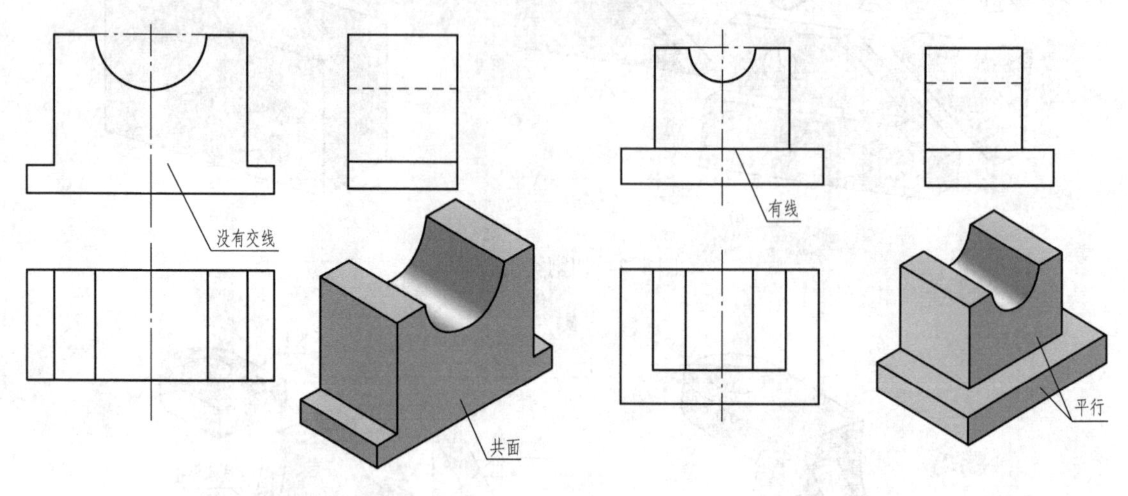

图 4-4　两形体表面共面　　　　图 4-5　两形体的表面平行

3. 相交

相交是指两形体的表面相交。当两个形体的表面相交时，在两形体表面交界处将产生交线，在视图中应该画出这些交线的投影，如图 4-6 所示。

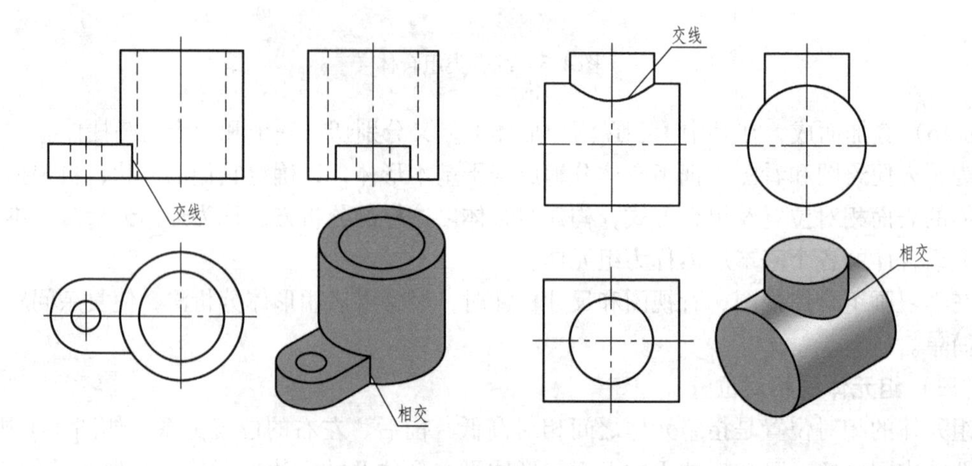

图 4-6　两形体相交

4. 相切

相切是指两形体的表面（平面与曲面或曲面与曲面）光滑过渡。如图 4-7 所示，两形体表面相切，由于两形体表面相切的地方是光滑的，没有交线，因此，在视图中一般不应该画分界线。

有一种特殊情况需要注意，如图 4-8 所示，当两圆柱面相切时，如果它们在相切处的公共切平面倾斜或平行于某投影面，则相切处在该投影面上的投影没有交线，如图 4-8a 所示；如果它们的公共切平面垂直于某投影面，则相切处在该投影面的投影就应该有线（该线为相对于该投影面的转向轮廓线的投影），如图 4-8b 所示。

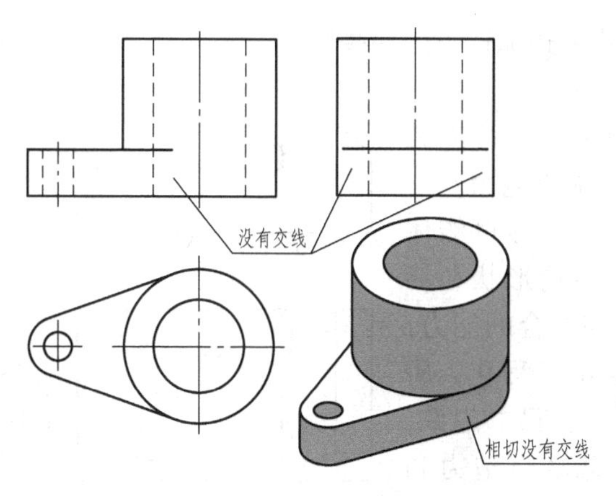

图 4-7 两形体相切

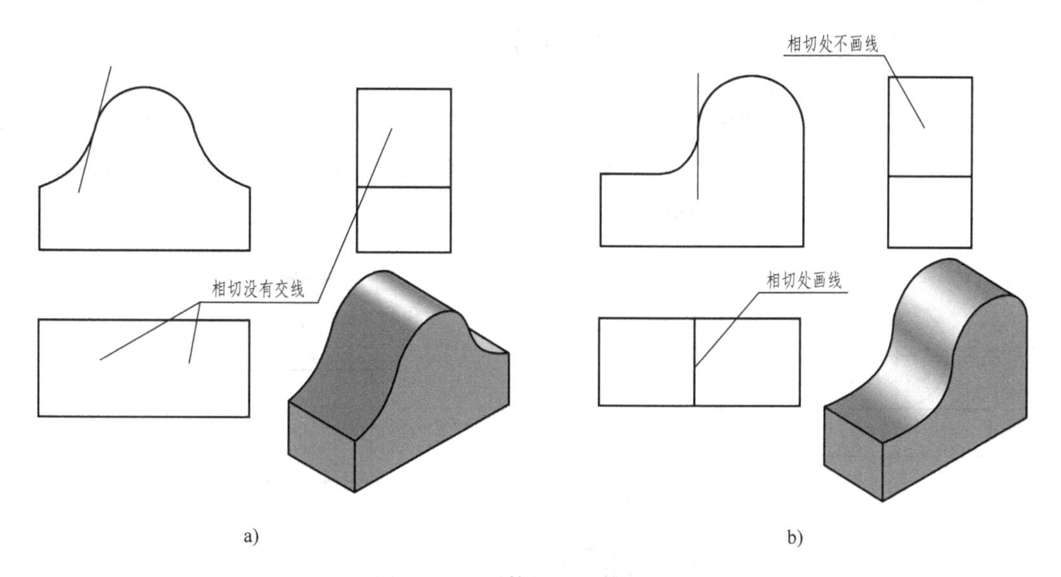

图 4-8 两形体相切的特殊情况

二、组合体的构形原则

构形设计是指形态的组合与分解设计，是根据已知条件构思立体的形状、大小并表达成图的过程。构形设计作为一种现代设计理念，是一种创造性活动。加强构形能力的培养，是培养创造和创新思维的重要手段。组合体的构形把空间想象、构思形体和表达三者结合起来，这不仅能促进画图、读图能力的提高，还能发展空间想像能力，同时还有利于在构形过程中发挥构思者的创造性。在机械制图中，组合体的构形方法是通过形体的一个或两个视图构造形体，画出表达该形体所需的其他视图。任何机器或产品，不论形体多么复杂，都可以看作由简单立体叠加或切割而形成，构形设计的实质就是确定构形方法构造形体，它是一种构思设计过程，更是挖掘思维潜力的创造过程，通过形体的叠加组合和形体切割等方法，充分发挥想象力，构造设计出符合要求的装备器件。

在组合体构形过程中要遵循以下的一些原则：

1. 以基本几何体构形为主

组合体构形的目的主要是培养利用基本几何体构成组合体的能力。一方面提倡所设计的组合体应尽可能体现工程产品或零部件的结构形状和功能，以培养观察、分析和综合的能力；另一方面又不必过分强调工程化，所设计的组合体也可以是凭自己的想像，以便于开拓思维空间，培养创造力和想象力。图 4-9 所示的组合体，基本表现了一部卡车的外形，但不是所有细节完全逼真。该组合体在构形过程中，用到了常见的四棱柱、五棱柱以及圆柱体等基本几何体。

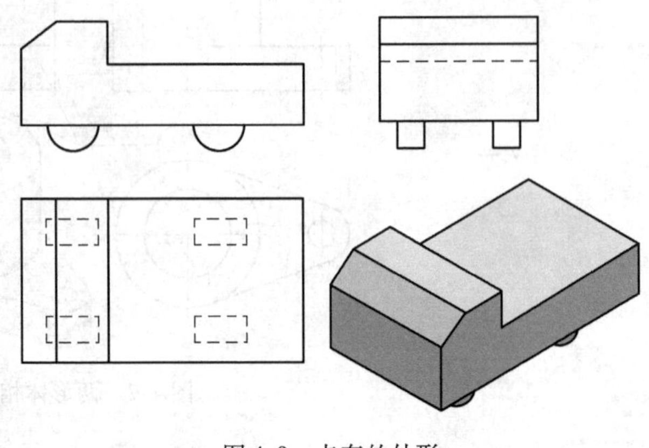

图 4-9　卡车的外形

2. 连接牢固便于成形

1）两个形体组合时，两形体之间不能以点连接，如图 4-10 所示。两形体之间也不能以线连接，如图 4-11、图 4-12 所示。连接点、连接线不能把两个形体构成一个实体，因此用点、线连接两形体的方法都是错误的。

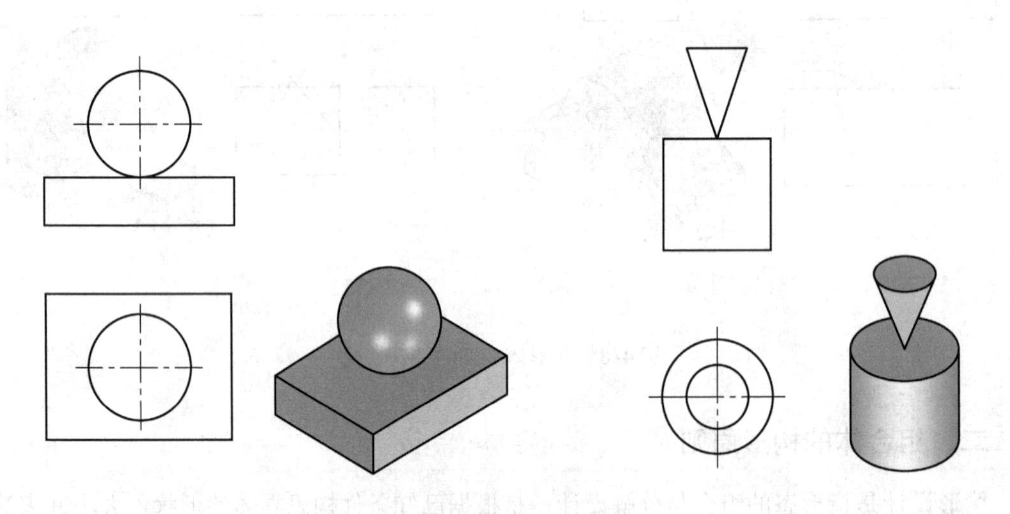

图 4-10　两形体以点连接

2）在组合体构形过程中，一般采用平面或回转曲面造型，没有特殊需要不用其他曲面，这样绘图、标注尺寸和制作都比较方便。封闭的空腔不便于制造成形，一般不要采用。

3. 稳定平衡

在组合体构形过程中，组合体的重心要落在支承面内，以使组合体稳定平衡，给人以稳定和平衡感，对称形体符合这种要求，如图 4-13 所示。不对称形体，应注意形体分布，以获得力学和视觉上的稳定和平衡感，如图 4-14 所示。

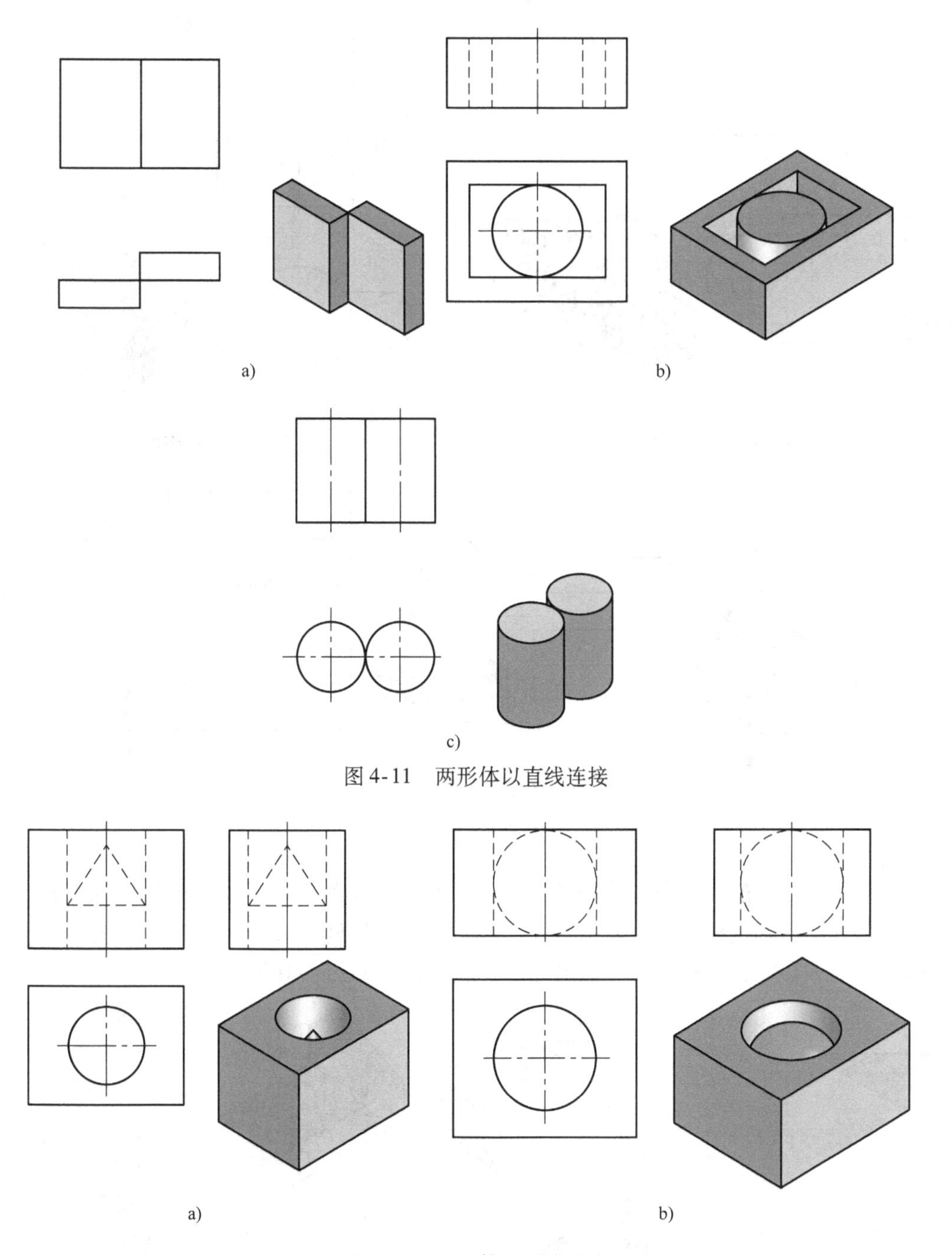

图 4-11　两形体以直线连接

图 4-12　两形体以圆线连接

三、组合体构形的基本方法

1. 叠加法

组合体可看作由多个基本形体叠加而成，如图 4-15 所示。图 4-15a 所示为两个四棱柱的叠加，图 4-15b 所示为一个三棱柱和一个半圆柱的叠加，图 4-15c 所示为两个三棱柱和一个四分之一圆柱的叠加。

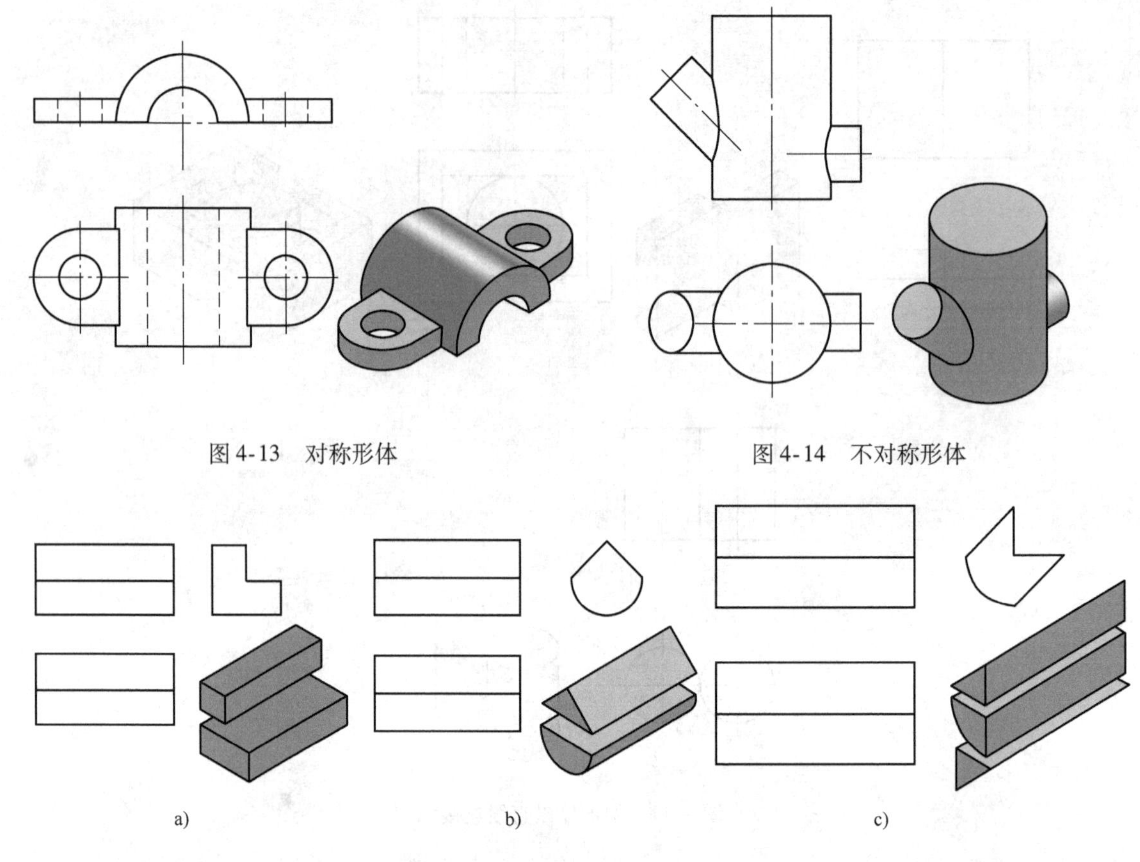

图 4-13　对称形体　　　　图 4-14　不对称形体

图 4-15　立体的叠加

若给出数个基本形体，变换其相对位置，可以叠加出许多组合体。如图 4-16a 所示，三棱柱的五个表面和四棱柱的六个表面均可两两贴合，三棱柱下表面与四棱柱上表面贴合时，又可相对转动和移动，这样可以叠加出许多种组合体，如图 4-16b 所示。

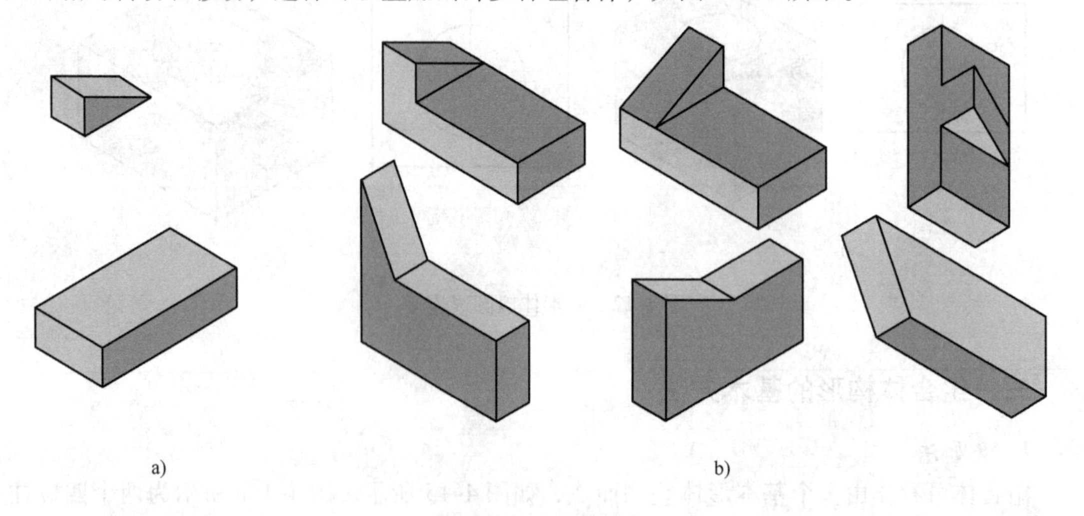

图 4-16　立体的叠加

2. 切割法

一个基本形体经过切割，可以构成一个组合体。图 4-17 所示的两组立体，可以认为分别是由一个四棱柱和一个圆柱体经不同方式的切割获得的不同立体。其中每组立体的主、俯视图相同，由于切割方式不同，产生不同的切割组合体，其左视图各异。

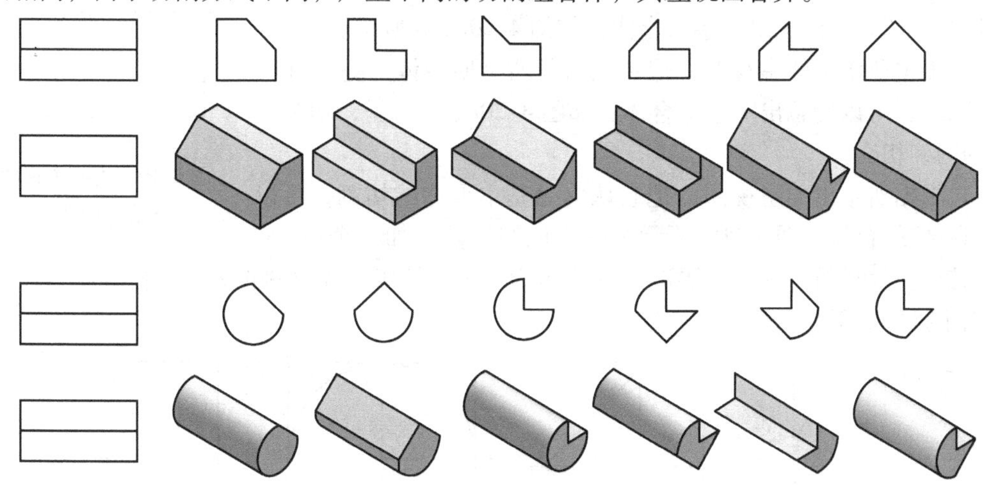

图 4-17 四棱柱和圆柱被切割

将一个基本形体切割一次即得到一个新的表面，这个表面可以是平面、曲面、斜面，可凹、可凸等，变换切割方式和切割面间的相对关系，即可生成许多种组合体。图 4-18a 所示为一个圆柱，若将其顶面用不同的方式切割一次，可以得到图 4-18b 所示的几种构形，其俯视图仍为圆，但其主视图各异。

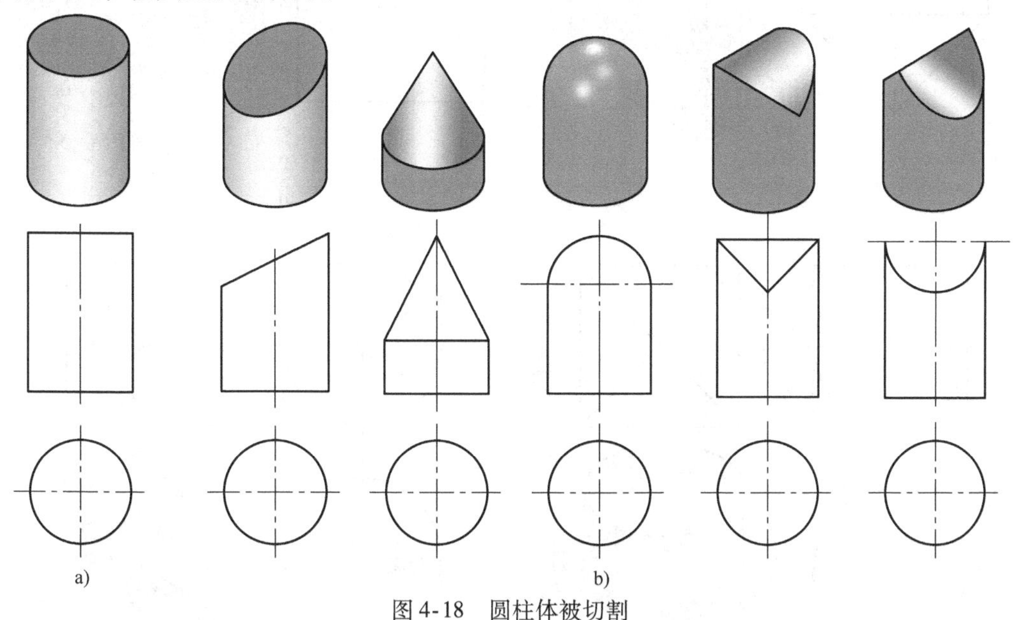

图 4-18 圆柱体被切割

3. 综合法

综合法就是同时运用叠加法和切割法来构形组合体，这是构成组合体的一般方法。

构成一个组合体所使用的基本体种类、组合方式和相对位置可能多种多样，根据所给出的组合体的一个视图或两个视图构思组合体，通常不止一个，读者应设法多构思出几种，这样不仅能锻炼自己组合体的画图和读图能力，还能逐步提高自己的空间想像能力。

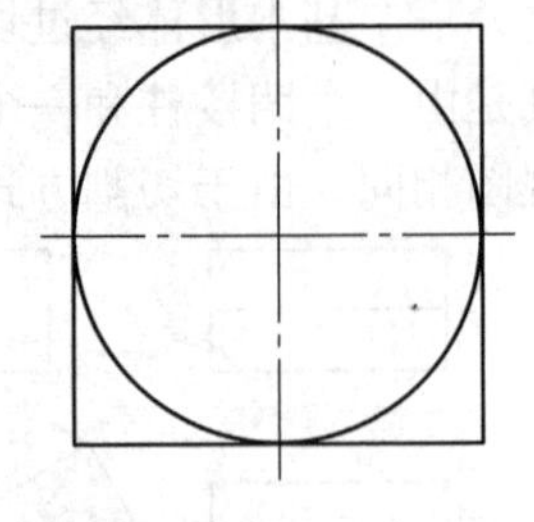
图 4-19　由一个视图构思组合体

下面举例说明构形设计。如图 4-19 所示，已知组合体的主视图，构思组合体并画出其左、俯视图。

1）根据所给出的主视图，把它认为是两个基本形体的简单叠加或切割，那么可构思出一些组合体，如图 4-20a、b 所示。

2）根据所给出的主视图，把它认为是两个回转体的叠加（侧表面相交），可以构思出一些组合体，如图 4-20c、d 所示，均为等直径的圆柱相交。

3）根据所给出的主视图，把它认为是基本形体的切割，可以构思出一些组合体。图 4-20e 所示为一个四棱柱前叠加一个被 45°倾斜的铅垂面切割的圆柱体；图 4-20f 所示为一个和外接于各视图正方形的圆一样大小的球体被六个投影面平行面切割而形成。

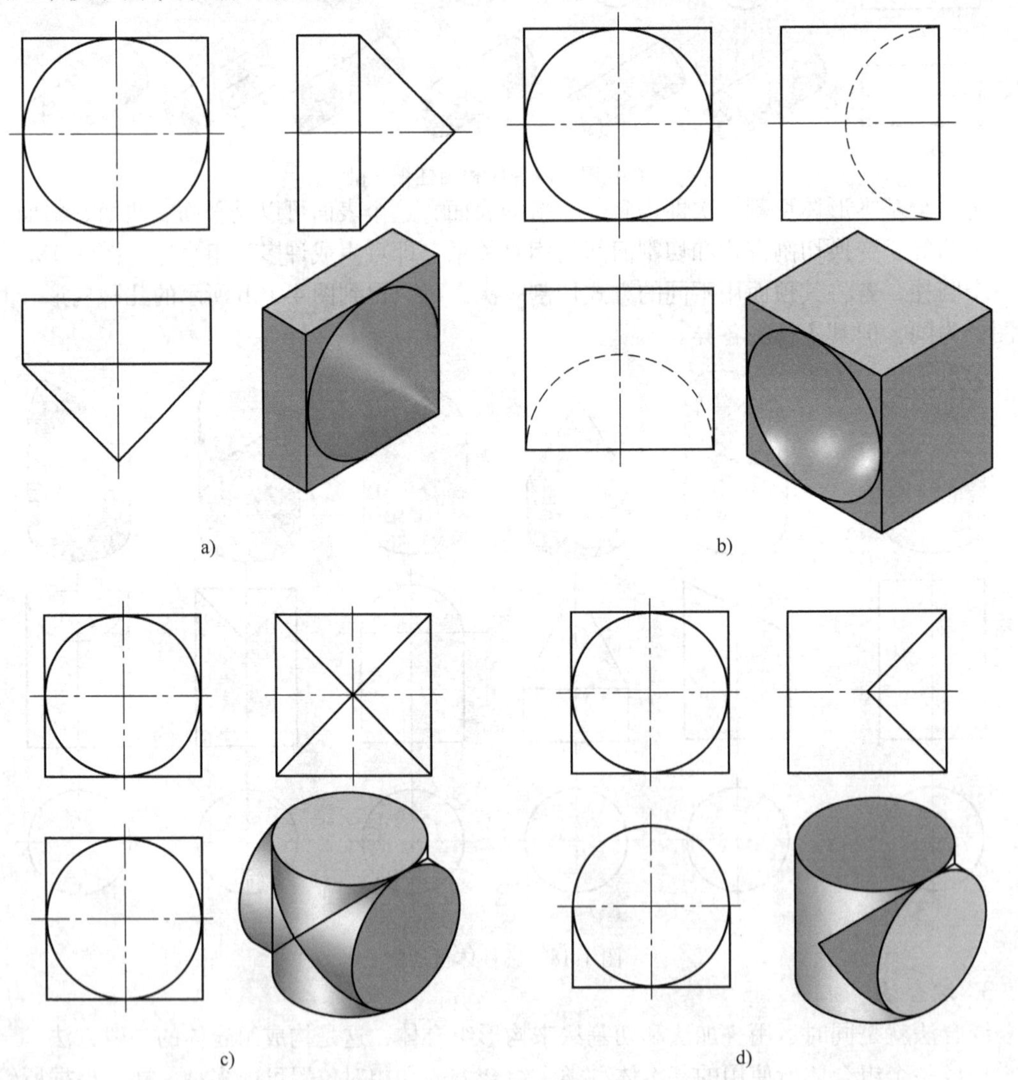

图 4-20　组合体的构形

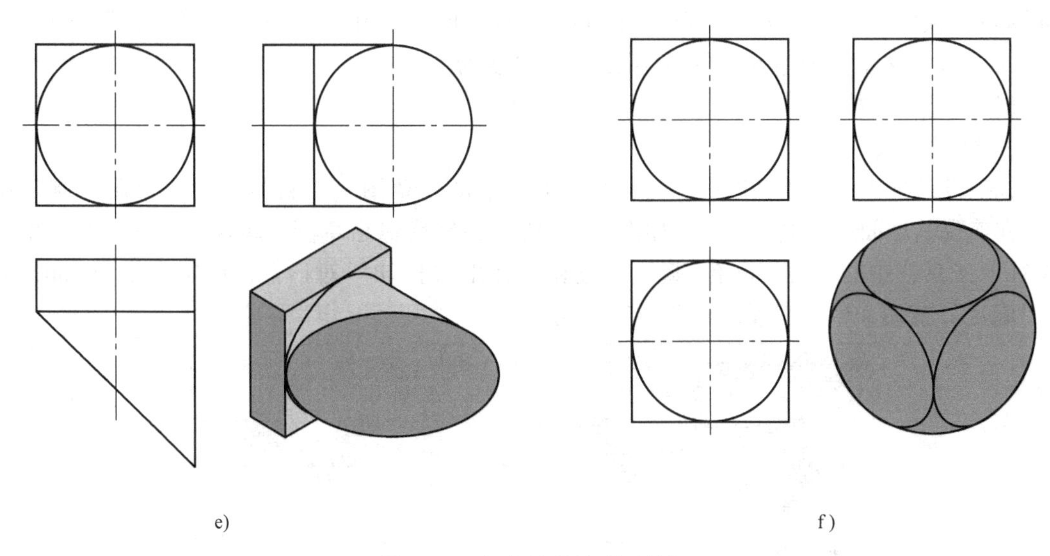

图 4-20　组合体的构形（续）

第二节　基于 SolidWorks 的组合体异维图示

本节利用 SolidWorks 软件，用实例的方式简要讲述组合体的三维建模和异维图绘制。

下面以图 4-21 所示的轴承座为例来逐步讲述组合体三维建模及二维工程图绘制。该轴承座可以认为是由底板、支承板、肋板、轴承以及凸台 5 部分组合而成，在建模过程中逐步画出每部分的三维模型。

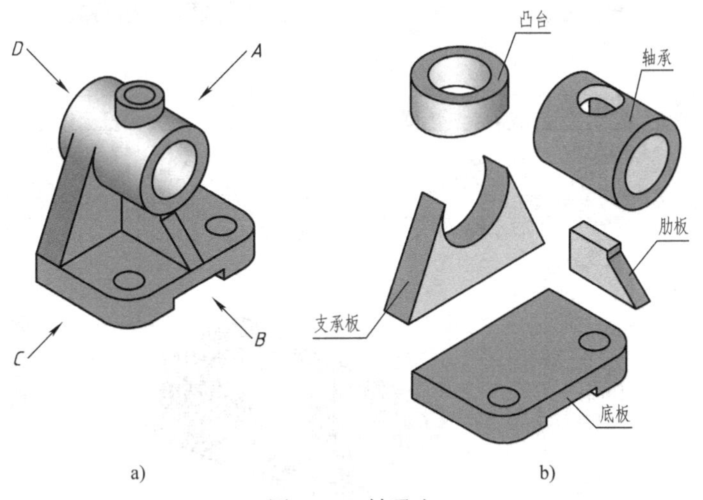

图 4-21　轴承座

一、组合体的三维建模

（一）新建“轴承座”文件

启动 SolidWorks 软件，进入操作界面，单击“标准”工具栏中的“新建”按钮，弹出“新建 SolidWorks 文件”对话框。单击“零件”按钮，再单击“确定”按钮，进入 Solid-

Works 零件模块界面。单击“标准”工具栏中的“保存”按钮，弹出“另存为”对话框，在“文件名”文本框中输入“轴承座”，单击“保存”按钮。

（二）三维建模

1. 绘制底板

选择设计树中的前视基准面作为草绘平面，单击“草图”工具栏中的“草图绘制”按钮，在前视基准面上绘制草图 1，如图 4-22 所示，然后退出草图。单击草图 1，然后单击“特征”工具栏中的“拉伸凸台/基体”按钮，弹出“拉伸”对话框，给定深度 10mm，单击“确定”按钮，生成底板，如图 4-23 所示。

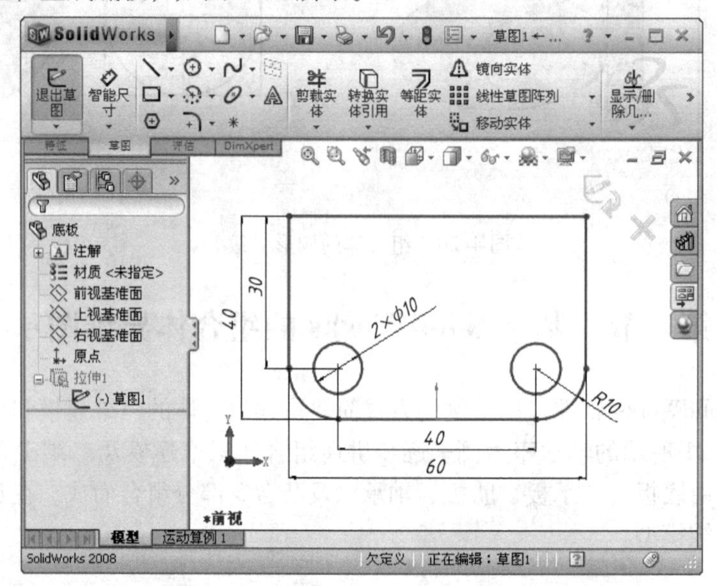

图 4-22　草图 1

图 4-23　底板

选择设计树中的上视基准面作为草绘平面，绘制草图2，如图4-24所示的矩形，标注其长和宽分别为22mm和4mm。然后退出草图。单击草图2，然后单击“特征”工具栏中的“拉伸切除”按钮，弹出“拉伸”对话框，选择“完全贯穿”，单击“确定”按钮，生成底板槽，如图4-25所示。

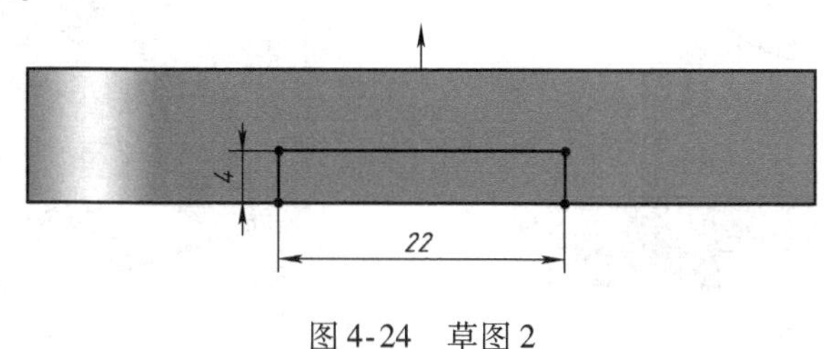

图4-24　草图2

2. 绘制轴承

选择设计树中的上视基准面作为草绘平面，绘制草图3，即以坐标系原点为圆心绘制两个直径分别为20mm、30mm的同心圆，如图4-26所示。单击草图3，然后单击“特征”工具栏中的“拉伸凸台/基体”按钮，弹出“拉伸”对话框，对方向1给定深度30mm，方向2给定深度5mm，单击“确定”按钮，生成空心圆柱体，如图4-27所示。

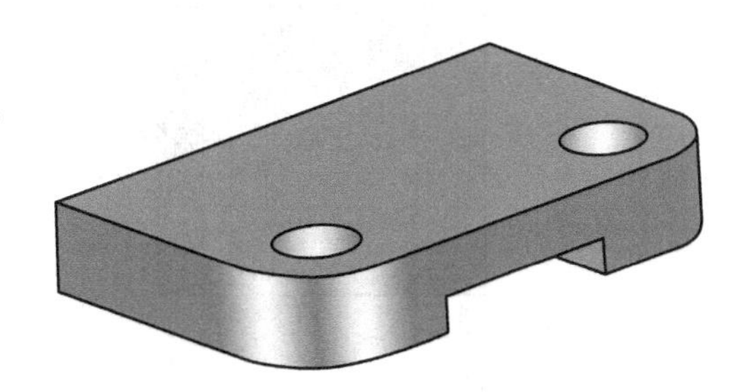

图4-25　底板槽

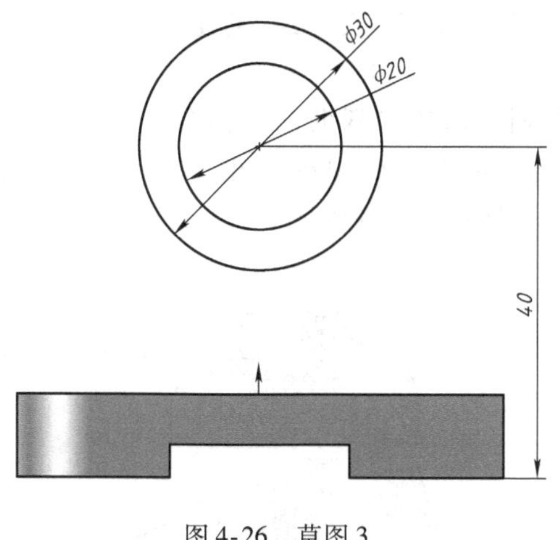

图4-26　草图3

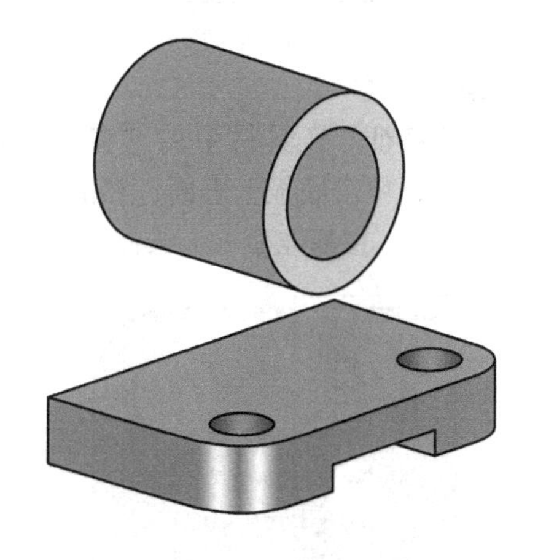

图4-27　空心圆柱体

3. 绘制支承板

选择设计树中的上视基准面绘制草图4，如图4-28所示。约束图形中左右两条线与空心圆柱体的外圆相切，约束圆弧与空心圆柱体外圆弧同心。单击草图4，拉伸凸台，生成支承板，如图4-29所示。

4. 绘制肋板

选择设计树中的右视基准面作为草绘平面绘制草图5，如图4-30所示。同前述方法生成肋板，如图4-31所示。

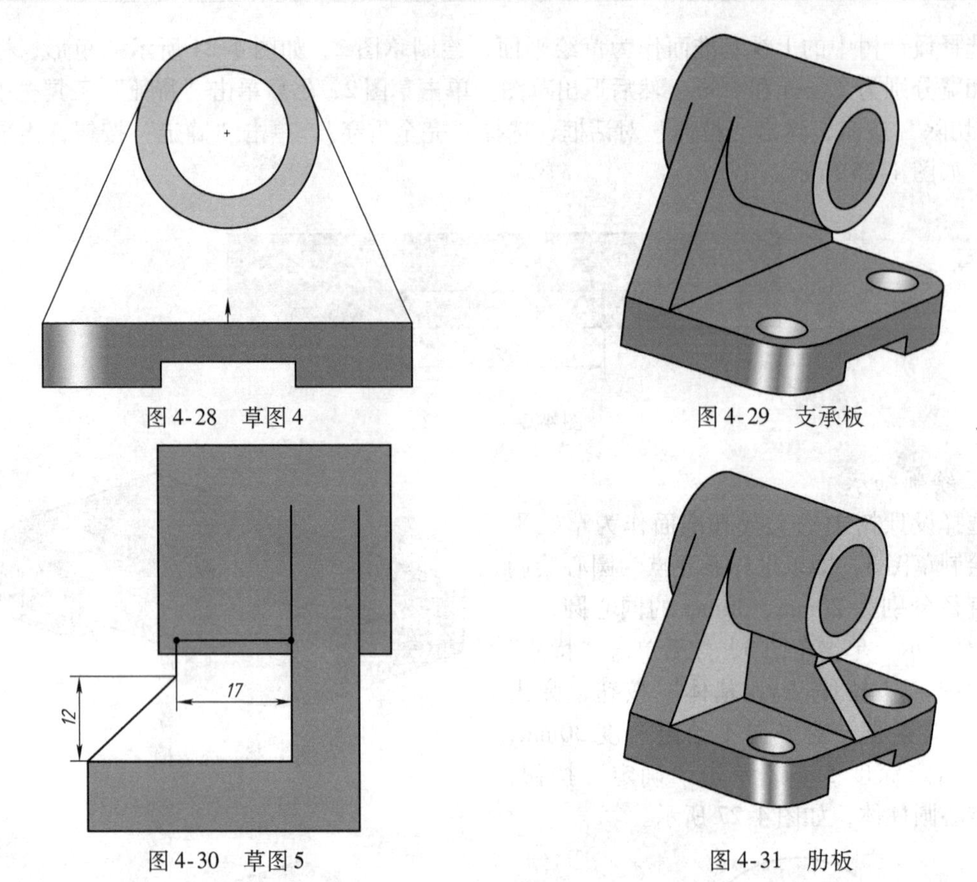

图 4-28　草图 4　　图 4-29　支承板

图 4-30　草图 5　　图 4-31　肋板

5. 绘制凸台

单击“特征”工具栏中的“参考几何体”按钮，选择“基准面”命令，弹出“基准面”对话框，单击底板上表面，然后在“等距距离”框中输入 50mm，单击“确定”按钮，生成基准面 1。在基准面 1 上绘制草图 6，如图 4-32 所示。拉伸生成凸台，如图 4-33 所示。

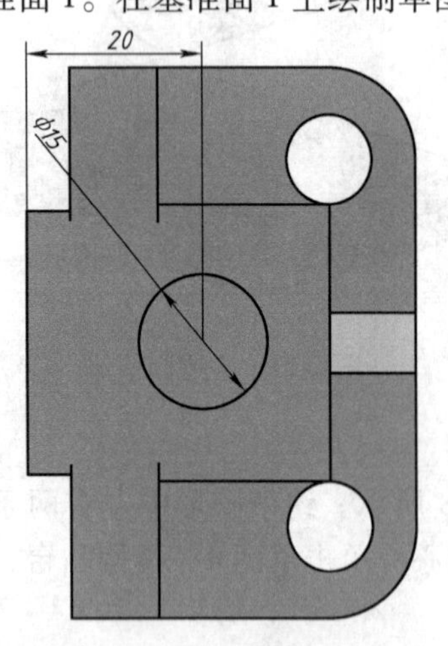

图 4-32　草图 6

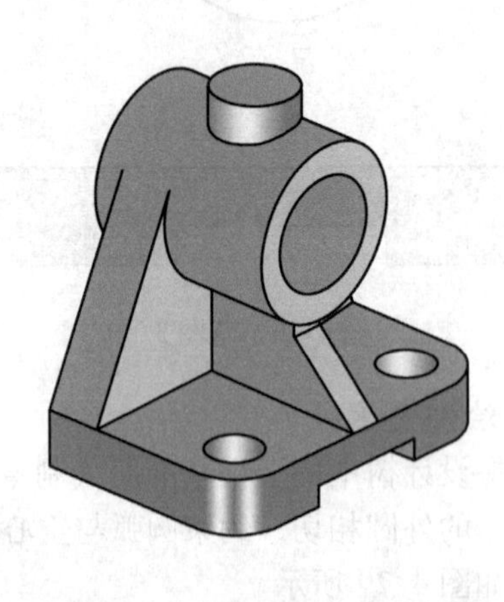

图 4-33　凸台

选择凸台上表面，单击“草图”工具栏中的“草图绘制”按钮，系统将在凸台上表面上打开一张空白草图 7，在草图 7 上，绘制图 4-34 所示直径为 10mm 的圆，约束该圆圆心与空心圆柱体上表面圆同心，然后退出草图。单击草图7，然后单击“特征”工具栏中的“拉伸切除”按钮，弹出“拉伸”对话框，将类型设为“成形到一面”，然后选择空心圆柱体内圆柱面，单击“确定”按钮，生成空心凸台，如图4-35所示。

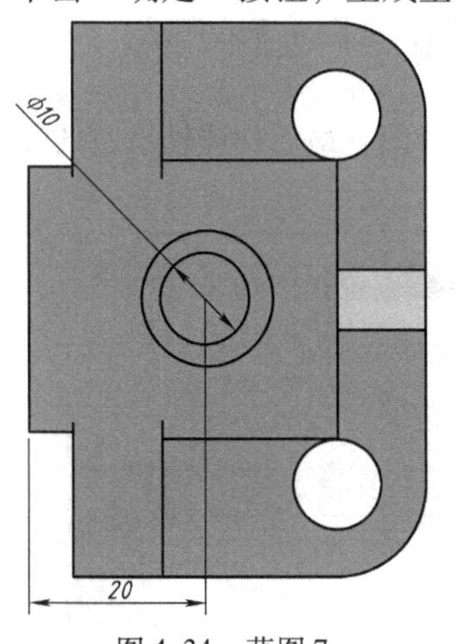

图4-34　草图7

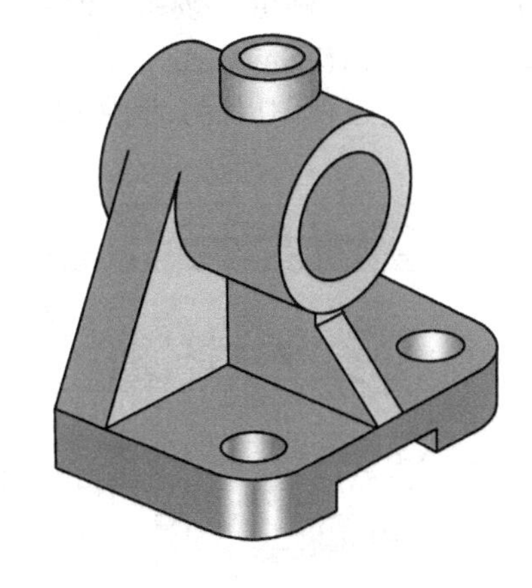

图4-35　空心凸台

经过以上的操作步骤就得到轴承座的三维立体图。该轴承座组合体比较简单，在三维建模过程中使用的命令较少，在学习SolidWorks软件时，还会学习其他的操作命令。

二、组合体的异维图

（一）由三维模型自动生成二维三视图

在SolidWorks中，工程图是一个独立的模块，可以在建立的三维模型基础上生成工程图，并且能够标注和修改尺寸。工程图中的所有视图都是相关的，如果改变一个视图的尺寸值，系统会自动地更新其他工程图的显示。当然还可以利用该模块直接绘制实体三维模型的工程图。下面简单介绍利用SolidWorks绘制轴承座工程图。

1. 进入工程图环境

进入工程图环境主要有以下两种方式：

1）单击Solidworks下拉菜单，选择“文件”→“新建”选项，打开“新建SolidWorks文件”对话框，在该对话框中单击“工程图”按钮，然后单击“确定”按钮，打开“图纸格式/大小”对话框，利用该对话框既可以设置标准图纸的大小，也可以自定义图纸的大小。设置好图纸格式后，单击“确定”按钮，进入工程图环境。

2）从零件或装配体文件内生成工程图。利用零件或装配体文件生成工程图时，工程图和三维模型具有完全相关的特性，即如果删除零件或装配体文件，那么在工程图中将无法找到相关的数据。若对三维模型进行修改，工程图也会随着改变。

要从零件或装配体文件生成工程图，首先在零件或装配环境中创建一个零件或装配体文件，或者打开一个已有的零件或装配体模型。然后，在标准工具栏中单击“从零件/装配体制作工程图”按钮，或者选择“文件”→“从零件/装配体制作工程图”选项，打开“图纸格式/大小”对话框，根据实际需要设置图纸的大小，并单击“确定”按钮，即可进入工程图环境。

2. 生成二维工程图

在SolidWorks中由已建立的三维立体模型生成工程图有多种方法，在这里，采用比较简单的方法。打开前文已经建立的“轴承座”三维模型，采用第二种方式，进入工程图环境，如图4-36a 所示。在工程图环境单击“模型视图”按钮，在绘图区左侧出现“模型视图”属性管理器，在“要插入的零件/装配体”面板中打开当前活动的零件（轴承座），如图4-36b所示，单击“确定”按钮，即可创建轴承座三视图，如图4-36c 所示。

（二）生成立体的异维图

生成轴承座三视图以后，利用投影视图生成三维立体图，最后构成轴承座的异维图，如图4-37 所示。

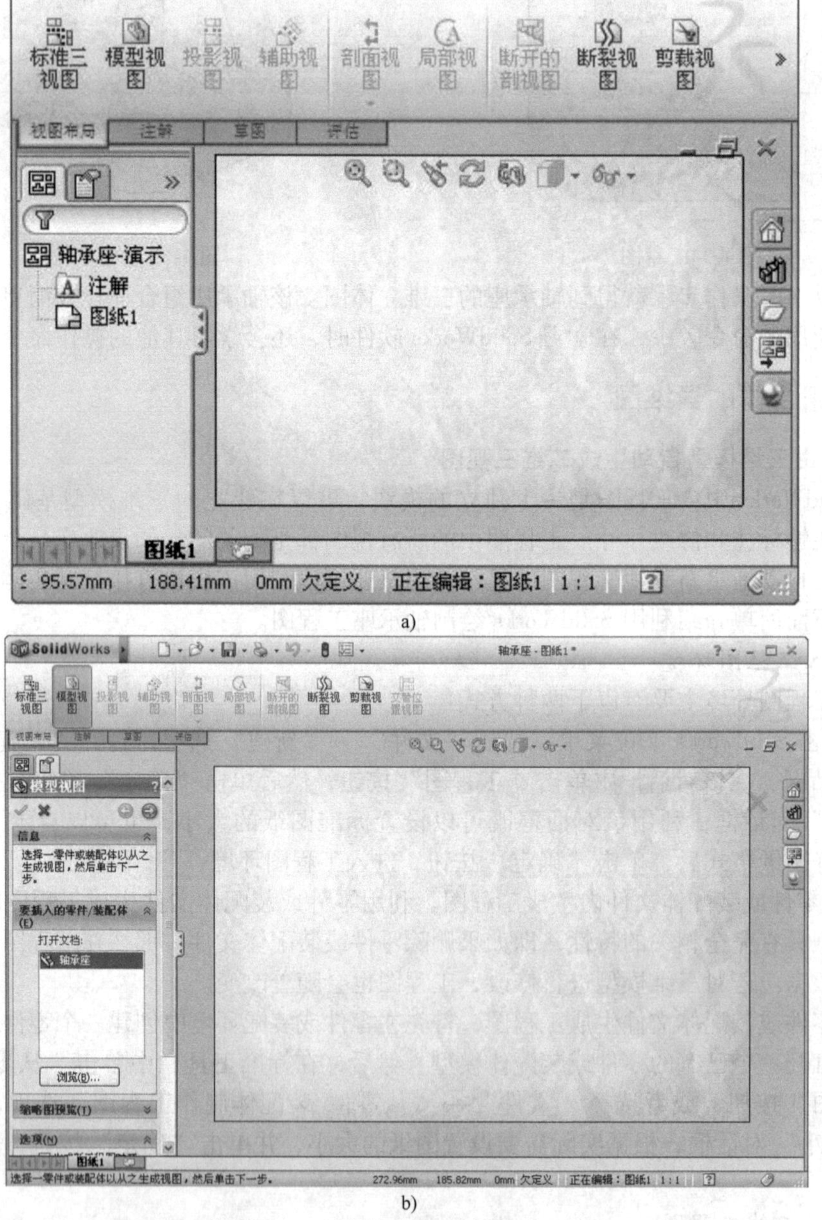

a)

b)

图 4-36　立体的二维工程图形成过程

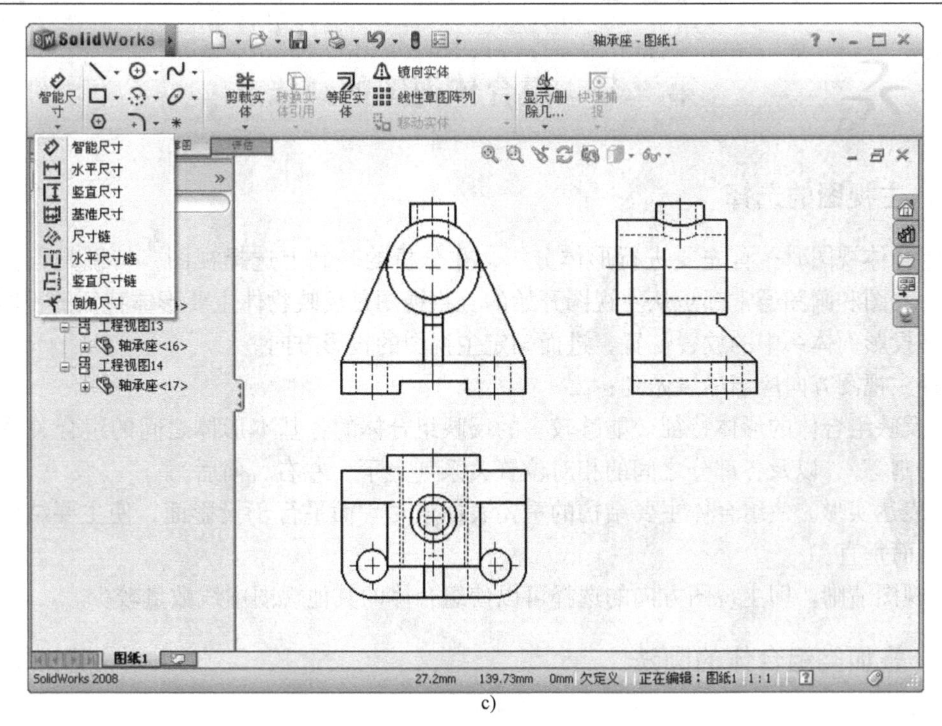

c)

图 4-36 立体的二维工程图形成过程（续）

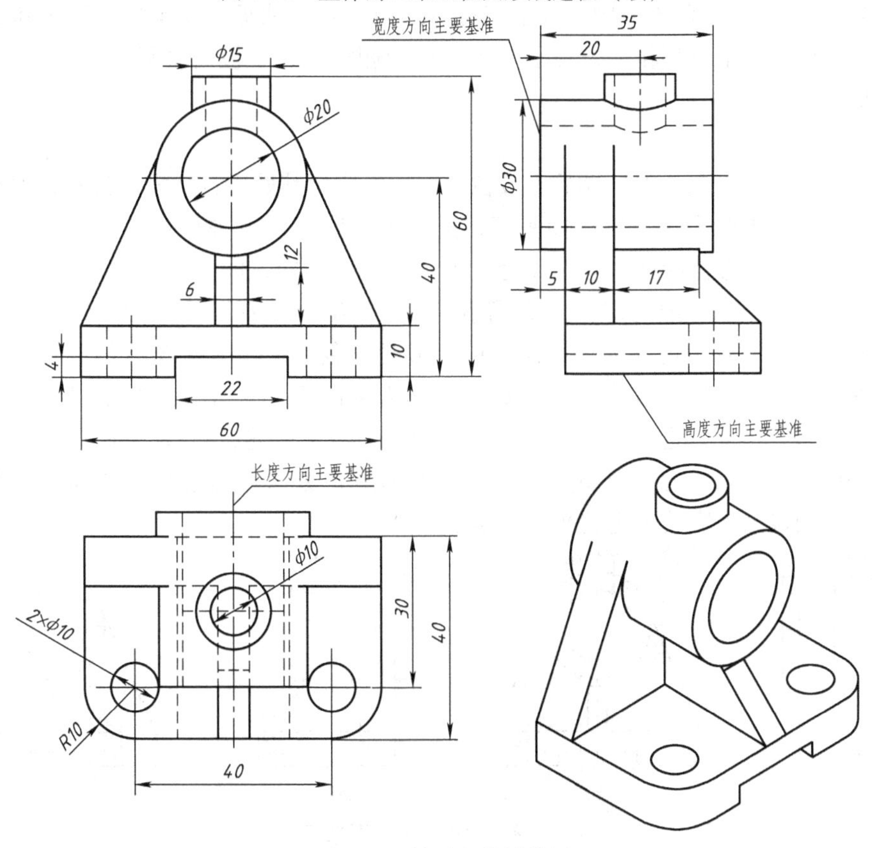

图 4-37 轴承座的异维图

第三节　组合体视图的画法

一、主视图的选择

画组合体视图时，首先要进行形体分析，在分析的基础上选择视图，特别是选择主视图，因为看图和画图通常都是从主视图开始的。主视图是反映物体主要形体特征的视图。确定物体在投影面体系中的放置位置，进而确定主视图的投影方向。

选择主视图方向应当尽量做到：

1）反映组合体的形体特征。能够较多的反映组合体的各基本形体之间的组合关系（如叠加、切割等），以及各部分之间的相对位置关系（上下、左右、前后）。

2）表达实形。使组合体主要结构的重要表面或对称面平行于投影面，使主要结构的轴线与投影面垂直。

3）视图清晰。即主视图方向的选择可以使组合体的其他视图虚线数量较少。

二、叠加类组合体的画法

1. 形体分析

以图 4-21 所示的组合体为例，轴承座可看作由凸台、轴承、支承板、肋板和底板共五部分组成。凸台与轴承垂直相交，轴承与支承板两侧相切，肋板与轴承相交，底板与肋板、支承板叠加。

2. 选择主视图

选择主视图时，首先考虑形体的安放位置，一般应使其处于自然安放位置，通常使组合体的底板朝下，且主要平面与投影面平行，然后由四周对物体进行观察，如图 4-21 所示，选择最能反映组合体形体特征的方向作为主视图的投影方向，同时要使其他视图虚线较少，图形清晰。图 4-38 所示为轴承座摆放位置确定后 A、B、C、D 四个方向的投影，通过比较选择主视图。如果将 D 方向作为主视图方向，虚线较多，显然没有 B 清楚；C 方向与 A 方向观察的视图都比较清楚，但是，当选 C 方向作为主视图方向时，它的左视图（D 方向观察）的虚线较多，因此，选 A 方向比 C 方向观察好。综上所述，A、B 方向观察都能反映形体的形状特征，都可以作为主视图方向。在这里选用 B 方向作为主视图方向，主视图一经选定，其他视图根据投影关系也就相应确定了。

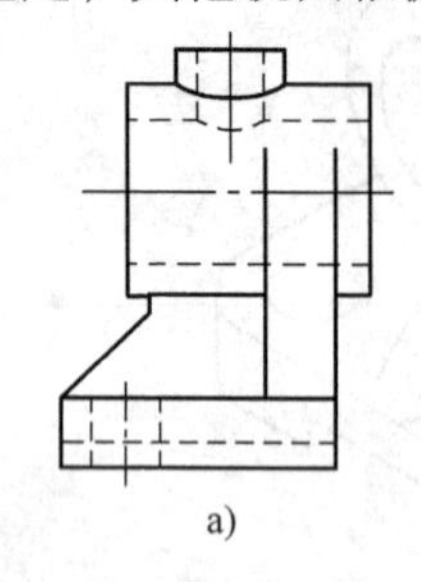
a)

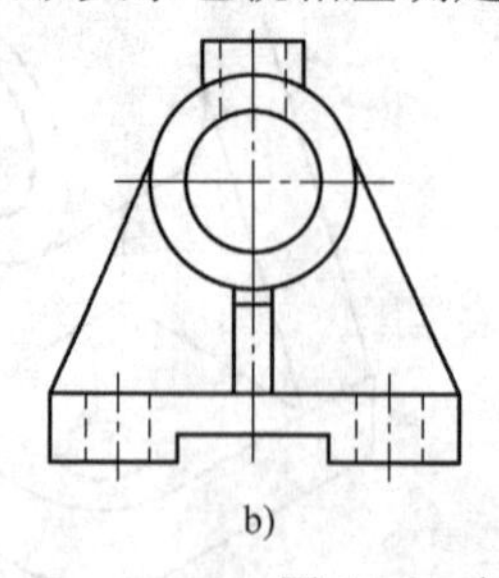
b)

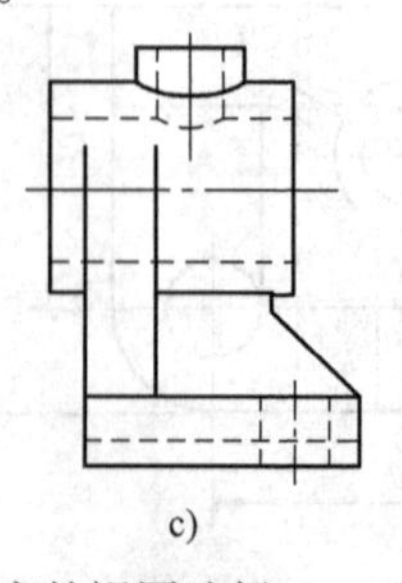
c)

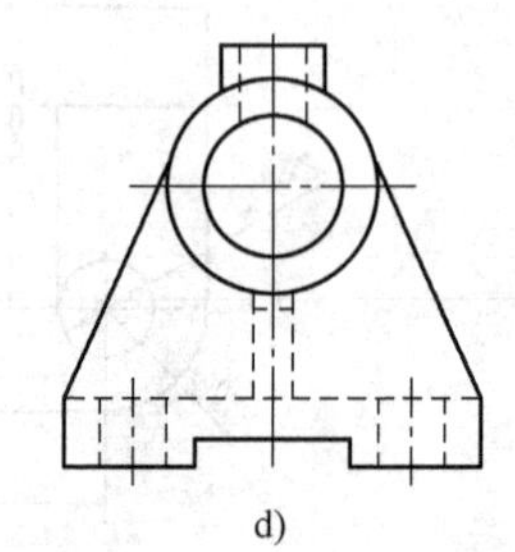
d)

图 4-38　轴承座的视图选择

a）A 向　b）B 向　c）C 向　d）D 向

3. 布置视图，确定各视图的基准线

根据图纸大小以及组合体的尺寸选定合适的绘图比例，各视图在图纸上的位置由绘图基准线确定。各视图应有两个方向上的基准线，同时，还要考虑到各视图的最大轮廓尺寸和各视图间应留有适当的间隙，使视图在图纸上布置均匀，美观大方。可以作为基准线的一般是组合体的底面、重要的端面、对称平面和主要回转体轴线等的投影，如图 4-39a 所示。

4. 画底稿

在布置好视图位置的图幅上，用细实线绘制各视图的底稿。画底稿时，应按形体分析法，先画主体特征，后画细节部分。可先画出各基本形体的定位轴线、对称平面投影线、中心线或最大形体的轮廓线，然后由大形体到小形体、由主要形状到细节部分，逐个画出各基本形体的三面视图。对每一个基本形体，首先，应从具有形体特征的视图画起，而且要三个视图相互联系起来画；其次，应注意它们之间的相对位置，要判断它们之间的可见性；还应注意分析相邻形体表面之间的连接关系，不断地擦去或补上一些线条，如图 4-39b～f 所示。

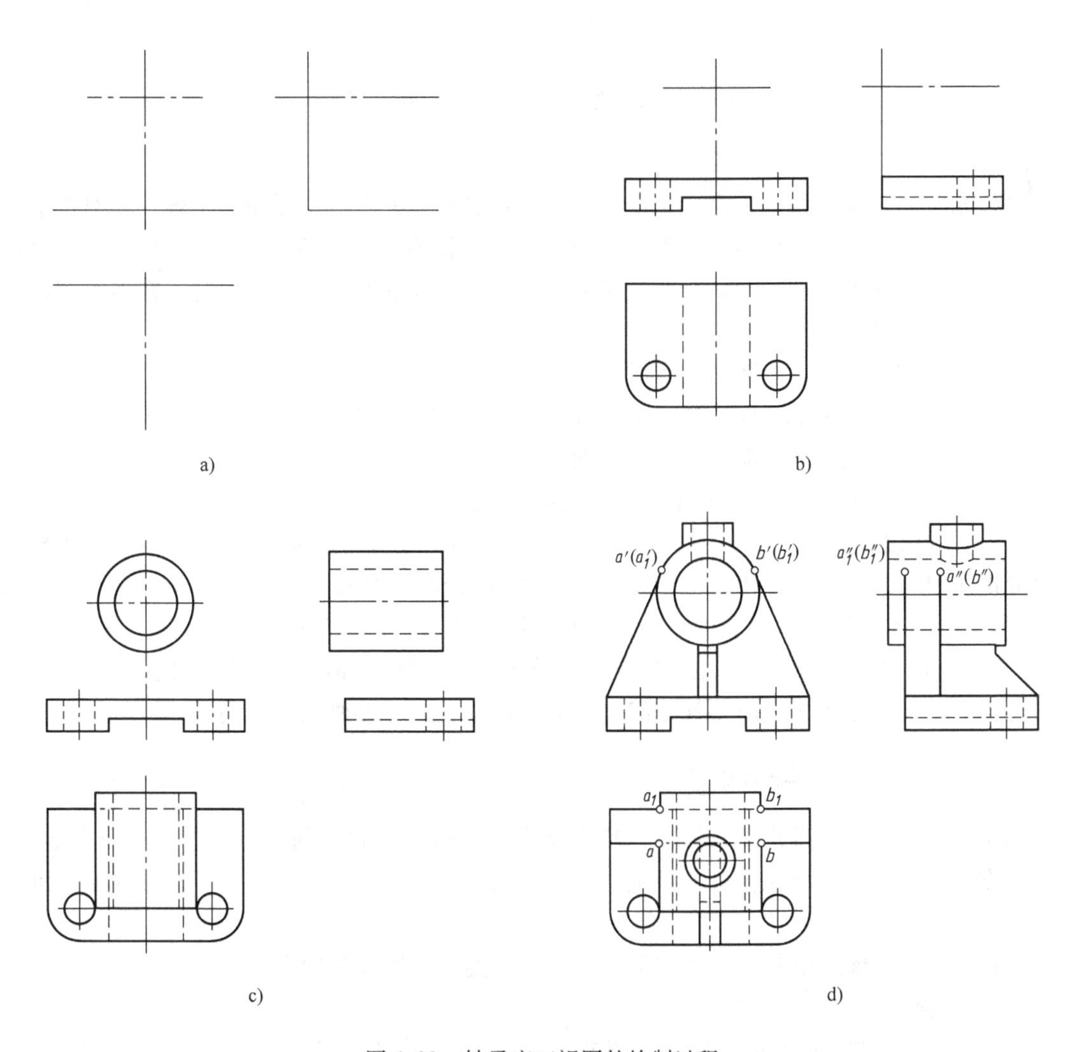

图 4-39　轴承座三视图的绘制过程

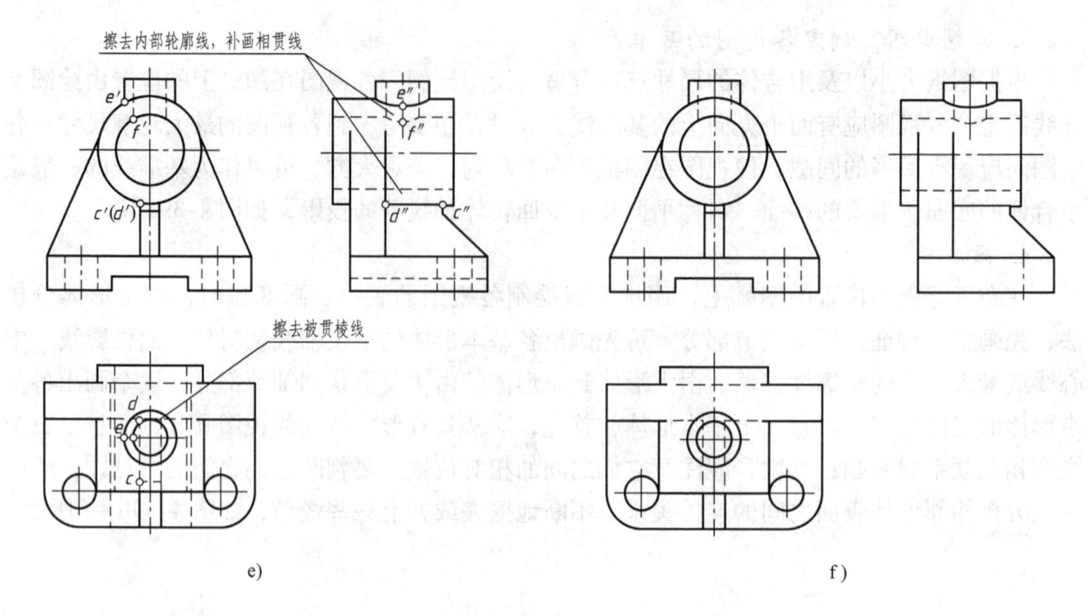

图 4-39　轴承座三视图的绘制过程（续）

5. 检查，按国标要求加深图线

底稿画完后，要仔细检查有无错误。应检查：各形体的投影关系是否正确；相对位置是否无误；表面连接关系是否表达正确；是否漏掉线条和多画线条等问题，并予以改正。然后擦去作图线，按规定线型加深，并标注尺寸。工程图中还有其他的一些内容，在本书零件图章节部分，对零件图内容有详细的介绍。

画组合体图时应注意以下几个问题：

1）画组合体视图时，不要画完一个视图后再画另一个视图，而是几个视图配合起来画，以便保证视图之间的对应关系，使作图既准又快。

2）对称图形和圆要画对称中心线，回转体要画轴线。

3）各形体之间的表面连接关系要表示正确。例如，支承板的斜面与圆柱相切，在相切处为光滑过渡，切线不应画出，如图 4-39f 所示；肋板与圆柱相交，所以应画出交线，如图 4-39f 所示；凸台与圆柱的内表面相交，应画交线，如图 4-39f 所示。

4）由于形体分析是假想将组合体分解为若干基本形体，而事实上任何组合体都是一个不可分割的整体，因此画图时要注重组合体的整体性，避免多画或少画图线。

三、切割类组合体的画法

结构分析：应首先确定基本形体，然后分析被哪些切割面切割。切割去几个简单形体，最后根据切割面的投影特性，分析该组合体表面的性质、形状和相对位置。在此基础上进行画图。

下面以图 4-40a 所示的组合体为例，说明切割类组合体画图的方法和步骤。

1. 形体分析

图 4-40a 所示的组合体是由一个四棱柱被切去形体Ⅰ、Ⅱ、Ⅲ而形成，如图 4-40b 所示。

2. 画组合体的三视图

1）先画出基本形体（基本形体由最大轮廓范围确定）四棱柱的视图，如图 4-40c 所示。

2）画出四棱柱被正垂面 A 切去形体Ⅰ后的视图。正垂面 A 切割四棱柱，与上表面的交线为正垂线，与四棱柱的左侧棱面的交线也为正垂线。先画主视图，再画其余视图。如图 4-40d 所示。

3）画出四棱柱被正平面 B 和水平面 C 切去形体Ⅱ后的视图。画出正平面 B 和水平面 C 的投影，并画出它们所产生的交线以及与其他面之间的交线的投影，如图 4-40e 所示。

4）画出铅垂面 D 切去形体Ⅲ后的视图。画出铅垂面 D 的投影，并画出与其他面的交线的投影，如图 4-40f 所示。

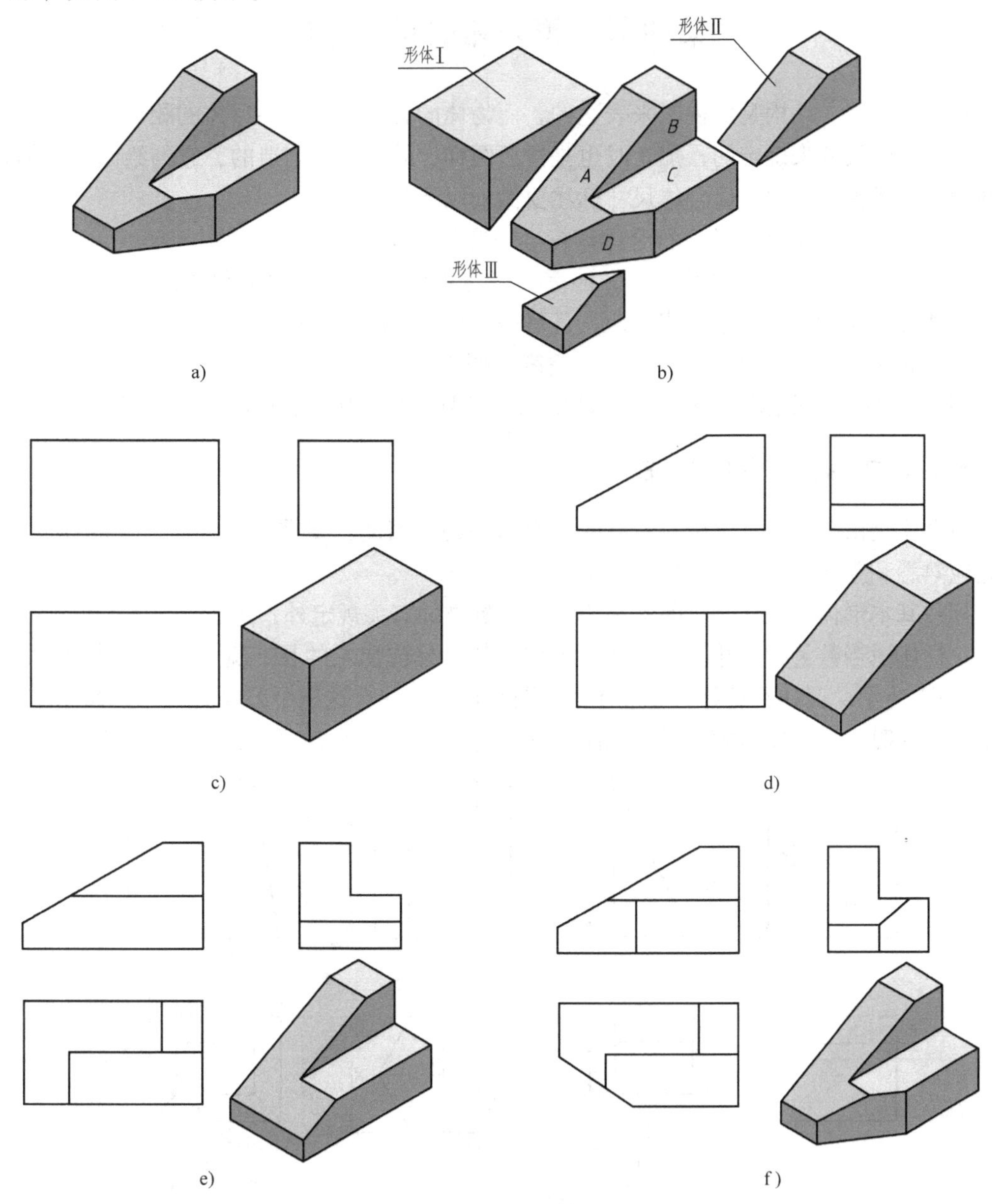

图 4-40 画组合体三视图的过程

画切割类组合体的视图应注意以下几点：

1）对于切口，应先画出反映其形状特征的视图（在该视图上截切面的投影具有积聚性），后画其他视图。如图4-40d所示，切去形体Ⅰ形成的缺口，应先画其主视图，再画其余视图。又如图4-40f所示，切去形体Ⅲ形成的缺口，应先画其俯视图，再画其余视图。

2）画切割形成的组合体时，不一定都从最简单的基本形体开始，也可以从一个比较清晰的有一定复杂程度的组合体开始（复杂程度视初学者的画图水平而定）。例如，图4-40a所示的组合体也可以认为其基本形体是图4-40d所示的五棱柱，从五棱柱开始画起。

3）在画图过程中，应不断地擦去被截去的棱线，并补上产生的截交线。

第四节　组合体的尺寸标注

物体的形状、结构是由视图来表达的，而物体的真实大小及各形体的相对位置则是由图样上所标注的尺寸来确定的，加工时也是按照图样上的尺寸来制造的，它与绘图的比例和作图准确程度无关。因此，组合体尺寸标注要做到以下几点：

（1）正确　所标注尺寸应符合国家标准中有关尺寸注法的基本规定。

（2）完整　所注尺寸必须齐全，能完全确定物体的形状、大小和各组成部分的相对位置。尺寸既无遗漏，也不重复或多余，且每一个尺寸在图样中只标注一次。

（3）清晰　所注尺寸布局要整齐、清晰，便于看图。

（4）合理　尺寸标注既要符合设计要求，又要有利于加工、检测及装配等。

一、基本形体的尺寸标注

组合体是由若干基本体按一定方式组合形成的，因此，要掌握组合体尺寸的标注方法，首先应熟悉和掌握一些基本体的尺寸标注方法。

标注基本形体的尺寸时，除必须遵守国家标准的有关规定外，还应结合各个形体的形状特点，标注适当数量的尺寸。对于基本形体一般应标注出它的长、宽、高三个方向的尺寸，如图4-41所示。但并不是每一个形体都需要在形式上注全这三个方向的尺寸，如标注圆柱、圆锥的尺寸时，在其投影为非圆的视图上注出直径方向尺寸“ϕ”后，不仅可以减少一个方

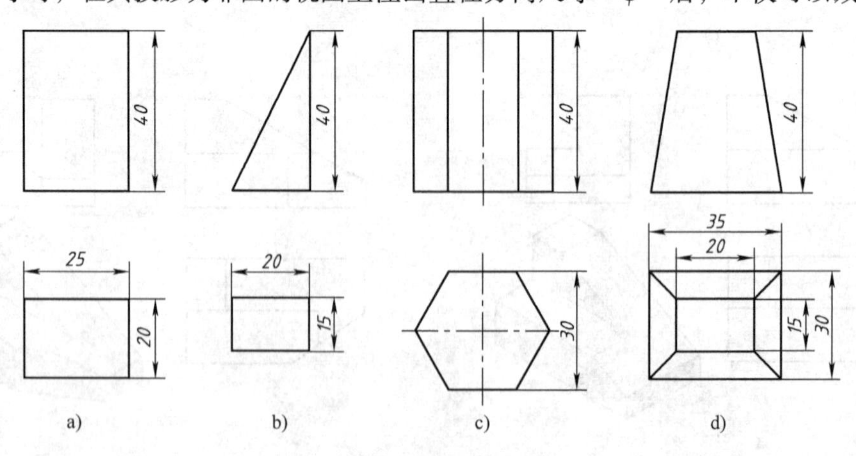

图4-41　基本形体的尺寸标注

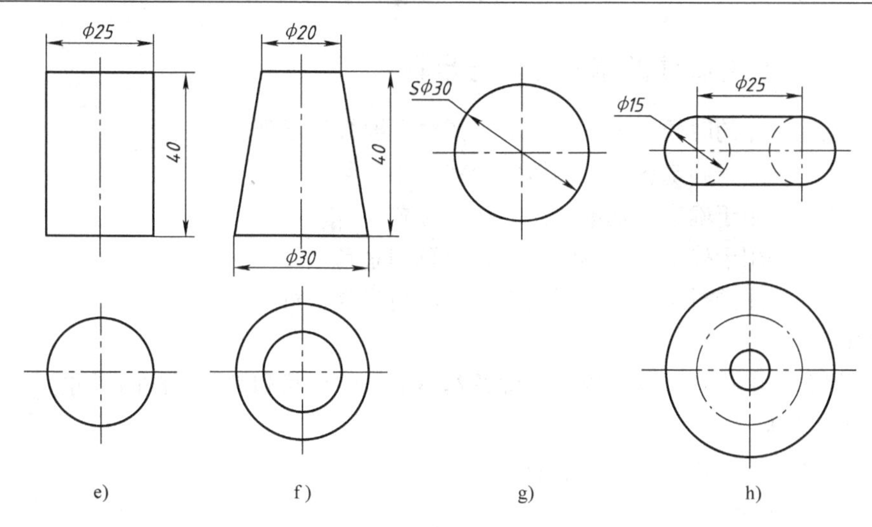

图 4-41 基本形体的尺寸标注（续）

向的尺寸，而且还可以省略一个视图；在标注圆球尺寸时，只要在其直径代号前加注“*S*”，即可确定球体的形状和大小。

图 4-42 所示是常见的板状结构形体，常用来作为底板、支承板、连接板等，其形状各异。这类结构的尺寸标注一般是在形状特征投影图上标注板面形状，而在另一个投影图上标注其厚度。

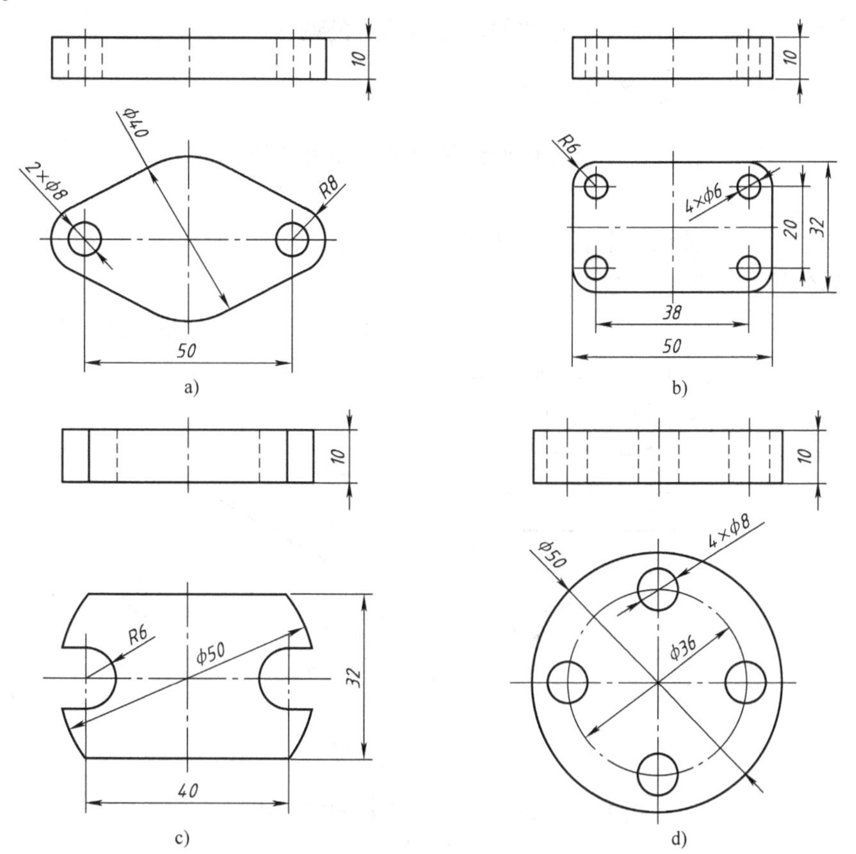

图 4-42 常见板状形体的尺寸标注

二、组合体尺寸标注的基本方法与步骤

组合体尺寸标注的时候，一般情况下，图样上要标注下列三类尺寸：

定形尺寸——用于确定各基本形体的形状大小。

定位尺寸——用于确定各基本形体的相互位置。

总体尺寸——用于确定组合体的总长、总宽和总高。

组合体尺寸标注的时候，一般可按下述方法与步骤进行：

1. 形体分析

分析该组合体由哪几部分组成，明确各基本形体的形状和需要标注的尺寸。

2. 标注定形尺寸

标注确定各基本形体的形状大小的尺寸。

3. 标注定位尺寸

标注定位尺寸时，必须在长、宽、高三个方向分别确定主要的尺寸基准，以便确定各基本形体间的相对位置。尺寸基准，即标注尺寸的起点，通常可选择组合体的底面、重要的端面、对称面以及回转体的轴线等作为主要的尺寸基准。

4. 标注总体尺寸并调整尺寸

为了表示组合体外形的总长、总宽、总高，一般应标注出相应的总体尺寸。应该指出的是，标注完定形、定位尺寸后，尺寸标注已达到完整的要求，若再加注总体尺寸，就会出现多余或重复尺寸，这时，就要对已标注的尺寸作适当的调整。

三、组合体的尺寸标注举例

下面以轴承座为例，来说明组合体标注尺寸的方法和步骤。

1. 形体分析

由形体分析可知，轴承座由底板、肋板、凸台、支承板和轴承共 5 个部分组成。

2. 标注各基本形体的定形尺寸

将轴承座分为 5 个基本形体后，分别标注其定形尺寸，如图 4-43、图 4-44 所示。

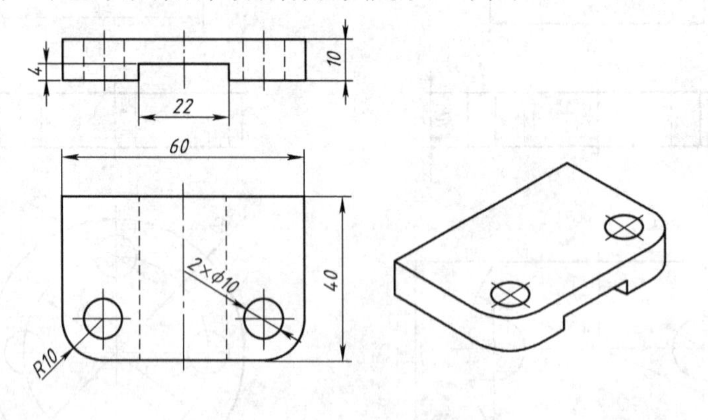

a)

图 4-43　形体分析和各基本形体定形尺寸

a）底板定形尺寸

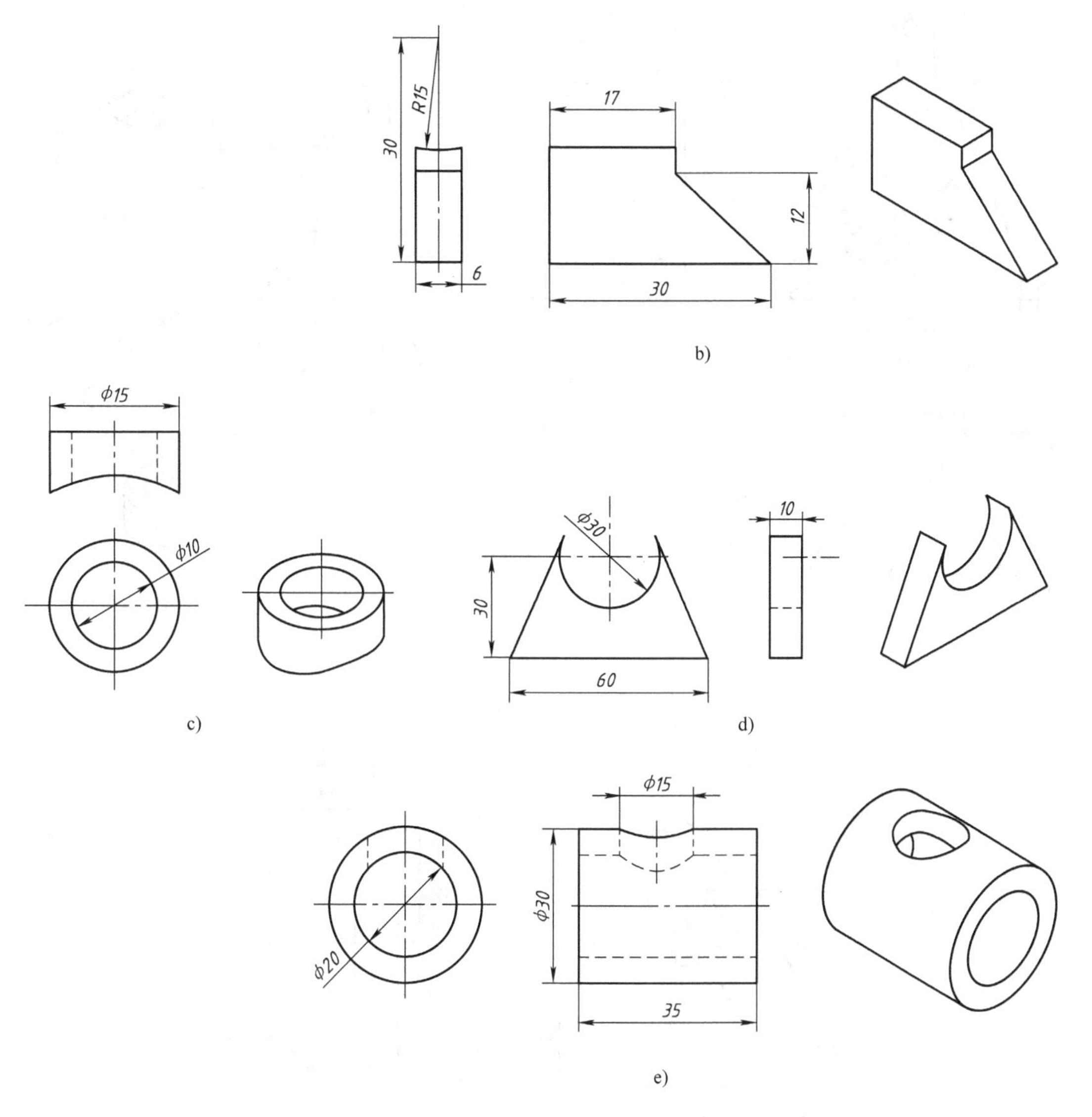

图4-43　形体分析和各基本形体定形尺寸（续）
b）肋板定形尺寸　c）凸台定形尺寸　d）支承板定形尺寸　e）轴承定形尺寸

3. 标注各基本形体的定位尺寸

标注定位尺寸首先要选择长、宽、高三个方向主要的尺寸基准，该组合体左右对称，选择左右对称面作为长度方向主要基准，选择底面作为高度方向主要基准，选择后端面作为宽度方向主要基准。基准选择后，逐步标注各基本形体的定位尺寸，如图4-37所示。

4. 标注总体尺寸并调整尺寸

一般情况下要标注出组合体的总体尺寸，在前面的标注过程中，已经标注出了长度方向的总体尺寸60，高度方向的总体尺寸60。由于要保证支承板的定位尺寸5和标注底板的宽度，因此，在此不标注轴承座宽度方向的总体尺寸。最后，对已标注的尺寸进行检查，必要时可做适当调整，结果如图4-45所示。

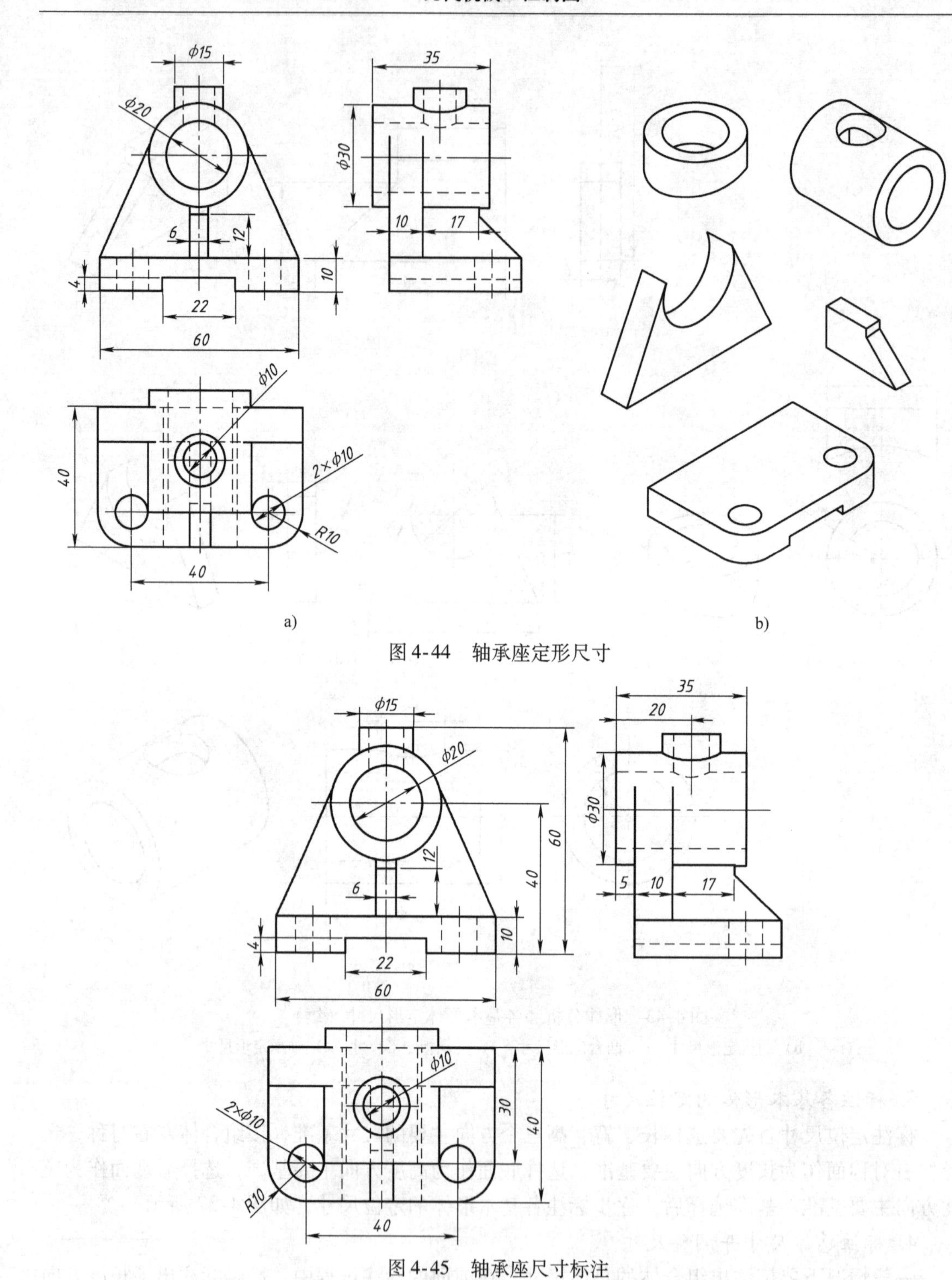

图 4-44 轴承座定形尺寸

图 4-45 轴承座尺寸标注

四、注意事项

1. 尺寸标注要完整

要达到尺寸完整的要求，应首先按形体分析法将组合体分解为若干基本形体，再标注出表示各个基本形体大小的尺寸以及确定这些基本形体间相对位置的尺寸，这样就不会遗漏尺寸，也不会重复标注尺寸。

2. 尺寸标注要清晰

标注尺寸时，除了要求完整外，为了便于看图，还要力求标注的清晰，通常可以考虑一下几个方面：

（1）尺寸尽可能标注在形状特征明显的视图上　如图 4-46a 所示，直径尺寸最好标注在反映为非圆的视图上，同心轴的直径尺寸不宜集中标注在反映为圆的视图上；如图 4-46b 所示，大于半圆的圆弧标注直径，小于或等于半圆的圆弧标注半径，半径尺寸标注在投影为圆弧的视图上且指向圆心；缺口的尺寸应标注在反映实形的视图上，如图 4-46c 所示。

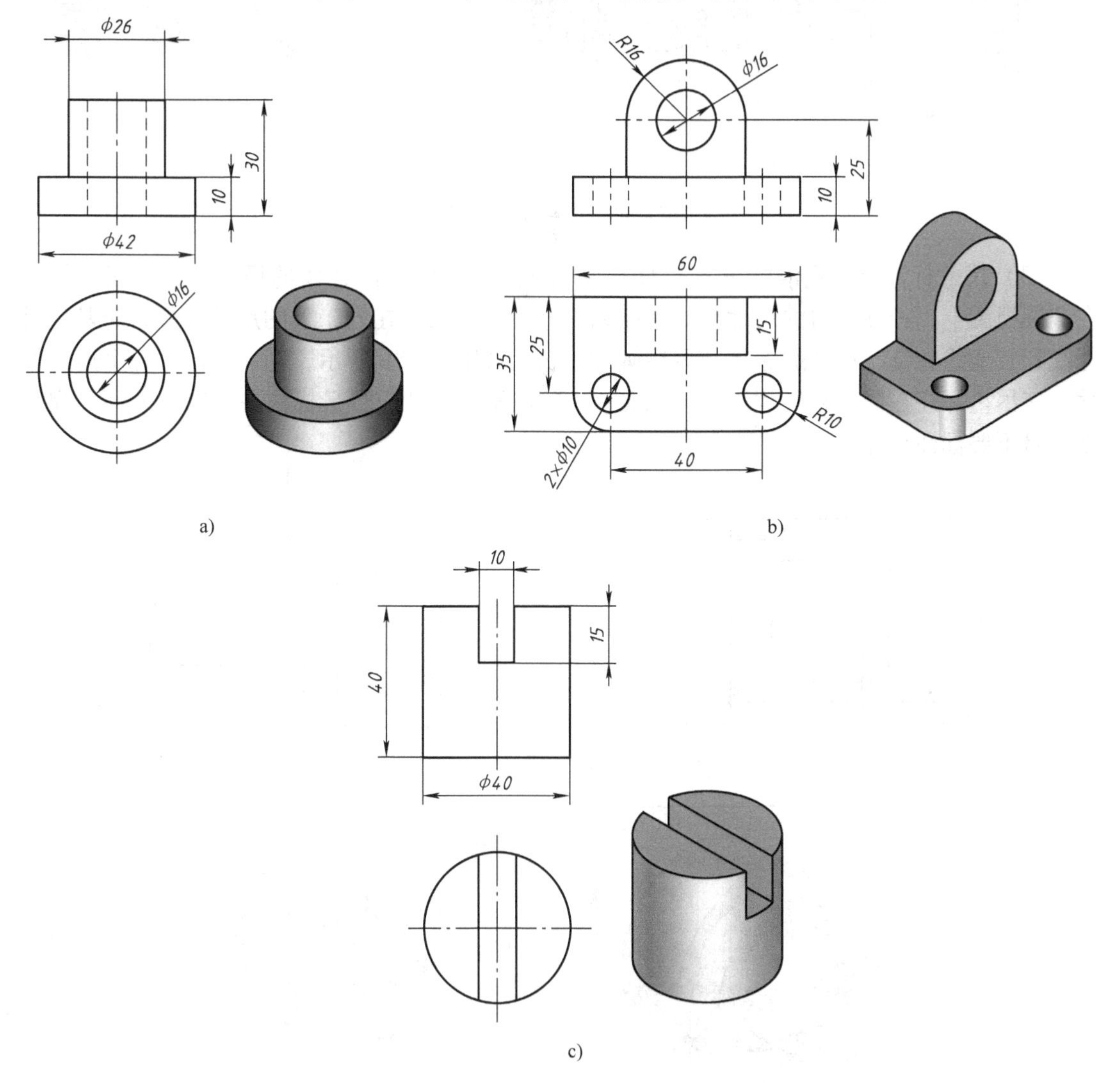

图 4-46　形状特征的尺寸标注

（2）同一基本形体尺寸应尽量集中标注　如图 4-47a 所示，底板的尺寸集中在俯视图上标注；立板的尺寸集中标注在主视图上。如图 4-47b 所示，圆柱的尺寸集中标注在主视图上，凸块的尺寸 8、10 集中标注在主视图上。

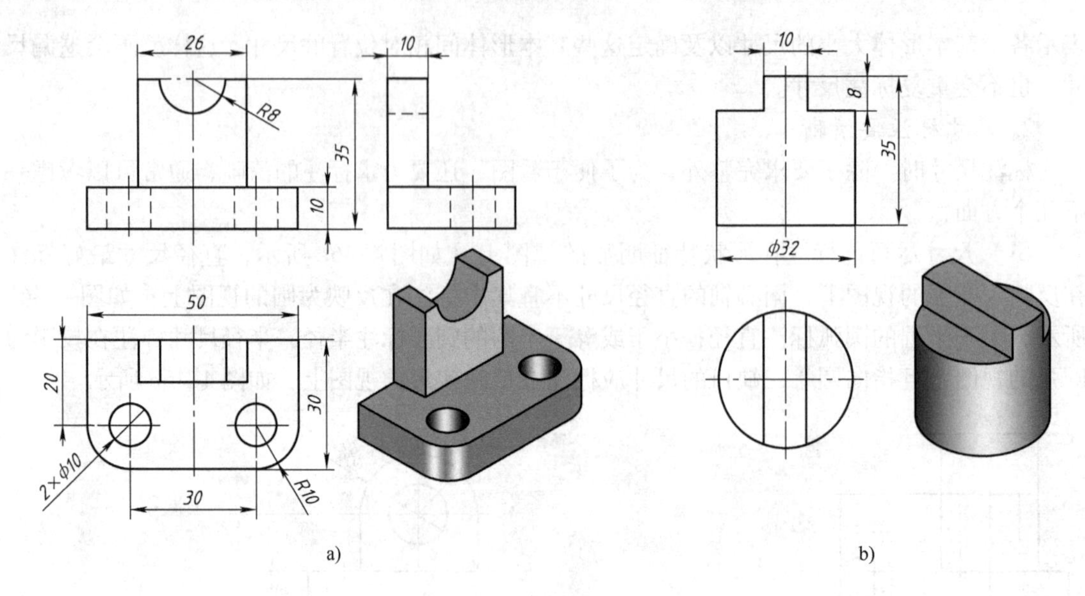

a)　　b)

图 4-47　集中标注尺寸

（3）尺寸标注要排列清晰整齐　如图 4-48a 所示，同轴回转体的尺寸，最好集中标注在非圆视图上；相互平行的尺寸应尽量排列整齐，小的尺寸在内，大的尺寸在外，应避免尺寸线和其他线相交，也应避免尺寸界线画的过长。如图 4-48b 所示，同一方向的几个连续尺寸，应尽量标注在同一条尺寸线上。如图 4-48c 所示，尺寸应尽量标注在视图的外部，虚线处尽量不要标注尺寸。

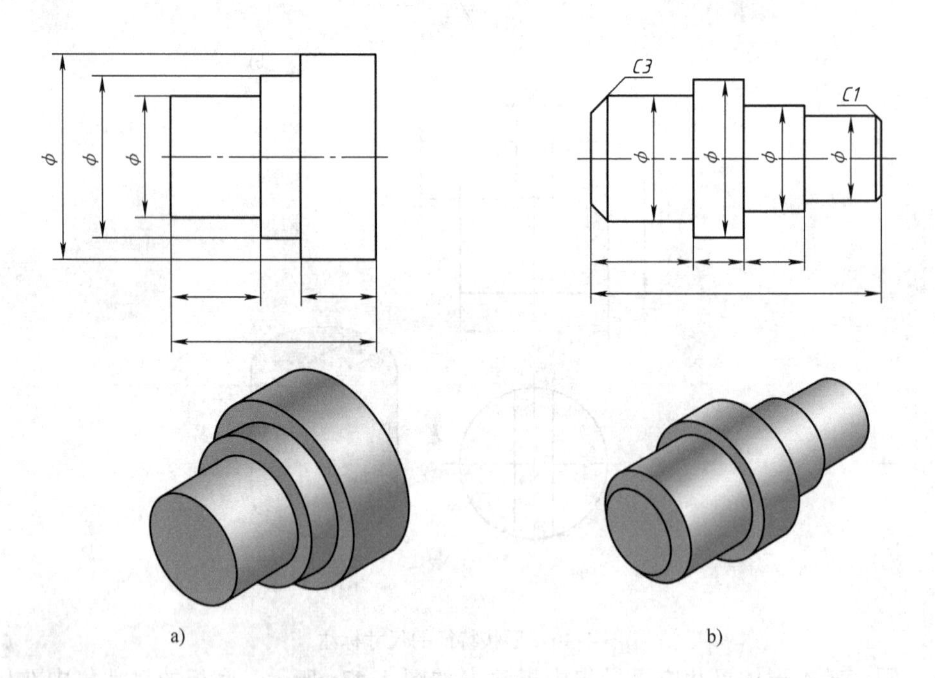

a)　　b)

图 4-48　尺寸标注排列清晰整齐

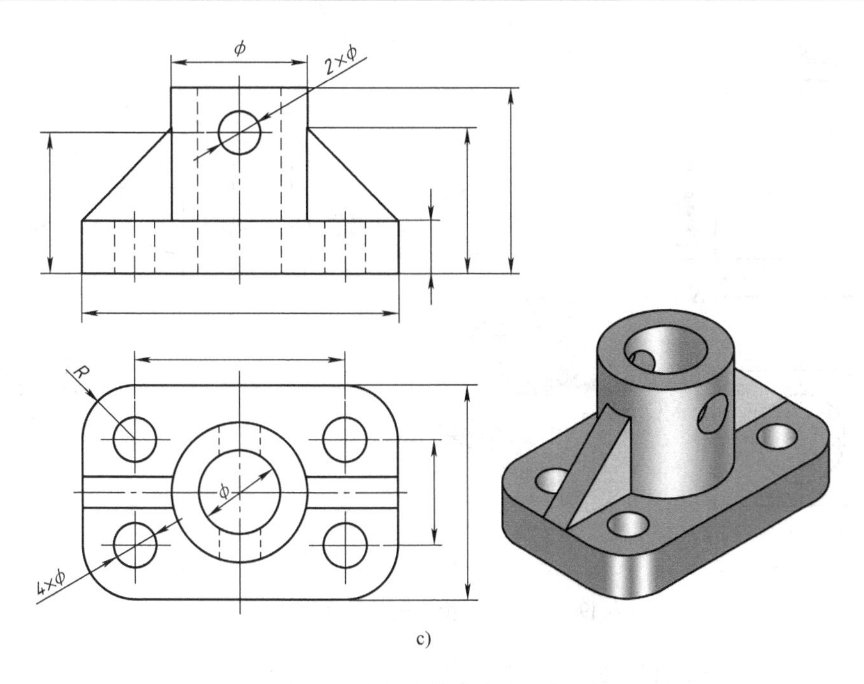

c)

图 4-48　尺寸标注排列清晰整齐（续）

3. 尺寸标注要合理

截交线、相贯线是立体与平面、立体相交而自然形成的，因此，组合体表面的截交线和相贯线不允许标注定形尺寸，只应标出有关形体或截平面的定位尺寸，如图 4-49 所示，图中尺寸“X”，不应注出。

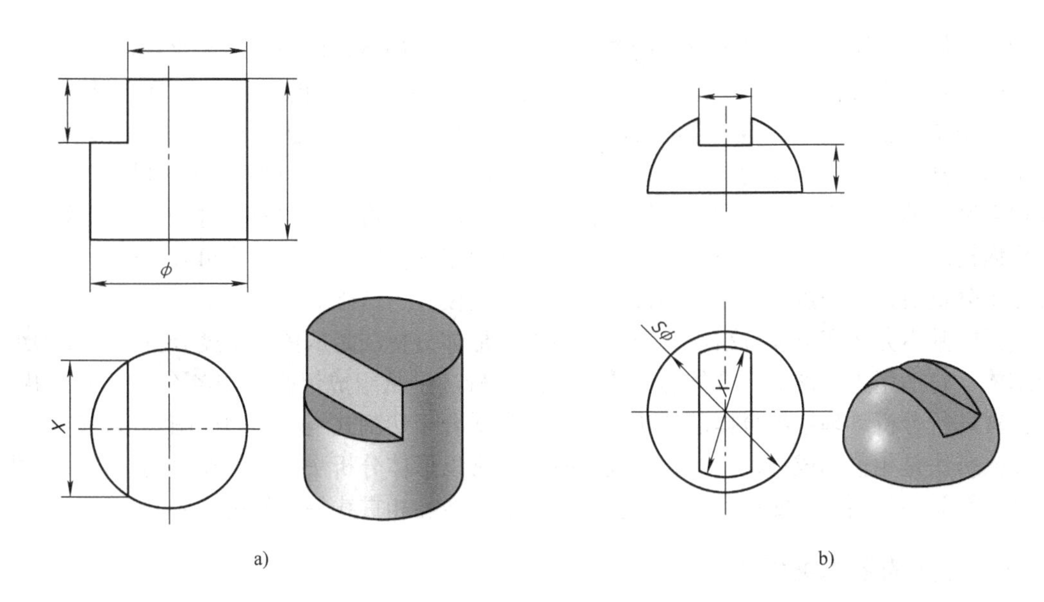

a)　　b)

图 4-49　截交线、相贯线的尺寸注法

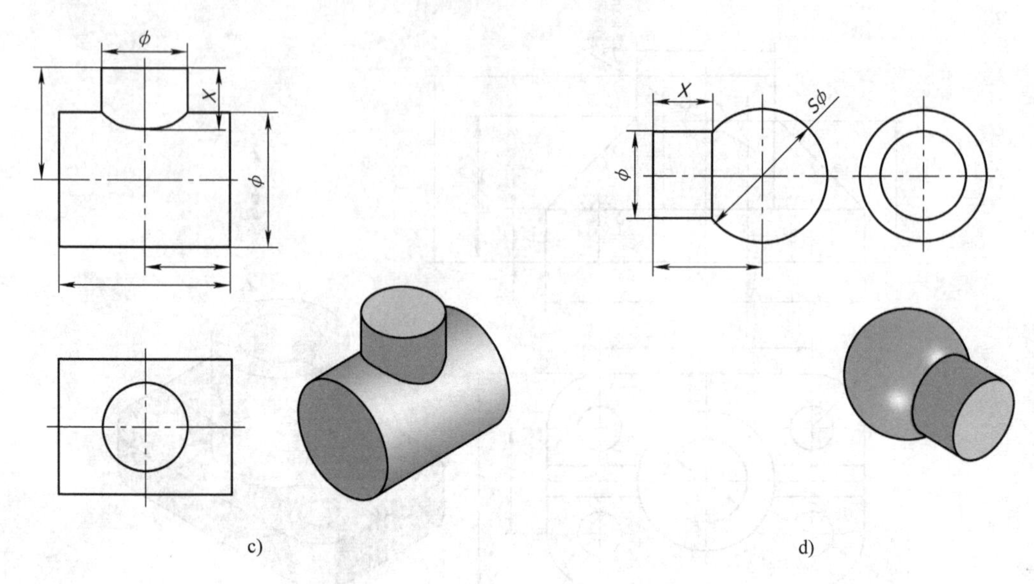

图 4-49　截交线、相贯线的尺寸注法（续）

在有圆弧的地方一定要标注出圆心的位置尺寸和圆弧的半径或直径尺寸，根据组合体的实际情况，有时就不需要标注总体尺寸，如图 4-46b 所示主视图中的尺寸 25、*R*16。

4. 尺寸标注要正确

所谓标注尺寸要正确，首先是指尺寸数据正确，其次是尺寸标注要符合国家标准要求。

第五节　组合体三视图的读图方法

画组合体的视图是运用形体分析的方法把空间的三维物体，按照投影规律表达为二维图形的过程，是三维形体到二维图形的过程，是由“物”到“图”的过程。本节介绍的读组合体的视图是根据已给出的组合体的视图，在投影分析的基础上，想像出它的空间形状，是从二维图形到建立三维形体的过程，是由“图”到“物”的过程。画图和读图都是为了培养和提高制图的空间想象能力和构思能力，是相辅相成、不可分割的两个过程。要正确、迅速的看懂视图，想像出物体的空间形状，必须掌握一定的读图方法。掌握组合体的读图与画图方法十分重要，将为进一步学习零件图的绘制与阅读打下基础。

读图的基本方法有形体分析法、线面分析法。形体分析法是从体的角度分析组合体的组成及结构，它适用于叠加式组合体的读图；线面分析法是从组成组合体的各个表面的形状、相对位置进行分析，理解组合体的形状、结构，它适合于切割式组合体的读图。形体分析法与线面分析法是相辅相成的，在组合体读图时，通常以形体分析法为主，在遇到组合体的某些部分投影关系复杂时，如形状复杂的斜面以及截交线和相贯线等才使用线面分析法。

一、读图的基本要领

1. 要将几个视图联系起来看

一个视图只反映组合体一个方向的形状，所以一个视图或两个视图通常不能确定组合体的空间形状。因此，在看图时，一般要几个视图联系起来进行分析、构思，才能想像出组合体的空间形状。

如图 4-50 所示，如果仅看一个主视图，则可以构思出多个组合体形状；假设原始形状是四棱柱，则左上角或者是被挖切掉的，或者是凸出的，这两种情况分别可得出许多形状，如图 4-50a ~ d 中仅仅举出 4 个例子，它们都满足主视图的形状。若把主视图、左视图联系起来看，则组合体形状有图 4-50a ~ c 所示三种可能，但仍无法确定是其中哪一个，只有再进一步联系俯视图，才能完全确定组合体的形状。又如图 4-51a、b 所示，尽管它们的主、俯视图都相同，但实际上是两个不同的形体。

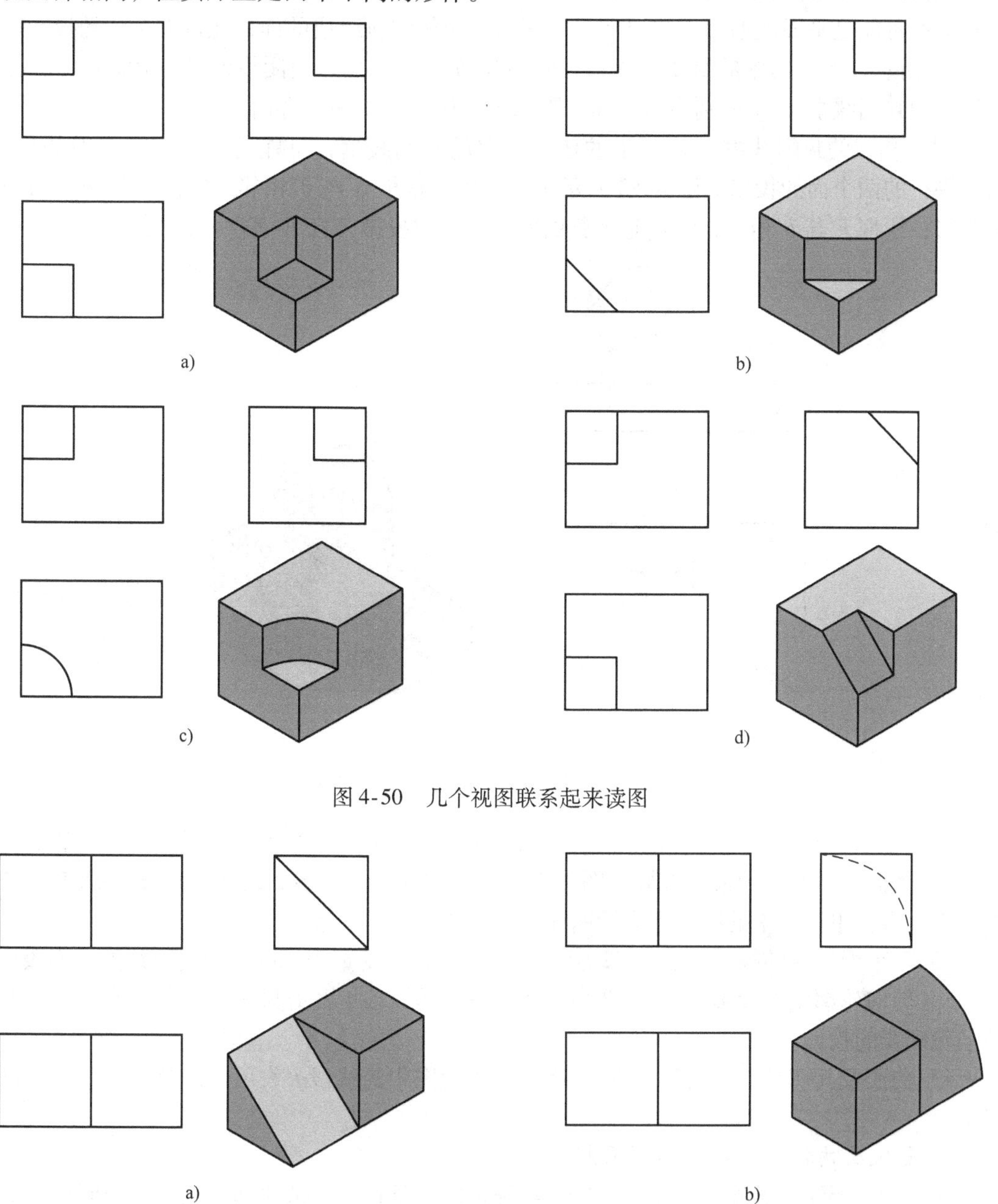

图 4-50　几个视图联系起来读图

图 4-51　主、俯视图相同而形状不同

由此可见，在看图时，一般要将几个视图联系起来，互相对照、阅读、分析、构思，才能正确想像出这组视图所表达的物体的形状。

2. 明确视图中的线框和图线的含义

（1）封闭线框　视图中每个封闭线框，从体的角度分析（即形体分析）是组合体的某一个基本体或简单形体的一个投影，图 4-50a 所示的大矩形线框，表示基本形体是一个四棱柱。

从线面的角度分析（即线面分析），视图中的封闭线框是组合体上一个表面的投影，所表示的面可能是平面或曲面，也可能是平面与曲面相切所组成的面，还可能是孔的投影。如图 4-52 所示，主视图中的封闭线框 a'、b'、c'、h'表示平面，封闭线框 e'表示曲面（圆孔），俯视图中封闭线框 d、f 分别表示平面、平面与圆柱面相切的组合面。

（2）相邻的封闭线框　视图中的任何相邻的封闭线框，可能是相交的两个面的投影，或是平行的两个面的投影。图 4-52 所示主视图中的线框 a'与 b'相邻，它们是相交的两个平面投影；线框 h'与 b'相邻，它们是平行的两个平面的投影，且 B 面在 H 面之前。

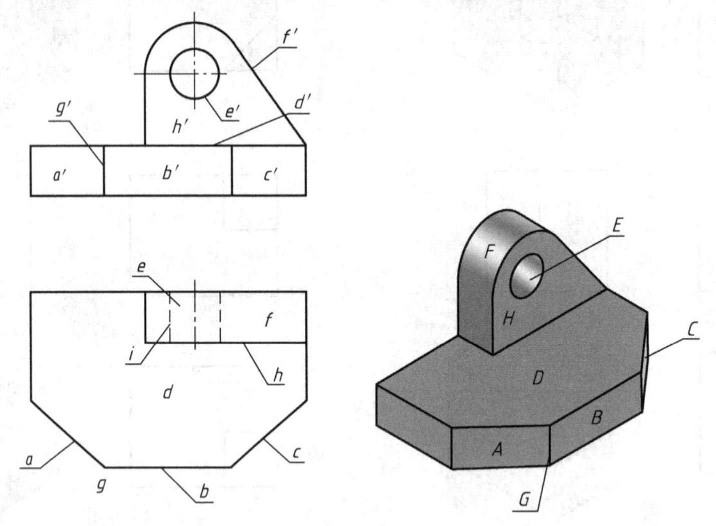

图 4-52　分析视图中线框和线的含义

（3）图线　视图中的每一条图线，从线面的角度分析，可能是下列情况中的一种：

1）平面或曲面的积聚性投影。图 4-52 所示俯视图中的线段 a、b、c、h 分别表示平面的水平投影；主视图中的线段 e'表示曲面（孔）的正面投影。

2）两个面交线的投影。图 4-52 所示主视图中的线段 g'表示两平面的交线的正面投影。

3）转向轮廓线的投影。图 4-52 所示俯视图中的线段 i 表示圆柱孔在水平投影方向上的转向轮廓线的投影。

4）曲面及其切平面的投影。图 4-52 所示主视图中的线段 f'表示曲面及其切平面的正面投影。

3. 要从反映物体特征的视图看起

读图时，要注意寻找特征视图，所谓特征视图，是指能反映物体形状特征最明显的那个视图，如图 4-53 所示的俯视图。找到特征视图，再结合其他视图就能更快更准确地确定物体的形状。

从组合体的画图过程可知：3个视图中，主视图最能反映物体的形状特征和位置关系，所以看图时，一般情况下，从主视图看起，分析该组合体的形状特征，对照其他视图，得出各基本体或简单形体的形状，然后根据三视图的投影规律，判断出它们之间的上下、左右、前后位置关系，最终得出物体的正确形状。

由于组成组合体的各基本体或简单形体的特征不一定全集中在主视图上，因此，看图时应3个视图对照来看，要善于在视图中捕捉反映各基本体形状特征的视图。图4-54所示的组合体，是由形体Ⅰ、Ⅱ、Ⅲ、Ⅳ叠加而成。形体Ⅰ、Ⅱ的形状特征反映在主视图上，形体Ⅲ的形状特征反映在俯视图上，形体Ⅳ的形状特征反映在左视图上。

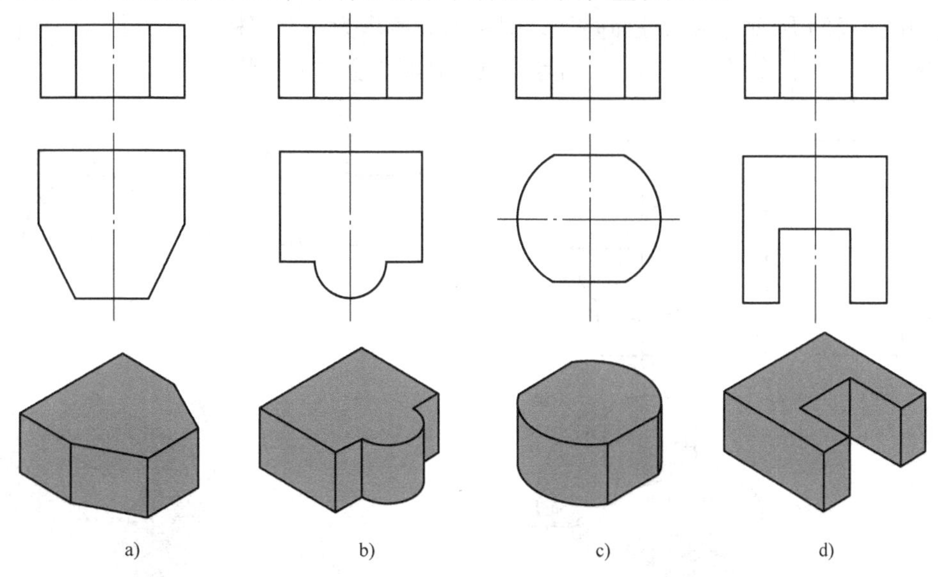

图4-53　特征视图

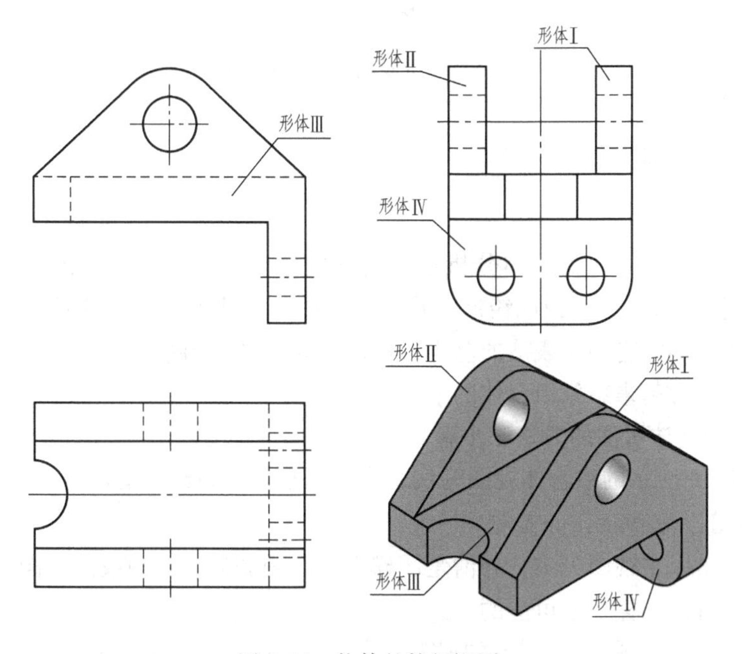

图4-54　物体的特征视图

4. 先主体后细节，逐步分析

本着“先主体后细节”的原则，以形体分析为主，先构思出组合体的主体特征，并根据其特征图形，构思出立体形状的几种可能，对照其他视图，想象出立体的正确形状；再辅以线面分析法，构思出组合体的细部结构。

5. 利用线段的虚实、形状特征看图

根据视图当中线段的虚、实可判断出两个基本体或简单形体的相对位置关系以及组合体的组合方式，对快速确定组合体的形状有很大的帮助。图 4-51 所示的左视图中线条的虚、实可以判断出两个基本体间的左右位置关系；由图 4-55 所示轮廓线的虚、实和截交线的形状，可知图 4-55a 所示为两圆柱体叠加，图 4-55b 所示为一个圆柱挖去一个四棱柱；此外，利用视图中尺寸标注的符号，如 ϕ、□等，也可判断出立体的形状。

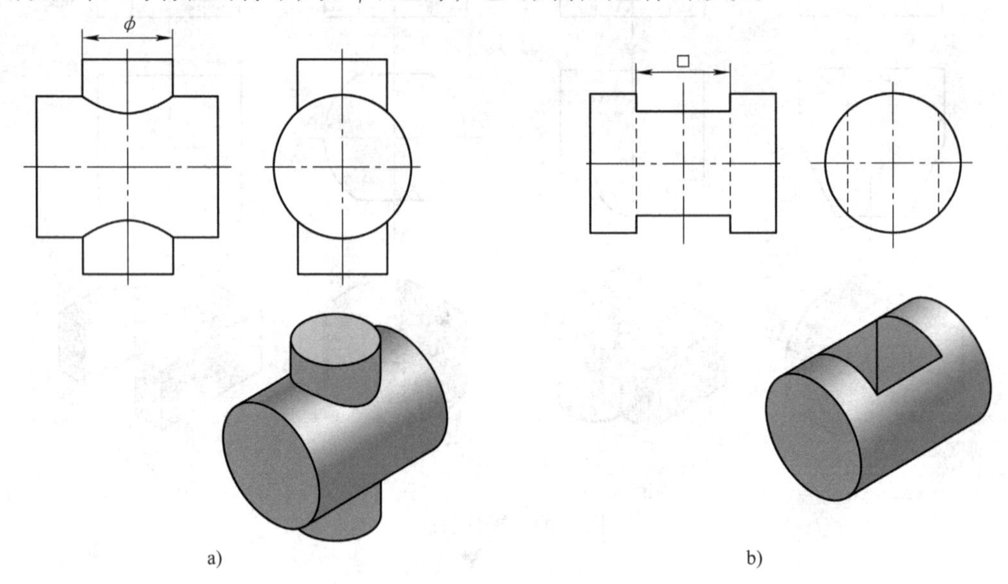

图 4-55　利用线段虚实和形状看图

二、读图的基本方法与步骤

（一）形体分析法

组合体读图的主要方法是形体分析法，用形体分析法看图时，可将组合体的某一视图（一般选主视图）划分成若干封闭线框，找出与这些封闭线框对应的其他投影，联系线框的各投影进行分析，确定它们所表达的基本形体的形状，然后再按各基本形体的相对位置，联系所给的视图，综合起来想象组合体的形状。

（二）形体分析法看图的方法和步骤

下面以图 4-56 所示的组合体视图为例，来说明形体分析法看图的方法和步骤。

1. 认识视图，抓特征，分线框

认识视图就是以主视图为主，弄清楚图样上各个视图的名称与投射方向；这是最基本的前提，否则，想看懂图样是不可能的。

抓特征就是找特征视图，从特征视图入手对组合体进行形体分析，以便在较短的时间里，对该物体有一个大致的了解。

分线框就是将该特征视图分成若干封闭线框，每个封闭线框为一基本体的投影。如图4-56所示为一支架的视图，通过分析，其特征视图为主视图，可将特征视图分解为5个线框，当遇到某一线框不封闭时，可想象着认为它是封闭的（如两形体相切时可能会出现不封闭的线框）。

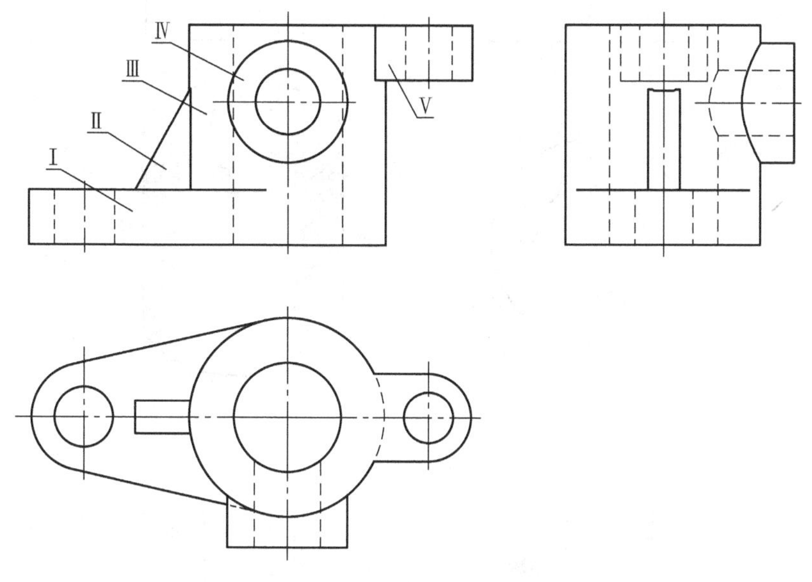

图4-56 支架的视图

2. 对投影，想形体

要想象物体各部分的形状，必须将几个视图联系起来看。根据主视图的Ⅰ、Ⅱ、Ⅲ、Ⅳ、Ⅴ 5个部分，按三视图投影规律，在俯视图和左视图中分别找出与之相对应的投影部分，再根据找到的基本形体三视图想象它是什么样的形体。

根据投影规律，线框Ⅰ所对应的俯视图和左视图投影分别为类似三角形和矩形，再考虑主视图的形状，从其特征视图俯视图可以想象出该形体为一个类似三棱柱，其左方挖去一个圆柱体，如图4-57a所示。

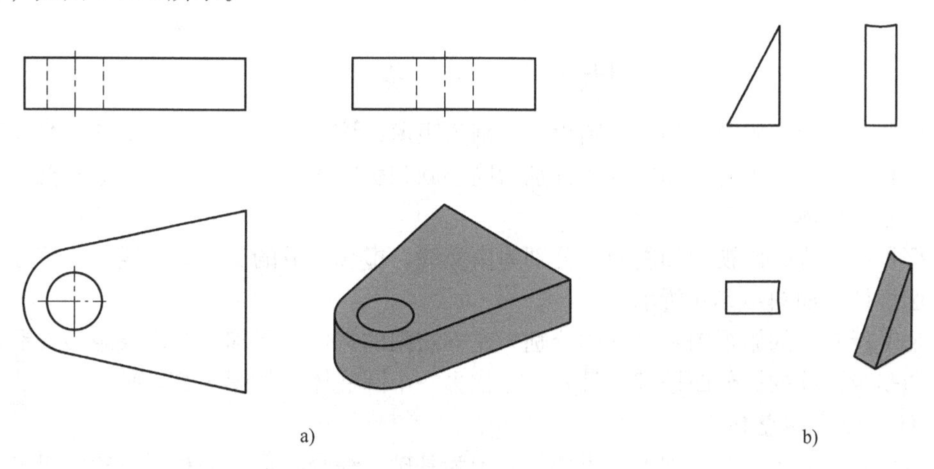

图4-57 想象形体的形状

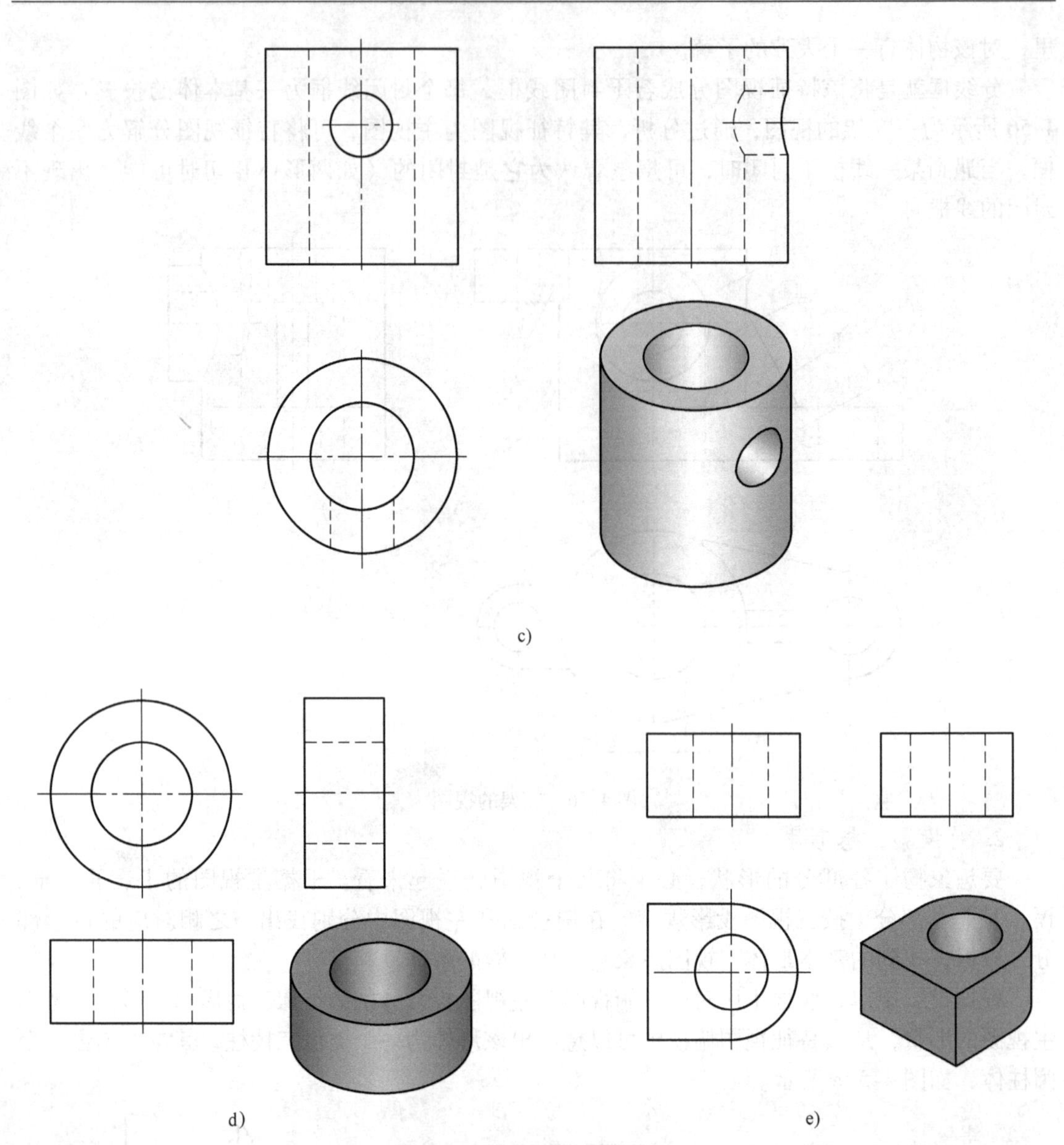

图 4-57　想象形体的形状（续）

线框Ⅱ所对应的俯视图和左视图投影分别为矩形，该形体为三棱柱，如图 4-57b 所示。

线框Ⅲ所对应的俯视图和左视图分别为同心圆和由实线、虚线组成的矩形线框，该形体为一个空心圆柱体，如图 4-57c 所示。

线框Ⅳ所对应的俯视图和左视图分别为由实线、虚线组成的类似矩形线框，该形体为一个空心圆柱体，如图 4-57d 所示。

线框Ⅴ所对应的俯视图和左视图分别为左方右圆的类似矩形和两个虚线矩形线框，该形体为右边是半圆柱的类似四棱柱，且其右方挖去一个圆柱体，如图 4-57e 所示。

3. 综合起来想整体

在看懂各部分形体的基础上，以特征视图为基础，综合各形体的相对位置，想象出组合体的整体形状。

从图4-56所示的主、俯视图上，可以清楚地看出各形体的相对位置，形体Ⅲ居中；形体Ⅰ在形体Ⅲ的左面，其底面与形体Ⅲ的底面平齐；形体Ⅱ在形体Ⅲ的左面，且在形体Ⅰ的上面；形体Ⅳ在形体Ⅲ前面；形体Ⅴ在形体Ⅲ的右面。通过认真分析该组合体的三视图，根据各基本体之间的表面连接关系，可以想象出该组合体的空间形状，它是由形体Ⅰ、Ⅱ、Ⅲ、Ⅳ、Ⅴ叠加而成的组合体，其形状如图4-58所示。

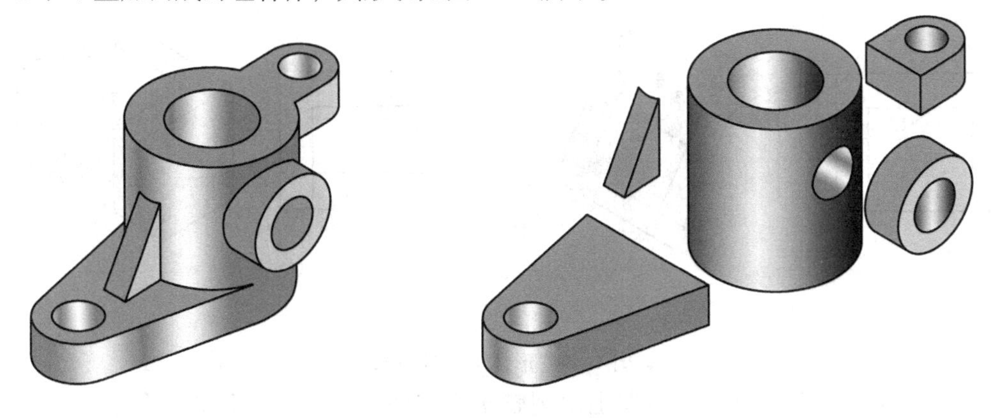

图4-58　支架的空间形状

（三）线面分析法

所谓线面分析法，就是以各种位置直线和平面的投影特性为基础，对投影图中的线框和线条进行逐一的投影分析，通过对投影，分析各表面的形状和相互位置，然后综合起来想象出组合体的整体形状。

为了在读图过程中能正确、有效地使用线面分析法，分析时需要特别注意以下几点：

1）一般情况下，正面投影中的各线框表示物体前、后位置不同的表面，水平投影中的各线框表示物体上、下位置不同的表面，而侧面投影中的各线框则表示物体左、右位置不同的表面，分析时必须几个投影对应起来分析判别。

2）视图中相邻两个线框表示形体上两个位置不同表面的投影，但这两个面的相对位置究竟如何，是凸出的表面，还是凹面，还是其他性质的面，必须根据其他视图来分析。图4-59a所示主视图上的线框a'、b'、c'、d'，根据投影规律可以确定其俯视图分别为a、b、c、d，左视图分别为a''、b''、c''、d''。从分析可知，a''、c''在左视图的右边是条斜线，且是粗实线，可知A、C分别表示一个侧垂面。b''在左视图是条铅垂的虚线，可知B表示一个正平面。d''在左视图是条铅垂的实线，可知D表示一个正平面。并且通过主视图、俯视图、左视图3个视图结合起来分析可知，A面在左，C面在右，B面在中间，且A、C面在前，B面凹进在后，D面在最前面。如图4-59b所示，由于俯视图d中间为实线，左、右两边为虚线，可断定A、C面相对于D面来说向前凸出。又由于b''在左视图是一条斜的虚线，可知B面处于D面的后面，且是凹进的一个侧垂面。

3）视图上的一个线框表示面的投影，在其他视图上所对应的投影，或是积聚成线，或是一个与其形状相类似的线框。图4-59a所示主视图上矩形线框a'，其对应的俯视图a仍是一个与其相类似的矩形线框，其左视图a''则是一条斜线。图4-59a所示主视图上矩形线框b'，其对应的俯视图、左视图则分别为直线b、b''。如图4-60所示，立体上A面对应的三面投影均为四边形线框，具有类似性。

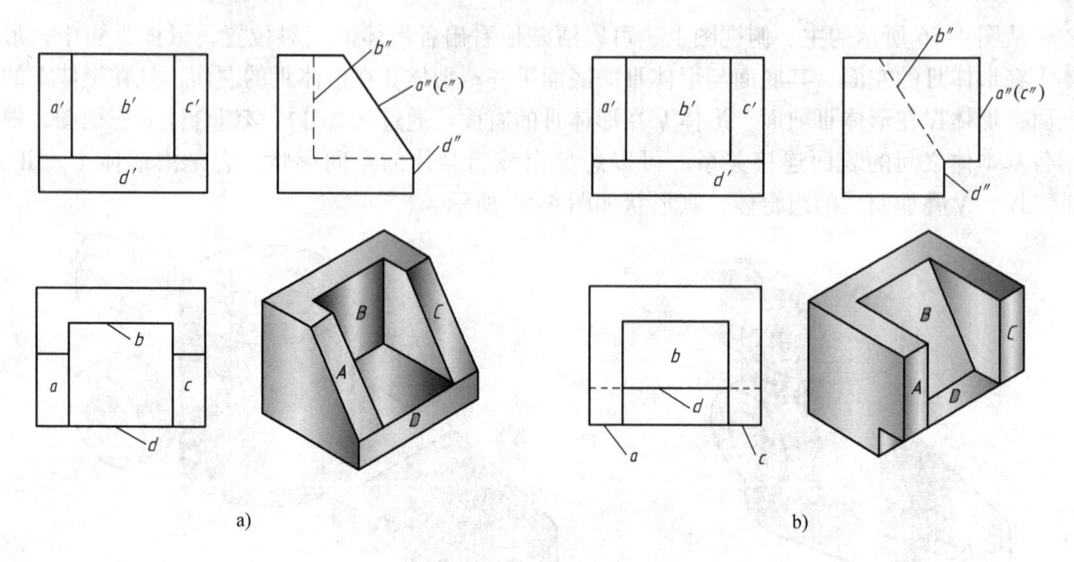

图 4-59　形体上面的投影

4）分析面与面的交线。当视图上出现较多面与面的交线时，会给看图带来一定的困难，这时只要应用画法几何方法，对面与面之间产生的交线的性质及其画法进行分析，从而看懂视图。

下面以图 4-61 所示的压板的视图为例，来说明线面分析法的看图方法和步骤。

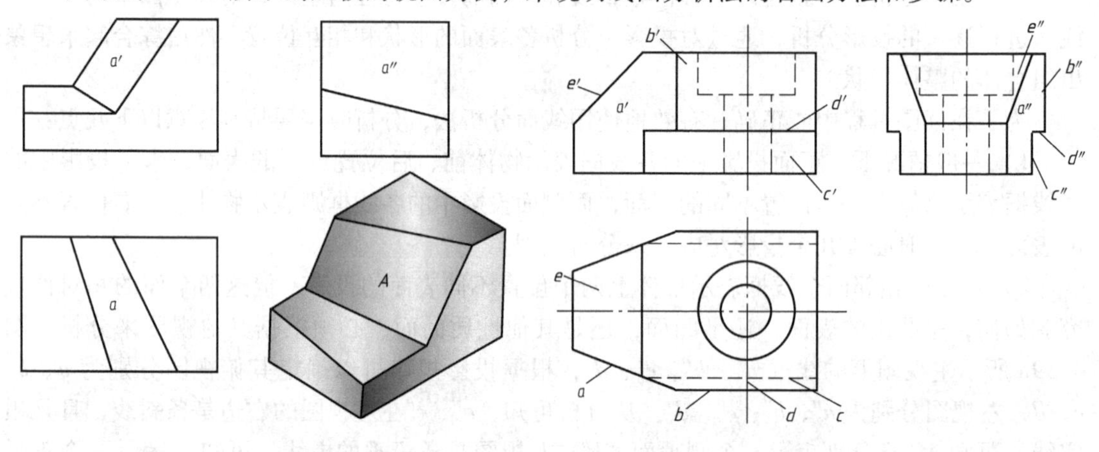

图 4-60　形体斜面的投影为类似形　　图 4-61　压板的读图分析

1. 读视图，抓特征

阅读所给出的视图，可知该组合体外形是由基本体被多个平面截切而形成，因此读图主要采用线面分析法。

2. 分线框，对投影

主视图上有 3 个可见的线框 a'、b'、c'，其中 a'、b'所对应的俯视图投影 a 和 b 是唯一的，并且 a 是一条斜线，说明 A 面是铅垂面；b 是一条水平线，说明 B 面是压板最前面的正平面。而 c'对应的俯视图投影有两个可能：积聚成虚线 c 或由三条实线和一条虚线组成的四边形 d。到底是哪一个呢？可以采用“先假定，后验证，边分析，边想象”的方法来分析。假定 c'对应的俯视图投影为 d，说明空间的面 C 应是一个前高后低的斜面，从正面投影看，

线框 c'的左、右两边是平行于侧面的，但是从俯视图投影看，线框 d 的左边的一条边是斜线，不平行于侧面，两者互相矛盾，说明 c'和 d 不是一个面的两个投影。同样也可以借助左视图投影来分析，线框 c'所对应的左视图投影只能是虚线 c''，再利用投影规律就可确定线框 c'所对应的俯视图投影只能是虚线 c，空间面 C 是一个较 B 面为后的正平面。

俯视图上的可见线框 e，其对应的主视图投影 e'是唯一的，且是一条斜线，说明面 E 是压板左上方的正垂面。不可见线框 d 所对应主视图投影为 d'，说明面 D 是一个水平面。

3. 综合各面的相对位置想整体

经过以上分析，可知压板的外形是由一个六棱柱（俯视图的外轮廓是一个六边形）被平面截切而成；在其左上方被正垂面 E 切去一角；在其前后面的下部，分别被正平面 C 和水平面 D 切去一角。压板的中间为一个圆柱形的台阶孔。压板的空间形状如图 4-62 所示。此题也可以看作基本形体是一个四棱柱，被多个平面截切而成，读者可以自己想象一下其形成过程。

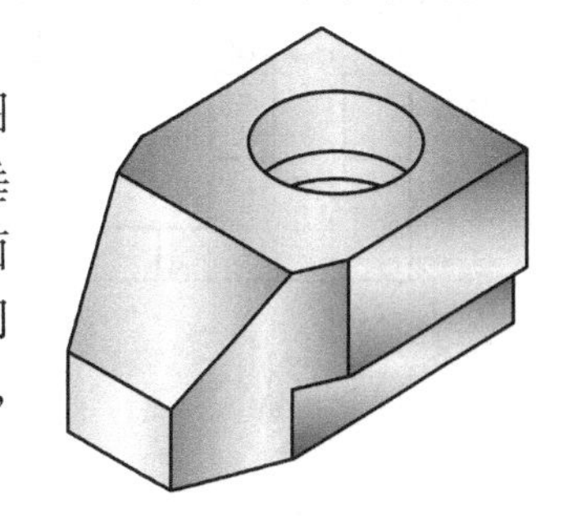

图 4-62　压板的空间形状

（四）综合分析法

实际的物体的形状往往是由叠加、切割综合形成的，因此单纯地采用形体分析法或线面分析法，可能理解起来并不容易。因此，读图的过程一般是首先利用形体分析法将视图进行分解，了解该物体是由哪些基本形体所组成，注意开始时不要分得太细，先从整体进行考虑，再去考虑细节；对于难以想象的线和面再采用线面分析法进行分析，根据线和面的投影特性（积聚性、实形性和类似性），结合投影规律，分析面的性质、形状和相对位置，了解该部分的结构，然后综合起来想象出组合体的空间形状。下面以图 4-63 所示的导块为例，来说明综合分析法的读图方法和步骤。

1. 概括了解

由图 4-63 可知，导块是一个综合类组合体，可以看作是由基本形体叠加，又被切割所形成的。

2. 形体分析

分析时，先根据视图的整体特征来考虑，从图 4-63a 所示的主视图和俯视图分析可知，导块可以看作是由左边的四棱柱和右边的半圆柱叠加形成的简单组合体，且四棱柱和半圆柱的前表面共面，如图 4-63b 所示。从俯视图可以看出，四棱柱的后部切去一个四棱柱后形成槽；从主视图可以看出，在组合体的右边切去一个圆柱体后形成孔，如图 4-63c 所示。

3. 线面分析

根据一个视图上的线框在其他视图上相对应的投影，或是积聚成线，或是一个与其形状相类似的图形，很容易就能找出主视图上线框 a'所对应的左视图投影为 a''，为一条铅垂线，利用投影规律，可以找出其所对应的俯视图投影 a，为一条水平线，说明组合体上的 A 面为一个正平面。俯视图上 1、2、3、…、10 所围成的线框 b 所对应的主视图投影 b'，为一条斜线，所对应的左视图投影 b''为线框，说明组合体上的 B 面为一个正垂面。由此可知，组合体的左上方被正平面 A 和正垂面 B 切去一小块，如图 4-63d 所示。

4. 综合想整体

综合起来想整体，导块的空间形状如图 4-63d 所示。

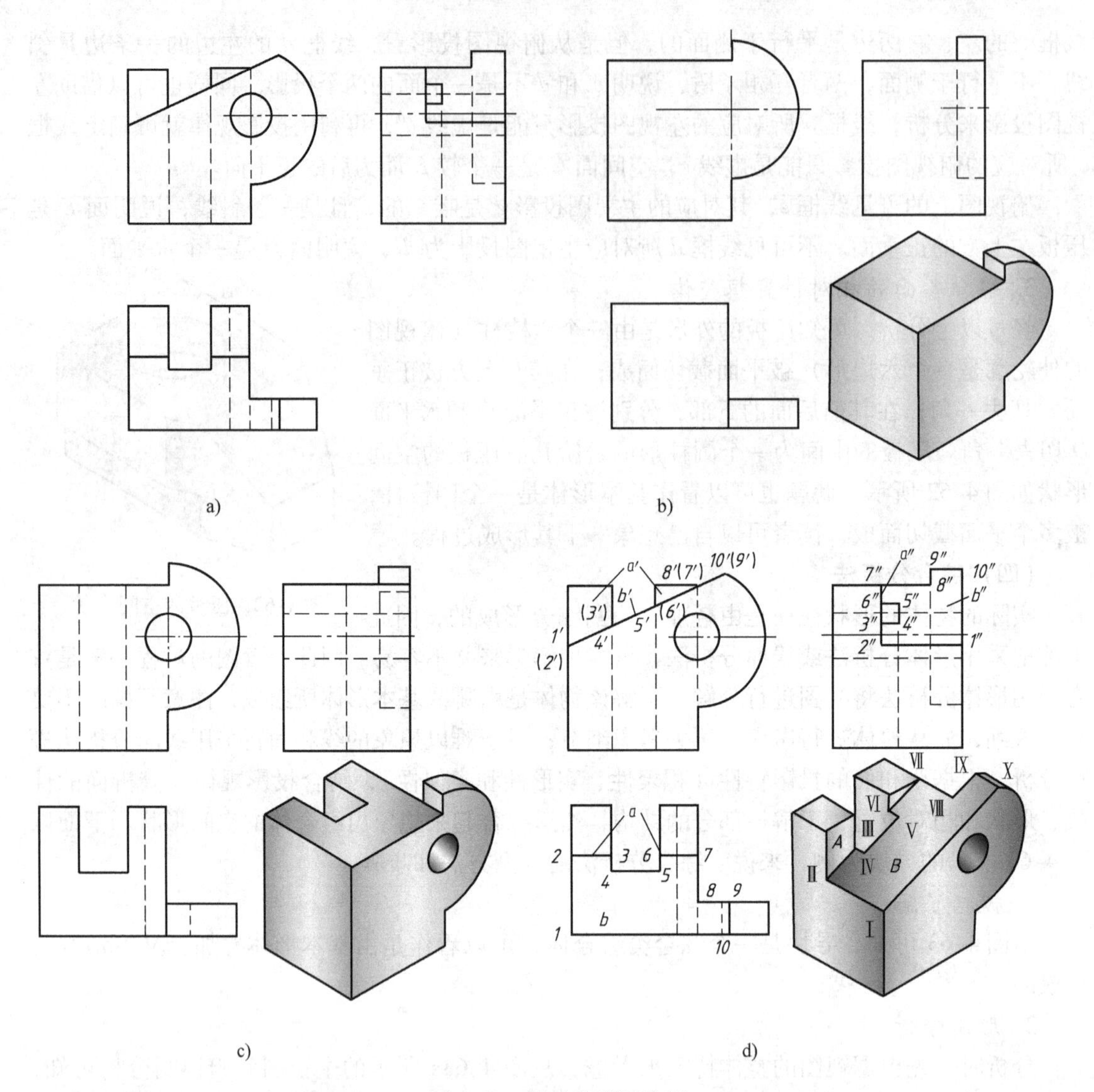

图 4-63　导块的读图分析

三、由组合体两视图补画第三视图

读组合体视图能力的培养要靠大量的实践性训练，其主要的训练途径就是根据给出的组合体两个视图补画第三个视图，其方法步骤是：①读视图，想象组合体的空间形状；②根据组合体的空间形状，补画第三视图。

［**例 4-1**］　根据给出组合体的主视图、左视图，如图 4-64 所示，补画其俯视图。

画图步骤如下：

1. 读视图，想象出组合体的形状

根据给出的主视图，进行形体分析，先从整体出发，可以把它分成两个大的线框 a'、b'，a'线框为左边是矩形右边是半圆的形状；b'线框是一个圆。利用投影规律分别找到它们所对应的左视图，对投影时，可以利用其上的局部孔、槽特征，来确定其对应的投影。找 b' 线框所对应的左视图时，可以利用主视图右边大圆线框中的小圆线框，先找到小圆线框所对

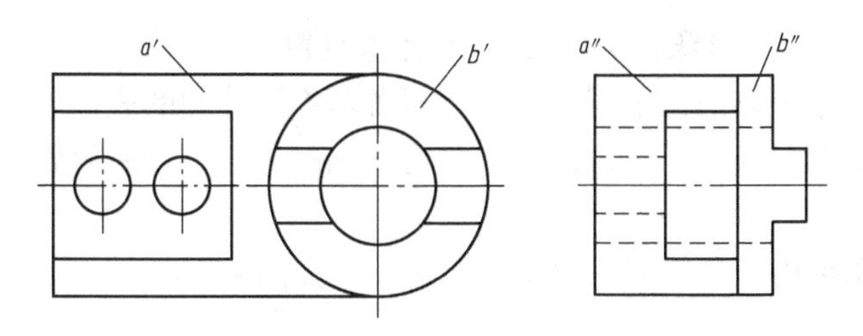

图 4-64　根据组合体的主、左视图补画俯视图

应的左视图，它是两条长虚线，说明小圆线框是挖去一个圆柱体后形成的圆孔，由此可知，b'线框所对应的左视图是大线框 b''，可知其基本形体是一个空心圆柱体；再分析 b'、b''线框中的细节部分，可以想象出其形状，如图 4-65a 所示。a'线框所对应的左视图为线框 a''，可知其基本形体为右边被切去半圆柱的四棱柱；再分析其细节部分，a'线框左边的小矩形线框，左视图投影也是一个矩形线框，可知其左边又切去一个四棱柱；小矩形线框中的两个小圆，其对应的左视图投影是两条短虚线，可知其左边又切去两个小圆柱体；分析可知，其空间形状如图 4-65b 所示。综合起来，可以想象出该组合体的整体形状，如图 4-65c 所示。

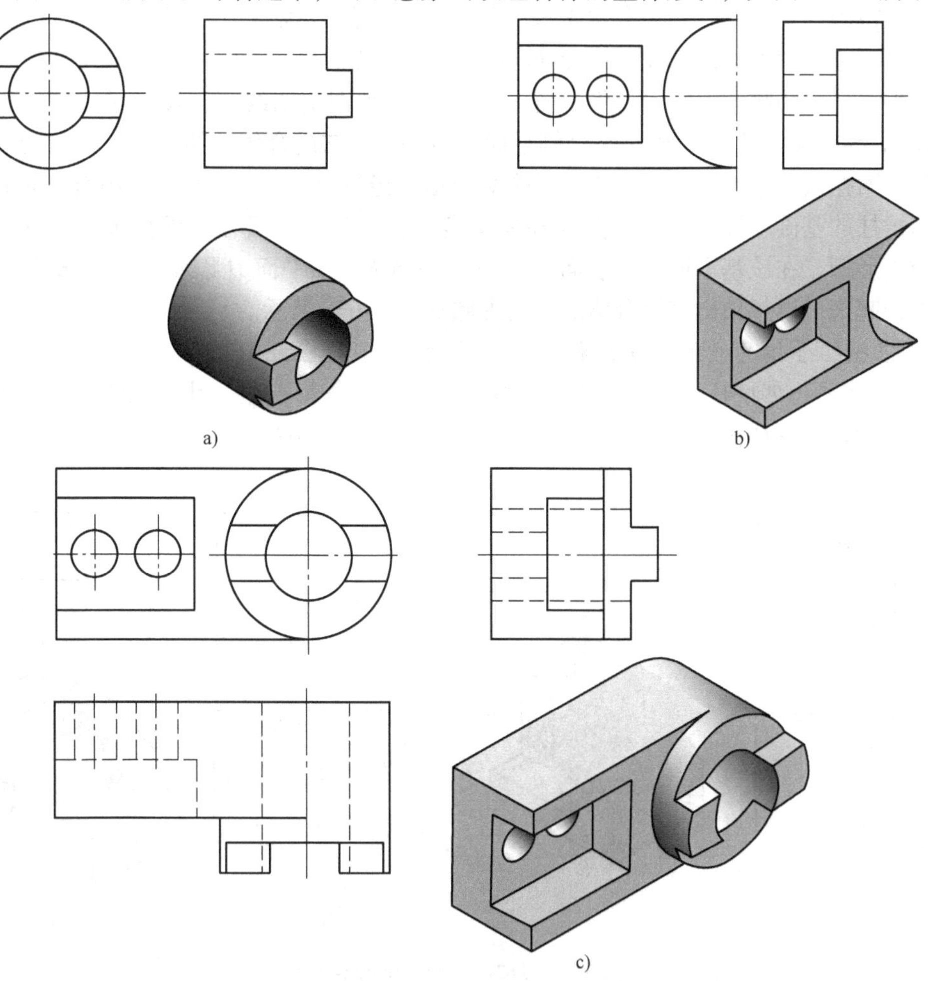

图 4-65　根据两个视图补画第三视图

2. 根据组合体的空间形状，补画组合体的俯视图

逐个画出每个基本形体的俯视图投影，分析各基本形体间的表面连接关系，绘制交线和去掉多余的线，其画图步骤这里不再讲述，参看前面的内容，最后得到该组合体的俯视图投影如图 4-65c 所示。

［例 4-2］ 根据给出组合体的主视图、俯视图，如图 4-66 所示，补画其左视图。

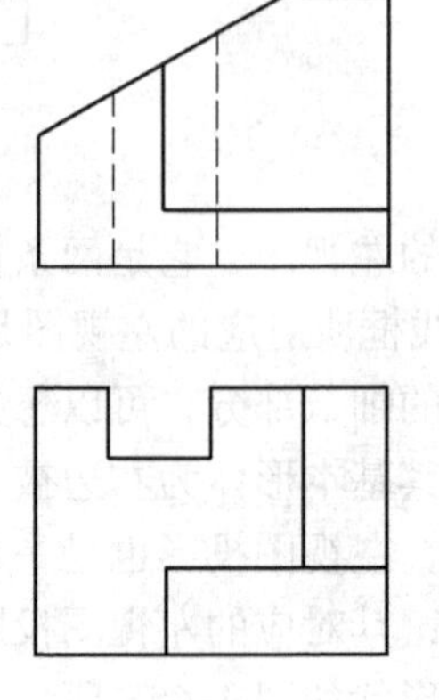

图 4-66　根据组合体的主、俯视图补画左视图

画图步骤如下：

1. 读视图，想象出组合体的形状

这是一个典型的切割式组合体，从其主视图、俯视图整体特征出发，分析可知其基本形体可以看成是一个四棱柱。将两个已知的投影对应分析，俯视图上的线框 a、c，对应的主视图投影分别为 a'、c'，可知物体上的 A 面是一个正垂面，C 面是一个水平面（四棱柱上表面）；线框 b 所对应的主视图投影，利用线框所对应的投影要么积聚成线，要么具有类似形的特性，可知，其所对应的主视图投影为 b'，是一条水平线，说明物体上的 B 面是一个水平面。主视图上的线框 d'，其所对应的俯视图投影为 d，是一条水平线，说明物体上的 D 面是一个正平面。主视图上图线 e'，其所对应的俯视图投影为图线 e，说明物体上的 E 面是一个侧平面。另外，从该组合体的俯视图可以看出，在该组合体的后面挖去一个四棱柱，形成了一个矩形槽。经过以上分析，可知该组合体是在基本形体为四棱柱的基础上被一个正垂面 A 在左上角切去一块，然后在后面挖去一个四棱柱，形成一个矩形槽，在该基本形体的前面，又被水平面 B、正平面 D 以及侧平面 E 共同切去一块，综合起来可以想象出该组合体的空间形状如图 4-67a 所示。

2. 根据组合体的空间形状，补画组合体的左视图

1）首先画出四棱柱被正垂面 A 切去左上角以后的投影视图，其左视图上出现了一条正垂面 A 与四棱柱左侧面的交线（正垂线）的投影，如图 4-67b 所示。

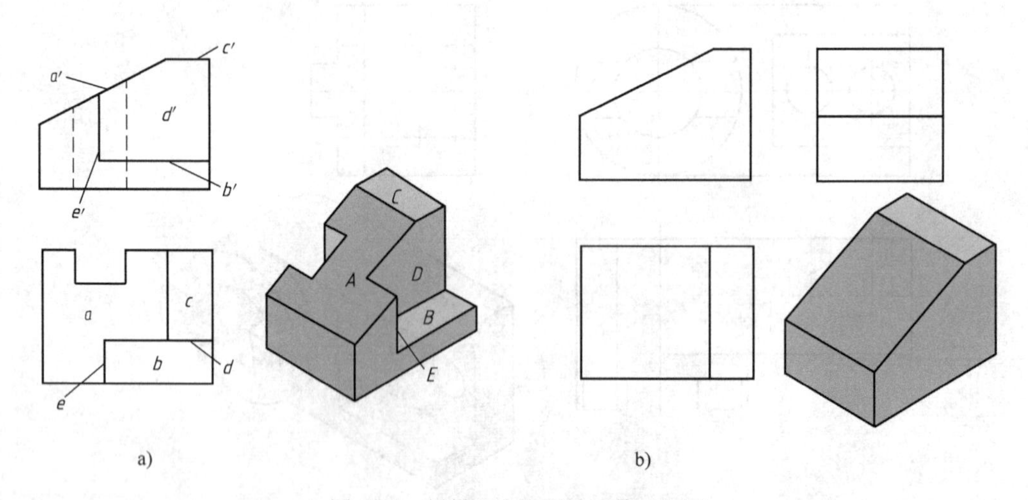

图 4-67　根据两个视图补画第三视图

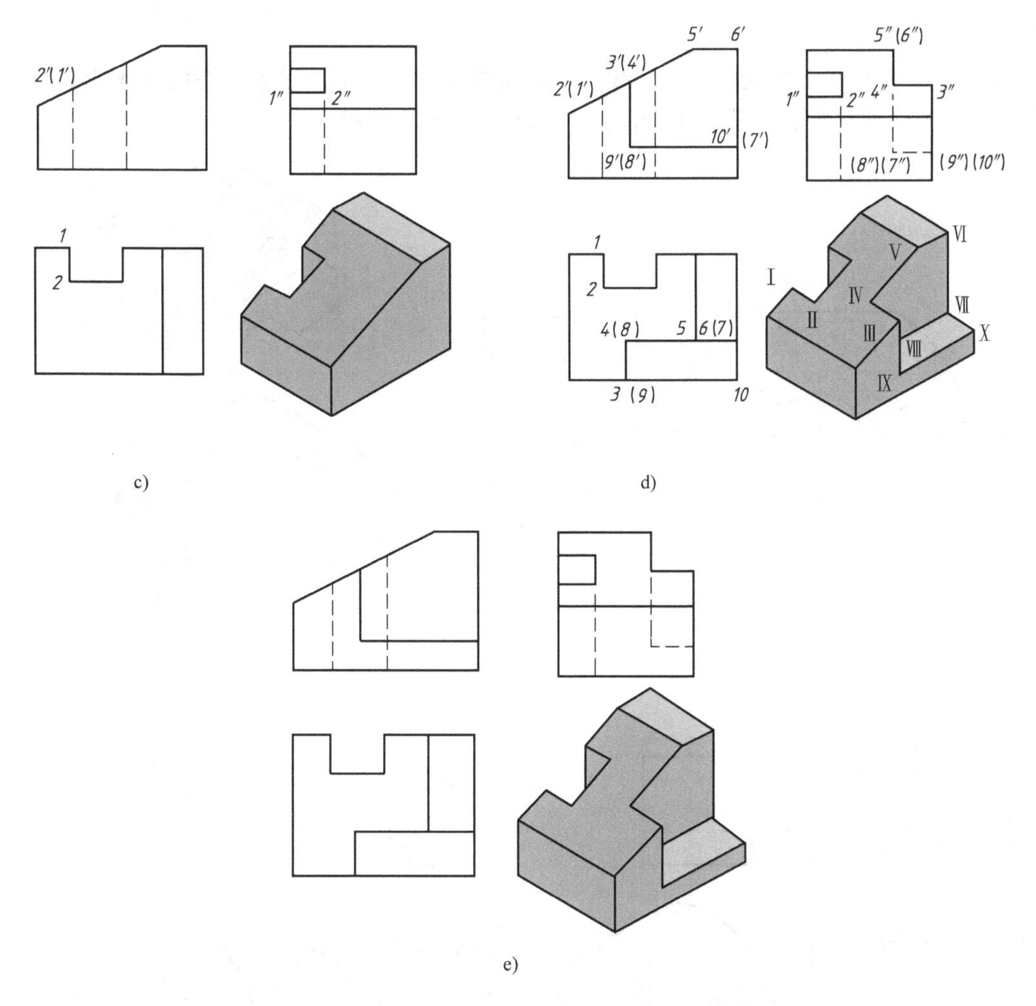

图 4-67　根据两个视图补画第三视图（续）

2）其次画出四棱柱后面挖去四棱柱的投影视图，线Ⅰ Ⅱ为挖去的四棱柱左侧棱面与正垂面 A 的交线，相应地画出线Ⅰ Ⅱ所对应左视图的投影 1″2″，同理也可以画出挖去的四棱柱的右侧棱面与正垂面 A 的交线的投影，如图 4-67c 所示。

3）最后画出被水平面 B、正平面 D 以及侧平面 E 共同切去一块后的投影视图，如图 4-67d所示；线 3″4″为正垂面 A 与侧平面 E 的交线Ⅲ Ⅳ（正垂线）的左视图投影，且为可见的粗实线；线 4″5″为正平面 D 与正垂面 A 的交线的左视图投影，且投影可见；线 6″7″为正平面 D 与四棱柱右侧棱面的交线（铅垂线）的左视图投影，且投影不可见；线 7″10″为水平面 B 与四棱柱右侧棱面的交线（正垂线）的左视图投影。

4）检查无误后，按国家标准规定的图线画法画出的组合体的左视图如图 4-67e 所示。

[例 4-3]　已知组合体的主视图和左视图，如图 4-68a 所示，补画该组合体的俯视图。

画图步骤如下：

1. 读视图，想象出组合体的形状

（1）形体分析法　图 4-68a 所示的组合体，主视图的主要轮廓线为两个半圆，根据投影规律，其左视图上与之对应的是两条相互平行的直线，所以该组合体的基本形体是个半圆柱筒。

（2）线面分析法　主视图上的图线f'，其左视图为直线f''，根据水平面的投影特性知，F面为物体上的水平面，表明该组合体的上部被水平面F切掉。

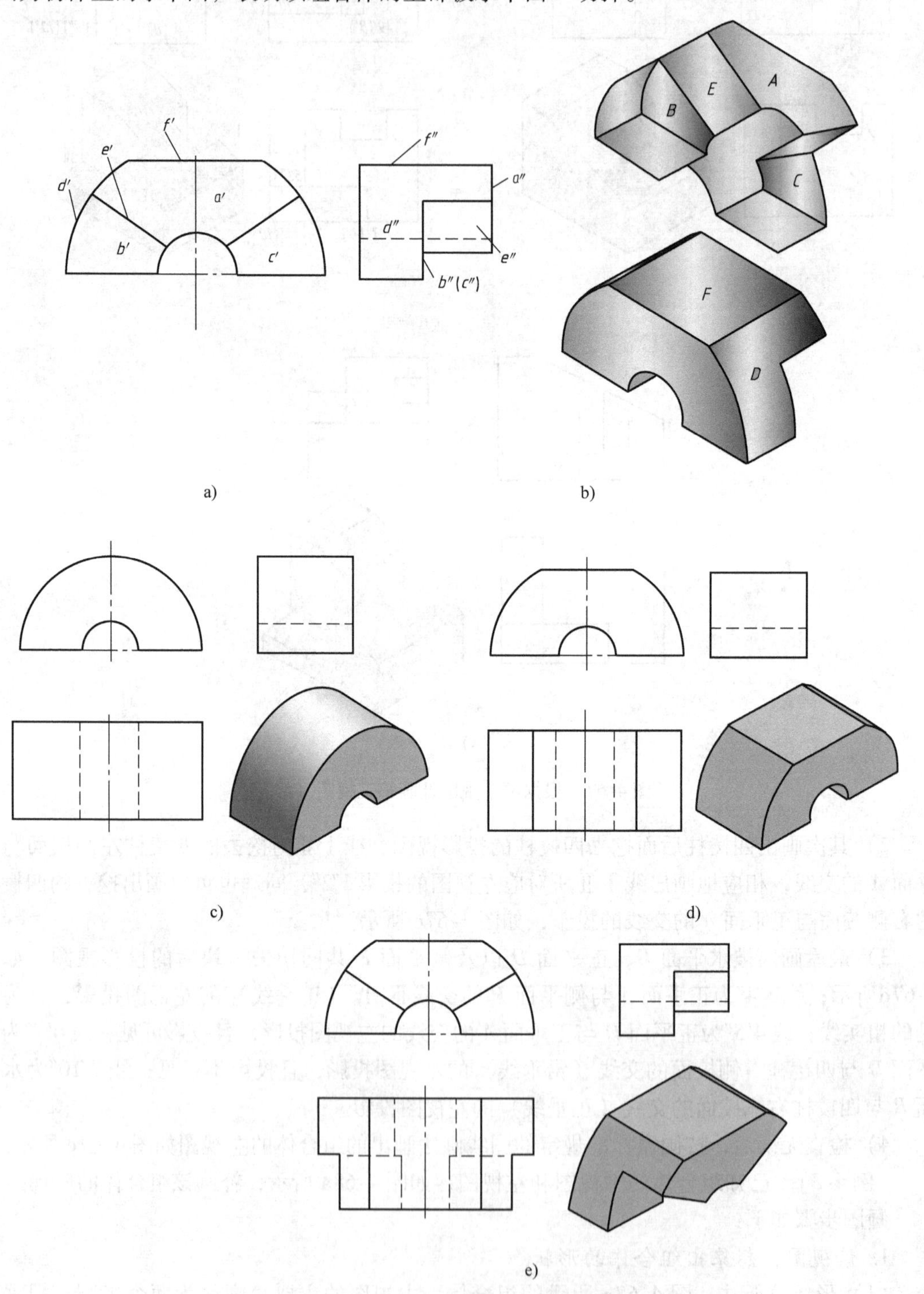

图 4-68　根据两个视图补画第三视图

主视图上的线框 a'，对应的左视图只能是最前面的铅垂直线 a''，线框 a'反映 A 面的真实形状；A 面是物体上的一个正平面。

主视图上的线框 b'、c'，所对应的左视图分别为竖直线 b''、c''，根据正平面的投影特性知 B、C 面为两个正平面，线框 b'、c'分别反映 B、C 面的真实形状。

从左视图可知，A 面在前，B、C 两面在后。

左视图上的线框 e''，很容易就可以找到其所对应的主视图投影为倾斜直线 e'，说明物体上的 E 面为正垂面。

左视图上的线框 d''，在主视图上没有类似形与其对应，它所对应的投影只能是大圆弧，说明物体上 D 面是一个圆柱面。

左视图上的虚线，对应主视图上的投影为小半圆弧，说明它是物体上的半圆柱孔。

经过以上分析可知，该组合体的基本形体是半圆柱筒，半圆柱筒的左右两边分别被正平面 B、C 以及正垂面 E 各切掉一个扇形块，半圆柱筒的上部被水平面 F 切掉一块，综合起来想像出该组合体的整体形状，如图 6-67b 所示。

2. 根据组合体的空间形状，补画组合体的俯视图

1）首先画出半圆柱筒（基本形体）的投影视图，如图 4-68c 所示。

2）其次画出半圆柱筒被水平面 F 切去上面一块后的投影视图。水平面 F 与半圆柱筒外圆柱面产生交线，如图 4-68d 所示。

3）最后画出半圆柱筒左右两边被正平面与正垂面各切掉扇形块后的投影视图，如图 4-68e 所示。

4）检查无误后，按国家标准规定的图线画法画出的组合体的左视图，如图 4-68e 所示。

第五章

零件的表达方法

内容提要

1. 视图的种类及形成。
2. 剖视图的概念、种类及剖切方法。
3. 断面图、轴测剖视图及其他表达方法。
4. 采用 SolidWorks 生成零件的二维图（包括视图、剖视图、断面图等）和三维图（包括轴测图、轴测剖视图等），绘制零件的异维图。

学习提示及要点

1. 视图主要用于表达零件的外部结构形状，重点掌握基本视图、向视图、局部视图、斜视图的形成、画法及标注。
2. 剖视图主要用于表达零件的内部结构形状，着重理解剖视的概念，了解不同剖切方法所形成的全剖视图、半剖视图、局部剖视图的画法、标注和选用原则，重点掌握采用单一剖切平面所形成的各类剖视图的画法和标注，掌握轴测剖视图的画法。
3. 断面图是零件上剖切处断面的投影，着重弄清断面图和剖视图的区别，重点掌握移出断面图和重合断面图的画法及标注。
4. 一般了解其他表达方法和第三角投影。
5. 着重了解并学会运用 SolidWorks 生成零件的二维图（包括视图、剖视图、断面图等）和三维轴测剖视图。

在生产实际中，零件的内外结构和形状多种多样，为了完整、清晰、简便地表达它们的结构，国家标准《技术制图》《机械制图》的“图样画法”（GB/T 4458—2002）中规定了零件的各种表达方法。本章将对视图、剖视图、断面图、轴测剖视图、简化画法和其他表达方法进行介绍。

第一节　视　　图

视图是根据有关国家标准按正投影法所绘制的图形。在机械图样中，主要用来表达零件的外部结构和形状，一般只画出零件的可见部分，必要时才用细虚线表达其不可见部分。为了使画出的图样清晰易懂，而且制图简便，应尽量选用较少的视图。视图的种类通常有基本视图、向视图、局部视图和斜视图。

图 5-1 所示的斜轴承座，它和轴承盖的结合面倾斜于底板。以主视图为主，其他视图（向

视图、局部视图和斜视图）为辅。其他视图弥补了主视图的不足，清晰地表达了零件内外结构形状。下面介绍这些不同的视图是如何形成的及其各自的画法、配置及标注是如何规定的。

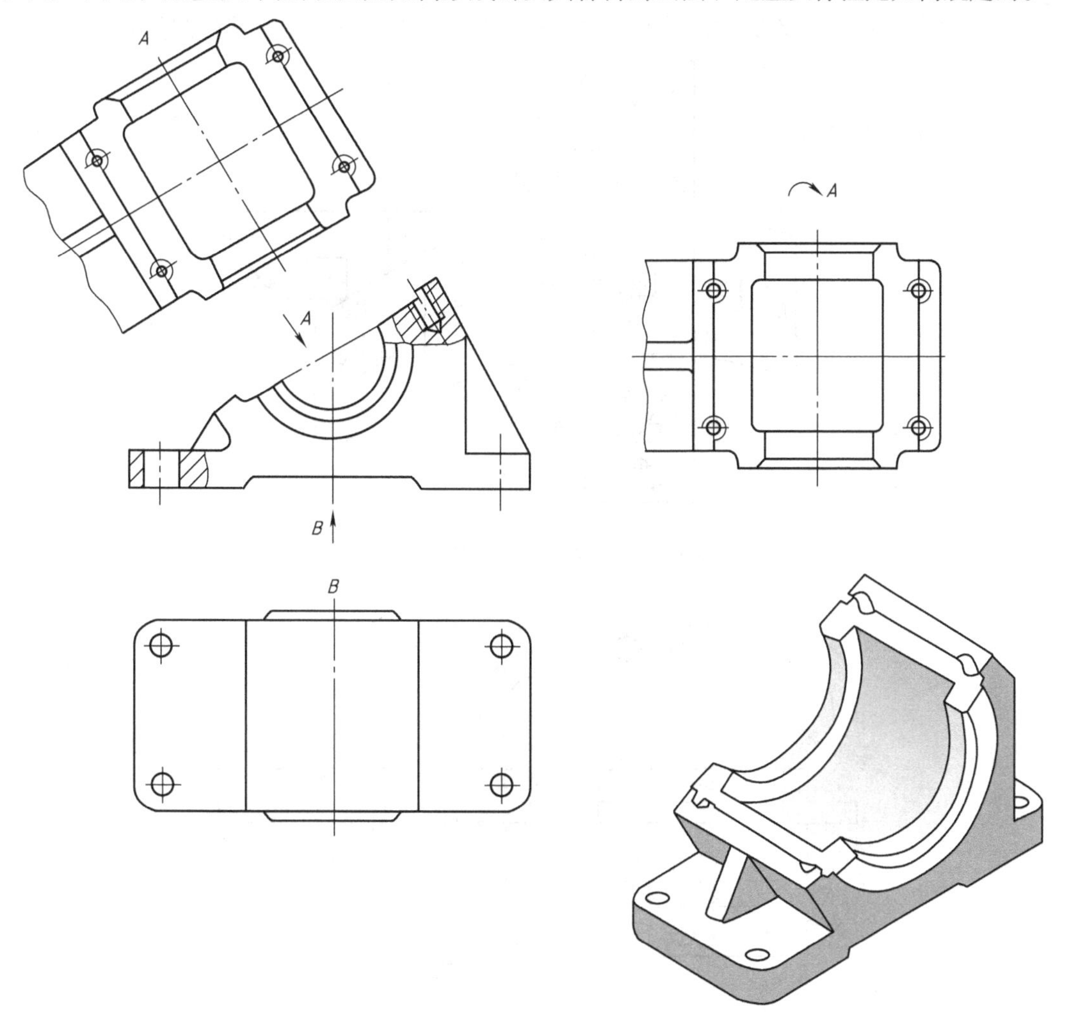

图 5-1　斜轴承座

一、视图的形成原理

1. 基本视图

为了清楚地表达零件的上、下、左、右、前、后 6 个方向的结构形状，在原 3 个投影面的基础上，再增加 3 个投影面，构成了一个正六面体。六面体的 6 个面即为 6 个基本投影面。

将零件放置其中，分别向各基本投影面投射所得的视图，称为基本视图，即得到 6 个基本视图，如图 5-2 所示。

除已学过的主视图、俯视图、左视图外，还有：从右向左投射得到的右视图；从下向上投射得到的仰视图；从后向前投射得到的后视图。

基本视图的展开，仍然保持正投影面不动，其他各投影面按图 5-2 所示展开。展开后各视图的配置位置如图 5-3 所示。

应用基本视图时应注意如下问题：

1）当各视图按图 5-3 所示配置时，称为基本配置位置，一律不标注视图的名称。

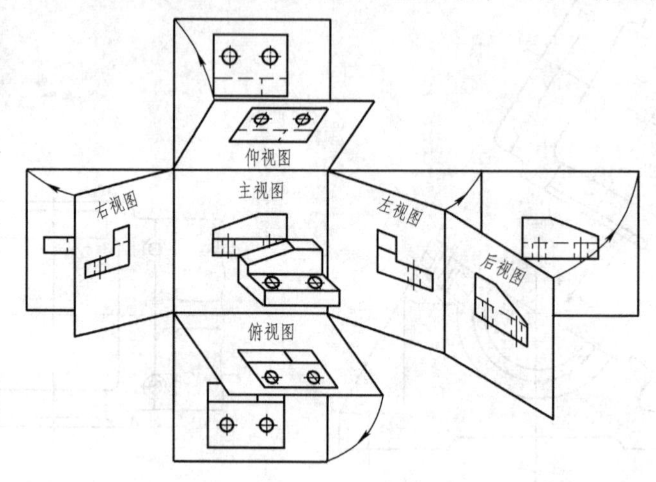

图 5-2　6 个基本投影面和它的展开

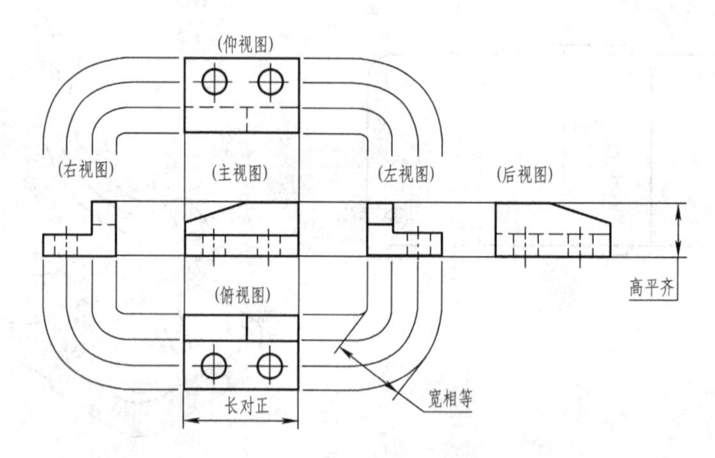

图 5-3　6 个基本视图的配置

2）6 个基本视图之间仍符合“长对正、高平齐、宽相等”的投影规律。如主视图与俯视图和仰视图长对正，与左、右视图和后视图高平齐，左、右视图与俯、仰视图的宽相等。

3）以主视图为准，除后视图外，各视图靠近主视图的一边，均表示零件的后面，远离主视图的一边表示零件的前面，即“里后外前”。

4）对称性。由图 5-3 看出，6 个基本视图其实对应 3 组视图，主、后视图和左、右视图分别在垂直方向对称，俯、仰视图在水平方向对称。

5）实际应用时，并非要将 6 个基本视图都画出来，而是根据零件形状的复杂程度和结构特点，在将零件表达清楚的前提下，选择必要的基本视图，尽量减少视图的数量，并尽可能避免画出不可见轮廓线。一般优先选用主、俯、左 3 个视图。例如图 5-4 所示阀体，为了表达清楚其左右端面的不同形状，在主、俯、左 3 个视图的基础上增加了右视图，并在左、右视图中省略了一些不必要的虚线。但为表达阀体内腔结构和各处孔的情况，主视图仍需画出虚线。

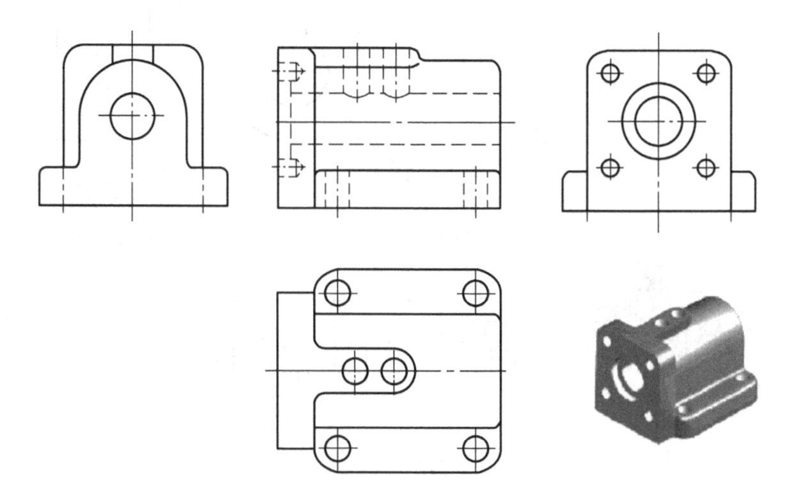

图 5-4　阀体视图中虚线的处理

2. 向视图

在实际设计绘图中，有时为了合理地利用图纸幅面，基本视图可以不按规定的位置配置。可以自由配置的基本视图称为向视图。此时，必须在该视图上方用大写拉丁字母（如 *A*、*B*…）标出该视图的名称，并在相应视图附近用箭头指明投射方向，并注上相同的字母，如图 5-5 所示。

图 5-1 所示斜轴承座的视图表达中不用俯视图而用 *B* 向视图，既反映出底板的结构，又避免了画斜面的失真投影。

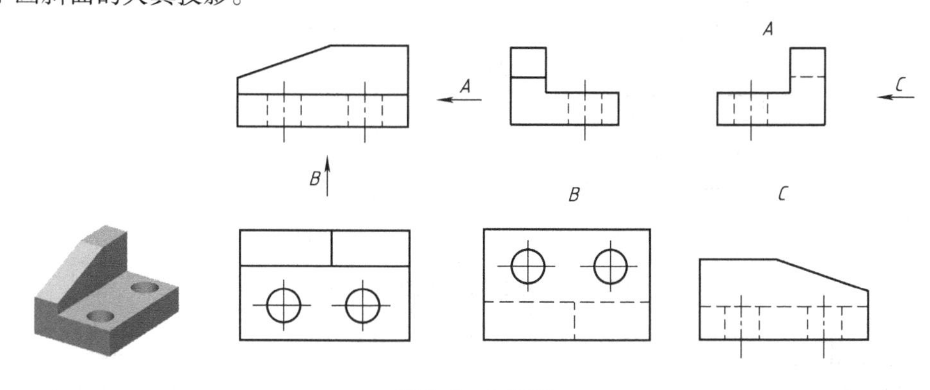

图 5-5　向视图

3. 局部视图

当零件的主要形状已经表达清楚，只有对局部结构需要进行表达时，为了简化作图，不必再增加一个完整的基本视图，即可采用局部视图。将零件的某一部分向基本投影面投射所得的视图，称为局部视图。

如图 5-6 所示压杆，为了避免画其左侧倾斜部分的非实形图，在俯视图中可假想用波浪线断开，这时，俯视图成为只反映大圆筒的 *C* 向局部视图（图 5-7a）。此外，圆柱筒右侧的凸台形状未表达清楚，可以将其单独向左侧立面投影，得到 *B* 向局部视图（图 5-7a），既简化了作图，又表达得简单明了，突出重点。

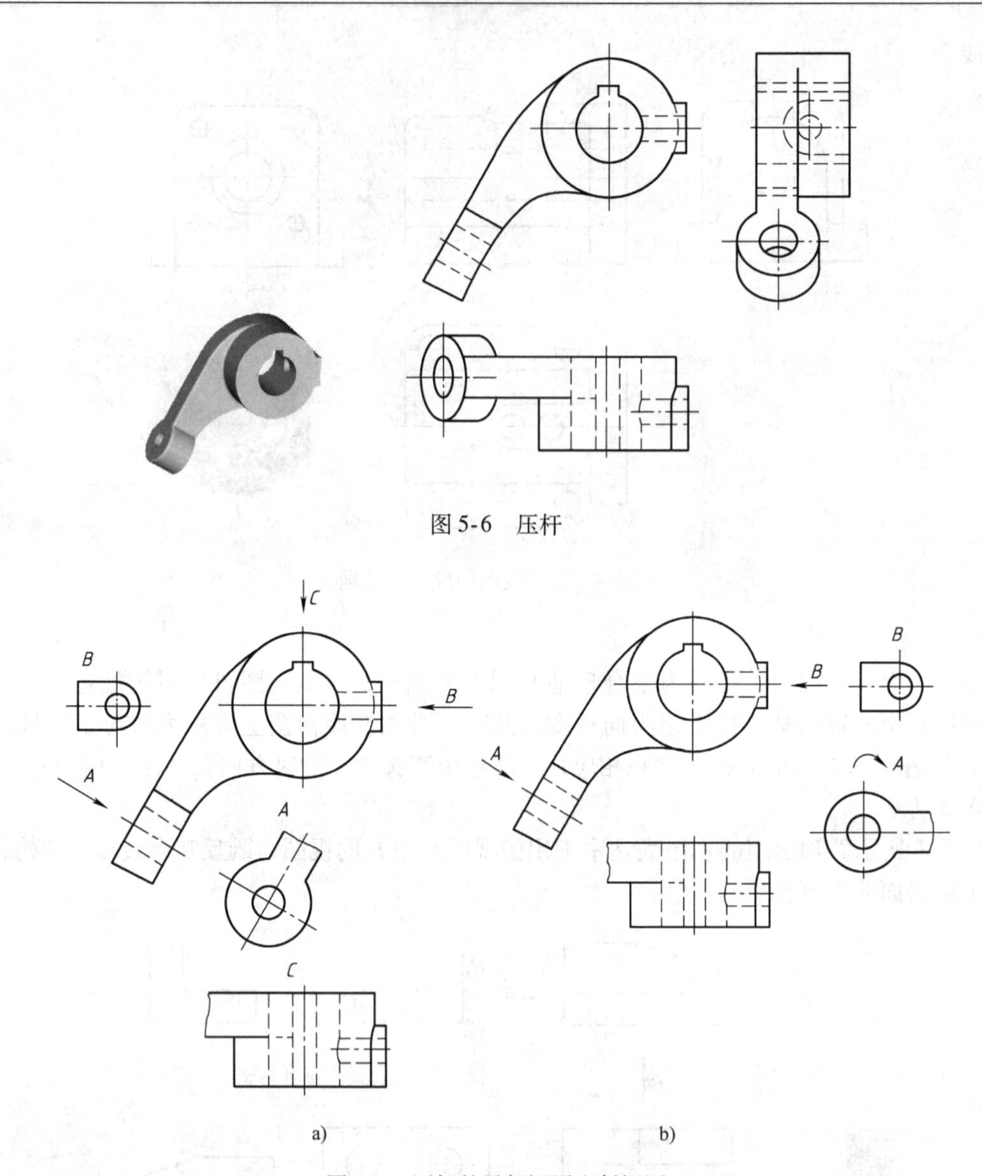

图 5-6　压杆

图 5-7　压杆的局部视图和斜视图

画局部视图要注意：

1）局部视图的断裂边界以波浪线（或双折线）表示，波浪线不应超出断裂零件的轮廓线，如图 5-7a 所示 *C* 向局部视图。

2）所表达的局部结构是完整的，且外形轮廓线成封闭，又与零件其他部分分开时，则可省略表示断裂边界的波浪线，如图 5-7a 所示 *B* 向局部视图。

3）可按基本视图的形式配置，如图 5-7a 所示 *B* 向局部视图。当局部视图按投影关系配置，中间又没有其他视图隔开时，可省略标注，如图 5-7b 所示 *C* 向局部视图。

4）可按向视图的配置形式配置，如图 5-7b 所示 *B* 向局部视图。

5）用波浪线作为断裂线时，波浪线可看作是零件上断裂面的投影，应画在零件的实体上；不可画在中空处；也不可画在轮廓线的延长线上。图 5-8 用正误对比说明波浪线的正确画法。

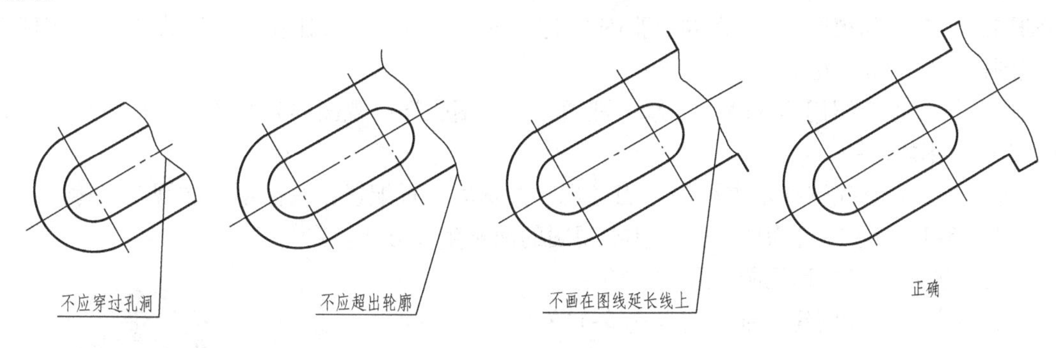

图 5-8　波浪线画法的正误对比

4. 斜视图

将零件向不平行于任何基本投影面的投影面投影所得的视图称为斜视图。斜视图用来表达零件上倾斜结构的真实形状。例如图 5-6 所示压杆，其倾斜结构在俯视图和左视图上均不反映实形。这时可选择一个新的辅助投影面，使它与该倾斜部分平行（且垂直于某一基本投影面）。然后将零件上的倾斜部分向新的辅助投影面投射，所得视图表达了该部分的实形。再将新投影面按箭头所指的方向，旋转到与其垂直的基本投影面重合的位置，如图 5-9 所示。图 5-1 所示斜轴承座的 *A* 向斜视图反映座口的实形。

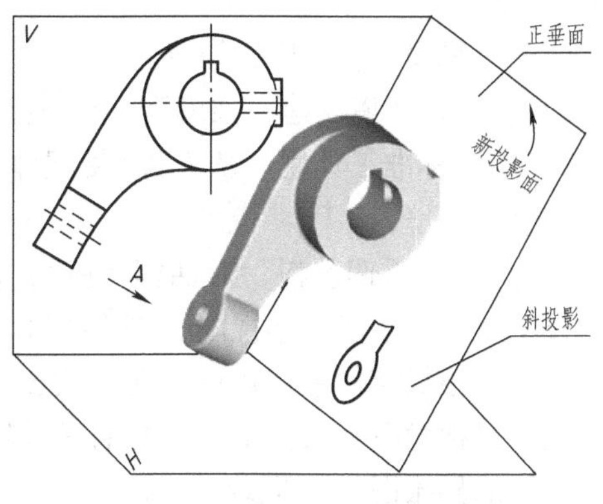

图 5-9　压杆倾斜结构斜视图的形成

画斜视图要注意：

1）斜视图只表达零件倾斜部位结构特征的真实形状，其余部分省略不画，所以用波浪线或双折线断开，如图 5-7 所示 *A* 向斜视图、图 5-1 所示斜轴承座的 *A* 向斜视图。

2）斜视图必须标注。斜视图一般按向视图的配置形式配置，在斜视图的上方用字母标注出视图的名称，在相应的视图附近用箭头指明投射方向，并注上同样的字母，字母应水平注写，如图 5-7a 所示 *A* 向斜视图、图 5-1 所示斜轴承座的 *A* 向斜视图。

3）必要时允许将斜视图旋转配置，但必须画出旋转符号。旋转符号的箭头应与视图旋转方向一致。表示该视图名称的大写拉丁字母应靠近旋转符号的箭头端，如图 5-7b 所示 *A* 向旋转斜视图、图 5-1 所示斜轴承座的 *A* 向斜视图，并且允许将旋转角度注写在字母之后。

旋转符号为半圆形，半径等于字体高度，线宽为字体高度的 1/10 或 1/14，如图 5-10 所示。

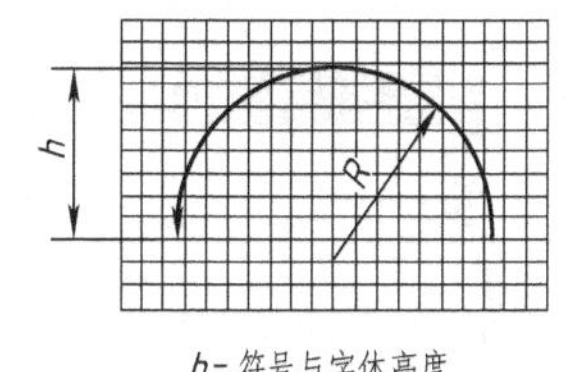

h= 符号与字体高度

$h=R$

符号笔画宽度 $=\frac{1}{10}h$ 或 $\frac{1}{14}h$

图 5-10　旋转符号的尺寸和比例

二、采用 SolidWorks 生成零件的视图

根据前几章创建立体特征的方法，可以构建零件的三维模型。在此基础上，借助 Solid-

Works 的工程图功能，依次创建其二维图（包括视图、剖视图和断面图等）和三维图（包括轴测图、轴测剖视图等），在同一张图纸上对同一零件采用二维和三维形式表示，实现零件视图构建中的异维图。

以下将分别介绍用 SolidWorks 基本视图、向视图、局部视图和斜视图的生成方法。

（一）基本视图

零件的表达首先选择基本视图。当各视图按基本位置配置，一律不标注视图名称。

以图 5-11 所示零件为例，介绍基本视图的两种生成方法。

（1）方法 1 “模型视图”创建。

1）在零件环境创建三维模型（图 5-11）。

2）新建工程图文件，选择工程图纸格式，进入工程图环境。

3）在“模型视图”对话框中选择要插入的零件（图 5-12a），并选择一个或多个命名视图（图 5-12b），生成基本视图（图 5-14）。

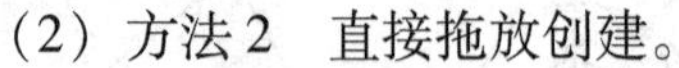

（2）方法 2 直接拖放创建。

1）在零件环境创建三维模型（图 5-11）。

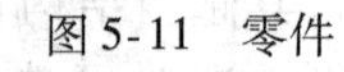

图 5-11 零件

2）单击标准工具栏“从零件/装配体制作工程图”图标按钮，选择工程图纸格式，进入工程图环境。

3）从“查看调色板”对话框将所需视图拖动到工程图图纸中（图 5-13）。在属性管理器中设定选项，生成基本视图（图 5-14）。

最后，根据零件结构特点，在“投影视图”界面上，沿视图对角线方向移动鼠标，可以生成不同视角下反映其不同结构的三维轴测图（图 5-14）。

零件的异维图如图 5-14 所示。

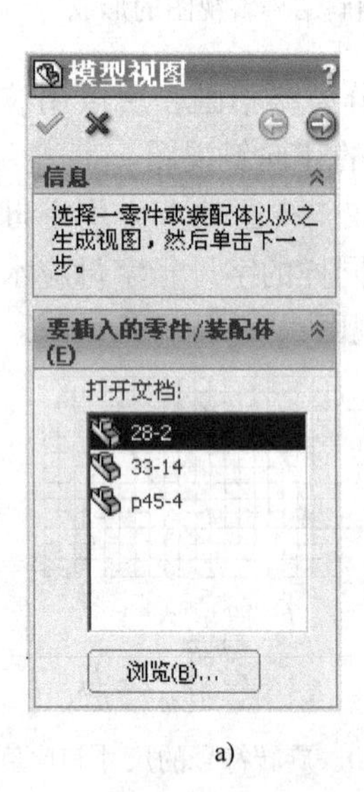

a)

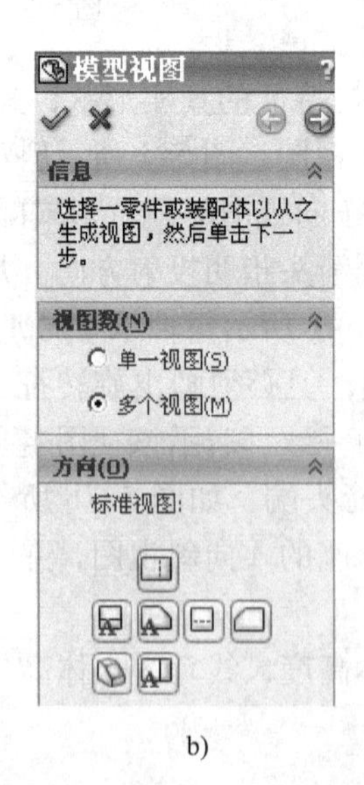

b)

图 5-12 “模型视图”对话框

a）选择要插入的零件 b）选择一个或多个命名视图

图 5-13 “查看调色板“对话框

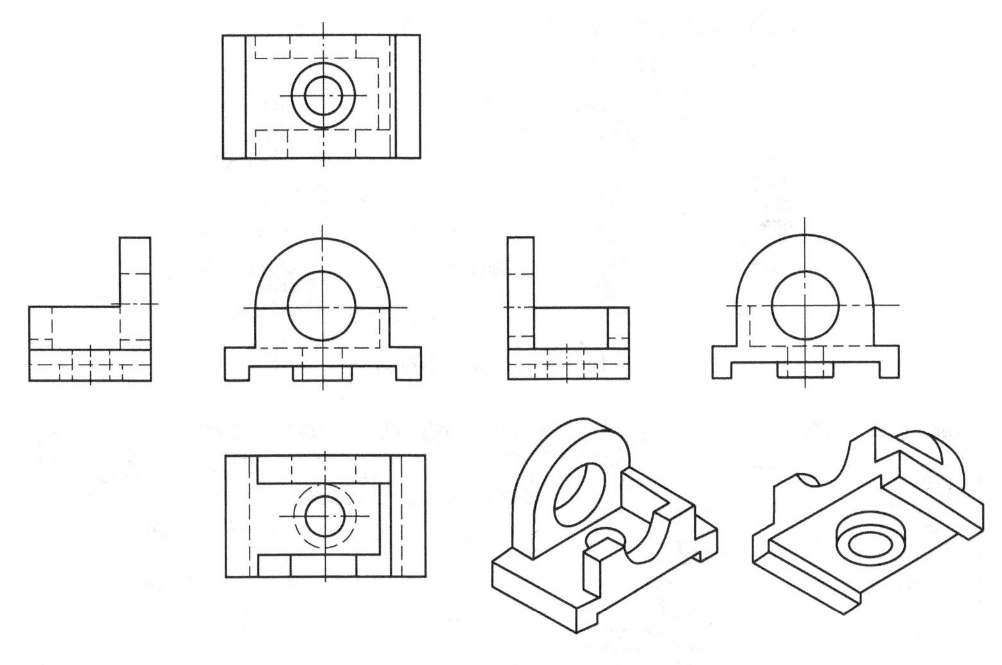

图 5-14 零件的异维图

（二）向视图

如果投影视图不按默认的对齐位置放置，即生成向视图，此时按国标应该加标注。

以下为生成图 5-11 所示零件向视图的步骤。

1）打开零件，生成模型视图（主、俯、左视图），并选择主视图。

2）单击“投影视图”图标按钮，弹出“投影视图”属性管理器（图 5-15）。选择“箭头”复选框，在图标栏中输入字母“A”（图 5-15）。移动鼠标到所需位置后（主视图的左方），单击以放置视图。用鼠标右键单击刚生成的右视图，从弹出的快捷菜单中选择“视图对齐”→“解除对齐关系”，移动该视图到左视图正右方。同样，可将已生成的仰视图移动到俯视图正右方。

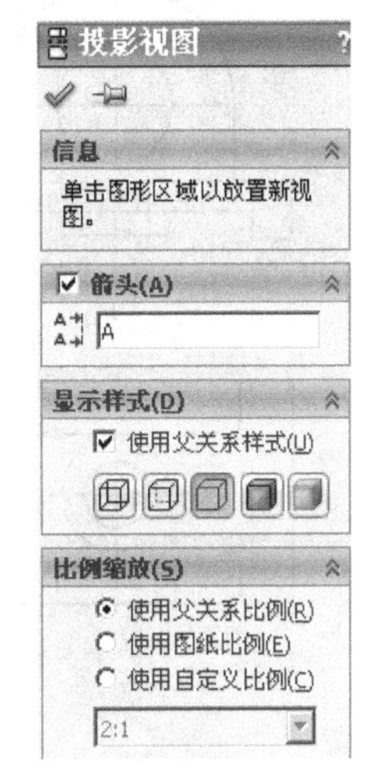

图 5-15 “投影视图”属性管理器

3）单击菜单“工具”→“选项”→“文件属性”→“尺寸”，将“样式”值改为实心箭头。

4）选择文字或箭头，将其拖动到所需位置。

5）单击菜单“工具”→“选项”→“文件属性”→“箭头”，更改“剖面/视图大小”的高度、宽度、长度数值，可改变箭头大小（图 5-16）。

6）单击菜单“工具”→“选项”→“文件属性”→“注解字体”→“视图箭头”，在弹出的“选择字体”对话框中可更改字体大小和样式（图 5-17），完成向视图（图 5-18a）。

零件的异维图如图 5-18 所示。

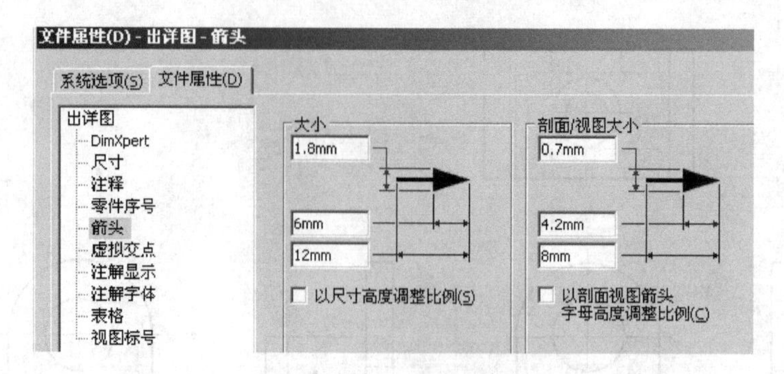

图 5-16　更改箭头大小对话框

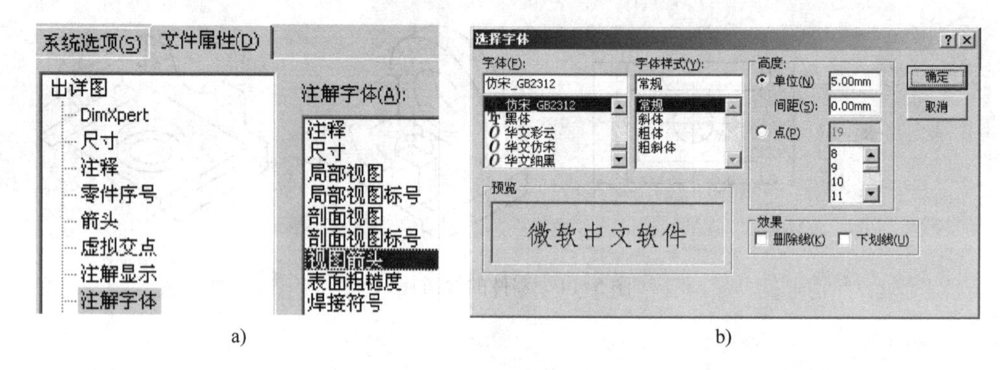

图 5-17　更改箭头字体对话框

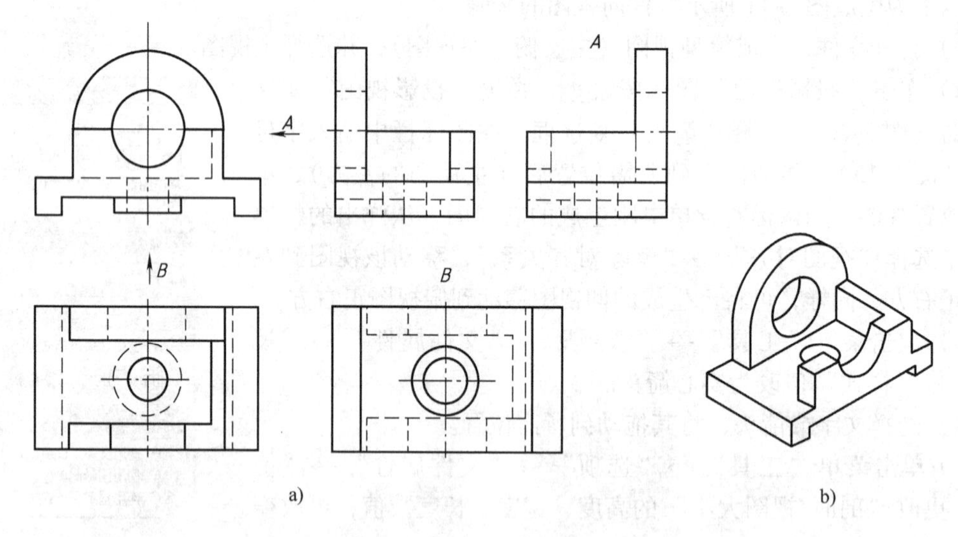

图 5-18　零件的异维图

a）生成向视图　b）生成三维轴测图

（三）局部视图

局部视图的表达方法有两种：以波浪线为断裂边界表示的局部视图；以封闭轮廓表示的局部视图。以图 5-19 所示摇杆为例，分别介绍两种表达的生成方法。

1. 以波浪线为断裂边界表示的局部视图

1）打开零件（图 5-19a）。

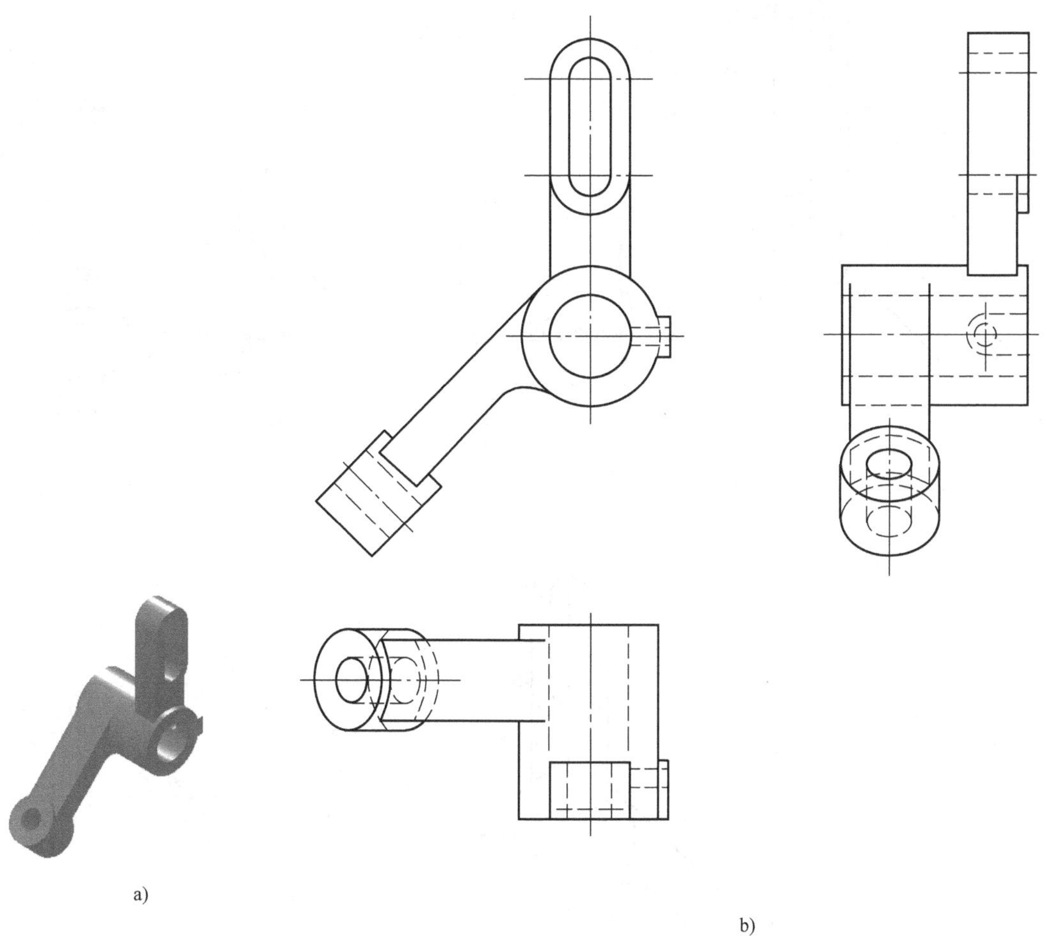

图 5-19　摇杆

2）进入工程图环境生成基本视图（图 5-19b）。激活左视图，绘制局部视图边界线（闭环轮廓）并选择（图 5-20a）。

3）单击工程图工具栏上的“局部视图”图标按钮，弹出局部视图属性管理器，设置其属性（图 5-20b）。当移动鼠标时，显示视图的预览。当视图位于所需位置时，单击放置视图（图 5-20c）。隐藏原有左视图即可。

注意：如果“局部视图”属性管理器中选择“使用自定义比例”，可生成局部放大图。

4）根据需要编辑视图标号和字体样式（图 5-21）。

请思考：如何通过工程图工具栏上的“裁减视图”图标按钮，生成以波浪线为断裂边界表示的局部视图？

2. 以封闭轮廓表示的局部视图

1）根据摇杆的结构特点，为表达右侧凸台的端面形状，生成右视图（图 5-22a）。

2）激活右视图，选择需要隐藏的边线，得到以封闭轮廓表示的局部视图 *B*（图 5-22b）。

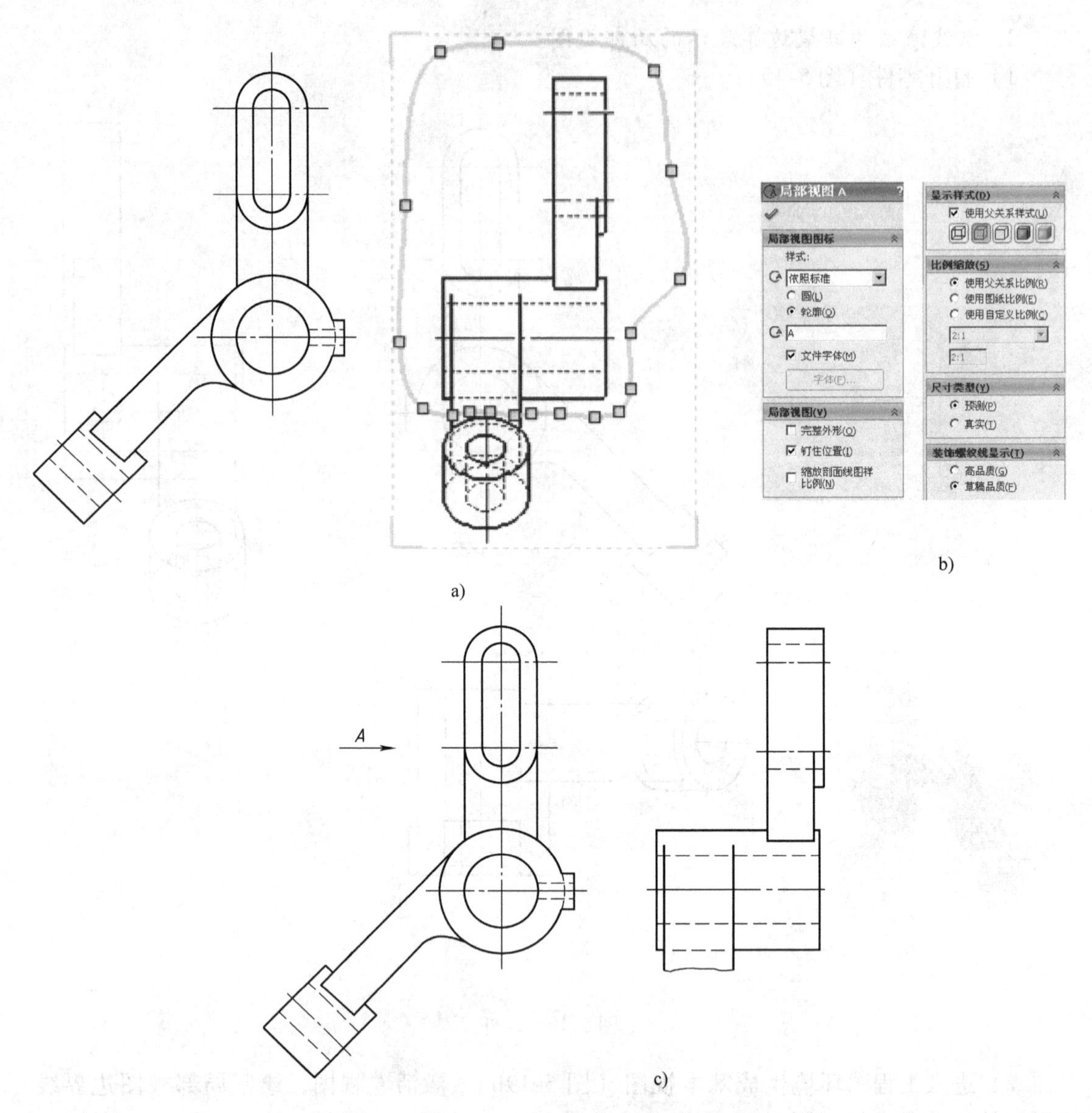

图 5-20　生成以波浪线为断裂边界表示的局部视图

a）绘制边界线　b）“局部视图”属性管理器　c）生成局部视图 *A*

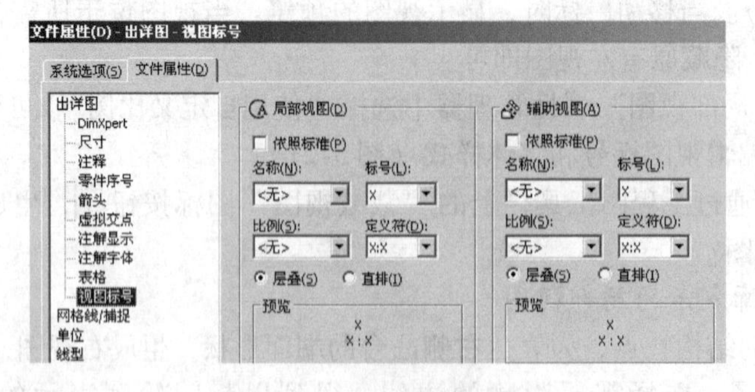

图 5-21　设置“视图标号”

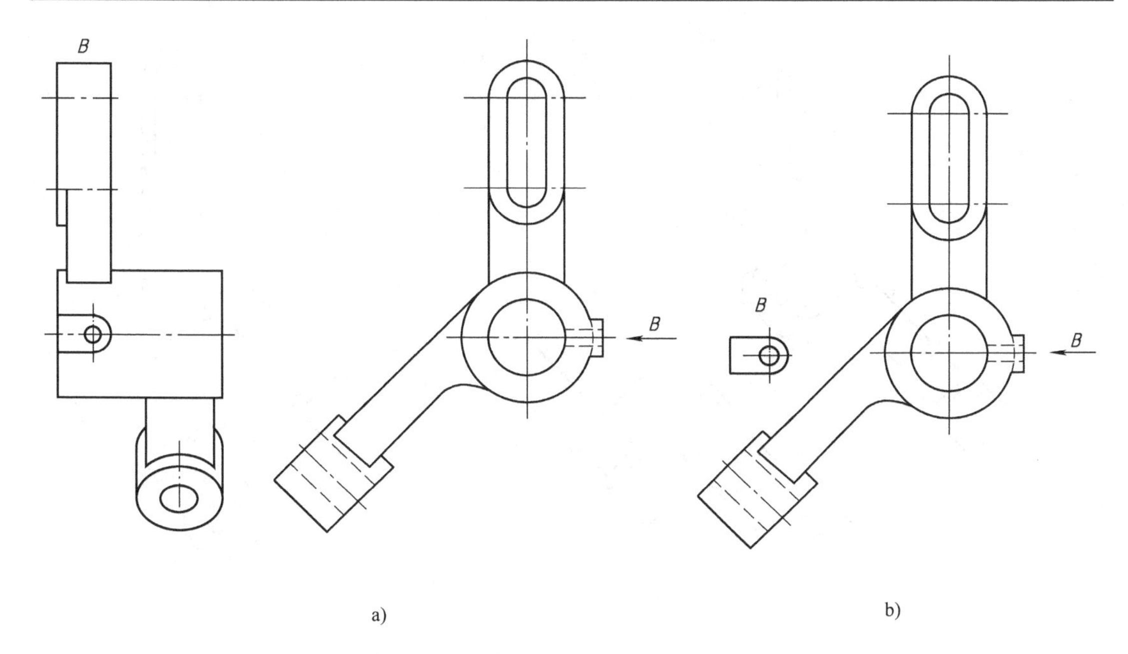

图 5-22　生成以封闭轮廓表示的局部视图
a）生成右视图　b）生成 B 局部视图

（四）斜视图

上述摇杆具有倾斜结构，基本视图不能准确反映出倾斜表面的实形，所以采用斜视图。

1）按照前述方法，打开零件，进入工程图环境生成基本视图。

2）单击工程图工具栏上的“辅助视图”图标按钮，选取参考边线，弹出辅助视图属性管理器，设置其属性（图 5-23a）。当移动鼠标时，显示视图的预览。

3）移动光标到需要位置后，单击以放置视图，得到零件的整体斜视图（图 5-23b）。

4）按照以波浪线为断裂边界表示的局部视图的生成方法，求得斜视图（图 5-23c）。

注意：参考边线不能是水平或竖直的边线，因为这样会生成标准投影视图。参考边线可以是零件的边线、侧影轮廓边线、轴线或所绘制的直线。

摇杆的异维图如图 5-24 所示。

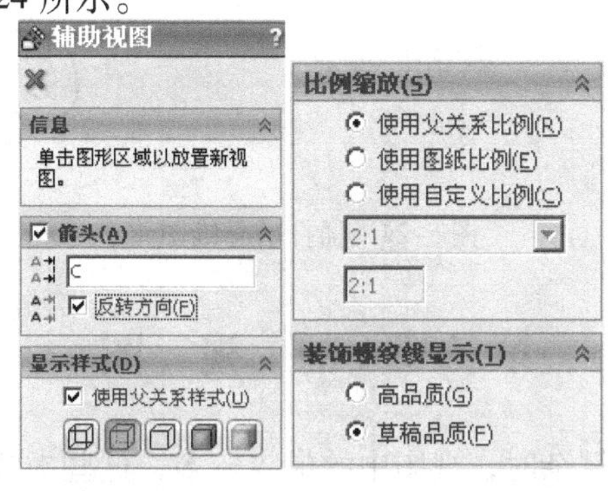

a)

图 5-23　生成斜视图
a）“辅助视图”属性管理器

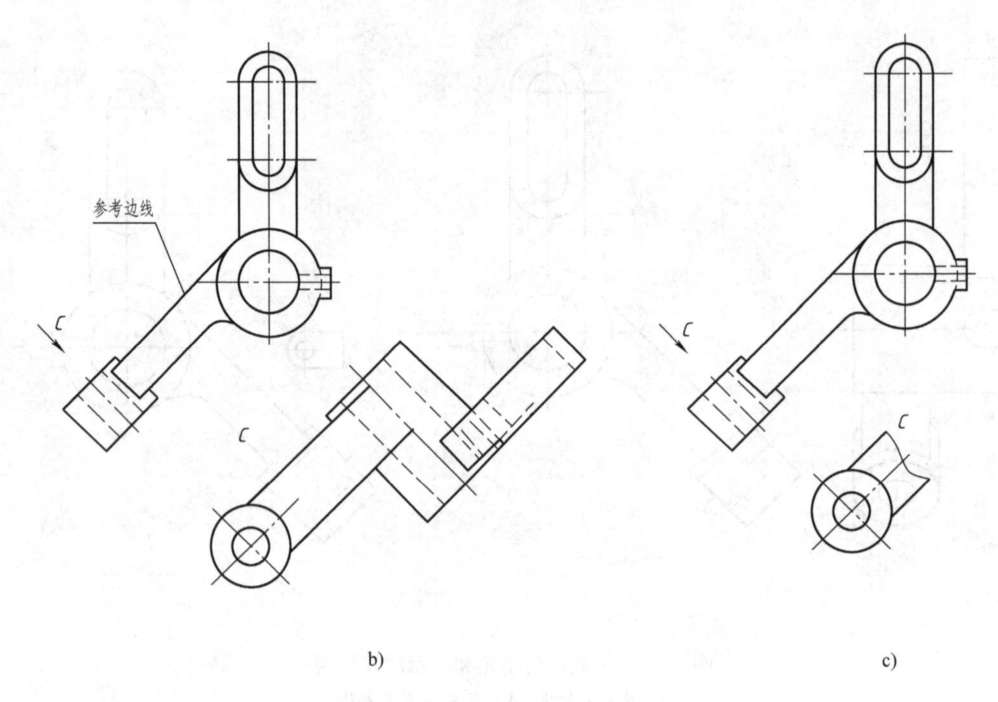

图 5-23　生成斜视图（续）

b）生成整体斜视图　c）生成斜视图

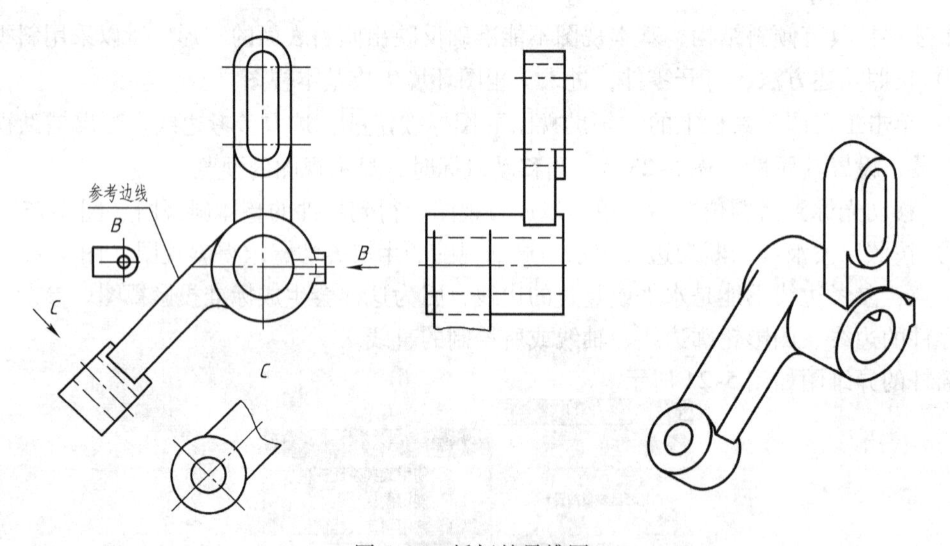

图 5-24　摇杆的异维图

第二节　剖　视　图

当零件的内部结构比较复杂时，视图中的虚线较多，这些虚线往往与实线或虚线相互交错重叠，既影响图形的清晰度，又不便于看图和标注尺寸，如图 5-25a 所示。为了将视图中不可见的部分变为可见的，从而使虚线变为实线，国家标准（GB/T 4458.7—2002）中规定了用剖视图来表达零件内部结构的方法。

一、剖视图的概念和画法

（一）剖视图的形成

如图5-25b所示，假想用剖切面（常用平面或柱面）剖开物体，将处在观察者和剖切面之间的部分移去，而将其余的部分向投影面投射，并在剖面区域内加上剖面符号所得的图形，称为剖视图，简称剖视。如图5-25c所示，原来不可见的孔、槽都变成可见的了，比没有剖开的视图，层次分明，清晰易懂。

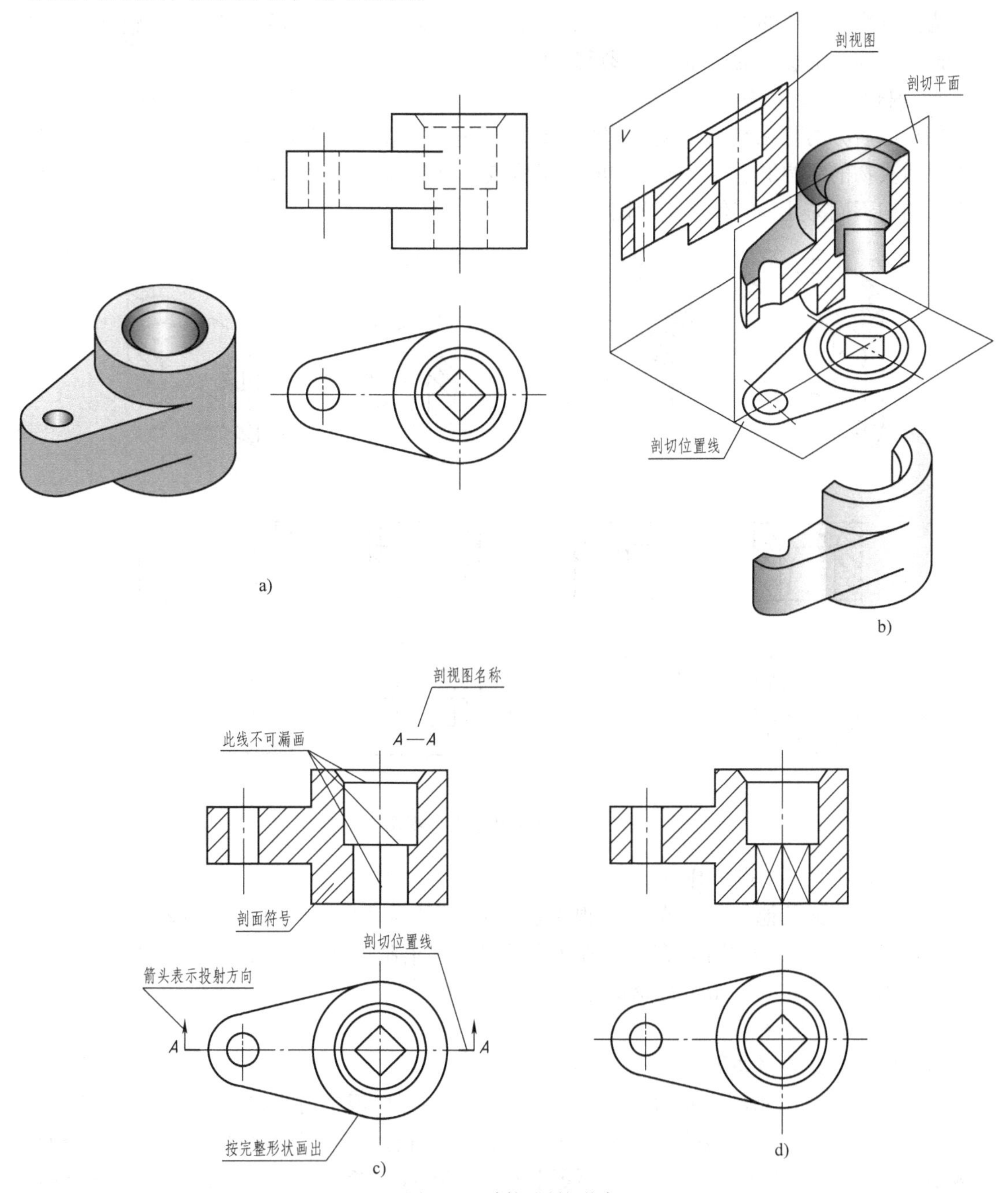

图5-25　剖视图的形成

（二）剖视图中应注意的问题

1．剖切的目的性

剖切的目的是表达零件的内部结构。

2．剖切的假想性

剖切面是假想的，因此，当零件的某一个视图画成剖视之后，其他视图仍按完整结构画出，如图 5-25c 所示。

3．剖切面的位置

为充分表达零件的内部孔、槽等的真实结构、形状，剖切面应通过回转面的轴线、槽的对称面，这样被剖切到的实体其投影反映实形。

4．剖切面后方的处理

剖切面后方的可见轮廓线应全部画出，不应遗漏，如图 5-25c、图 5-26 所示。仔细分析剖面后实物的结构形状及有关视图的投影特点，以免画错。图 5-27 是剖面形状相同，但剖面后结构不同的几种零件的剖视图。

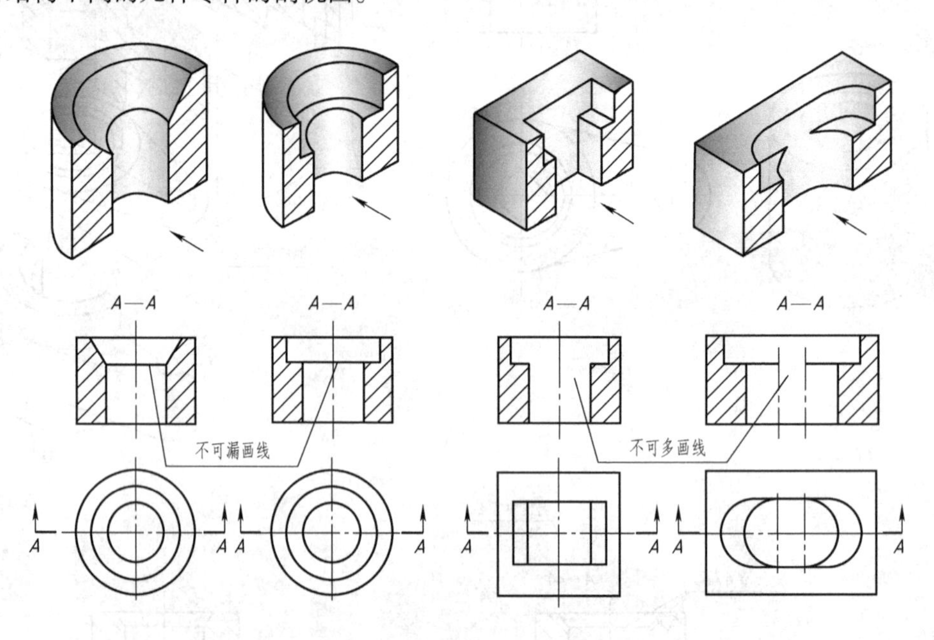

图 5-26　几种孔槽的剖视图

5．剖视图中细虚线的处理

不可见轮廓或其他结构，在其他视图已表达清楚的情况下，细虚线省略不画，如图 5-28a所示。对没有表达清楚的结构，在不影响剖视图清晰度而又可以减少视图数量的情况下，可以画少量细虚线，如图 5-28b 所示。

6．剖视图的标注

剖视图的标注内容如下：

（1）剖切线　指示剖切面的位置（细点画线），一般情况下可省略。

（2）剖切符号　由粗短画和箭头组成，表示剖切面起、迄和转折位置及投射方向。粗短画表示剖切位置，用断开的粗实线表示，线宽为 1 ~ 1.5d（d 为粗实线线宽），线长约为 5 ~ 7mm，

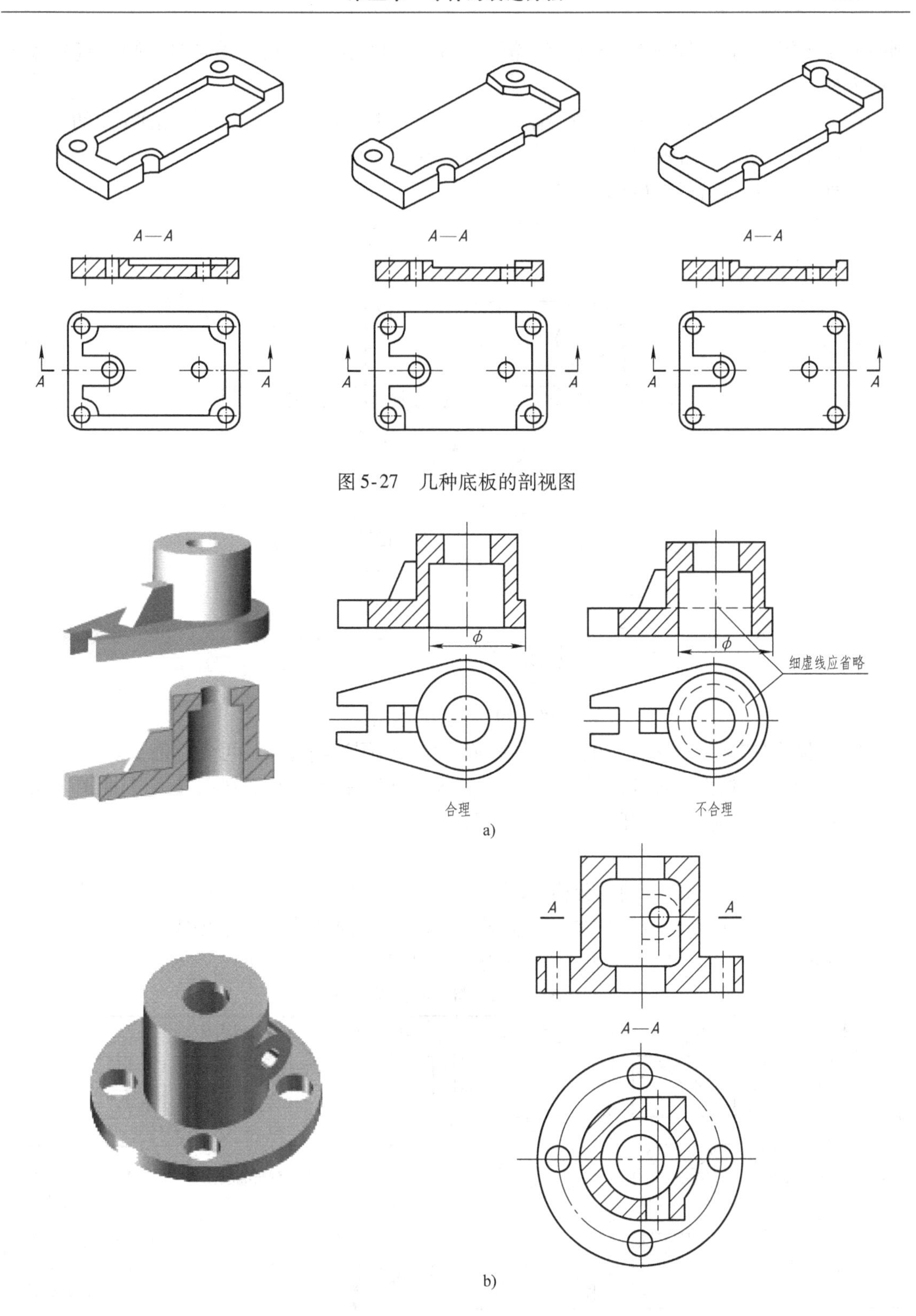

图 5-27　几种底板的剖视图

图 5-28　剖视图中细虚线的处理

a）剖视图中不应画虚线的情况　b）剖视图中应画虚线的情况

画时应尽可能不与图形的轮廓线相交。箭头（画在粗短画的外端，并与粗短画垂直）表示投射方向。

（3）剖视图的名称　在剖切符号附近要注写大写拉丁字母“×”，并在剖视图的正上方用相同的字母注写剖视图名称“×—×”，如图5-25c所示。

下列情况可省略标注（图5-29）：

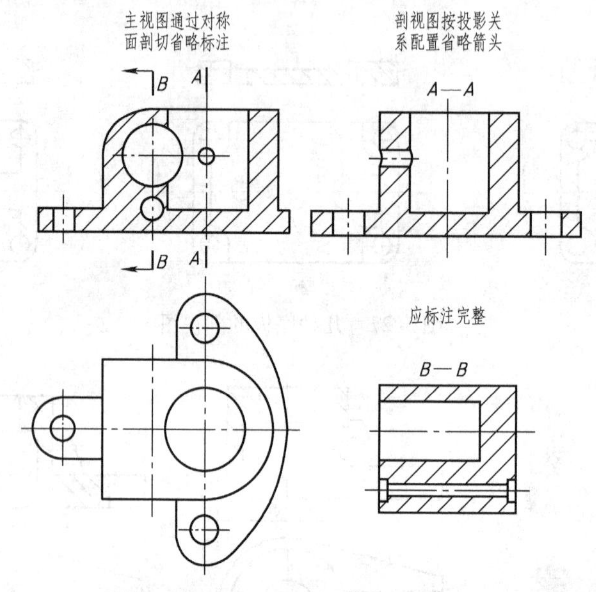

图5-29　剖视图的标注

1）剖视图按基本视图关系配置，中间又没有其他图形隔开时，可省略箭头。

2）当单一剖切面通过零件的对称（或基本对称）平面，且剖视图按基本视图关系配置，中间又没有其他图形隔开时，可省略标注。

7. 剖面区域

剖切面与零件实体接触的部分称为剖面区域。画剖视图时，应在剖面区域内画出剖面符号，剖面符号不仅用来区分零件的空心及实体部分，同时还表示制造该零件所用材料的类别。国家标准《机械制图》中规定了相应符号，见表5-1。

表5-1　部分材料的剖面符号

材料名称	剖面符号	材料名称	剖面符号	材料名称	剖面符号
金属材料（已有规定剖面符号者除外）		型砂、填砂、粉末冶金、砂轮、硬质合金刀片等		混凝土	
非金属材料（已有规定剖面符号者除外）		玻璃及供观察用的其他透明材料		钢筋混凝土	
线圈绕组元件		木材　纵剖面		砖	
转子、电枢、变压器和电抗器等的迭钢片		木材　横剖面		液体	

在工程图样中，金属材料常用的剖面符号是剖面线，剖面线应画成与主要轮廓线或剖面区域的对称线成45°的一组平行细实线，如图5-30所示。剖面线之间的距离视剖面区域的大小而异，通常可取2～4mm。同一零件在不同的视图中，剖面线倾斜方向、间距要一致。

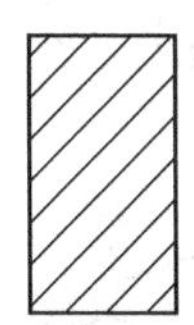
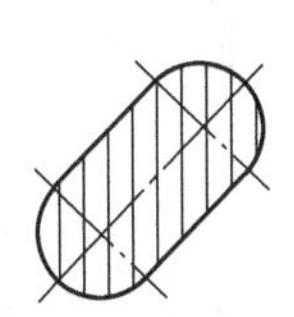
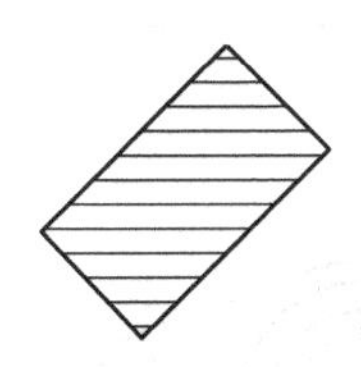
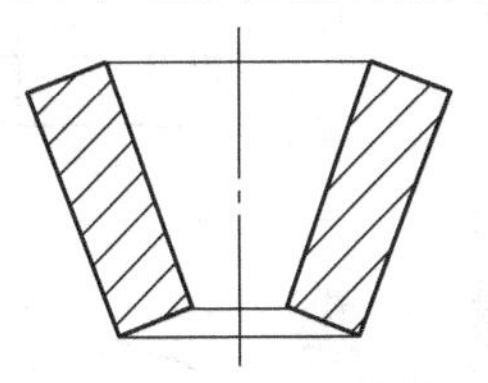
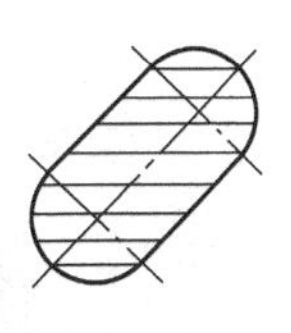

图5-30　金属材料剖面线的画法

当画出的剖面线与图形的主要轮廓线或剖面区域的轴线平行时，该图形的剖面线应画成与水平成30°或60°角，但其倾斜方向与其他图形的剖面线一致，如图5-31所示。

（三）剖视图的画法

如图5-32所示填料压盖的剖视图画法如下：

1）画出零件的视图。

2）确定剖切面的位置，画出剖面区域、剖面后所有可见部分的投影，在剖面区域内画剖面符号。

3）标注剖切位置、投射方向、剖视图的名称。

注意依照国标规定正确省略标注。

二、剖视图的种类

画剖视图时，既可以在某一个视图上采用剖视，又可以根据需要同时在几个视图上采用剖视，它们之间相互独立，彼此不受影响。按零件被剖切的范围不同，剖视图可以分为全剖视图、半剖视图和局部剖视图3种。

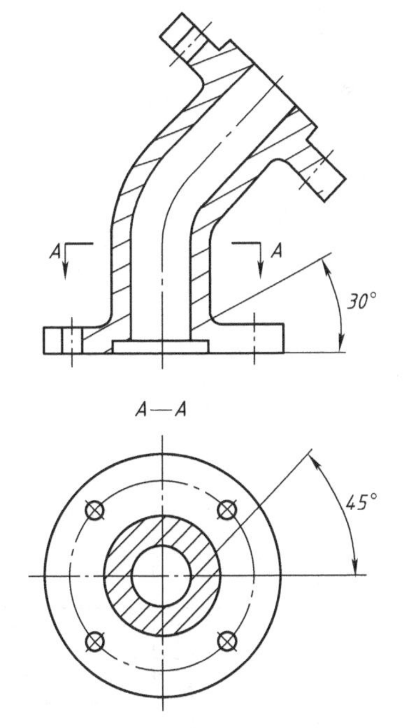

图5-31　主要轮廓线与水平线成45°时剖面符号的画法

如图5-33所示支架，由圆筒、底板、连接板等3部分组成。其外形相对简单，内部结构较复杂。若采用基本视图，图线虚实交错，表达不清晰，所以，在原有3个视图的基础上，采用不同的表达方法搭配（图5-34），主视图采用全剖视，左视图采用半剖视、局部剖视，俯视图作为外形图（主要反映底板形状和安装孔、销孔的位置）。每个视图都有表达的重点，目的明确，相互配合补充。

1. 全剖视图

用剖切面将零件完全剖开所得到的剖视图，称为全剖视图。如图5-34a、c所示，支架主视图采用全剖视，剖切面*A—A*通过支架轴孔的前后对称面，主要表达支架内部的主要结构。全剖视图主要用于外形简单、内部形状复杂的不对称零件。

2. 半剖视图

当零件具有对称（或基本对称）平面时，向垂直于对称平面的投影面投射所得到的图形，应以对称中心线为界，一半画成剖视图，另一半画成视图，这样获得的图形称为半剖视图。

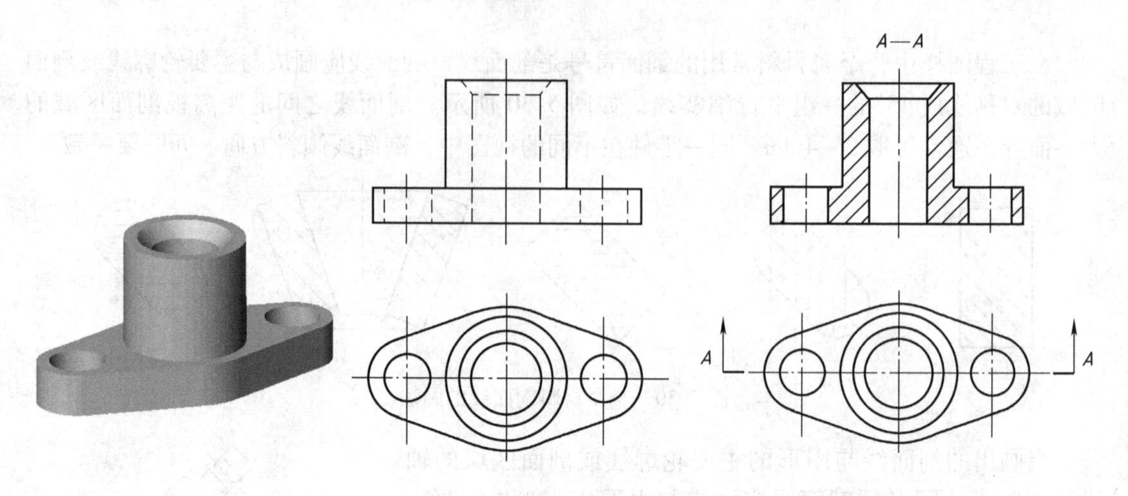

图 5-32　填料压盖的剖视图

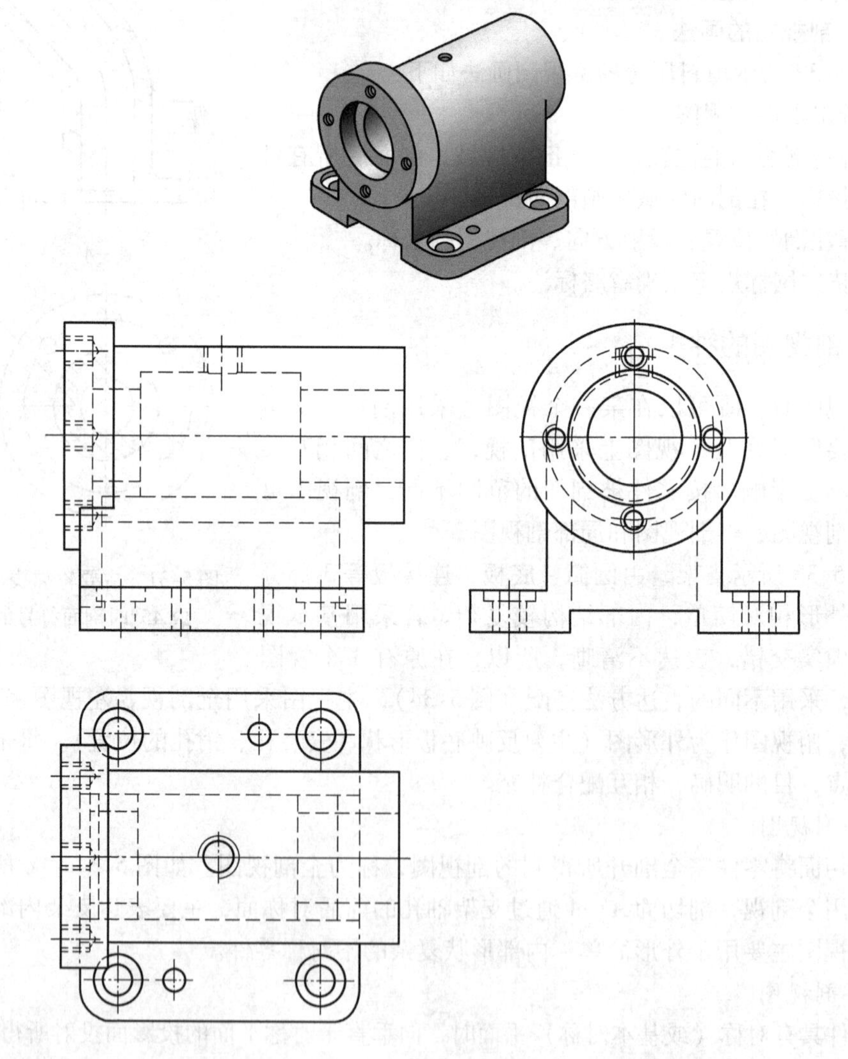

图 5-33　支架及其视图

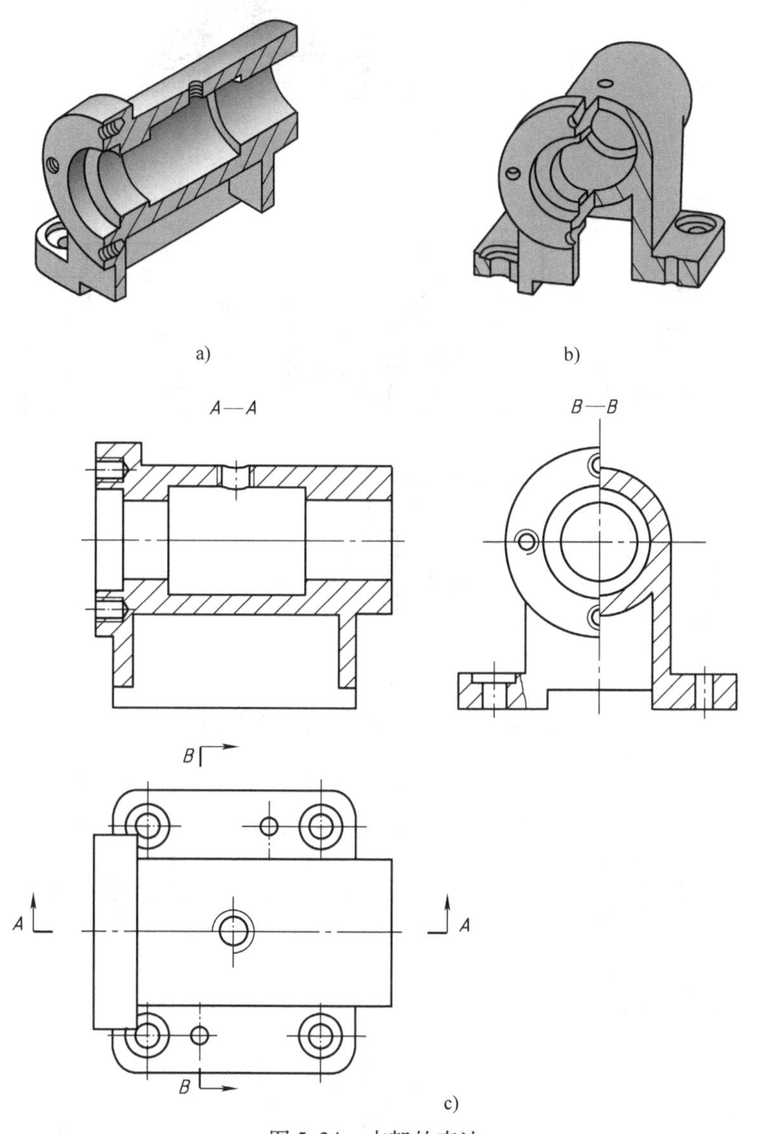

图 5-34　支架的表达

a）主视图全剖　b）左视图半剖、局部剖　c）剖视图

如图 5-34b、c 所示，支架左视图利用支架前后对称的特点，采用半剖视，从 *B—B* 位置剖切，既反映圆筒、底板、连接板的连接情况，又表现出底板上销孔的穿通情况，左边外形则主要表达圆筒端面上螺孔的分布位置和数量。

半剖视图主要用于内、外形状都需要表达的对称机件，其优点在于，一半（剖视图）能表达零件的内部结构，另一半（视图）表达外形。由于零件是对称的，能够容易想像出零件的整体结构形状。有时，零件的形状接近对称，且不对称部分已另有图形表达清楚时，也可以画成半剖视图，如图 5-35 所示。

画半剖视图时，应注意以下几点：

1）在半剖视图中，半个视图与半个剖视图的分界线必须为细点画线。如果对称零件视图的轮廓线与半剖视的分界线（细点画线）重合，则不能采用半剖视图，如图 5-36 所示。

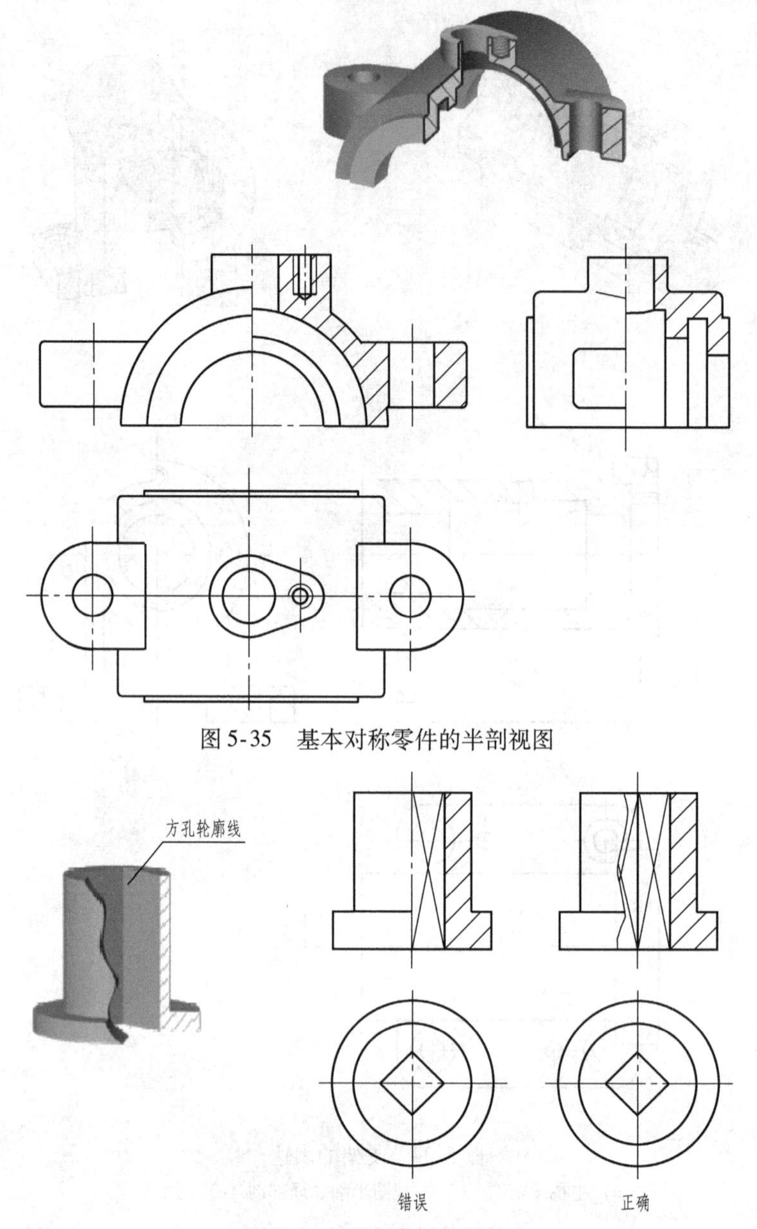

图 5-35　基本对称零件的半剖视图

图 5-36　不宜半剖的零件

2）由于半剖视图可同时兼顾零件的内、外形状的表达，所以，在表达外形的那一半视图中一般不必再画出表达内部形状的细虚线。标注零件结构对称方向的尺寸时，只能在表示该结构的那一半画出尺寸界线和箭头，尺寸线应略超过对称中心线，如图 5-37b 所示的 ϕ16 和 18。

3）半剖视图的标注，与全剖视图的标注规则相同。如图 5-37 所示配置在主视图位置的半剖视图，配置在左视图位置的半剖视图，均符合省略标注的条件，所以不加标注；而俯视图位置的半剖视图，剖切平面不通过零件的对称平面，所以应加标注“*A*—*A*”。

半剖视图的画法正误对比如图 5-38 所示。

3. 局部剖视图

用剖切面局部地剖开零件所得的剖视图，称为局部剖视图。如图 5-34b、c 所示，支架左视图采用局部剖视反映底板上的安装孔。

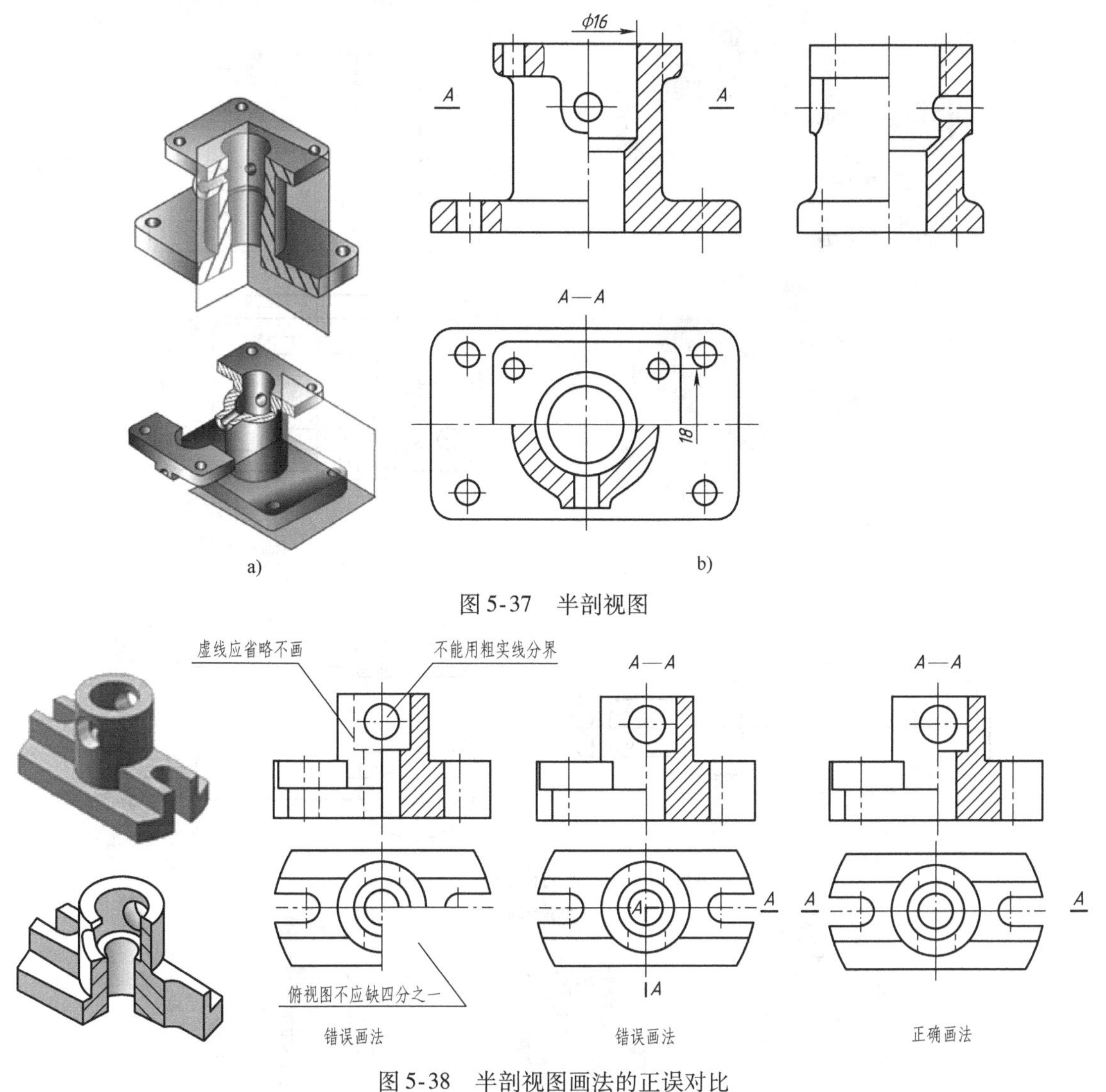

图 5-37　半剖视图

图 5-38　半剖视图画法的正误对比

（1）局部视图的应用情况　局部剖视图具有同时表达零件内、外结构的优点，且不受零件是否对称条件的限制。在什么位置剖切、剖切范围的大小，均可根据实际需要确定，所以应用比较广泛，局部剖视图常用于下列情况：

1）当零件只有局部的内部结构需要表达，或因需要保留部分外部形状而不宜采用全剖视图时，可采用局部剖视图，如图 5-39 所示。

2）某些纵向剖切时按不剖绘制的实心杆件，如轴、手柄等，需要表达某处的内部结构形状时，可采用局部剖视图，如图 5-40 所示。

3）当零件的轮廓线与对称中心线重合，不宜采用半剖视图时，可采用局部剖视图，如图 5-41 所示。

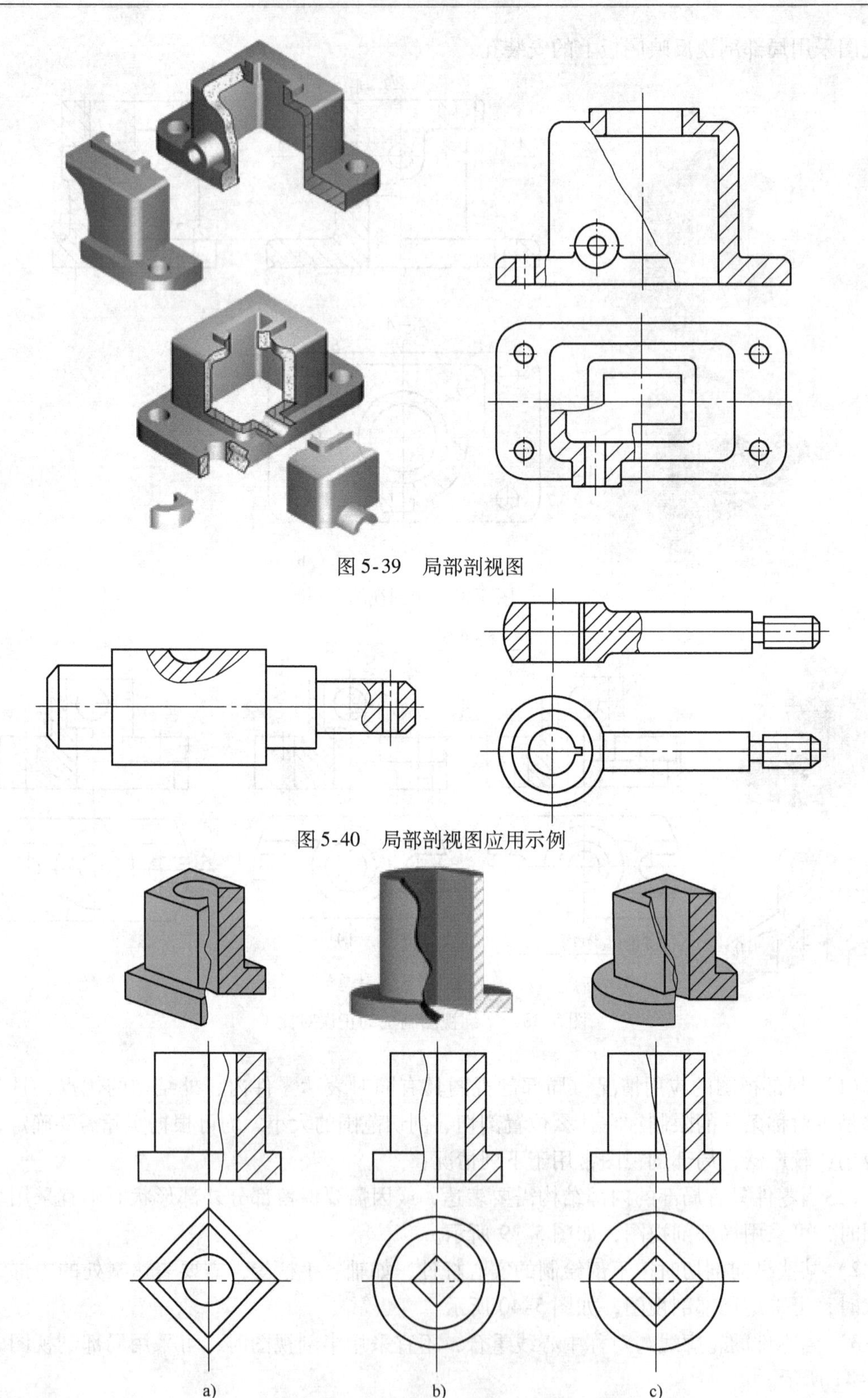

图 5-39　局部剖视图

图 5-40　局部剖视图应用示例

a)　b)　c)

图 5-41　零件棱线与对称中心线重合时的局部剖视图画法

a）保留外棱线　b）显示内棱线　c）兼顾内外棱线

（2）局部视图绘制时的注意事项　画局部剖视图时，应注意以下几点：

1）局部剖视图存在一个被剖部分与未剖部分的分界线，国标规定这个分界线用波浪线表示；为了计算机绘图方便，也可采用双折线表示（图5-42）。

2）波浪线、双折线的画法。如图5-43所示，波浪线可以看作零件断裂面的投影，因此，波浪线不能超出视图的轮廓线；不能穿过中空处；也不允许波浪线与图样上其他图线重合。双折线应超出视图轮廓界线（图5-42）。当被剖切结构为回转体时，允许将该结构的中心线作为局部剖视图与视图的分界线（即以中心线代替波浪线），如图5-44所示。

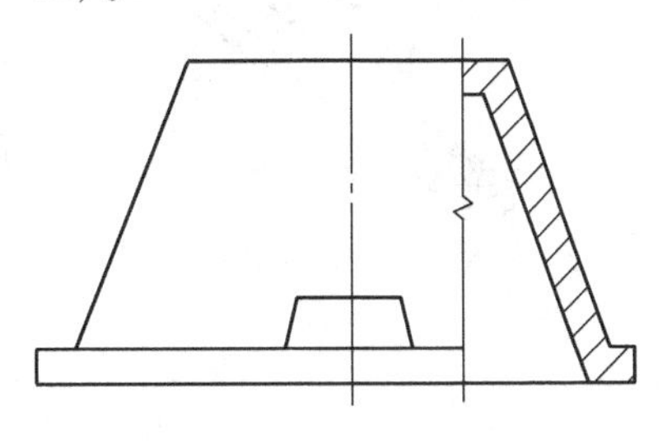

图5-42　双折线作为分界线

3）局部剖视是一种比较灵活的表达方法，但在一个视图中，局部剖的数量不宜过多，否则图形过于零碎，不利于看图，如图5-45所示。

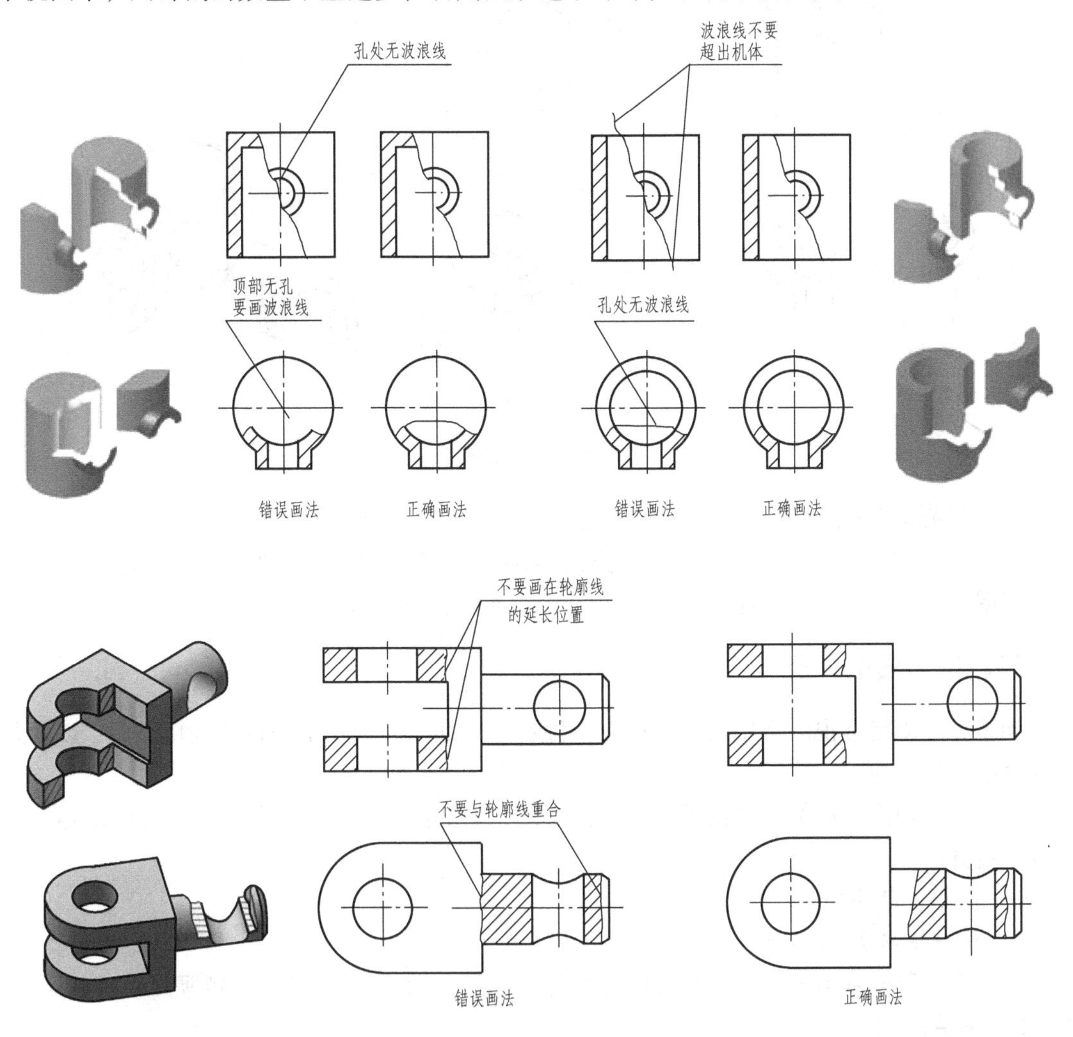

图5-43　局部剖视图波浪线画法正误对比

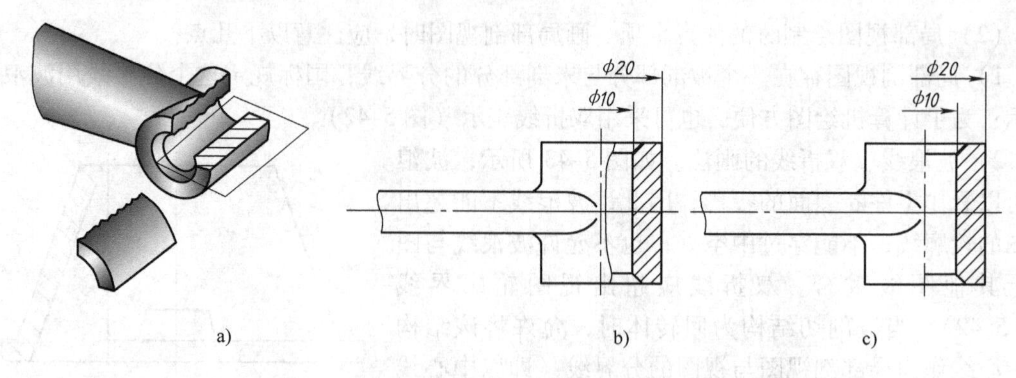

图 5-44　被剖切结构为回转体的局部剖视图

a）立体　b）一般画法　c）允许画法

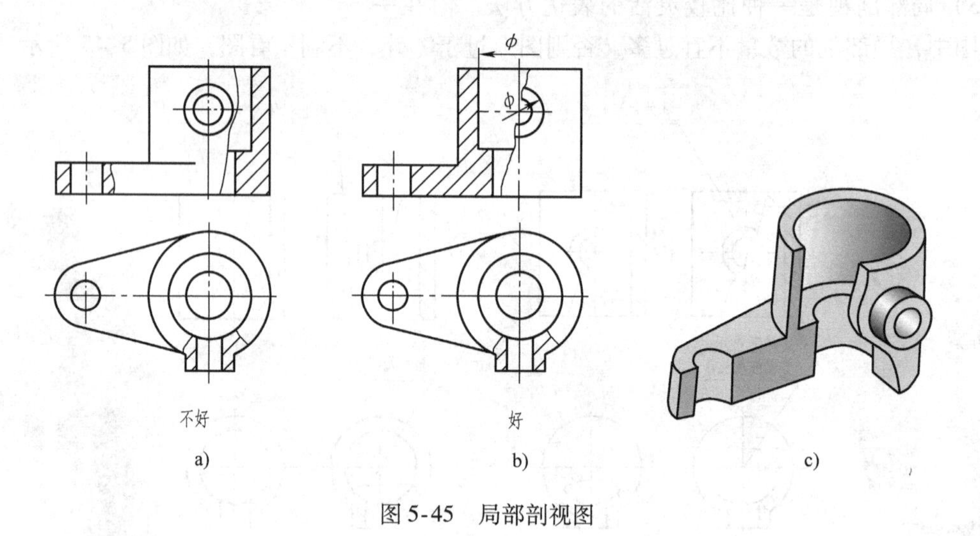

图 5-45　局部剖视图

4）对局部剖开结构的尺寸标注同半剖视图，如图 5-45 所示。

5）局部剖视图的标注方法与全剖视图的标注方法基本相同；若为单一剖切平面，且剖切位置明显时，可以省略标注，如图 5-39、图 5-40 所示局部剖视图。

三、剖切面的种类

国家标准规定剖视图常用的剖切面有 3 种：单一剖切面、几个平行的剖切平面，以及几个相交的剖切平面。

用 3 种剖切面均可剖得全剖视图、半剖视图、局部剖视图，使零件的结构形状表达得更充分、更突出。

（一）单一剖切面

1. 单一平行剖切平面

用一个平行于基本投影面的平面剖开零件，如图 5-25、图 5-32、5-34 所示。

2. 单一斜剖切平面

图 5-46 所示是机油尺管联管。其结构特点是：基本轴线是正平线，和底板不垂直。为清晰表达管端的螺孔和槽的结构，必须剖切。如果用投影面平行面剖切，管壁的剖面是椭

圆，不宜采用。如图 5-46b 所示，如果用一个与倾斜部分平行，且垂直于管轴的正垂面 $A—A$作为剖切平面剖开联管，再将剖切平面后面的部分向与剖切平面平行的投影面上投射，就能得到满意的剖视。这种假想用一个不平行于任何基本投影面的剖切平面剖开零件的方法，称为斜剖视，常用来表达零件倾斜部分的内部结构。

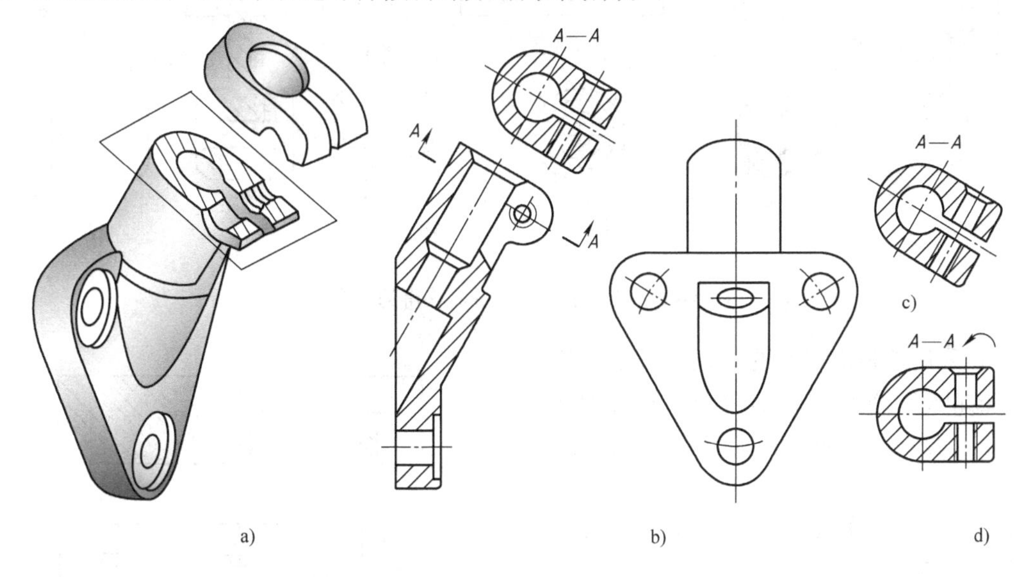

图 5-46　单一斜剖切平面剖切

画斜剖视图时，可按斜视图的配置方式配置，即一般按投影关系配置在与剖切符号相对应的位置上，如图 5-46b 所示；也可平移到其他适当的地方，如图 5-46c 所示；在不致引起误解的情况下，允许将图形旋转，如图 5-46d 所示。

3. 单一剖切柱面

如图 5-47 所示，为了表达该零件上处于圆周分布的孔与槽等结构，可以采用圆柱面进行剖切。采用柱面剖切时，一般应按展开绘制，因此在剖视图上方应标出“×—×展开”。

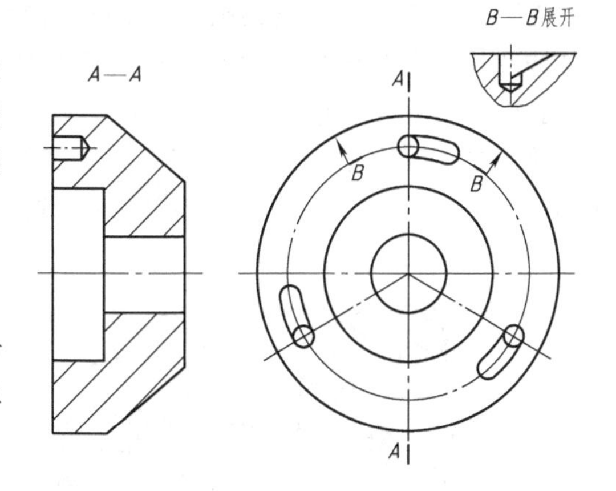

图 5-47　单一剖切柱面剖切

（二）几个平行的剖切平面

用几个互相平行的剖切平面剖开零件的方法，主要适用于零件内部有一系列不在同一平面上的孔、槽等结构时，如图 5-48a、b 所示。

画图时应注意以下几点：

1）剖视图上不允许画出剖切平面转折处的分界线，如图 5-48c 所示。

2）不应出现不完整的结构要素，如图 5-48d 所示。只有当不同的孔、槽在剖视图中具有共同的对称中心线和轴线时，才允许剖切平面在孔、槽中心线或轴线处转折，不同的孔、槽各画一半，二者以共同的中心线分界，如图 5-49 所示。

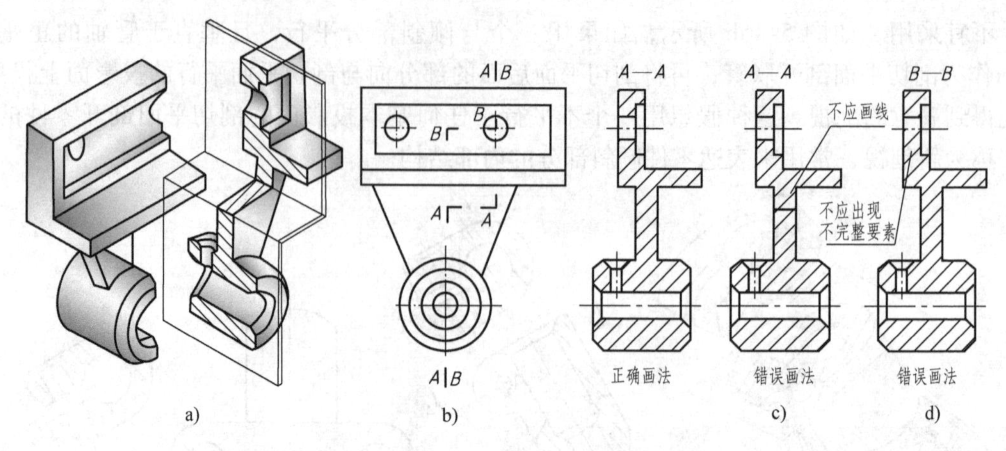

图 5-48　几个平行剖切平面获得的剖视图

3）采用这种剖切面的剖视图必须标注，标注方法如图 5-48 所示。剖切平面的转折处不允许与图上的轮廓线重合。在转折处如因位置有限，在不致引起误解时，可以不注写字母。当剖视图按投影关系配置、中间又无其他视图隔开时，可省略箭头。

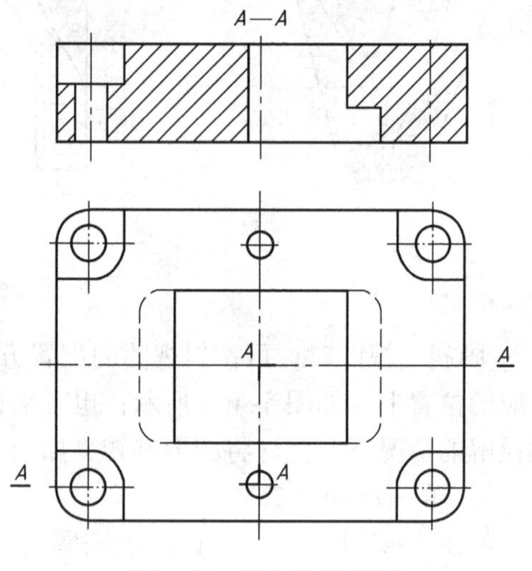

图 5-49　模板的剖视图

（三）几个相交的剖切平面

当零件的内部结构形状用一个剖切平面剖切不能表达完全，且零件又具有回转轴时，可用几个相交的剖切平面（交线垂直于某一基本投影面）剖开零件，并将被倾斜剖切平面剖开的结构及其“有关部分”绕交线旋转到与选定的投影面平行后再投射，如图 5-50 所示。

该方法主要用于表达孔、槽等内部结构不在同一剖切平面内，但又具有公共回转轴线的零件，如盘盖类及摇杆、拨叉等需表达内部结构的零件。

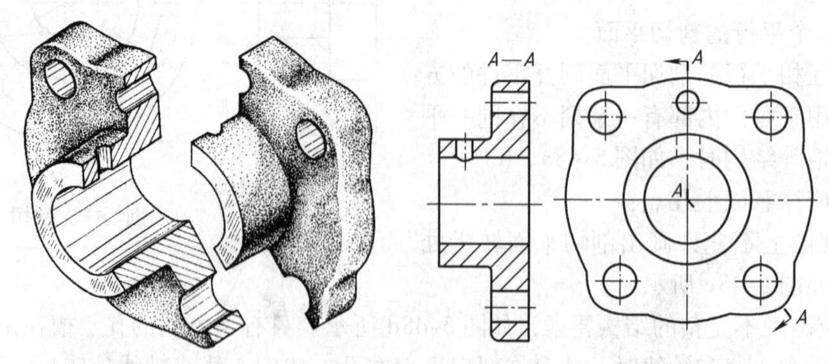

图 5-50　用两个相交的剖切平面获得的剖视图

画图时应注意以下几点：

1）采用几个相交剖切面的这种“先剖切后旋转”的方法绘制的剖视图往往有些部分图形会伸长，如图5-51所示。“有关部分”，指与所要表达的被剖切结构有直接联系且密切相关的部分，或不一起旋转难以表达的部分，如图5-51a所示的螺孔、图5-51b所示的肋板（也称为“筋”详见本章第六节）。

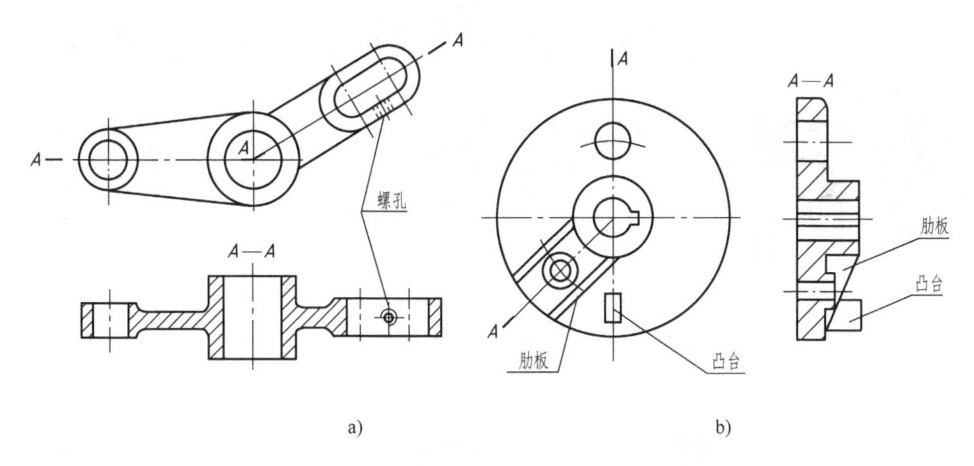

a)　b)

图5-51　“先剖切后旋转”方法绘制的剖视图

2）采用几个相交剖切面的方法绘制剖视图时，在剖切平面后的其他结构一般仍按原来的位置投影。这里提到的“其他结构”，是指处在剖切平面后与所表达的结构关系不甚密切的结构，或一起旋转容易引起误解的结构，如图5-52所示摇杆上油孔的投影和图5-51b所示的矩形凸台。

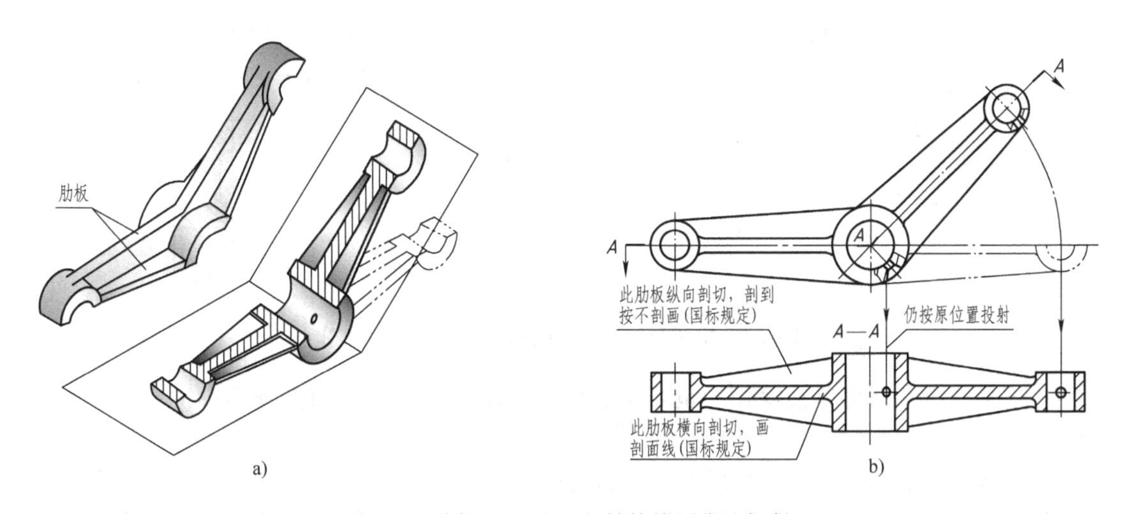

a)　b)

图5-52　剖切平面之后的结构按原位置投射

3）当剖切后产生不完整要素时，应将此部分按不剖绘制，如图5-53所示臂板的画法。

4）该方法获得的剖视图必须进行标注。但当剖视图按投影关系配置，中间又无其他图形隔开时，允许省略箭头，如图5-51所示。

5）用两个以上相交的剖切平面剖切时，剖视图可以用展开画法，图名应标注“ ×—× 展开”，如图 5-54 所示。

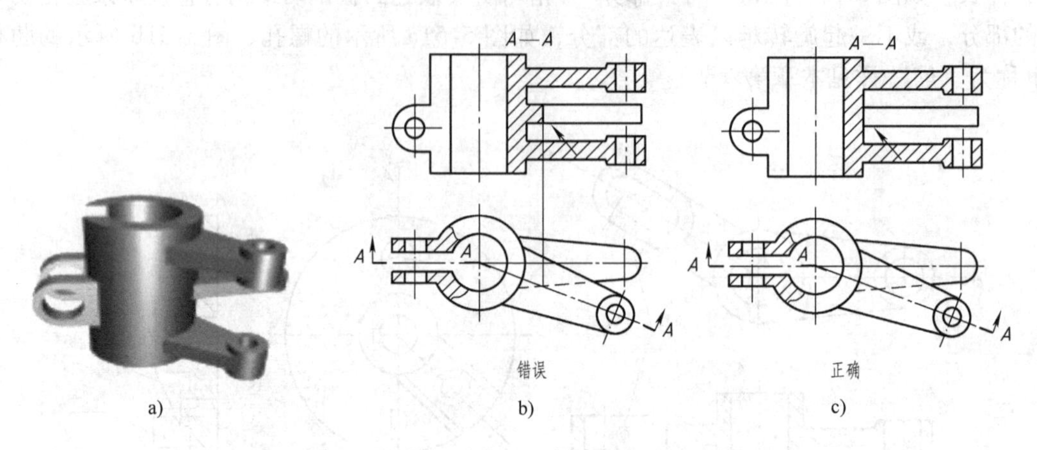

图 5-53　剖切后产生不完整要素时的画法

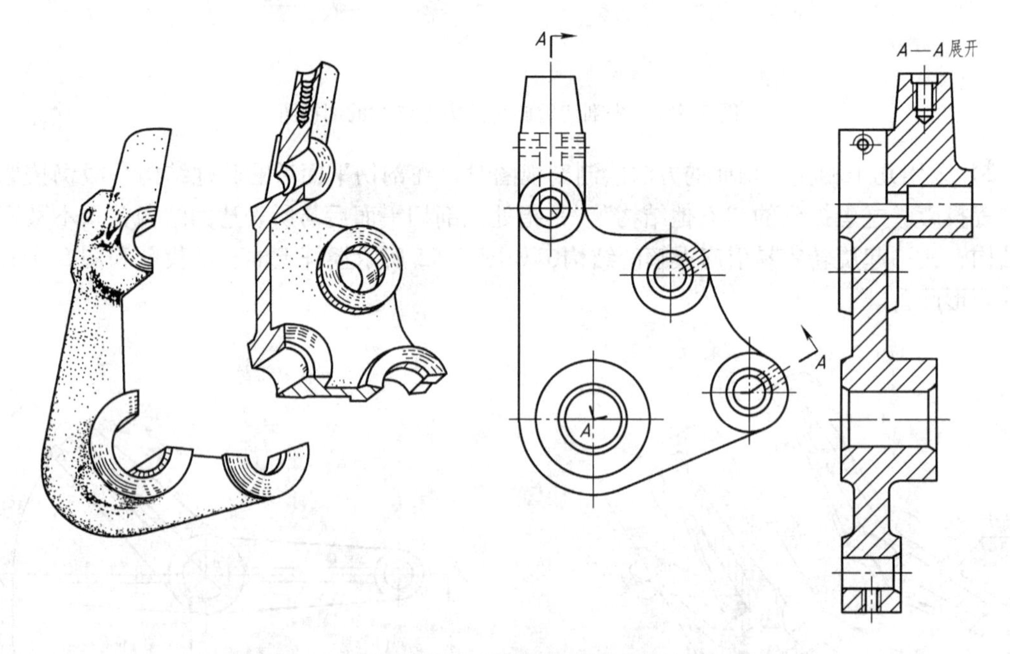

图 5-54　用两个以上相交剖切平面获得的剖视图

上述各种剖切面可单独使用，也可组合使用，用组合剖切平面剖开零件的方法称为复合剖。

复合剖的画法和标注与两个以上相交的剖切平面获得的剖视图相同，如图 5-55 所示。

综合以上介绍的各种剖视图及剖切方法，在应用时，应根据零件的结构特点，采用最适当的表达方法。为了明确表示剖切面位置，其中，采用几个平行的剖切平面、几个相交的剖切平面以及复合剖时，剖视图必须标注。

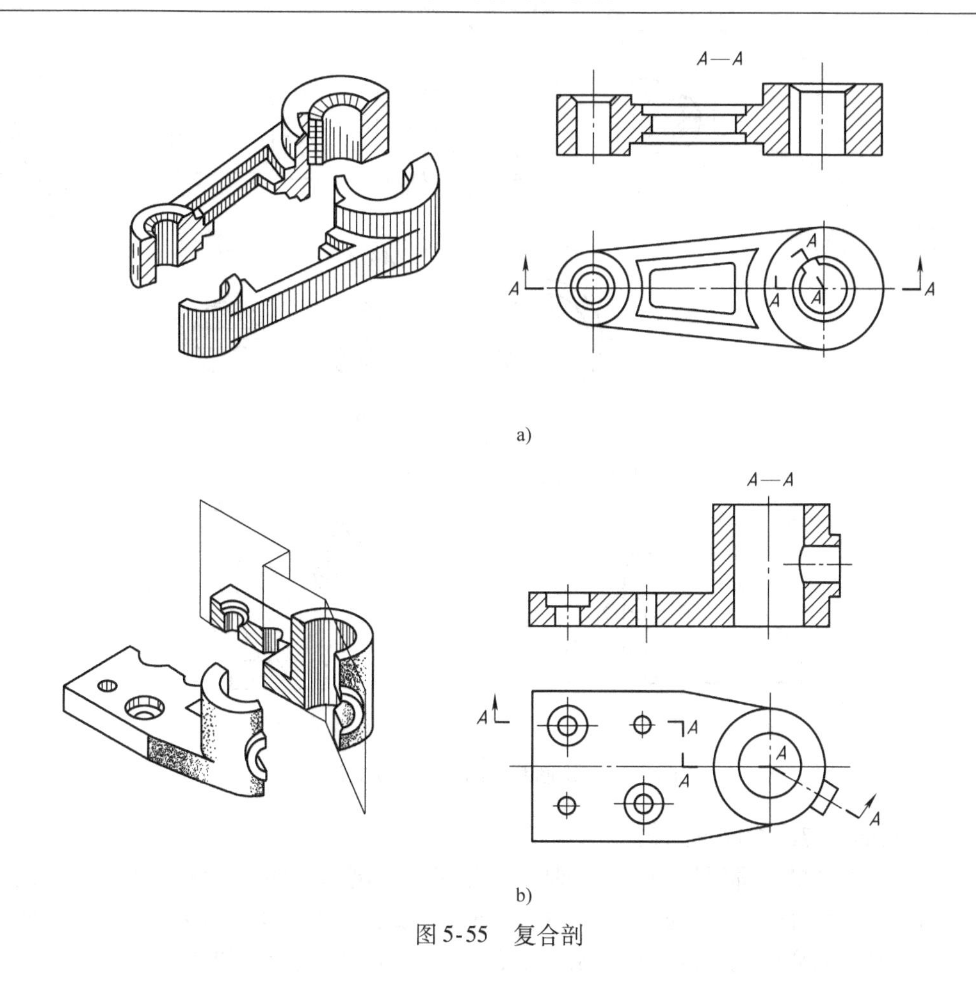

图 5-55　复合剖

第三节　断　面　图

一、断面图的形成

假想用剖切面将物体的某处切断，仅画出该剖切面与物体接触部分（剖面区域）的图形，称为断面图，简称断面，如图 5-56 所示。

断面图主要用于实心杆件表面开有孔、槽等及型材、肋板、轮辐等断面形状的表达。

断面图与剖面图的主要区别在于：断面图是仅画出零件断面形状的图形；而剖视图除要画出其断面形状外，还要画出剖切平面之后的所有可见轮廓线，如图 5-56 所示。

应该指出，为了表示截断面的实形，剖切平面一般应垂直于所要表达零件结构的轴线或轮廓线，并且应画出与零件材料相应的规定剖面符号，如图 5-57 所示。

二、断面图的种类及画法

根据断面图的配置位置不同，可分为移出断面和重合断面两类。

1. 移出断面图的画法与标注

画在视图以外的断面图，称为移出断面图，如图 5-58 所示。

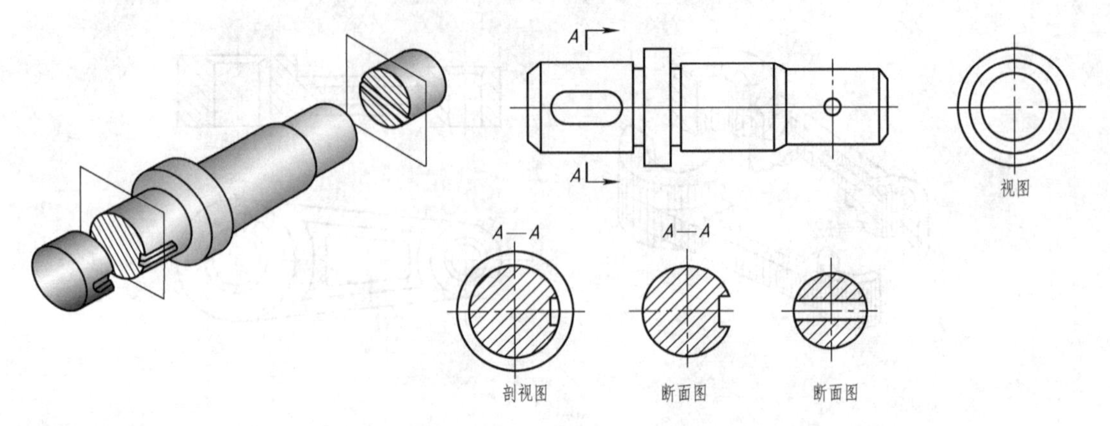

图 5-56　断面图的形成及其与视图、剖视图的比较

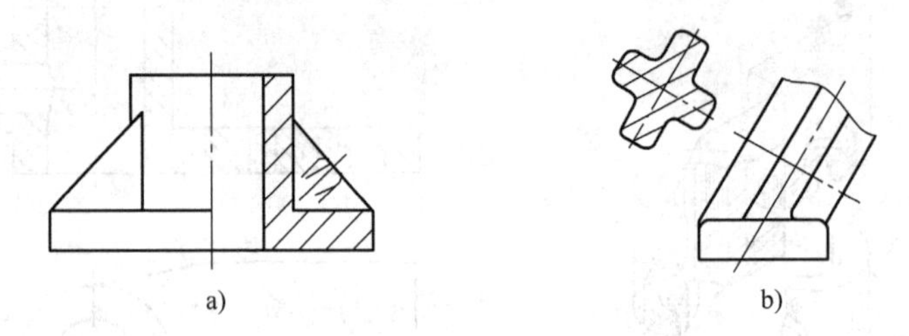

图 5-57　绘制断面图时的剖切方法

画移出断面图应注意以下问题：

1）移出断面图的轮廓线用粗实线绘制，并尽量画在剖切线的延长线上或剖切平面迹线的延长线上。剖切平面迹线是剖切平面与投影面的交线，用细点画线表示（图 5-58 所示右侧的剖切符号）。必要时也可以将移出断面配置在其他适当的位置，如图 5-58 所示。

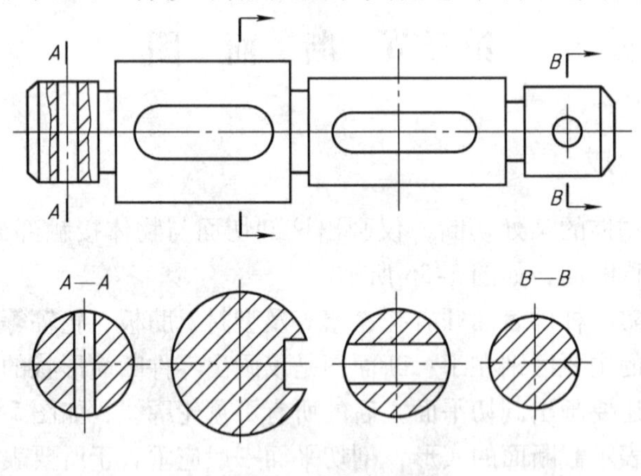

图 5-58　移出断面图

2）当剖切平面通过由回转面形成的孔或凹坑的轴线时，这些结构按剖视图绘制，如图 5-58所示的 *A—A*、*B—B*。

3）由两个或多个相交剖切平面剖切所得的移出断面图，中间一般应断开，如图 5-59 所示。

4）当断面图形对称时，可将移出断面画在视图中断处，如图 5-60 所示。

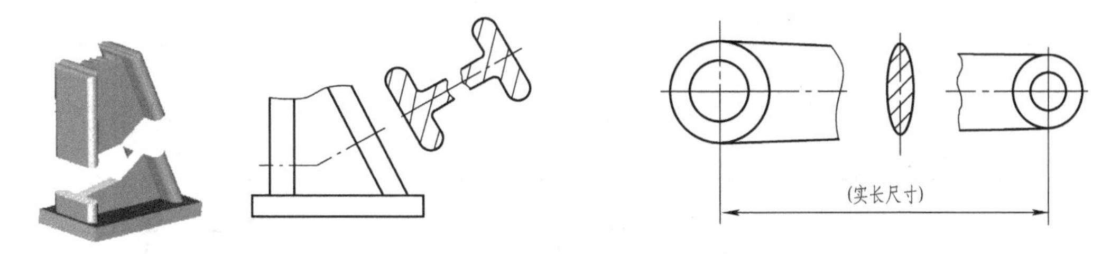

图 5-59　移出断面图　　　　图 5-60　移出断面画在视图中断处

5）当剖切平面通过非圆孔，会导致出现完全分离的两个断面时，则这些结构应按剖视图绘制，如图 5-61 所示。

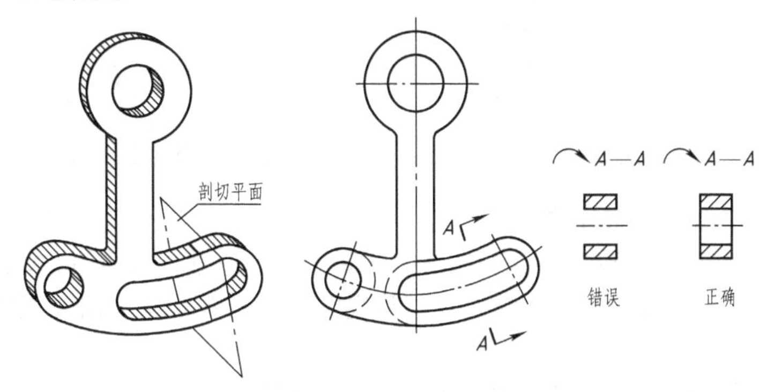

图 5-61　移出断面分离两部分的画法

6）移出断面图一般应用剖切符号表示剖切位置，箭头表示投射方向，并注上字母，在断面图上方标注出相应的名称“×—×”，如图 5-56 所示的 *A*—*A*。

国家标准规定的移出断面图配置与标注具体见表 5-2。

表 5-2　移出断面图的配置与标注

断面形状 / 断面图 / 配置	对称的移出断面	不对称的移出断面
配置在剖切线或剖切符号延长线上	剖切线(细点画线) 不必标出字母和剖切符号	不必标注字母
按投影关系配置	A　A　A—A 不必标注箭头	A　A　A—A 不必标注箭头

（续）

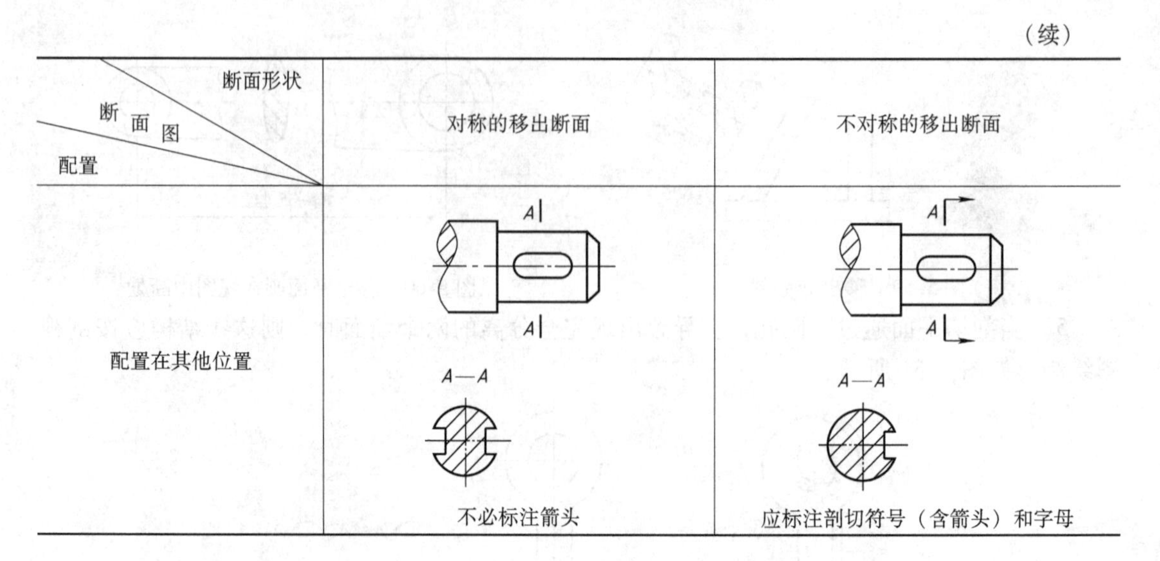

断面图配置 \ 断面形状	对称的移出断面	不对称的移出断面
配置在其他位置	A A A—A 不必标注箭头	A A A—A 应标注剖切符号（含箭头）和字母

2. 重合断面图的画法与标注

剖开后绕剖切位置线旋转并重合在视图内的断面，称为重合断面图，如图 5-62 所示。

1）重合断面的轮廓线用细实线绘制，当与视图中的轮廓线重叠时，视图的轮廓线仍应连续画出，不可间断。

2）对称的重合断面图，不必标注，如图 5-62a 所示。

3）配置在剖切线上的不对称的重合断面图，可省略字母。在不致引起误解时，可省略标注，如图 5-62b 所示。

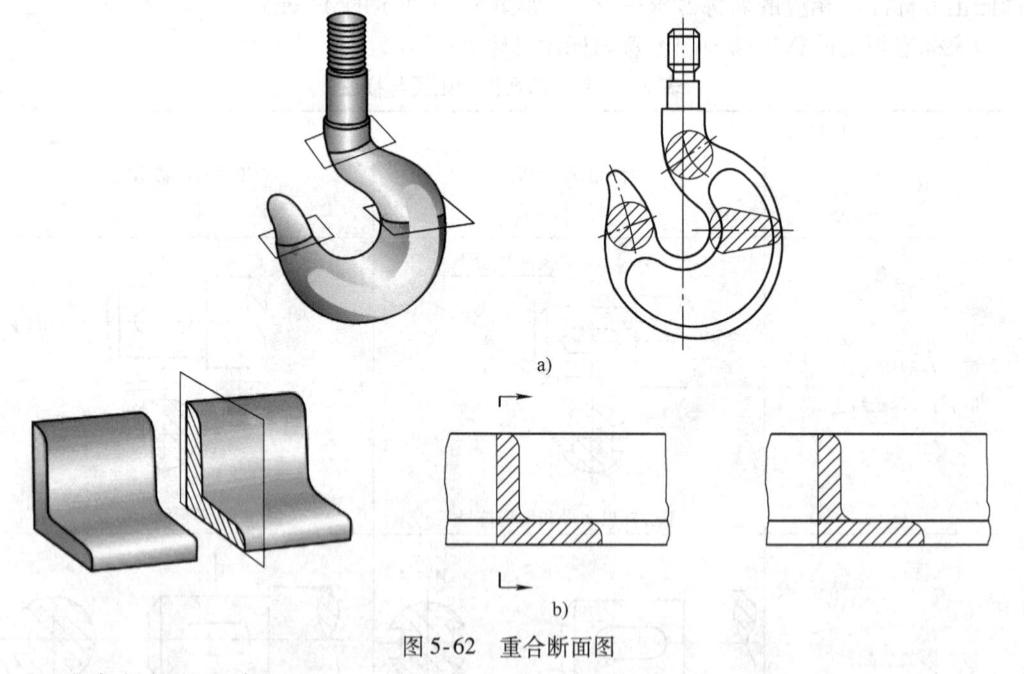

图 5-62　重合断面图

3. 两类断面图的对比

表达实际零件时，可根据具体情况，同时运用这两种断面图。图 5-63 所示汽车前拖钩，采用 4 个断面图来表达上部钩子断面形状的变化情况以及下部的肋和底板形状。

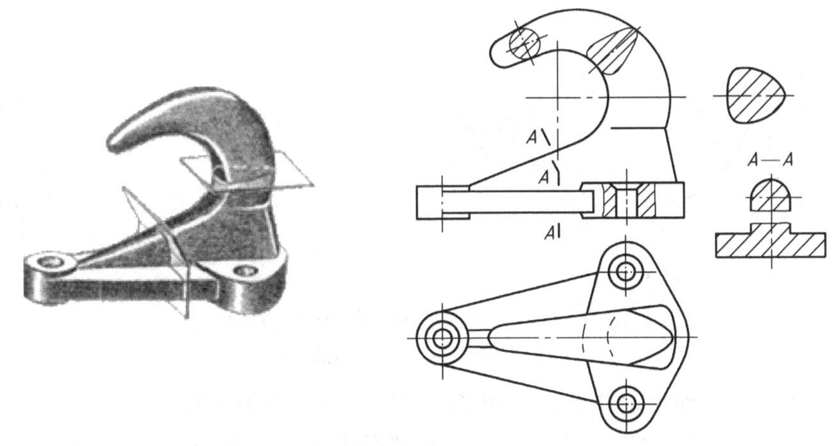

图 5-63　用几个断面图表达汽车前拖钩

两种断面图的基本画法相同，只是画在图上的位置不同，采用的线型不同。由于移出断面清楚明了，应用较多。但重合断面部位清楚，实感性较好，主要适用于不影响图形清晰的场合。图 5-64 所示为肋板的移出断面图与重合断面图的不同画法。

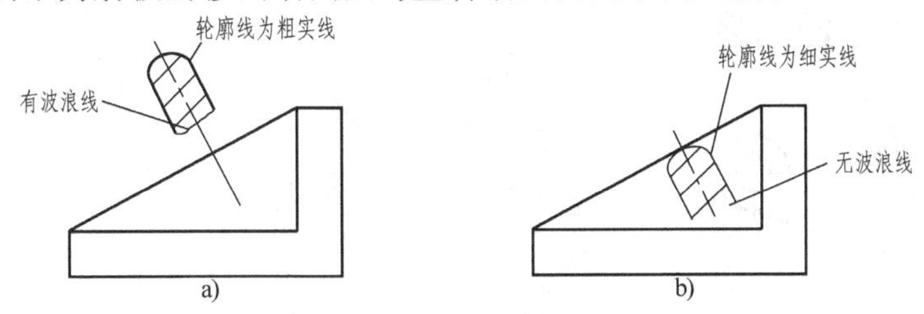

图 5-64　肋板的移出断面图与重合断面图的不同画法

第四节　轴测剖视图

在零件的异维图中，为了进一步反映其内部结构和断面形状，除了采用不同的剖切面绘制各类剖视图和断面图以外，在轴测图中还常用假想平面将零件剖开，画成轴测剖视图。在剖切时，剖切平面应通过零件内部结构的主要轴线或对称平面，且尽量平行于坐标面。为避免破坏零件的外形，常采用两个互相垂直的剖切平面将零件切开。

一、剖面线的画法

不论什么材料的剖面符号，都画成等距平行的细实线，如图 5-65 所示。在正投影图中剖面线的方向与水平方向成 45°角，在轴测图中也要符合此关系。由于 45°角的对边和底边是 1∶1 的比例关系，所以可以在轴测轴上按各个轴的简化系数取相等的长度画出剖面线的方向。如图 5-65a 所示，在 X 轴和 Z 轴各取 l 长度单位，连以直线，即为 XOZ 平面上 45°线的方向。凡平行于 XOZ 平面的剖面，其剖面线都应该与此线平行。所以，对于正等轴测图，该线与水平方向成 60°角 。斜二轴测图上剖面线的方向如图 5-65b 所示。

二、轴测剖视图的画法

1. 先画外形再剖切

［**例 5-1**］　以图 5-66a 所示零件为例，画出其正等轴测剖视图。

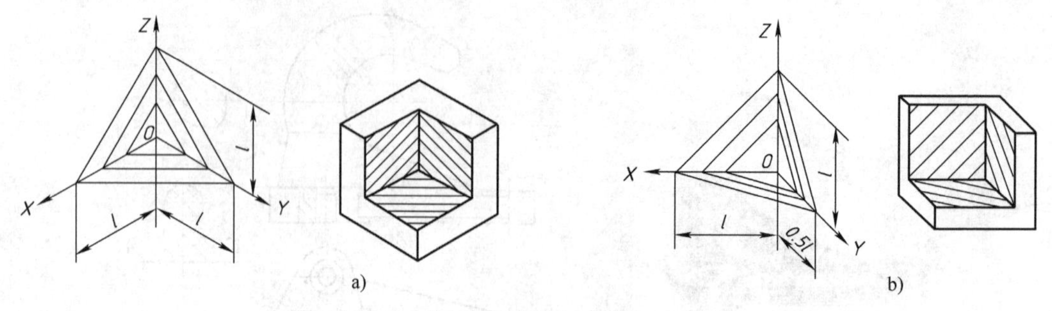

图 5-65　常用轴测剖视图的剖面线方向

a）正等轴测图　b）斜二轴测图

作图：先画完整的外形，并确定剖切平面的位置（图 5-66b）；画出剖切平面与物体的交线（图 5-66b）；加深，擦去多余线条，加画剖面线（图 5-66c）。

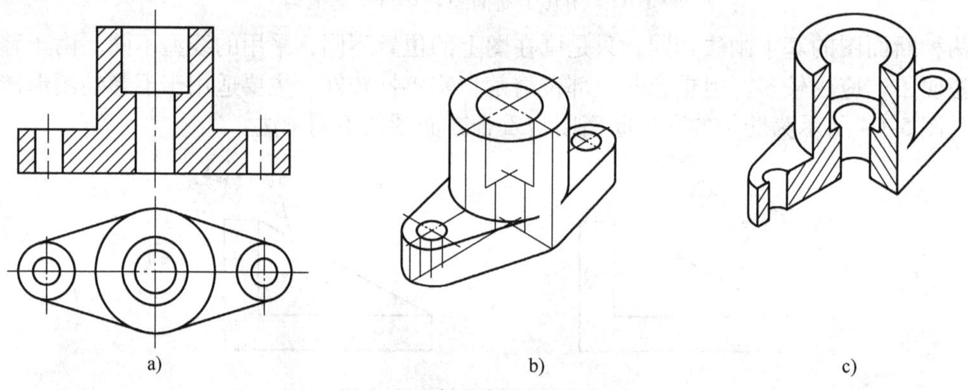

图 5-66　轴测剖视图画法一

2. 先画断面形状，后画外形

[**例 5-2**]　以图 5-67a 所示零件为例，画出其斜二轴测剖视图。

作图：先确定剖切平面的位置，画出断面形状（图 5-67b）；画出断面后可见部分的投影并加深（图 5-67c、d）。这种方法可以少画切去部分的外形线，有助于保持图面整洁，提高作图速度。

需要注意的是，画轴测剖视图时，若剖切平面通过肋板或薄壁结构的纵向对称面时，则这些结构要素的剖面内，规定不画剖面符号，用粗实线把它与相邻部分分开，如图 5-67d 所示。

对于内部结构复杂的零件，在原有各类二维图和三维轴测图综合表达的基础上，以轴测剖视图作为补充，可以更加形象直观地反映其内外结构。

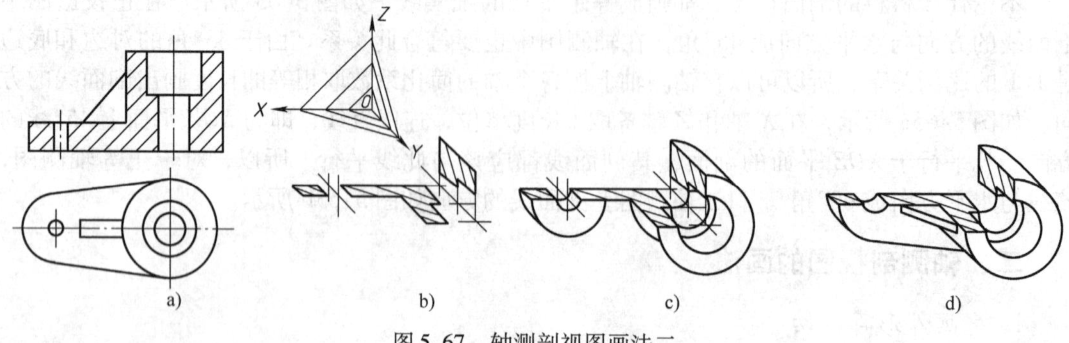

图 5-67　轴测剖视图画法二

第五节　SolidWorks 剖视图的创建

在前述内容中，利用 SolidWorks 的工程图功能绘制的零件异维图，侧重于表达零件的外部结构。为表达零件内部结构的需要，还可以采用 SolidWorks 生成零件的二维剖视图及三维轴测剖视图，构成能反映零件内外结构的异维图，使之更加形象直观地反映零件的内外结构特点。

以下重点介绍采用 SolidWorks 生成零件各类剖视图、断面图的方法。

一、基本方法

1. 生成基本视图

打开零件，进入工程图环境，新建一个工程图文件，而后生成所需基本视图，并保存此工程图文件。

2. 绘制剖切位置线

激活可表示剖切位置的视图，利用草图工具栏上的绘图命令绘制剖切位置线，并选择。

3. 生成二维剖视图

单击工程图工具栏上所需剖视图的图标按钮，设置剖面图属性，完成所需剖视图，隐藏原视图。

4. 标注二维剖视图

SolidWorks 中的剖切符号如图 5-68a 所示，我国国标规定的剖切符号为图 5-68b 所示，因此需要修正。修正方法如下：

（1）修改剖切符号　单击菜单“工具”→“选项”→“文件属性”→“尺寸标注标准”，选择“GB”；选择“尺寸”属性，将“样式”值改为实心箭头；选择“箭头”属性，修改“剖面/视图大小”中的 3 个值分别为 0.7mm、4.2mm、8mm。

（2）修改剖视图名称　选中绘图区的剖切符号，在左侧“剖面视图 *A—A*”属性区里将“文档字体”前的复选框勾去，打开“字体”对话框，选择“仿宋”字体，系统询问“是否同时将此字体的更改应用到剖面视图”，选择“是”，则视图名称中的字体同时改变。而后双击注释文字“剖面 *A—A*”，弹出“注释”对话框，勿选“手工视图标号”，并将“剖面 *A—A*”改为“*A—A*”，修改后结果如图 5-68b 所示。也可像前述生成局部视图时标注其“视图标号”一样进行设置（图 5-68c）。如果不需要标注剖视图名称，可直接删除。

5. 创建三维剖视图

创建二维剖视图的命令不同，其对应的三维剖视图生成方法也不同。

由“剖面视图”命令按钮生成的二维剖视图，对应的三维剖视图可以直接创建。

激活此剖视图，单击鼠标右键，在弹出的快捷菜单中选择“等轴测剖面视图”，即可生成对应的三维剖视图。但此时二维剖视图被替换，可在生成轴测剖视图前先复制此二维剖视图，并隐藏不必要的视图。

由“断开的剖视图”命令按钮或其他方法生成的二维剖视图，其轴测剖视图可以“变通”来创建。

首先，根据立体特征造型的方法，由零件三维模型生成各二维剖视图对应的三维剖切模型，并分别保存为不同的零件文件。

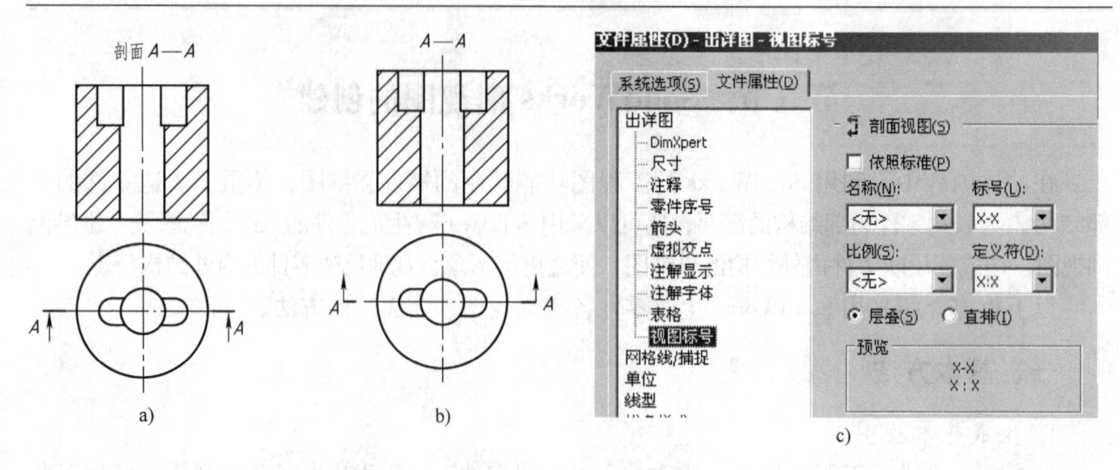

图 5-68　标注剖视图

而后，切换至由步骤 1 建立的工程图文件，在“模型视图”对话框中依次选择要插入的三维剖切模型文件，按照三维图生成方法，在同一个工程图中生成各二维剖视图对应的三维剖切模型图。

最后，需要在三维剖切模型图的剖切面内添加剖面线，具体方法是：由“插入” - “注解” - “区域剖面线/填充”，弹出属性管理器，设置其属性，勾选“剖面线”和“区域”，确定其倾斜角度，选择需添加的封闭轮廓，完成各轴测剖视图的绘制。

至此，在同一工程图文件中生成了由各个二维图和三维图构成的异维图。

二、采用 SolidWorks 生成零件的剖视图

1. 全剖视图

以阀体为例，介绍剖视图的生成。

由创建特征生成的阀体如图 5-69a 所示。该阀体由上下两个底板、中间圆筒及侧面带腰形法兰的圆筒 4 大部分组成。步骤如下：

1）进入工程图环境，生成基本视图（图 5-69b）。

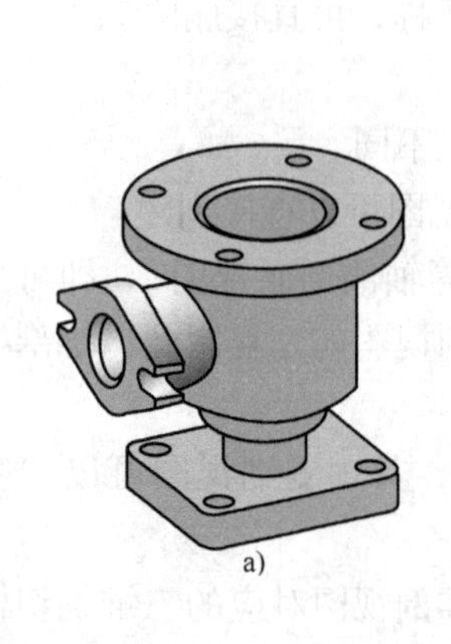
a)

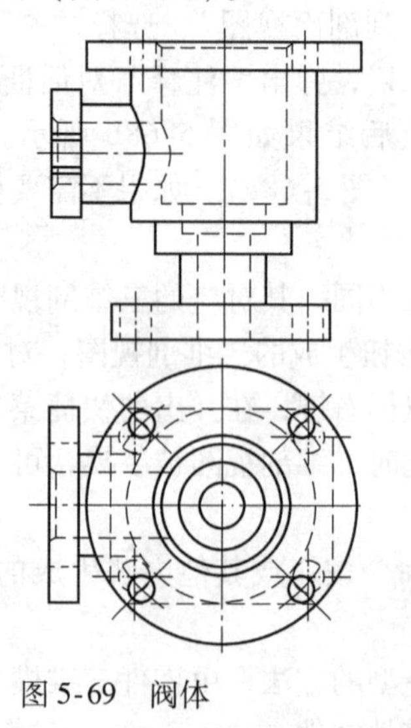

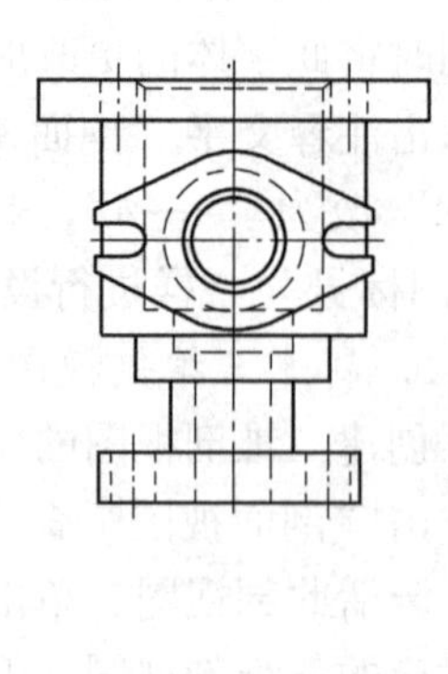
b)

图 5-69　阀体

2）根据阀体的结构特点，主视图采用全剖视，剖切平面为通过阀体轴线的正平面，主要表达阀体内部结构。

3）激活俯视图，绘制剖切线，并选择该剖切线，如图5-70a所示。

4）单击工程图工具栏上的“剖面视图”图标按钮，设置剖面图属性（图5-70b），得到*A—A*全剖视图，隐藏原主视图，如图5-70c所示。如要改变箭头所指示的剖切方向，在剖切线的任意位置双击，或选择剖切线然后在剖面视图属性管理器中选取反转方向。

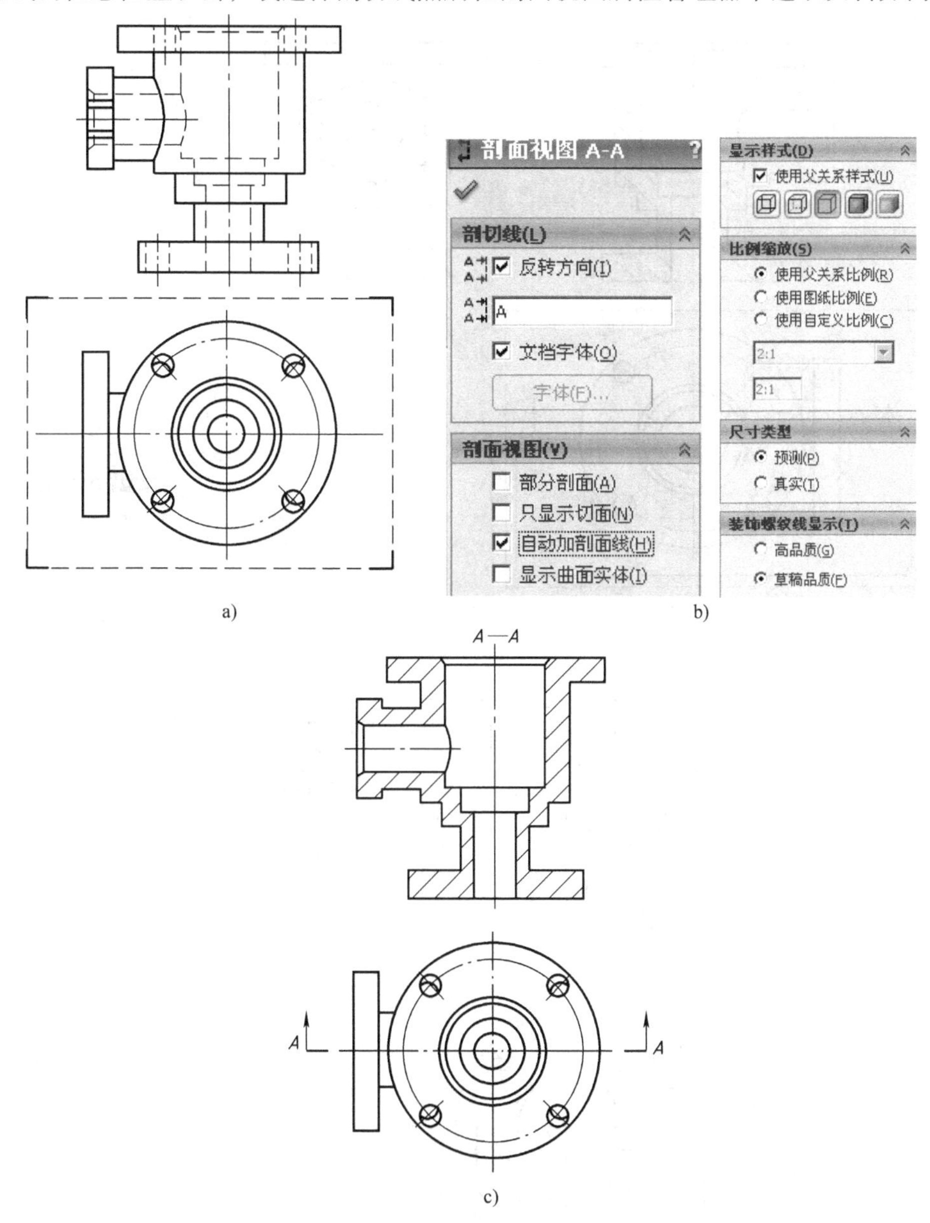

图5-70　生成*A—A*全剖视图

a）绘制并选择剖切线　b）全剖视图的属性设置　c）生成*A—A*全剖视图

2. 半剖视图

阀体俯视图采用半剖视，剖切平面为通过侧面带腰形法兰的圆筒轴线的水平面，主要表达阀体上下两个底板结构及孔的分布情况。绘图步骤如下：

1）激活俯视图，绘制一个覆盖模型半边且模型中心线与矩形的一条水平边重合的矩形（剖切线），并选择该矩形，如图 5-71a 所示。

2）单击工程图工具栏上的“断开的剖视图”图标按钮，弹出“断开的剖视图”属性管理器。选择“深度”，在左视图中选择一个圆的中心设定剖视深度，如图 5-71b 所示。选择预览，显示断开的剖视图。

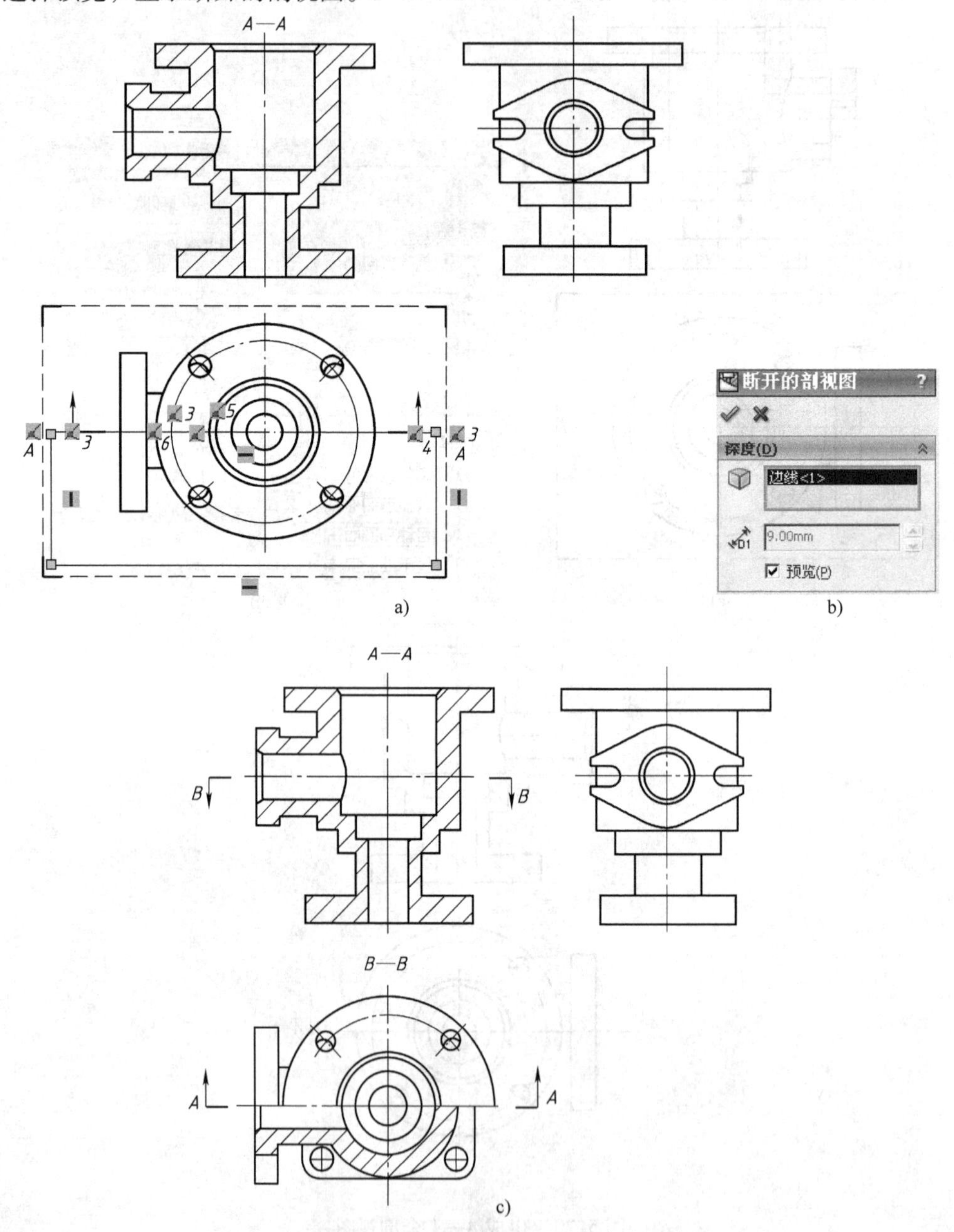

图 5-71　生成 *B—B* 半剖视图

a）绘制并选择一矩形　b）设置“断开的剖视图”深度　c）预览并生成 *B—B* 半剖视图

3）隐藏半剖视图中与中心线重合的轮廓线，添加中心线，得到 *B—B* 半剖视图，如

图5-71c所示。

请思考：半剖视图如何通过工程图工具栏上的“剖面视图”生成？还有其他方法吗？

3. 局部剖视图

阀体左视图作局部剖视，主要表达阀体侧面腰形法兰的外形及上、下两个底板孔的深度情况。绘图步骤如下：

1）激活左视图，绘制并选择一个闭合轮廓（剖切范围），如图5-72a所示。

2）重复半剖视图中的步骤2，得到下底板孔的局部剖视图，如图5-72c所示。

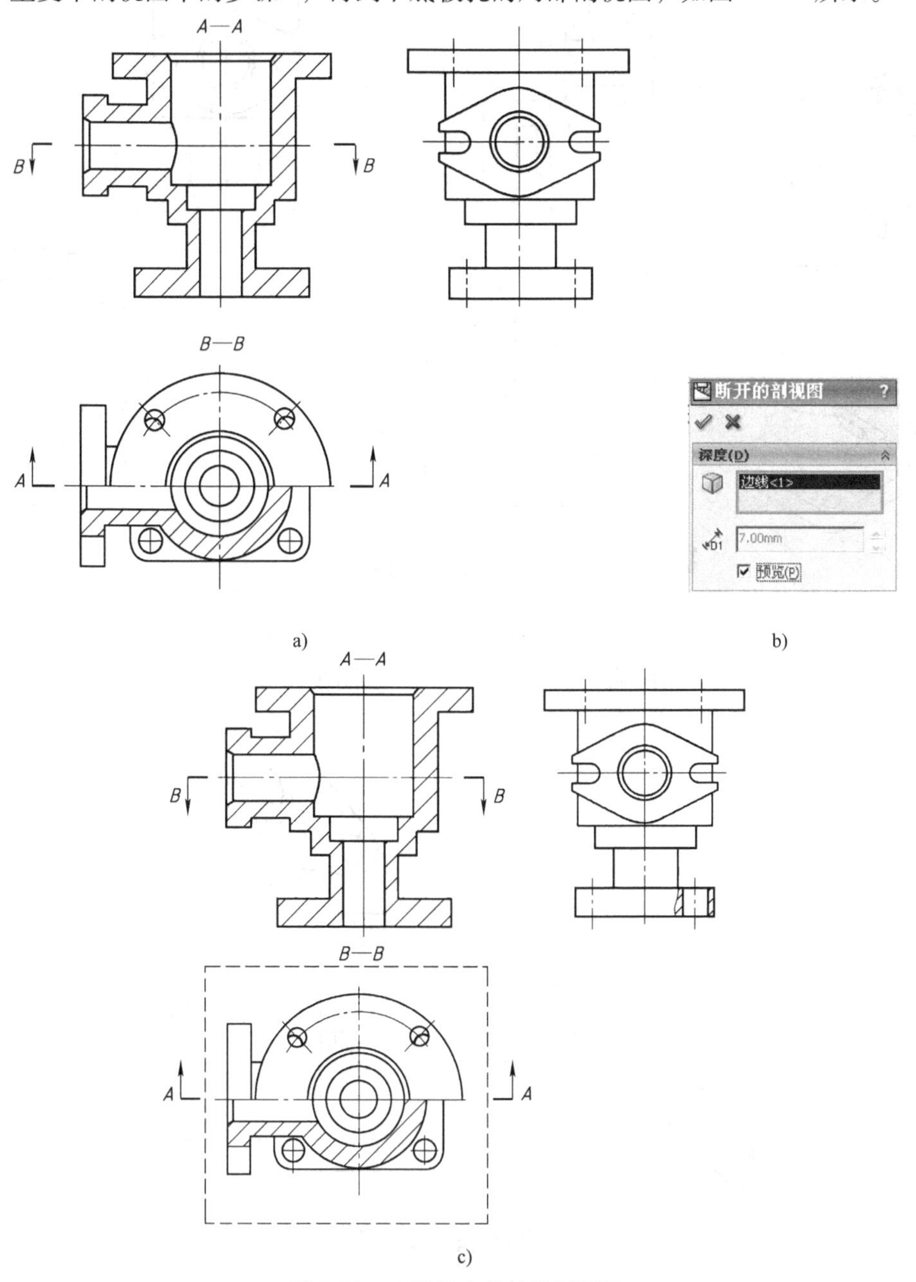

图5-72　左视图生成局部剖视图

a）绘制并选择一闭环轮廓　b）设置局部剖视图深度　c）预览并生成局部剖视图

3）分别选择需要显示细实线的线段，单击线粗图标按钮，选择细实线。单击图形中的空白区域，单击标准工具栏“重建模型”图标按钮。

4）创建阀体的三维轴测图，并结合特征造型中的“拉伸—切除”方法创建其不同剖视中相应的三维轴测剖视图（具体方法见前述基本方法中的“第 5 步”）。

阀体最终的异维图如图 5-73 所示。

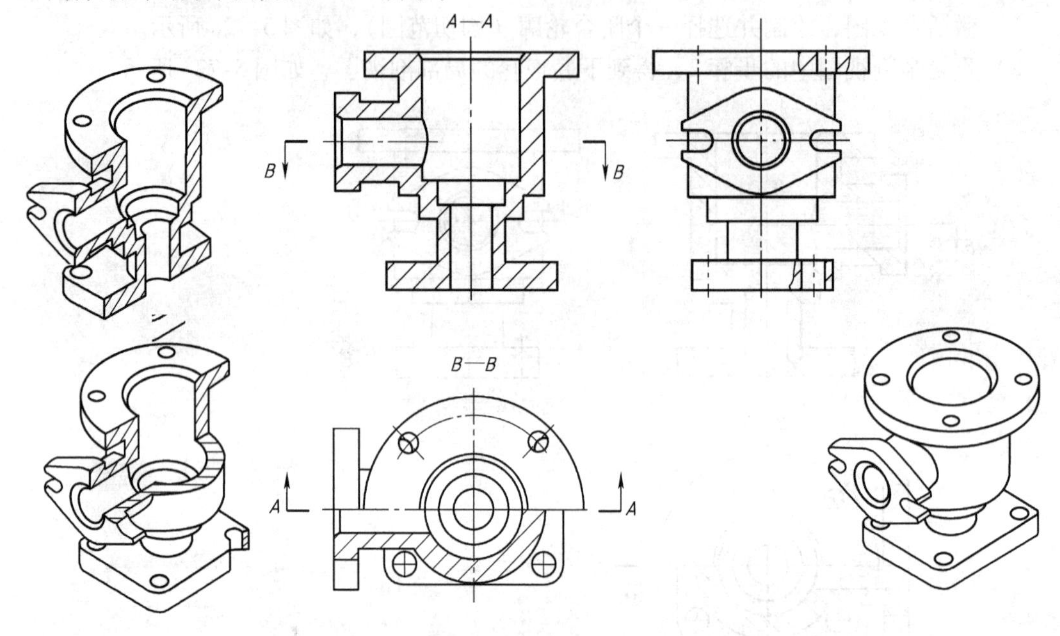

图 5-73　阀体的异维图

4. 斜剖视图

以图 5-74 所示零件为例说明斜剖视图的生成，绘图步骤如下：

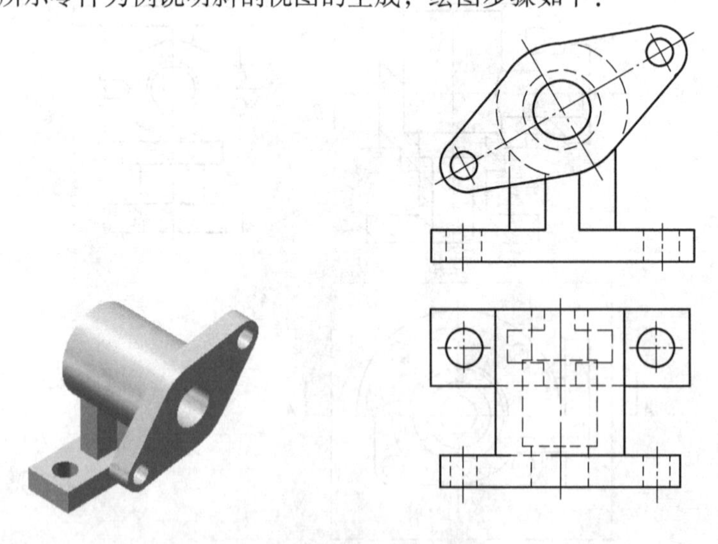

图 5-74　零件

1）激活主视图，绘制剖切线，并选择该剖切线。单击工程图工具栏上的“剖面视图”

图标按钮，得到 *A*—*A* 剖视图。

2）激活主视图，绘制一条通过耳板对称平面的正平线剖切线，并选择该剖切线。重复步骤 1，得到 *B*—*B* 斜剖视图。

还可以解除视图对齐关系，将 *A*—*A* 剖视图按向视图位置配置。也允许通过旋转视图将 *B*—*B* 斜剖视图旋转放正。

零件最终的异维图如图 5-75 所示。

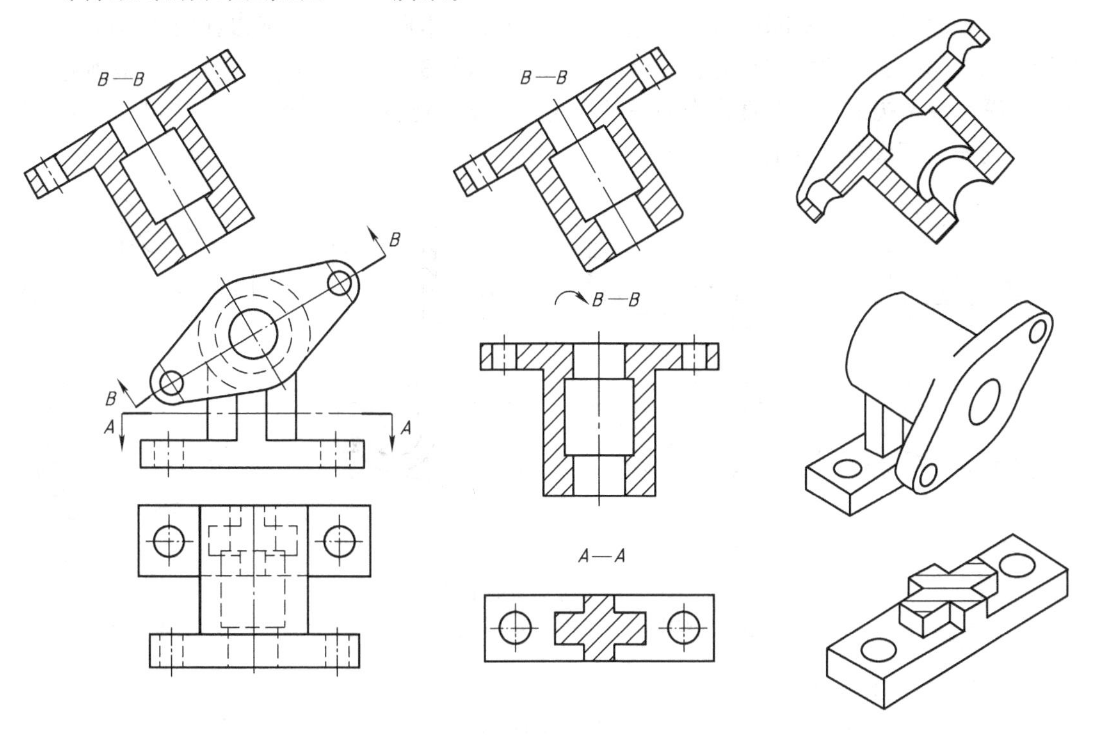

图 5-75　零件的异维图

5. 平行剖切的全剖视图

以图 5-76 所示零件为例说明如何生成平行剖切的全剖视图。绘图步骤如下：

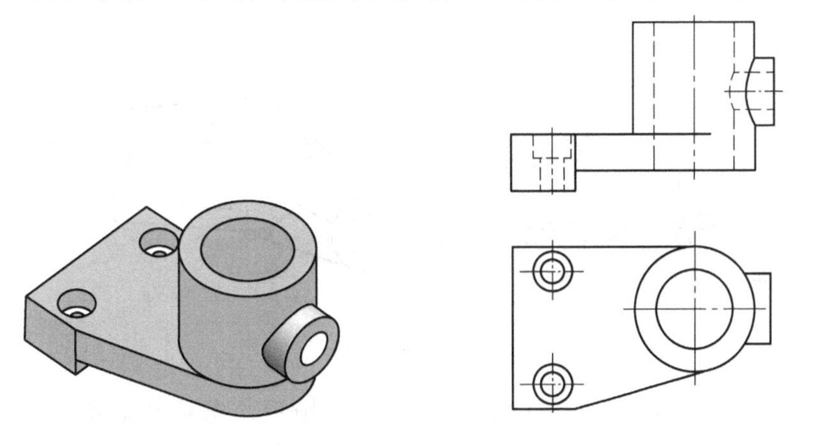

图 5-76　零件

1）激活俯视图，绘制并选择剖切线，如图 5-77a 所示。

2）单击工程图工具栏上的“剖面视图”图标按钮，设置剖面图属性，得到剖视图，如图 5-77b 所示。

3）由于剖视图中出现平行剖切平面转折面的投影，不符合国标要求。为消除该投影，将鼠标指向转折面的投影，右击，在菜单中选择“隐藏边线”，单击即可得到 *A*—*A* 剖视图。

零件最终的异维图如图 5-77c 所示。

需特别注意的是，SolidWorks 不支持多个剖切平面生成剖视图，所以在用“直线”命令绘制表示剖切平面位置的直线时，要将图 5-77a 所示的 3 条加亮直线在一次命令中画完，这样 SolidWorks 系统把这三条直线作为一条直线的三段，变多个剖切平面为一个剖切平面，选其中任何一段直线都可以生成完整的平行剖视图。

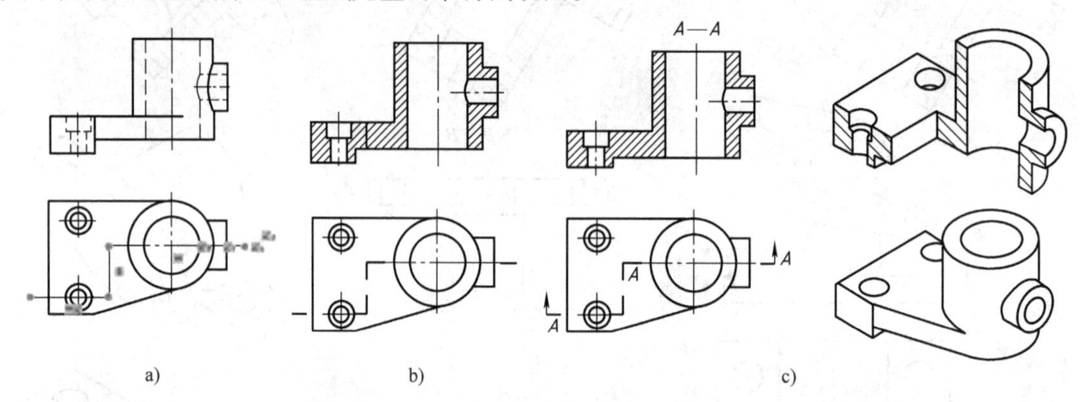

图 5-77　平行剖切的全剖视图

a）绘制并选择剖切线　b）带转折线的全剖视图　c）零件的异维图

6. 相交剖切的全剖视图

以图 5-78 所示零件为例说明如何生成相交剖切的全剖视图。绘图步骤如下：

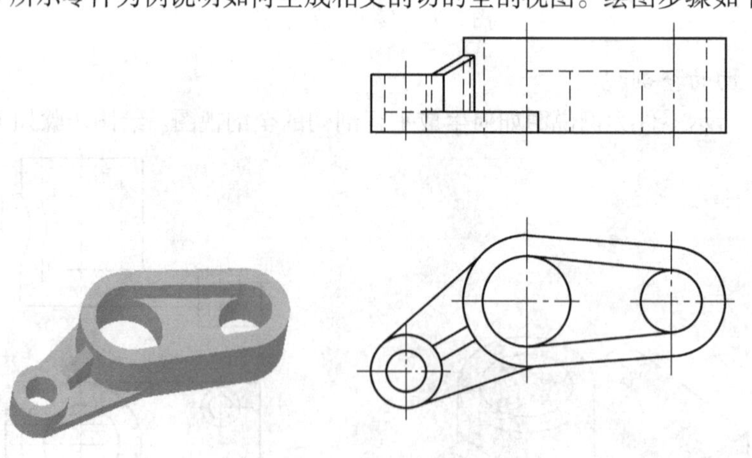

图 5-78　零件

1）激活俯视图，绘制两条剖切线，绘制完毕后，先选择斜线，再选择水平线（图 5-79a）。单击工程图工具栏上的旋转剖视图，生成剖视图（图 5-79b）。

请思考：如果先选择水平线，再选择斜线，会出现什么结果？该如何处理？

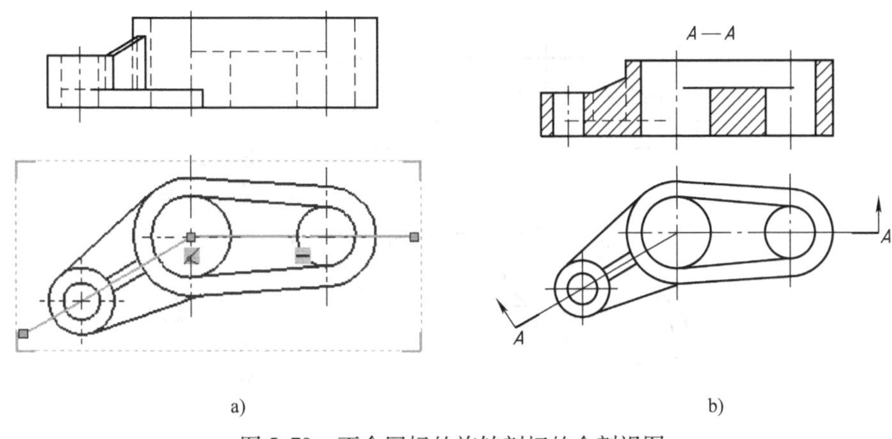

a)　　　　b)

图 5-79　不合国标的旋转剖切的全剖视图

a）绘制并选择剖切线　b）生成旋转剖切的剖视图

2）肋板结构剖视图的国标化。对于零件上的肋、轮辐及薄壁等结构，当剖切平面沿纵向剖切时，这些结构不画剖面符号，而用粗实线将它与其邻接部分分开。但在 SolidWorks 中不能区分一般位置的筋特征，默认建立的剖视图不符合国标（图 5-79b），因此需作一定的修改。

选择图 5-79b 所示要处理的剖面线，在弹出的属性管理器中取消选择“材质剖面线”，勾选“无”（图 5-80a）；绘制需添加的封闭区域草图（图 5-80b）；单击菜单“插入”→“注解”→“区域剖面线/填充”图标，弹出属性管理器，设置其属性，勾选“剖面线”和“区域”（图 5-80c），选择需添加的封闭轮廓，生成剖视图。

3）在俯视图圆心处添加注释“*A*”，修改文字和箭头，完成相交剖切的全剖视图（图 5-81）。

零件最终的异维图如图 5-81 所示。

需要指出的是，若以单一剖切面将零件生成剖视图，如图 5-82 所示零件，则在采用“剖面视图”命令时，会弹出“将区域剖面线从剖切范围中以下筋特征清单中排除”的提示（图 5-83），在工程图中选择要排除的“筋特征”后，即可生成图 5-84 所示的符合国标的全剖视图。

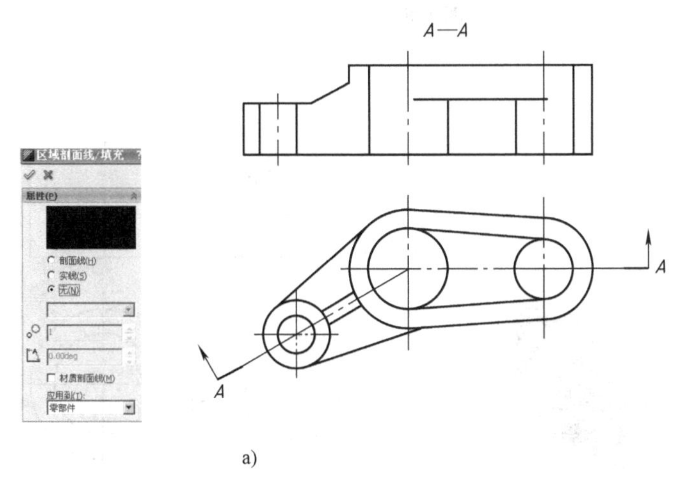

a)

图 5-80　肋板结构剖视图的国标化处理

a）清除剖面线

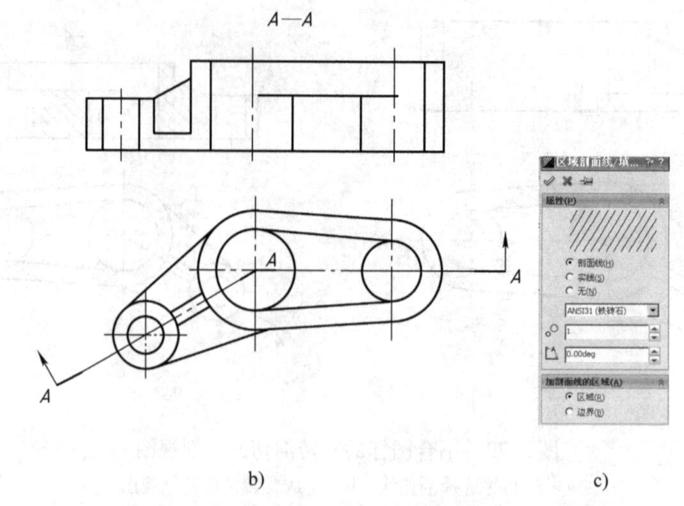

图 5-80　肋板结构剖视图的国标化处理（续）

b）绘制需添加的封闭区域草图　c）设置“区域剖面线/填充”属性

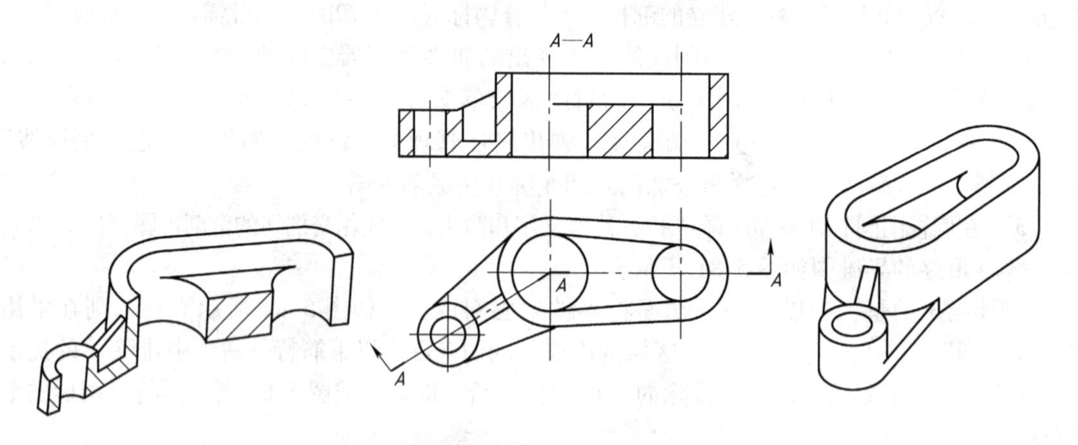

图 5-81　零件的异维图

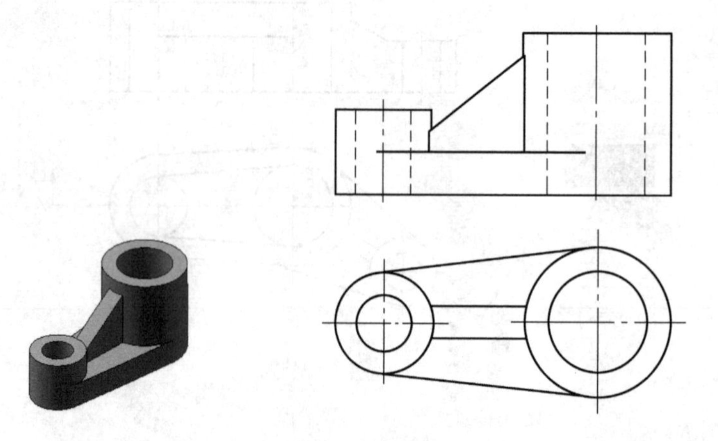

图 5-82　零件

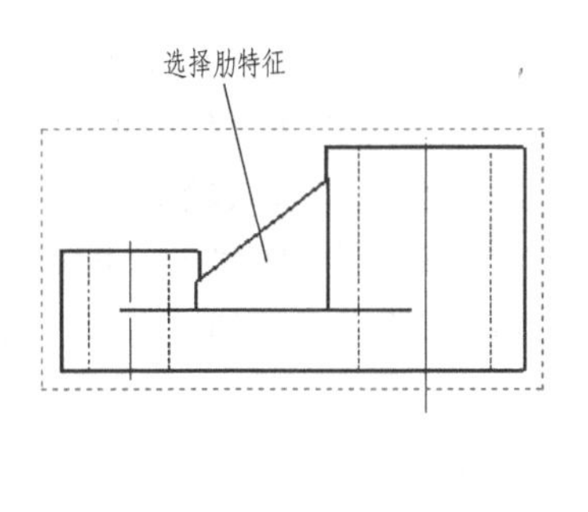

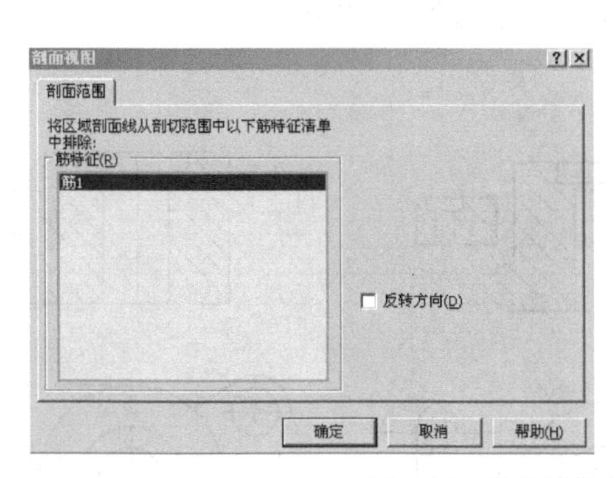

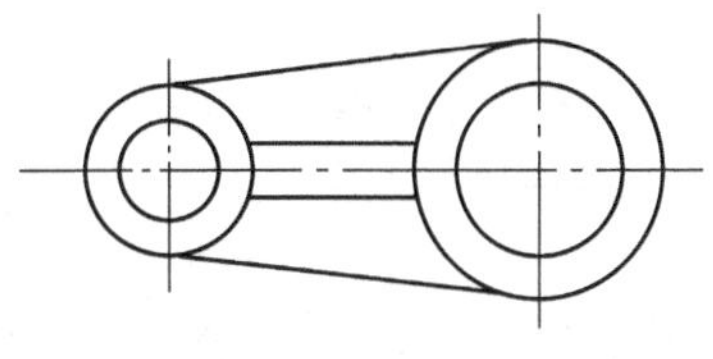

图 5-83　肋板结构剖视图的生成过程

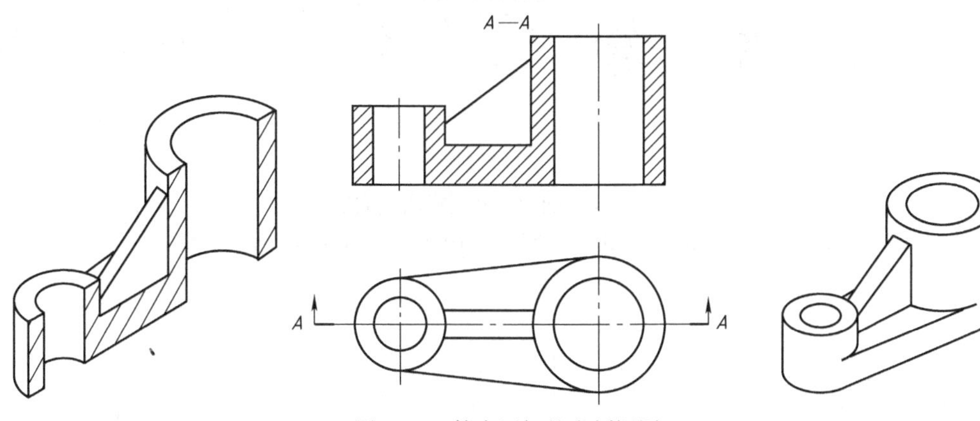

图 5-84　符合国标的全剖视图

7. 复合剖切的全剖视图

以图 5-85 所示零件为例说明如何生成复合剖切的全剖视图。绘图步骤如下：

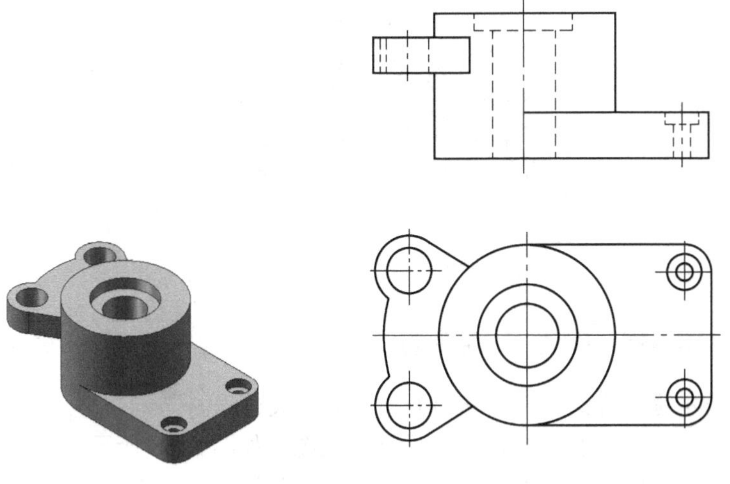

图 5-85　零件

1）按照前述方法，生成相交剖切的剖视图，如图 5-86a 所示。

2）按照前述方法，生成部分剖切的剖视图，如图 5-86b 所示。

3）将鼠标指向多余轮廓线的投影，右击，在菜单中选择“隐藏边线”，如图 5-86c 所示。再将两部分剖视图对齐，即可得到 *A—A* 剖视图，如图 5-87 所示。

零件最终的异维图如图 5-87 所示。

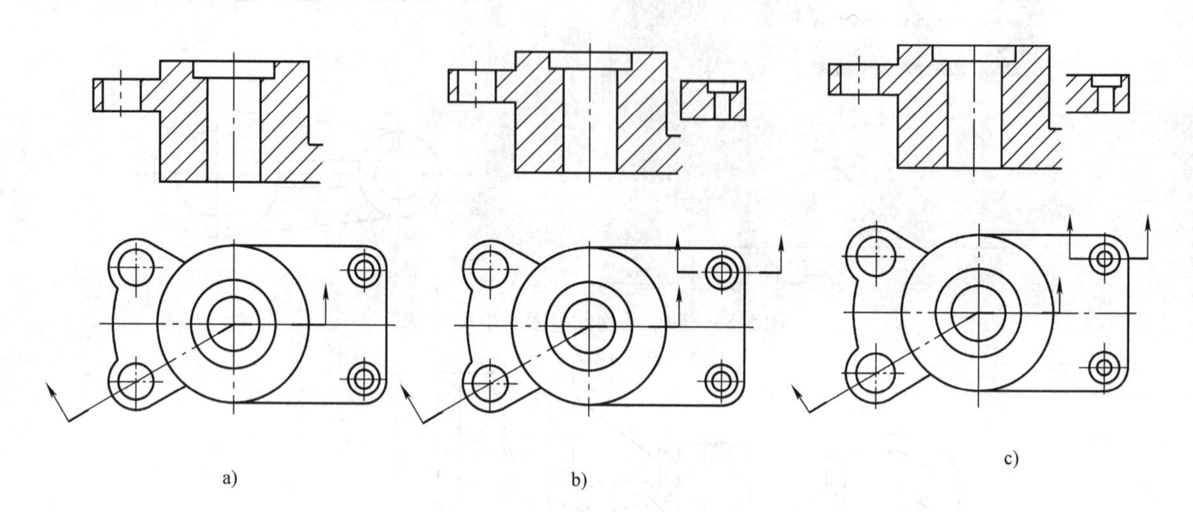

图 5-86　复合剖切的全剖视图生成过程

a）生成相交剖切的剖视图　b）生成部分剖切的剖视图　c）隐藏部分剖切剖视图的边线

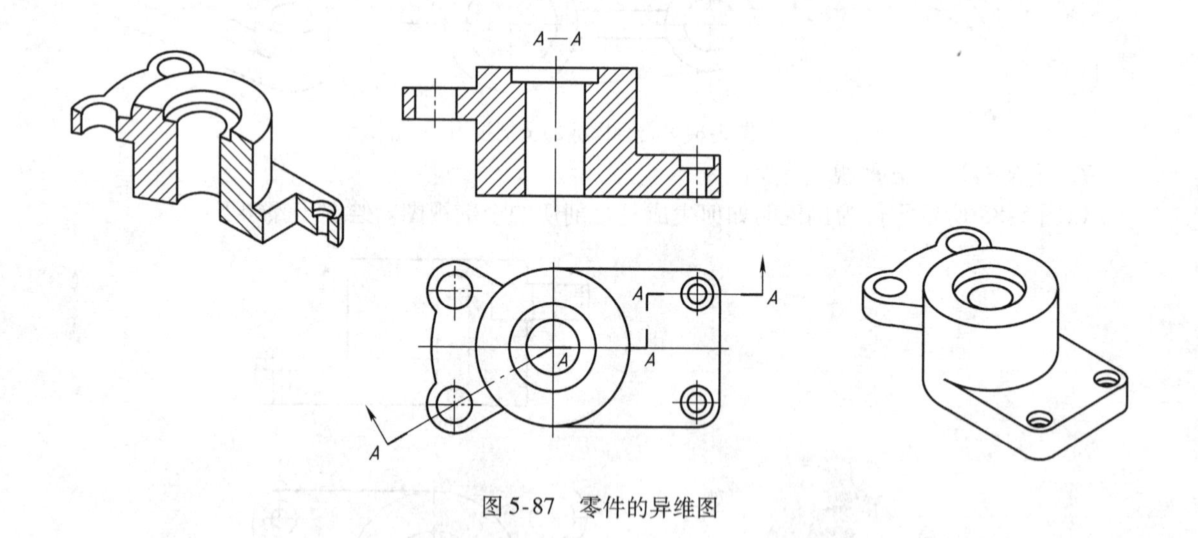

图 5-87　零件的异维图

三、采用 SolidWorks 生成零件的断面图

以图 5-88 所示零件为例，介绍移出断面图的生成过程。

1）打开零件，进入工程图环境，生成基本视图，如图 5-88 所示。

根据零件的结构特点，主视图采用局部剖视，主要表达内部空腔结构和外形。如前所

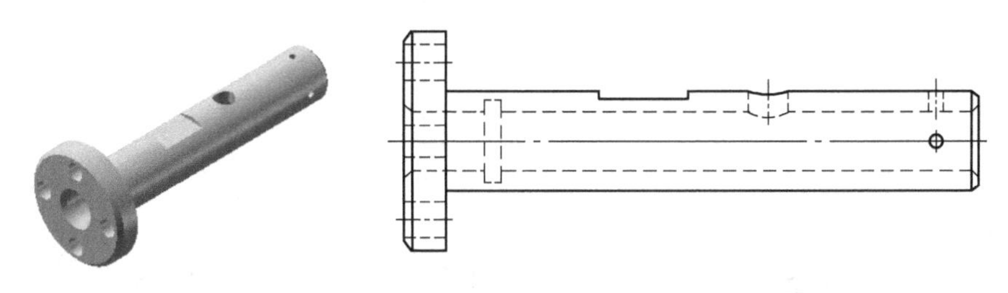

图 5-88　零件

述，生成局部剖视图（图 5-89a）。

2）为进一步反映出零件上几处的断面形状，采用断面图。激活主视图，绘制并选择剖切线（图 5-89a）。

3）单击工程图工具栏上的“剖面视图”图标按钮，设置剖面图属性，得到 *A—A* 断面图，如图 5-89b、c 所示。

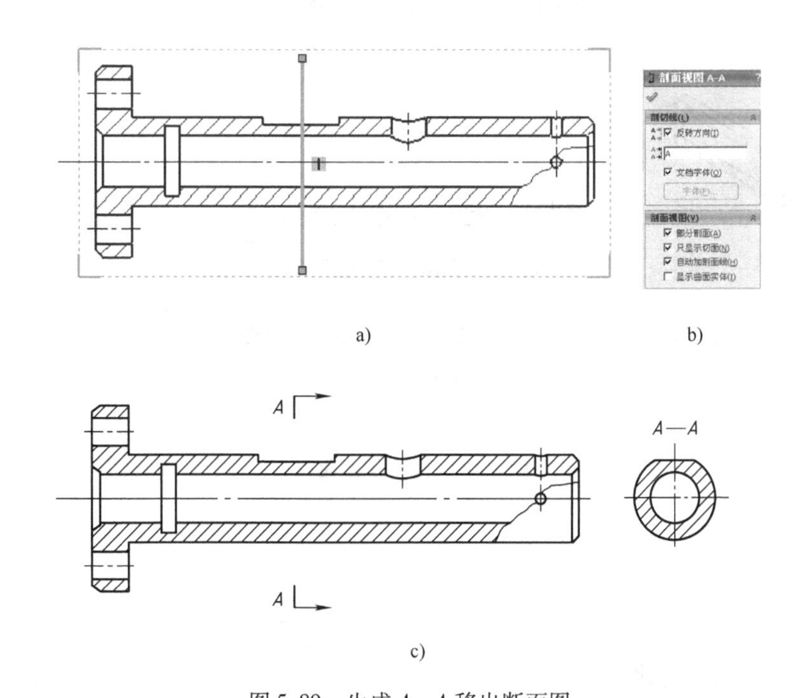

a)　　b)

c)

图 5-89　生成 *A—A* 移出断面图

a）移出断面的剖切线　b）*A—A* 移出断面的属性设置　c）*A—A* 移出断面

4）对于 *B—B*、*C—C* 断面图，重复步骤 3，但需将“剖面视图”属性中的“部分剖面”选项取消（思考：为什么?），得到所需断面图（图 5-90）。还可以解除对齐关系，将断面图移动到主视图下方配置在剖切迹线延长线上，因断面前后对称，省略标注，如图5-91 所示。

零件最终的异维图如图 5-91 所示。

请读者思考重合断面图的生成。以下为生成的图 5-82 所示零件中肋板的移出断面图与重合断面图。

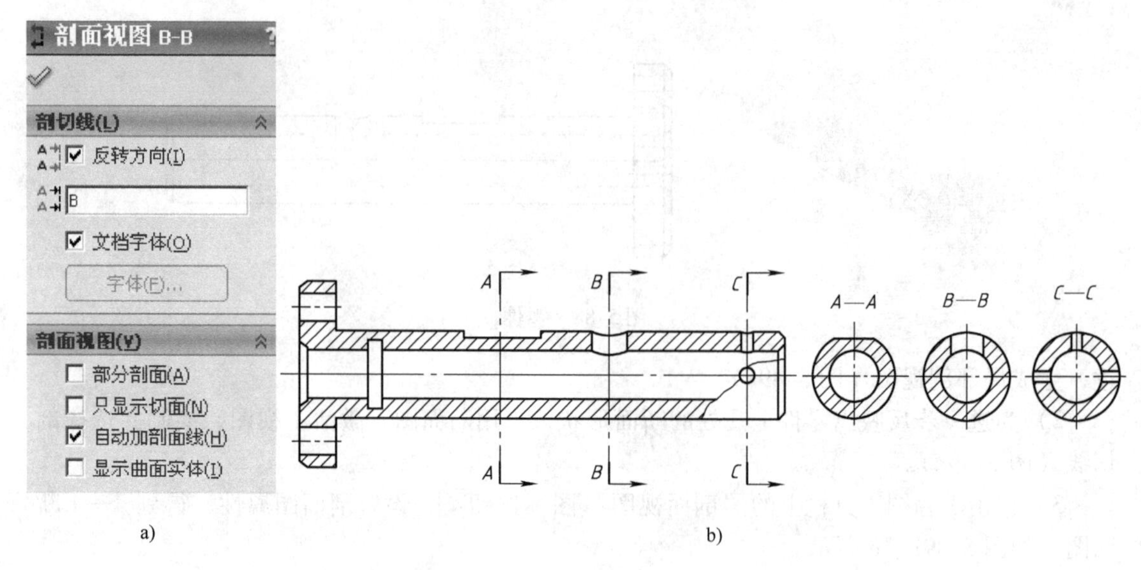

图 5-90　生成 *B—B*、*C—C* 移出断面图

a）*B—B*、*C—C* 移出断面的属性设置　b）*B—B*、*C—C* 移出断面

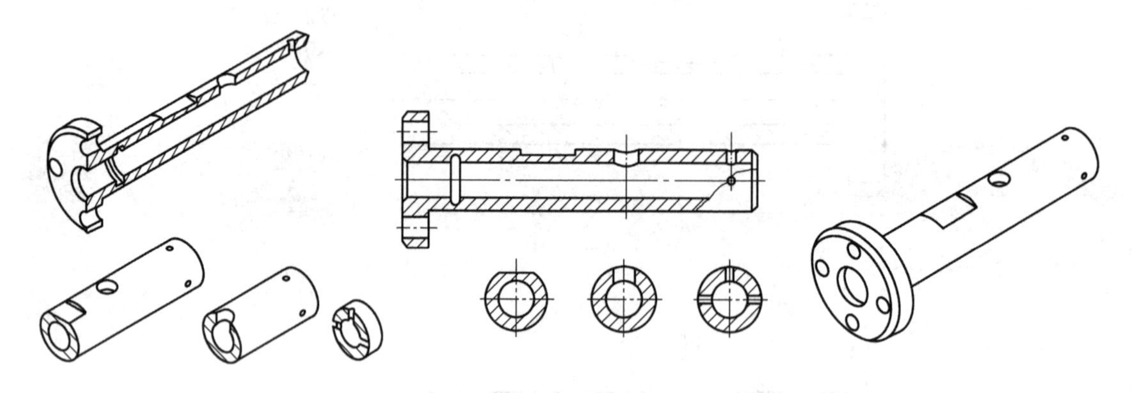

图 5-91　零件的异维图

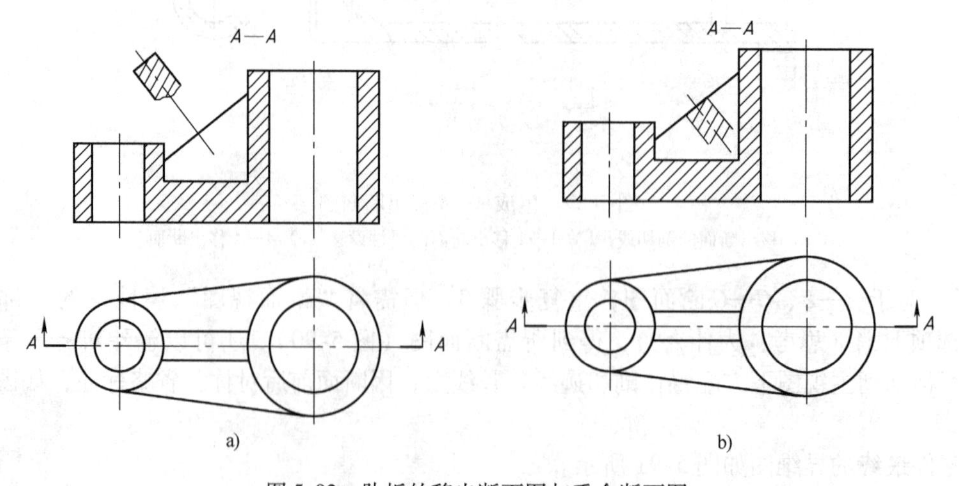

图 5-92　肋板的移出断面图与重合断面图

第六节　局部放大图及常用简化画法

一、局部放大图

将零件的部分结构，用大于原图形所采用的比例画出的图形称为局部放大图，用来表达视图中表示不清楚或不便标注尺寸的零件细部结构，如图5-93a所示轴上的退刀槽以及图5-93b所示端盖孔内的槽等。

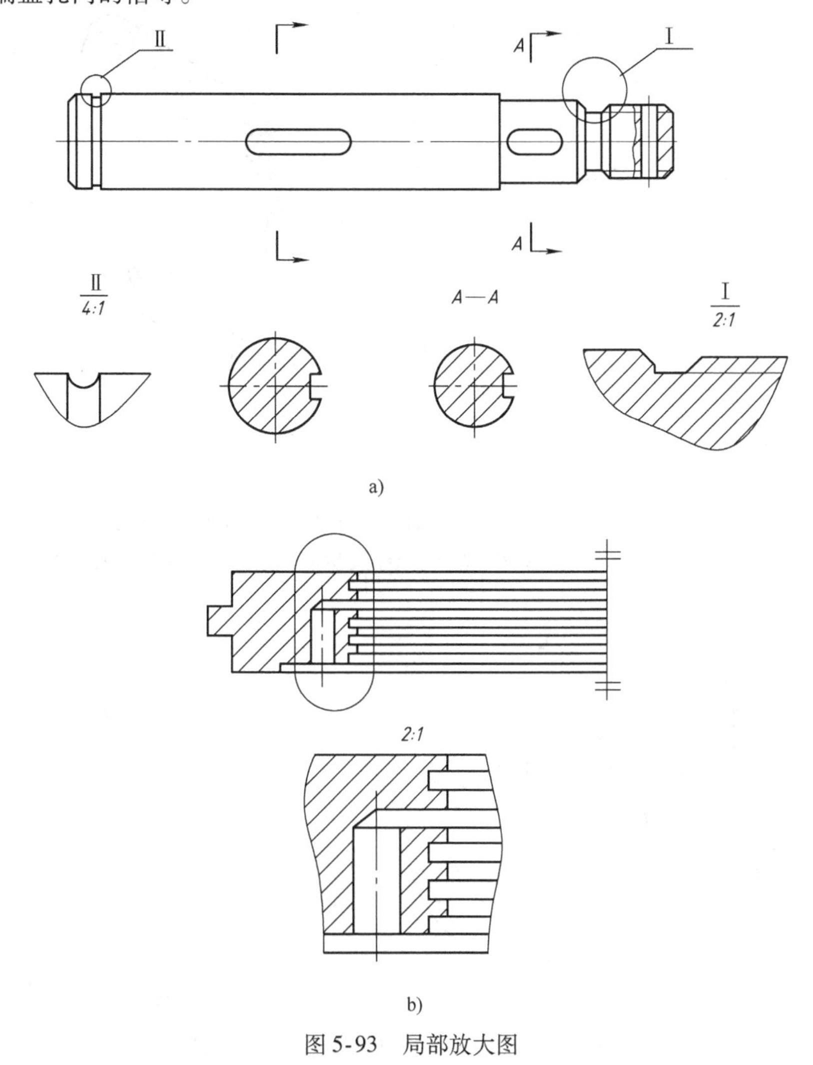

图5-93　局部放大图

a）轴的局部放大图　b）端盖的局部放大图

画局部放大图应注意以下几个问题：

1）绘制局部放大图时，应用细实线圈出被放大的部位，并尽量配置在被放大部位的附近。当零件上有多个被放大的部位时，必须用罗马数字依次标明被放大的部位，并在局部放大图上方标注出相应的罗马数字和所采用的比例，如图5-93a中Ⅰ、Ⅱ局部放大图。当零件上被局部放大的部位仅有一处时，在局部放大图的上方只需标明所采用的比例，如图5-93b

所示。

2）局部放大图可以画成视图、剖视图、断面图，它与被放大部分的表达方式无关。由于局部放大图通常画成局部视图、局部剖视图，所以，被放大部分与零件整体的断裂处一般用波浪线表示，如图 5-93a 中Ⅰ处采用局部剖视图表达，Ⅱ处采用局部视图表达。

3）特别注意：局部放大图上标注的比例是指该图形与零件的实际大小之比，而不是与原图形之比。

4）必要时，可采用多个视图来表达同一个被放大的部位，如图 5-94 所示。

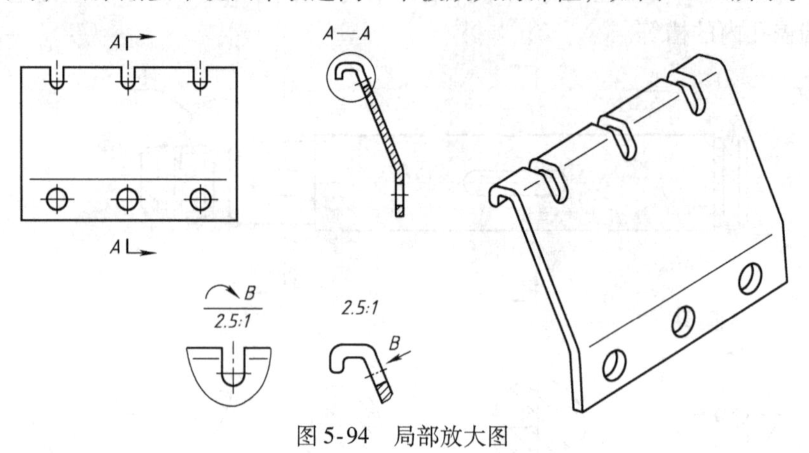

图 5-94　局部放大图

二、常用的简化画法

制图时，在不影响对零件表达完整和清晰的前提下，应力求制图简便。如图 5-93 所示，采用尺寸标注规定符号减少了不必要的视图。国家标准规定了一些简化画法和其他表达方法，供绘图时选用。现将常用的介绍如下。

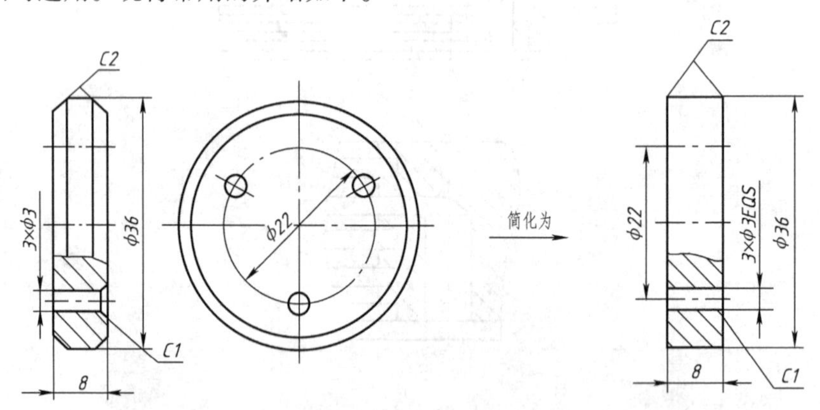

图 5-95　用尺寸标注规定符号减少不必要的视图

简化画法是对零件的某些结构图形的表达方法进行简化，使图形既清晰又简单易画。

1. 肋板和轮辐剖切后的画法

零件上的肋板起加强零件强度和刚度的作用。对于零件上的肋、轮辐及薄壁等结构，当剖切平面沿纵向剖切时，这些结构不画剖面符号，而用粗实线将它与其邻接部分分开，如图 5-96 所示 *A—A* 剖视中肋的简化画法、图 5-97 所示剖视图轮辐的简化画法。需要特别注意的是，图 5-96 所示 *A—A* 剖视中剖开部分的肋板轮廓线为圆柱体的转向轮廓线。

当剖切平面垂直于肋板横向剖切时，则肋的断面，必须画出剖面线，如图 5-96 所示 *B*—*B* 剖视图。

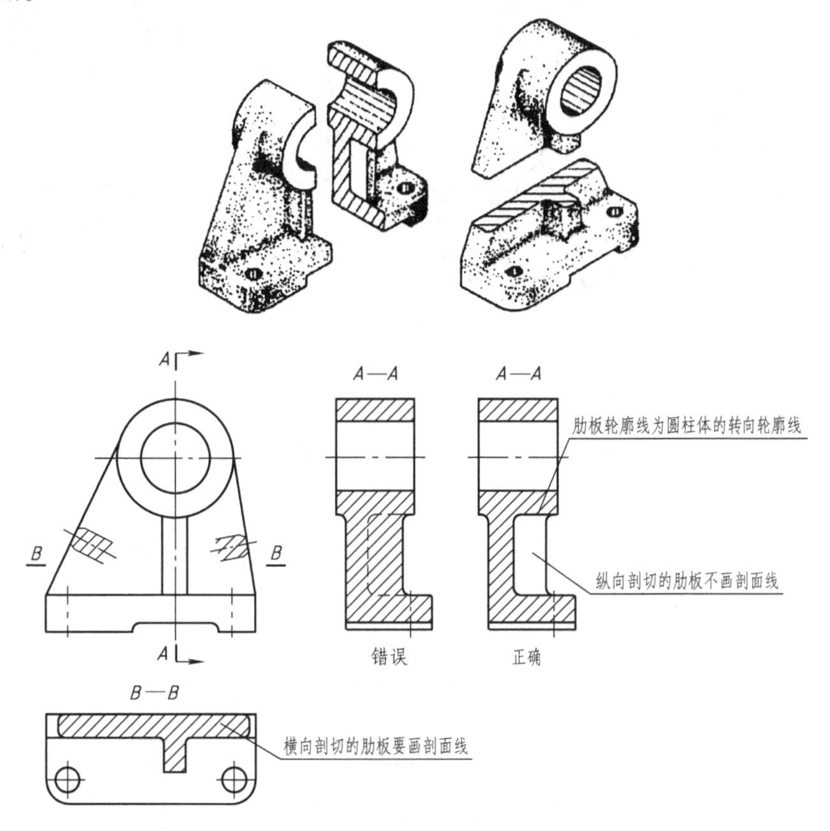

图 5-96　剖视图中“肋”的画法

2. 均匀分布的肋板及孔的画法

当回转体零件上均匀分布的肋、轮辐、孔等结构，不处于剖切平面上时，可将这些结构旋转到剖切平面上画出其剖视图，如图 5-97 所示的轮辐、图 5-98a 所示肋板和图 5-98b 所示的孔。

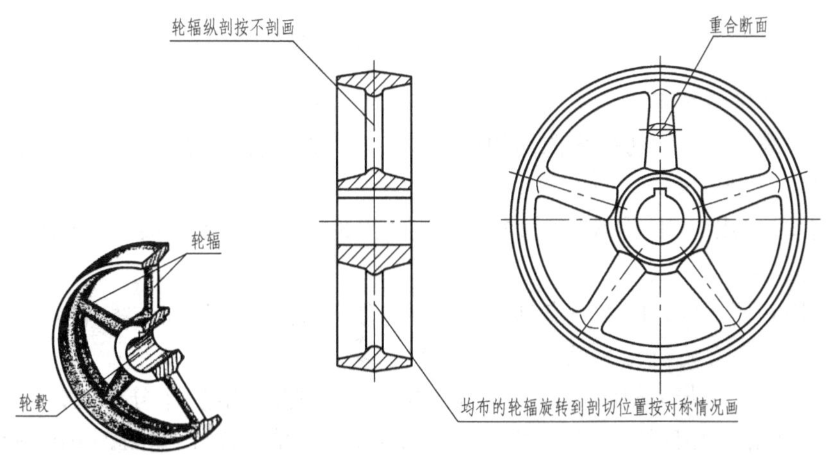

图 5-97　剖视图中“轮辐”的画法

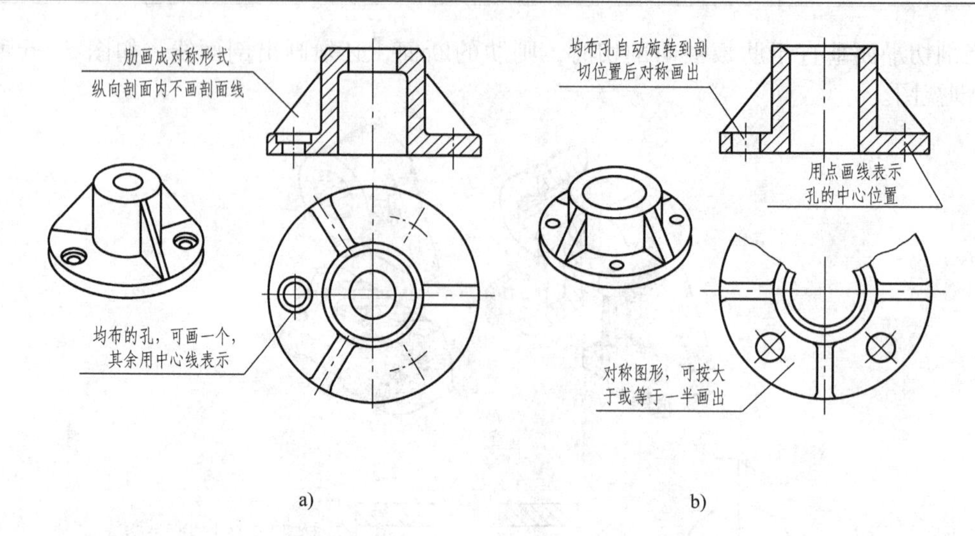

图 5-98　均匀分布肋板、孔的简化画法

3. 移出断面中的简化画法

在不致引起误解时，移出断面图允许省略剖面符号，如图 5-99 所示。但剖切位置和断面图的标注，必须遵照本章第三节的规定。

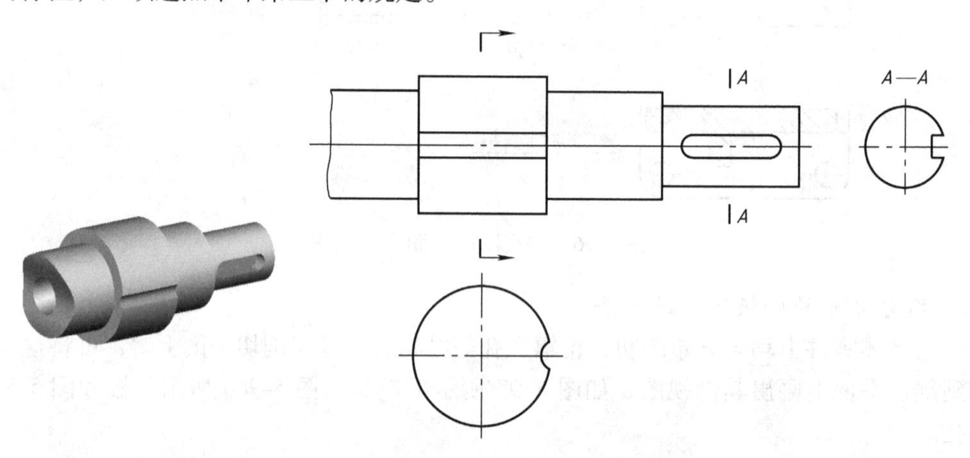

图 5-99　不画剖面线的移出断面图的画法

4. 细双点画线的应用

1）在需要表示位于剖切平面前面的结构时，这些结构用假想投影的轮廓绘制，采用细双点画线绘制（图 5-100a）。

2）在需要画出加工前零件的初始轮廓线时，初始轮廓线用细双点画线绘制（图 5-100b）。

3）辅助用相邻零件，用细双点画线绘制，一般不应遮盖其后面的零件（图 5-100c）。

5. 相同结构要素的简化画法

1）当零件上具有若干相同结构（如齿、槽等），并按一定规律分布时，只要画出几个完整的结构，其余采用细实线连接，并在图上注明该结构的总数，如图 5-101a 所示。

2）圆柱形法兰和类似零件上均匀分布的直径相同的孔，可由零件外向该法兰端面方向

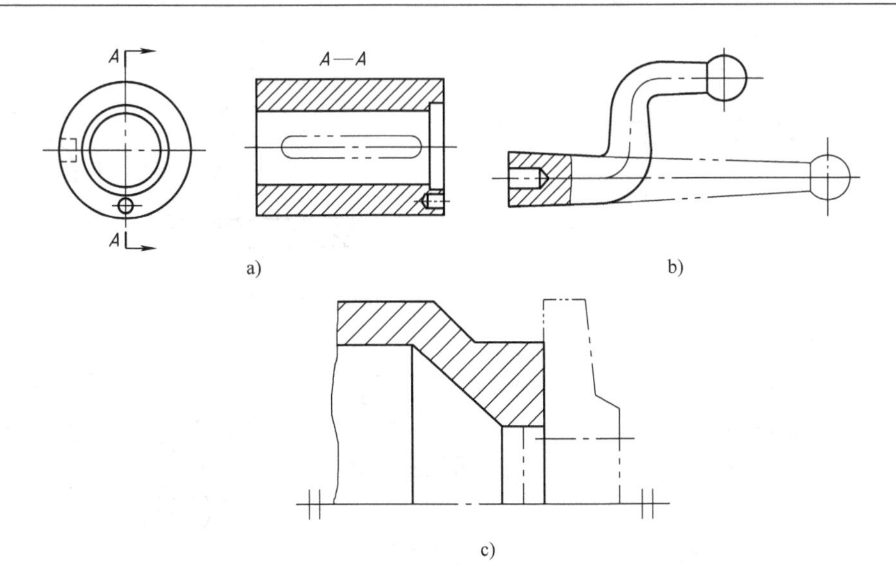

图 5-100　细双点画线的应用

投射画出，如图 5-101b 所示。

3）当零件上具有若干直径相同且成规律分布的孔（圆孔、沉孔等），可以仅画出一个或几个，其余只需用点画线表示其中心位置，并在图上注明孔的总数，如图 5-101c 所示。

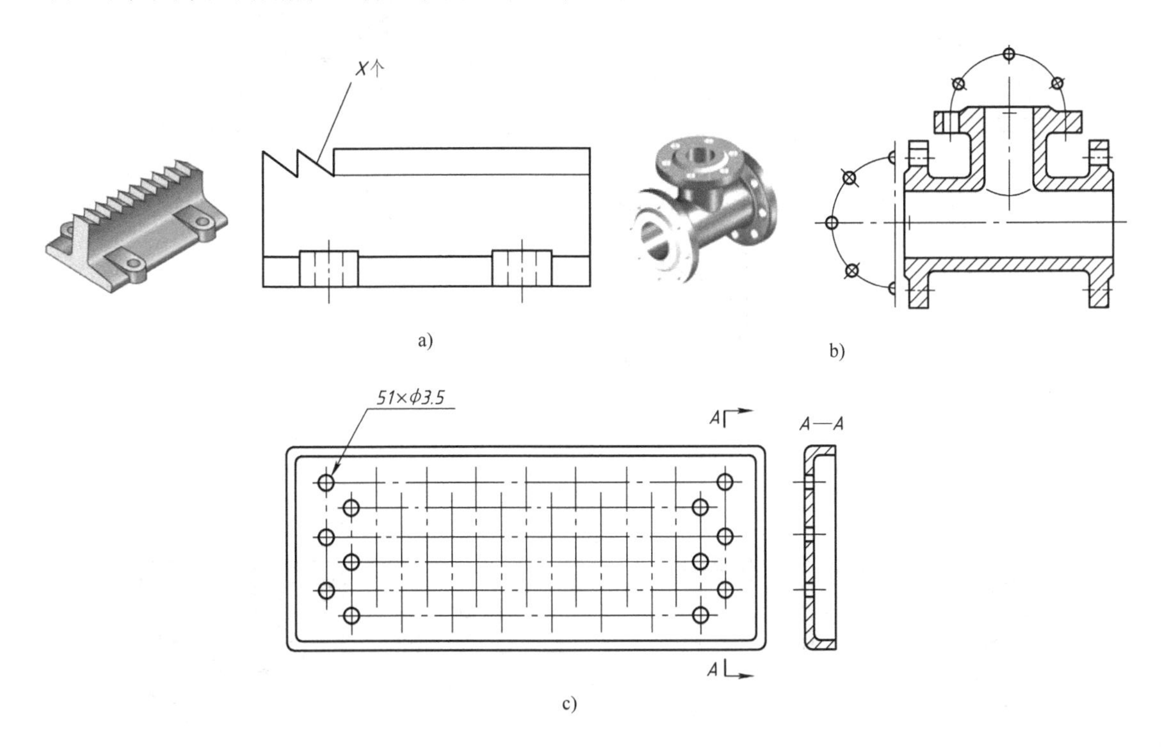

图 5-101　相同结构要素的简化画法

6. 对称画法

（1）对称结构的简化画法　零件上对称结构的局部视图，可按图 5-102 所示方法绘制。

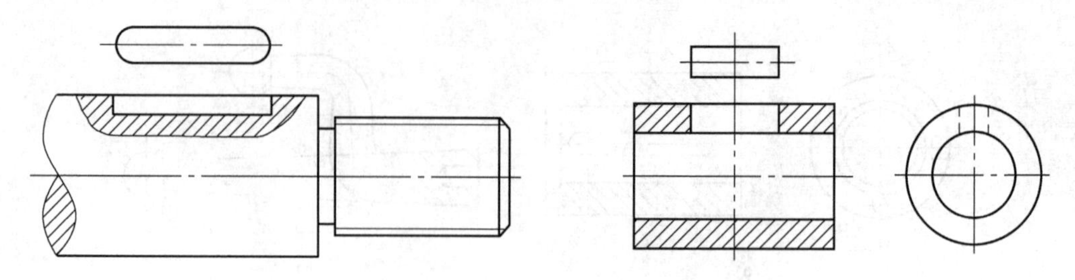

图 5-102　对称结构局部视图的画法

（2）对称件简化画法　在不致引起误解时，对称零件的视图可只画一半（或 1/4），并在对称中心线的两端画出两条与其垂直的平行细实线，如图 5-103 所示。

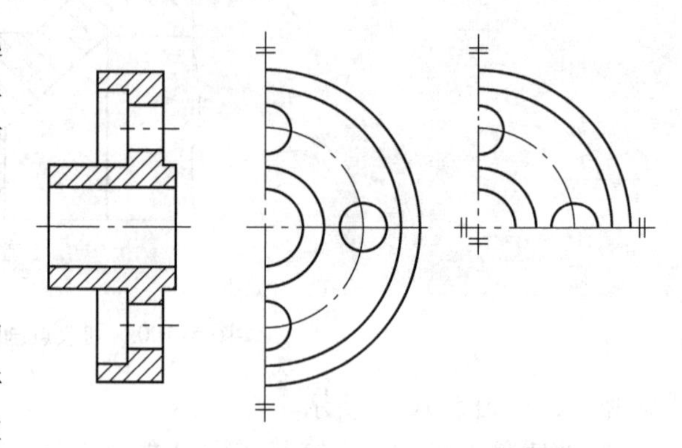

图 5-103　对称零件视图的简化画法

7. 较小要素的简化画法

1）在不致引起误解时，零件图中的小圆角、锐边的小倒角或 45°小倒角允许省略不画，但必须注明尺寸或在技术要求中加以说明（图 5-104a）。

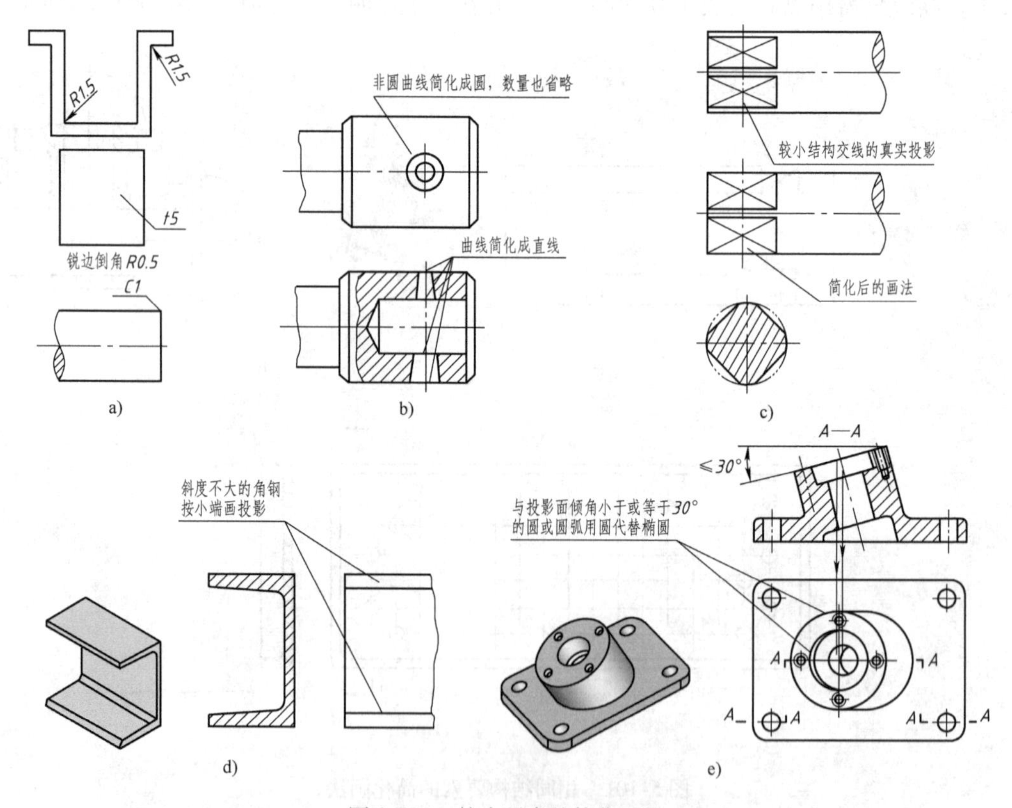

图 5-104　较小要素的简化画法

a）小圆角及小倒角等的省略画法　b）较小结构交线的画法（一）　c）较小结构交线的画法（二）　d）较小斜度的画法　e）斜度不大的圆或圆弧的投影画法

2）零件上较小结构所产生的交线，如在一个图形中已表示清楚时，其他图形可简化或省略，即不必按投影画出所有的线条，如图 5-104b、c 所示。

3）零件上斜度、锥度不大的结构，如在一个图形中已表示清楚时，其投影可只按小端画出，如图 5-104d 所示。

4）与投影面倾斜角度小于或等于 30°的圆或圆弧，其投影可用圆或圆弧代替椭圆，如图 5-104e 所示。其中，俯视图上各圆的中心位置按投影来决定。

8. 替代画法

图形中的相贯线与过渡线在不致引起误解时允许简化，如用圆弧或直线替代非圆曲线（图 5-105）。

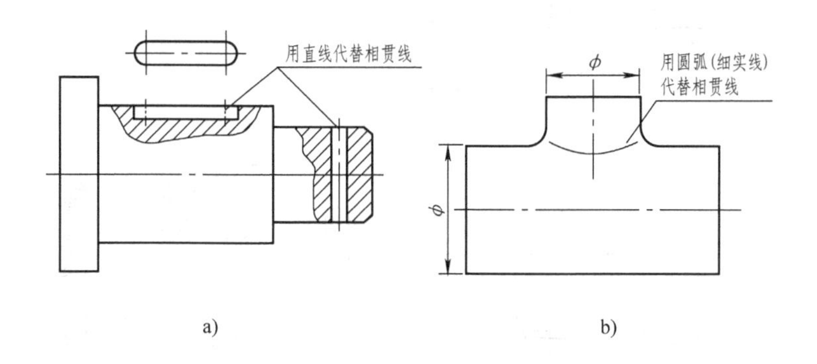

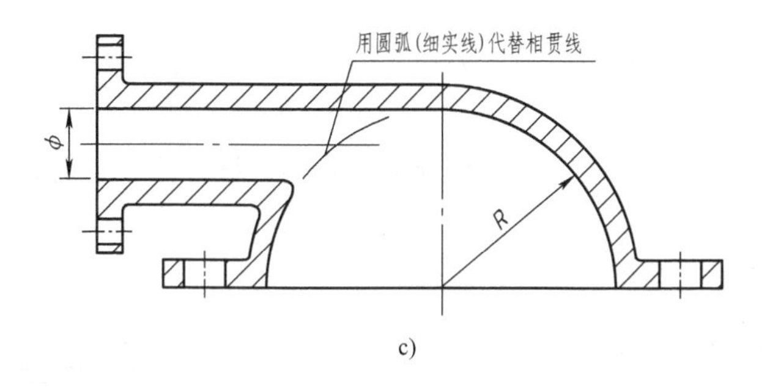

图 5-105　替代画法

9. 断开画法

较长的零件，如轴、连杆等，沿长度方向形状一致或按一定规律变化时，可断开后缩短绘制。断开后的结构应按实际长度标注尺寸，如图 5-106a、b 所示。

断裂处的边界线除用波浪线或双点画线绘制外，对于实心和空心圆柱可按图 5-106c 所示绘制。对于较大的零件，断裂处可用双折线绘制，如图 5-106d 所示。

10. 示意画法

1）零件上的滚花部分、网状物或编织物，可在轮廓线附近用细实线局部示意画出一部分，并在零件图上注明其具体要求（图 5-107）。

2）当图形不能充分表达平面时，可用平面符号（相交的两条细实线）表示，如图 5-108 所示。如其他视图已经把这个平面表示清楚，则平面符号可以省略。

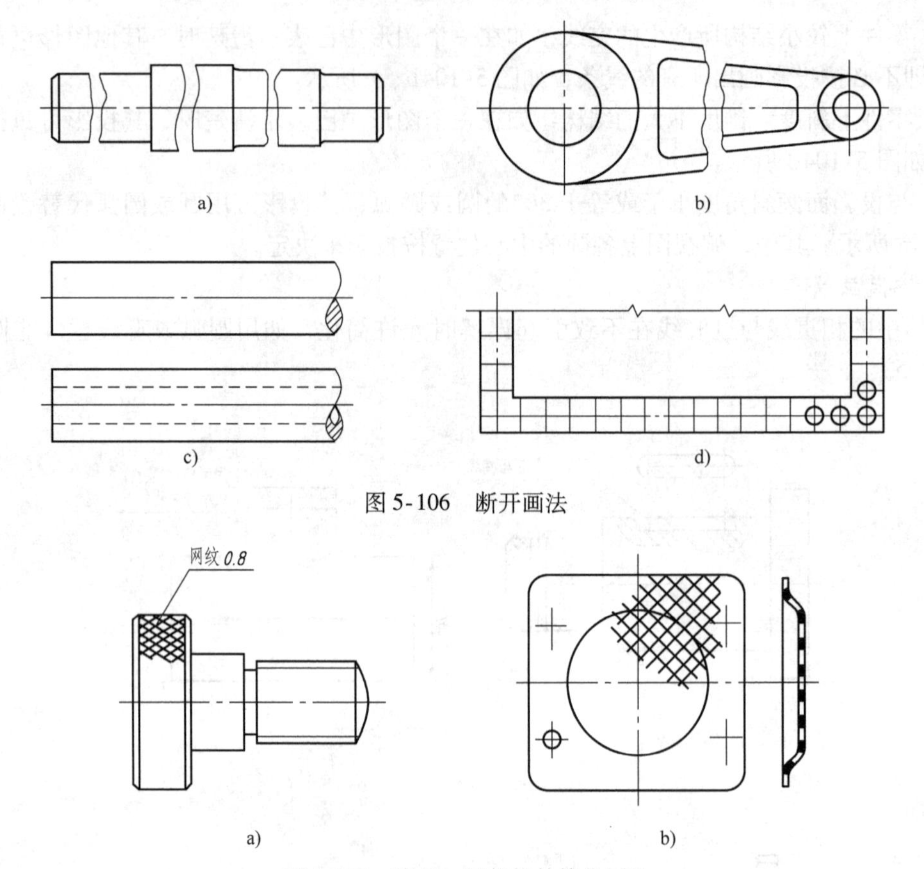

图 5-106　断开画法

图 5-107　滚花、网状物的简化画法

11. “剖中剖”的画法

必要时，允许在剖视图中再作一次简单的局部剖。采用这种方法表达时，两个剖面的剖面线应同方向、同间隔，但要相互错开，并用引出线标注其名称，如图 5-109 中的“*B—B*”剖视图。如剖切位置明显时，也可省略标注。

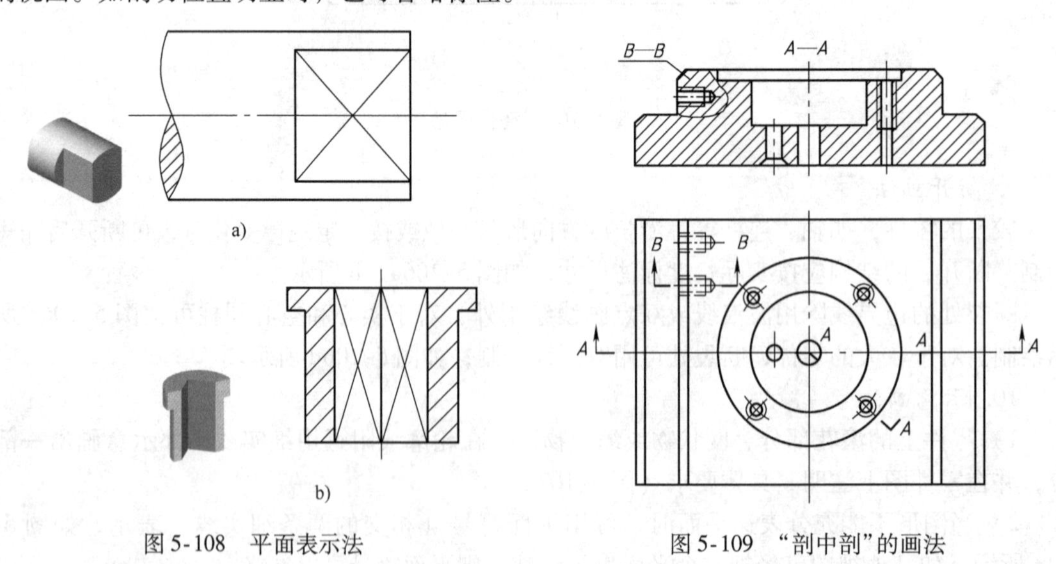

图 5-108　平面表示法　　　　图 5-109　“剖中剖”的画法

第七节　表达方法综合举例

在绘制机械图样时，应根据零件的具体情况综合运用视图、剖视图和断面图等各种表达方法，而且一个零件往往可以选用几种不同的表达方案。综合考虑确定一组最佳的表达方案。

一、零件的视图选择

零件的视图选择，应首先考虑有利于读图和画图。由于零件的结构形状多种多样，所以画图前，应对零件进行结构形状分析，首先选择主视图，然后适当选择其他视图，以补充主视图的不足，从而完整、清晰地表达零件内外结构，同时兼顾到尺寸标注的需要，确定一组最佳的表达方案。

（一）主视图的选择

主视图是表达零件形状最重要的视图，其选择是否合理将直接影响其他视图的选择和看图是否方便，甚至影响到画图时图幅的合理利用。一般来说，零件主视图的选择主要考虑安放位置和投射方向两个原则，安放位置从零件的加工位置和工作位置中选择，投射方向则要使主视图尽可能多地反映零件的形状特征。

1. 安放位置原则

（1）加工位置　加工位置是零件在加工时所处的位置。主视图应尽量表示零件在机床上加工时所处的位置。这样在加工时可以直接进行图物对照，既便于看图和测量尺寸，又可减少差错。如轴套类零件的加工，大部分工序是在车床或磨床上进行，因此通常要按加工位置（即轴线水平放置）画其主视图，如图5-110所示。

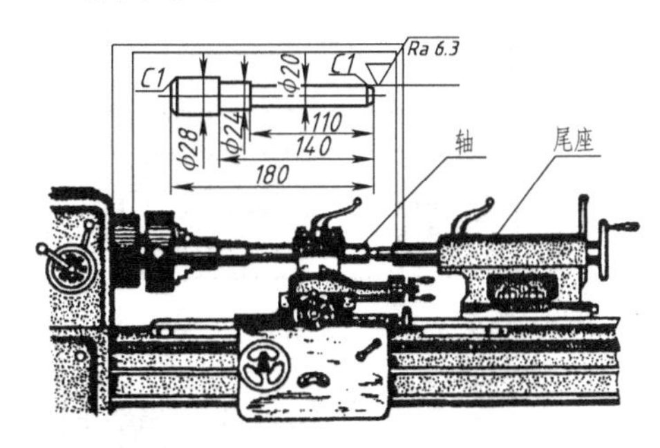

图5-110　轴类零件的加工位置

（2）工作位置　工作位置是零件在装配体中所处的位置。零件主视图的放置，应尽量与零件在机器或部件中的工作位置一致，如图5-111所示。这样利于根据装配关系来考虑零件的形状及有关尺寸，便于校对。对于工作位置倾斜放置的零件（图5-112a），应将其主要部分放正（水平或竖直，图5-112b），以利于布图和标注尺寸。

2. 投射方向的确定原则

确定了零件的安放位置后，还要确定主视图的投射方向。投射方向应遵循形状特征原则，即主视图最能反映零件各部分的形状及它们之间的相对位置，以满足表达零件清晰的要求。图5-113所示是机床尾架主视图投射方向的比较。由图可知，图5-113a更清楚地显示了该尾架各部分的形状特征及层次位置关系，表达效果显然比图5-113b表达效果要好得多。

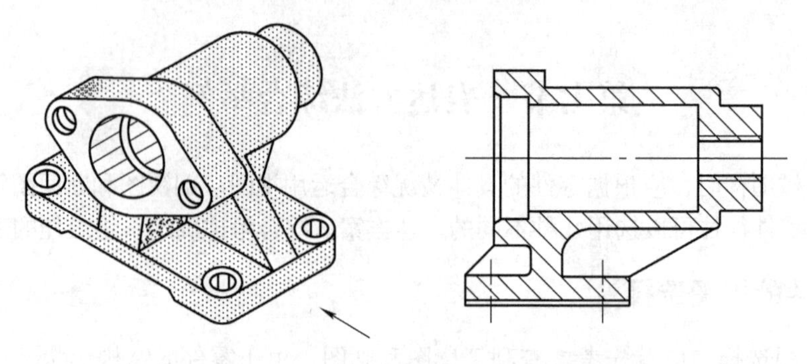

图 5-111　主视图符合零件的工作位置

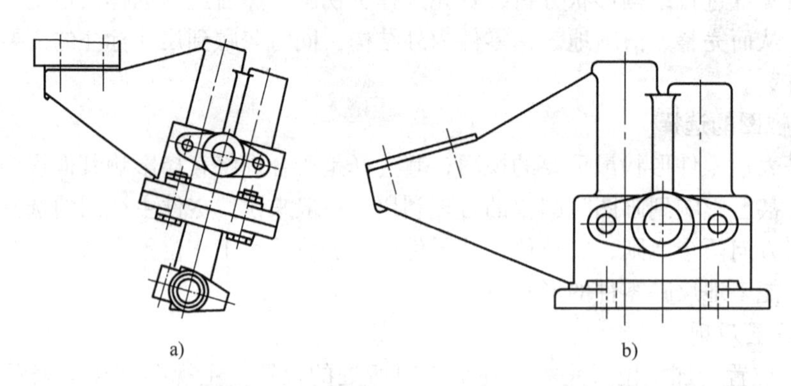

a)　　b)

图 5-112　工作位置倾斜零件的主视图选择

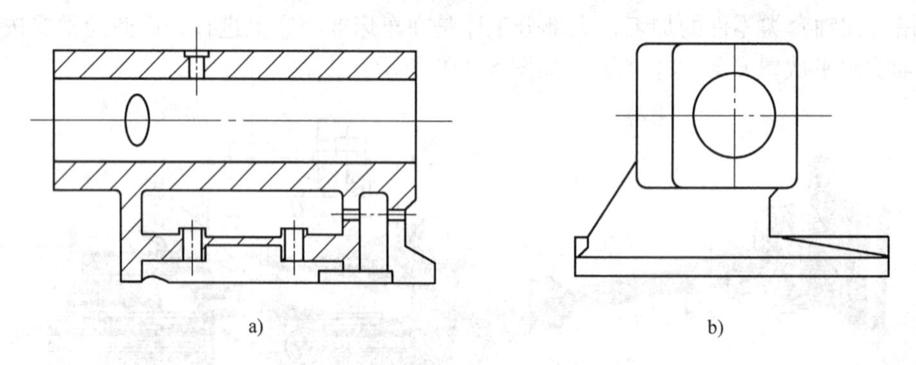

a)　　b)

图 5-113　尾架主视图投射方向的选择

a）好　b）不好

以上是零件主视图的选择原则，在运用时必须灵活掌握。两项原则中，从有利于看图出发，在满足形体特征原则的前提下，充分考虑零件的工作位置和加工位置。如果零件工作位置不固定，或零件的加工工序较多，其加工位置多变，则可选择其自然摆放平稳的位置作为画主视图的位置。

（二）其他视图的选择

零件主视图确定后，要分析还有哪些形状结构没有表达清楚，考虑选择适当的其他视图，将主视图未表达清楚的零件结构表达清楚。其他视图的选择一般应遵循以下原则：

1）根据零件复杂程度和内外结构特点，综合考虑所需要的其他视图，使每个所选视图应具有独立存在的意义及明确的表达重点，注意避免不必要的细节重复，从而使视图数量少且简单，图形变形少。

2）优先考虑采用基本视图，在基本视图上作剖视图，并尽可能按投射方向配置各视图。再用一些辅助视图（如局部视图、向视图、斜视图）以及断面图、局部放大图等作为基本视图的补充，以表达次要结构和局部形状。

3）应考虑便于标注尺寸，尽量避免使用细虚线。

如图5-114a所示支架，三个视图是否已将支架的结构形状表达清楚了呢？经分析发现，底板形状不能唯一确定，还可能为图5-114d、e所示的形状，所以，必须增加一个图5-114c所示的“*B*”局部视图进行补充。

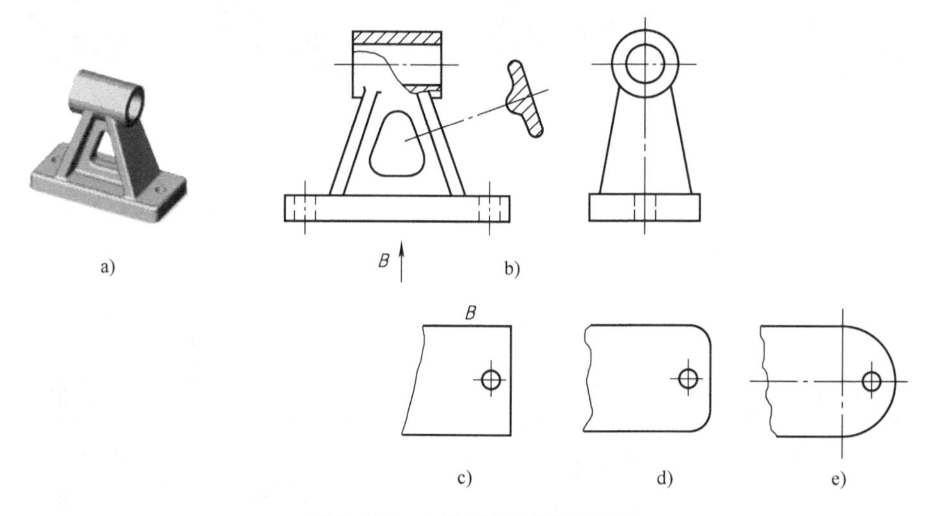

图5-114 支架其他视图的选择

二、零件的表达分析

以图5-115所示回转泵的泵体为例，说明表达方法的综合应用。

1. 分析零件形状

回转泵的泵体主要由3大部分组成：工作部分、安装部分、连接部分。工作部分主要由直径不同的两个圆柱体、圆柱形内腔、左右两个凸台（进、出油孔）以及背后的锥台等组成，其中，圆柱形内腔有向上2.5mm的偏心距，且底部有拆卸衬套用的工艺孔，左右进出油孔由管螺纹与油管相接，前端面有3个连接泵盖用的螺纹孔，内腔底部有两个拆卸衬套用的工艺孔；安装部分是一个长方形底板，底板上有两个安装沉孔，并且在底面加工有一凹槽，以减少加工面和保证良好的接触；中间连接部分为弧形丁字连接板，将上下两部分连接起来。

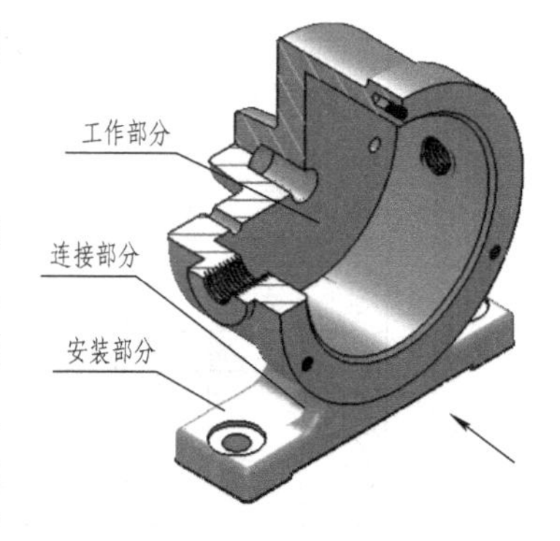

图5-115 泵体

2. 选择主视图

通常选择最能反映零件特征的投影方向（图5-115中箭头方向）作为主视图的投影方向。由于泵体最前面的圆柱直径最大，它遮住了后面直径较小的圆柱（图5-116a），为了表达它的形状和左右两端的螺纹孔以及底板上的两个安装孔，主视图上应取剖视；但泵体前端的大圆柱及均布的3个螺纹孔也需表达，考虑到泵体左右对称，因而选用半剖视图，以达到内、外结构都能表达的要求（图5-116b、c）。

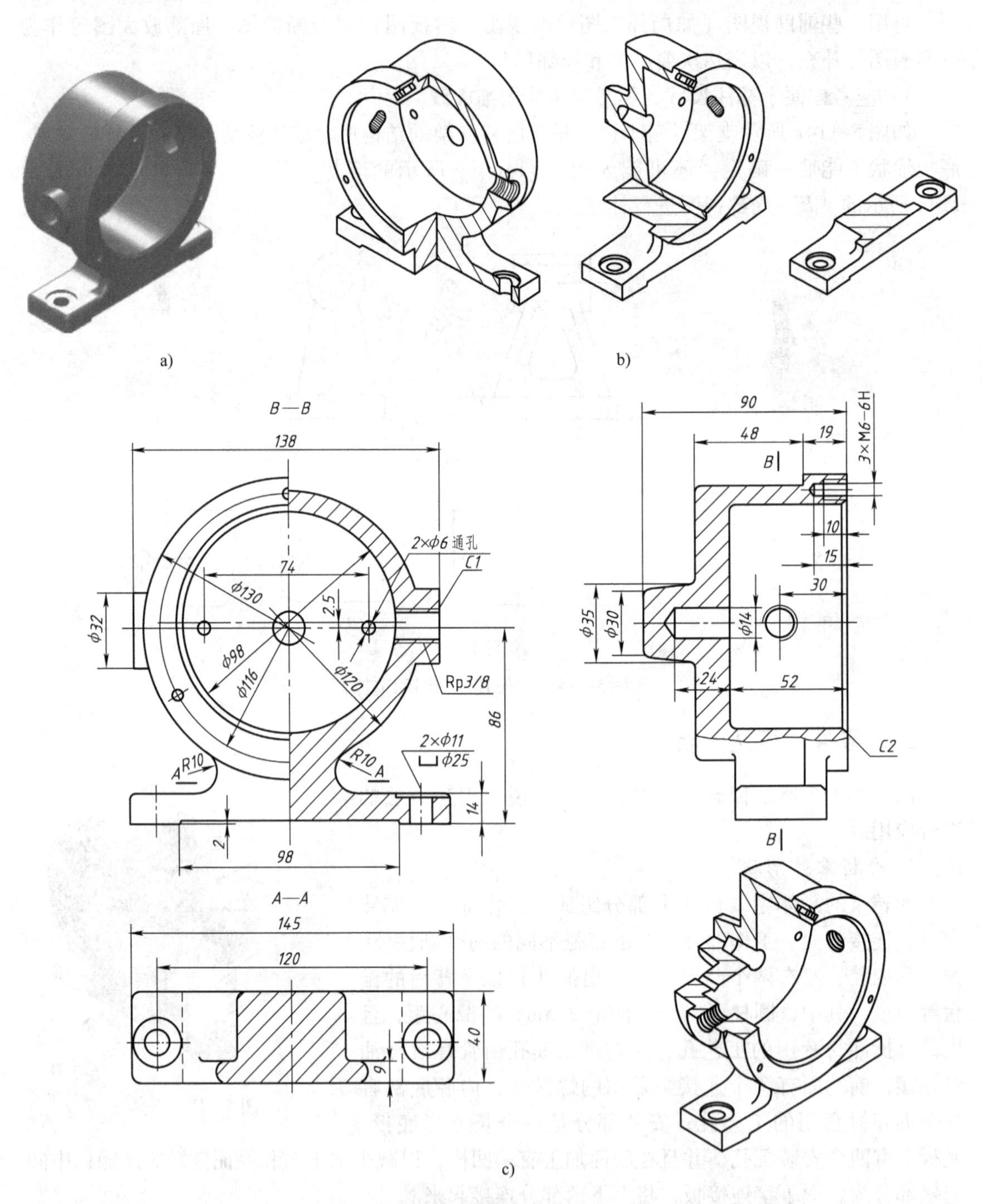

图5-116　泵体的表达方法

a）泵体　b）泵体的轴测剖视图　c）泵体的异维图

3. 选择其他视图

选择左视图表示泵体上部沿轴线方向的结构，为了表示内腔形状应取剖视，但若作全剖视图，则由于下面部分都是实心体，没有必要全部剖切，因而采用局部剖视（图5-116b、c），这样可保留一部分外形，便于看图。

底板及中间连接部分和其两边的肋，可在俯视图上取全剖视表达，剖切位置选在图上的*A—A*处较为合适（图5-116b、c）。

4. 生成异维图

综合以上分析，可以采用如前所述SolidWorks生成零件剖视图的方法，采用不同的剖切面绘制泵体的各类剖视图。然后激活各个视图，利用“尺寸/几何关系”工具栏相关的功能按钮，完成尺寸标注。

为了更加形象直观地反映泵体的内外结构特点，可以借助立体特征造型的方法，创建其三维轴测剖视图（图5-116c）。

泵体异维图如图5-116c所示。

5. 其他表达

零件的某些细节结构，还可以利用所标注的尺寸来表达。例如，泵体后的圆锥形凸台，在左视图上标注尺寸$\phi35$及$\phi30$后，在主视图上就不必再画虚线；又如主视图上尺寸$2\times\phi6$后面加上“通孔”两字后，就不必另画视图表达该两孔了。

在前述章节中介绍了视图上的尺寸标注，这些标注方法，同样适合剖视图。但在剖视图上标注尺寸时，还应注意以下几点：

1）在同一轴线上的圆柱和圆锥的直径尺寸，一般应尽量注在剖视图上，避免标注在投影为同心圆的视图上，如图5-116c中左视图上的$\phi14$、$\phi30$、$\phi35$等。但在特殊情况下，当剖视图上标注直径尺寸有困难时，可以注在投影为圆的视图上。如泵体的内腔是一偏心距为2.5mm的圆柱，为了明确表达各部分圆柱的轴线位置，其直径尺寸$\phi98$、$\phi120$、$\phi130$等应标注在主视图上。

2）当采用半剖视后，有些尺寸（如图5-116c所示主视图上的直径尺寸$\phi120$、$\phi130$、$\phi116$等）不能完整地标注出来，则尺寸线应略超过圆心或对称中心线，此时仅在尺寸线的一端画出箭头。

3）在剖视图上标注尺寸，应尽量把外形尺寸和内部结构尺寸分开在视图的两侧标注，这样既清晰又便于看图。如图5-116c所示，在左视图上将外形尺寸90、48、19和内部形状尺寸52、24分开标注。为了使图面清晰、查阅方便，一般应尽量将尺寸标注在视图外。但如果将泵体左视图的内部形状尺寸52、24引到视图的下方，则尺寸界线引得过长，且穿过下部不剖部分的图形，这样反而不清晰，因此这时可考虑将尺寸标注在视图内。

4）如必须在剖面线中标注尺寸数字时，则在数字处应将剖面线断开，如图5-116c所示左视图的孔深24。

第八节　第三角投影简介

目前，世界各国的工程图样有两种画法：第一角画法和第三角画法。我国国家标准规定优先采用第一角画法，而有些国家（如美国、加拿大、澳大利亚、日本等）则采用第三角画法。为了适应国际技术交流的需要，下面对第三角画法作简单的介绍。

V、H 两个投影面把空间划分为 4 部分，每一部分称为一个分角。如图 5-117 所示，H 面的上半部，V 面的前半部分为第一分角；H 面的下部分，V 面的后半部分为第三分角；其余为二、四分角。第一角画法是将零件放在投影面和观察者之间，即保持“人→零件→投影面”的位置关系，用正投影法获得视图。第三角画法是投影面处于观察者和零件之间（假设投影面是透明的)，即保持“人→投影面→零件”的相对位置关系，用正投影法获得视图，如图 5-118 所示。

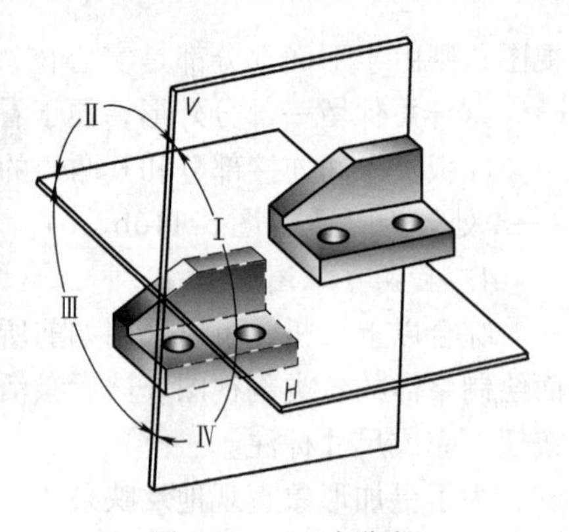

图 5-117　四个分角

一、第三角视图的名称

第三角画法所得到的视图分别为：

由前方垂直向后观察，在前正立投影面上得到的视图称为主视图，也称为“前视图”。

由上方垂直向下观察，在上水平投影面上得到的视图称为俯视图，也称为“顶视图”。

由右方垂直向左观察，在右侧立投影面上得到的视图称为右视图。

由下方垂直向上观察，在下水平投影面上得到的视图称为仰视图，也称为“底视图”。

由后方垂直向前观察，在后正立投影面上得到的视图称为后视图。

由左方垂直向右观察，在左侧立投影面上得到的视图称为左视图。

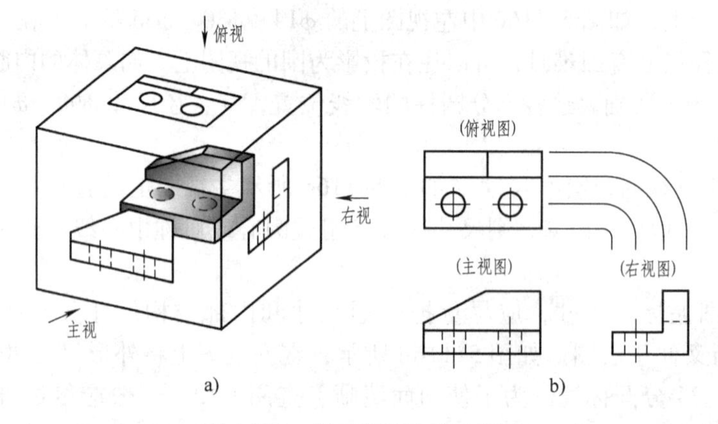

图 5-118　第三角画法的三视图

二、第三角视图的配置

第三角画法规定，投影面展开时，前立面不动，上水平投影面、下水平投影面、两侧面均按箭头所指向前旋转 90°与前立面展开在一个投影面上（后正立面随左侧面旋转 180°），如图 5-119 所示。

第三角视图的配置如图 5-120 所示，依然保持“长对正，高平齐，宽相等”的投影规律。

第三角视图与第一角视图配置相比，主视图的配置一样，其他视图的配置一一对应相反。俯视图、仰视图、右视图、左视图，靠近主视图的一边（里边)，均表示零件的前面；而远离主视图的一边（外边)，均表示零件的后面，即“里前外后”。这与第一角画法的

“里后外前”正好相反。此外，主视图（或前视图）不动，将主视图（或前视图）周围上和下、左和右的视图对调位置（包括后视图），即可将一种画法转化成另一种画法。

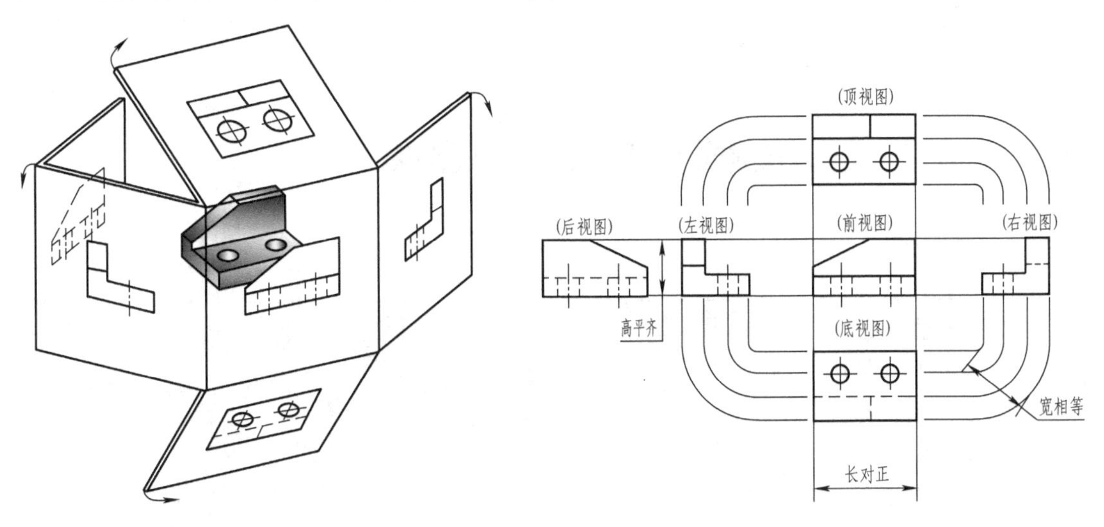

图 5-119　第三角画法的展开　　　　图 5-120　第三角视图的配置

ISO 国际标准中规定，第一角画法用图 5-121a 所示的识别符号表示，第三角画法用图 5-121b 所示的识别符号表示。

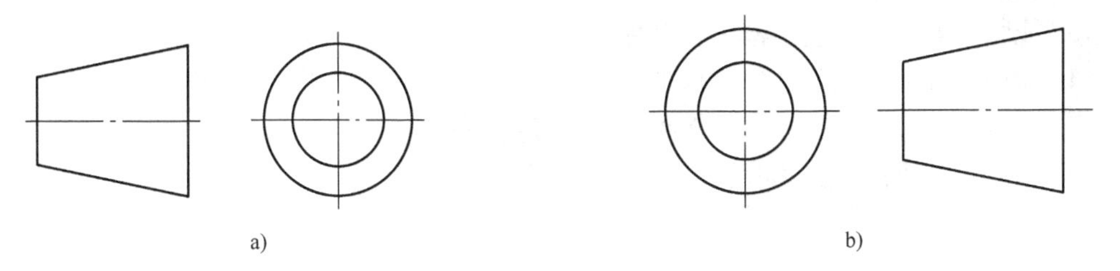

图 5-121　两种画法的识别符号
a）第一角画法的识别符号　b）第三角画法的识别符号

我国优先采用第一角画法。因此，采用第一角画法时，无须标注识别符号。当采用第三角画法时，必须在图样中（在标题栏附近）画出第三角画法的识别符号。

第六章

机械制造基础知识

内容提要

1. 产品与零件的关系。
2. 零件的常见加工方法。
3. 典型零件的加工。
4. 零件的工艺结构。
5. 螺纹的形成和结构、种类、画法和标注。

学习提示及要点

1. 了解产品和零件的关系；了解常见的铸造，锻造以及切削加工。
2. 熟悉典型的轴类、叉架类、箱体类、盘盖类零件的加工方法。
3. 能判断典型的工艺结构是否合理。
4. 掌握螺纹的画法及其标注规定。
5. 重点：零件的加工方法，螺纹的画法及标注规定。
6. 难点：螺纹的画法和标注。

第一节　概　　述

一、设计与制造的关系

产品的生产包括设计和制造两大阶段，在设计阶段根据零件的工作原理、结构、应用场合绘制零件的设计简图；确定零件在系统中的大小和位置，并进行运动和受力分析；选择材料，根据失效形式选用判定条件，设计出零件的主要参数；然后绘制出零件的图样。

图样除包含零件的几何信息外，还必须包含产品的各项生产信息，如尺寸、尺寸公差、几何公差、技术要求及相关的装配关系。

在制造阶段，工艺人员根据图样编排加工工艺，制定工序图，加工人员按照工序图进行生产加工。图样是设计者和制造者之间的信息交流工具。

二、零件分类

机器或部件是由若干零件按一定的装配关系和技术要求装配而成的。机器的零件种类繁多，根据其结构和功能可以把零件进行分类。

1. 按照零件功能分类

按照零件的功能可以把零件分为传动件、联接件、支承件等。

传动件，如齿轮、蜗杆、带、链等。

联接件，如螺栓、键、花键。

支承件，如轴，轴承、箱体等。

2. 按零件的结构分类

根据零件的结构可把零件分为轴套类、箱体类、盘盖类、叉架类等。

（1）轴套类零件　轴套类零件结构的主体部分大多是同轴回转体，它们一般起支承转动零件、传递动力的作用，因此，常带有键槽、轴肩、螺纹及退刀槽或砂轮越程槽等结构。图6-1所示为减速器的输入轴。

（2）盘盖类零件　盘盖类零件一般包括法兰盘、端盖、压盖和各种轮子等。它在机器中主要起轴向定位、防尘、密封或传递扭矩等作用。图6-2所示变速器端盖，就是一种典型的盘盖类零件。

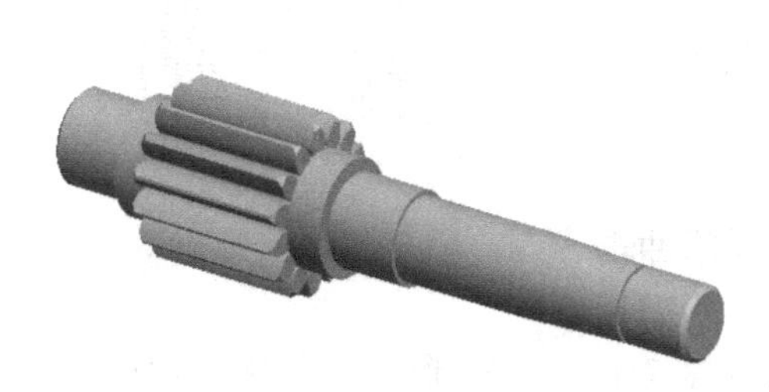

图6-1　减速器输入轴

图6-2　变速器端盖

盘盖类零件主体一般为不同直径的回转体或其他形状的扁平板状，其厚度相对于直径小得多，常有凸台、凹坑，均匀分布安装孔、轮辐和键槽等结构。

（3）叉架类零件　叉架类零件包括各种拨叉、连杆、摇杆、支架、支座等。此类零件多数由铸造或模锻制成毛坯，经机械加工而成；结构大都比较复杂，一般分为支承部分、工作部分和连接安装部分。其上常有凸台、凹坑、销孔、螺纹孔及倾斜结构。图6-3所示的支架就是常见的叉架类零件。

（4）箱体类零件　箱体类零件主要起到支承和承受轴上载荷，同时形成密闭的空间的作用，如图6-4所示的减速器箱体。这类零件包括阀体、泵体和箱体等，其结构特点是大多外形较简单，但内部结构复杂，加工工序较多，加工位置多变，所以其主视图多采用工作位置。

图6-3　支架

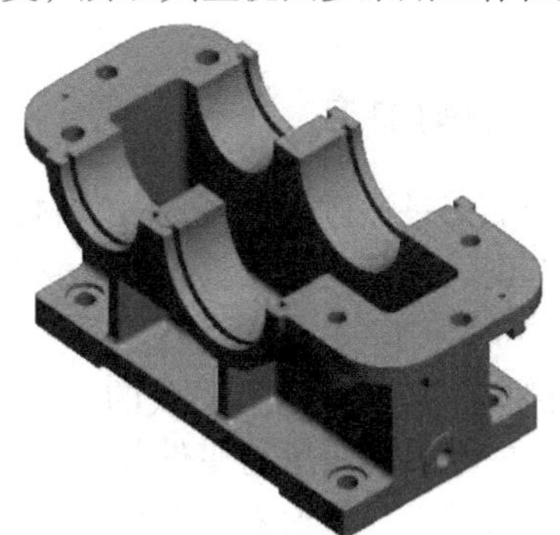

图6-4　箱体

第二节　零件加工方法

根据零件制造工艺过程中原有材料与加工后材料在重量上有无变化以及变化的方向，传统零件加工方法分为两大类：成形加工和切削加工。

一、成形加工

成形加工的特点是进入工艺过程的材料，其初始重量等于（或近似等于）加工后的最终重量。常用的成形法有铸造、锻压、冲压、粉末冶金、注塑成形等，这些工艺方法使物料受控地改变其几何形状，多用于毛坯制造，但也可直接成形零件。在这里主要介绍铸造、锻造成形。

1. 铸造

将液体金属浇铸到与零件形状相适应的铸造空腔中，待其冷却凝固后，以获得零件或毛坯的方法。如图 6-5 所示，铸造是生产金属零件毛坯的主要工艺方法之一，与其他工艺方法相比，具有成本低，工艺灵活性大的特点，适合生产不同材料、形状和重量的铸件，并适合于批量生产。

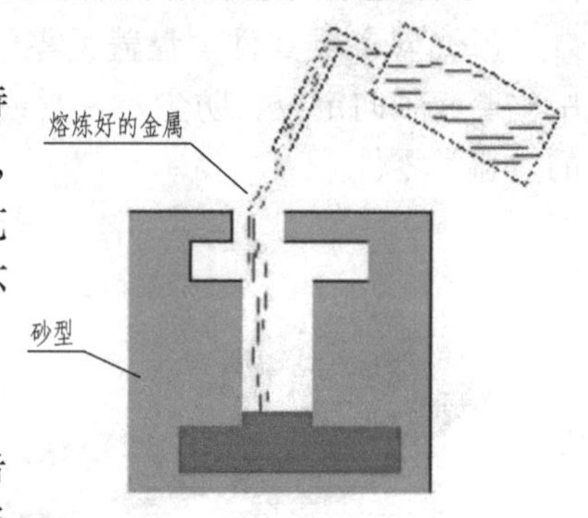

图 6-5　铸造原理图

2. 锻造

锻造是金属零件的重要成形方法，其原理是利用冲击力或压力使金属在抵铁间或锻模中变形，从而获得所需形状和尺寸的锻件。这类工艺方法又分为自由锻和模锻，如图 6-6 所示。它能保证金属零件具有较好的力学性能，以满足使用要求。

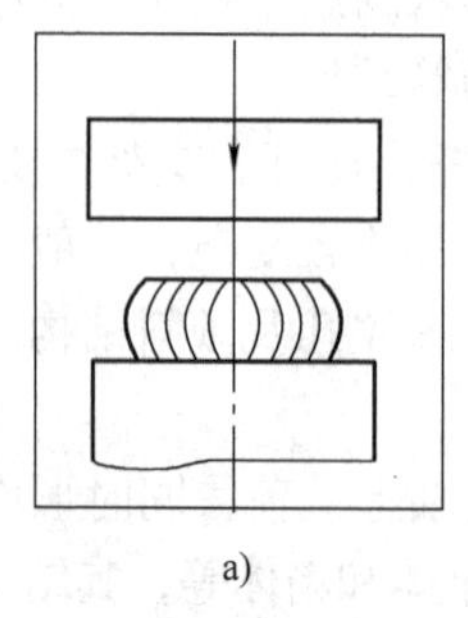

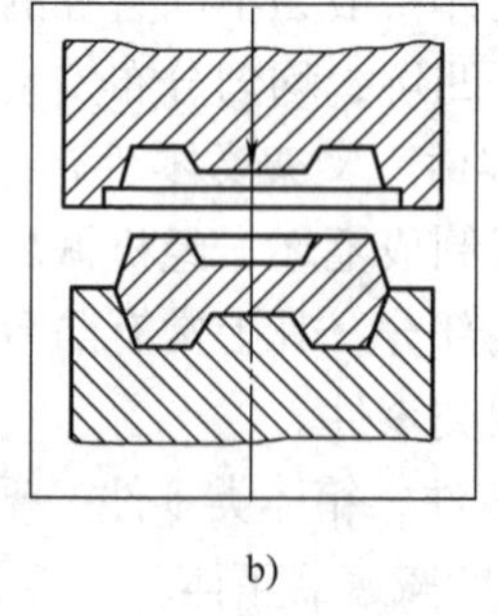

图 6-6　锻造的方法
a）自由锻　b）模锻

二、切削加工

切削加工是通过去除一部分材料，减少一部分重量来实现零件形状的改变。典型的切削方法有车削、刨削、磨削、铣削、钻削、镗削等。

1. 车削加工

车削加工是在车床上完成的，常用的 CA6140 车床如图 6-7a 所示。车削加工时，通过主轴端部的卡盘和尾座将零件装夹在车床上，车刀装夹在刀架上。主轴通过卡盘带动工件转动，刀架带动刀具做左右、前后方向移动，切除多余金属。如图 6-7b 所示车外圆，卡盘带动工件做回转运动，刀架带动车刀做进给运动。使用不同的车刀或其他刀具，可以加工各种回转表面，如内外圆柱面、内外圆锥面、螺纹、沟、槽、端面和成形面等，车削的常见加工如图 6-8 所示。

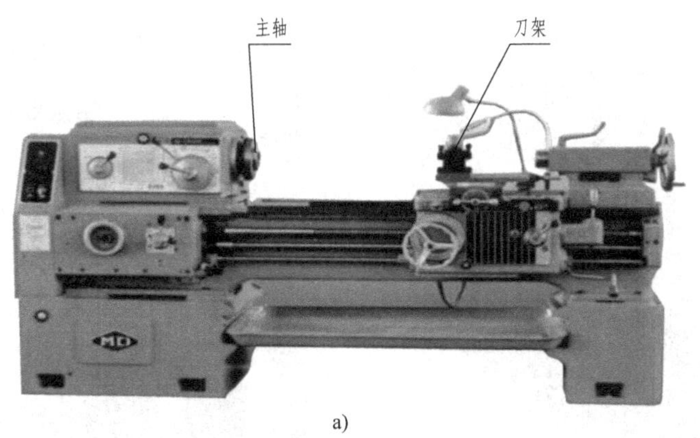

a)

b)

图 6-7　车床及车削外圆

a）CA6140 车床　b）车削外圆

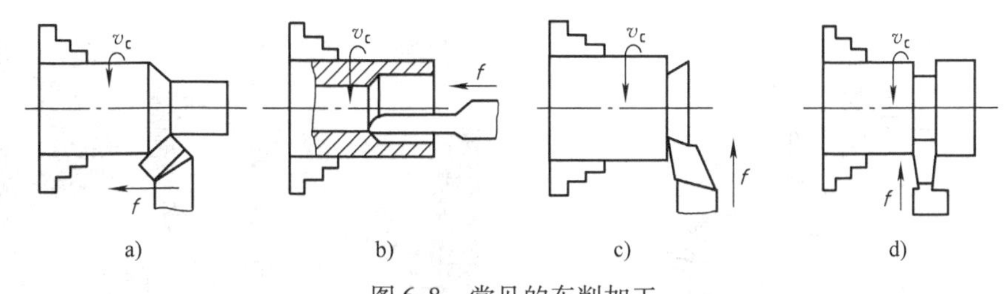

a)　b)　c)　d)

图 6-8　常见的车削加工

a）车外圆　b）镗孔　c）车端面　d）切槽

2. 刨削加工

刨削加工是在刨床上完成的，常用的牛头刨床如图 6-9a 所示。刨削加工时，工件装夹在刨床的工作台上，刨刀装夹在刀架上。刨削加工时，刨刀（或工件）作直线往复运动进行切削加工。刨刀直线往复运动是主运动，工件沿垂直于主运动方向作进给运动。刨削可以加工平面、平行面、垂直面、台阶、沟漕、斜面、曲面等。刨平面的过程如图 6-9b 所示。图 6-10 所示为常见刨削加工。

a)　b)

图 6-9　牛头刨床及刨削平面

a）牛头刨床　b）牛头刨床刨削平面

3. 磨削

磨削是用磨具以较高的线速度对工件表面进行加工的方法。由磨料为主制造而成的切削工具称为磨具。磨削加工是在磨床上完成的。常用的外圆磨床如图 6-11a 所示。磨削加工时，砂轮转动，工作台带动工件完成进给运动。图 6-11b 所示为磨削平面的加工过程。磨削主要可以加工外圆、内孔、平面、螺纹、齿轮、花键、导轨、成形面以及刃磨各种刀具等。磨床的种类比较多，磨削主要的加工方式如图6-12所示。

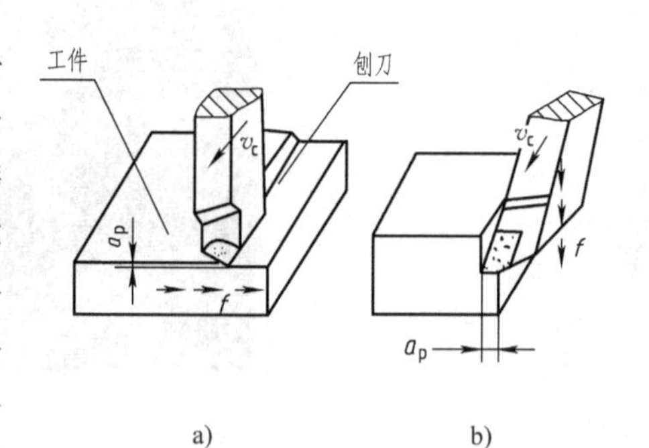

a)　b)

图 6-10　常见的刨削加工

a）刨水平面　b）刨垂直面

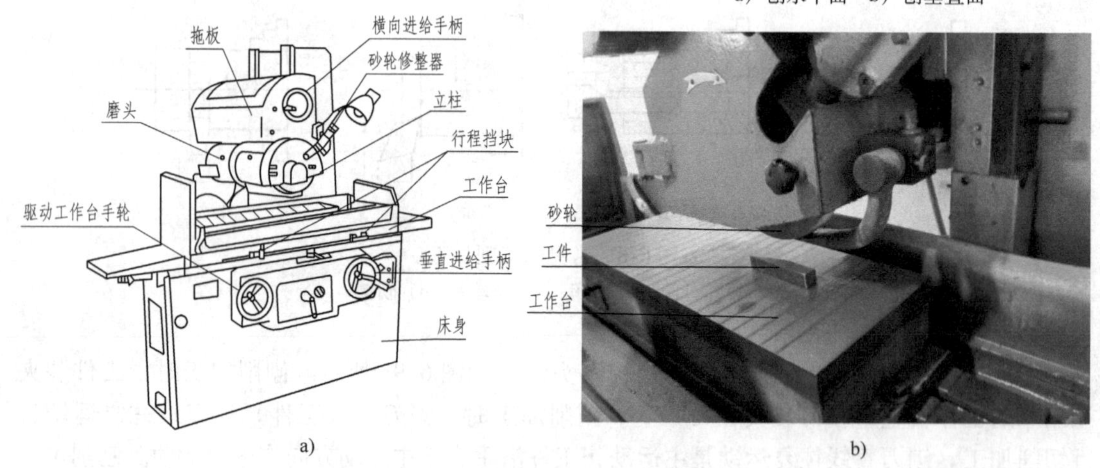

a)　b)

图 6-11　磨床结构及磨平面

a）磨床的结构　b）磨平面

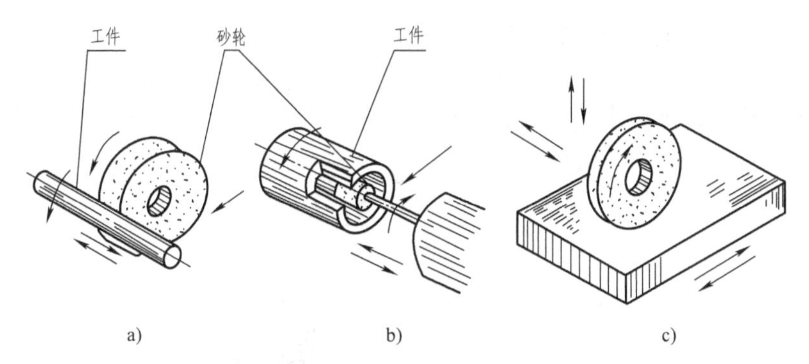

图 6-12　磨削的主要加工方式

a）外圆磨削　b）内圆磨削　c）平面磨削

4. 铣削

图 6-13a 所示为一种铣床，刀具安装在主轴上做旋转运动，夹具带动工件做进给运动。铣平面是一种典型的铣削加工，如图 6-13b 所示。铣削还可以加工表面、沟槽（键槽、T 形槽、燕尾槽等）、多齿零件的齿槽（齿轮、链轮、棘轮、花键轴等）、螺纹形表面及各种曲面，如图 6-14 所示。

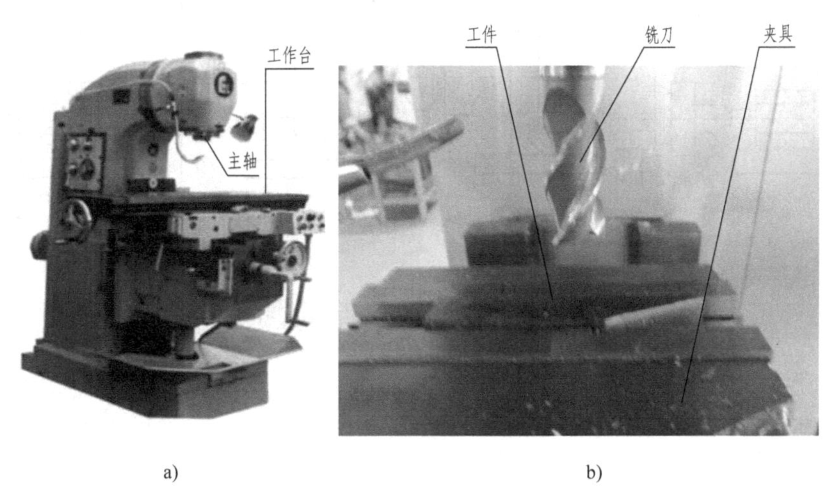

图 6-13　铣床及铣平面

a）铣床　b）铣平面

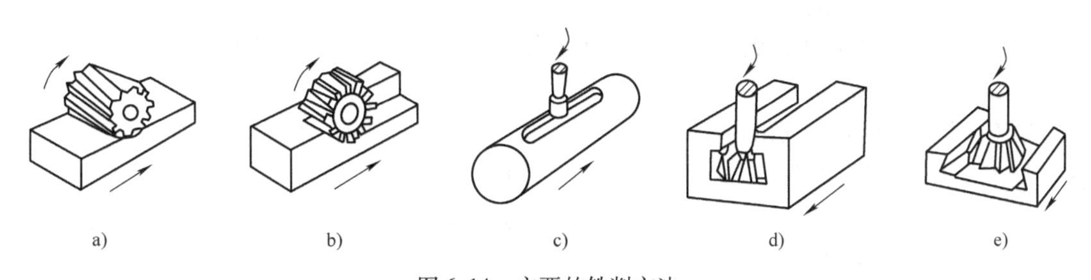

图 6-14　主要的铣削方法

a）铣平面　b）铣台阶面　c）铣键槽　d）铣 T 形槽　e）铣燕尾槽

5. 镗削

镗床是一种用镗刀在工件上加工孔的机床，如图 6-15 所示。加工时，镗刀安装在主轴上，工件装夹在工作台上。镗削时，通过主轴带动镗刀做回转运动，工作台带动工件做进给运动，完成镗孔。镗削加工通常用于加工尺寸较大、精度要求较高的孔，特别是分布在不同表面上、孔距和位置精度要求较高的孔。另外镗床还可以进行铣削、钻孔、扩孔、铰孔等工作，如图 6-16 所示。

图 6-15　卧式镗床

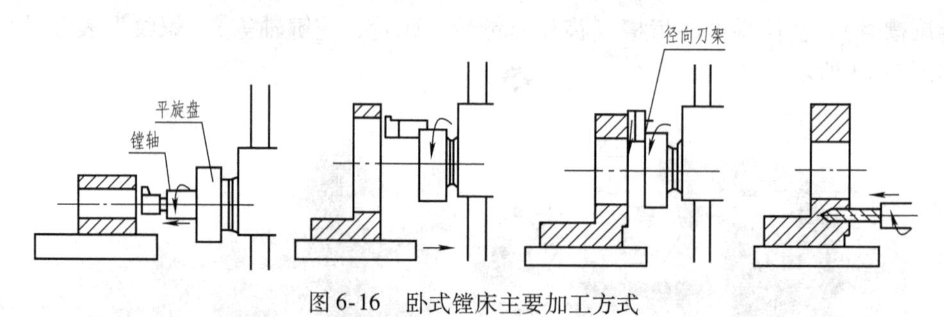

图 6-16　卧式镗床主要加工方式

第三节　典型零件的加工

轴套类、箱体类、盘类、叉架类等几类零件的加工比较具有代表性，下面介绍各类零件的典型加工工艺。

一、轴套类零件

1. 轴套类零件的成形

轴类零件常用毛坯为棒料和锻件，形状复杂的轴如曲轴，毛坯一般为铸件。

2. 轴套类零件的机加工

图 6-17 和图 6-18 所示的传动轴，其主要加工位置有：端面、中心孔、外圆、键槽、螺纹。加工步骤和方法如下：

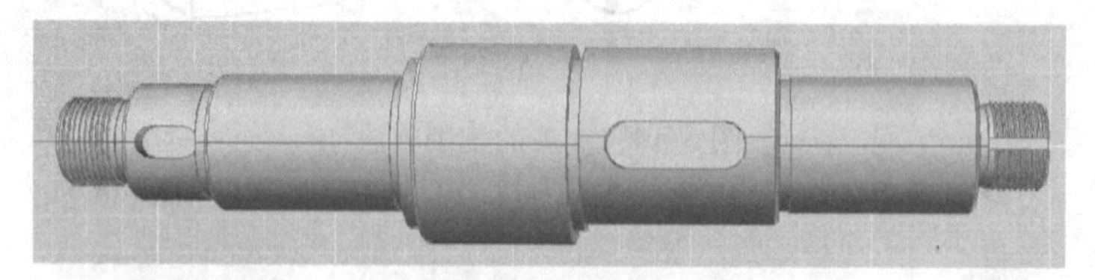

图 6-17　阶梯轴三维图

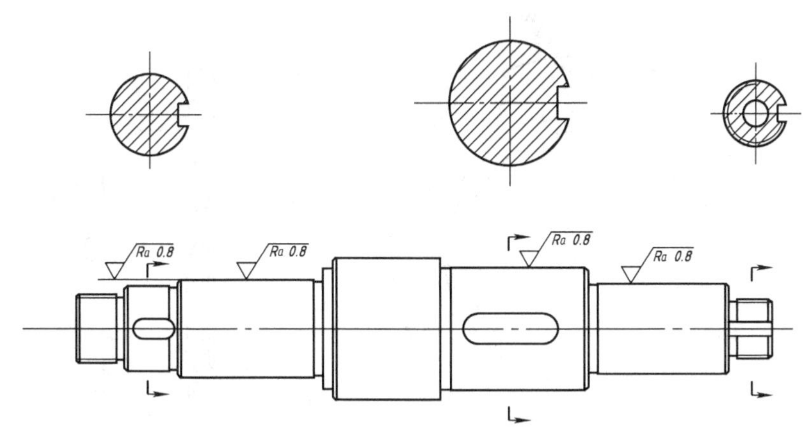

图6-18　阶梯轴二维视图

（1）装夹　如图6-19所示，轴在加工过程中主要用卡盘夹紧工件。

（2）加工中心孔　为了保证轴的加工精度，还需要在轴的端面车削并加工一个中心孔，中心孔用于顶尖支承轴的一端，端面的车削和中心孔钻削都在车床上进行。

（3）外圆加工　图6-18所示有粗糙度符号的外圆是需要加工的重要表面，其加工过程为：先粗车，后精车；车削在车床上进行。车削完成后，在外圆磨床上磨削加工，完成外圆精加工。

（4）铣键槽　如图6-17、图6-18所示，轴上有3个键槽，这3个键槽是在精车后在铣床上加工完成，如图6-20所示。

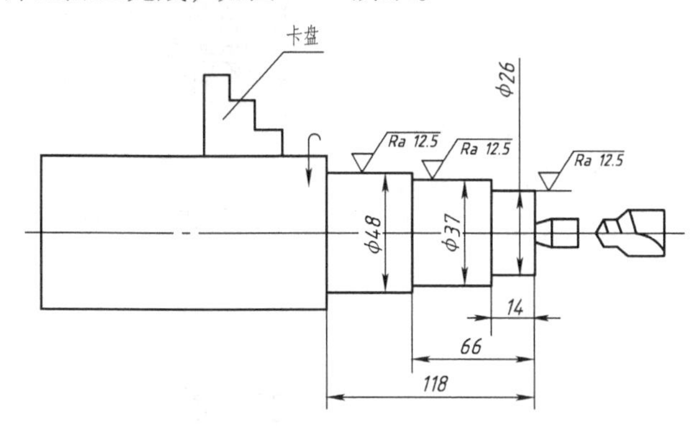

图6-19　端面和中心孔加工

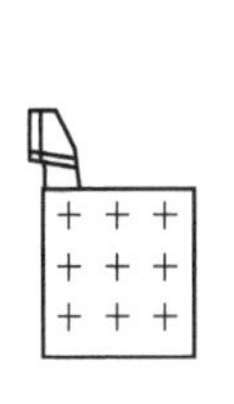

图6-20　铣削键槽

（5）车螺纹　螺纹一般是在粗车、精车后加工，螺纹部分的加工都是在车床上进行。

二、盘盖类零件

1. 盘盖类零件的成形

盘盖类零件的主要材料为铸钢、锻钢、铸铁或棒料等。以端盖（图6-21）为例介绍盘盖类零件的加工工艺，这里端盖是铸造毛坯。图6-22所示有粗糙度符号的位置为主要加工位置。

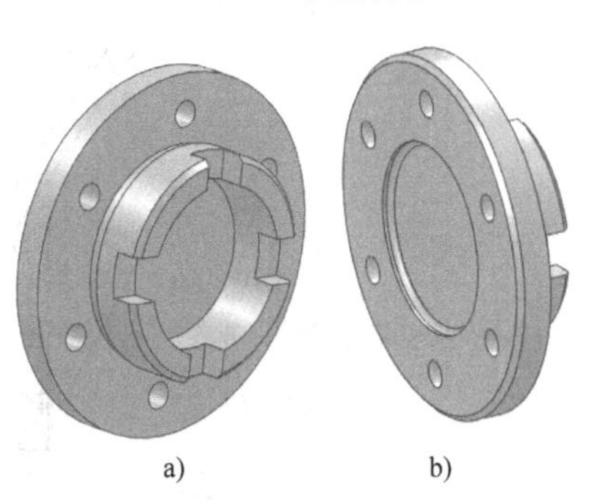

a)　　b)

图6-21　端盖三维图

a）端盖右端　b）端盖左端

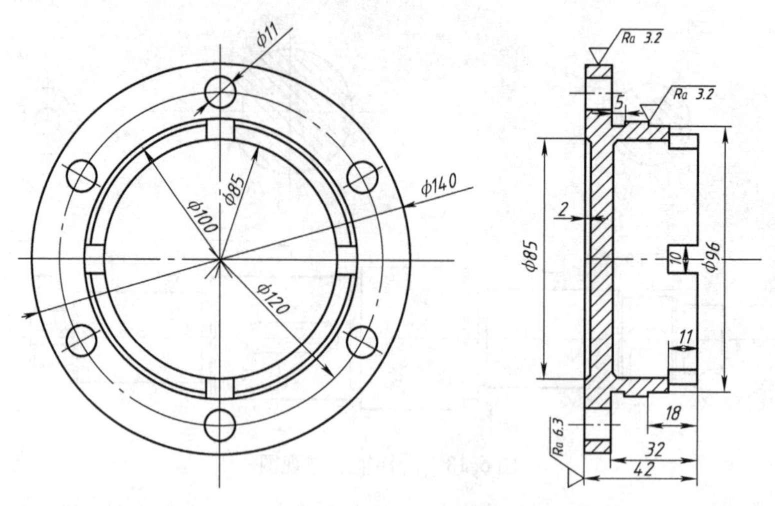

图 6-22　端盖二维视图

2. 盘盖类零件的机加工

1）在车床上粗加工端盖右端面和相邻外圆。

2）在车床上粗加工左端面和相邻外圆。

3）在车床上粗加工左端环形槽。

4）在车床上半精加工右端面和相邻外圆、左端面和相邻外圆。

5）划线确定 4 个槽和 6 个孔的位置，然后在钻床上钻孔。

6）在铣床上铣 4 个槽。

三、叉架类零件的成形加工

叉架类零件的坯料多为锻件或铸件，种类繁多。其主要加工位置为有配合的孔和面。下面以拨叉（图 6-23）加工过程为例介绍叉架类零件的成形加工。拨叉的主要加工位置如图 6-24 所示有粗糙度符号的位置。

图 6-23　拨叉三维图

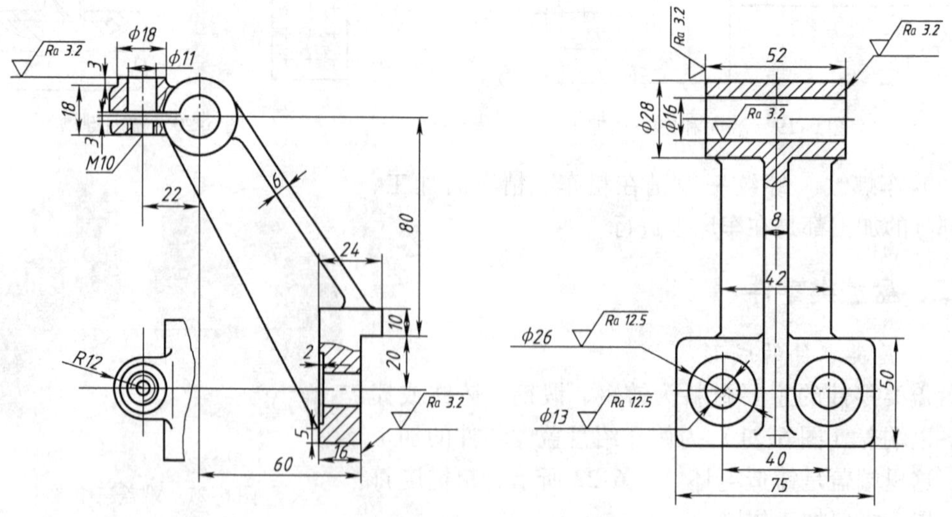

图 6-24　拨叉二维零件图

1）划线→粗铣→精铣→磨削表面粗糙度为3.2的两个平面，加工在铣床和平面磨床上完成。

2）钻、铰ϕ11的孔。

3）钻、精铰ϕ11的孔。

4）粗、精镗ϕ20的孔。

5）粗、精铣ϕ11孔的上端面。

6）粗、精铣ϕ20孔的两端面。

四、箱体类零件的成形加工

减速器箱体和箱盖是典型的箱体类零件，其加工位置为端面、分割面、轴承孔、通孔和螺纹孔，如图6-25、图6-26所示。

其主要的加工次序为：端面、分割面、轴承孔、通孔和螺纹孔。

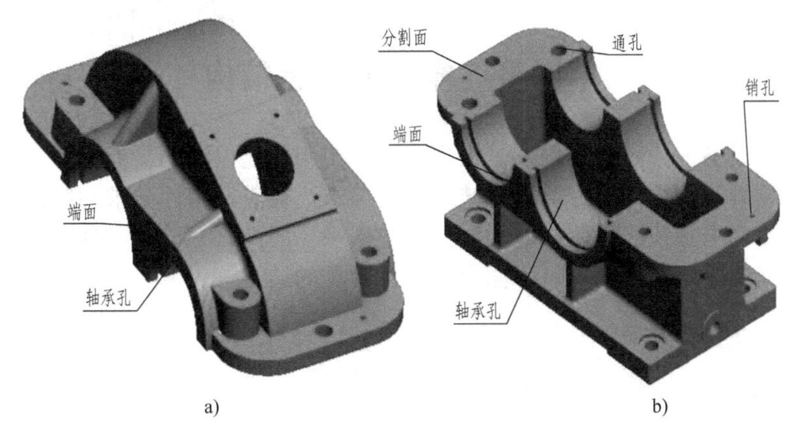

图6-25　减速器箱盖和箱体的主要加工位置

a）箱盖　b）箱体

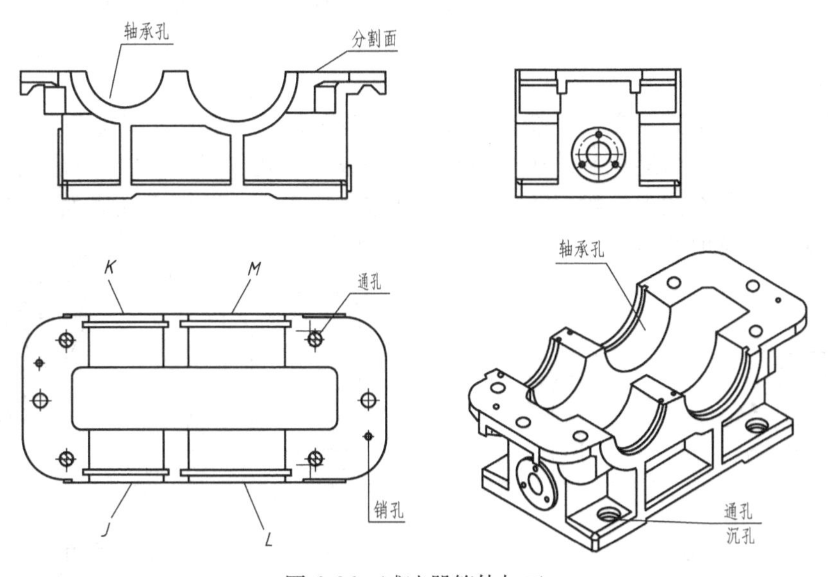

图6-26　减速器箱体加工

（1）加工端面　减速器箱体的主要加工端面为 K 面、M 面、L 面和 J 面，如图 6-26 所示。端面面积大，用其定位稳定可靠；从加工难度来看，平面比孔加工容易。端面加工通常把上下箱体合在一起用铣床进行加工，也可以用双面卧式铣床进行加工，使其位置精度得到保证。

（2）孔加工　支承孔大多分布在箱体外壁平面上，在加工外壁平面后，去掉铸件的铸造缺陷，减少钻头引偏，防止刀具崩刃等有利于孔加工。

图 6-26 所示的减速器箱体上的孔有轴承孔、螺纹孔和销孔，其加工顺序是：

① 镗轴承孔，将箱盖和箱体合为一体，通过定位销上下定位，在镗床上加工各个轴承孔。

② 螺纹孔，使用组合钻床和组合攻丝机床加工螺纹孔。

③ 销孔，用钻、铰加工。

（3）分割面　分割面加工精度要求较高，通常需要经过刨削和磨削加工完成。其加工顺序为：

① 刨削：在刨床上刨削。

② 磨削：磨削以保证加工精度，使其密封等性能得以保证。

第四节　零件的工艺结构

零件、部件或整个产品的结构，是根据用途和使用性能设计的，但结构是否完善合理在很大程度上还要看这种结构能否符合工艺方面的要求。在满足使用要求的前提下，设计的结构和规定的技术要求必须能适应相应的制造工艺水平。因此，在设计零件时，既要考虑功能方面的要求，又要便于加工制造。下面介绍一些常见的结构。

一、铸件的工艺结构

1. 起模斜度

为了在铸造时，将木模易于从砂型中取出，一般沿木模起模方向设计出约 1∶20 的斜度，称为起模斜度，如图 6-27a 所示。

起模斜度在零件图上可以不标注，也可以不画，如图 6-27b 所示。必要时可以在技术要求中用文字说明。

2. 铸造圆角

在铸件毛坯各表面的相交处，都有铸造圆角。这样既便于起模，又能防止在浇注时铁液将砂型转角处冲坏，还可避免铸件在冷却时产生裂纹或缩孔。同一铸件上的圆角半径尽可能相同，铸造圆角半径在图上一般不注出，而写在技术要求中。铸件毛坯底面（作为安装面）常需经切削加工，这时铸造圆角被削平如图 6-28 所示。

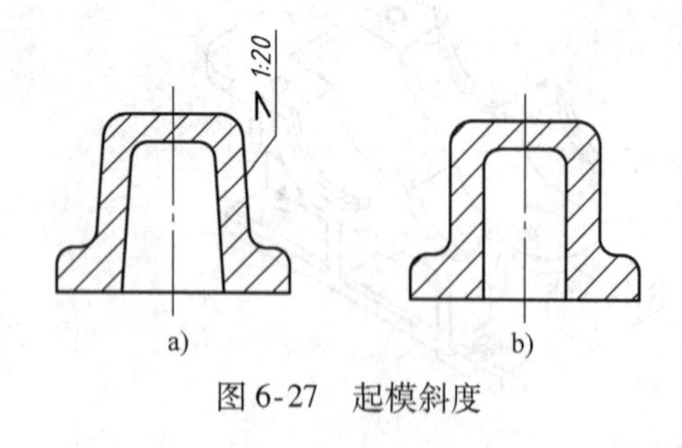

图 6-27　起模斜度

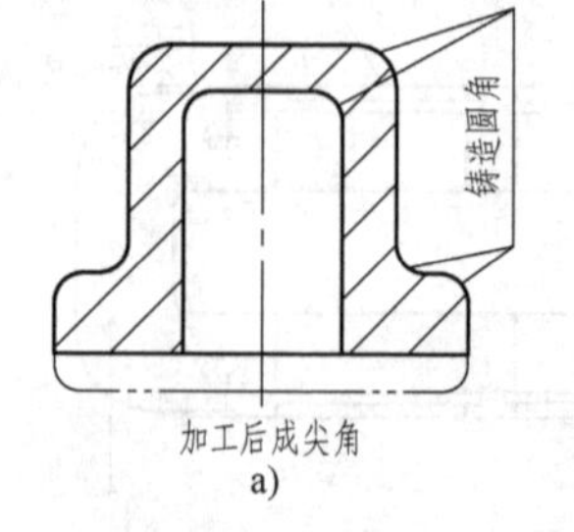

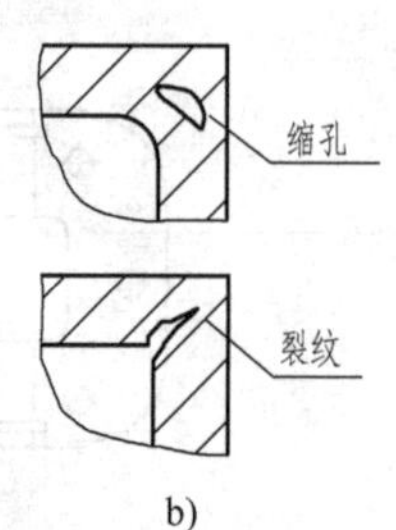

图 6-28　铸造圆角
a）铸造圆角　b）缺陷

3. 铸件壁厚

为了保证铸件质量，避免铸件各部分因冷却速度不同而产生缩孔和裂纹，铸件壁厚要均匀或逐渐变化，如图6-29所示。

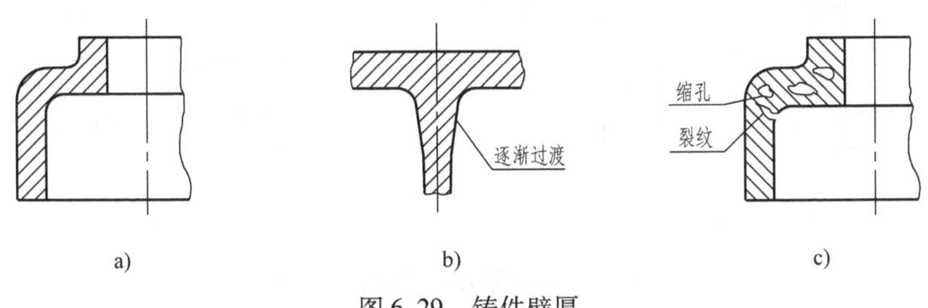

图6-29　铸件壁厚

a）壁厚均匀　b）逐渐过渡　c）缺陷

4. 过渡线及其画法

铸件表面由于圆角的存在，使铸件表面的交线变得不很明显，这种不明显的交线称为过渡线，如图6-30所示。

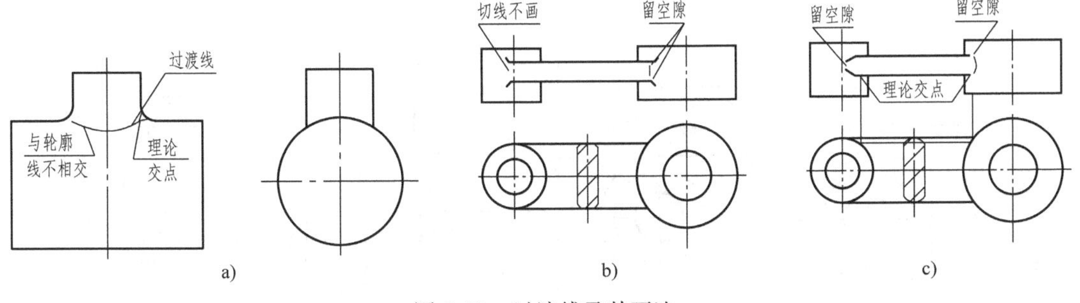

图6-30　过渡线及其画法

二、零件上的机械加工工艺结构

机械加工工艺结构主要有：倒圆、倒角、越程槽、退刀槽、凸台和凹坑、中心孔等。

1. 倒角和倒圆

为了避免应力集中，轴肩、孔肩转角处常加工成环面过渡，称为倒圆（圆角）。为防止零件的毛刺划伤人手和便于装配，常在轴或孔的端部加工出45°或30°、60°的锥台称为倒角。倒角为45°时，可注成“$C\times$”的形式，不是45°时，要分开标注，如图6-31所示。

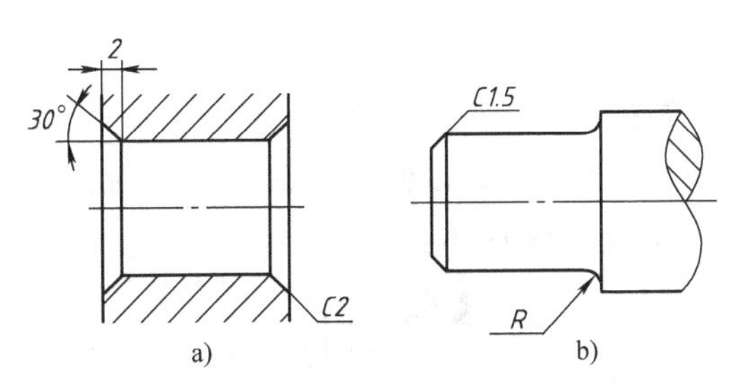

图6-31　倒角和倒圆

a）倒角　b）倒圆

2. 螺纹退刀槽和砂轮越程槽

在车削或磨削加工时，为便于刀具或砂轮进入或退出加工面而不碰坏端面，在装配时保证与相邻零件靠紧，常在加工表面的终端预先加工出退刀槽或砂轮越程槽，（如图6-32所示）退刀槽一般可按“槽宽×槽深”或“槽宽×直径”的形式标注。砂轮越程槽常用局部放大图画出。

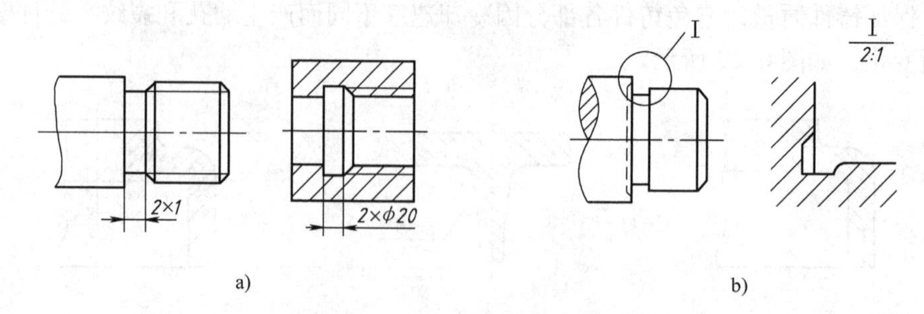

图 6-32　螺纹退刀槽和砂轮越程槽

a）螺纹退刀槽　b）砂轮越程槽

3. 凸台和凹坑

为了保证零件间接触良好，零件上凡与其他零件接触的表面一般都要进行加工。为了减少加工面、降低成本，常在铸件上设计出凸台、凹坑等结构，也可以加工成沉孔，如图 6-33 所示。

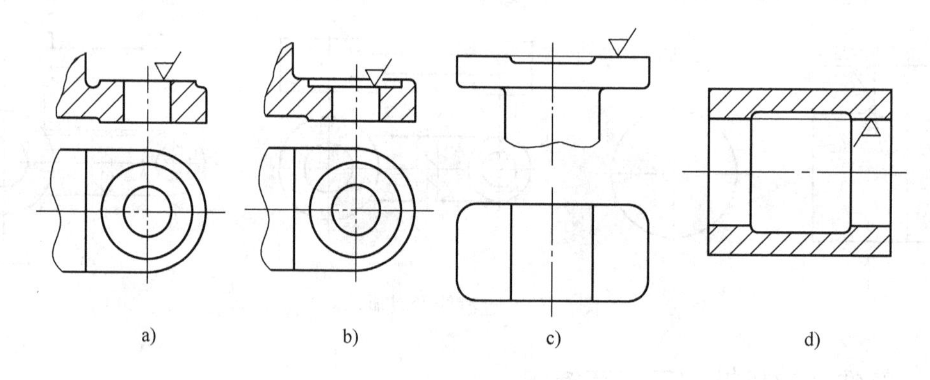

图 6-33　凸台、凹坑等结构

a）凸台　b）凹坑　c）凹槽　d）凹腔

4. 钻孔结构

零件上各种形式和用途的孔，多数用钻头加工而成。用钻头钻孔时，要求钻头尽量垂直于被加工的表面，以便保证钻孔的准确和避免钻头折断。因此，铸件上常设计出凸台和凹坑，如图 6-34 所示。

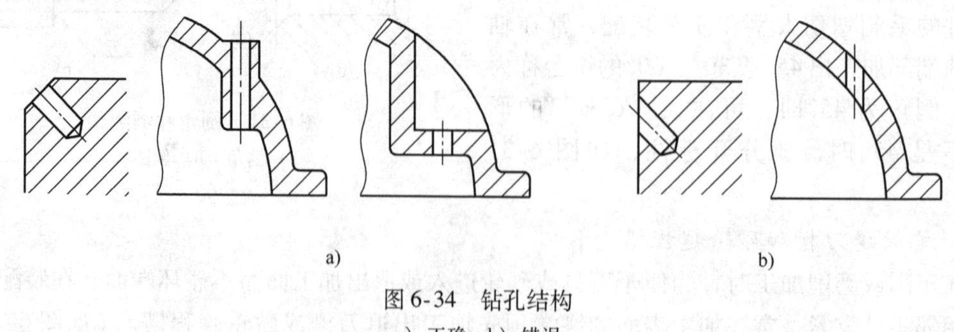

图 6-34　钻孔结构

a）正确　b）错误

第五节　螺　　纹

一、螺纹的形成、结构和要素

（一）螺纹的形成

螺纹是在圆柱或圆锥表面上沿着螺旋线所形成的、具有相同轴向断面的连续凸起和沟槽。螺纹在螺钉、螺栓、螺母和丝杠等零件上起联接或传动作用。在圆柱或圆锥外表面上的螺纹称为外螺纹；在圆柱或圆锥内表面上的螺纹称为内螺纹。内、外螺纹一般成对使用。形成螺纹的加工方法很多，如图6-35a、b所示，工件在车床上绕轴线做等速回转，刀具沿轴向做等速移动，刀具切入工件一定深度即能切出螺纹。图6-36所示为加工直径较小的内螺纹的一种情况，加工时先钻孔然后用丝锥攻螺纹。

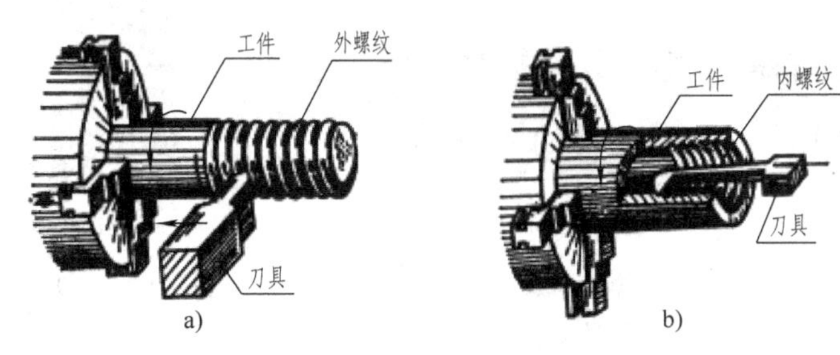

图6-35　螺纹的加工方法

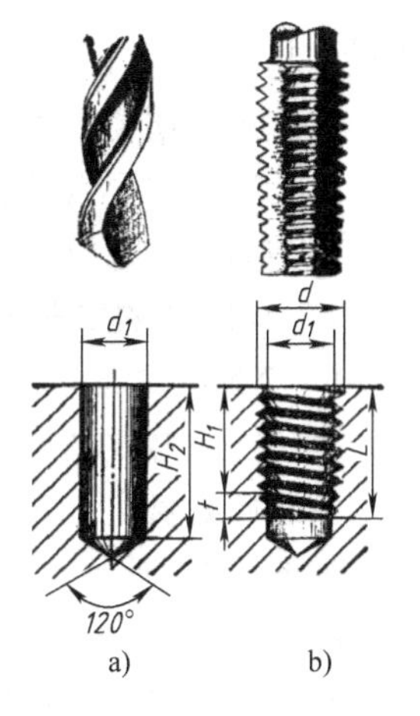

图6-36　内螺纹加工
a）钻孔　b）攻螺纹

（二）螺纹的结构要素

1. 螺纹的牙型

在通过螺纹轴线的断面上，螺纹的轮廓形状称为螺纹牙型。常见的牙型有三角形、梯形、锯齿形、矩形等。不同牙型的螺纹有不同的用途，如三角形螺纹用于联接，梯形、方形螺纹用于传动等。在螺纹牙型上，相邻两牙侧之间的夹角以α表示，称为牙型角。

2. 直径

螺纹的直径有3个：大径、小径和中径。与外螺纹牙顶或内螺纹牙底相切的假想圆柱的直径d或D称为大径；与外螺纹牙底或内螺纹牙顶相切的假想圆柱的直径d_1或D_1称为小径；母线通过牙型上沟槽和凸起宽度相等的地方的一个假想圆柱直径d_2或D_2称为中径，如图6-37所示。

代表螺纹尺寸的直径称为公称直径，一般指螺纹大径的基本尺寸。

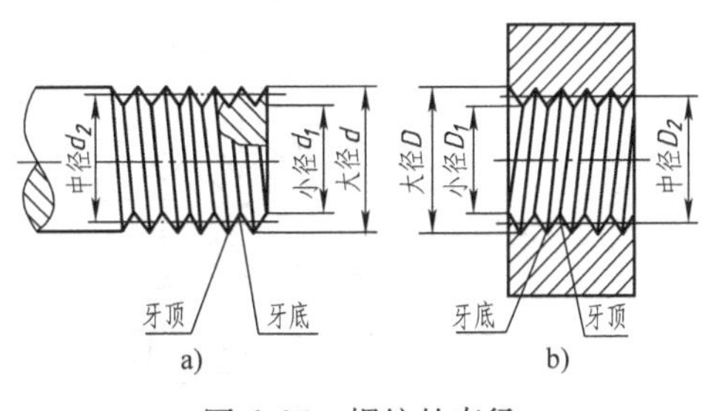

图6-37　螺纹的直径
a）外螺纹　b）内螺纹

3. 线数n

螺纹有单线和多线之分：沿一条螺旋线形成的螺纹为单线螺纹；沿两条或两条以上螺旋线形成的螺纹为多线螺纹。线数通常以n表示，如图 6-38 所示。

4. 螺距 P 和导程 Ph

螺纹相邻两牙在中径线上对应两点间的轴向距离称为螺距。同一条螺旋线上相邻两牙在中径线上对应点之间的轴向距离称为导程。单线螺纹的螺距等于导程。多线螺纹的螺距乘以线数等于导程，即 $Ph=nP$，如图 6-38 所示。

5. 螺纹的旋向

螺纹有右旋和左旋之分，顺时针旋转时旋入的螺纹，称为右旋螺纹。逆时针旋转时旋入的螺纹，称为左旋螺纹，如图 6-39 所示。常用的螺纹是右旋螺纹。

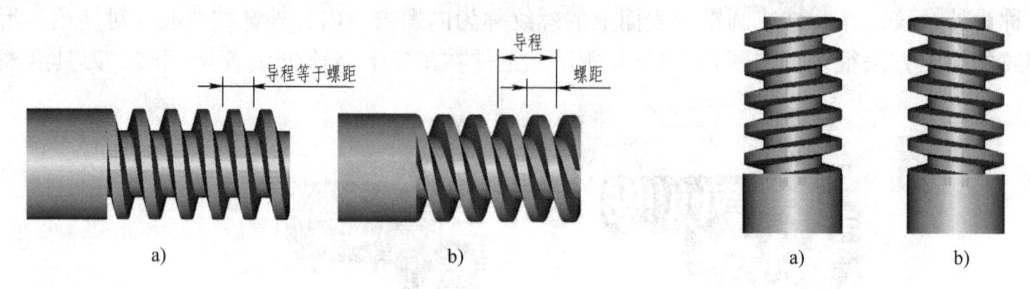

图 6-38　螺纹的线数、导程与螺距
a）单线螺纹　b）双线螺纹

图 6-39　螺纹的旋向
a）右旋螺纹　b）左旋螺纹

内、外螺纹通常是配合使用的，只有上述 5 个结构要素完全相同时，内、外螺纹才能旋合在一起。

在螺纹的诸要素中，螺纹牙型、大径和螺距是决定螺纹最基本的要素，通常称为螺纹三要素。凡这 3 个要素都符合标准的称为标准螺纹。螺纹牙型符合标准，而大径、螺距不符合标准的称为特殊螺纹。若螺纹牙型不符合标准，则称为非标准螺纹。

（三）螺纹的工艺结构

1. 螺纹的末端

为了防止螺纹的起始圈损坏和便于装配，通常在螺纹起始处做出一定形式的末端，如倒角、倒圆等，如图 6-40 所示。

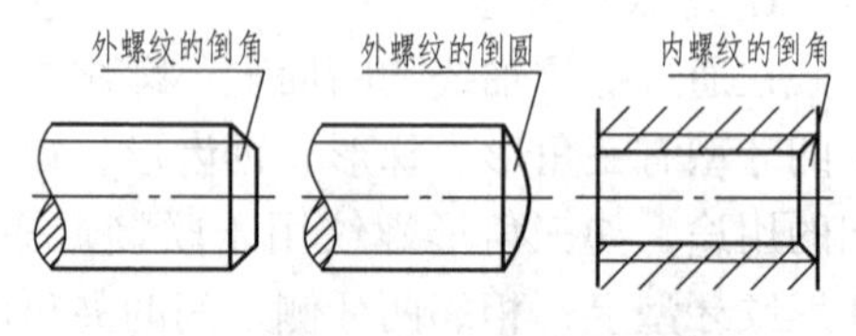

图 6-40　螺纹的倒角和倒圆

2. 螺纹的收尾和退刀槽

车削螺纹时，刀具接近螺纹末尾处要逐渐离开工件，因此，螺纹收尾部分的牙型是不完整的，螺纹的这一段不完整的收尾部分称为螺尾，如图 6-41a 所示。为了避免产生螺尾，可预先在螺纹末尾处加工出退刀槽，然后再车螺纹，如图 6-41b、c 所示。

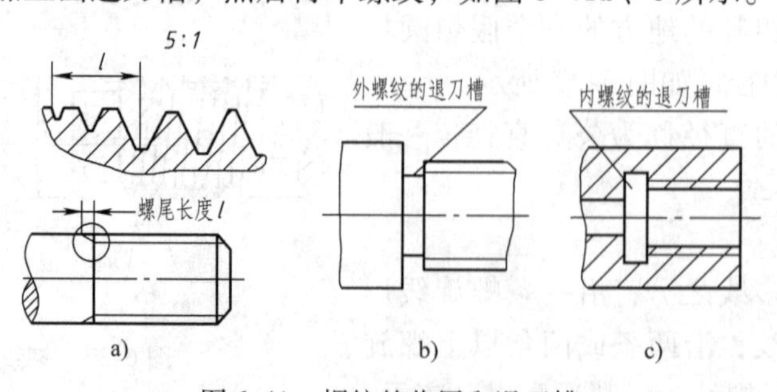

图 6-41　螺纹的收尾和退刀槽

二、螺纹的种类

（一）按螺纹要素是否标准分

按螺纹要素是否标准将螺纹分为：标准螺纹、特殊螺纹和非标准螺纹 3 种。

（1）标准螺纹　牙型、大径和螺距均符合国家标准的螺纹称为标准螺纹。

（2）特殊螺纹　牙型符合标准、大径或螺距不符合标准的螺纹称为特殊螺纹。

（3）非标准螺纹　牙型不符合标准的螺纹称为非标准螺纹，如矩形螺纹。

（二）按螺纹的用途分

按螺纹的用途将螺纹分为联接螺纹和传动螺纹两大类。

1. 联接螺纹

联接螺纹的共同特点是牙型都为三角形，其中普通螺纹的牙型角为 60°，管螺纹的牙型角为 55°。同一种大径的普通螺纹一般有几种螺距，螺距最大的一种称为粗牙普通螺纹，其余称为细牙普通螺纹。

细牙普通螺纹多用于细小的精密零件或薄壁件，或者是承受冲击、振动载荷的零件上；而管螺纹多用于水管、油管、煤气管上等。

2. 传动螺纹

传动螺纹是用来传递动力和运动的，常用的是梯形螺纹，其牙型为等腰梯形；有时也用锯齿形螺纹，其牙型为不等腰梯形。

其具体分类详见表 6-1。

表 6-1　常用标准螺纹的分类、牙型及其特征代号

螺纹类别			特征代号	内外螺纹旋合后牙型的放大图	说　明
联接螺纹	普通螺纹	粗牙普通螺纹	M	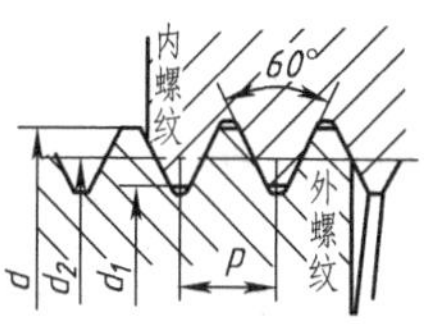 内螺纹　60°　外螺纹　d　d_2　d_1　P	是最常用的联接螺纹。细牙螺纹的螺距较粗牙为小，螺纹牙深较浅，用于细小精密零件或薄壁零件上
		细牙普通螺纹			
	管螺纹	55°非密封管螺纹	G	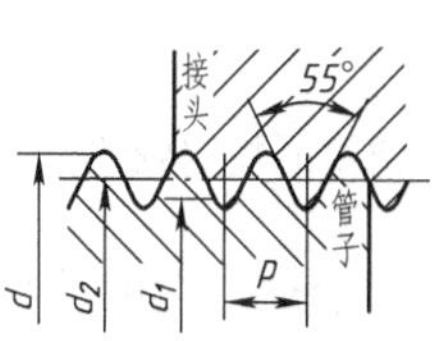 接头　55°　管子　d　d_2　d_1　P	本身无密封能力，常用于电线管等不需要密封的管路系统。如另加密封结构后，密封性能很可靠
		55°密封管螺纹	Rc Rp R	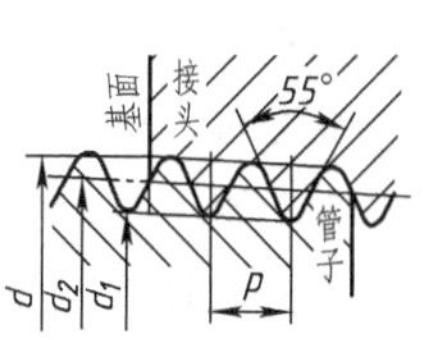 基面　接头　55°　管子　d　d_2　d_1　P	可以是圆锥内螺纹（代号为 Rc，锥度 1:16）。与圆锥外螺纹（代号为 R_2）联接，也可以是圆柱内螺纹（代号为 Rp）与圆锥外螺纹（代号为 R_1）联接，其内外螺纹旋合后有密封能力

（续）

螺纹类别		特征代号	内外螺纹旋合后牙型的放大图	说　明
传动螺纹	梯形螺纹	Tr		可双向传递运动及动力，常用于承受双向力的丝杠传动
	锯齿形螺纹	B		只能传递单向动力，如螺旋压力机的传动丝杠就采用这种螺纹

三、螺纹的规定画法

螺纹通常采用专用的刀具加工而成，且螺纹的真实投影比较复杂，为了简化作图，国标《机械制图》GB/T 4459.1—1995 对螺纹画法作了规定，综述如下：

1. 单件螺纹的规定画法

1）可见螺纹的牙顶用粗实线表示，可见螺纹的牙底用细实线表示（当外螺纹画出倒角或倒圆时，应将表示牙底的细实线画入倒角或倒圆部分）。在垂直于螺纹轴线的投影面的视图（投影为圆的视图）中，表示牙底的细实线圆只画约 3/4 圈（空出的约 1/4 圈的位置不作规定），此时，螺杆（外螺纹）或螺孔（内螺纹）上倒角的投影（即倒角圆）不应画出，如图 6-42、图 6-43 所示。

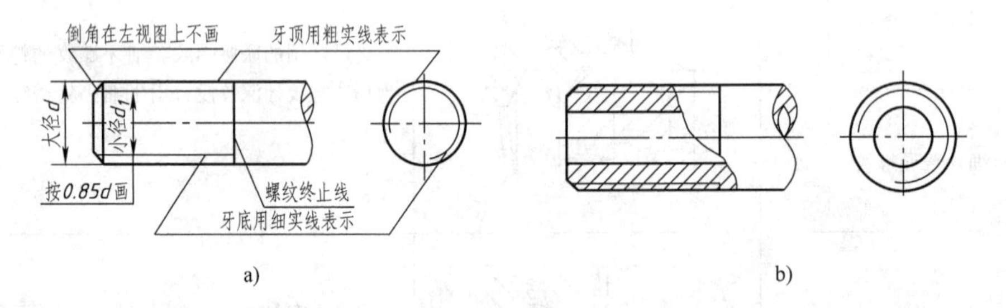

图 6-42　外螺纹的规定画法

2）有效螺纹的终止界线（简称螺纹终止线）用粗实线表示。外螺纹终止线画法如图 6-42所示，内螺纹终止线画法如图 6-43 所示。

3）在不可见的螺纹中，所有图线均按虚线绘制，如图 6-44 所示。

4）螺尾部分一般不必画出，当需要表示螺尾时，螺尾部分的牙底用与轴线成 30°的细实线绘制，如图 6-45a 所示。

5）无论是外螺纹还是内螺纹，在剖视或断面图中，剖面线都必须画到粗实线，如图 6-45b所示。

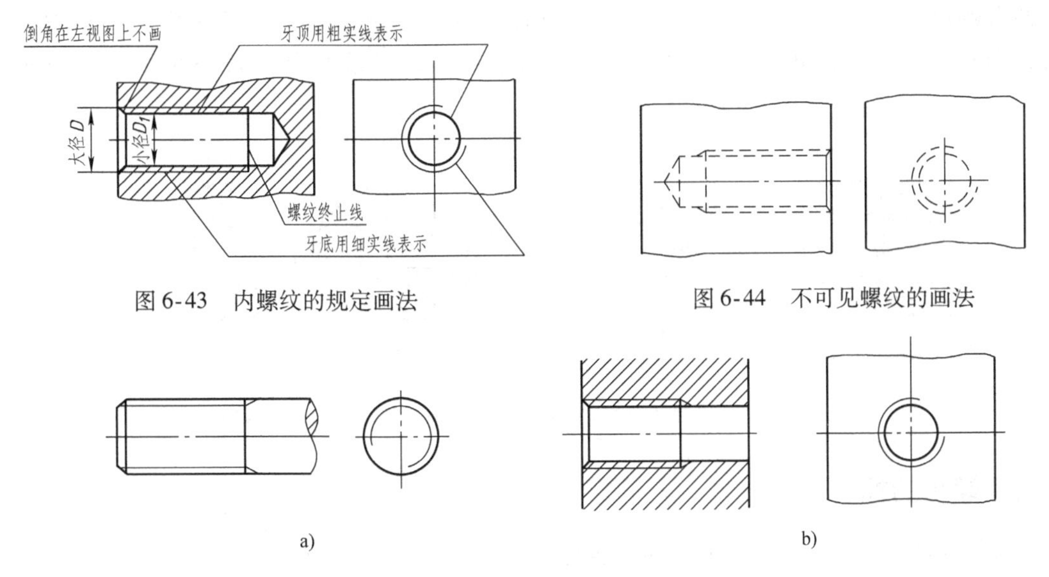

图 6-43 内螺纹的规定画法

图 6-44 不可见螺纹的画法

图 6-45 螺尾的表示法

6）绘制不穿通的螺孔时，一般钻孔深度比螺孔深度大 0.5D，其中 D 为螺纹的大径。钻孔底部圆锥孔的锥顶角应画成 120°，如图 6-46 所示。

7）当需要表示螺纹牙型时，可采用局部剖视或局部放大图表示几个牙型的结构形式，如图 6-47 所示。

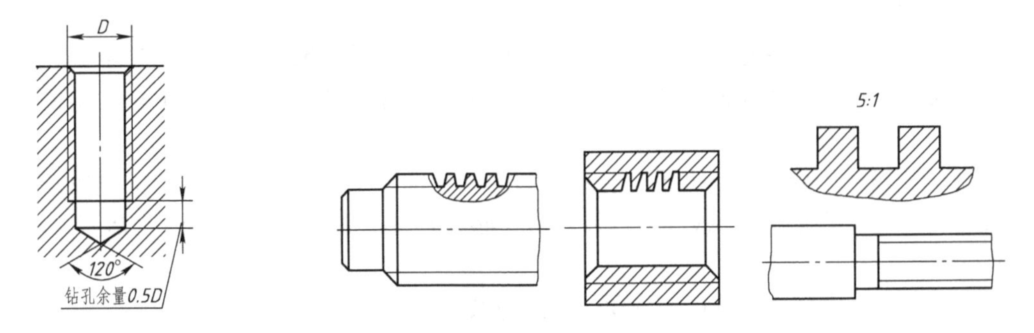

图 6-46 不穿通螺孔的画法

图 6-47 螺纹牙型的表示法

8）锥面上螺纹的画法如图 6-48 所示。

9）螺纹孔相交时，只画出钻孔的交线（用粗实线表示），如图 6-49 所示。

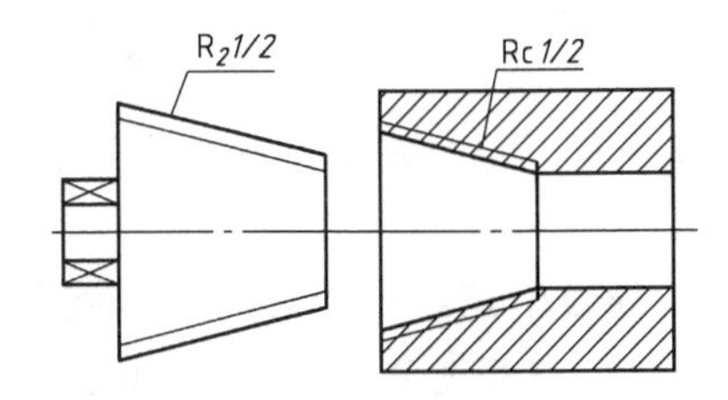

图 6-48 锥面上螺纹的画法

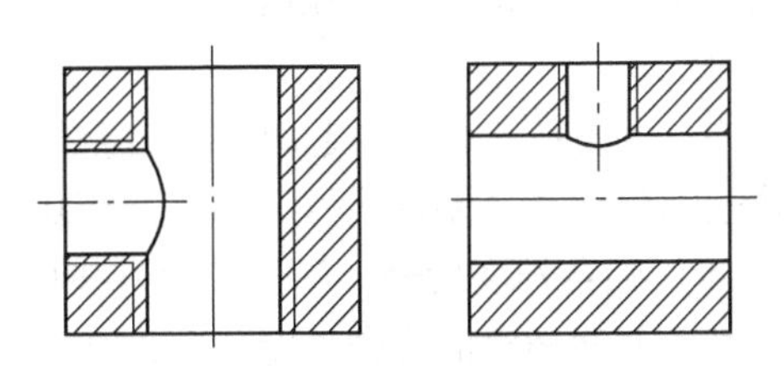

图 6-49 螺纹孔相交的画法

2. 螺纹联接的规定画法

以剖视图表示内、外螺纹的联接时，其旋合部分应按外螺纹的画法绘制，其余部分仍按各自的画法表示，如图 6-50 所示。画图时应注意：表示大、小径的粗实线和细实线应分别对齐，而与倒角的大小无关，通过实心杆件的轴线剖开时按不剖处理，只画外形。

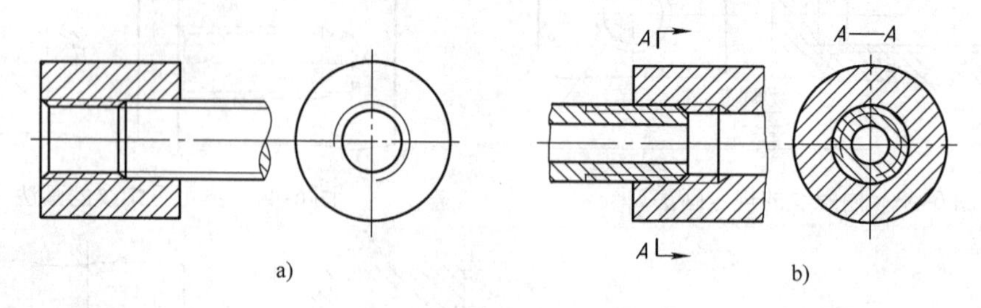

图 6-50　螺纹联接的画法

四、螺纹的标注

因为各种螺纹的画法相同，所以为了区分，还必须在图上进行标注。

1. 标准螺纹的标注格式

普通螺纹完整的标注格式如下：

特征代号　公称直径 ×P_h 导程（P 螺距）－公差带代号－旋合长度代号－旋向代号

标注说明：

（1）特征代号　用拉丁字母表示，具体见表 6-2。如粗牙普通螺纹及细牙普通螺纹均用“M”作为特征代号。

（2）公称直径　除管螺纹（代号为 G 或 Rp）为管子的尺寸代号外，其余螺纹均为大径。管螺纹特征代号后面的数字是尺寸代号，尺寸代号是基本尺寸表第 1 栏规定的整数或分数。

（3）导程（P 螺距）　粗牙普通螺纹和圆柱管螺纹、圆锥管螺纹、圆锥螺纹均不必标注螺距。而细牙螺纹、梯形螺纹、锯齿形螺纹必须标注。多线螺纹应标注“P_h 导程（P 螺距）”。

（4）旋向　右旋螺纹不标注旋向，左旋螺纹必须标注“LH”。

（5）公差带代号　螺纹的公差带代号是用数字表示螺纹公差等级，用字母表示螺纹公差的基本偏差；公差等级在前，基本偏差在后，小写字母指外螺纹，大写字母指内螺纹。中径和顶径（指外螺纹大径和内螺纹小径）的公差带代号都要表示出来，中径的公差带代号在前，顶径的公差带代号在后，如果中径公差带与顶径公差带代号等级相同时，则只标注一个代号。

内、外螺纹旋合在一起时，其公差带代号可用斜线分开，左边表示内螺纹公差带代号，右边表示外螺纹公差带代号。例如：M20—6H/6g。

（6）旋合长度代号　旋合长度是指两个相互旋合的螺纹沿螺纹轴线方向相互旋合部分的长度。普通螺纹的旋合长度分为 3 组：短旋合长度（S）、中等旋合长度（N）和长旋合长度（L），其中 N 省略不标。

2. 标准螺纹标注示例

标准螺纹标注示例见表 6-2。

表 6-2　标准螺纹标注示例

螺纹类别		标注示例	说　明
联接螺纹	粗牙普通螺纹	M10-6H	螺纹的公称直径为10，粗牙螺纹螺距不标注，右旋不标注，中径和顶径公差带相同，只标注一个代号6H
	细牙普通螺纹	M20×2-5g6g-S-LH	螺纹的公称直径为20，细牙螺纹螺距应标注为2，左旋螺纹要标注“LH”，中径与顶径的公差带代号不同，则分别标注5g与6g，短旋合长度标注“S”
	55°非螺纹密封的管螺纹	G1A	非螺纹密封的管螺纹，外管螺纹的尺寸代号为1，中径公差等级为A级，管螺纹为右旋
	55°螺纹密封的管螺纹	Rc3/4LH	圆锥内螺纹的尺寸代号为3/4，左旋，公差等级只有一种，省略不标注
传动螺纹	梯形螺纹	Tr40×14(P7)-7e	梯形螺纹的公称直径为40，导程14，螺距7，线数为2，右旋，中径公差带代号为7e，中等旋合长度
	锯齿形螺纹	B32×6-7e	锯齿形螺纹的公称直径为32，螺距为6，单线，右旋，中径公差带代号为7e，中等旋合长度

普通螺纹、梯形螺纹和锯齿形螺纹在图上以尺寸方式标记，而管螺纹标记一律注在引出线上，引出线应由大径处（或对称中心）引出。

管螺纹公差等级代号：外螺纹分A、B两级标，内螺纹则不标记。

3. 特殊螺纹的标注

特殊螺纹的标注，应在牙型符号前加注“特”字，并注大径和螺距，如图6-51所示。

4. 非标准螺纹的标注

应标出螺纹的大径、小径、螺距和牙型尺寸，如图6-52所示。

5. 螺纹副的标注

需要时，在装配图中应标注出螺纹副的标记。该标记的表示方法按相应螺纹标准的规定。

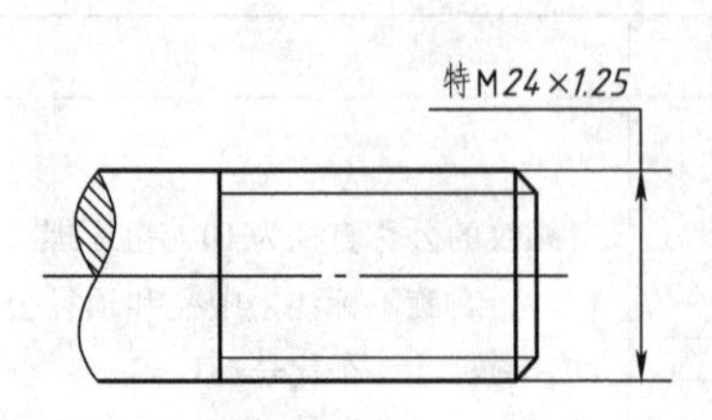

图 6-51　特殊螺纹的标注

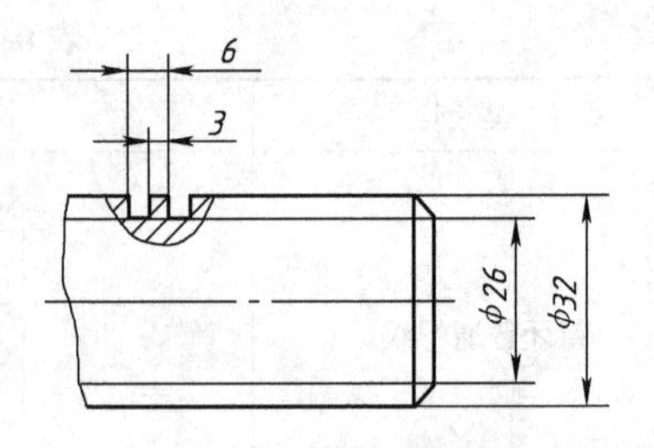

图 6-52　非标准螺纹的标注

螺纹副标记的标注方法与螺纹标记的标注方法相同。米制螺纹：其标记应直接标注在大径的尺寸线上或其引出线上，如图 6-53a 所示；管螺纹：其标记应采用引出线由配合部分的大径处引出标注，如图 6-53b 所示。

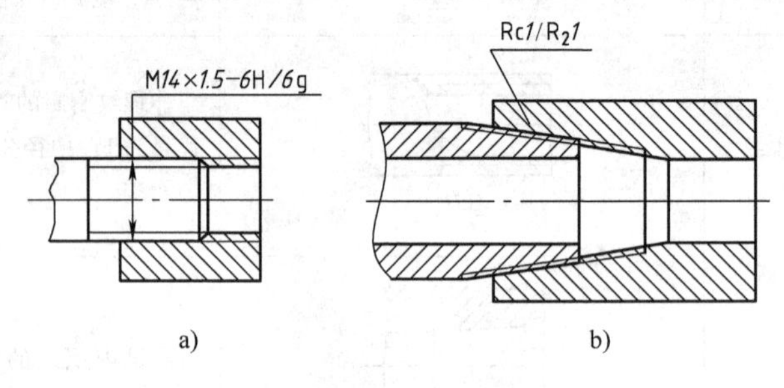

图 6-53　螺纹副的标注

第七章

零　件　图

内容提要

1. 零件图的内容、零件图的尺寸标注。
2. 零件图上技术要求的标注与识读、典型零件的表达分析。
3. 常用零件的工艺结构。
4. 读零件工作图。

学习提示及要点

1. 了解零件图的作用和内容。
2. 学会绘制中等复杂程度的零件图。
3. 能正确、完整、清晰并较合理地标注零件尺寸。
4. 能正确标注零件的尺寸公差、几何公差、表面粗糙度。
5. 重点：正确阅读零件图。掌握读图的方法步骤和技巧，主要包括典型零件的表达分析、尺寸标注和技术要求。

第一节　零件图的内容

零件的制造过程中，一般是先经过铸造、锻造或轧制等方法制出毛坯，然后对毛坯进行一系列加工，最后成为产品。零件毛坯的制造，加工工艺的拟订，工装夹具、量具的设计都是以零件图为依据的。一张完整的零件图应包括以下内容：

1. 一组视图

视图包括基本视图、剖视图、断面图及按规定方法画出的图形等，要正确、完整、清晰地表达出零件的结构形状，如图 7-1 所示。

2. 完整尺寸

要正确、完整、清晰、合理地标注零件各部分形状、结构的大小和相互位置，便于零件的制造和检验。

3. 技术要求

技术要求说明零件在制造和检验时应达到的技术指标，如零件的表面结构要求、尺寸公差、几何公差及材料热处理等，如图 7-1 所示的“未注倒角 *C*2。”等。

4. 标题栏

标题栏中填写零件的名称、材料、数量、图号、比例、设计、制图和审核人员的签名以及日期、设计单位等。

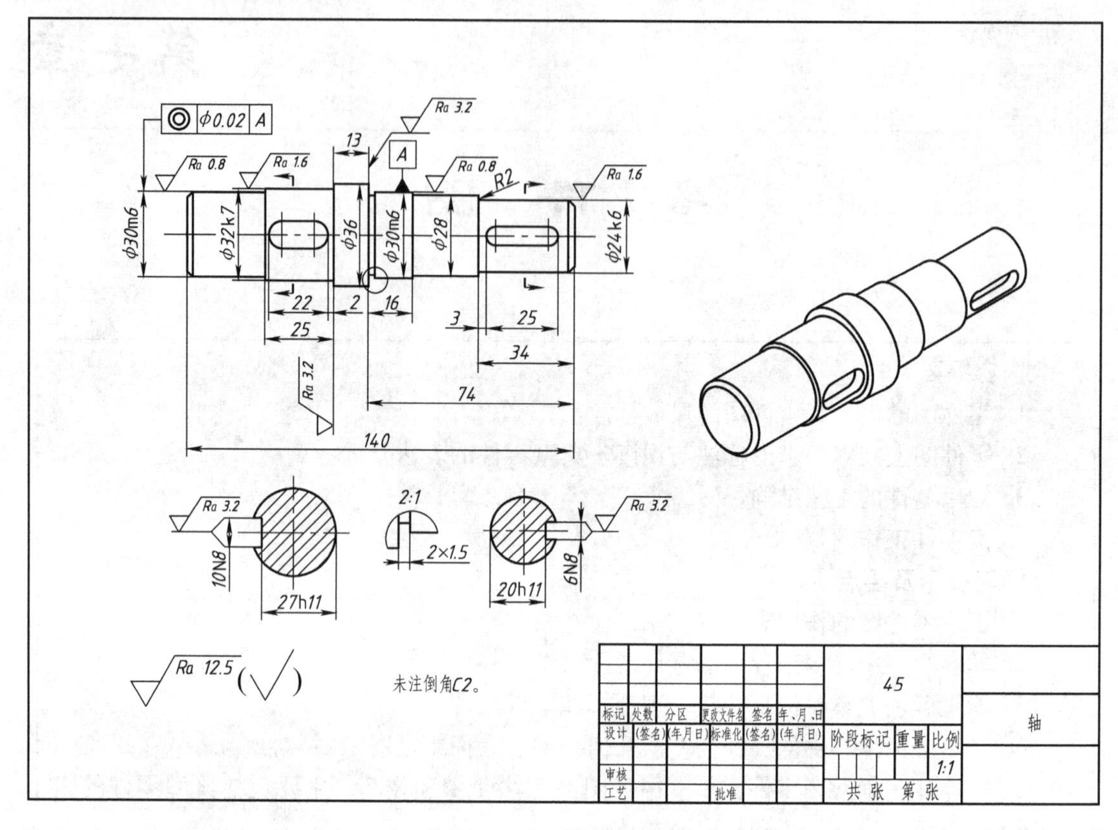

图 7-1　轴的异维图

第二节　零件图的尺寸标注

视图只能表示零件的形状，零件的大小要由尺寸来决定。生产中是按零件图的尺寸数值来制造零件的，图中若少注尺寸，就无法加工零件；若错写一个尺寸，整个零件可能成为废品，所以标注尺寸必须认真负责，一丝不苟。

1. 尺寸标注的基本要求

零件图中的尺寸，除了要满足正确、完整和清晰的要求外，还应标注合理。合理指所注尺寸既要符合设计要求，保证机器的使用性能，又要满足加工工艺要求，以便于零件的加工、测量和检验。

2. 尺寸基准的选择

为使尺寸标注符合以上要求，首先要选择恰当的尺寸基准。基准是确定尺寸起始位置的几何元素，按基准本身的几何形状可分为：平面基准、直线基准和点基准。

根据基准的作用不同，又可分为设计基准和工艺基准。设计基准是按照零件的结构特点和设计要求所选定的基准，零件的重要尺寸应从设计基准出发标注。工艺基准是为了加工和测量所选定的基准，机械加工的尺寸应从工艺基准出发标注。如图 7-2 所示，支架底平面为设计基准，前端面为工艺基准。

由于每个零件都有长、宽、高三个方向的尺寸，因而每个方向至少有一个主要基准。应根据零件在机器中的位置、作用及其在加工中的定位、测量等要求来选定基准。每个方向还要有一些附加基准，即辅助基准。每个方向的主要基准和辅助基准之间要有一个联系尺寸。图7-2所示底平面为高度方向的主要基准，而支承轴的孔为确定孔径的辅助基准，支承轴孔的轴线和底平面在高度方向应有一个高度尺寸。

在设计工作中，尽量使设计基准和工艺基准相一致。这样可以减少尺寸误差，便于加工。如图7-2所示，如果底平面既是设计基准，又是工艺基准，利用底平面进行高度方向的测量极为方便。

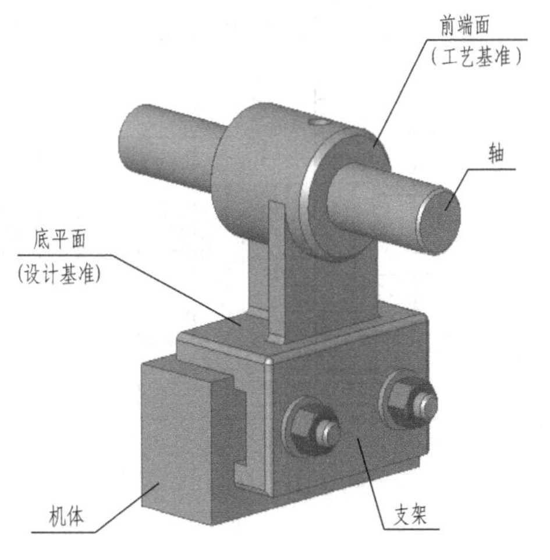

图7-2　尺寸基准选择举例

3. 合理标注尺寸应注意的问题

（1）主要尺寸必须直接注出　由于零件在加工制造时总会产生误差，为保证零件质量，避免制造误差，零件图中主要尺寸必须直接注出，保证其精度要求。

如图7-3a所示，支架的主要尺寸是从设计基准出发直接注出的，而图7-3b所示的注法是不正确的。

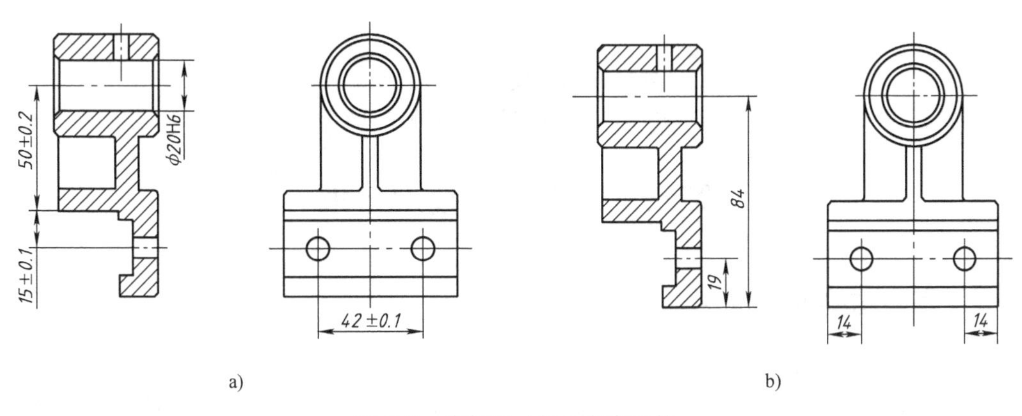

图7-3　支架尺寸标注方案比较
a）正确　b）不正确

（2）不能注成封闭的尺寸链　如图7-4所示，同一方向的尺寸串联并首尾相接成封闭的形式，称为封闭尺寸链。封闭尺寸链的缺点是各段尺寸精度相互影响，很难同时保证各段尺寸精度的要求。为解决此问题，在零件图上标注尺寸时，在尺寸链上选取一个对精度要求较低的一环作为开口环，不标注它的尺寸。使制造误差全部集中到这个开口环上，从而保证尺寸链上精度要求较高的重要尺寸。

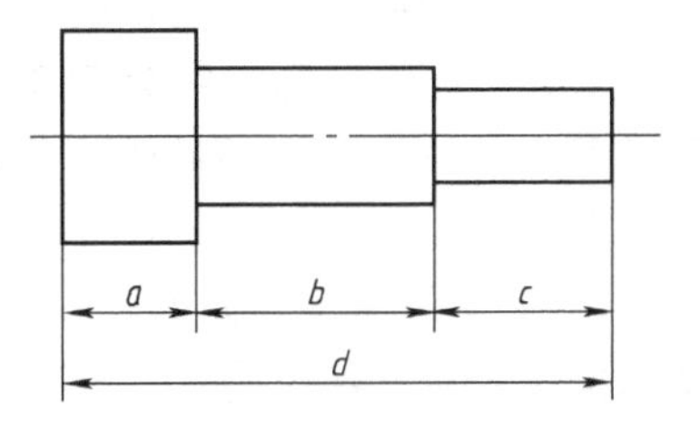

图7-4　封闭的尺寸链

（3）标注尺寸要便于加工和测量

1）考虑符合加工顺序的要求。如图7-5所示的工件的孔加工，考虑到孔的加工顺序

(图 7-5c)，图 7-5a 所示的尺寸标注有利于加工，图 7-5b 所示的标注不利于加工。

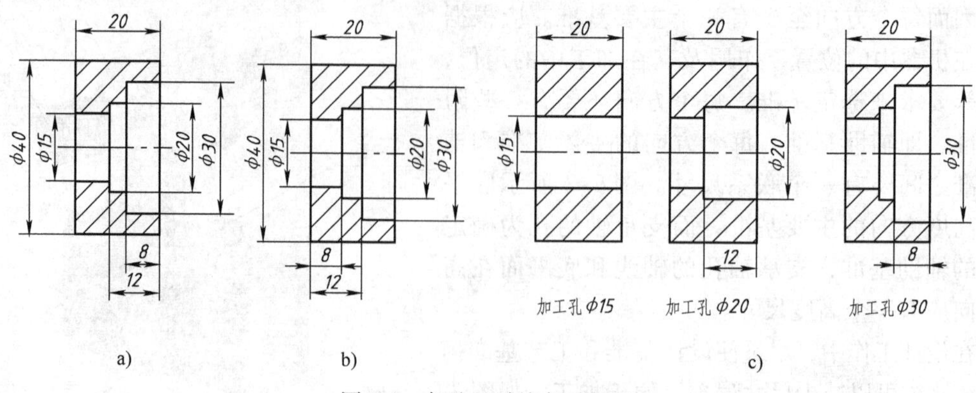

图 7-5　标注尺寸应便于加工
a）合理　b）不合理　c）加工顺序

2）考虑测量、检验方便的要求。如图 7-6a 所示，尺寸标注要便于测量。而图 7-6b 所示的尺寸标注则不便于测量。

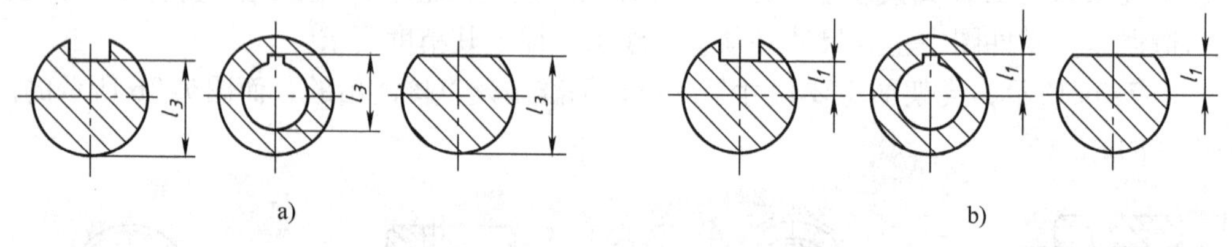

图 7-6　标注尺寸应便于测量
a）标注的尺寸便于测量　b）标注的尺寸不便于测量

第三节　零件的技术要求

一、表面结构的表示法

1. 表面结构的基本概念

（1）概述　为了保证零件的使用性能，在机械图样中需要对零件的表面结构给出要求。表面结构是由粗糙度轮廓、波纹度轮廓和原始轮廓构成的零件表面特征。

（2）表面结构的评定参数　评定零件表面结构的参数有轮廓参数、图形参数和支承率曲线参数。其中轮廓参数分为 3 种：*R* 轮廓参数（粗糙度参数）、*W* 轮廓参数（波纹度参数）和 *P* 轮廓参数（原始轮廓参数）。机械图样中，常用表面粗糙度参数 *Ra* 和 *Rz* 作为评定表面结构的参数。

1）轮廓算术平均偏差 *Ra*。它是在取样长度 *lr* 内，纵坐标 $Z(x)$（被测轮廓上的各点至基准线 *x* 的距离）绝对值的算术平均值，如图 7-7 所示。可用下式表示

$$Ra = \frac{1}{lr}\int_0^{lr} |Z(x)| \mathrm{d}x$$

2）轮廓最大高度 *Rz*。它是在一个取样长度内，最大轮廓峰高与最大轮廓谷深之和，如图 7-7 所示。

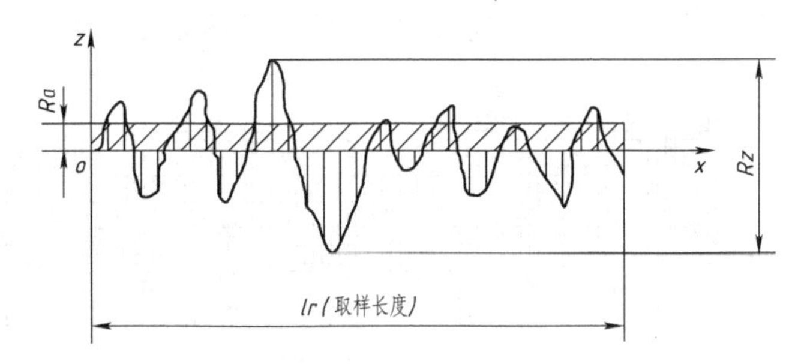

图 7-7　*Ra*、*Rz* 参数示意图

国家标准 GB/T 1031—2009 给出的 *Ra* 和 *Rz* 系列值见表 7-1。

表 7-1　*Ra*、*Rz* 系列值　　（单位：μm）

Ra	*Rz*	*Ra*	*Rz*
0.012		6.3	6.3
0.025	0.025	12.5	12.5
0.05	0.05	25	25
0.1	0.1	50	50
0.2	0.2	100	100
0.4	0.4		200
0.8	0.8		400
1.6	1.6		800
3.2	3.2		1600

2. 标注表面结构的图形符号

（1）图形符号及其含义　在图样中，可以用不同的图形符号表示对零件表面结构的不同要求。标注表面结构的图形符号及其含义见表 7-2。

表 7-2　表面结构图形符号及其含义

符号名称	符号样式	含义及说明
基本图形符号		未指定工艺方法的表面；基本图形符号仅用于简化代号标注，当通过一个注释解释时可单独使用，没有补充说明时不能单独使用
扩展图形符号		用去除材料的方法获得表面，如通过车、铣、刨、磨等机械加工的表面；仅当其含义是“被加工表面”时可单独使用
		用不去除材料的方法获得表面，如铸、锻等；也可用于保持上道工序形成的表面，不管这种状况是通过去除材料或不去除材料形成的
完整图形符号		在基本图形符号或扩展图形符号的长边上加一横线，用于标注表面结构特征的补充信息
工件轮廓各表面图形符号		当在某个视图上组成封闭轮廓的各表面有相同的表面结构要求时，应在完整图形符号上加一个圆圈，标注在图样中工件的封闭轮廓线上

（2）图形符号的画法及尺寸　图形符号的画法如图 7-8 所示，表 7-3 列出了图形符号的尺寸。

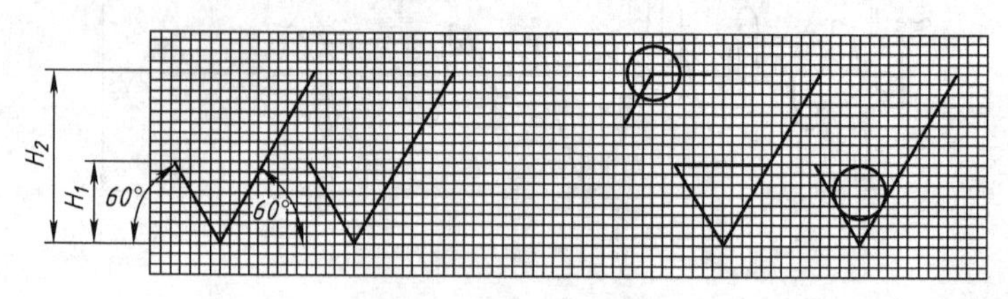

图 7-8　图形符号的画法

表 7-3　图形符号的尺寸　（单位：mm）

数字与字母的高度 h	2.5	3.5	5	7	10	14	20
高度 H_1	3.5	5	7	10	14	20	28
高度 H_2（最小值）	7.5	10.5	15	21	30	42	60

注：H_2取决于标注内容。

标注表面结构参数时应使用完整图形符号；在完整图形符号中注写了参数代号、极限值等要求后，称为表面结构代号。表面结构代号示例见表 7-4。

表 7-4　表面结构代号示例

代　　号	含义/说明
Ra 1.6	表示去除材料，单向上限值，默认传输带，R 轮廓，表面粗糙度算术平均偏差 1.6μm，评定长度为 5 个取样长度（默认），“16% 规则”（默认）
Rz max 0.2	表示不允许去除材料，单向上限值，默认传输带，R 轮廓，表面粗糙度最大高度的最大值 0.2μm，评定长度为 5 个取样长度（默认），“最大规则”
U Ra max 3.2 L Ra 0.8	表示不允许去除材料，双向极限值，两极限值均使用默认传输带，R 轮廓，上限值：算术平均偏差 3.2μm，评定长度为 5 个取样长度（默认），“最大规则”，下限值：算术平均偏差 0.8μm，评定长度为 5 个取样长度（默认），“16% 规则”（默认）
铣 −0.8/Ra3 6.3 ⊥	表示去除材料，单向上限值，传输带：根据 GB/T 6062—2009，取样长度 0.8mm，R 轮廓，算术平均偏差极限值 6.3μm，评定长度包含 3 个取样长度，“16% 规则”（默认），加工方法：铣削，纹理垂直于视图所在的投影面

3. 表面结构要求在图样中的标注

表面结构要求在图样中的标注实例见表 7-5。

表 7-5　表面结构要求在图样中的标注实例

说　　明	实　　例
表面结构要求对每一表面一般只标注一次，并尽可能注在相应的尺寸及其公差的同一视图上。 表面结构的注写和读取方向与尺寸的注写和读取方向一致	Ra 1.6 Ra 1.6 Ra 12.5 Ra 3.2

（续）

说 明	实 例
表面结构要求可标注在轮廓线或其延长线上，其符号应从材料外指向并接触表面。必要时表面结构符号也可用带箭头和黑点的指引线引出标注	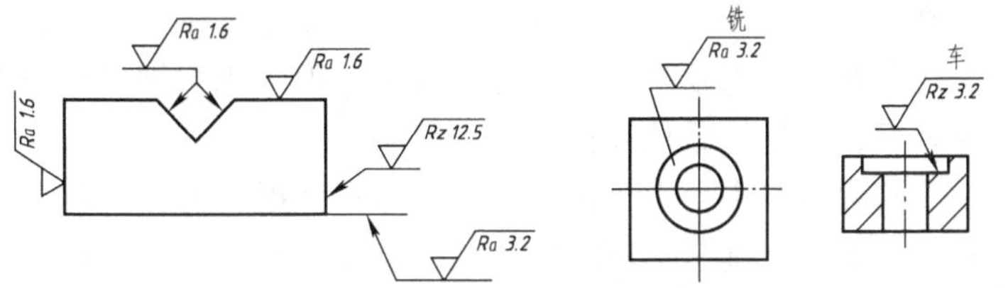 Ra 1.6　Ra 1.6　Ra 1.6　Rz 12.5　Ra 3.2　铣 Ra 3.2　车 Rz 3.2
在不致引起误解时，表面结构要求可以标注在给定的尺寸线上	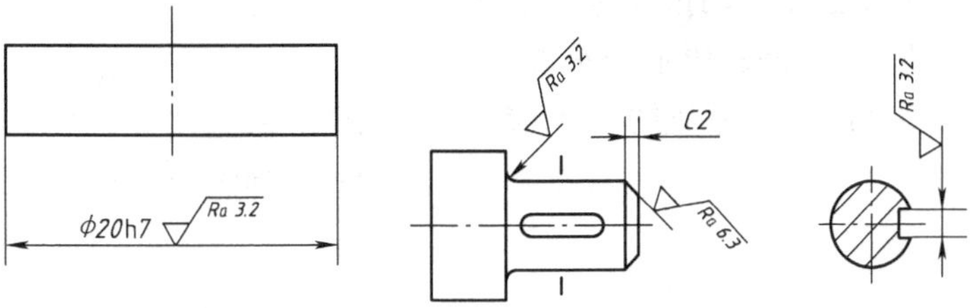 φ20h7 Ra 3.2　Ra 3.2　C2　Ra 6.3　Ra 3.2
表面结构要求可以标注在几何公差框格的上方	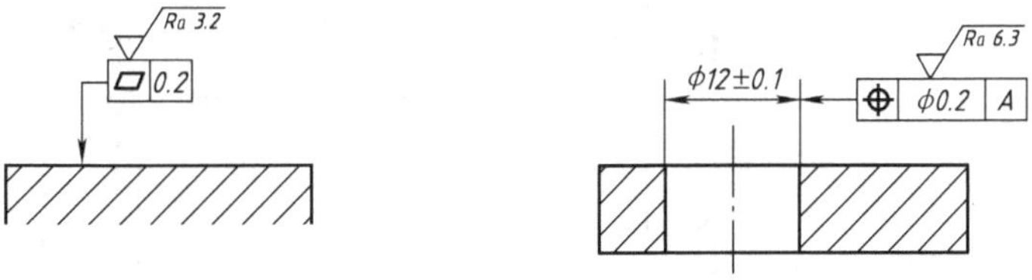 Ra 3.2　0.2　φ12±0.1　Ra 6.3　φ0.2 A
如果在工件的多数表面有相同的表面结构要求，则其表面结构要求可统一标注在图样的标题栏附近，此时，表面结构要求的代号后面应有以下两种情况：①在圆括号内给出无任何其他标注的基本符号（图a）；②在圆括号内给出不同的表面结构要求（图b）	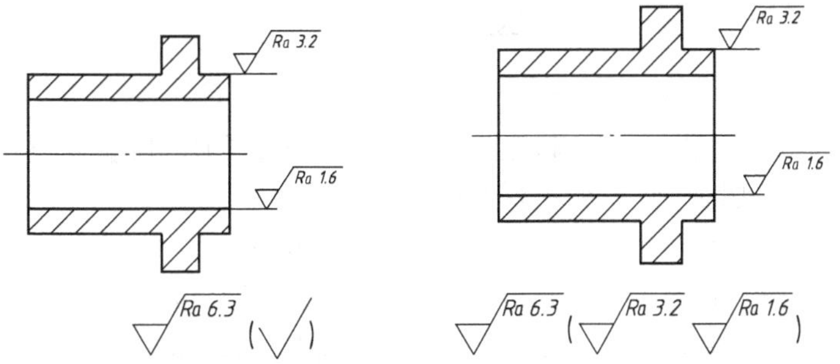 Ra 3.2　Ra 1.6　Ra 6.3 (√)　a)　Ra 3.2　Ra 1.6　Ra 6.3 (Ra 3.2　Ra 1.6)　b)
当多个表面有相同的表面结构要求或图纸空间有限时，可以采用简化注法。 ① 用带字母的完整图形符号，以等式的形式，在图形或标题栏附近，对有相同表面结构要求的表面进行简化标注（图a）； ② 用基本图形符号或扩展图形符号，以等式的形式给出对多个表面共同的表面结构要求（图b）	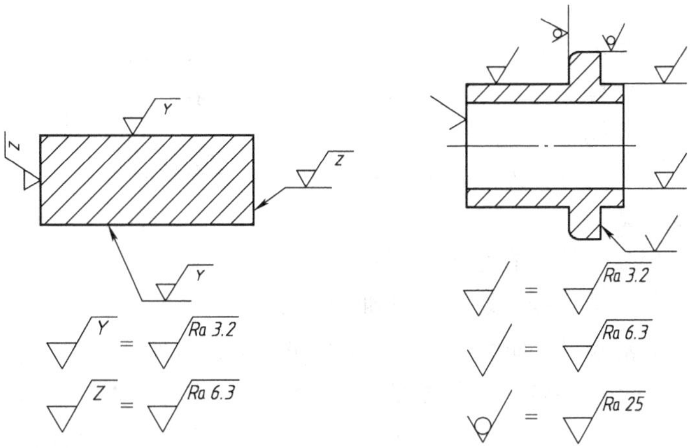 Y　Z　Z　Y　Y = Ra 3.2　Z = Ra 6.3　a)　= Ra 3.2　= Ra 6.3　= Ra 25　b)

二、尺寸公差

在相同规格的一批零件或部件中，不经选择和修配就能装在机器上，达到规定的技术要求，这种性质称为互换性。它是机器进行现代化大批量生产的主要基础，可提高机器装配、维修速度，并取得最佳经济效益。

在实际生产中，由于机床精度、刀具磨损、测量误差等方面的原因，零件制造和加工后要求尺寸绝对准确是不可能的。为了使零件或部件具有互换性，必须对尺寸规定一个允许的变动量，这个变动量称为尺寸公差，简称公差。

1. 尺寸公差的术语及其相互关系

以图 7-9 所示轴的尺寸 $\phi50^{-0.009}_{-0.023}$为例，对尺寸公差的术语简要说明如下：

（1）公称尺寸　公称尺寸是由图样规范确定的理想形状要素的尺寸（$\phi50$）。

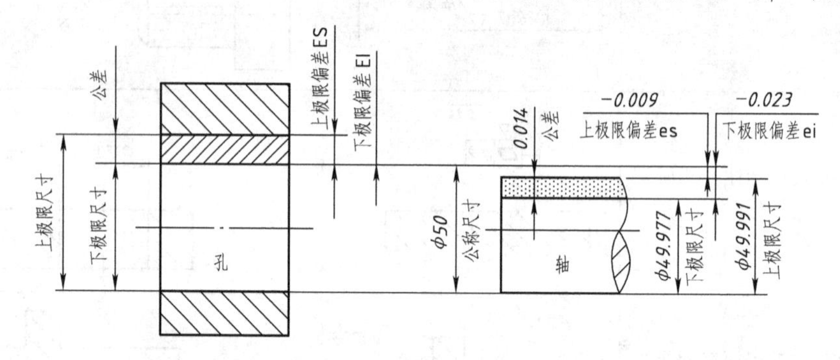

图 7-9　尺寸公差的术语图解

（2）极限尺寸　极限尺寸是孔或轴允许的尺寸的两个极端。

上极限尺寸：尺寸要素允许的最大尺寸。

下极限尺寸：尺寸要素允许的最小尺寸。

（3）偏差　偏差是某一尺寸（实际尺寸、极限尺寸等）减其公称尺寸所得的代数差。

上极限偏差：上极限尺寸减其公称尺寸所得的代数差。

下极限偏差：下极限尺寸减其公称尺寸所得的代数差。

上极限偏差和下极限偏差统称为极限偏差，偏差可以为正、负或零值。孔、轴的上、下极限偏差代号用大写字母 ES、EI 和小写字母 es、ei 表示，如图 7-10 所示。

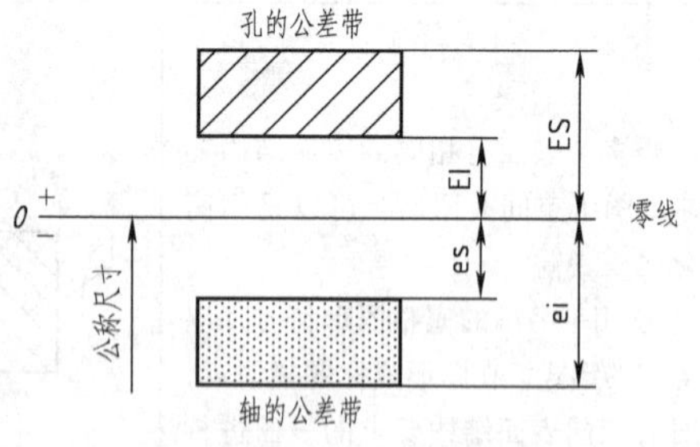

图 7-10　公差带图解

（4）尺寸公差（简称公差）　公差是允许尺寸的变动量。

（5）零线　在公差带图解中，零线是表示公称尺寸的一条直线，以其为基准确定偏差和公差。通常零线沿水平方向绘制，正偏差位于其上，负偏差位于其下，如图 7-10 所示。

（6）公差带　在公差带图解中，由代表上极限偏差和下极限偏差或上极限尺寸和下极限尺寸的两条直线所限定的一个区域为公差带，它由公差大小及其相对零线的位置来确定。

2. 标准公差和基本偏差

国家标准规定，孔、轴公差带由标准公差和基本偏差两个要素组成。标准公差确定公差带大小，基本偏差确定公差带位置。

（1）标准公差（IT）　标准公差是标准所列的、用来确定公差大小的任一公差。标准公差的数值由公称尺寸和公差等级来确定，其中公差等级确定尺寸的精确程度。国家标准将公称尺寸至500mm的公差等级分为20级，即IT01、IT0、IT1、IT2、…、IT18。IT表示标准公差，数字表示公差等级，IT01级精度最高，以下依次降低。公称尺寸小于等于500mm的各级标准公差数值见表7-6。

表7-6　标准公差数值

公称尺寸/mm		标准公差																	
		/μm											/mm						
大于	至	IT1	IT2	IT3	IT4	IT5	IT6	IT7	IT8	IT9	IT10	IT11	IT12	IT13	IT14	IT15	IT16	IT17	IT18
—	3	0.8	1.2	2	3	4	6	10	14	25	40	60	0.1	0.14	0.25	0.4	0.6	1	1.4
3	6	1	1.5	2.5	4	5	8	12	18	30	48	75	0.12	0.18	0.3	0.48	0.75	1.2	1.8
6	10	1	1.5	2.5	4	6	9	15	22	36	58	90	0.15	0.22	0.36	0.58	0.9	1.5	2.2
10	18	1.2	2	3	5	8	11	18	27	43	70	110	0.18	0.27	0.43	0.7	1.1	1.8	2.7
18	30	1.5	2.5	4	6	9	13	21	33	52	84	130	0.21	0.33	0.52	0.84	1.3	2.1	3.3
30	50	1.5	2.5	4	7	11	16	25	39	62	100	160	0.25	0.39	0.62	1	1.6	2.5	3.9
50	80	2	3	5	8	13	19	30	46	74	120	190	0.3	0.46	0.74	1.2	1.9	3	4.6
80	120	2.5	4	6	10	15	22	35	54	87	140	220	0.35	0.54	0.87	1.4	2.2	3.5	5.4
120	180	3.5	5	8	12	18	25	40	63	100	160	250	0.4	0.63	1	1.6	2.5	4	6.3
180	250	4.5	7	10	14	20	29	46	72	115	185	290	0.46	0.72	1.15	1.85	2.9	4.6	7.2
250	315	6	8	12	16	23	32	52	81	130	210	320	0.52	0.81	1.3	2.1	3.2	5.2	8.1
315	400	7	9	13	18	25	36	57	89	140	230	360	0.57	0.89	1.4	2.3	3.6	5.7	8.9
400	500	8	10	15	20	27	40	63	97	155	250	400	0.63	0.97	1.55	2.5	4	6.3	9.7

（2）基本偏差　基本偏差是标准所列的，用来确定公差带相对于零线位置的上极限偏差或下极限偏差，一般是指孔和轴的公差带中靠近零线的那个偏差。

国标中规定了基本偏差系列，孔和轴各有28个基本偏差，用拉丁字母表示，大写的为孔，小写的为轴，如图7-11所示。基本偏差数值与基本偏差代号、公称尺寸和标准公差等级有关，国家标准用列表方式提供了这些数值，详见附录。

3. 尺寸公差在零件图中的标注

1）当线性尺寸公差采用公差带代号形式标注时，公差带代号应注在公称尺寸的右边，如图7-12a所示。

2）当线性尺寸公差采用极限偏差形式标注时，上极限偏差应注在公称尺寸右上方，下极限偏差应与公称尺寸注在同一底线上，如图7-12b所示。

图中偏差值的字体应比公称尺寸数字的字体小一号。上、下极限偏差前面必须标出正、负号，上、下偏差的小数点必须对齐，小数点后的位数也必须相同。当上极限偏差或下极限偏差为“零”时，用数字“0”标出，并与另一偏差的小数点前的个位数对齐。

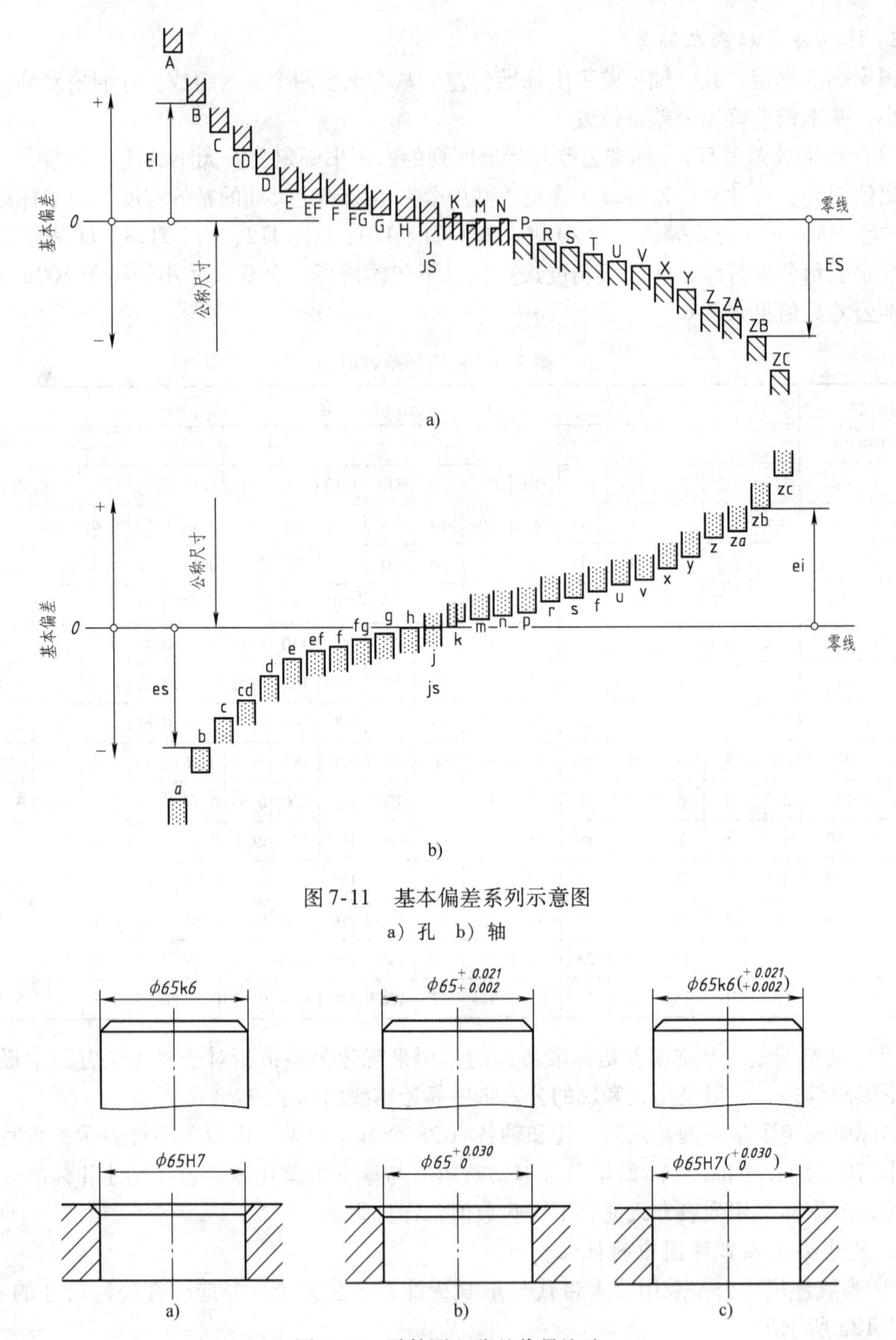

图 7-11　基本偏差系列示意图

a）孔　b）轴

图 7-12　零件图上公差代号注法

3）当线性尺寸公差同时采用公差带代号和极限偏差形式时，则后者应加上圆括号，如图 7-12c 所示。

当公差带相对公称尺寸对称地配置即上、下极限偏差的绝对值相同时，偏差只注写一次，并应在偏差与公称尺寸之间注出“±”，且两者数字高度相同，如“$\phi 50 \pm 0.012$”。

三、几何公差

几何公差包括形状、方向、位置和跳动公差。形状公差是指单一实际要素的形状所允许的变动全量；方向公差是指关联实际要素对基准在方向上所允许的变动全量；位置公差是指关联实际要素对基准在位置上所允许的变动全量；跳动公差是指关联实际要素绕基准回转一周或连续回转时所允许的变动全量。

由于零件的几何公差影响到零件的使用性能，因此，零件上有较高要求的要素需要标注其几何公差。

1. 几何公差的几何特征和符号（表7-7）

表7-7　几何特征和符号

公差类别	几何特征	符号	有无基准	公差类别	几何特征	符号	有无基准
形状公差	直线度	—	无	位置公差	位置度	⌖	无
	平面度	▱			位置度		有
	圆度	○			同心度（用于中心线）	◎	
	圆柱度	⌭					
	线轮廓度	⌒			同心度（用于轴线）		
	面轮廓度	⌓					
方向公差	平行度	//	有		对称度	⌯	
	垂直度	⊥			线轮廓度	⌒	
	倾斜度	∠			面轮廓度	⌓	
	线轮廓度	⌒		跳动公差	圆跳动	↗	
	面轮廓度	⌓			全跳动	⌰	

2. 公差框格

表达几何公差要求的公差框格由两格或多格组成，从左到右顺序填写几何特征符号、公差值、基准和附加符号，如图7-13所示。

公差框格用细实线绘制。第一格为正方形，第二格及以后各格视需要而定，框格中的文字与图样中尺寸数字同高，框格的高度为文字高度的两倍。

公差值的单位为mm。公差带为圆形或圆柱形时，公差值前加注符号“ϕ”。用一个字母表示单个基准，或用几个字母表示基准体系或公共基准。

3. 基准符号

与被测要素相关的基准用一个大写字母表示。字母标注在方格内，用细实线与一个涂黑的或空白的三角形相连以表示基准，如图7-14所示。表示基准的字母还应标注在公差框格内。

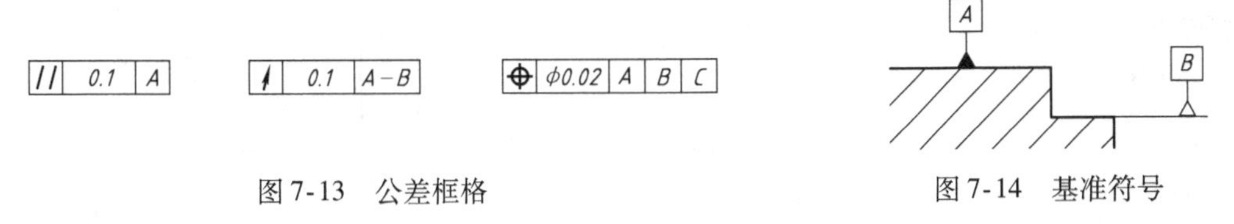

图7-13　公差框格　　图7-14　基准符号

4. 被测要素与基准的标注方法

被测要素用带箭头的指引线与框格相连。指引线可以引自框格的任意一侧，箭头应垂直于被测要素。被测要素的标注方法见表7-8。

表 7-8　被测要素的标注方法

解　　释	示　　例
当公差涉及轮廓线或轮廓面时，箭头指向该要素的轮廓线，也可指向轮廓线的延长线，但必须与尺寸线明显错开	▱ 0.1；▱ 0.05；— 0.2
当公差涉及轮廓面时，箭头也可指向引出线的水平线，带黑点的指引线引自被测面	▱ 0.1
当公差涉及要素的中心线、中心面或中心点时，箭头应位于相应尺寸线的延长线上	— φ0.1；≡ 0.08 A
若干分离要素具有相同几何公差要求时，可以用同一框格多条指引线标注	A；◎ 0.03 A；φ；φ；φ
某个被测要素有多个几何公差要求时，可以将一个公差框格放在另一个的下面	— 0.02；⊥ 0.03 A
当每项公差应用于几个相同要素时，应在框格上方被测要素的尺寸之前注明要素的个数，并在两者之间加上符号“×”	6×φ20；⌖ φ0.1 A

带基准字母的基准三角形应按表 7-9 所示位置放置。

表 7-9　基准的标注方法

解　　释	示　　例
当基准要素是轮廓线或表面时，基准三角形应放在要素的轮廓线或其延长线上（与尺寸线明显错开），基准三角形也可放置在轮廓面引出线的水平线上	A；B；A
当基准是尺寸要素确定的中心线、中心面或中心点时，基准三角形应放在该尺寸线的延长线上。如果没有足够的位置标注基准要素尺寸的两个尺寸箭头，则其中一个箭头可用基准三角形代替	A；A
由两个要素建立公共基准时，用中间加连字符的两个大写字母表示；以 2 个或 3 个基准建立基准体系时，表示基准的大写字母应按基准的优先次序从左至右置于框格中	↗ 0.1 A−B；A；B；↗ 0.2 A B

四、SolidWorks 中表面粗糙度、尺寸公差及几何公差的标注

进入 SolidWorks 工程图中的注解界面，如图 7-15 所示。

图 7-15　SolidWorks 工程图中的注解界面

1. 表面粗糙度的标注

1）单击工程图中“注解”→“表面粗糙度符号”。

2）设置符号、符号布局、格式与角度，插入到所要标注的位置，如图 7-16 所示。

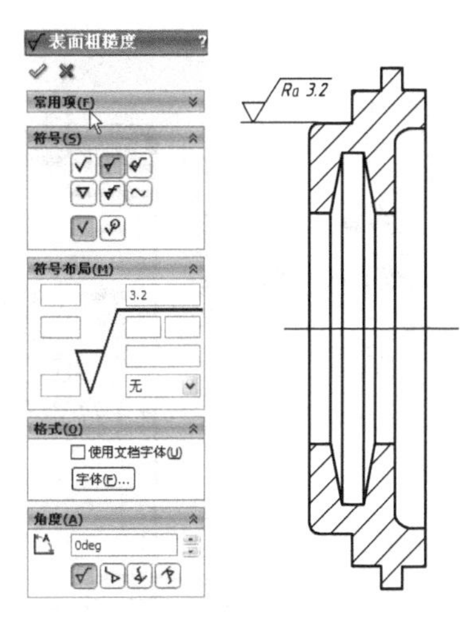

图 7-16　SolidWorks 中表面粗糙度的标注

2. 尺寸公差的标注

1）单击工程图中“注解”→“智能尺寸”，出现“尺寸”对话框，如图 7-17a 所示。

2）当线性尺寸公差采用公差带代号形式标注时，在“标注尺寸文字”框中添加公差带代号，如图 7-17b 所示；图中 < DIM > 是自动测量的尺寸的显示。如果标注其他尺寸，删掉 < DIM >。若尺寸公差采用极限偏差形式标注时，选择图 7-17b 所示的格式。

3. 几何公差的标注

1）单击工程图中“注解”→“形位公差”，出现“形

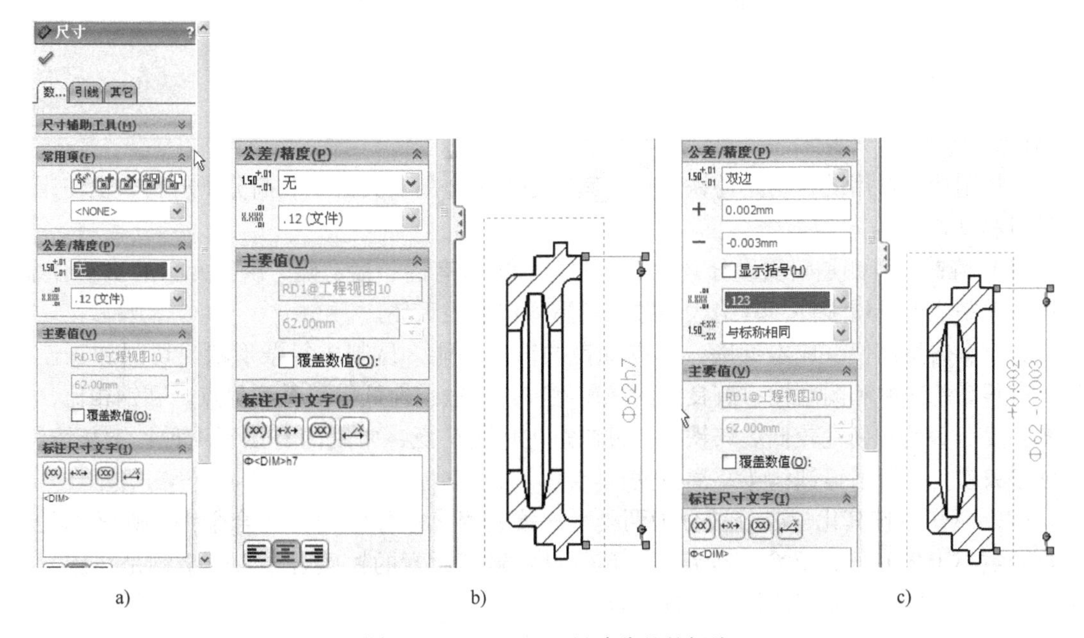

图 7-17　SolidWorks 尺寸公差的标注

位公差”对话框，如图 7-18a 所示。

2）设置好常用项、引线、角度等，在“属性”对话框中，选择相应的项目，如图 7-18b所示。

3）填写公差值后，插入到所要标注的位置，如图 7-18c 所示。

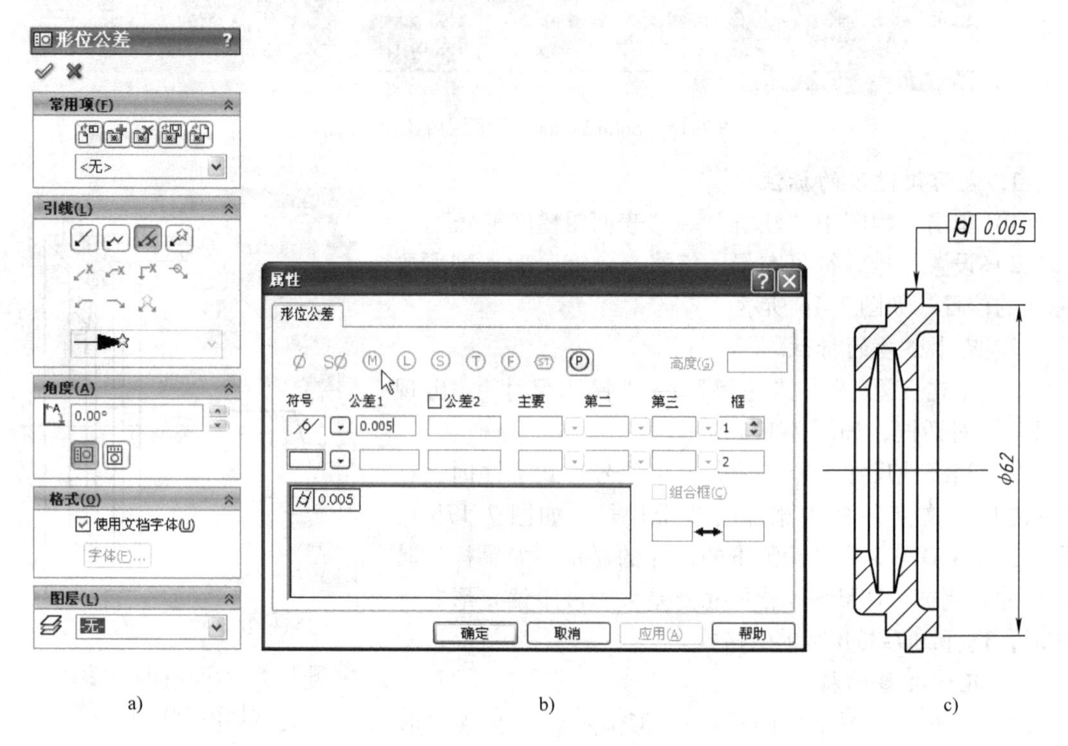

图 7-18　SolidWorks 中几何公差的标注

五、材料与热处理简介

1. 材料

机械制造最常用的材料是铸铁和钢，其次是有色金属及其合金和高分子材料，也使用陶瓷材料和复合材料。

（1）铸铁　铸铁是碳质量分数大于 2.11%，又含有硅、锰、硫、磷等元素的铁碳合金。使用铸铁制成的机械零件，其绝大多数以铸造方法形成毛坯。

铸铁有熔炼简便、成本低廉、具有优良的铸造性能，易制成复杂形状、切削加工性能好、有很高的减摩和耐磨性、有良好的减震性和缺口敏感性低等一系列优点。和钢相比，铸铁的强度、塑性和韧性较低。铸铁在机械制造中应用广泛，常用的有以下 4 种：①灰铸铁；②球墨铸铁；③可锻铸铁；④蠕墨铸铁。

（2）钢　钢按其化学成分被分为两类——碳素钢（俗称碳钢）和合金钢。碳素钢是碳质量分数小于 2.11%，又含有少量锰、硫、硅、磷等元素的铁碳合金。合金钢是在碳素钢中特意加入某些金属元素后得到的铁基合金。

碳素钢又可以按碳质量分数分为低碳钢（碳质量分数≤0.25%）、中碳钢（0.25% <碳质量分数≤0.6%）、高碳钢（碳质量分数 >0.6%）。合金钢按合金元素总质量分数可分为低合金钢（合金元素总质量分数低于5%）、中合金钢（含金元素总质量分数5%～10%）、高合金钢（合金元素总质量分数高于10%）。合金钢也可以按所含主合金元素分为铬钢、铬镍钢、锰钢、硅锰钢等。

（3）有色金属及其合金　工业上把金属及其合金分为两大部分：铁和铁基的合金（钢、铸铁和铁合金）称为黑色金属；黑色金属以外的所有金属及其合金称为有色金属及其合金。

有色金属及其合金具有黑色金属材料所没有的许多力学、物理、化学性能不可缺少的材料。

（4）高分子材料　机械制造常用的高分子材料包括塑料、合成纤维、橡胶和胶粘剂。

1）塑料。塑料通常可在加热、加压条件下塑制成型，故称塑料。塑料制件重量轻，可制成复杂形状。

2）合成纤维。合成纤维有强度高、密度小、弹性好、耐酸碱性好等特性。

3）橡胶。橡胶具有极高的弹性，其弹性变形量可达100%～1000%，而且回弹性好，回弹速度快。橡胶还有摩擦因数大、耐磨、绝缘、不透气、不透水等特性。在机械制造中常用做弹性材料、密封材料、减振防振材料和摩擦传动材料。

2. 热处理

将固态金属或合金在一定介质中以一定方式加热、保温和冷却，改变其整体组织或表面组织，从而获得所需性能的工艺过程称为热处理。热处理不改变工件形状，只通过改变工件材料的组织结构改变工件的性能。

热处理主要用于工业用钢，钢的热处理分类如下：

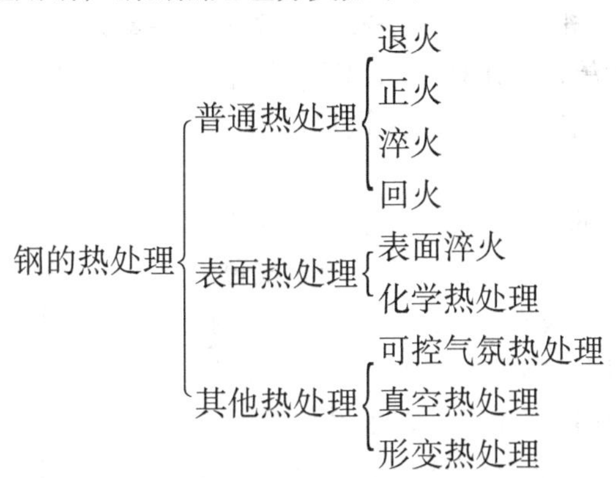

其中，退火、正火、淬火和回火是最基本和最常用的热处理工艺，俗称“四把火”。

退火是将钢件加热到临界温度以上30～50℃（一般是710～715℃，个别合金钢800～900℃），保温一段时间，然后缓慢冷却（一般在炉中冷却）。正火是将钢件加热到临界温度以上，保温一段时间，然后在空气中冷却，冷却速度比退火快。淬火是将钢件加热到临界温度以上，保温一段时间，然后在水、盐水或油中（个别材料在空气中）急速冷却，使其得到高硬度。回火是将淬硬的钢件加热到临界点以下的温度，保温一段时间，然后在空气中或油中冷却下来。

表面处理技术可分为3大类：表面改性、涂镀层和薄膜技术。最常用的有渗碳、渗氮、氰化、发蓝（黑）、镀镍和镀铬等。

第四节　典型零件的表达

零件的结构形状是根据零件在机器中所起的作用和制造工艺要求确定的。机器有其确定的功能和性能指标，而零件是组成机器的基本单元，所以每个零件均有一定的作用，例如具有支承、传动、连接、定位和密封等一项或几项功能。根据第六章介绍可知，根据零件的结构形状不同，大致可以分成4类零件：轴套类零件、盘盖类零件、叉架类零件和箱体类零件。也因为其结构形状的差异，它们的表达方式也不同。现将各类零件的表达方式介绍如下。

（一）轴套类零件

轴类零件主要用于支承齿轮、带轮等传动件，用来传递运动和动力；套筒类零件主要起定距和隔离的作用，如图7-19所示。

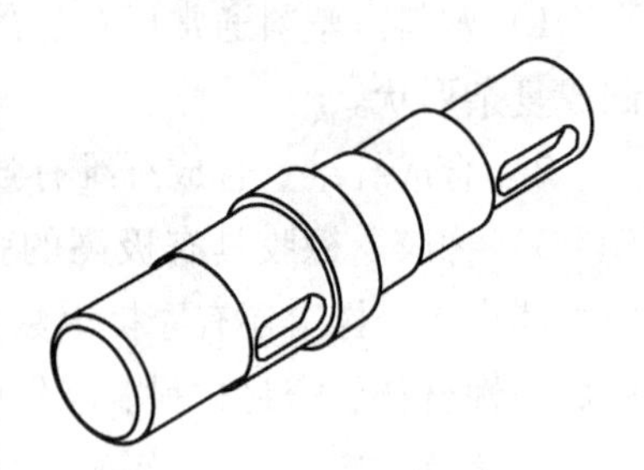

图7-19　轴的立体图

1. 视图选择

1）轴套类零件一般在车床上加工，应按形状特征和加工位置确定主视图，轴线水平放置；主要结构形状是回转体，一般只画一个主要视图。

2）轴套类零件的其他结构形状，如键槽、螺纹退刀槽和螺纹孔等可以用剖视、断面、局部视图和局部放大图等加以补充。

3）实心轴没有剖开的必要，但轴上个别部分的内部结构形状可以采用局部剖视。

如图7-1所示轴的异维图，采用一个基本视图加上一系列尺寸，就能表达轴的主要形状及大小，对于轴上的键槽等，采用移出断面图，既表示了它们的形状，也便于标注尺寸。对于轴上的其他局部结构，如砂轮越程槽采用局部放大图表达。

2. 尺寸标注

1）如图7-1所示轴的异维图，宽度方向和高度方向的主要基准是回转轴线，如ϕ30m6、ϕ32k7等；长度方向的主要基准是端面或台阶面，如ϕ36轴的左端面是长度方向的主要尺寸基准，轴的两端一般作为辅助尺寸基准（测量基准），由此注出16、74等尺寸。

2）主要形体由同轴回转体组成，因而省略定位尺寸。

3）功能尺寸必须直接标注出来，其余尺寸按加工顺序标注。

4）为了清晰和便于测量，在剖视图上，内外结构形状的尺寸分开标注。

5）零件上的标准结构（倒角、退刀槽、键槽等），应按标准规定标注。

3. 技术要求

1）有配合要求的表面，其表面粗糙度参数值较小。无配合要求表面的表面粗糙度参数值较大。如键槽的两侧面其表面粗糙度参数值小于键槽的底面。

2）有配合要求的轴颈尺寸公差等级较高、公差较小，如$\sqrt{Ra\ 0.8}$。无配合要求的轴颈尺寸公差等级低、或不需标注，如$\sqrt{Ra\ 3.2}$。

3）有配合要求的轴颈和重要的端面应有几何公差的要求，如 | ◎ | 0.02 | A |。

（二）盘盖类零件

盘盖类零件在机器与设备上使用较多，例如齿轮、蜗轮、带轮、链轮以及手轮、端盖、透盖和法兰盘等都属于盘盖类零件，如图 7-20 所示的可通端盖即为盘盖类零件。

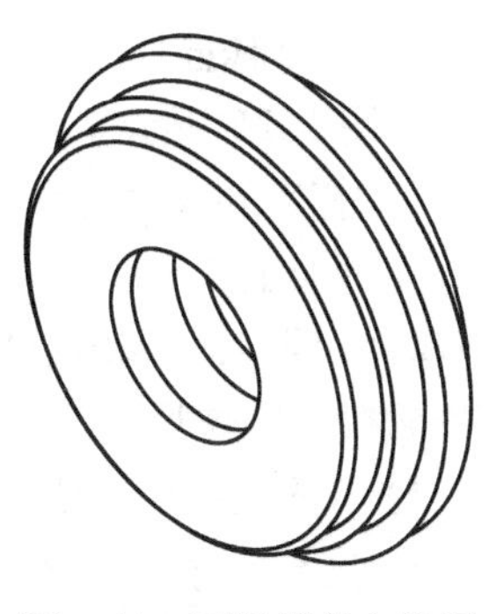

图 7-20　可通端盖立体图

1. 视图选择

1）主要是在车床上加工，应按形状特征和加工位置选择主视图，轴线横放。

2）一般需要两个主要视图，其他结构形状（如轮辐）可用断面图表示。

3）根据其结构特点（空心的），各个视图具有对称平面时，可作半剖视；无对称平面时，可作全剖视。

图 7-21 所示可通端盖的异维图用一个全剖的主视图表示可通端盖的内部结构，用局部放大图表示可通端盖的内部小结构。

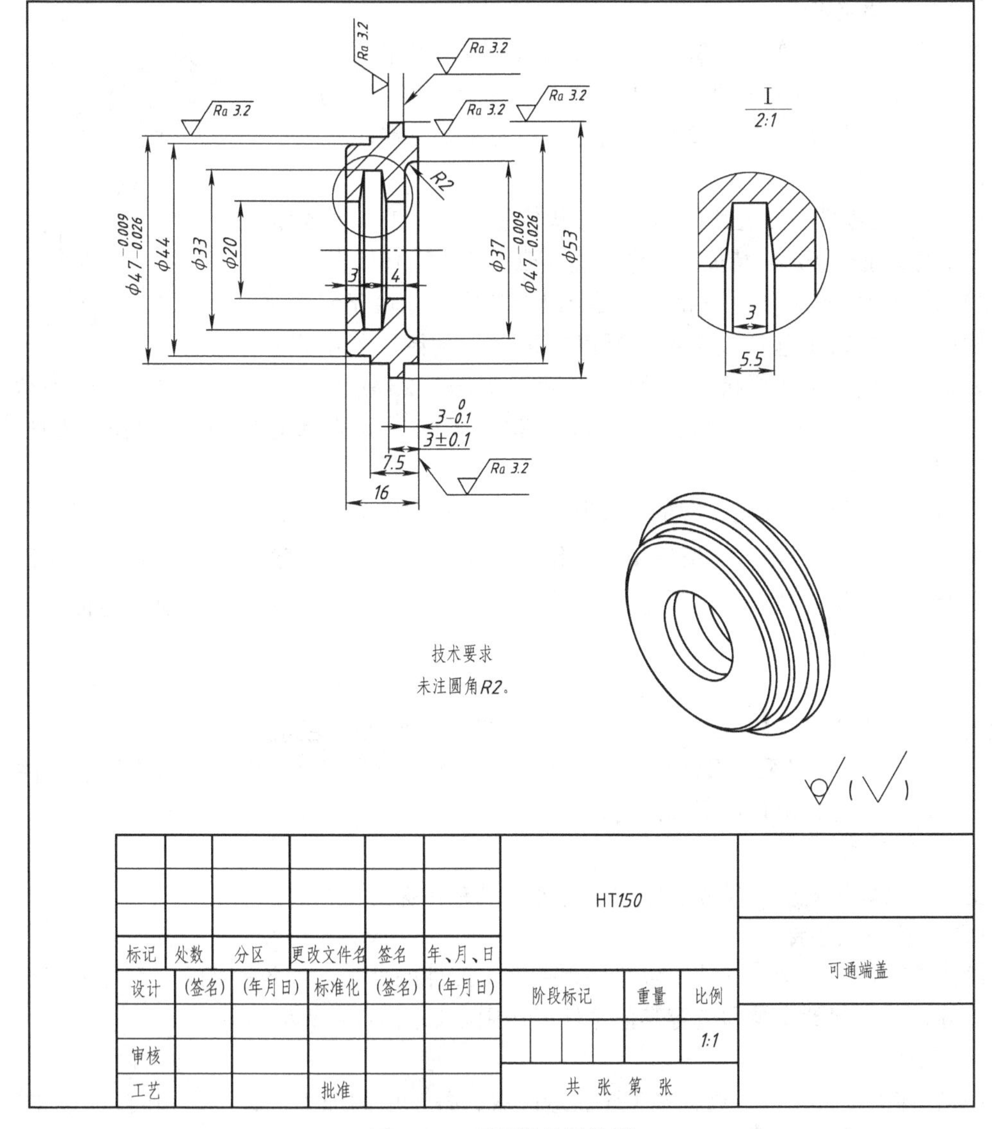

图 7-21　可通端盖异维图

2. 尺寸标注

以图 7-21 所示零件为例，说明盘盖类零件的尺寸标注方法。

1）宽度和高度方向的主要基准是回转轴线，由此注出 ϕ44 等尺寸。长度方向的主要基准是经过加工的大端面。

2）定形尺寸和定位尺寸都比较明显，尤其是在圆周上分布的小孔的定位圆直径是这类零件的典型定位尺寸。

3）内外结构形状应分开标注。

3. 技术要求

1）有配合的内、外表面粗糙度参数值较小；用于轴向定位的端面，表面粗糙度参数值较小。

2）有配合的孔和轴的尺寸公差较小；与其他运动零件相接触的表面应有平行度、垂直度的要求。

（三）叉架类零件

叉架类零件常用在变速机构、操纵机构和支承机构中，用于拨动、连接和支承传动零件。常见的叉架类零件有拨叉、连杆、杠杆、摇臂、支架等，图 7-22 所示的支架即为叉架类零件。

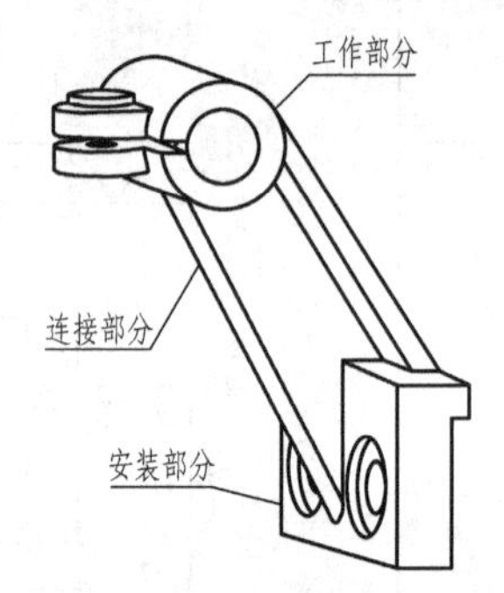

图 7-22 支架的立体图

1. 视图选择

1）叉架类零件一般是铸件，毛坯形状较复杂，加工位置各异。选主视图时，主要按形状特征和工作位置（或自然位置）确定。

2）结构形状较复杂，一般需要两个以上的视图。由于它的某些结构形状不平行于基本投影面，所以常采用斜视图、斜剖视和断面表示。对内部结构形状可采用局部剖视，如图 7-23 所示。

3）若工作位置处于倾斜状态时，可将其位置放正，再选择最能反映方向作为主视图。

2. 尺寸标注

1）长度、宽度、高度方向的主要基准一般为孔的中心线、轴线、对称平面和较大的加工平面。如图 7-23 所示，支架选用表面结构要求为$\sqrt{Ra\ 3.2}$的右端面、下端面，作为长度方向和高度方向的尺寸基准，由此注出尺寸 16、60 和 10、75。选用支架的前后对称面，作为宽度方向的尺寸基准，分别注出尺寸 40、82。

2）定位尺寸较多，要注意能否保证定位的精度。一般要标注出孔中心线（或轴线）间的距离，或孔中心线（轴线）到平面的距离、平面到平面的距离。

3）定形尺寸一般采用形体分析法标注尺寸，便于制作铸件。内、外结构形状要注意保持一致。起模斜度、圆角也要标注出来。

3. 技术要求

支架的表面粗糙度、尺寸公差和几何公差没有特殊的要求。

（四）箱体类零件

箱体类零件是连接、支承、包容件，一般为部件的外壳，如各种变速器箱体或齿轮油泵的泵体等，主要起到支承和包容其他零件的作用，如图 7-24 所示的箱体。

1. 视图选择

1）箱体类零件多数经过较多工序制造而成，各工序的加工位置不尽相同，主视图主要按形状特征和工作位置确定。

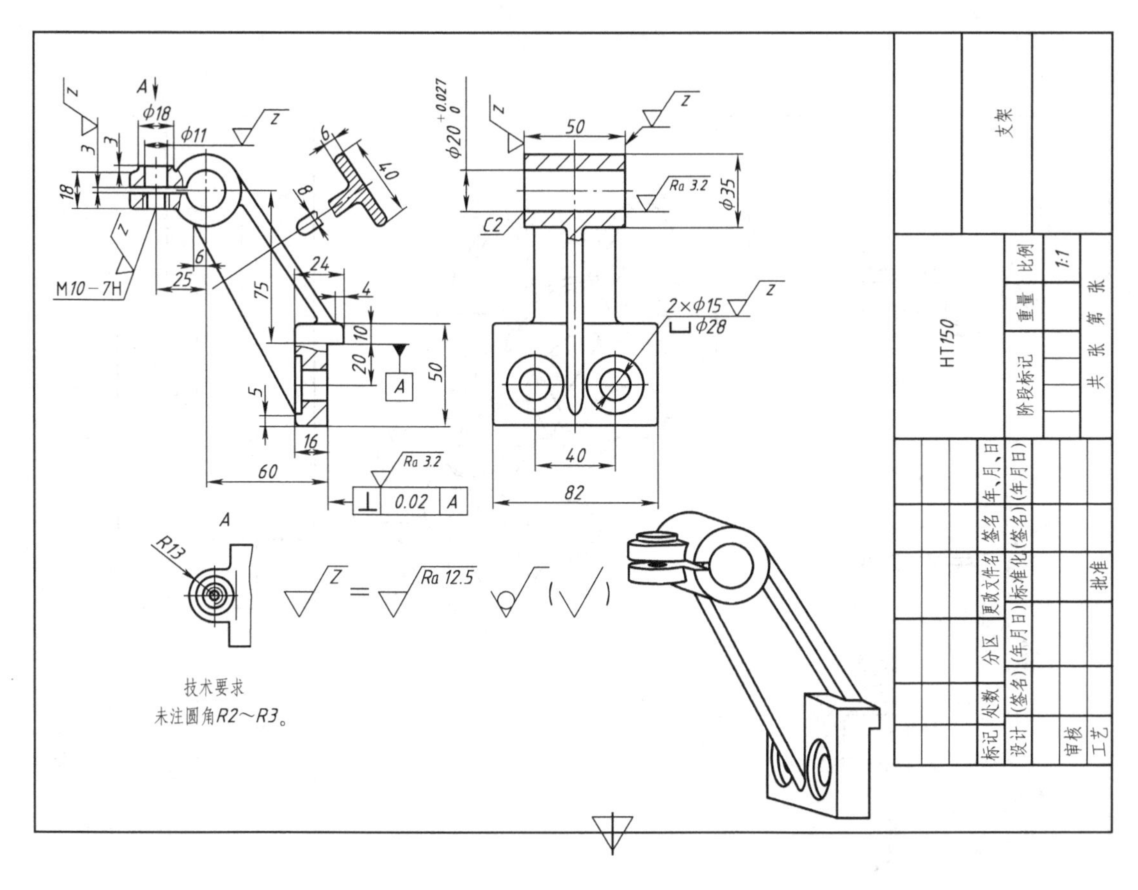

图 7-23 支架异维图

2）结构形状一般较复杂，常需用 3 个以上的基本视图进行表达。

3）视图投影关系一般较复杂，常会出现截交线和相贯线；由于它们是铸件毛坯，所以经常会遇到过渡线，要认真分析。

如图 7-25 所示零件图，主视图采用局部剖视图，以表达箱体主要箱腔、外部结构与观测孔、泄油孔的形状特点。俯视图采用基本视图，表达分离面的端面形状，*A—A* 剖视图表达在箱壁上观测孔的 3 个螺纹孔、密封卡槽、肋板与箱腔等，*B—B* 局部视图表达吊钩和螺栓孔凸台的结构特点。

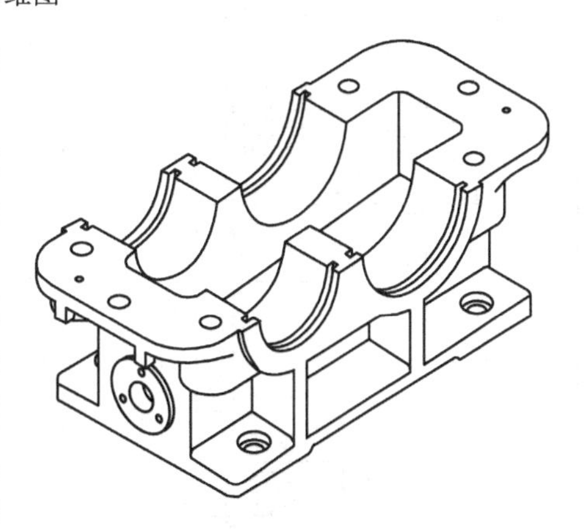

图 7-24 箱体的立体图

2. 尺寸标注

1）长度、宽度、高度方向的主要基准为孔的中心线、轴线、对称平面和较大的加工平面。

2）定位尺寸较多，各孔中心线（或轴线）间的距离要直接标注出来。

3）定形尺寸仍用形体分析法标注。

通常选用设计上要求的轴线、重要的安装面、接触面（或加工面）和箱体的对称面，作为主要尺寸基准。

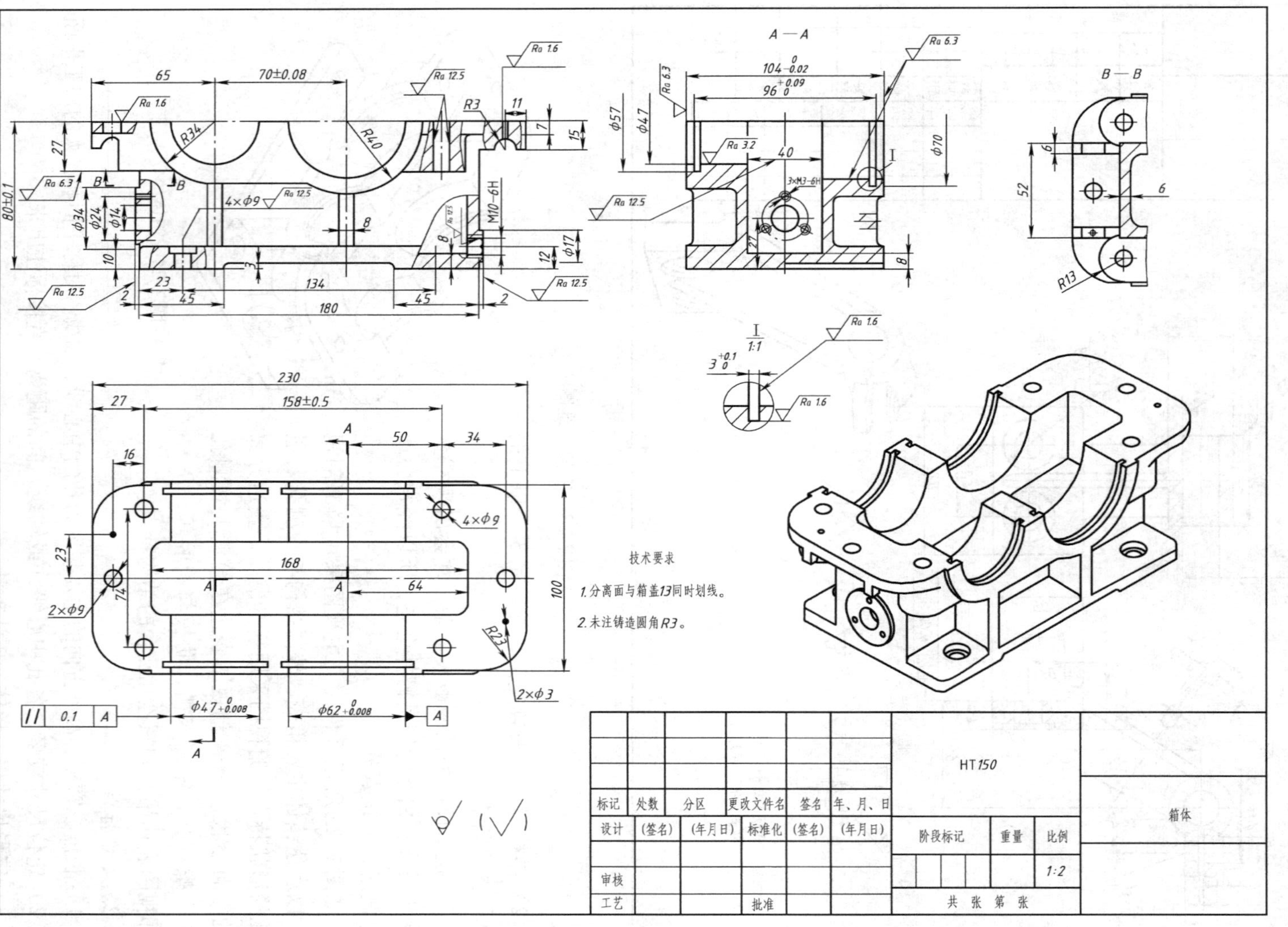
A—A
B—B
I 1:1
技术要求
1.分离面与箱盖13同时划线。
2.未注铸造圆角R3。
标记 处数 分区 更改文件名 签名 年、月、日
设计 (签名) (年月日) 标准化 (签名) (年月日)
审核
工艺 批准
HT150
阶段标记 重量 比例
1:2
共 张 第 张
箱体

图 7-25　箱体异维图

如图 7-25 所示，以表面结构要求较高的箱体左端面作为长度方向主要基准，注出尺寸 23、45 等。选用箱体的前后对称面作为宽度方向主要基准，注出尺寸 23、74 等。选用箱体的底座底面作为高度方向主要基准，注出尺寸 10、12 等。

3. 技术要求

1）箱体重要的孔、表面一般应有尺寸公差和几何公差的要求。

2）箱体重要的孔、表面的表面粗糙度参数值较小。

第五节　零件的测绘

零件测绘是对现有的零件实物进行观察分析、测量、绘制零件草图、制定技术要求，最后完成零件图的过程。在实际工作中零件的测绘，通常在仿制机器、机器维修及技术改造时进行，是工程技术人员必备的技能之一。

测绘工作往往在现场（车间）进行，受到时间及工作场地的限制。一般先绘制零件草图，然后由零件草图整理成零件图。

零件草图是绘制零件图的重要依据，必要时还可以直接作为零件图，指导生产零件。因此，零件草图必须具备零件图所具有的全部内容。它们之间的主要区别是在作图方法上，零件草图用徒手绘制，并凭目测估计零件各部分的相对大小，以控制视图各部分之间的比例关系。合格的草图应当：表达完整、线型分明、字体工整、图面整洁、投影关系正确。

1. 零件测绘步骤

零件测绘步骤如下：

1）概括了解零件所属机器或部件的工作原理、装配关系，以及零件的名称、材料和作用等。

2）对零件进行结构分析。零件的每个结构都有一定的功能，必须弄清它们的功能，这对破损零件的测绘尤为重要。

3）根据零件的结构特征，适当地选择视图表达方案，并凭目测估计零件各部分的相对大小，绘制所需的视图（包括剖视、断面等）。

4）对零件进行工艺分析，根据零件工作情况及加工情况，合理地选择尺寸基准标注，并进行尺寸测量和标注，对有配合要求的尺寸，应进行精确测量并查阅有关手册，拟订合理的极限配合等级。

5）标注表面结构，编写技术要求和填写标题栏。

6）由于零件草图是现场绘制的，有些结构的表达可能不完善，因此应仔细检查零件草图表达是否完整、尺寸有无遗漏、各项技术要求是否协调，确定零件图的最佳表达方案，画出零件图。

2. 零件尺寸的测量方法

测量零件尺寸时，应根据零件尺寸的精确程度，选择相应的量具。常用的量具有钢直尺、内卡规、外卡规、游标卡尺等。

现将常用的几种测量方法简介如下：

（1）线性尺寸的测量　一般用钢直尺直接测量读数，也可用内、外卡规与钢直尺配合进行测量，如图 7-26 所示。

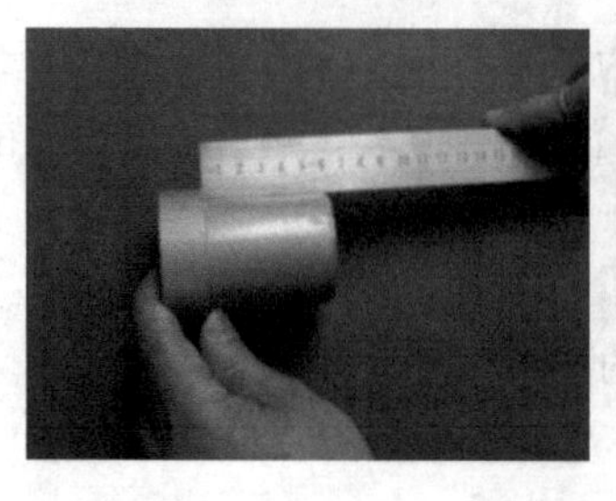

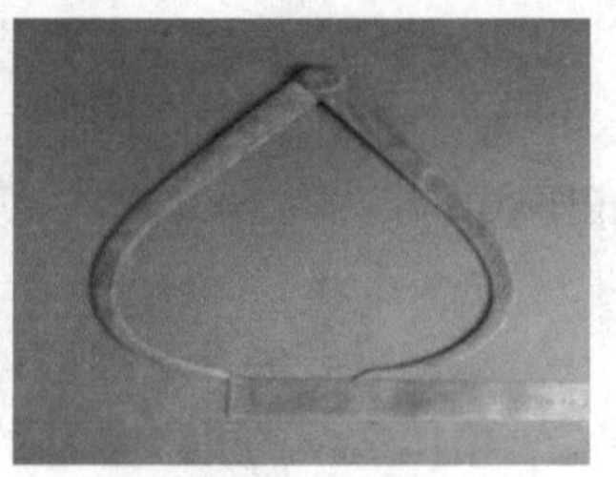

图 7-26　线性尺寸的测量

（2）直径尺寸的测量　一般用内、外卡规及游标卡尺等量具测量。游标卡尺可以直接读数，且测量精度较高；内、外卡规须借助钢直尺来读数，且测量精度较低。它们的测量情况如图 7-27 所示。

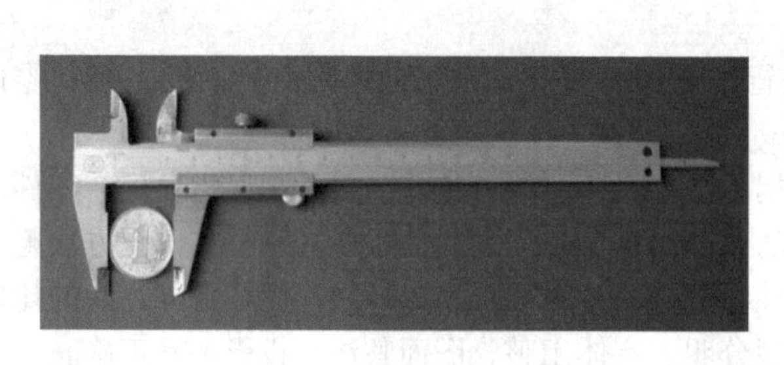
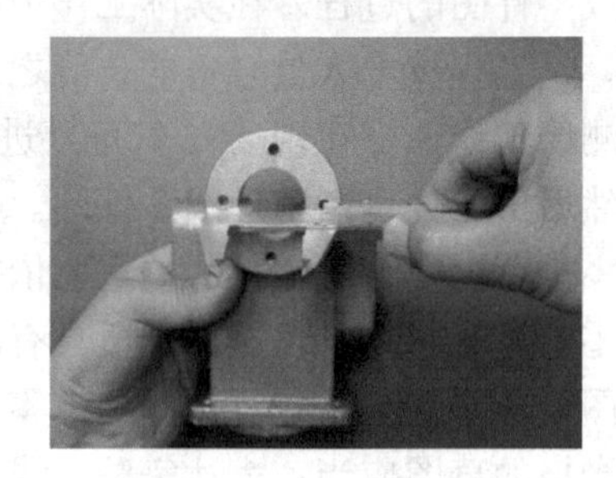

图 7-27　直径尺寸的测量

（3）中心距的测量　测量两孔间的中心距时，可直接用钢直尺或游标卡尺测量。当孔对称、孔径相等时，可按图 7-28 所示的方法测量，即 $D = A + d$；当孔对称、孔径不等时，即 $D = A + (d_1 + d_2)/2$；d_1、d_2 分别为图 7-28 所示上、下两孔当孔径不等时的孔径；当孔不对称时，则可按图 7-29 所示的方法则量中心距，即 $R = A - (d + D)/2$。

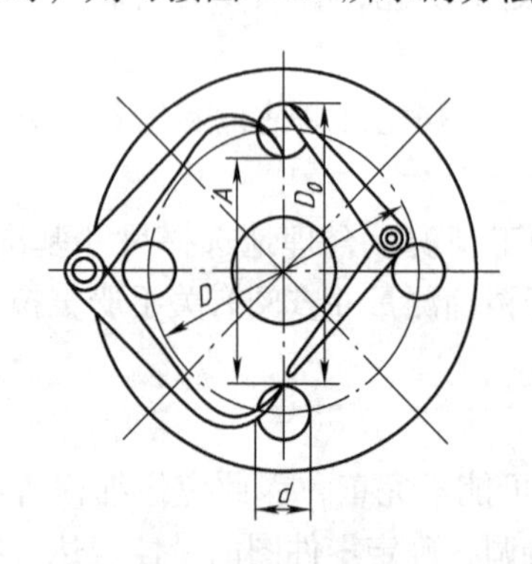

图 7-28　测量孔距（一）

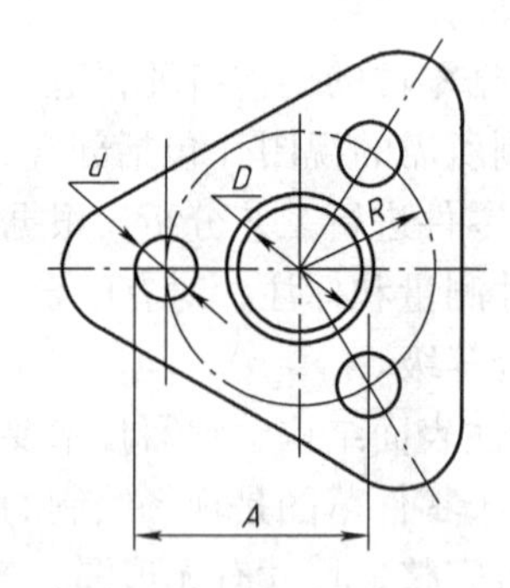

图 7-29　测量孔距（二）

（4）螺纹的测量　螺纹是零件上的常见结构。测量时应测出螺纹的牙型、大径和螺距，而旋向和线数则可目测直接观察到。

1）外螺纹的测量。可采用螺纹规来测绘螺纹的牙型与螺距。

在螺纹样板中选择与被测螺纹完全吻合的规片，该规片上标的数字即为所求牙型与螺距，如图 7-30 所示。可用游标卡尺量出螺纹大径，并确定螺纹的旋向和线数。

如果没有螺纹样板，可用在纸上印痕的方法来测定螺距。将纸放在螺纹上，压出螺距印痕，印痕越多，算出的螺距越准确。用钢尺量出几个螺距的长度，然后除以螺距的数量，即可算出螺距的数值大小，如图 7-31 所示。

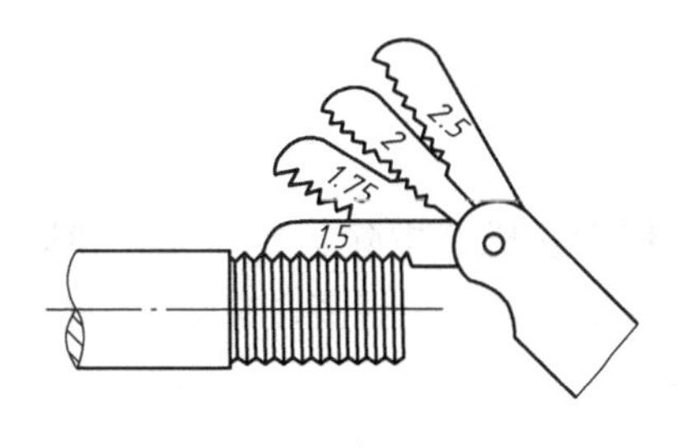

图 7-30 螺纹样板

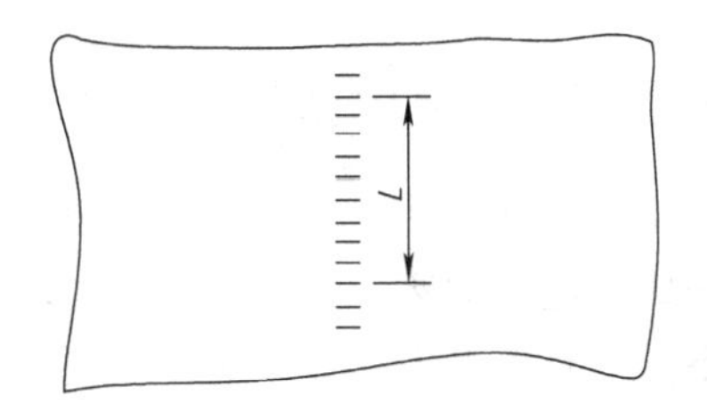

图 7-31 压痕法

将测量所得的牙型、大径和螺距，与有关手册中的螺纹标准进行核对，选取与之相近的标准数值。

2）内螺纹的测量。一般情况下，测定内螺纹时，只需测定与之旋合的外螺纹即可。

如果只有螺纹孔，则也可用螺纹样板或印痕法测出螺距和确定牙型，并用游标卡尺量出螺纹小径，再根据牙型、螺距及小径，从螺纹标准中查得相应的螺纹大径。

（5）齿轮的测量　齿轮是常用件，这里主要介绍标准齿轮轮齿部分的测绘方法。直齿圆柱齿轮测绘时，主要是确定模数 m 与齿数 z。齿轮的其他参数可用计算公式确定。具体步骤如下：

1）数出被测齿轮的齿数 z。

2）测量齿顶圆直径 d。

当齿数 z 为偶数时，直接用游标卡尺量得；当齿数 z 为奇数时，如图 7-32 所示，可由 $2e+d$ 算出。

3）根据公式计算出模数 m，然后查有关手册选取与其相近的标准模数值。

4）根据选定的标准模数 m，可计算出齿轮的其他参数。

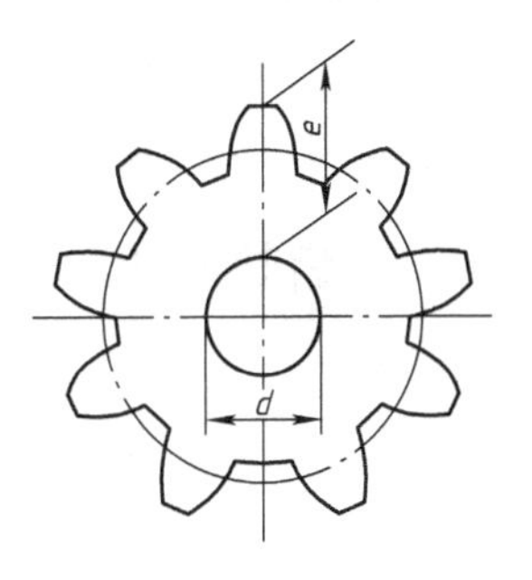

图 7-32 测量齿顶圆直径

3. 零件测绘应注意的问题

1）测量尺寸时，应正确选择测量基准，以减少测量误差。零件上磨损部位的尺寸应参考其配合零件的相关尺寸，或参考有关的技术资料予以确定。

2）零件上的缺陷。测绘时，对零件上因制造过程中产生的缺陷，如铸件的砂眼、气孔、浇口以及加工刀痕等，都不应画在草图上。

3）原件上的工艺结构。零件因制造、装配的需要而制成的工艺结构，如铸造圆角、倒角、退刀槽、凸台和凹坑等，都必须清晰地画在草图上，不能省略或忽略。

4）尺寸的测定。有配合关系的尺寸和无配合关系的尺寸或一般尺寸在尺寸测定时采取不同的处理方式。

1）有配合关系的尺寸，一般只测出它的公称尺寸（如配合的孔和轴的直径尺寸），配合的性质和公差等级，应根据分析后，查阅有关资料确定。

2）没有配合关系的尺寸或一般尺寸，允许将所得的带小数的尺寸，适当取成整数。总之，零件的测绘是一项极其复杂而细致的工作，掌握零件测绘技能是很必要的。

第六节　齿　　轮

一、齿轮的基本知识

齿轮是机械传动中应用最为广泛的传动件。齿轮传动在机器中除了传递动力和运动外，可以完成减速、增速、变向、改变运动形式等功能。齿轮传动种类很多，根据传动轴的相对位置不同，有以下 3 种，如图 7-33 所示。

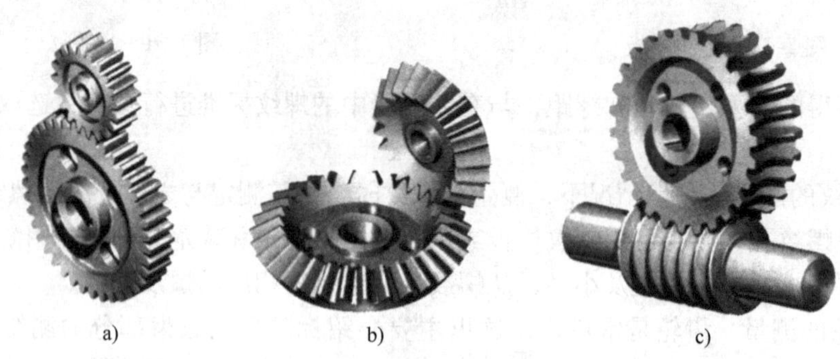

图 7-33　常见的齿轮传动

a）圆柱齿轮　b）锥齿轮　c）蜗杆与蜗轮

圆柱齿轮传动——用于两平行轴之间的传动。

锥齿轮传动——用于两相交轴之间的传动。

蜗杆传动——用于两交叉轴之间的传动。

齿轮的参数中模数、压力角已经标准化，属于常用件。

二、齿轮的加工方法

一个齿轮的加工过程是由若干工序组成的。为了获得符合精度要求的齿轮，整个加工过程都是围绕着齿形加工工序进行的。齿形加工方法很多，按加工中有无切削，可分为无切削加工和有切削加工两大类。

无切削加工包括热轧齿轮、冷轧齿轮、精锻、粉末冶金等新工艺。无切削加工具有生产率高、材料消耗少、成本低等一系列的优点，目前已推广使用。但因其加工精度较低，工艺不够稳定，特别是生产批量小时难以采用，这些缺点限制了它的使用。

齿形的有切削加工，具有良好的加工精度，目前仍是齿形的主要加工方法。按其加工原理可分为成形法和展成法两种。

成形法的特点是所用刀具的切削刃形状与被切齿轮轮槽的形状相同。用成形原理加工齿形的方法有：用齿轮铣刀在铣床上铣齿、用成形砂轮磨齿、用齿轮拉刀拉齿等方法。这些方法由于存在分度误差及刀具的安装误差，所以加工精度较低，一般只能加工出 9 ~ 10 级精度的齿轮。此外，加工过程中需进行多次不连续分齿，生产率也很低。因此，主要用于单件小批量生产和修配工作中加工精度不高的齿轮。

展成法是应用齿轮啮合的原理来进行加工的，用这种方法加工出来的齿形轮廓是刀具切削刃运动轨迹的包络线。齿数不同的齿轮，只要模数和齿形角相同，都可以用同一把刀具来加工。用展成原理加工齿形的方法有：滚齿、插齿、剃齿、珩齿和磨齿等方法。其中剃齿、珩齿和磨齿属于齿形的精加工方法。展成法的加工精度和生产率都较高，刀具通用性好，所以在生产中应用十分广泛。

三、圆柱齿轮的画法

圆柱齿轮按轮齿方向的不同分为直齿、斜齿、和人字齿。当圆柱齿轮的轮齿方向与圆柱轴线方向一致时，称为直齿圆柱齿轮。本节主要介绍直齿圆柱齿轮的几何要素名称、代号、尺寸计算及规定画法。

1. 直齿圆柱齿轮轮齿的几何要素名称、代号及其尺寸

（1）齿轮轮齿的基本参数和轮齿各部分名称　直齿圆柱齿轮轮齿的结构部分名称如图7-34所示，主要参数有如下几个。

① 齿顶圆（直径 d_a）　通过轮齿顶部的圆。

② 齿根圆（直径 d_f）　通过轮齿根部的圆。

③ 分度圆（直径 d）　设计、加工齿轮时，进行尺寸计算和方便分齿而设定的一个基准圆。两齿轮啮合时，齿轮的传动可假想为两个圆作无滑动的纯滚动，这两个圆称为齿轮的节圆。对于标准齿轮来说，节圆和分度圆是一致的。

④ 齿高（h）　齿顶圆与齿根圆之间的径向距离。

⑤ 齿顶高（h_a）　齿顶圆与分度圆之间的径向距离。

⑥ 齿根高（h_f）　齿根圆与分度圆之间的径向距离。

⑦ 分度圆齿距（p）　在分度圆上相邻两齿廓对应点间的弧长。

⑧ 分度圆齿厚（s）　在分度圆上每个齿的弧长。

⑨齿形角（α）　在节点 P 处，两齿廓曲线的公法线与两节圆的内公切线（即节点 P 处的瞬时运动方向）所夹的锐角。我国采用的压力角一般为20°。

⑩ 模数（m）　由图7-34可知：分度圆周长 $=\pi d=pz$，所以 $d=\frac{p}{\pi}z$。比值$\frac{p}{\pi}$称为齿轮

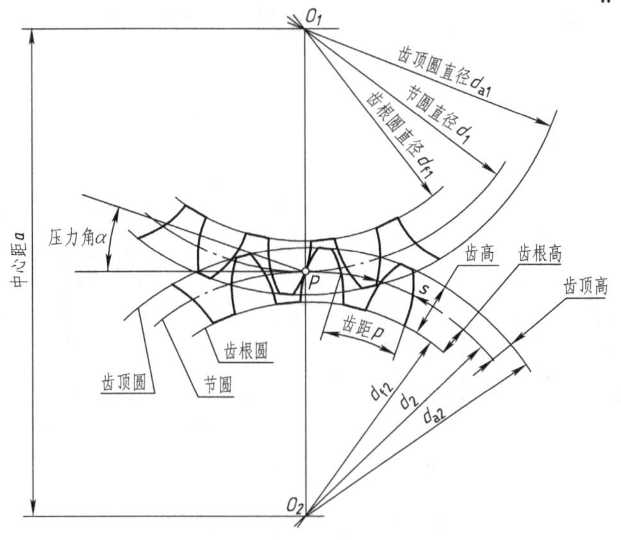

图7-34　啮合的圆柱齿轮示意图

的模数，即 $m=\frac{p}{\pi}$，故 $d=mz$。

两啮合的齿轮 m 必须相等。为了便于齿轮的设计和加工，国家标准已将模数标准化，见表 7-10。选用时优先采用第一系列，其次是第二系列。

表 7-10　齿轮模数系列（GB/T 1357—2008）

第一系列	1　1.25　1.5　2　2.5　3　4　5　6　8　10　12　16　20　25　32　40　50
第二系列	1.125　1.375　1.75　2.25　2.75　3.5　4.5　5.5　6.5　7　9　11　14　18　22　28　36　45

注：应避免采用法向模数 6.5mm。

（2）齿轮轮齿各部分的尺寸关系　设计齿轮时，首先要选定模数和齿数，其他尺寸都可以由模数和齿数计算出来，标准直齿圆柱齿轮各部分尺寸关系见表 7-11。

表 7-11　标准直齿圆柱齿轮各部分尺寸关系

名　称	代　号	尺寸关系
模数	m	由设计确定
分度圆直径	d	$d=mz$
齿顶高	h_a	$h_a=m$
齿根高	h_f	$h_f=1.25m$
齿高	h	$h=h_a+h_f=2.25m$
齿顶圆直径	d_a	$d_a=d+2h_a=m(z+2)$
齿根圆直径	d_f	$d_f=d-2h_f=m(z-2.5)$
两啮合齿轮中心距	a	$a=(d_1+d_2)/2=m(z_1+z_2)/2$

2. 直齿圆柱齿轮轮齿的画法

国家标准对齿轮轮齿部分的画法作了统一规定。齿顶圆和齿顶线用粗实线绘制；分度圆和分度线用细点画线画出；齿根圆和齿根线用细实线画出，也可省略不画。在剖视图中，当剖切平面通过齿轮的轴线时，轮齿一律按不剖绘制，并用粗实线表示齿顶线和齿根线，如图 7-35a、b 所示。

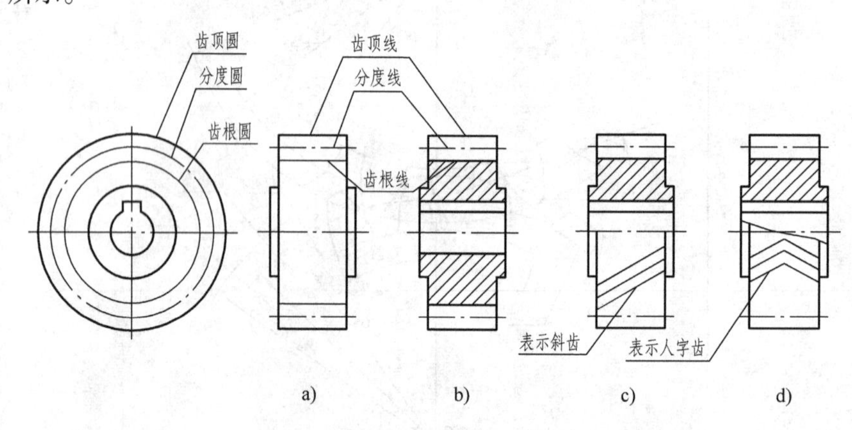

图 7-35　单个圆柱齿轮画法

a）不剖画法　b）剖视画法　c）斜齿画法　d）人字齿画法

当需要表示斜齿与人字齿的齿线形状时，可用3条与齿线方向一致的细实线表示，如图7-35c、d所示。

单个直齿圆柱齿轮的零件图如图7-36所示。

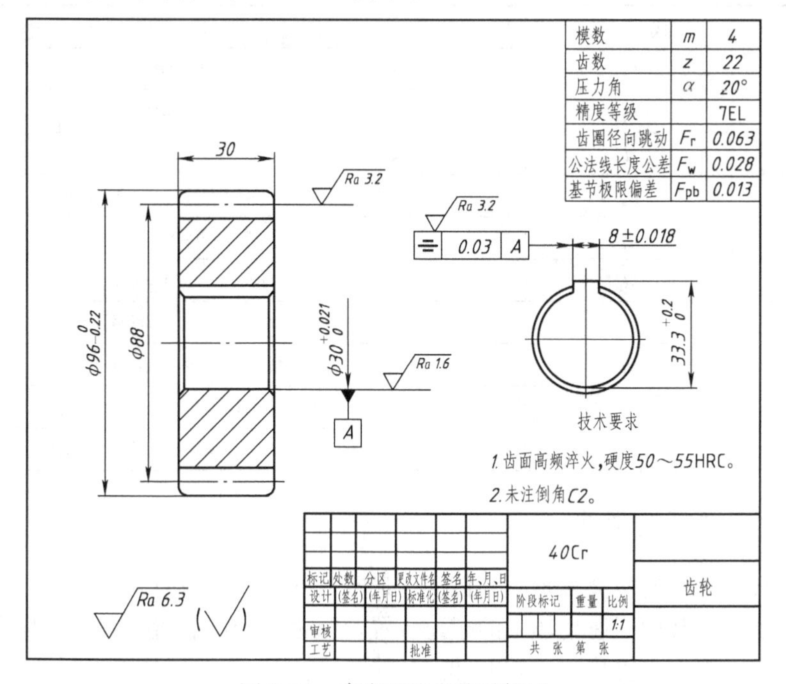

图7-36　直齿圆柱齿轮零件图

四、锥齿轮的画法

锥齿轮的轮齿分布在圆锥面上，因此，齿厚从大端到小端逐步变小。模数、分度圆直径、齿顶高及齿根高都随之而变。为了便于设计和制造，规定取大端模数为标准值来计算轮齿的各部分尺寸。直齿锥齿轮的各部分名称及代号，如图7-37所示。

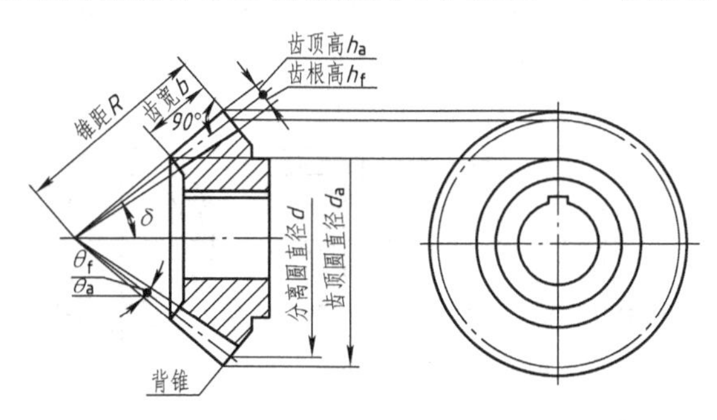

图7-37　锥齿轮的各部分名称及代号

1. 直齿锥齿轮的尺寸计算

轴线相交成90°的直齿锥齿轮的各部分尺寸计算公式见表7-12。主要参数：大端模数m，齿数z，分锥角δ。

2. 直齿锥齿轮的规定画法

直齿锥齿轮一般用主、左两个视图表示，主视图常采用全剖视，在投影为圆的左视图中，用粗实线画出大端和小端的顶圆；用细点画线画出大端分度圆。根圆及小端分度圆均不必画出，如图 7-37 所示。

表 7-12　轴线相交成 90°的直齿锥齿轮的尺寸计算公式

名　称	代　号	计算公式
齿顶高	h_a	$h_a = m$
齿根高	h_f	$h_f = 1.2m$
分度圆直径	d	$d = mz$
齿顶圆直径	d_a	$d_a = d + 2h_a\cos\delta = m(z + 2\cos\delta)$
齿根圆直径	d_f	$d_f = d - 2h_f\cos\delta = m(z - 2.4\cos\delta)$
锥距	R	$R = (d/2)(1/\sin\delta) = mz/(2\sin\delta)$
齿顶角	θ_a	$\tan\theta_a = h_a/R = (2\sin\delta)/z$
齿根角	θ_f	$\tan\theta_f = h_f/R = (2.4\sin\delta)/z$
分锥角	δ_1	$\tan\delta_1 = (d_1/2)/(d_2/2) = z_1/z_2$
	δ_2	$\tan\delta_2 = (d_2/2)/(d_1/2) = z_2/z_1$

五、蜗轮、蜗杆的画法

蜗轮、蜗杆用于传递两交叉轴间的传动，最常见的是两轴成直角交叉。一般蜗杆为主动件，蜗轮为从动件，常用于速比较大的减速装置及精密的分度装置，具有体积小，速比大的优点，其缺点是摩擦大、发热多、效率低。

蜗杆的齿数（即头数）z_1 相当于螺杆上螺纹的线数，蜗杆常用单头和双头，在传动时，蜗杆转动一圈，蜗轮只转动一个齿或两个齿，因此，可得到很大的传动比（$i = z_2/z_1$，z_1 为蜗杆头数，z_2 为蜗轮齿数）。蜗杆和蜗轮的轮齿是螺旋形的，蜗轮实际上是斜齿的圆柱齿轮。为了增加它与蜗杆啮合时的接触面积，蜗轮的齿顶面和齿根面常制成圆环面。啮合的蜗轮和蜗杆模数相同，且蜗轮的螺旋角和蜗杆的导程角大小相等、方向相同。

蜗轮和蜗杆各部分几何要素的代号和规定画法，如图 7-38 和图 7-39 所示。

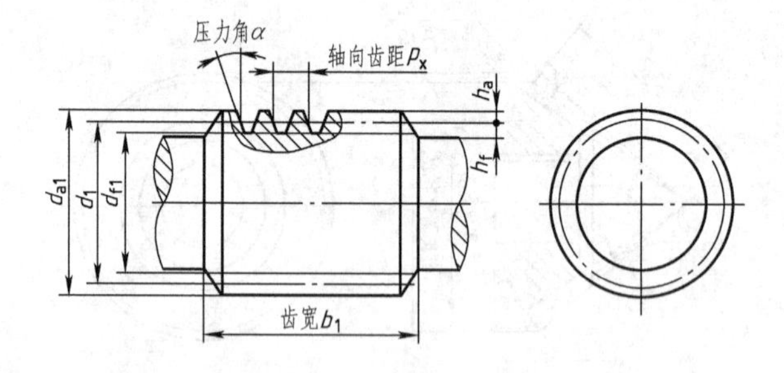

图 7-38　蜗杆的几何要素代号和规定画法

蜗杆的画法与圆柱齿轮的画法相同。蜗杆的齿形一般用局部剖视或移出断面来表示，如图 7-38 所示。蜗轮的画法与圆柱齿轮的画法相似。不同点是：在投影为圆的视图中，只需画出最大外圆及分度圆的投影，齿顶圆及齿根圆投影不需画出，如图 7-39 所示。作图时，应注意先在蜗轮的中间平面上，根据中心距 a 定出蜗杆中心（即蜗轮齿顶及齿根圆弧的中心），再根据 d_z、h_a、h_f 及 b_2，画出轮齿部分的投影。

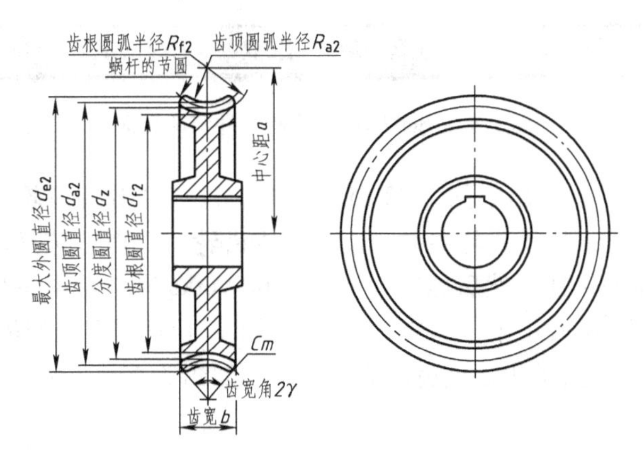

图 7-39　蜗轮的几何要素代号和规定画法

六、采用 SolidWorks 的齿轮绘制

用 SolidWorks 绘制直齿圆柱齿轮时，可用 SolidWorks 中的 TOOLBAX 输入直齿圆柱齿轮各尺寸参数即可，其效果如图 7-40 所示。但转化为工程图样时，不符合规定画法，且不能生成蜗轮和蜗杆等零件。因此用 SolidWorks 绘制插件直接生成齿轮、蜗轮、蜗杆、锥齿轮、键槽等。SolidWorks 绘制插件网络资源很多，用法各不相同，现简介其中一种——迈迪三维设计工具集。双击 SolidWorks 绘制插件—迈迪工具集中的迈迪三维设计工具集初始化文件 . exe，即安装此插件。再打开 SolidWorks 软件，单击选项按钮中的“插件”项，选择迈迪工具集，如图 7-41 所示。出现菜单项，如图 7-42 所示。单击

图 7-40　直齿圆柱齿轮的立体图

图 7-41　SolidWorks 绘制插件加载界面

标准件库　配件库　设计工具　二维工具　综合工具　属性　关

图 7-42　SolidWorks 绘制插件菜单界面

菜单项中的“设计工具”，弹出如图 7-43 所示菜单。选择“圆柱齿轮”项，出现齿轮绘制界面如图 7-44 所示。输入所绘齿轮参数，选择生成齿轮，出现“选择齿轮结构”界面，如图 7-45 所示，根据需要选择，然后确定，会在 SolidWorks 零件草图中自动生成该齿轮，如图 7-46a 所示。在图 7-44 所示中，选择绘制齿轮图纸，根据需要选择齿轮结构和填写参数，会在 SolidWorks 工程图中自动生成该齿轮的工程图，如图 7-46b 所示。再根据需要修改齿轮工程图。

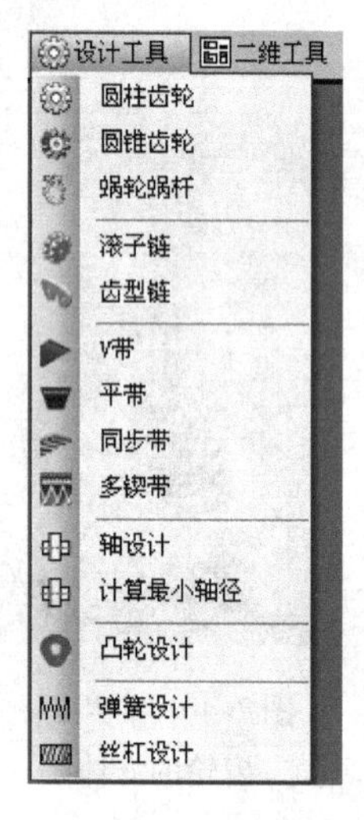

图 7-43　SolidWorks 绘制插件菜单中“设计工具”选项

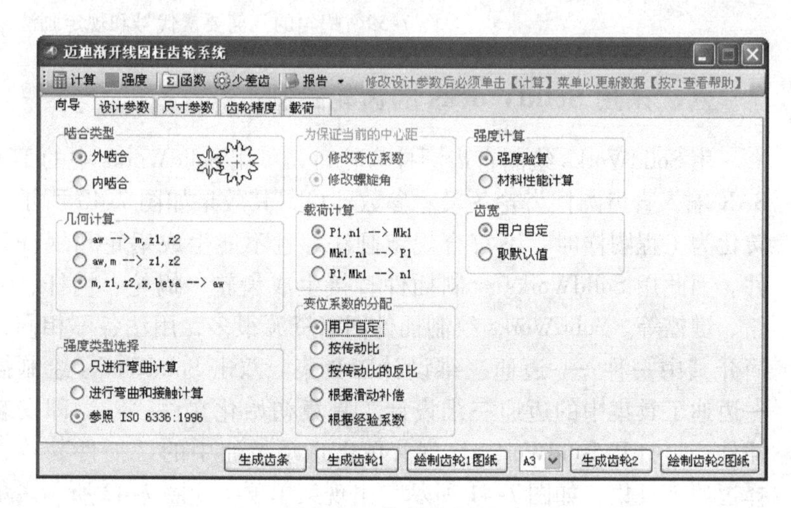

图 7-44　齿轮绘制界面

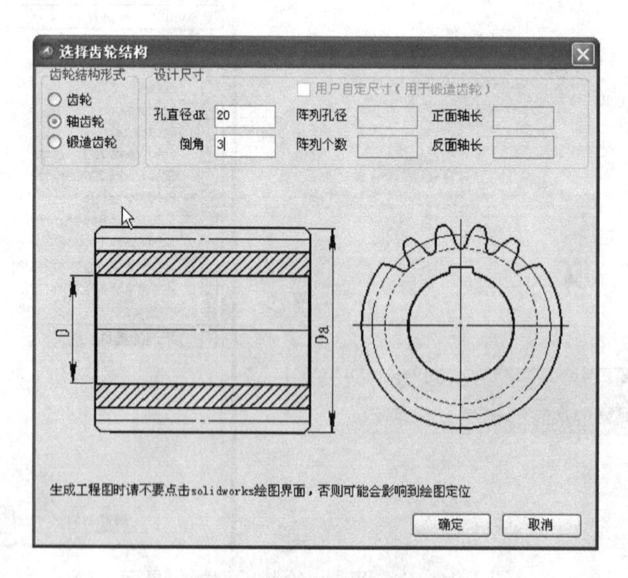

图 7-45　“选择齿轮结构”界面

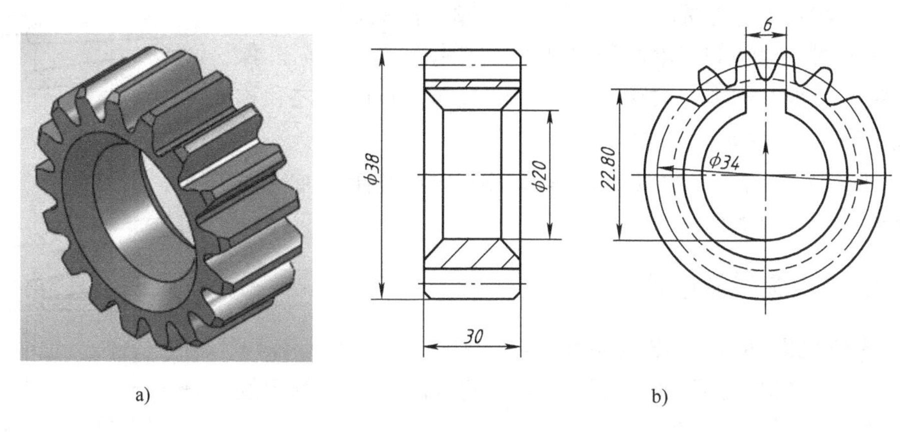

a)　　b)

图 7-46　齿轮零件及其工程图

第七节　弹　　簧

弹簧是一种储能的零件，在机器和仪器中起减震、夹紧、测力、复位等作用。其特点是外力去除后能立即恢复原状。弹簧用途广泛，属于常用件。

弹簧的种类很多，其中圆柱螺旋弹簧应用最为广泛，国家标准对其形式、端部结构和技术要求等都作了规定。圆柱螺旋弹簧按其受力方向不同，分为压缩弹簧、拉伸弹簧、扭转弹簧，如图 7-47 所示。

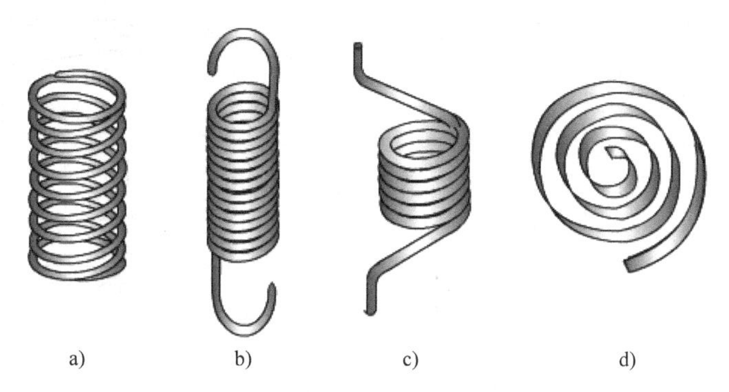

a)　b)　c)　d)

图 7-47　弹簧

a）压缩弹簧　b）拉伸弹簧　c）扭转弹簧　d）涡卷弹簧

一、圆柱螺旋弹簧的各部分名称和尺寸

圆柱螺旋压缩弹簧各部分的尺寸及参数（GB/T 2089—2009），如图 7-48 所示。

（1）材料直径 d　材料直径是指制造弹簧的钢丝直径。

（2）弹簧中径 D　弹簧中径是弹簧的平均直径。

（3）弹簧内径 D_1　弹簧内径是弹簧的最小直径。

（4）弹簧外径 D_2　弹簧外径是弹簧的最大直径。

（5）节距 t　节距是相邻两个有效圈在中径上对应点的轴向距离。

（6）有效圈数 n、支承圈数 n_2 和总圈数 n_1　为了使螺旋压缩弹簧受力均匀，增加平稳性，弹簧的两端需并紧、磨平。并紧、磨平的各圈仅起支承作用，称为支承圈。两端的支承圈数之和就是支承圈数应为 n_2。保持相等节距的圈数，称为有效圈数。有效圈数与支承圈数之和称为总圈数，即 $n_1 = n + n_2$。

(7) 自由高度 H_0　自由高度是弹簧在不受外力作用时的高度，$H_0 = nt + (n_2 - 0.5)d$。

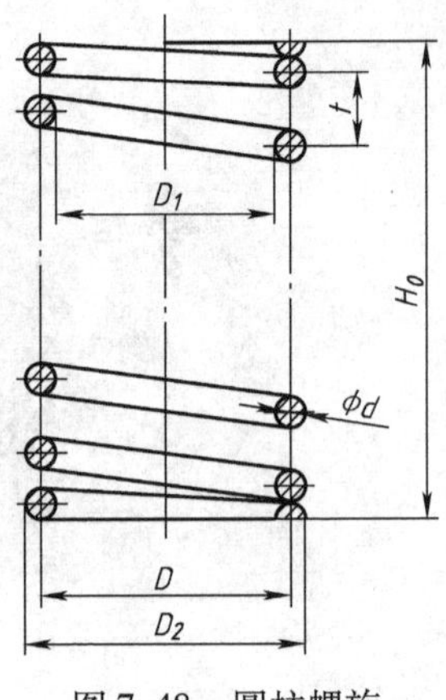

图 7-48　圆柱螺旋压缩弹簧

二、圆柱螺旋弹簧的画法

1. 弹簧的规定画法（GB/T 4459.4—2003）

1）在平行于螺旋弹簧轴线的投影面上的视图中，其各圈的轮廓应画成直线，如图 7-49 所示。

2）有效圈数在 4 圈以上的弹簧，中间各圈可以省略不画。当中间部分省略后，可适当缩短图形的长度。

3）在图样上，螺旋弹簧不论右旋与左旋，均可画成右旋，对必须保证的旋向要求应在“技术要求”中注出。

4）对于螺旋压缩弹簧，如要求两端并紧磨平时，无论支承圈的圈数多少和末端并紧情况如何，支承圈数均按 $n_2 = 2.5$ 绘制。

2. 圆柱螺旋压缩弹簧的画图步骤

圆柱螺旋压缩弹簧的画图步骤如图 7-49 所示。

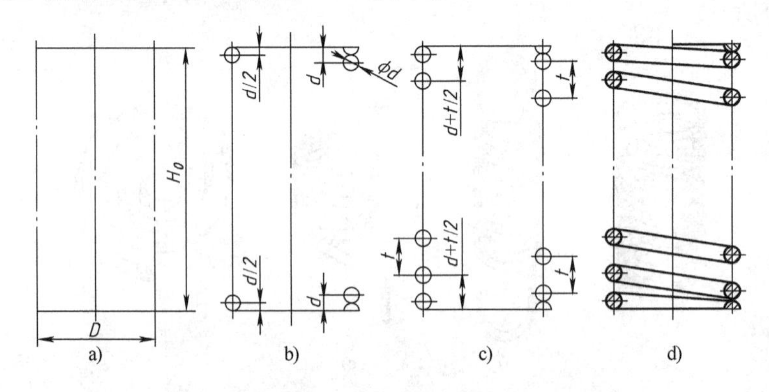

图 7-49　圆柱螺旋压缩弹簧的画图步骤

a）根据 D 作出左右两条中心线，根据 H_0 确定高度　b）根据 d 画出两端支承圈簧丝的小圆

c）根据节距 t 画出有效圈簧丝的小圆　d）按右旋作相应簧丝小圆的公切线，再画剖面线

3. 圆柱螺旋压缩弹簧的 SolidWorks 绘制

用 SolidWorks 绘制圆柱螺旋压缩弹簧时，同齿轮一样用插件生成。使用迈迪三维设计工具集，如图 7-42 所示，单击“设计工具”，弹出图 7-43 所示菜单。单击“弹簧设计”选项，出现图 7-50 所示压缩弹簧绘制界面。输入圆柱螺旋压缩弹簧各尺寸参数即可。结果如图 7-51 所示。

4. 弹簧图样格式

《机械制图》国家标准提供了各种弹簧的图样格式，规定了弹簧图样中有关标注的几项要求，其中有：

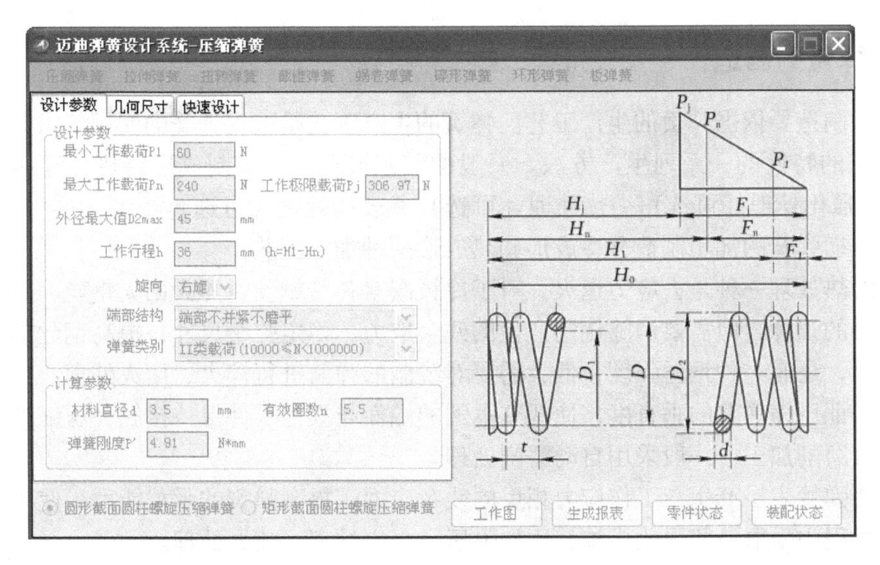

图 7-50 圆柱螺旋压缩弹簧绘制界面

1）弹簧的参数应直接标注在图形上，当直接标注有困难时可在“技术要求”中说明。

2）一般用图解方式表示弹簧的特性。圆柱螺旋压缩弹簧的机械性能曲线均画成直线，标注在主视图上方。机械性能曲线（或直线形式）用粗实线绘制，图 7-52 所示为圆柱螺旋压缩弹簧的一种图样形式。

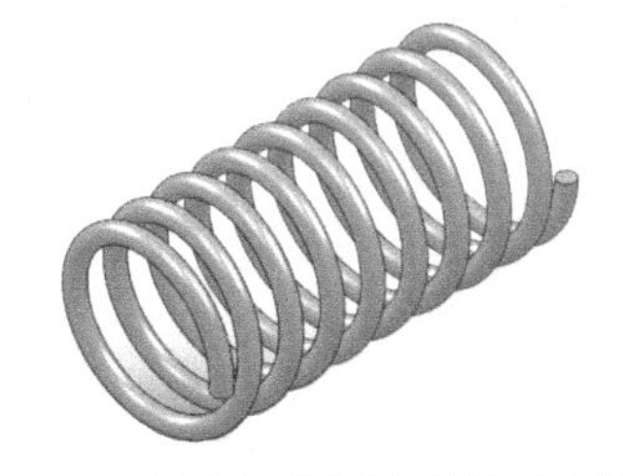

图 7-51 圆柱螺旋压缩弹簧的立体图

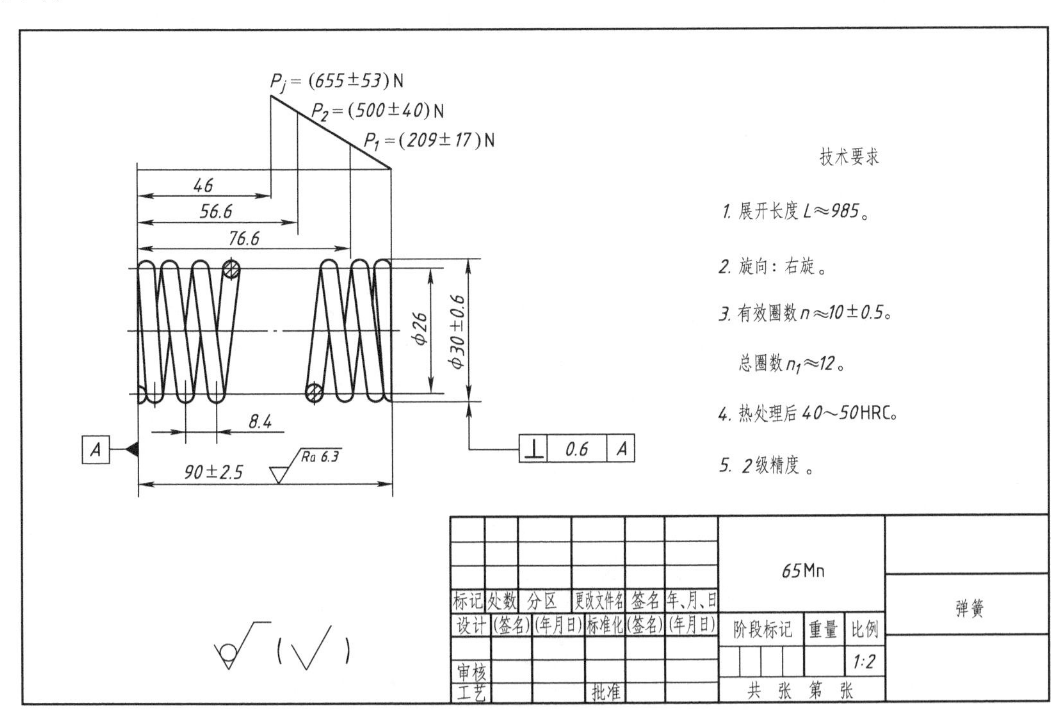

图 7-52 圆柱螺旋压缩弹簧的图样形式

三、弹簧的制造

弹簧的制造要依据弹簧的生产工艺。弹簧的生产工艺是根据弹簧的使用要求制定的满足产品所必需的特性的一系列生产方法。一般的工艺流程为：绕制成形→热处理→端面处理（可选）→强化处理（可选）→热处理（可选）→表面处理（可选）。

普通压缩弹簧的加工制造分冷成形和热成形两种加工工艺；

弹簧的热处理一种是去应力退火，对于冷拔碳素弹簧钢丝、淬火回火钢丝，具备了弹簧加工所需要的强度，但需要消除绕制产生的残余应力，稳定弹簧尺寸，提高钢丝的抗拉强度和弹性极限，还有一种钢丝强度很低，需要对绕制的弹簧进行淬火、回火处理。

为了保证压缩弹簧的垂直度，使两支承圈的端面与其他零件保持接触，压缩弹簧的两端面均要进行磨削加工，一般采用自动磨削处理。

为了使弹簧表层产生与工作应力相反的残余应力，提高弹簧的承载能力、使用寿命，在加工制造过程中采取一些强化措施，比如强压、立定处理、喷丸处理。

为了提高弹簧的耐腐蚀能力，或者美观性，对加工后的弹簧表面进行处理。常用的表面处理有电泳漆、喷塑、电镀等。

第八章

装配体的表达方式

内容提要

1. 装配体概述，主要介绍装配体的概念、组成和表达方式。
2. 装配关系，主要介绍配合、螺纹联接、键、销联结、焊接件等装配方式的基本知识。
3. 装配体的工艺结构及装置，主要讲述螺纹紧固件、轴承以及润滑及密封结构等。
4. 装配体的三维建模，主要介绍基于 SolidWorks 三维设计软件的装配体建模的基本步骤、方法，以及装配体三维剖切图及爆炸图的生成方法。
5. 装配体的工程图，主要介绍装配体工程图的内容，以及基于 SolidWorks 软件的装配体工程图的绘制方法。
6. 介绍装配图的阅读和由装配图拆画零件图的基本方法。

学习提示及要点

1. 装配图的表达方法是本章的重点也是难点之一，学习时要注意结合实例进行分析、总结。
2. 学习装配图中的尺寸标注和技术要求注写时，要弄清装配图尺寸标注的种类以及和零件图尺寸标注的区别，要了解明细栏和零、部件序号的编排的具体规定并在绘图时严格遵守。
3. 了解常见的装配工艺结构和装置，有助于装配图的阅读和绘制。
4. 画装配图及读装配图的方法和步骤，要通过反复实践才能掌握，要注意理解部件的结构、装配关系、工作原理和拆、装次序及方法。
5. 基于三维设计软件 SolidWorks 进行装配体的建模、生成爆炸视图和装配工程图，要正确理解装配约束的概念，并结合具体部件装配实例多加练习，逐步掌握其方法步骤和技巧。

第一节　装配体概述

前面介绍了各种零件的表达方式，对单纯的一个零件没有实际意义。对机械设计来讲，一个运动机构、一台装置或设备才有真实的意义。根据设计要求，将各个独立的零件有机地装配成一个整体，实现一定的功能，该整体称为装配体。装配体的零部件可以是一个独立的零件，也可以是一个子装配体。在现代设计中，除了采用传统的二维装配图来表达机器和部件的工作原理、零件的主要结构和形状，以及它们之间的配合关系、有关装配检验方面的技术要求以外，还可以采用三维设计软件生成的三维立体图、爆炸图、拆装动画和异维图等形式进行表达。

图 8-1 所示为一级齿轮减速器，其工作原理为：在外部动力作用下，主动轴作旋转运动，使得其上的轴齿轮转动，通过与被动轴上的齿轮啮合，将动力和运动传递给被动轴输出。由于主动齿轮齿数小于被动齿轮的齿数，传动比大于 1，因此，通过减速器可以将主动轴的高速旋转运动转变为被动轴的低速旋转运动，从而达到减速的目的。

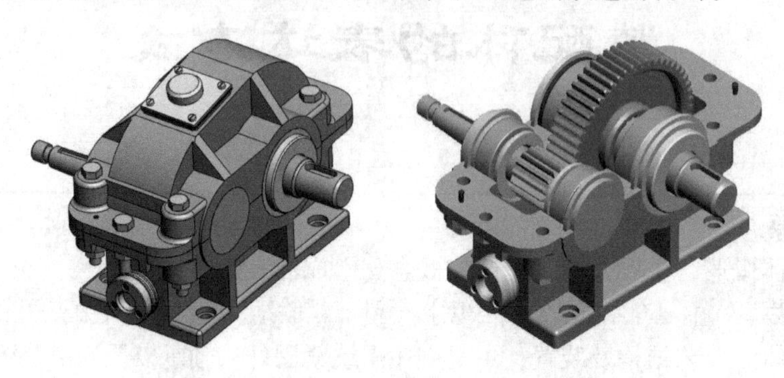

图 8-1　一级齿轮减速器

该齿轮减速器是由几个具有各自功能的零件组装起来的一个装配体，按功能分运动件和辅助件，其中主动轴、主动齿轮、被动轴、被动齿轮为运动件，它们的运动实现了减速的功能，减速器底座、上盖起到支承和包容的作用，轴承起支承轴的作用，端盖和透盖起密封作用，键和螺栓螺母起联接作用。各零件之间的装配关系包括配合、螺栓联接、键联结等。

第二节　装配关系

机器是将各个独立的零件有机地装配而成的一个整体，各个零件之间存在一定的连接关系，主要是相邻零件之间的关系，即装配关系。装配体中零件之间的装配关系有配合、螺纹联接、键和销联结、焊接和齿轮啮合等。下面分别介绍。

一、配合

配合是指装基本尺寸相同的相互结合的孔和轴公差带之间的关系。

（一）配合的分类

根据使用要求的不同，孔和轴之间的配合有松有紧，因此，国家标准规定配合分为 3 类：间隙配合、过盈配合和过渡配合。

（1）间隙配合　孔的实际尺寸总比轴的实际尺寸大，装配在一起后，即使轴的实际尺寸为上极限尺寸，孔的实际尺寸为下极限尺寸，轴与孔之间仍有间隙，轴在孔中能自由转动。如图 8-2 所示，孔的公差带在轴的公差带之上。间隙配合包括最小间隙为零的配合。如图 8-3 所示，为了便于齿轮的装配，齿轮和轴就是采用间隙配合，并用圆头平键实现齿轮的周向定位。

（2）过盈配合　孔的实际尺寸总比轴的实际尺寸小，装配时需要一定外力或使带孔零件加热膨胀后才能把轴装入孔中，所以轴与孔装配后不能做相对运动。过盈配合孔的公差带在轴的公差带之下，如图 8-4 所示。配合过盈量介于最大过盈量（轴的上极限偏差减去孔

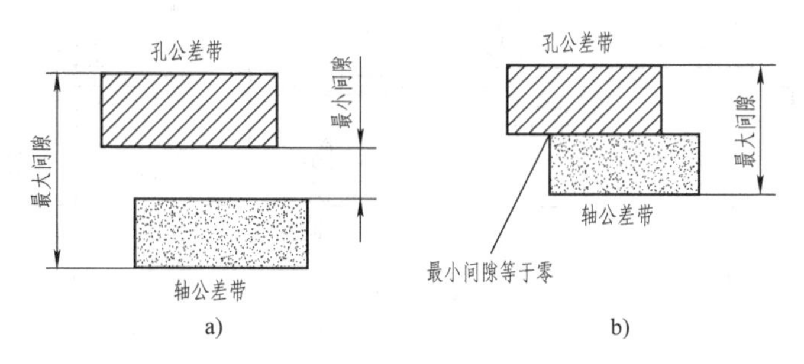

图 8-2　间隙配合

的下极限偏差）和最小过盈量（轴的下极限偏差减去孔的上极限偏差）之间，图 8-4b 所示最小过盈量为零。

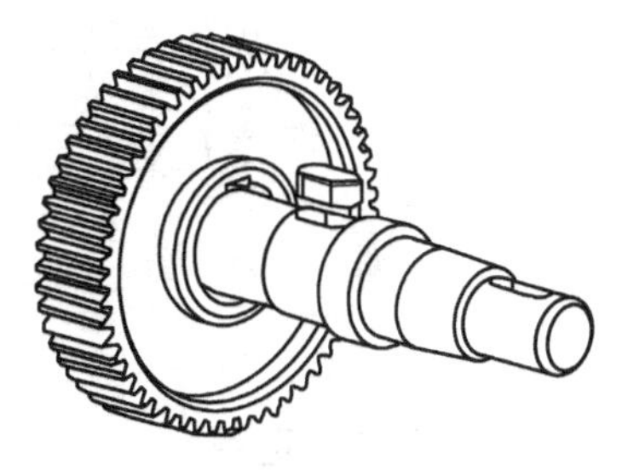

图 8-3　齿轮与轴的配合

（3）过渡配合　轴的实际尺寸比孔的实际尺寸有时小，有时大。孔轴装配后，轴比孔小时能活动，但比间隙配合稍紧；轴比孔大时不能活动，但比过盈配合稍松。这种介于间隙配合与过盈配合之间的配合，称为过渡配合。过渡配合的孔、轴公差带有重合，如图 8-5 所示。

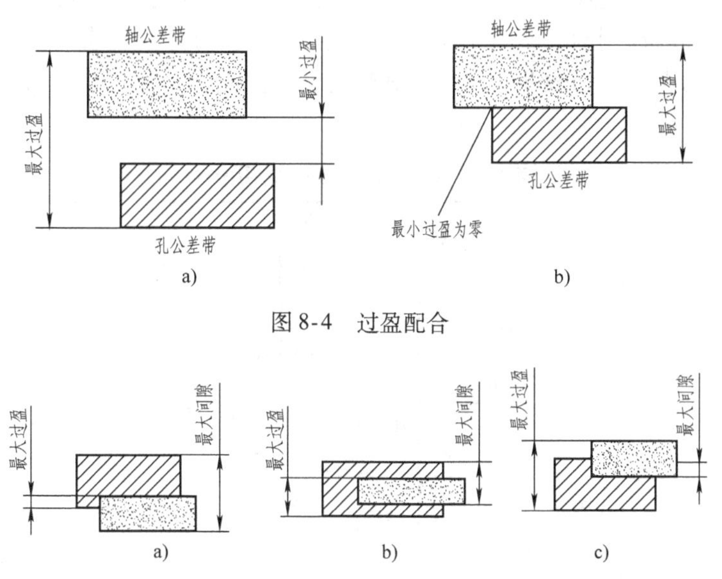

图 8-4　过盈配合

图 8-5　过渡配合

（二）基孔制配合和基轴制配合

根据设计要求孔与轴之间可有各种不同的配合，如果孔和轴两者都可以任意变动，则情况变化极多，不便于零件的设计和制造。为此，按以下两种制度规定孔和轴的公差带。

（1）基孔制　基本偏差为一定的孔的公差带与不同基本偏差的轴的公差带形成各种配合的一种制度（图 8-6）。基孔制的孔称为基准孔，基准孔的下极限偏差为零，并用代号 H 表示。

（2）基轴制　基本偏差为一定的轴的公差带与不同基本偏差的孔的公差带形成各种配合的一种制度（图 8-7）。基轴制的轴称为基准轴，基准轴的上极限偏差为零，并用代号 h 表示。

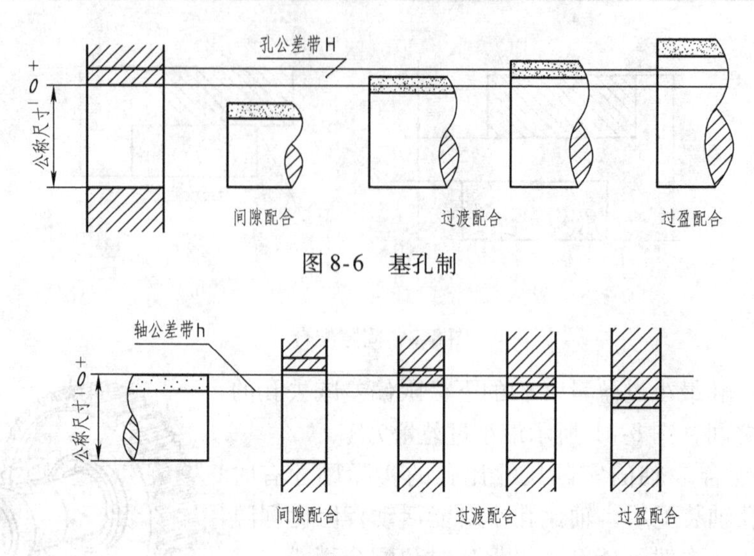

图 8-6　基孔制

图 8-7　基轴制

（三）配合的选用

国家标准在最大限度地满足生产需要的前提下，考虑到各类产品的不同特点，制定了优先及常用配合。选用时首先采用优先配合，其次选用常用配合。基孔制和基轴制的优先、常用配合见表 8-1 和表 8-2。本书附录摘录了优先配合中的轴、孔的极限偏差，供查阅。

表 8-1　基孔制的优先、常用配合

基孔制	轴																				
	a	b	c	d	e	f	g	h	js	k	m	n	p	r	s	t	u	v	x	y	z
	间隙配合								过渡配合			过盈配合									
H6						H6/f5	H6/g5	H6/h5	H6/js5	H6/k5	H6/m5	H6/n5	H6/p5	H6/r5	H6/s5	H6/t5					
H7						H7/f6	H7/g6◥	H7/h6◥	H7/js6	H7/k6◥	H7/m6	H7/n6◥	H7/p6◥	H7/r6	H7/s6◥	H7/t6	H7/u6◥	H7/v6	H7/x6	H7/y6	H7/z6
H8					H8/e7	H8/f7◥	H8/g7	H8/h7◥	H8/js7	H8/k7	H8/m7	H8/n7	H8/p7	H8/r7	H8/s7	H8/t7	H8/u7				
				H8/d8	H8/e8	H8/f8		H8/h8													
H9			H9/c9	H9/d9◥	H9/e9	H9/f9		H9/h9◥													
H10			H10/c10	H10/d10				H10/h10													
H11	H11/a11	H11/b11	H11/c11◥	H11/d11				H11/h11◥													
H12		H12/b12						H12/h12													

注：标注◥的配合为优先配合。

表 8-2 基轴制的优先、常用配合

基轴制	孔																				
	A	B	C	D	E	F	G	H	Js	K	M	N	P	R	S	T	U	V	X	Y	Z
	间隙配合								过渡配合			过盈配合									
h5						F6/h5	G6/h5	H6/h5	Js6/h5	K6/h5	M6/h5	N6/h5	P6/h5	R6/h5	S6/h5	T6/h5					
h6						F7/h6	G7/h6◥	H7/h6◥	Js/h6	K7/h6◥	M7/h6	N7/h6◥	P7/h6◥	R7/h6	S7/h6◥	T7/h6	U7/h6◥				
h7					E8/h7	F8/h7◥		H8/h7◥	Js8/h7	K8/h7	M8/h7	N8/h7									
h8				D8/h8	E8/h8	F8/h8		H8/h8													
h9				D9/h9◥	E9/h9	F9/h9		H9/h9◥													
h10				D10/h10				H10/h10													
h11	A11/h11	B11/h11	C11/h11◥	D11/h11				H11/h11◥													
h12		B12/h12						H12/h12													

注：标注◥的配合为优先配合。

（四）配合的标注

在装配图上，配合一般采用代号的形式标注。配合的代号由两个相互结合的孔和轴的公差带的代号组成，用分数形式表示，分子为孔的公差带代号，分母为轴的公差带代号，如图 8-8 所示。

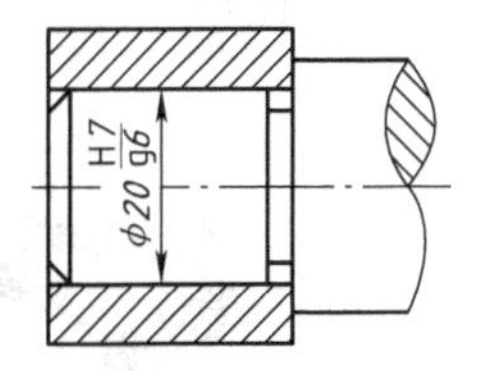

图 8-8 配合的标注

（五）零件图中的标注方法

1. 零件图上公差标注的形式

图 8-8 中，相配合的轴和轴套孔拆卸后，轴和轴套的零件图如图 8-9 所示。在零件图上标注公差有三种形式：一种是只注公差带的代号，如图 8-9a 所示；第二种是只注极限偏差数值，如图 8-9b 所示；第三种是既注公差带的代号，又注极限偏差数值，如图 8-9c 所示。

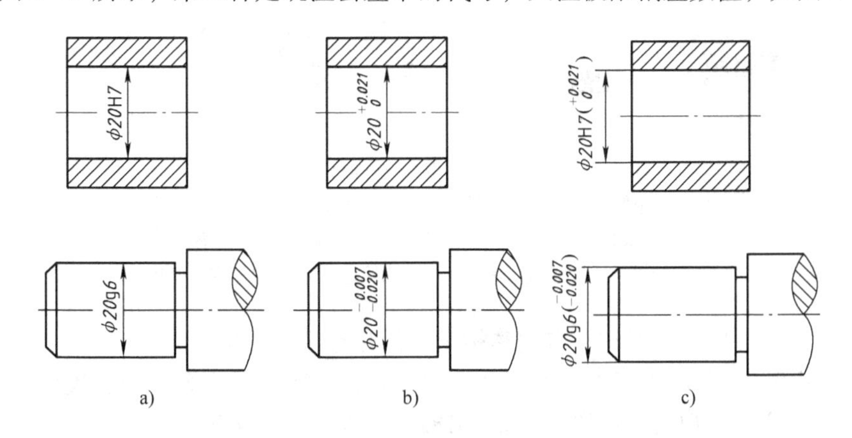

图 8-9 零件图中极限尺寸的注法

a）只标注公差带代号 b）只标注上、下偏差值 c）公差带代号和偏差数值同时标注

2. 极限偏差值的查表方法

根据零件轴或孔的基本尺寸、基本偏差代号和公差等级，可由附录中分别查得相应轴或孔的极限偏差值，例如：

ϕ50H8 查孔的极限偏差表，由“公称尺寸大于 40 至 50”一行以及与公差带 H8 一列中查得 $^{+39}_{0}$ μm，但标注的单位必须是 mm，经换算后（1μm = 1/1000mm）即得孔的极限偏差标注形式为 $\phi 50^{+0.039}_{0}$。

ϕ50f7 查轴的极限偏差表，由“公称尺寸大于 40 至 50”一行与公差带 f7 一列中查得 $^{-25}_{-50}$ μm，换算后即得轴的极限偏差标注形式为 $\phi 50^{-0.025}_{-0.050}$。

又如孔和轴配合为 30H7/p6，可分别查得孔和轴的极限偏差：

孔 ϕ30H7（$^{+0.021}_{0}$），轴 ϕ30p6（$^{+0.035}_{+0.022}$）。由其偏差值可知这对配合为过盈配合。

二、螺纹联接

螺纹联接是一种广泛使用的可拆卸的固定联接，具有结构简单、联接可靠、装拆方便等优点。

1. 螺纹联接件

用一对内、外螺纹的旋合起到联接和紧固零部件的零件称为螺纹紧固件。常用的螺纹紧固件有螺栓、双头螺柱、螺钉、螺母、垫圈等，均为标准件，如图 8-10 所示。根据规定标记，就能在相应的标准中查出它们的结构和尺寸。

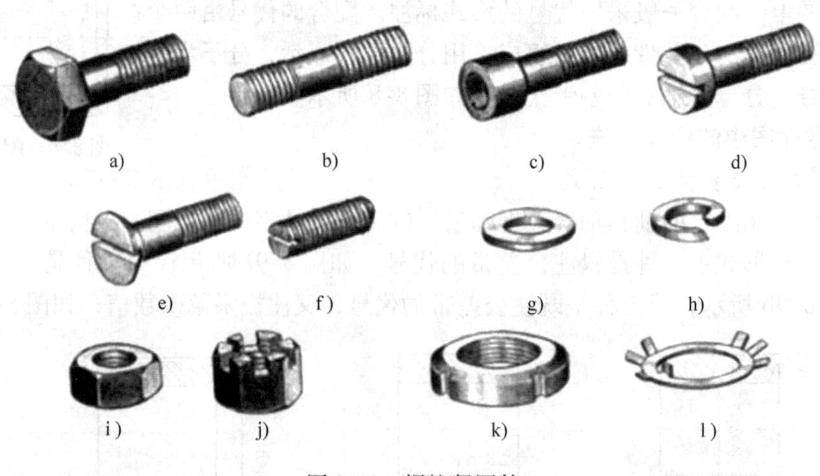

图 8-10　螺纹紧固件

a）六角头螺栓　b）双头螺柱　c）内六角螺母　d）圆柱头螺钉
e）沉头螺钉　f）锥端紧定螺钉　g）垫圈　h）弹簧垫圈
i）六角螺母　j）六角槽形螺母　k）圆螺母　l）圆螺母用止退垫圈

常用螺纹紧固件的规定标记，有完整标记和简化标记两种标记方法。

例如螺纹公称直径 d = M12、公称长度为 80mm、性能等级为 8.8 级、表面氧化的 A 级六角头螺栓，其完整标记为：螺栓　GB/T 5782 - 2000 - M12 × 80 - 8.8 - A - O 其简化标记为：螺栓　GB/T 5782 M12 × 80

表 8-3 是图 8-10 所示的常用螺纹紧固件的视图、主要尺寸及简化标记示例。

表 8-3　常用螺纹紧固件的标记示例

名称及视图	规定标记示例	名称及视图	规定标记示例
开槽盘头螺钉 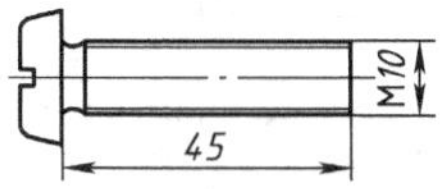 M10　45	螺钉 GB/T 67　M10×45	螺柱  M12　18　50	螺柱 GB/T 899　M12×50
内六角圆柱头螺钉 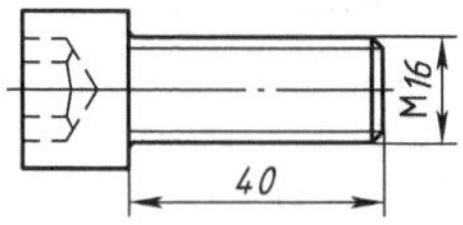 M16　40	螺钉 GB/T 70.1　M16×40	1 型六角螺母 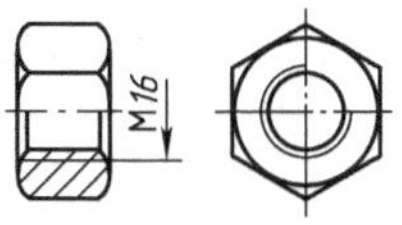 M16	螺母 GB/T 6170　M16
十字槽沉头螺钉 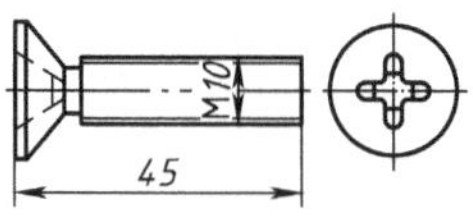 M10　45	螺钉 GB/T 819.1　M10×45	1 型六角开槽螺母 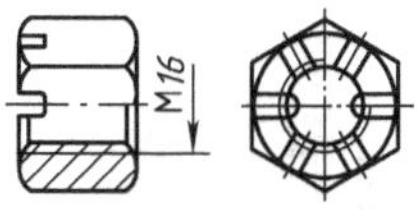 M16	螺母 GB/T 6178　M16
开槽锥端紧定螺钉 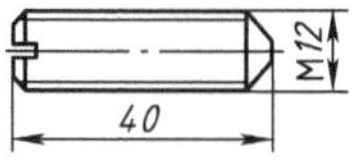 M12　40	螺钉 GB/T 71　M12×40	平垫圈 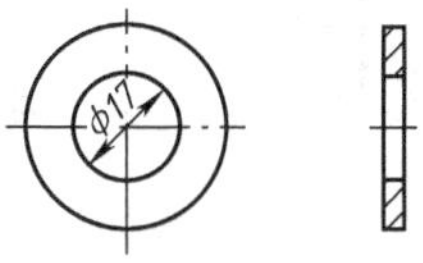 φ17	垫圈 GB/T 97.1　16
六角头螺栓 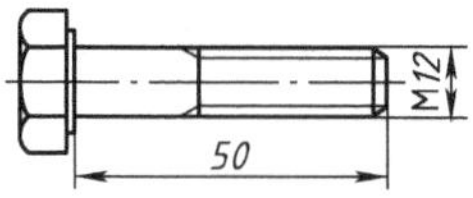 M12　50	螺栓 GB/T 5782　M12×50	弹簧垫圈 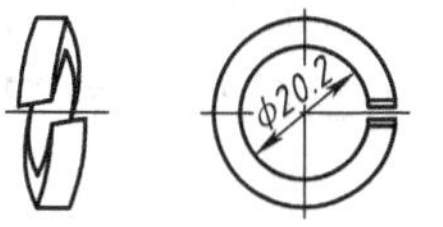 φ20.2	垫圈 GB/T 93　20

2. 常用螺纹紧固件的比例画法

螺纹紧固件各部分尺寸可以从相应国家标准中查出，但在绘图时为了提高效率，大多不必查表而是采用比例画法。

比例画法是当螺纹大径选定后除了螺栓、螺柱、螺钉等紧固件的有效长度要根据被联接件的实际情况确定外，紧固件的其他各部分尺寸都取与紧固件的螺纹大径成一定比例的数值来作图的方法。

（1）六角螺母　六角螺母各部分尺寸及其表面上用几段圆弧表示的交线，都以螺纹大径 D 的比例关系画出，如图 8-11a 所示。

（2）六角螺栓　六角螺栓头部除厚度为 $0.7d$ 外，其余尺寸的比例关系和画法与六角螺母相同，其他部分与螺纹大径 d 的比例关系如图 8-11b 所示。

（3）垫圈　垫圈各部分尺寸按与它相配的螺纹紧固件的大径 d 的比例关系画出，如图 8-11c 所示。

（4）双头螺柱　双头螺柱的外形可按图 8-12 所示简化画法绘制。其各部分尺寸与大径 d 的比例关系如图 8-12 所示。

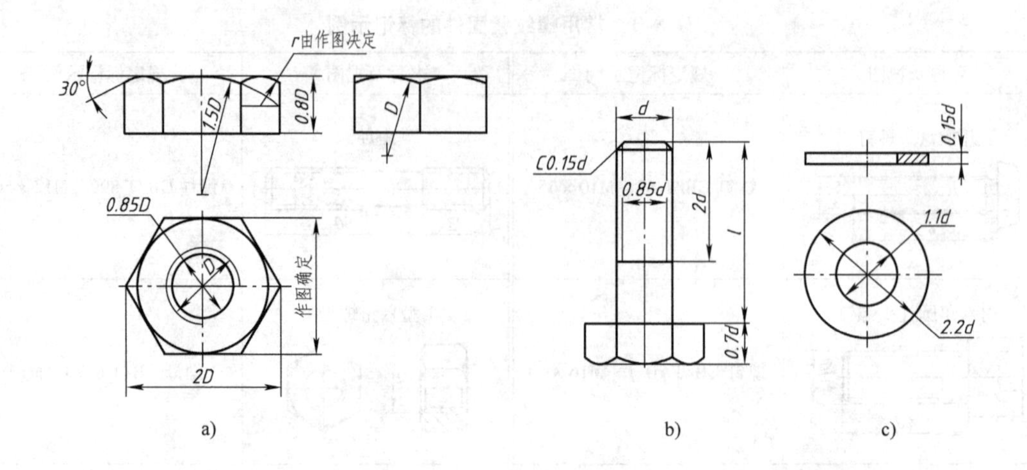

图 8-11　常用紧固件的比例画法

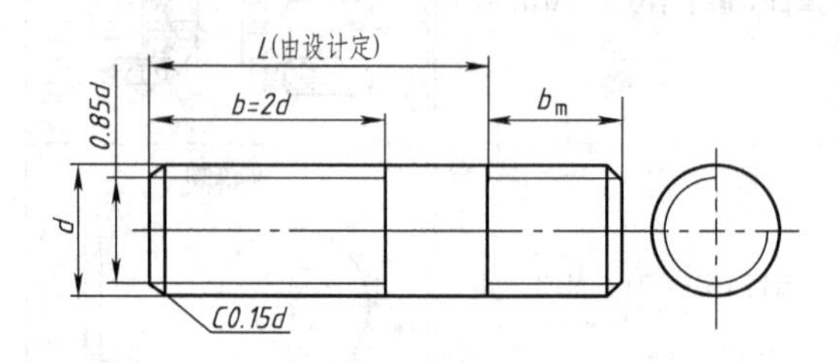

图 8-12　双头螺柱的比例画法

3. 紧固件的标记方法（GB/T 1237—2000）

紧固件有完整标记和简化标记两种标记方法。完整标记形式如下：

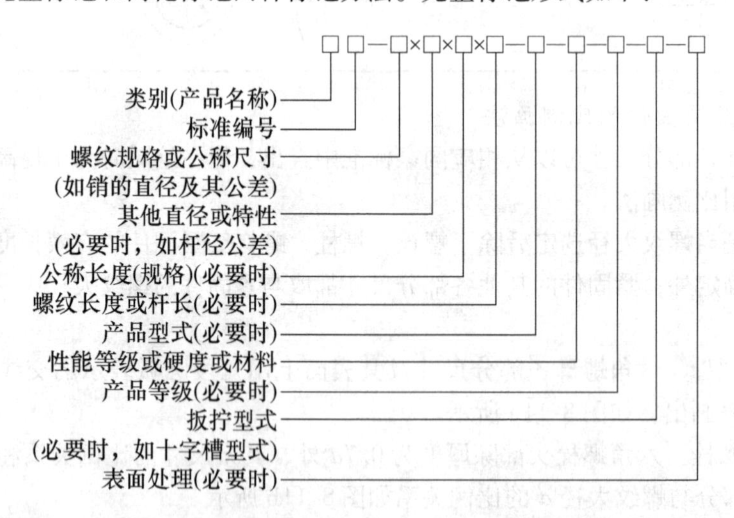

在一般情况下，紧固件采用简化标记法，简化原则如下：

1）省略年代号的国家标准应以现行国家标准为准。

2）标记中的“-”允许全部或部分省略；标记中的“其他直径或特性”前面的“×”允许省略。但省略后不应导致对标记的误解，一般以空格代替。

3）当产品国家标准只规定一种产品型式、性能等级或硬度或材料、产品等级、扳拧型式及表面处理时，允许全部或部分省略。

4）当产品国家标准规定两种以上的产品型式、性能等级或硬度或材料、产品等级、扳拧型式及表面处理时，应规定可以省略其中的一种，并在产品国家标准的标记示例中给出省略后的简化标记。

常用紧固件的标记示例可查阅本书附录及有关产品国家标准。

4. 螺纹联接件画法

常见的螺纹联接形式有：螺栓联接、双头螺柱联接和螺钉联接等，如图 8-13 所示。在画螺纹紧固件的装配画法时，常采用比例画法或简化画法。

在画螺纹紧固件的装配图时，应遵守下面一些基本规定：

1）两零件的接触表面画一条线，不接触表面画两条线。

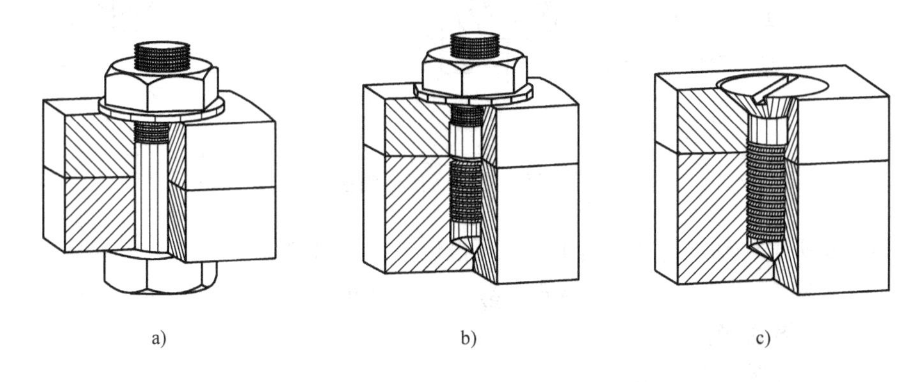

图 8-13　螺纹紧固件的联接形式

a）螺栓联接　b）双头螺柱联接　c）螺钉联接

2）两零件邻接时，不同零件的剖面线方向应相反，或方向相同而间隔不等。同一零件在各视图上的剖面线的方向和间隔必须一致。

3）对于紧固件和实心零件（如螺钉、螺栓、螺母、垫圈、螺柱、键、销、球及轴等）若剖切剖面通过它们的轴线时，则这些零件按不剖绘制，仍画外形，需要时，可采用局部剖视。

4）常用的螺栓、螺钉的头部及螺母等可采用简化画法。

（1）螺栓联接　螺栓是用来联接不太厚、并能钻成通孔的零件。如图 8-14 所示，减速器上端盖和箱体之间就是采用螺栓联接。

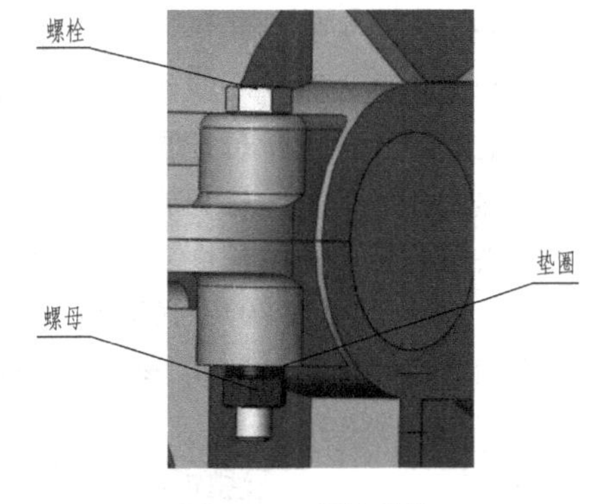

图 8-14　螺栓联接

图 8-13a 所示为螺栓联接的示意图。图 8-15a 所示为螺栓联接前的情况，在被联接的零件上钻成比螺栓大径略大的通孔，联接时，先将螺栓穿过被联接件上的通孔，一般以螺栓的头部抵住被联接板的下端，然后在螺栓上部套上垫圈，以增加支承面积和防止损伤零件的表面，最后用螺母拧紧。图 8-15b 所示为用螺栓联接两块板的装配画法；也可采用图 8-15c 所示的简化画法，在装配图中常用这种画法。

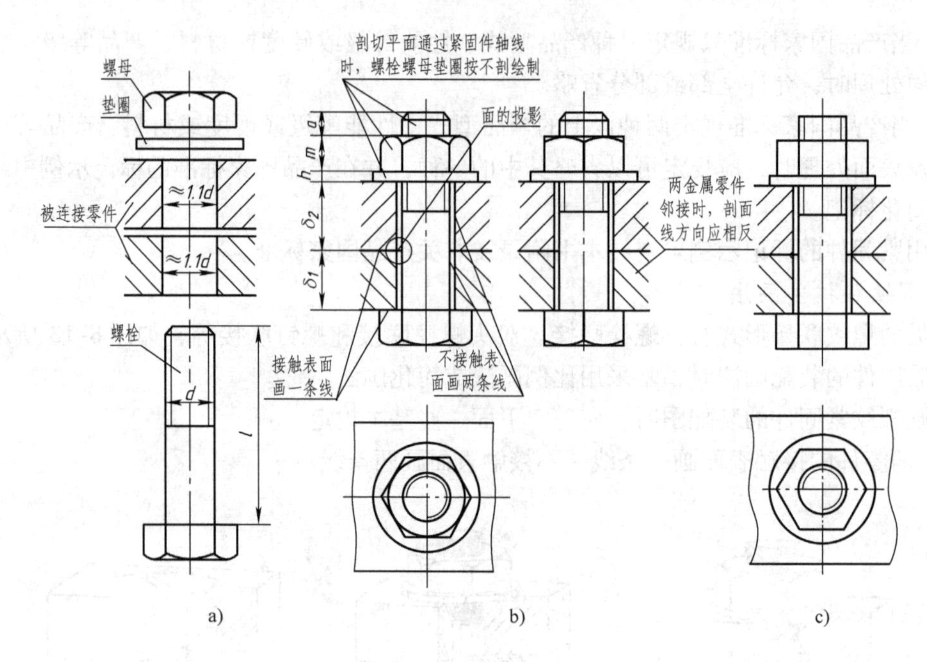

图 8-15　螺栓联接的画法

如图 8-15b 所示，确定螺栓长度 l 时，可按以下方法计算

$$l=\delta_1+\delta_2+h+m+a$$

式中　δ_1、δ_2——被联接件厚度（mm）；

h——垫圈厚度（mm）；

m——螺母厚度（mm）；

a——螺栓顶端露出螺母的高度（mm），一般可按 $0.2d \sim 0.3d$ 取值。

根据上式算出的螺栓长度 l 值，查附录表中螺栓长度 l 的系列值，选择接近的标准数值。

（2）双头螺柱联接　双头螺柱联接常用于被联接件之一太厚，不宜钻成通孔的场合，如图 8-13b 为双头螺柱联接的示意图。在一个较厚的被联接零件上制有螺纹孔，将双头螺柱的旋入端完全旋入到这个螺纹孔里，而另一端（紧固端）则穿过另一被联接零件的通孔，然后套上垫圈，再用螺母拧紧，即为双头螺柱联接。双头螺柱的两端都有螺纹，用于旋入被连零件螺纹孔的一端，称为旋入端；用来拧紧螺母的另一端称为紧固端。

双头螺柱旋入端的长度 b_m 由带螺纹孔的被联接件的材料确定，对于钢、青铜等硬材料零件取 $b_m=d$（GB/T 897—1988）；铸铁零件取 $b_m=1.25d$（GB/T 898—1988）；材料强度介于铸铁和铝之间的零件取 $b_m=1.5d$（GB/T 899/1988）；铝合金、非金属材料零件取 $b_m=2d$（GB/T 900—1988）。

双头螺柱联接的画法如图 8-16 所示，为了确保旋入端全部旋入，机件上的螺纹孔深度应大于旋入端的螺纹长度 b_m，螺纹孔深度取 $b_m+0.5d$，钻孔深度取 b_m+d。画图时，注意双头螺柱旋入端的螺纹终止线应画成与被联接件的接触表面相重合，表示完全旋入。图 8-16c 给出了画双头螺柱联接时常见的错误。

双头螺柱的型式、尺寸可查阅附录。其规格尺寸为螺纹直径 d 和有效长度 l。确定长度 l 时，可按以下方法计算

$$l=\delta+h+m+a$$

式中　δ——被联接件厚度（mm）；

h——垫圈厚度（mm）；

m——螺母厚度（mm）；

a——螺栓顶端露出螺母的高度（mm），一般可按$(0.2\sim0.3)d$取值。

根据上式算出的l值，查附录表中螺柱的有效长度l的系列值，选择接近的标准数值。

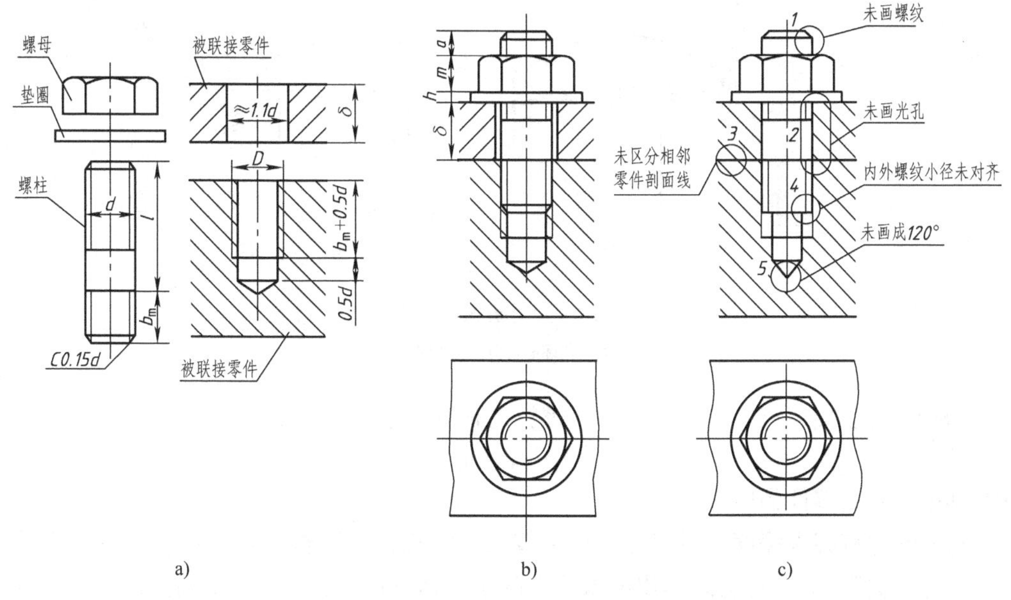

图8-16　双头螺柱联接的画法

a）联接前　b）联接后正确画法　c）联接后错误画法

（3）螺钉联接　螺钉按用途可分为联接螺钉和紧定螺钉两种。前者用来联接零件；后者主要用来固定零件。联接螺钉用于联接不经常拆卸，并且受力不大的零件。一般在较厚的被联接件上加工出螺纹孔，然后把螺钉穿过另一被联接件的通孔旋进螺纹孔来联接两零件，如图8-13c所示。紧定螺钉用来固定两个零件的相对位置，使它们不产生相对运动。

1）紧定螺钉。图8-17所示为紧定螺钉联接轴和齿轮的画法，用一个开槽锥端紧定螺钉

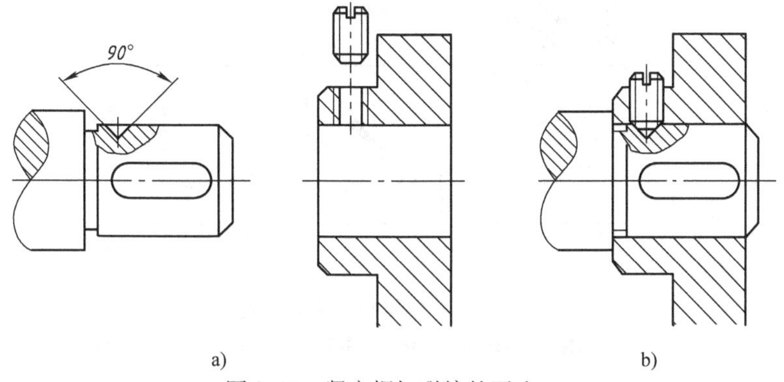

图8-17　紧定螺钉联接的画法

a）联接前　b）联接后

旋入轮毂的螺纹孔，使螺钉端部的90°锥顶角与轴上的90°锥坑压紧，从而固定了轴和齿轮的轴向位置。

2）联接螺钉。联接螺钉的一端为螺纹，另一端为头部，常见的联接螺钉有开槽圆柱头螺钉、开槽沉头螺钉、开槽盘头螺钉、内六角圆柱头螺钉等。螺钉的各部分尺寸可查阅附录。其规格尺寸为螺纹直径 d 和螺钉长度 l。绘图时一般采用比例画法，图8-18a、b所示分别为开槽沉头螺钉和开槽圆柱头螺钉头部的比例画法。

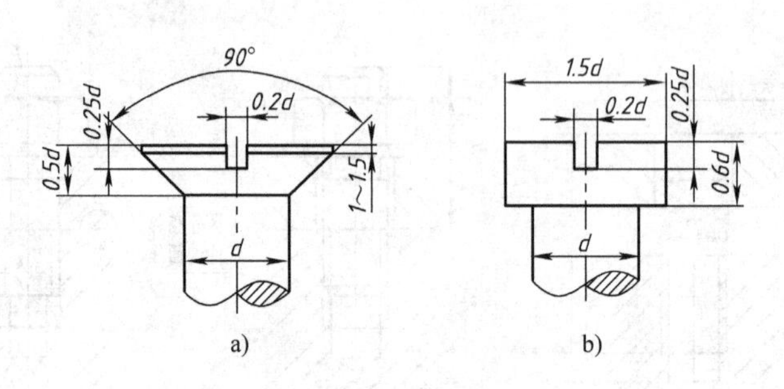

图8-18　螺钉头部的比例画法

a）开槽沉头螺钉　b）开槽圆柱头螺钉

图8-19为联接螺钉的装配图画法。螺钉的长度 l 可按下式确定

$$l=\delta+b_{m}$$

式中　δ——光孔零件的厚度；

b_{m}——螺钉旋入深度（其确定方法与双头螺柱相似，可根据零件材料，查阅有关手册确定）。根据上式算出的长度查附录中相应螺钉长度 l 的系列值，选择接近的标准长度。

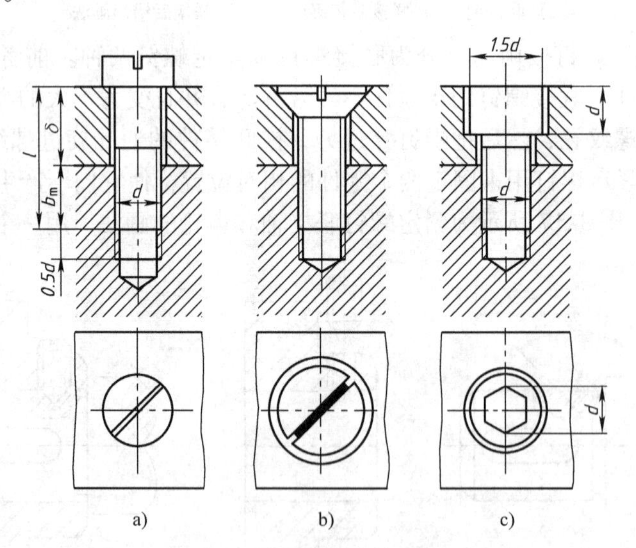

图8-19　联接螺钉的装配图画法

a）开槽圆柱头螺钉　b）开槽沉头螺钉　c）内六角圆柱头螺钉

螺钉联接情况与双头螺柱旋入端的画法相似，所不同的是螺钉的螺纹终止线应画在两零

件接触面以上。螺钉头部槽口在反映螺钉轴线的视图上，应画成垂直于投影面；在垂直于轴线的投影视图上，则应画成与水平线倾斜45°，如图8-19a所示；螺钉槽口的投影也可涂黑表示，如图8-19b所示。在装配图中，不穿通的螺纹孔可不画出钻孔深度，仅按有效螺纹部分的深度（不包括螺尾）画出，如图8-19b、c所示。

三、键和销联结

1. 键联结

键是在机械上用来联结轴与轴上的传动件（齿轮、皮带轮等）的一种联结件，起到传递转矩的作用。它的一部分被安装在轴的键槽内，另一凸出部分则嵌入轮毂槽内，使两个零件一起转动，如图8-20所示。

图8-20　键联接

键是标准件，它的种类很多，常用的有普通平键、半圆键、钩头楔键等，如图8-21所示。其中普通平键应用最广，按形状的不同可分为A型（圆头）、B型（方头）和C型（单圆头）3种，其形状如图8-22所示。在标记时，A型平键省略字母A，而B型、C型应写出字母B或C。

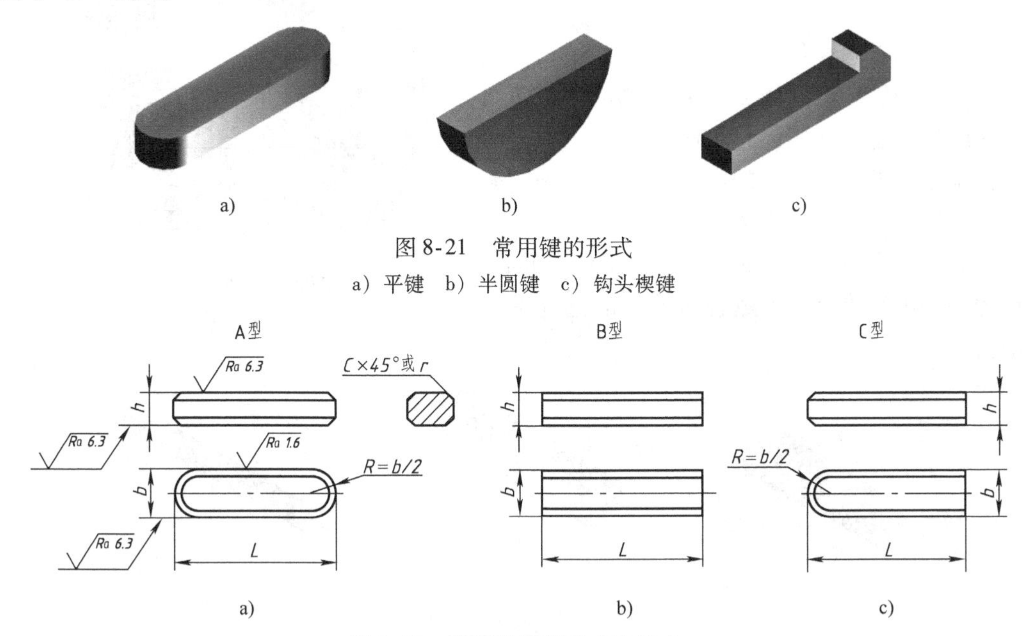

图8-21　常用键的形式

a）平键　b）半圆键　c）钩头楔键

图8-22　普通平键的型式和尺寸

a）A型　b）B型　c）C型

例如 $b=18$mm、$h=11$mm、$L=100$mm 的圆头平键，则应标记为：

GB/T 1096　键　18 ×11 ×100

常用普通平键的尺寸和键槽的剖面尺寸，可按轴径查阅附录，轴和轮毂的键槽尺寸注法如图 8-23a、b 所示。图 8-23c 所示为普通平键联结，普通平键的两侧面是工作面，在装配图中，键的两侧面与轮毂、轴的键槽两侧面配合，键的底面与轴的键槽底面接触，所以画一条线；而键的顶面与轮毂上键槽的底面之间应有间隙，为非接触面，因此要画两条线。按国家标准规定，键沿纵向剖切时，不画剖面线，如图 8-23c 所示。

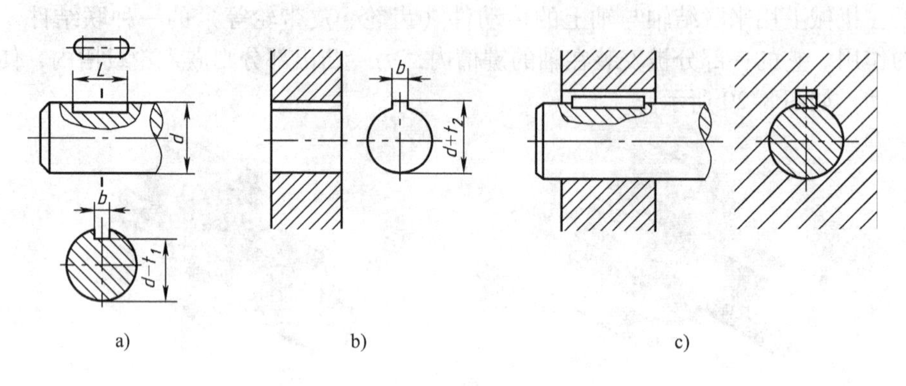

图 8-23　键联结画法和键槽的尺寸注法

a）轴上的键槽　b）轮毂上的键槽　c）键联结

2. 销及其联接

销通常用于零件间的定位或联接。如图 8-24 所示，上端盖和下箱体之间采用圆锥销进行定位。

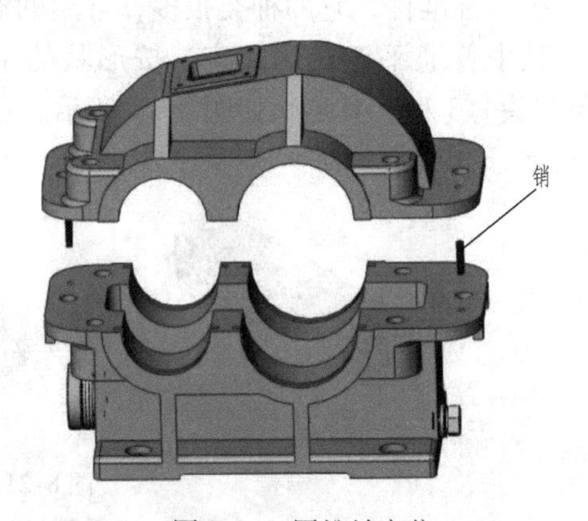

图 8-24　圆锥销定位

常用的销有圆柱销、圆锥销和开口销，如图 8-25 所示。其中开口销常与槽型螺母（GB/T 6178—1986）配合使用，起防松作用。

销也是标准件，它们的型式、尺寸可查阅附录。其规格尺寸为公称直径 d 和公称长度 l。

例如公称直径 $d=6$mm、公称长度 $l=30$mm、材料为钢、不经淬火、不经表面处理的圆柱销应标记为：

图 8-25　常用的销

a）圆锥销　b）圆柱销　c）开口销

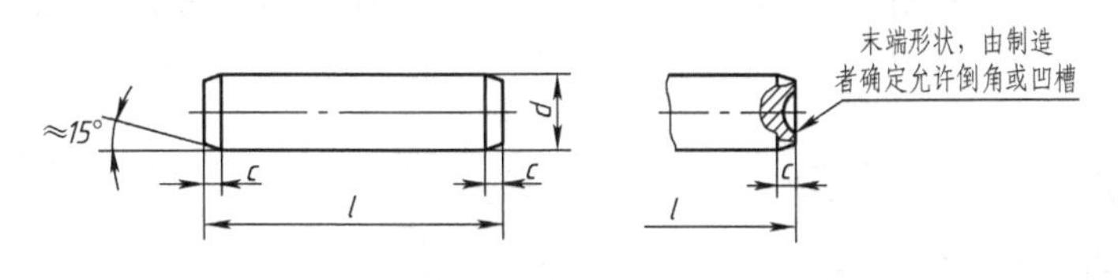

图 8-26　圆柱销的形式

销　GB/T 119.1　6 m6×30

其形式如图 8-26 所示。

销联接的画法，如图 8-27 所示。用销联接或定位的两个零件，它们的销孔应在装配时一起加工，图 8-28 所示为零件图上圆锥销孔的尺寸注法。其中 $\phi4$ 是所配圆锥销的公称直径。

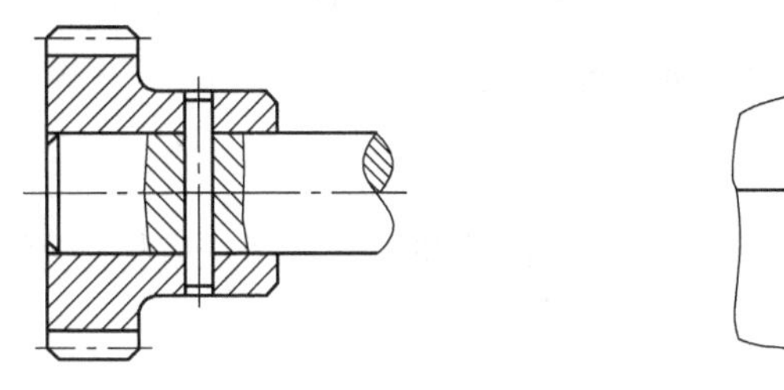

图 8-27　销联接的画法

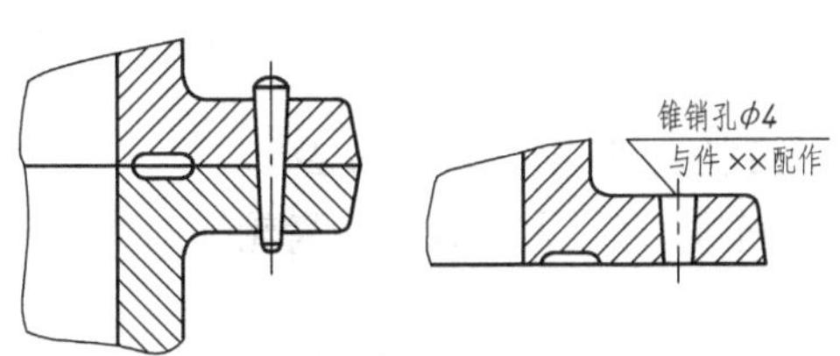

图 8-28　圆锥销孔的尺寸注法

四、齿轮啮合

（一）概述

齿轮啮合是一对齿轮的轮齿依次交替地接触，从而实现一定规律的相对运动的过程和形态。齿轮传动是利用两齿轮的轮齿相互啮合传递动力和运动的，齿轮的正确啮合是齿轮传动的重要保证。齿轮啮合传动有两方面的基本要求：第一，传动要准确、平稳，保证瞬时传动比不变，以免产生冲击、振动和噪声；第二，承载能力要高，保证齿轮轮齿有足够的强度，能传递较大的动力，而且使用寿命要长。影响上述基本要求的因素是多方面的，如齿廓曲线的选择、齿轮几何尺寸的设计、材料及热处理方式的确定、齿轮精度等级及误差参数的确定及加工方法的选择等。

一对齿轮正确啮合的基本条件是模数 m 和压力角 α 都相等。

（二）齿轮啮合的画法

下面介绍几种常见的齿轮啮合画法。

1. 圆柱齿轮的啮合画法

在投影为圆的视图中，两相啮合圆柱齿轮的节圆必须相切，啮合区内的齿顶圆仍用粗实线绘制（图 8-29a），也可以省略不画，如图 8-29b 所示。

在过轴线的剖视图中，两齿轮的节线重合。可设想两啮合轮齿中有一为可见，按轮齿不剖的规定，画成粗实线；而另一轮齿被遮挡部分则画成虚线，如图 8-29a 所示。必须注意：两齿轮在啮合区存在 0.25m 的径向间隙，如图 8-30 所示。

在平行于轴线的外形视图中，啮合区的齿顶线不需画出，节线用粗实线绘制，如图8-29c、d所示。

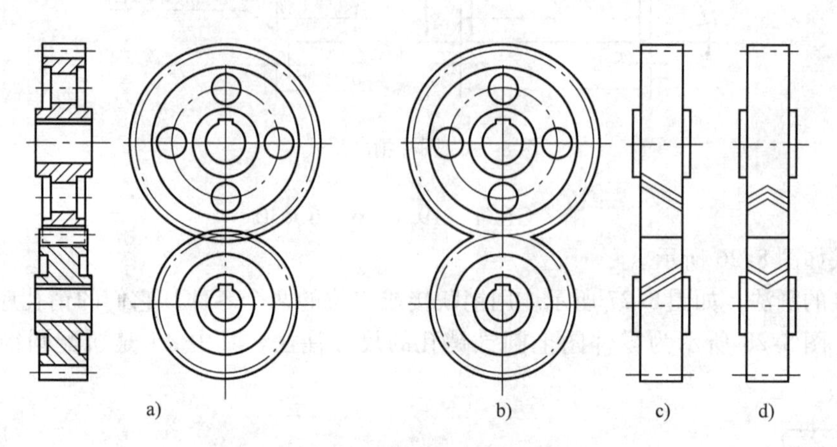

图 8-29　圆柱齿轮的啮合画法

2. 齿轮与齿条啮合的画法

当齿轮的直径无限大时，齿轮就成为齿条。此时，齿顶圆、分度圆、齿根圆和齿廓曲线都成为直线。

齿轮和齿条啮合时，齿轮旋转，齿条作直线运动。齿轮和齿条啮合的画法与两圆柱齿轮啮合的画法基本相同，这时齿轮的节圆与齿条的节线相切。在剖视图中，应将啮合区内齿顶线之一画成粗实线，另一轮齿被遮部分画成虚线或省略不画，如图 8-31 所示。

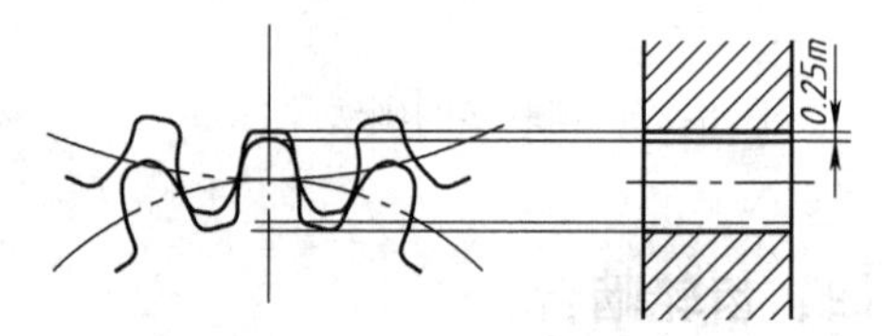

图 8-30　啮合区径向间隙

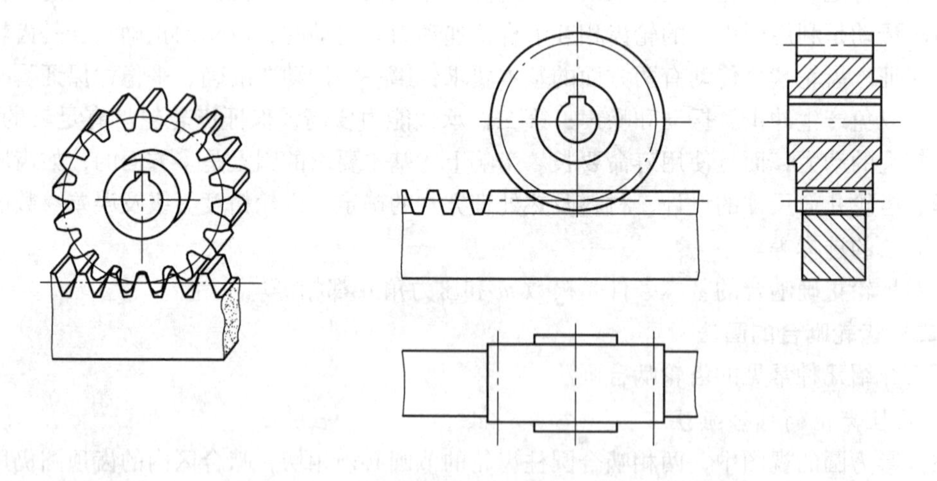

图 8-31　齿轮与齿条的啮合画法

3. 直齿锥齿轮的啮合画法

如图 8-32 所示，直齿锥齿轮啮合时，主视图常用全剖视，由于两齿轮的节圆锥面相切，因此其节线重合，并画成点画线；在啮合区内，应将其中一个齿轮的齿顶线画成粗实线，而将另一个齿轮的齿顶线画成虚线或省略不画。左视图常画成外形视图，两齿轮的分度圆投影应相切，如图 8-32 所示。

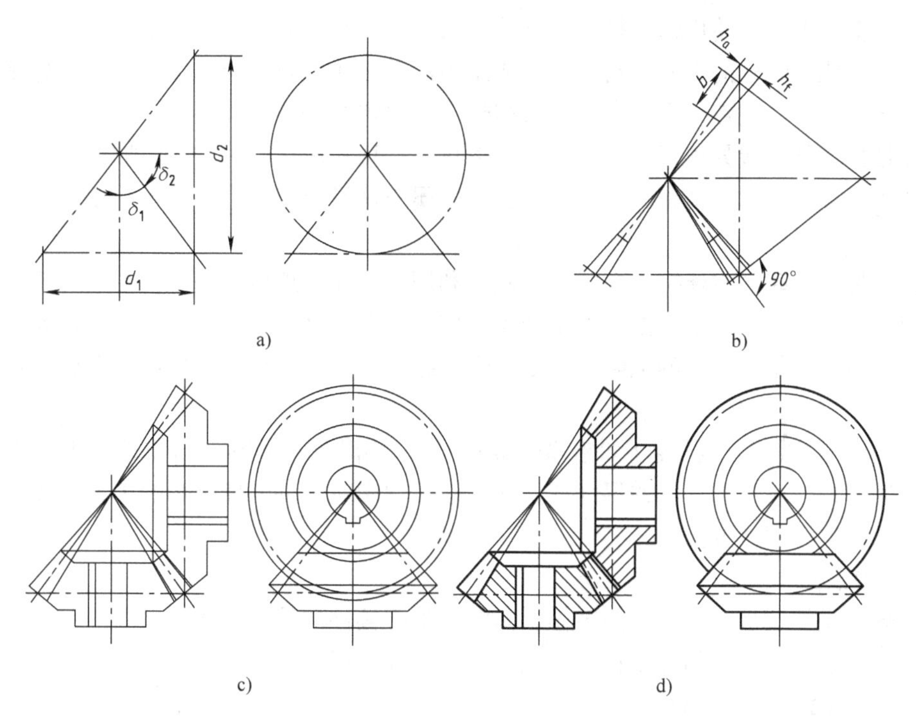

图 8-32 锥齿轮的啮合画法

4. 蜗轮与蜗杆的啮合画法

蜗轮与蜗杆的啮合画法如图 8-33 所示。在蜗杆投影为圆的外形视图中，蜗杆在前方，只画蜗杆的投影（图 8-33a）。在剖视图中，设想蜗杆的轮齿在前方为可见，而蜗轮轮齿在啮合区被部分遮挡（图 8-33b）。

在蜗轮投影为圆的外形视图中，蜗轮的分度圆与蜗杆的分度线相切，啮合区内蜗杆齿顶线及蜗轮最大外圆都用粗实线表示。啮合区如用局部视图，应注意两轮齿都按不剖画出；并设想蜗杆轮齿在前方为可见，蜗轮的最大外圆、齿顶圆在啮合区内可以省略不画，如图 8-33b 所示。

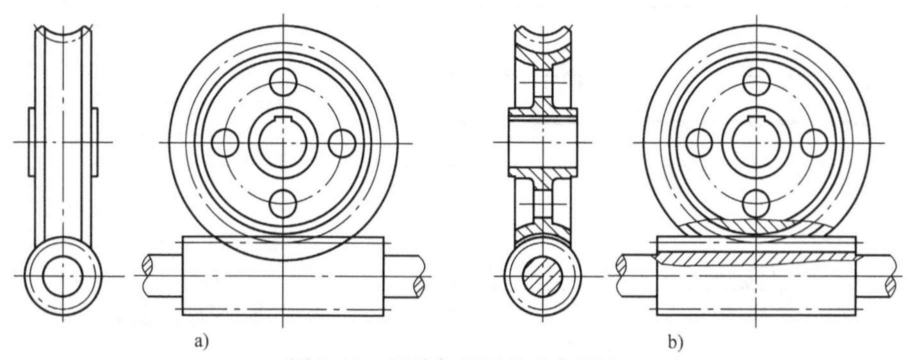

图 8-33 蜗轮与蜗杆的啮合画法

a）外形视图 b）剖视图

五、焊接

（一）焊接基本知识

焊接是工业上广泛使用的一种不可拆的连接方式，它将需要连接的金属零件在连接处局部加热至熔化或用熔化的金属材料填充，或用加压等方法使其熔合连接在一起。焊接具有施工简单、连接可靠等优点。焊接主要分为熔焊、电阻焊及钎焊三种。

熔焊是将零件连接处进行局部加热直到熔化，并填充熔化金属，或用加压等方法将被连接件熔合而连接在一起。常见的气焊、电弧焊即属于这类焊接，主要用于焊接厚度较大的板状材料。

电阻焊是焊接时，将连接件搭接在一起，利用电流通过焊接接触处，由于材料接触处的电阻作用，使材料局部产生高温，处于半熔或熔化状态，这时再在接触处加压，即可把零件焊接起来。用于电子设备中的电阻焊包括点焊、缝焊和对焊三种，主要用于金属薄板零件的连接。

钎焊是用易熔金属作焊料（如铅锡合金）、通过熔融焊料的粘着力或熔合力把焊件表面粘合的连接方式。由于钎焊时的温度低，在焊接过程中对零件的性能影响小，故无线电元器件的连接常用这种焊接方法。

（二）焊接图

焊接图是供焊接加工时所用的图样。其除了把焊接件的结构表达清楚以外，还必须把焊接的有关内容表示清楚，如焊接接头型式、焊缝型式、焊缝尺寸、焊接方法等。

（三）焊缝的画法、标注

在图样中简易地绘制焊缝时，可用视图、剖视图和断面图表示，也可用轴测图示意地表示，通常还应同时标注焊缝符号。

1. 视图中焊缝的画法

在视图中，焊缝可用一组细实线圆弧或直线段（允许徒手画）表示，如图 8-34a、b、c 所示，也可采用粗实线（线宽为 $2b \sim 3b$，b 为图样中粗实线的宽度，下同）表示，如图8-34 d、e、f 所示。

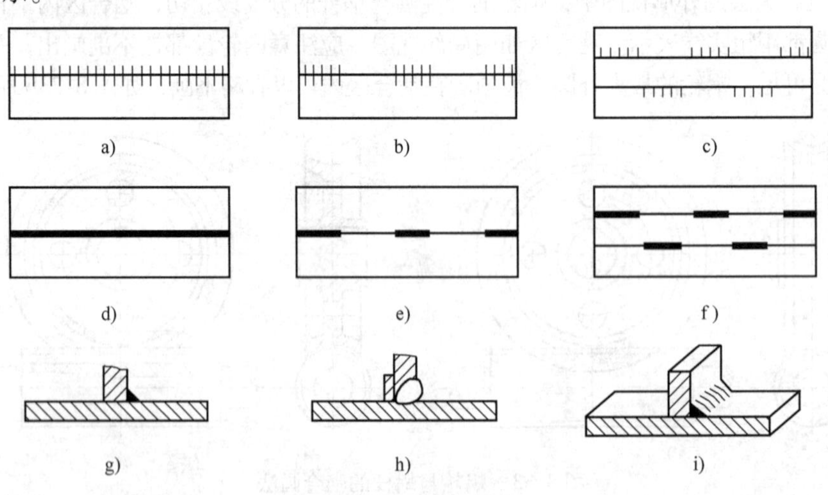

图 8-34　焊缝的画法

2. 剖视图或断面图中焊缝的画法

在剖视图或断面图中，焊缝的金属熔焊区通常应涂黑表示，若同时需要表示坡口等的形状时，可用粗实线绘制熔焊区的轮廓，用细实线画出焊接前的坡口形状，如图 8-34g、h 所示。

3. 轴测图中焊缝的画法

用轴测图示意地表示焊缝的画法如图 8-34i 所示。

常见的焊接接头形式有：对接、搭接和 T 形接等。焊缝又有对接焊缝、点焊缝和角焊缝等，如图 8-35 所示。

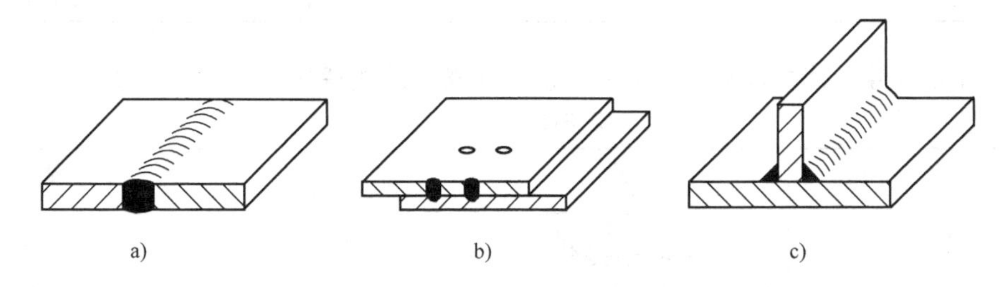

图 8-35　常见的焊缝和焊接接头形式

a）对接接头对接焊缝　b）搭接接头点焊缝　c）T 形接头点焊缝

4. 焊缝符号

为了简化图样上焊缝的表示方法，一般应采用焊缝符号表示。焊缝符号一般由基本符号和指引线组成。必要时还可以加上辅助符号、补充符号和焊缝尺寸符号等。

（1）基本符号　基本符号是表示焊缝横剖面形状的符号，它采用近似于焊缝横剖面形状的符号表示，见表 8-4。基本符号采用实线绘制（线宽为 $2b \sim 3b$，b 为图样中粗实线的宽度，后同）。

表 8-4　基本符号

焊缝名称	焊缝形式	符号	焊缝名称	焊缝形式	符号
I 形			U 形		
V 形			单边 U 形		
单边 V 形			封底焊		
钝边 V 形			点焊	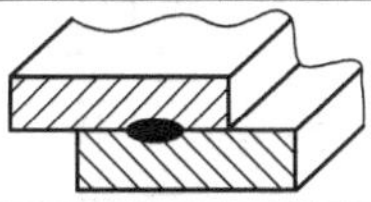	
钝边单边 V 形			角焊	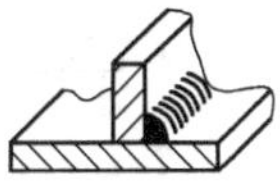	

（2）辅助符号　辅助符号是表示焊缝表面形状特征的符号，线宽要求同基本符号，见表8-5。不需确切地说明焊缝的表面形状时，可以不用辅助符号。

表 8-5　辅助符号

序号	名称	示 意 图	符　号	说　明
1	平面符号		—	焊缝表面平（一般通过加工）
2	凹面符号	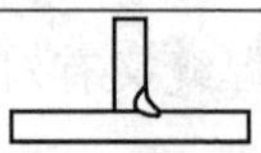	⌣	焊缝表面凹陷
3	凸面符号	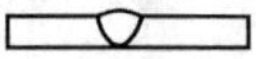	⌢	焊缝表面凸起

（3）补充符号　补充符号是为了补充说明焊缝的某些特征而采用的符号，见表8-6。

表 8-6　补充符号

序号	名　称	示 意 图	符　号	说　明
1	带垫板符号	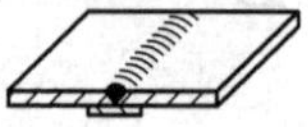	□	表示焊缝底部有垫板
2	三面焊缝符号	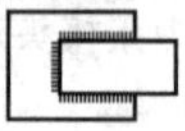	⊏	表示三面带有焊缝
3	周围焊缝符号	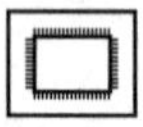	○	表示四周有焊缝
4	现场符号		▶	表示在现场进行焊接
5	尾部符号		<	参照 GB/T 5185 标注工艺内容

（4）尺寸符号　基本符号必要时可附带有尺寸符号及数据，这些尺寸符号见表8-7。

表 8-7　尺寸符号

符号	名称	示 意 图	符号	名称	示 意 图
δ	工件厚度	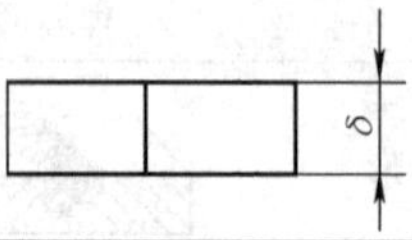 δ	c	焊缝宽度	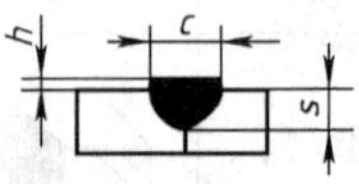 c, h, s
			s	焊缝有效高度	
			h	焊缝余高	
α	坡口角度	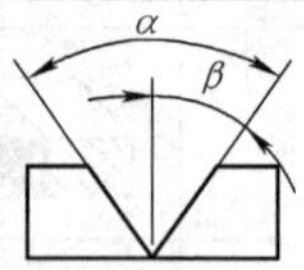 α, β	R	根部半径	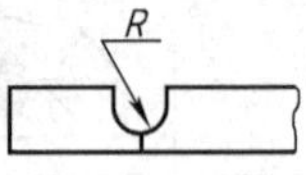 R
β	坡口面角度				
b	根部间隙	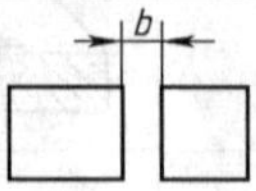 b	l	焊缝长度	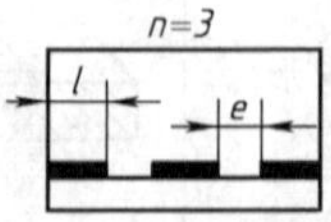 $n=3$, l, e
p	钝　边	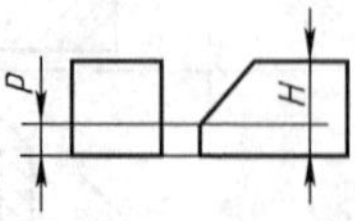 p, H	n	焊缝段数	
H	坡口深度		e	焊缝间隙长度	

1）箭头线的位置。箭头线相对焊缝的位置一般没有特殊要求，可以指在焊缝的正面或反面。但在标注单边 V 形焊缝、带钝边的单边 V 形焊缝、带钝边 J 形焊缝时，箭头线应指向带有坡口一侧的工件，如图 8-36 所示。

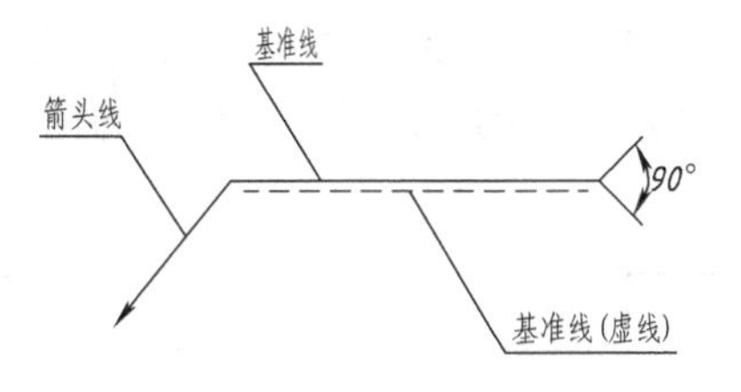

图 8-36　箭头线的位置

2）基准线的位置。基准线一般应与图样的底边平行，但在特殊条件下也可与底边垂直。

基准线的虚线可以画在基准线的实线的上侧或下侧。

3）基本符号相对基准线的位置。当箭头线直接指向焊缝正面时（即焊缝与箭头线在接头的同侧），基本符号应注在基准线的实线侧；反之，基本符号应注在基准线的虚线侧，如图 8-37 所示。

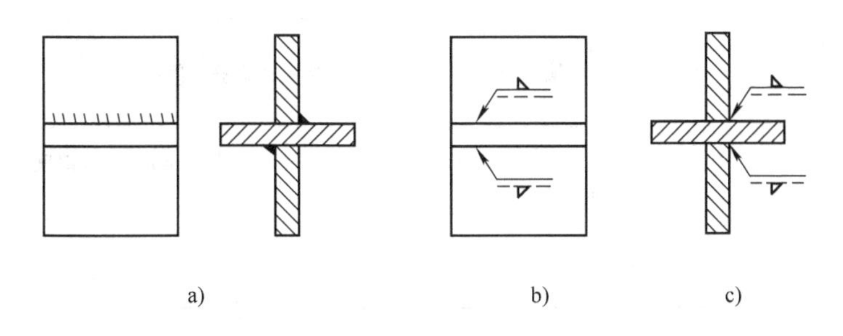

图 8-37　基本符号相对基准线的位置

标注对称焊缝和不至于引起误解的双面焊缝时，可不加虚线，如图 8-38 所示。

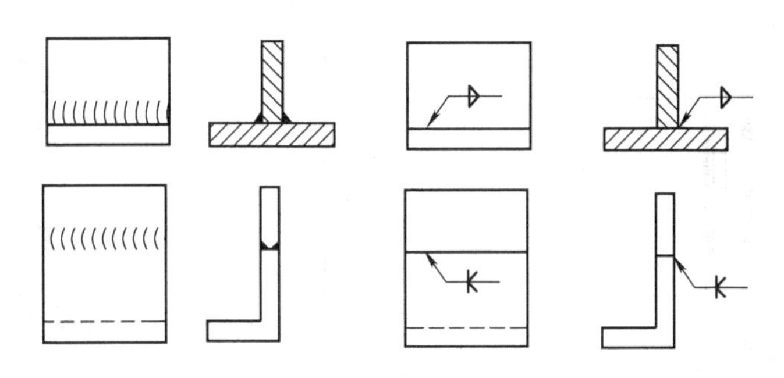

图 8-38　双面焊缝和对称焊缝的标注

4）焊缝尺寸符号及其标注位置。焊缝尺寸符号及数据的标注位置如图 8-39 所示。

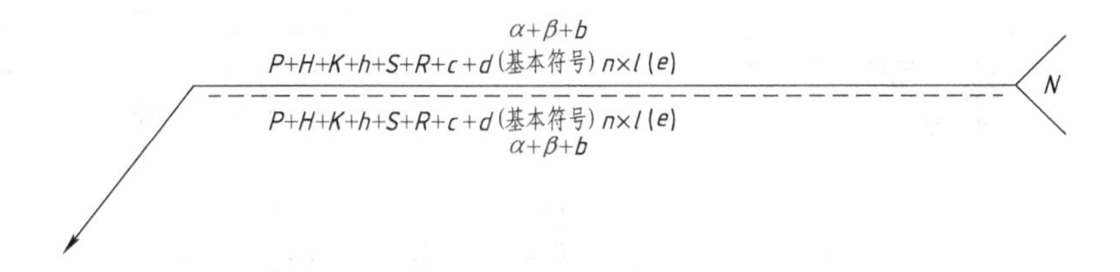

图 8-39　焊缝尺寸符号及其标注位置

5. 焊缝的标注示例及支架焊接图示例

（1）焊缝的标注示例　焊缝的标注示例见表 8-8。

表 8-8　焊缝的标注示例

标注示例	说　明
6 70° 111	对接 V 形焊缝坡口角度为 70°，焊缝有效厚度为 6mm，手工电弧
4	搭接角焊缝，焊脚高度为 4mm，在现场沿工件周围施焊
5	角焊缝，焊接高度 5mm，三面焊接
5 8×(10)	槽焊缝，槽宽（或直径）5mm，共 8 个焊缝，间距 10mm
5 12×80(10)	断续三角焊缝，焊脚高度为 5mm，焊缝长度为 80mm，焊缝间距 10mm，三处焊缝各有 12 段
5	在箭头所指的另一侧焊接，连续角焊缝，焊缝高度 5mm

（2）支架焊接图示例　图 8-40 所示支架由 4 部分焊接而成，槽钢 2 和顶板 4 之间沿槽

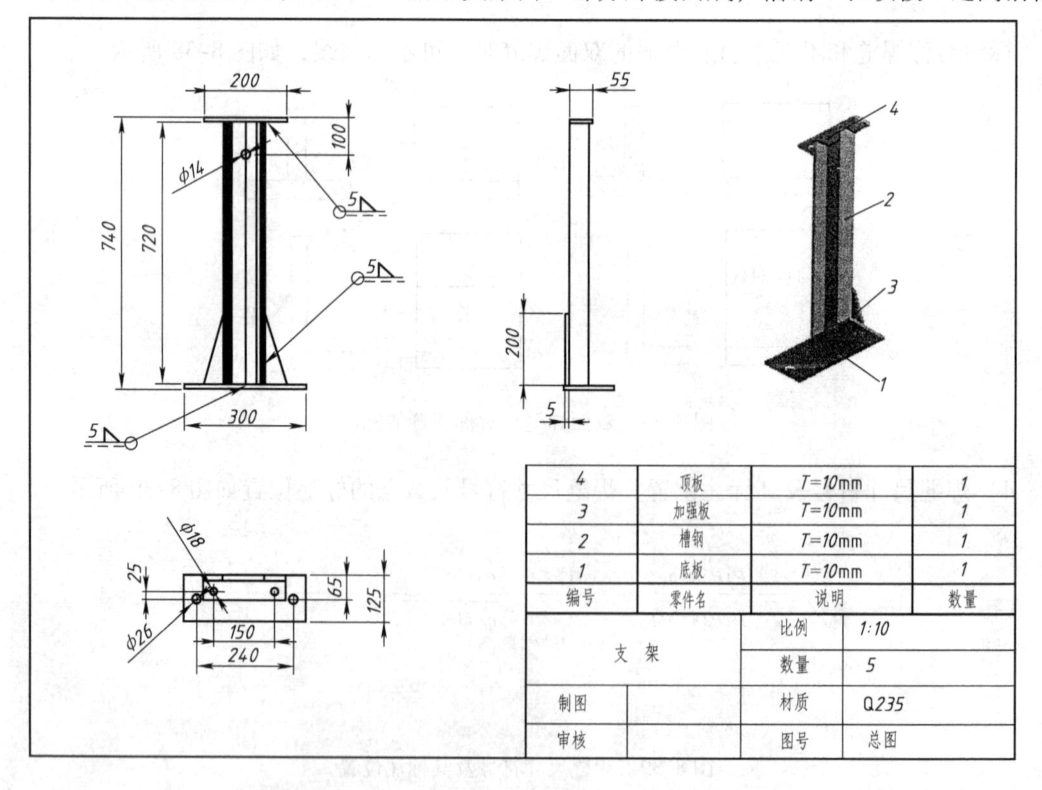

图 8-40　支架焊接图

钢 2 周围用角焊缝焊接，槽钢 2 和底板 1 之间同样沿槽钢 2 周围用角焊缝焊接，加强板 3、槽钢 2 和底板 1 联接处周围也用角焊缝焊接。

第三节　装配体工艺结构及装置

一、接触面或配合面的结构

为保证机器或部件的性能要求和零件加工与装拆的方便，在设计时必须考虑装配结构的合理性。常见装配工艺结构见表 8-9。

表 8-9　常见装配结构

不合理	合理	说明
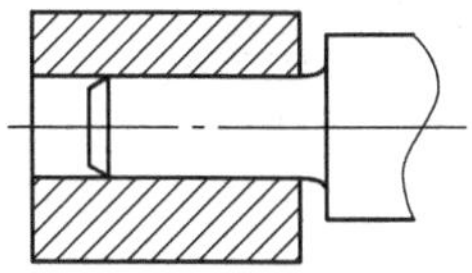	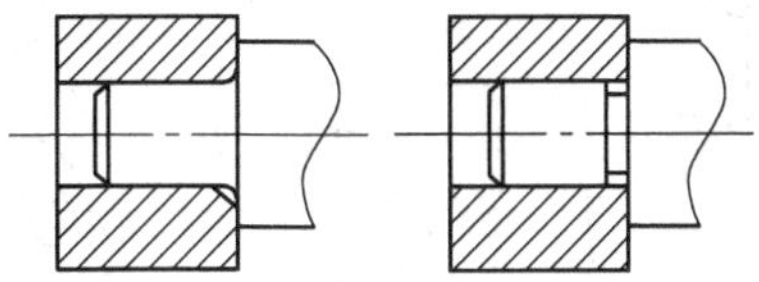	两零件接触面的转角处应做出倒角、倒圆或凹槽，不应都做成直角或相同的圆角
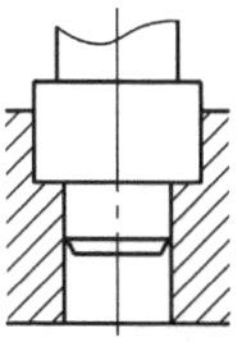	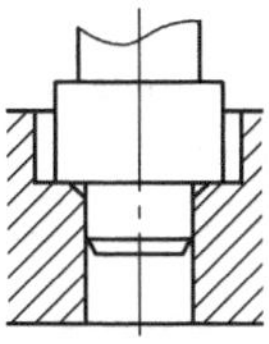	两个零件在同一个方向上只能有一对接触面
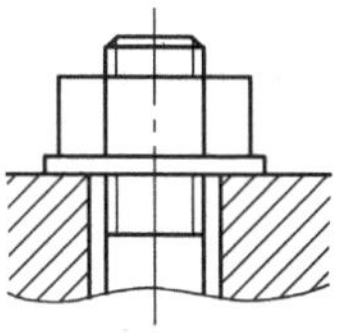	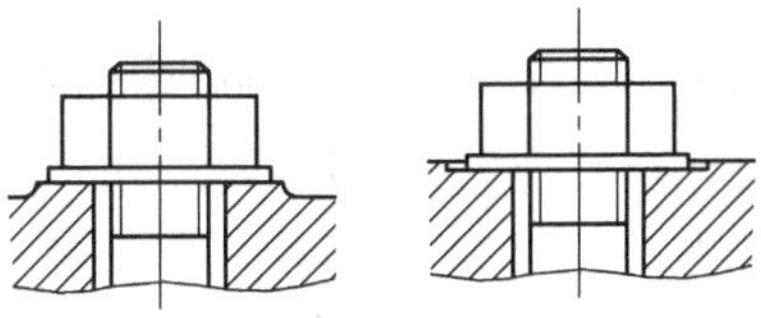	在被联接零件上做出沉孔或凸台，以保证零件间接触良好并可减少加工面
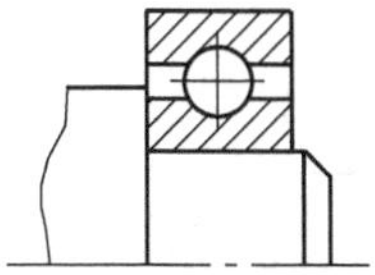	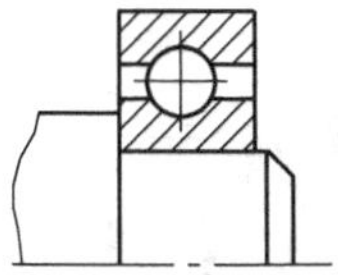	滚动轴承在以轴肩或孔肩定位时，其高度应小于轴承内圈或外圈的厚度，以便拆卸
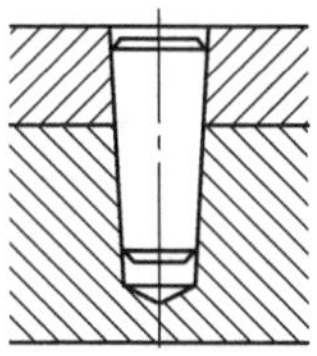	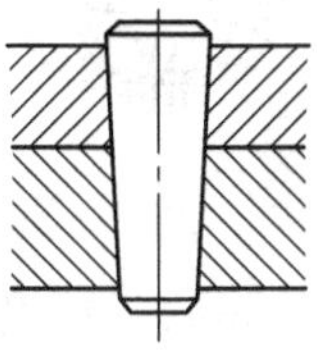	为便于加工和拆卸，销孔最好做成通孔

二、螺纹紧固件的防松结构

为了防止由于振动导致机器中的螺纹联接自行松脱，常采用的各种螺纹防松（锁紧）装置如图 8-41 所示。

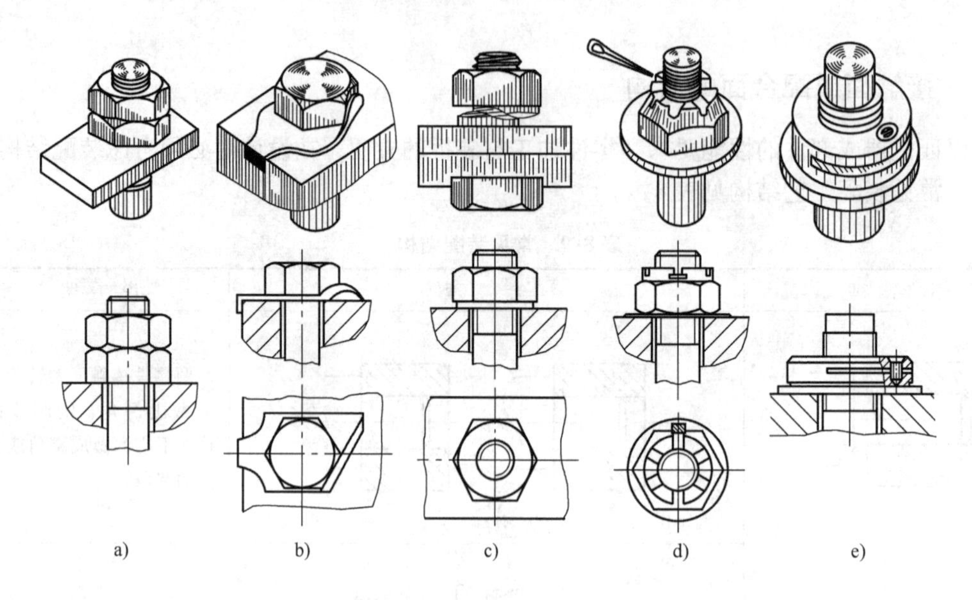

图 8-41　常见的防松装置

a）双螺母　b）止动垫圈　c）弹簧垫圈　d）开口销　e）开缝圆螺母

三、滚动轴承

1. 概述

滚动轴承是用来支承轴的常用机械零件，它具有摩擦阻力小、结构紧凑、拆装方便、动能损耗少和旋转精度高等特点，在各种机器、仪表等产品中应用广泛。

滚动轴承的种类很多，但其结构大致相同，通常由外圈、内圈、滚动体（安装在内、外圈的滚道中如滚珠、滚锥等）和隔离圈（又称保持架）等零件组成，如图 8-42 所示。在

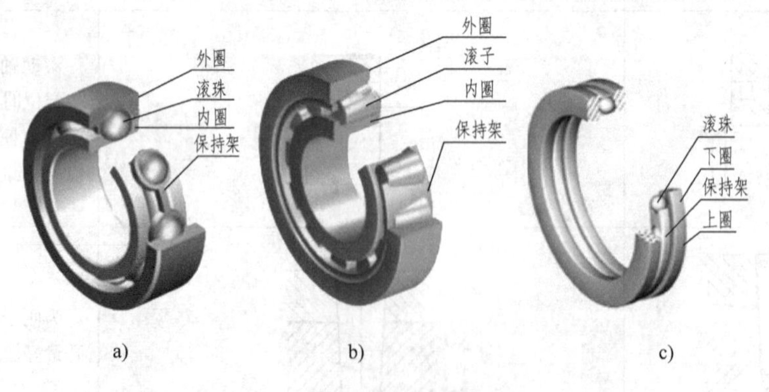

图 8-42　滚动轴承

a）深沟球轴承　b）圆锥滚子轴承　c）单向推力球轴承

一般情况下，外圈的外表面与机座的孔相配合，固定不动，而内圈的内孔与轴颈相配合，随轴转动。

按承受载荷的性质，滚动轴承可分为三类：

1）向心轴承——主要承受径向载荷，如深沟球轴承。

2）推力轴承——只能承受轴向载荷，如推力球轴承。

3）向心推力轴承——同时承受径向及轴向载荷，如圆锥滚子轴承。

2. 滚动轴承的代号及标记（GB/T 272—1993，GB/T 271—2008）

国家标准规定，滚动轴承的代号由前置代号、基本代号和后置代号构成。前置、后置代号是轴承在结构形状、尺寸、公差和技术要求等有改变时，在其基本代号前、后添加的补充代号，要了解它们的编制规则和含义可查阅有关标准。

轴承的基本代号由类型代号、尺寸系列代号和内径代号组成。其中最左边的一位数字（或字母）为类型代号（表8-10）；接着是尺寸代号，它由宽度和直径代号组成；最后是内径代号，当轴承内径在20~480mm时，内径代号乘以5为轴承的公称内径尺寸。

例如：6210

其中：

6—深沟球轴承的类型代号；

2—尺寸系列代号“02”，“0”为宽度系列代号（省略），“2”为直径系列代号；

10—内径代号，表示该轴承内径为 10×5＝50mm。

表8-10　轴承的类型代号（摘录GB/T 272—1993）

类型代号	0	1	2	3	4	5	6	7	8	N	U	QJ
滚动轴承名称	双列角接触球轴承	调心球轴承	调心滚子轴承和推力调心滚子轴承	圆锥滚子轴承	双列深沟球轴承	推力球轴承	深沟球轴承	角接触球轴承	推力圆柱滚子轴承	圆柱滚子轴承	外球面球轴承	四点接触球轴承

滚动轴承的标记由名称、代号和标准编号三个部分组成。其标记示例如下：

滚动轴承6210 GB/T 276—1994

3. 滚动轴承的画法

如前所述，滚动轴承一般不必画零件图，在机器或部件的装配图中，滚动轴承可以用三种画法来绘制，这三种画法是规定画法。通用画法和特征画法。通用画法和特征画法同属于简化画法，但在同一装配图样中可以只采用这两种简化画法中的任意一种。

如不需要确切地表示滚动轴承的外形轮廓、载荷特性、结构特征时，可采用通用画法，即在轴的两侧用粗实线矩形线框及位于线框中央正立的十字形符号表示，十字形符号不应与线框接触，如图8-43所示。

如需较形象地表示滚动轴承的结构特征时，可采用特征画法（表8-11）。

如需较详细地表示滚动轴承的主要结构时，可采用规定画法（表8-11）。此时，轴承的保持架及倒角省略不画，滚动体不画剖面线，各套圈的剖面线方向可画成一致，间隔相同。一般只在轴的一侧用规定画法表达轴承，在轴的另一侧仍然按通用画法表示。

无论采用哪一种画法，滚动轴承的轮廓应与其实际尺寸即外径 D、内径 d、宽度 B（或

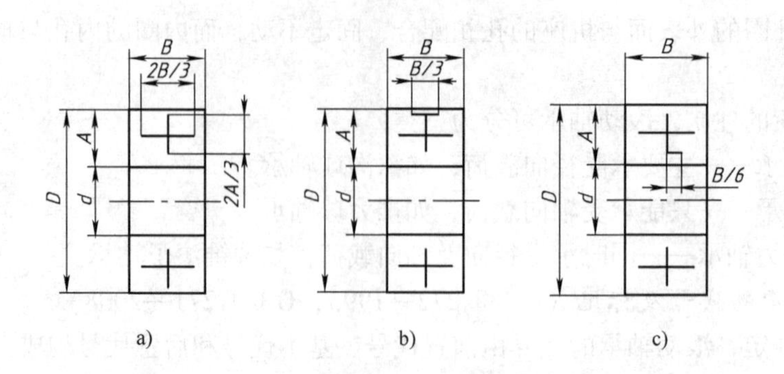

图 8-43 滚动轴承的通用画法

a）一般通用画法 b）外圈无挡边的通用画法 c）内圈有单挡边的通用画法

T 或 *T*、*B*、*C*）一致，并与所属图样采用同一比例。在规定画法、通用画法和特征画法中的各种符号、矩形线框和轮廓线均用粗实线绘制。

表 8-11 常用滚动轴承的规定画法和特征画法

轴承类型和代号	名称和标准号	查表的主要数据	规定画法 通用画法	特征画法
60000 型	深沟球轴承 GB/T 1276—1994	*D* *d* *B*		
30000 型	圆锥滚子轴承 GB/T 1297—1994	*D* *d* *T* *C* *B*		
50000 型	单向推力球轴承 GB/T 28697—2012	*D* *d* *T*		

四、密封结构

为了防止机器、设备内部的气体或液体向外渗透，防止外界灰尘、水蒸气或其他不洁净的物质侵入其内部，常需要考虑密封。密封的形式很多，常见的有垫片密封、密封圈密封、填料密封三种。

为了防止流体沿零件接合面向外渗透，常在两零件之间加垫片密封，同时也可改善零件的接触性能。

密封圈密封是将密封圈（胶圈或毡圈）放在槽内，受压后紧贴在机体表面，从而起到密封作用。

填料密封是为了防止流体沿阀杆与阀体的间隙溢出，在阀体上制有一空腔，内装填料，当压紧填料压盖时，就起到防漏密封作用。

图8-44所示为常用的滚动轴承密封装置。

图8-45所示为防止阀中或管路中的液体泄漏常采用的密封装置。

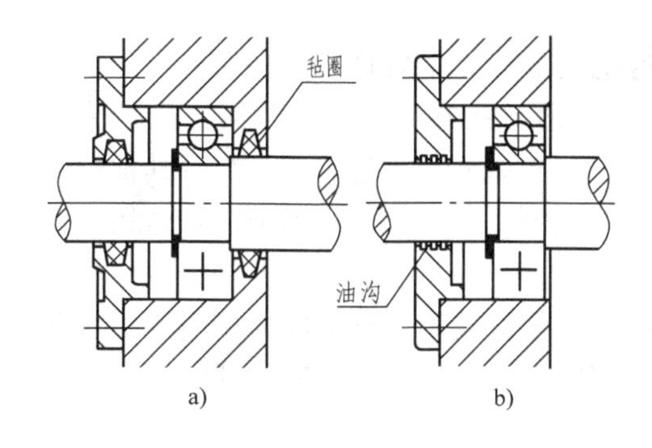

图8-44　滚动轴承密封装置
a）毡圈式密封　b）间隙和油沟式密封

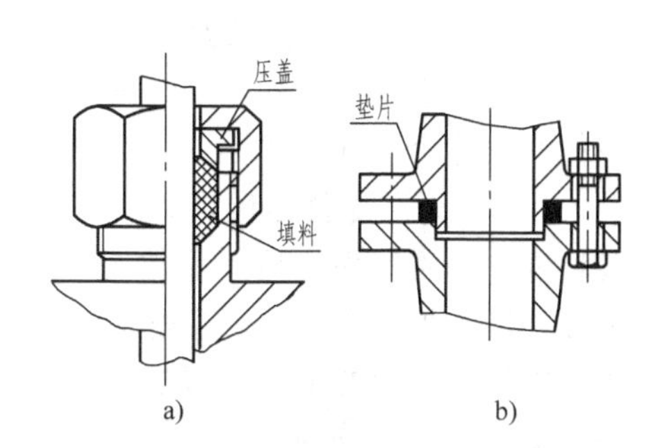

图8-45　防止液体泄漏的密封装置
a）填料密封　b）垫片密封

第四节　基于SolidWorks的装配体三维建模

装配体建模是SolidWorks软件的三大基本功能之一，装配体文件的首要功能是描述产品零件之间的配合关系，产品零件也可以是子装配。此外装配窗口还提供干涉检查、爆炸视图、轴测剖视图、装配统计等功能。

一、SolidWorks装配概述

在SolidWorks中，装配体可以是独立的零件，也可以是其他的装配体——子装配体。在大多数情况下，零件和子装配体的操作方法是相同的。零部件被链接（而不是复制）到装配体文件，装配体文件的扩展名为“.sldasm”。

装配体文件中保存两方面的内容：一是进入装配体中各零件的路径，二是各零件之间的配合关系。一个零件放入装配体中时，这个零件文件会与装配体文件产生链接的关系。在打开装配体文件时，SolidWorks要根据各零件的存放路径找出零件，并将其调入装配体环境。所以装配体文件不能单独存在，要和零件文件一起存在才有意义。

在打开装配体文件时，系统会自动查找组成装配体的零部件，其查找顺序是：内存→当前文件夹→最后一次保存位置。如果在这些位置都没有找到相应的零部件，系统会弹出找不到零件对话框，提示用户进行查找。此时，用户有两种选择：选择“是”，浏览至该文件的位置打开即可。在对装配体进行保存后，系统会记住该零件新的路径；选择“否”，则会忽略该零件，在打开的装配体绘图区中缺失该零件，但在结构树中仍有该零件的名称，且呈灰色显示。

1. 装配设计的基本概念

装配体设计有两种方法：“自下而上”设计方法和“自上而下”设计方法。

“自下而上”设计方法是先设计好各个零件，然后将其逐个调入到装配环境中，再根据装配体的功能及设计要求对各零件之间添加约束配合。由于零部件是独立设计的，可以使用户能更专注于单个零件的设计工作。

“自上而下”的设计方法是从装配体中开始设计，允许用户使用一个零件的几何体来帮助定义另一个零件，或者生成组装零件后再添加新的加工特征，进一步进行详细的零件设计。

通常使用的装配设计方法是“自下而上”，这也是本节要介绍的方法。

在装配设计中有一个基本概念——“地”零件，通常指在做装配时，第一个调入的零件，一般要把这个零件做“固定”处理，即相对于基准坐标系静态不动，然后其他零件与之发生关系。“地”零件是最基础的，是其他零件的载体、支撑。SolidWorks 默认第一个调入装配环境中的零件为“地”零件。

装配环境下另一个重要概念就是——“约束”。当零件被调入到装配体中时，除了第一个调入的之外，其他的都没有添加约束，位置处于任意的“浮动”状态，可以分别沿三个坐标轴移动，也可以分别绕三个坐标轴转动，即共有六个自由度。

当给零件添加装配关系后，可消除零件的某些自由度，限制零件的某些运动，此种情况称为不完全约束。当添加的配合关系将零件的六个自由度都消除时，称为完全约束，零件将处于“固定”状态，同“地”零件一样，无法进行拖动操作。

2. 操作界面

图 8-46 所示为“轮架”装配体的装配设计环境工作界面。该装配体界面具有菜单栏、工具栏、结构树、控制区和零部件显示区。在左侧的控制区中列出了组成该装配体的所有零部件。在结构树最底端还有一个配合的文件夹，包含所有零部件之间的配合关系。

装配环境与零件环境的不同之处在于装配环境下的零件空间位置存在参考与被参考的关系，体现为“固定零件”和“浮动零件”。在装配环境中选择零件，通过右键快捷菜单，可以设置零件为“固定”或者“浮动”。在 SolidWorks 装配体设计时，需要对零件添加配合关系，限制零件的自由度，以使零件符合工程实际的装配要求。

（1）装配体工具栏　SolidWorks 的装配体操作界面与零件造型操作界面很相似，其主要区别在于装配体工具栏和特征管理器两个方面。“装配体”工具栏功能说明如图 8-47 所示，其中列出了常用的装配体命令按钮。凡是右侧带小箭头的命令按钮表明单击小箭头可将其展开，下面包含有同类别的命令按钮。

（2）装配体结构树　装配体结构树在装配体窗口显示以下项目：装配体名称、光源和注解文件夹、装配体基准面和原点、零部件（零件或子装配体）、配合组与配合关系、装配体特征（切除或孔）和零部件阵列、在关联装配体中生成的零件特征等。

3. 装配体的配合方式

调入装配环境中的每个零部件在空间坐标系都有 3 个平移和 3 个旋转共 6 个自由度，通

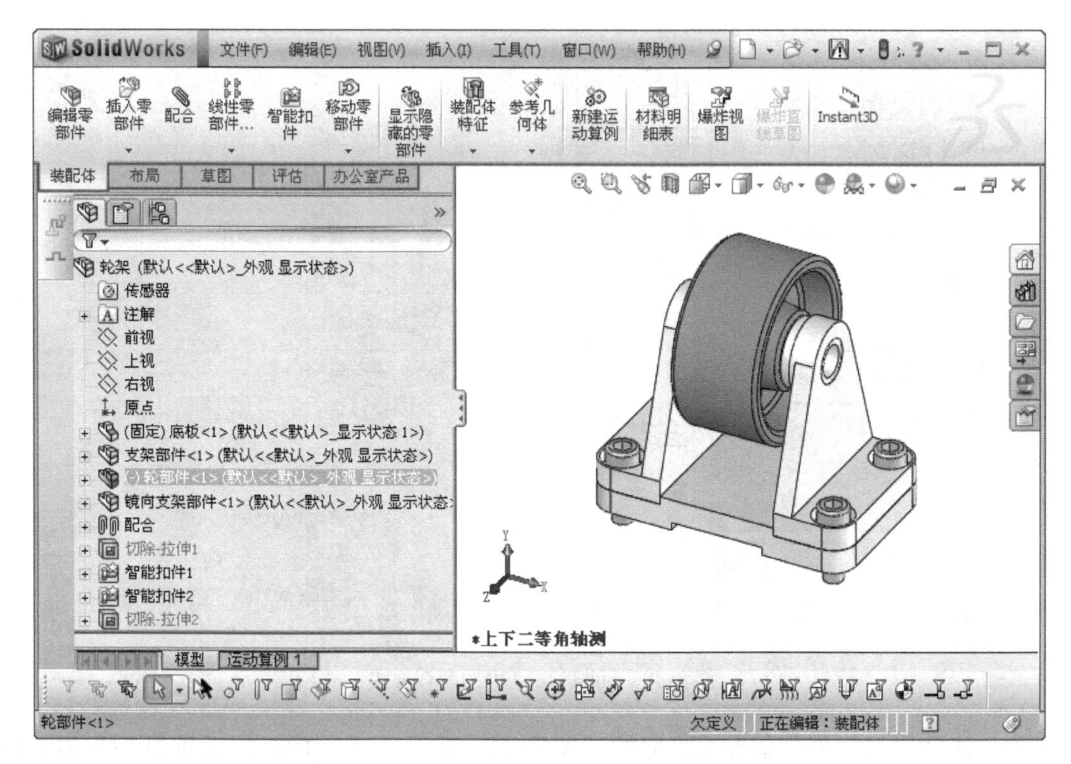

图 8-46　“轮架”装配体装配设计环境工作界面

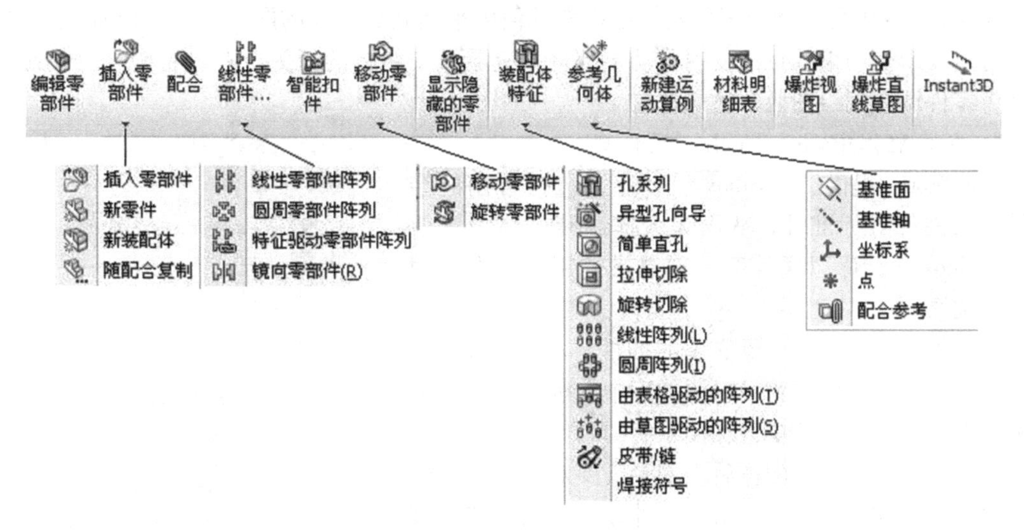

图 8-47　装配体工具栏功能说明

过添加相应的约束可以消除零部件的自由度。为装配体中的零部件添加约束的过程就是消除其自由度的过程。SolidWorks 提供了两类配合方式来装配零部件：一般配合和 SmartMates 智能配合。一般配合包括标准配合、高级配合以及机械配合 3 种，如图 8-48 所示。

智能配合（SmartMates）是 SolidWorks 提供的一种快速装配的方式。使用该配合方式，用户只要选择需配合的两个对象，系统就会自动添加配合，使零件得到定位。实现智能配合

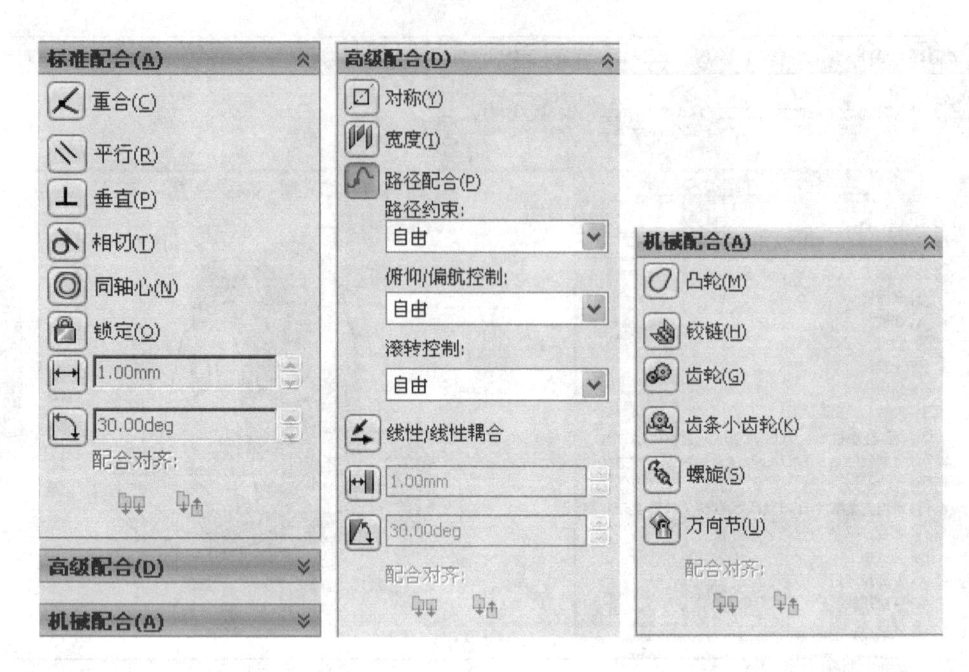

图 8-48　SolidWorks 中的配合方式

的基本方法是“Alt”键智能配合，即按“Alt”键并将一个零件的面拖动到另一个零件的面上。

SolidWorks 中可以利用多种实体或参考几何体来建立零件间的配合关系。添加配合关系后，可以在未受约束的自由度内拖动零部件，查看整个结构的行为。在进行配合操作之前，最好将零件调整到绘图区合适的位置。

4. 在装配体中调用 Toolbox 设计库

SolidWorks 提供了 Toolbox 设计库，包括常用的结构件和紧固件等标准件，从而大大提高装配体设计效率。Toolbox 设计库以插件的形式提供使用，初次使用未安装需要单击“工具”→“插件”，然后在弹出的“插件”对话框中选择需要安装的插件，单击“确定”即可。然后在设计库中就可以添加库中的标准件了。把标准件调入装配体环境中可利用系统的智能配合功能。

标准零件在调入装配体后，如果需要对其参数规格进行更改，可在结构树中右击标准件，在弹出的快捷菜单中选择“编辑 Toolbox 定义”选项，系统会重新弹出标准件规格对话框，重选标准件的规格即可。

标准件调用对话框如图 8-49 所示。

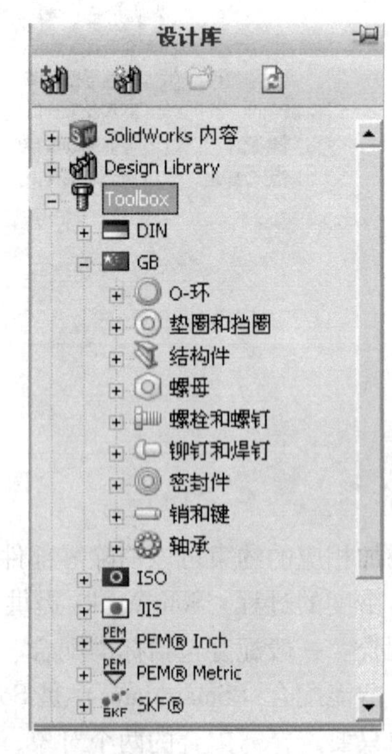

图 8-49　标准件调用对话框

5. 装配体中的零部件操作

在 SolidWorks 的装配体中，对零部件编辑有两种方式，一种是在装配体编辑状态下对零部件进行某些特定的编辑。另一种是通过对零部件的复制、镜向和阵列等方法迅速地完成同一零部件多个实例的装配工作，而不需要重复使用插入零部件的操作。这两种编辑方式只对装配体有影响，对零部件不起作用。

（1）移动零部件和旋转零部件　当零部件插入到装配体后，如果在零件名前有“（-）”符号，表示该零件可以被移动和旋转。选中需要移动或旋转的零部件，单击对应的工具栏按钮，就可以移动或旋转零部件到需要的位置。

（2）零部件的复制、阵列与镜向　在装配过程中，用户经常会遇到同一个零部件在装配环境下的多次调用，SolidWorks 允许用户在装配体中对零部件进行复制、阵列和镜向操作。

6. 装配体特征

装配体特征是指在装配体编辑状态下进行的，以装配体为操作对象所建立的特征。装配体特征包括拉伸、旋转切除，各种类型孔、焊缝以及常用阵列形式，如图 8-47 所示。装配体特征只会影响装配体，对零部件不会造成影响，经常用于表达装配后再进行的钻孔和切除；也可以用于将复杂的三维装配体模型剖切开，以清楚地表达其内部的结构。装配体特征操作过程与零部件环境下的操作类似。

7. 子装配体操作

当一个装配体是另一个装配体的零部件时，称为子装配体。用户可以多层嵌套子装配体，以反映设计的层次关系。在零部件的装配图中，对于大多数操作而言，可以把子装配体当做一个零部件来处理。

SolidWorks 提供三种方法用以生成子装配体：

1）进入装配体环境中生成一个装配体 A，而后将它插入到另一个装配体 B 中，则装配体 A 成为装配体 B 的子装配体。

2）当一个装配体中已经含有多个零部件时，可以通过选择一组已存在于装配体中的零部件来生成一个新的装配体，这个新的装配体就是原有装配体的子装配体。

3）在已有装配体文件中，用插入新零部件的方法，调入一个新装配体，这个新装配体就成为原有装配体文件中的一个子装配体。但开始时该子装配体为空，可以用重组子装配体的方法，向其中添加零部件。

子装配体的存在对总装配体工程图的零件序号和明细栏是有影响的，子装配体以一个序号和名称进入工程图及明细栏。

子装配体解散后，组成子装配体的各个零件以各自的零件名进入到总装配体，结构树中零件的节点数量增加，总装配体工程图及明细栏中的零件序号和数量也相应地增加。

8. 零部件的配置

配置可以在单一的文件中使零部件生成多个设计变化，并可以提供简便的方法以开发和管理一组有着不同尺寸、零部件或其他参数的模型。要生成一个配置，首先指定其名称与属性，然后根据需要修改模型以生成不同的设计变化。

1）在零件文件中，配置可以生成具有不同尺寸、特征和属性（包括自定义属性）的零件系列。

2）在装配体文件中，配置可以通过压缩零部件生成简化的设计，也可以使用不同的零部件配置、不同的装配体特征参数、不同的尺寸或配置特定的自定义属性以生成装配体系列。

3）在工程图文件中，可以显示在零件和装配体文件中生成的配置的视图。

在 SolidWorks 中配置添加和管理的对话框如图 8-50 所示（以前述“轮架”装配体为例）。

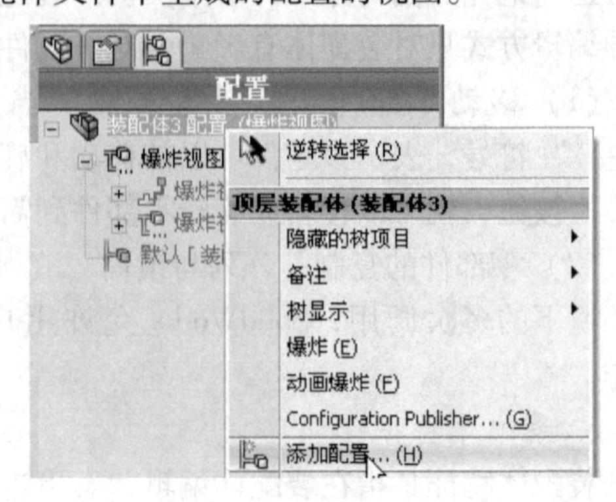

图 8-50　配置的添加和管理

9. 装配体的统计与干涉检查

SolidWorks 为所生成的装配体提供多种辅助检查工具，主要有：装配体统计、干涉检查、质量特性、测量、检查、截面属性。“装配体统计”命令，可以报告出装配体中零部件的数量、质量、体积等统计资料。“干涉检查”可以自动查找并显示装配中零部件干涉的位置和体积。“质量特性”功能可以快速计算装配体的质量、体积、表面积和惯性矩等参数。图 8-51 所示为图 8-40“轮架”装配体的干涉检查和质量特性结果。

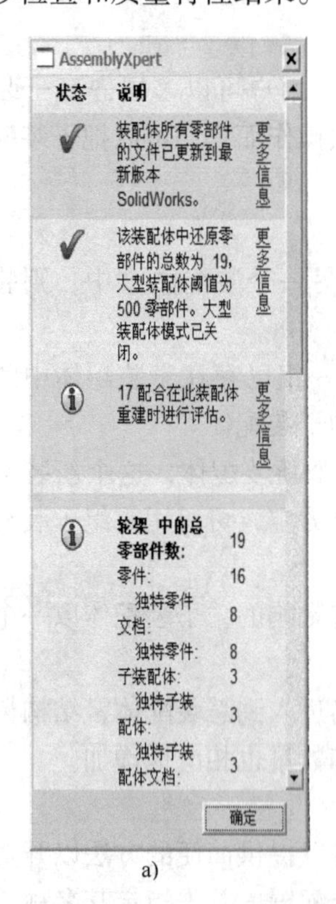

a)

b)

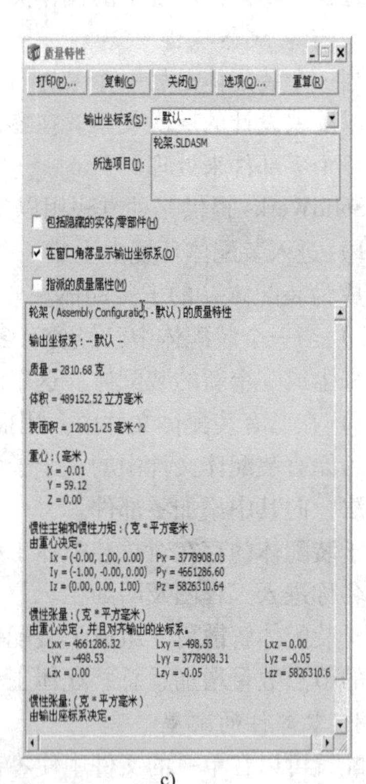

c)

图 8-51　装配体统计、干涉检查和质量特性

10. 装配体文件的打包

装配体文件的打包就是将装配体中参考的所有文件自动提取出来保存复制到指定的文件夹里，不影响原来文件的使用。利用打包功能可以方便地移植装配体及其所包含的零部件。打包功能在“文件”菜单下可以直接调用，其主界面如图 8-52 所示。

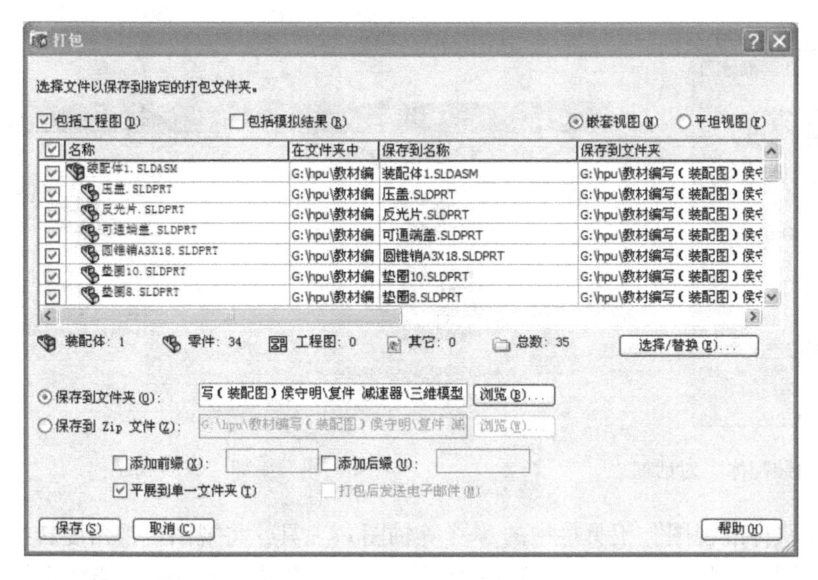

图 8-52　装配体打包主界面

二、装配体建模的基本步骤与操作实例

1. 装配体建模的基本步骤

装配体建模的基本步骤如下：

1）确定装配体的固定零件（“地”零件），并将其第一个调入装配体环境中。

2）将其他零件调入装配体环境。此时，尚未添加配合关系的零件可以在图形区中随意移动或旋转，处于浮动状态。在零件调入装配体后，用户可以移动、旋转零部件，通过这些方式可以用来大致确定零部件的位置，然后使用配合命令来精确地定位零部件。

3）使用配合工具为零件之间添加配合关系。添加配合关系后，用户可以在未受约束的自由度方向上拖动零件，从而查看装配体的运动。

4）依次进行2、3两步，直到完成所有零件的装配设定，形成装配体。

完成装配后，若发现某个装配关系不合适，用户可以对其进行编辑修改，在必要时可删除所添加的配合关系。当用户删除配合关系时，该配合关系会在装配体的所有配置中被删除。在装配体中，用户可以压缩配合关系使其暂时失效，这样用户就可以尝试不同类型的配合而不会出现过定位。

2. 装配体的三维建模实例

下面以虎钳为例，介绍装配体的三维建模过程。

1）在“新建 SolidWorks 文件”对话框中选择“装配体”模板，进入装配环境。在“新建 SolidWorks 文件”对话框，选择“装配体”图标，单击“确定”按钮，进入装配体窗口，弹出“开始装配体”，如图图 8-53 所示。

2）调入“地”零件：单击“浏览”按钮，弹出“打开”对话框，选择要插入的零件“台钳底座”，单击“打开”按钮，如图 8-54 所示。

3）单击“装配体”工具栏中的（插入零部件）工具，插入“台钳底座”模型，并默认此特征为固定。

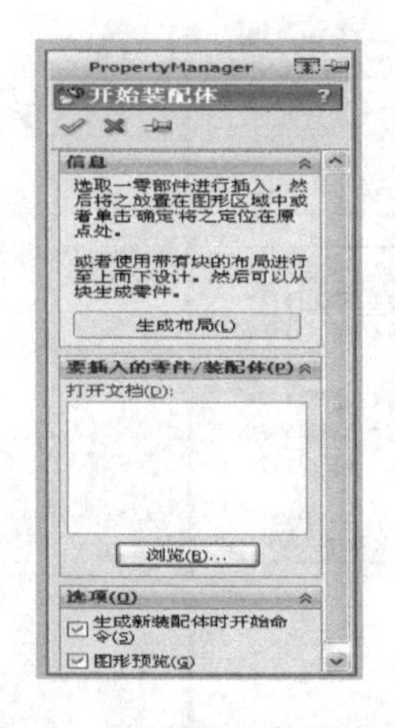

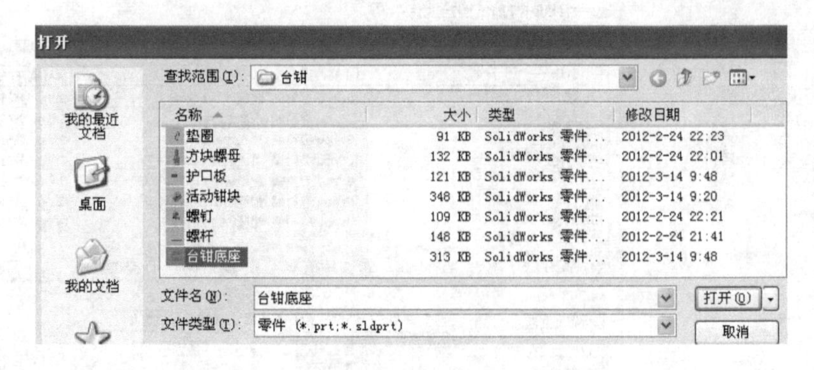

图 8-53　“开始装配体”对话框　　　　图 8-54　添加“台钳底座”

4）选择“标准视图”工具栏中的 （等轴图）工具，将视图可视角度转换为等轴测视角显示。再调入“螺杆”，移动鼠标到图形区域的任意位置，单击确定特征实体的调入，如图 8-55 所示。

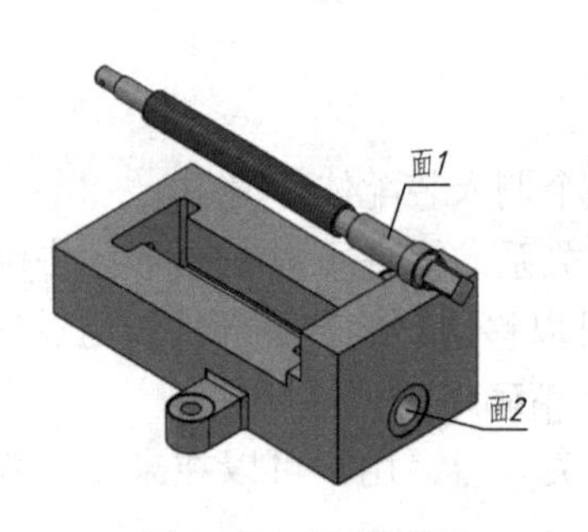

图 8-55　调入螺杆

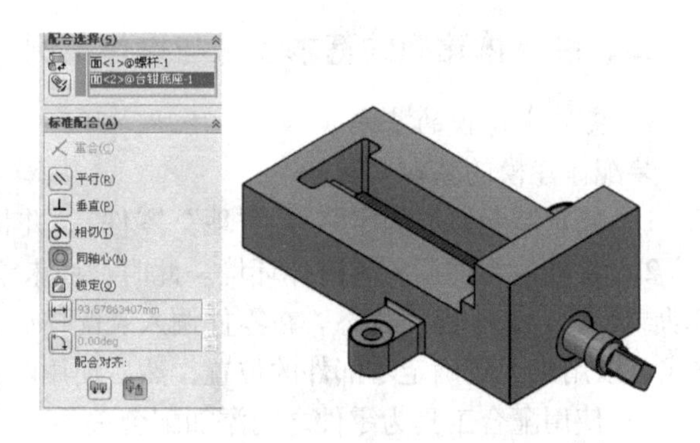

图 8-56　螺杆与虎钳底座的同轴心装配

5）在图形区域中选择图 8-55 所示的“面 1”与“面 2”，单击“装配体”工具栏中的 （配合）工具，显示“配合”属性管理器，在“标准配合”选项栏中选择“同轴心”配合，并单击 （反向对齐）按钮（此选项为系统默认设置），结果如图 8-56 所示。

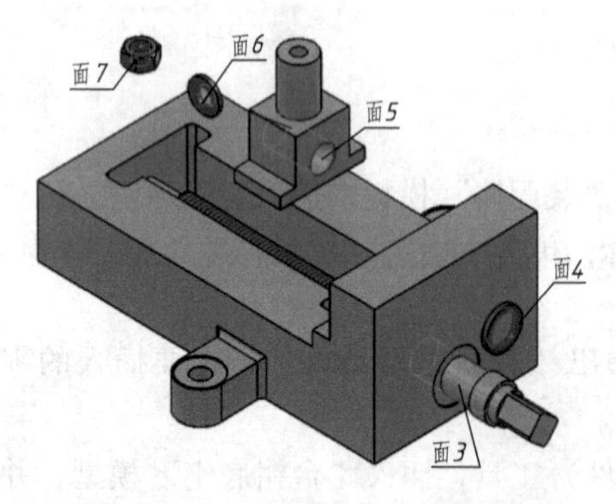

图 8-57　调入垫圈、方块螺母和螺母

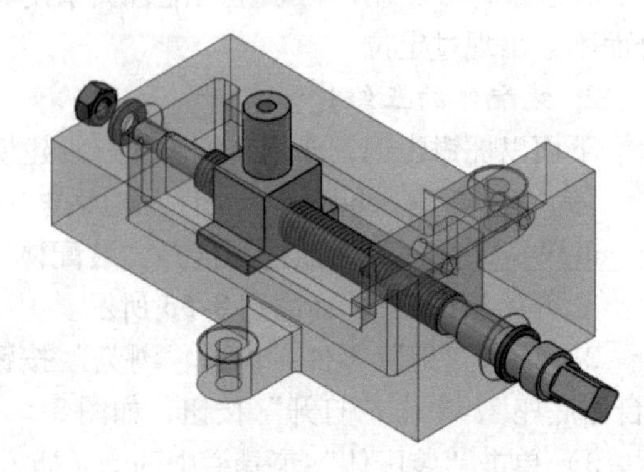

图 8-58　方块螺母、垫圈、螺母与螺杆同轴配合

6）按照同样方法调入垫圈、方块螺母和六角螺母，如图8-57所示。在图形区域中选择图8-57所示的“面3”、“面4”、“面5”、“面6”和“面7”，选择“同轴心”配合，结果如图8-58所示。

7）如图8-59a所示，将虎钳底座的“面8”与垫圈的“面9”按“重合”方式配合，结果如图8-59b所示。

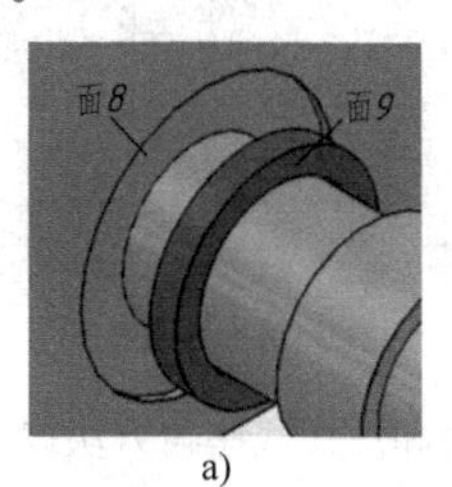

a)

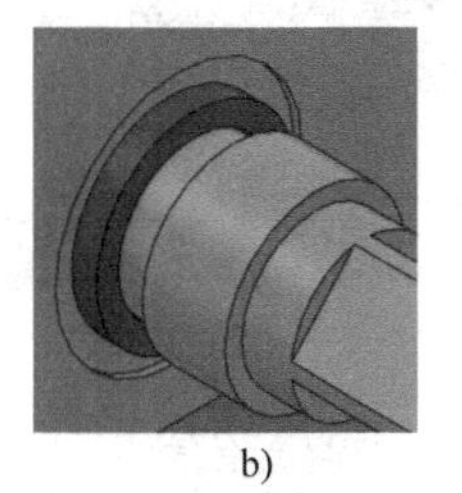
b)

图8-59　虎钳底座与垫圈的“重合”配合

8）按照“重合”配合将垫圈、螺杆和螺母配合，结果如图8-60所示。

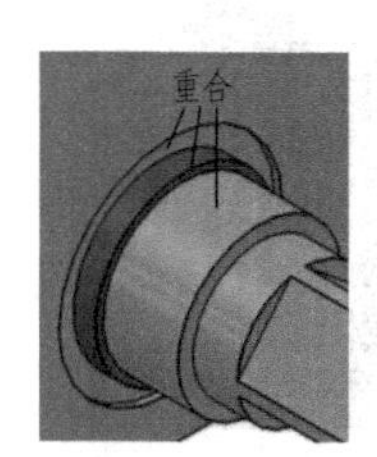

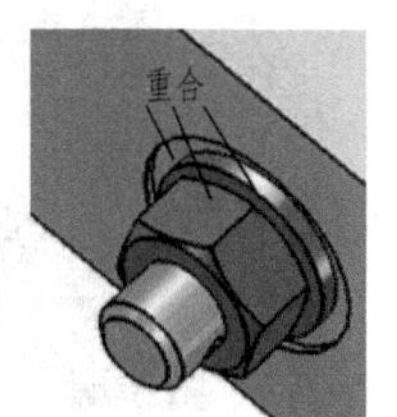

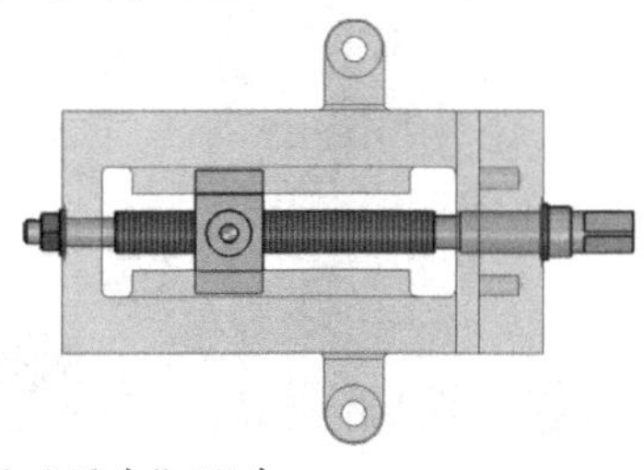

图8-60　虎钳底座与垫圈和螺母“重合”配合

9）如图8-61所示，选择虎钳底座内侧前面10和方块螺母外侧前面11，按照“重合”配合方式配合，结果如图8-62所示。

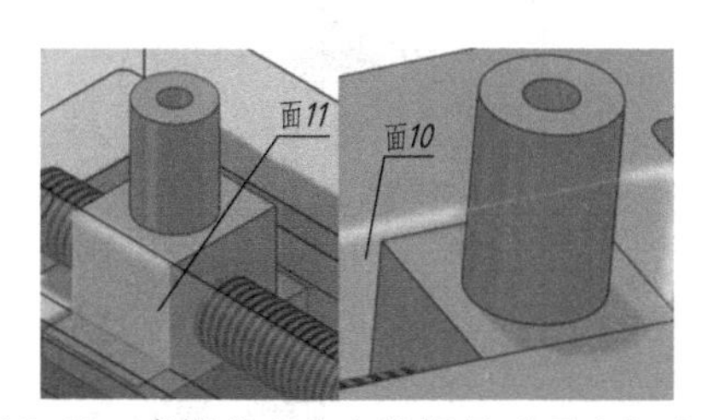

图8-61　虎钳底座和方块螺母“重合”配合

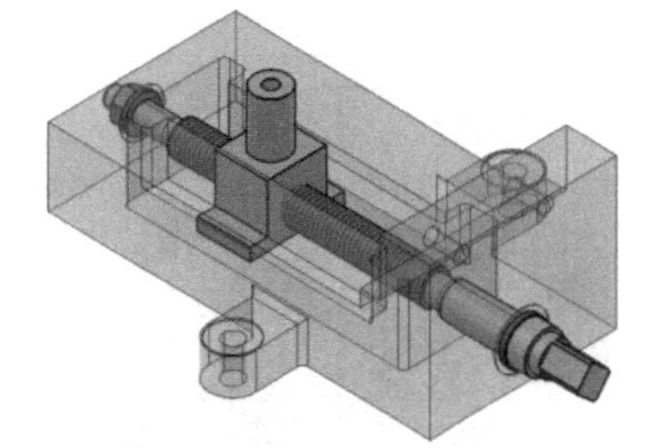

图8-62　虎钳底座与方块螺母的配合

10）调入活动钳块、螺钉、护口板，如图8-63所示。

11）如图8-64a所示将活动钳块、螺钉、方块螺母按“同轴心”配合，将虎钳底座与方块螺母按照“重合”配合方式配合，结果如图8-64b所示。

12）如图8-65a所示，将活动钳块、左边的护口板、螺钉按“同轴心”配合。再按照“重合”配合将活动钳块、护口板、螺钉装配，结果如图8-65b所示。

13）同样的方法完成右边的护口板、螺钉的配合。至此，已经完成了所有零件的装配操作，结果如图8-66所示。将该装配体文件保存为“虎钳.SLDASM”。

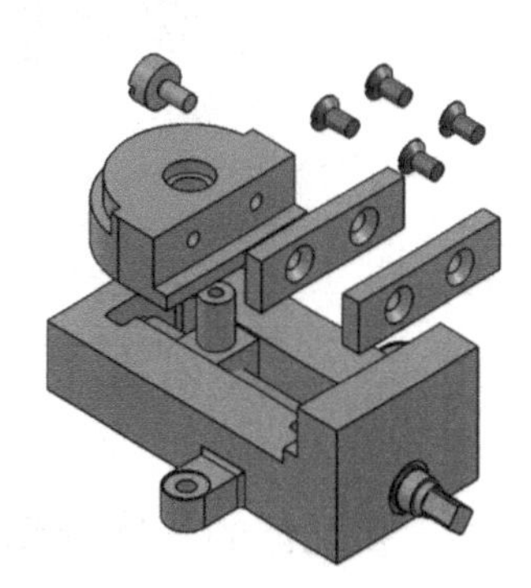

图8-63　调入活动钳块、螺钉、护口板

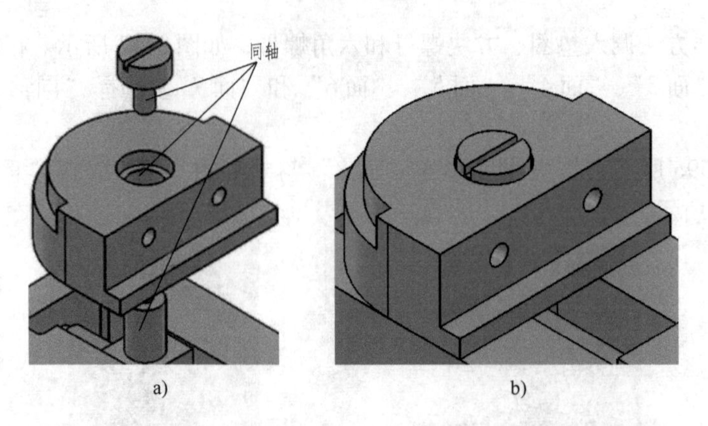

a)　　b)

图 8-64　活动钳块、螺钉、方块螺母的“同轴心”配合和虎钳底座与方块螺母的“重合”配合
a)“同轴心”配合　b)“重合”配合

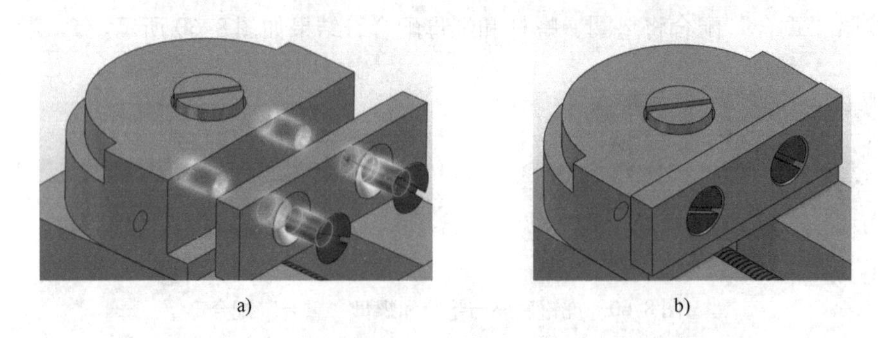

a)　　b)

图 8-65　活动钳块、左护口板、螺钉的配合

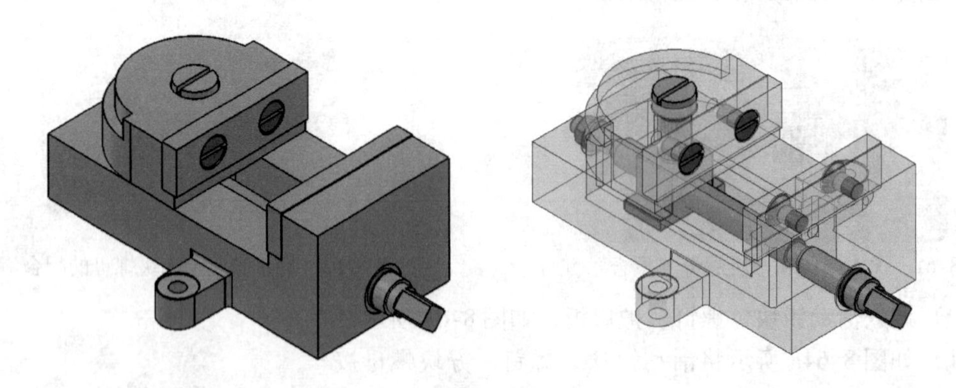

图 8-66　虎钳三维装配图

第五节　装配体的三维剖切图和爆炸图

一、装配体的三维剖切图

隐藏零部件、更改零件透明度等是观察装配体模型的常用手段。图 8-67 所示是气压阀

装配体的透明显示。但在许多产品中零部件空间关系非常复杂，具有多种嵌套关系，需要进行剖切以便于观察其内部结构。

对装配体模型，采用装配体特征来对外部的零部件进行切除，形成剖切视图。下面以气压阀装配体三维剖切图的生成说明具体操作步骤。

1）选择平面绘制草图。打开气压阀的装配体模型，选择右视基准面，添加草图，绘制图 8-68 所示位置的矩形，其中矩形右下角和气压阀截面的中心位置点重合。

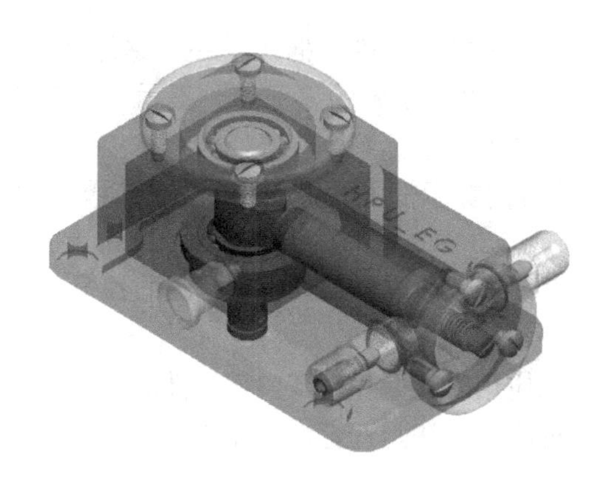

图 8-67　气压阀的装配图（透明显示）

图 8-68　草图绘制

2）单击装配体工具栏“装配体特征”→“拉伸切除”按钮，或选择菜单栏“插入”→“装配体特征”→“切除”→“拉伸”命令，设置合适的参数，在绘图区出现“拉伸切除”预览，如图 8-69 所示。

3）在“拉伸切除”属性管理器“特征范围”中，指定欲剖切的零部件，显示在“影响到的零部件”对话框中。

4）单击“确定”按钮完成对零部件的切除。气压阀三维剖切图的最终效果如图 8-70 所示。

注意：此拉伸切除特征仅隶属于装配体，零部件模型本身和零部件工程图不会被修改。

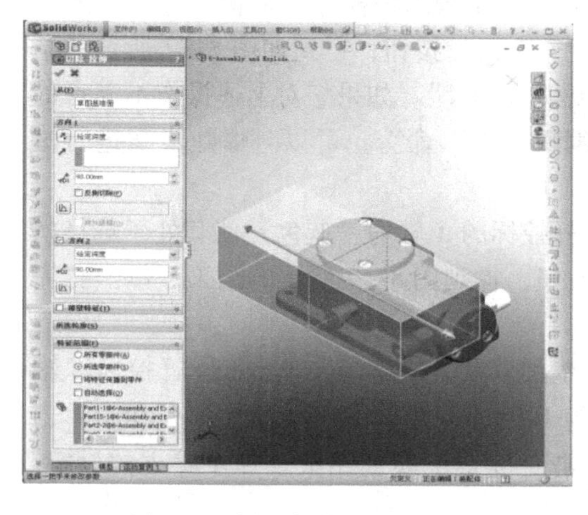

图 8-69　剖切参数设置及预览

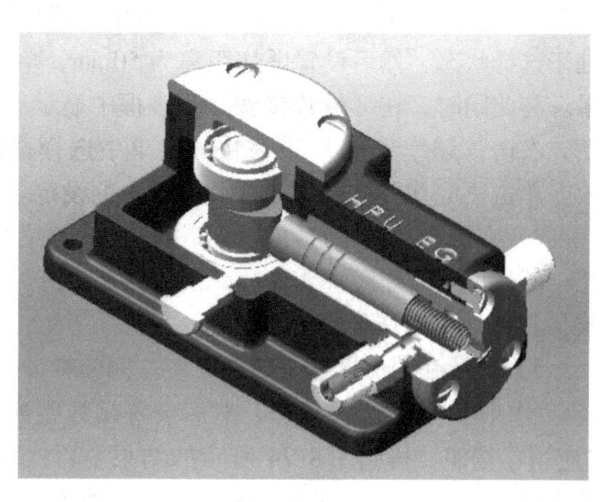

图 8-70　气压阀三维剖切图

二、装配体的爆炸图

在装配体完成之后，为了在随后的制造、销售和维修过程中，直观地表达、分析各个零部件之间的装配关系，常将装配体中的零部件分离出来，生成“爆炸”视图。一个爆炸视图可由一个或多个爆炸步骤组成，并且一个零部件可在多个方向进行爆炸。装配体爆炸之后，不可以对装配体添加新的配合关系。

生成爆炸视图的基本步骤如下：

1）单击装配体工具栏中的“爆炸视图”按钮，或选择菜单栏“插入”→“爆炸视图”命令，系统弹出“爆炸”属性管理器。在“设定”→“爆炸步骤的零部件”提示下，在图形区中依次单击欲爆炸的零部件，出现一个临时的爆炸方向坐标系。

2）在图形区单击爆炸方向坐标系的 X 轴，爆炸方向提示框中的坐标轴可由 Z 轴更改为 X 轴。在“爆炸距离”框中输入数值。

3）单击“设定”栏中的“应用”按钮，图形区中出现相应零部件爆炸视图的预览，在“爆炸步骤”显示框中出现“爆炸步骤 1”。

这是一种用给定距离生成爆炸视图的方式。实际应用时，爆炸视图中零部件的位置没有必要如此地精确，因而可用拖动的方式来生成爆炸视图。方法是选定欲爆炸的零部件后，在图形区直接将其拖动至合适的位置。

4）单击“设定”栏中的“完成”按钮，完成“爆炸步骤 1”。用同样的方法，生成其他零件的爆炸视图。

5）单击“爆炸”属性管理器中的“确定”按钮，完成所有零件的爆炸视图。

6）生成爆炸视图后，可以利用“爆炸”属性管理器进行编辑修改。若要删除某个爆炸步骤，可右击该爆炸步骤，在弹出的快捷菜单中选择“删除”命令，或选中该爆炸步骤，直接按“Delete”键，该爆炸步骤就会被删除，零部件恢复到爆炸前的装配状态。

下面以虎钳爆炸图的生成为例，详细说明其操作步骤。

1）单击“装配体”工具栏中的（爆炸视图）工具，显示“爆炸”属性管理器，如图 8-71 所示。移动鼠标在图形区域中同时选择活动钳块、左右两边的护口板、螺钉，此时，在实体的上端出现一个操纵杆控标，如图 8-71 所示。单击操纵杆控标的 Y 轴（绿色）使其处于选择状态，然后设置爆炸距离为 50mm，单击“应用”按钮，得到如图 8-72 所示的结果。与此同时，在“爆炸步骤”列表框中显示“爆炸步骤 1”。如果您对上述操作不满意的话，右击“爆炸步骤 1”，在快捷菜单中选择“编辑步骤”命令，可以对爆炸步骤进行修改。单击“完成”按钮结束爆炸步骤 1 的设定。

2）在图形区域中选择垫圈和螺杆，单击操纵杆控标的 X 轴的（蓝色）使其处于选择状态，然后设置爆炸距离为 30mm，单击“应用”按钮，得到图 8-73 所示的结果。单击“完成”按钮结束爆炸步骤 2 的设定。

3）继续在图形区域中选择钳座左侧的螺母、垫圈以及方块螺母，单击操纵杆控标 Z 轴（蓝色）使其处于选择状态，然后设置爆炸距离为 100mm，并单击（反向）按钮，单击“应用”按钮，得到图 8-74 所示的结果。再次单击“完成”按钮结束爆炸步骤 3 的设定。单击单击（确定）按钮完成装配体的爆炸操作。

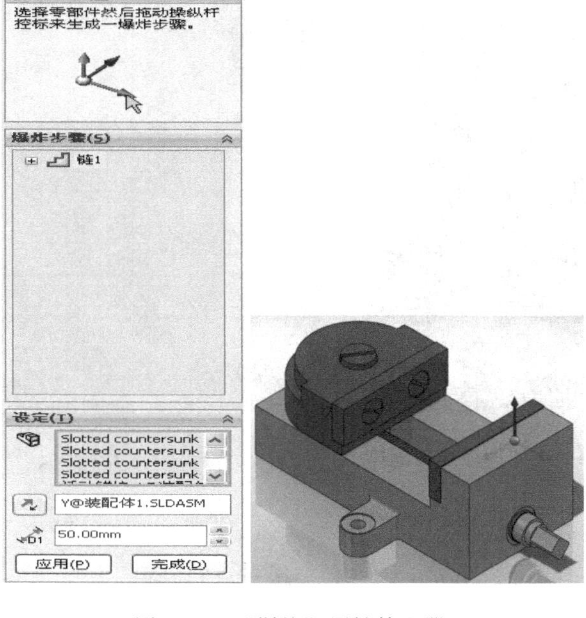

图 8-71 “爆炸”属性管理器

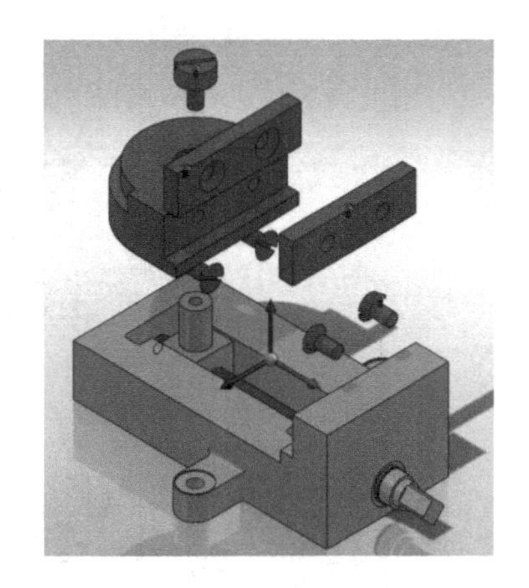

图 8-72 设定爆炸步骤 1

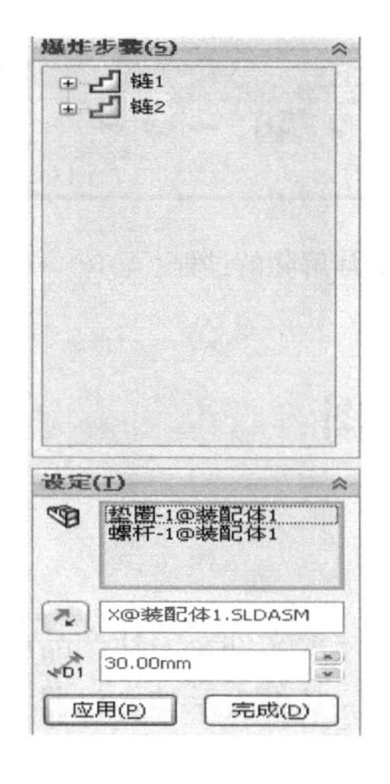

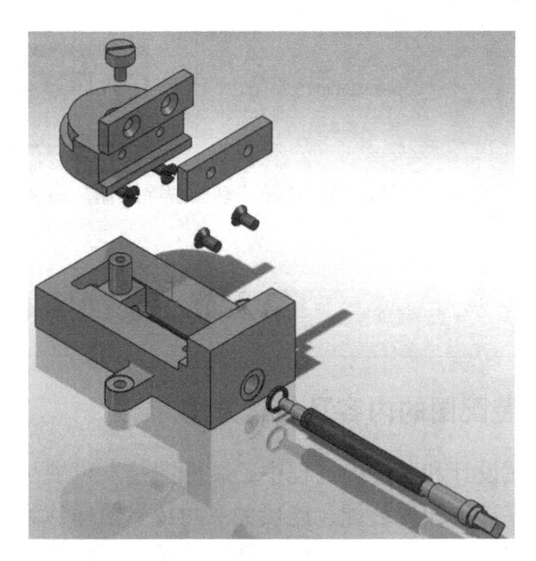

图 8-73 设定爆炸步骤 2

4）爆炸视图的动画演示。生成装配体的爆炸视图后，右击结构树中的装配体名称，在弹出的快捷菜单中选择“解除爆炸”，可以方便地在爆炸前视图和爆炸图之间进行转换。

右击结构树中的装配体名称，在弹出的快捷菜单中选择“动画解除爆炸”，图形区中已设置爆炸步骤的零部件会以动画的形式表达爆炸过程。同时，系统弹出“动画控制器”。允许用户对动画的播放模式（正常、循环和往复）、播放速度的快慢进行设置。还可将爆炸视图的动画过程录制下来，保存为 AVI 或其他格式的文件，以便在脱离 SolidWorks 的环境中进行播放，如图 8-75 所示。

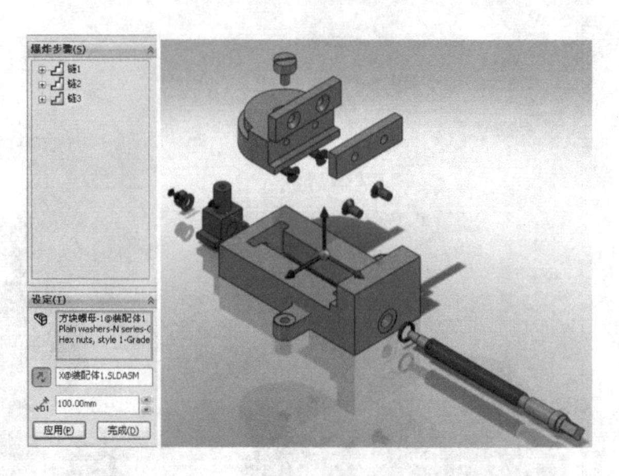

图 8-74　虎钳的爆炸装配体

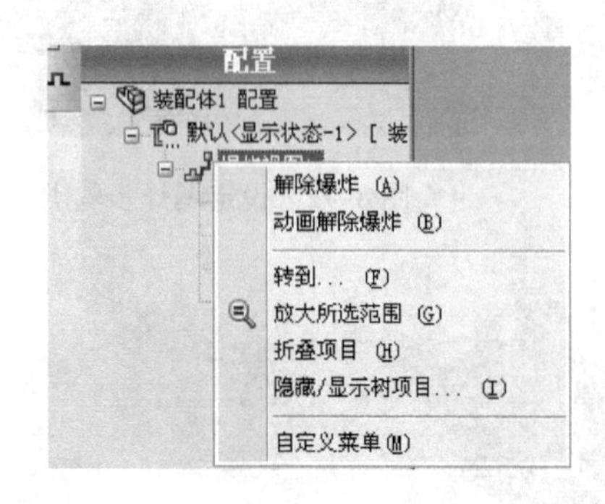

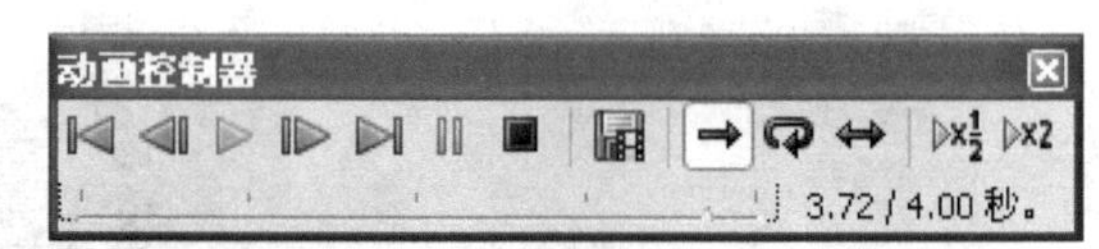

图 8-75　选择“动画解除爆炸”命令来演示爆炸解除的过程

第六节　装配体的工程图

一、装配图的内容及表达方法

在机械设计和制造的过程中，装配图是不可缺少的重要技术文件。表达产品或部件的工作原理及零部件间的装配、连接关系的技术图样称为装配图。其中表示整台机器的组成部分及各组成部分相对位置及连接、装配关系的图样称为总装图；表示部件的组成零件及各零件相对位置和连接、装配关系的图样称为部件装配图。

（一）装配图的作用

装配图是了解机器结构、分析机器工作原理和功能的技术文件，也是制订工艺规程，进行机器装配、检验、安装和维修的依据。

（二）装配图的内容

图 8-76 所示是球阀的装配图，图 8-77 所示是球阀的轴测剖视图。根据该球阀的装配图，可概括出装配图的内容如下：

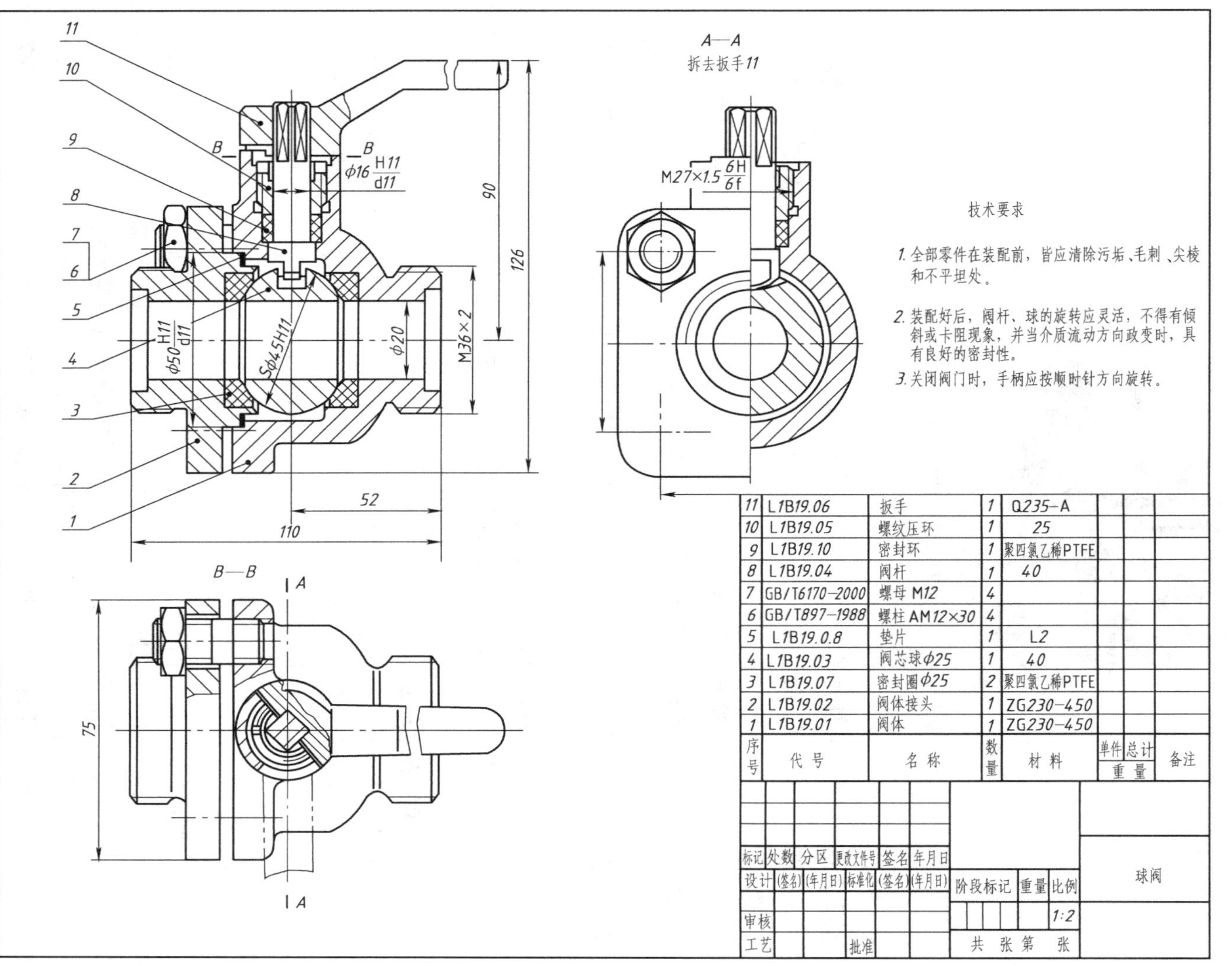
A—A
拆去扳手11
M27×1.5 6H/6f
126
90
M36×2
φ20
52
110
B
φ16 H11/d11
Sφ45H11
φ50 H11/d11
B—B
A
75
1 2 3 4 5 6 7 8 9 10 11
技术要求
1.全部零件在装配前，皆应清除污垢、毛刺、尖棱和不平坦处。
2.装配好后，阀杆、球的旋转应灵活，不得有倾斜或卡阻现象，并当介质流动方向改变时，具有良好的密封性。
3.关闭阀门时，手柄应按顺时针方向旋转。
11 L1B19.06 扳手 1 Q235-A
10 L1B19.05 螺纹压环 1 25
9 L1B19.10 密封环 1 聚四氟乙烯PTFE
8 L1B19.04 阀杆 1 40
7 GB/T6170-2000 螺母 M12 4
6 GB/T897-1988 螺柱 AM12×30 4
5 L1B19.0.8 垫片 1 L2
4 L1B19.03 阀芯球φ25 1 40
3 L1B19.07 密封圈φ25 2 聚四氟乙烯PTFE
2 L1B19.02 阀体接头 1 ZG230-450
1 L1B19.01 阀体 1 ZG230-450
序号 代号 名称 数量 材料 单件 总计 重量 备注
球阀
标记 处数 分区 更改文件号 签名 年月日
设计 (签名) (年月日) 标准化 (签名) (年月日) 阶段标记 重量 比例
1:2
审核
工艺 批准 共 张 第 张

图 8-76　球阀装配图

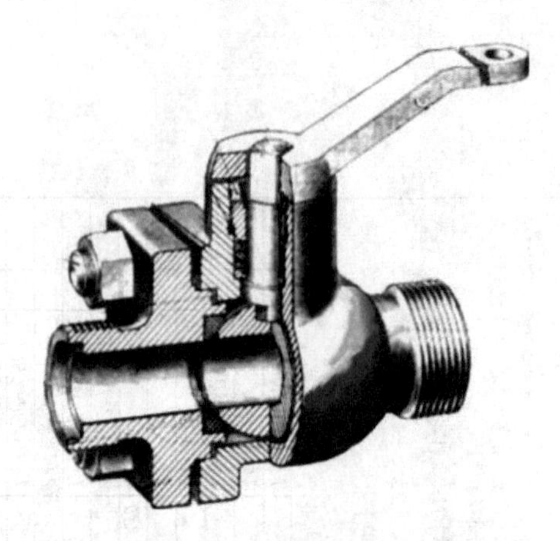

图 8-77　球阀的轴测剖视图

1. 一组视图

根据产品或部件的具体结构，选用适当的表达方法，用一组视图正确、完整、清晰地表达产品或部件的工作原理、各组成零件间的相互位置和装配关系及主要零件的结构形状。

2. 必要的尺寸

装配图中必须标注反映产品或部件的规格、外形、装配、安装所需的必要尺寸，另外，在设计过程中经过计算而确定的重要尺寸也必须标注。

3. 技术要求

在装配图中用文字或国家标准规定的符号注写出该装配体在装配、检验、使用等方面的要求。

4. 零、部件序号、标题栏和明细栏

按国家标准规定的格式绘制标题栏和明细栏，并按一定格式将零、部件进行编号，填写标题栏和明细栏。

（三）装配图的表达方法

装配图表达的重点是产品或部件的结构、工作原理和零件间的装配关系。前面所介绍的机件表示法中的画法及相关规定既可用于零件图的表达，也适用于装配图的表达。为了清晰简便地表达出部件或机器的结构，国家标准《机械制图》对画装配图提出了一些规定画法和特殊的表达方法。

1. 规定画法

（1）零件间接触面、配合面的画法　相邻两个零件的接触面和基本尺寸相同的配合面，只画一条轮廓线，不接触表面之间即使间隙很小也必须画出两条线，如图 8-78a 所示。若相邻两个零件的基本尺寸不相同，则无论间隙大小，均要画成两条轮廓线。

（2）装配图中剖面符号的画法　两个相邻的金属零件，其剖面线倾斜方向应相反，如图 8-78a；若有三个以上零件相邻，还应使剖面线间隔不等来区别不同的零件，如图 8-78b。

同一零件在同一张装配图中的各个视图上，其剖面线必须方向一致，间隔相等。另外，在装配图中，宽度小于或等于 2mm 的窄剖面区域，可全部涂黑表示，如图 8-78a 中的垫圈。

（3）螺纹紧固件和实心体的画法　在装配图中，对于螺纹紧固件（如螺栓、螺钉、螺母等）及轴、球、手柄、键、连杆等实心零件，若沿纵向剖切且剖切平面通过其对称平面或轴线时，这些零件均按不剖绘制。如图 8-78a 中的阀杆零件。若需表明零件的凹槽、键槽、销孔等结构，可用局部剖视表示。

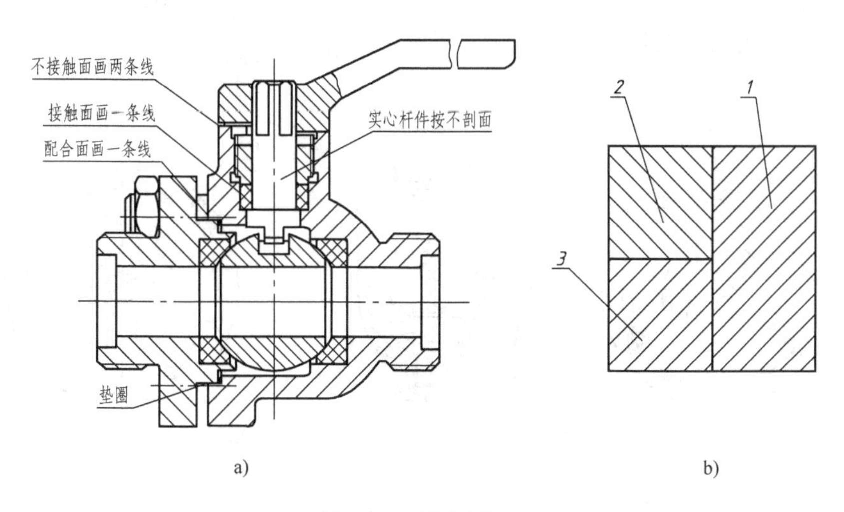

图 8-78　规定画法

2. 特殊表达方法

（1）拆卸画法在装配图的某一视图中，为表达一些重要零件的内、外部形状，可假想拆去一个或几个零件后绘制该视图。如图 8-79 所示滑动轴承装配图中，俯视图的右半部即是拆去轴承盖、螺栓等零件后画出的。

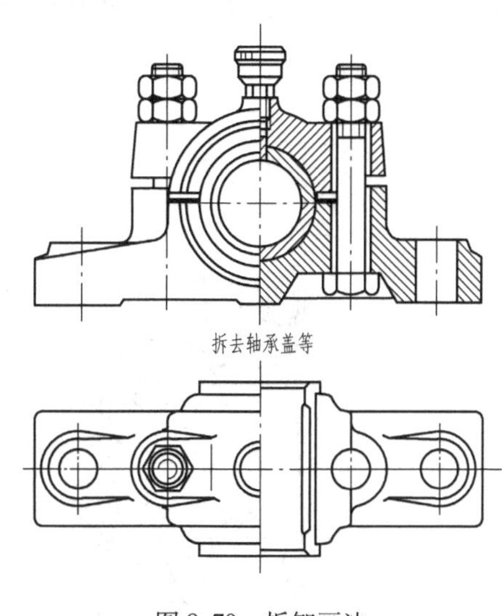

图 8-79　拆卸画法

沿零件结合面的剖切画法也可以假想在某些零件的结合处进行剖切，然后画出相应的剖视图。此时零件的结合面不画剖画线，被剖断的零件应画剖面线，如图 8-80 中的 *A—A* 剖视。

（2）假想画法　当需要表达运动零件的极限位置或相邻的辅助零件时，可用细双点画线画出其轮廓线。

1）当需要表达运动零件的极限位置时，可先在一个极限位置上画出该零件，再在另一个极限位置上用细双点画线画出其轮廓，如图 8-81 的 *A—A* 展开图也属于假想画法。

2）当需要表示不属于本部件，但与其有邻接关系的零件时，用双点画线画出与其有关部分的轮廓。如图 8-80 中的主视图，与转子油泵相邻的零件即是用细双点画线画出的；图 8-81 的 *A—A* 展开图也属于假想画法。

（3）夸大画法　对薄片零件、细小零件、零件间很小的间隙和锥度很小的锥销、锥孔等，为了把这些细小的结构表达清楚，可不按比例画而用适当夸大的尺寸画出，如图 8-80

所示。

在装配图中，为了表达与本部件存在装配关系但又不属于本部件的相邻零、部件时，可用细双点画线画出相邻零、部件的部分轮廓。如图 8-80 所示主视图，与转子油泵相邻的零件即是用细双点画线画出的。

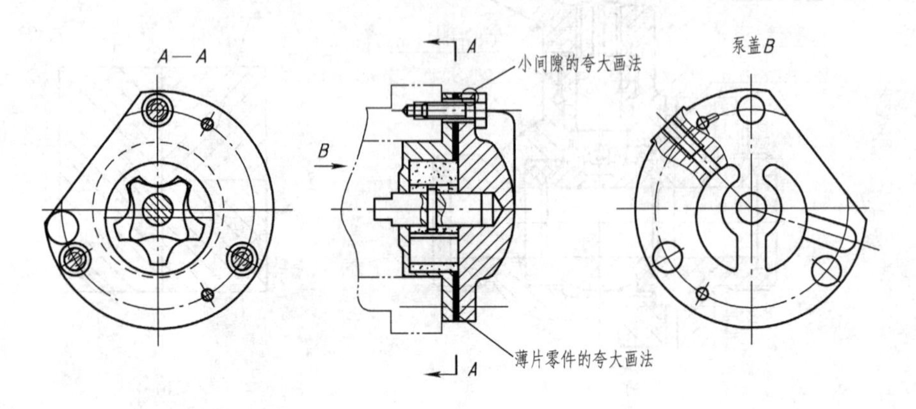

图 8-80　转子油泵

（4）展开画法　为了表达一些传动结构各零件的装配关系和传动路线，可假想按传动顺序沿轴线剖开，然后依次将轴线展开在同一平面上画出，如图 8-81 所示。

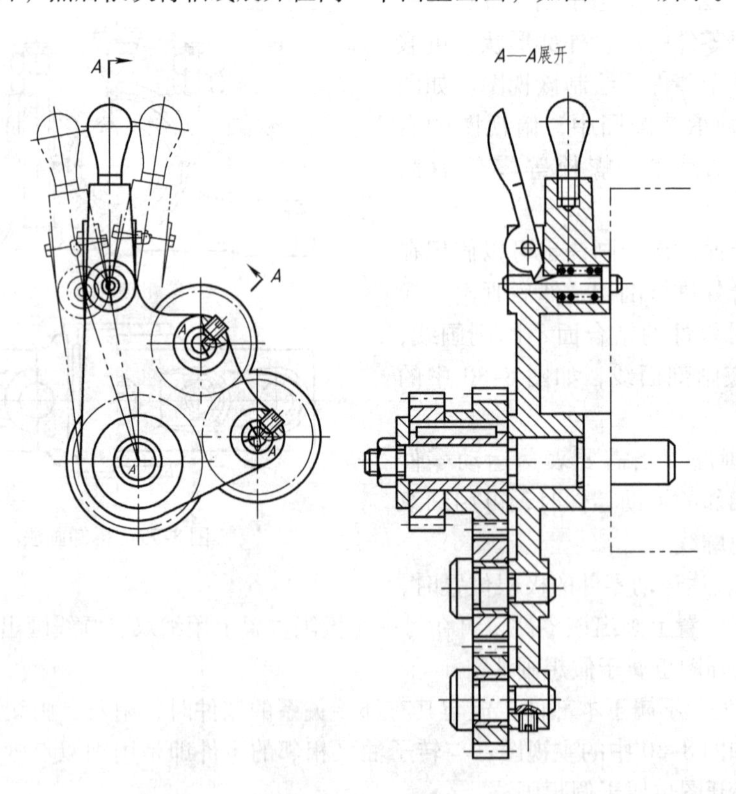

图 8-81　展开画法

(5) 零件的单独表达画法　在装配图中，当某个主要零件没有表达清楚时，可以单独地只画出该零件的某个视图，但应标明视图名称和投射方向。如图 8-80 所示“泵盖 B”。

(6) 简化画法　装配图中常用的简化画法主要有以下几种（图 8-82）：

1）零件的倒角、小圆角、退刀槽和其他细节常省略不画。

2）对于规格相同的螺纹联接件或其他结构可详细地画出一处，其余各处只需用细点画线表示出其中心所在位置。

3）在装配图中，当剖切平面通过某些标准产品的组合件，或该组合件已在其他视图中表达清楚时，可以只画出其外形图，如图 8-79 所示的油杯。

4）对于滚动轴承和密封圈，在剖视图中可以一边用规定画法画出，另一边用通用画法表示。

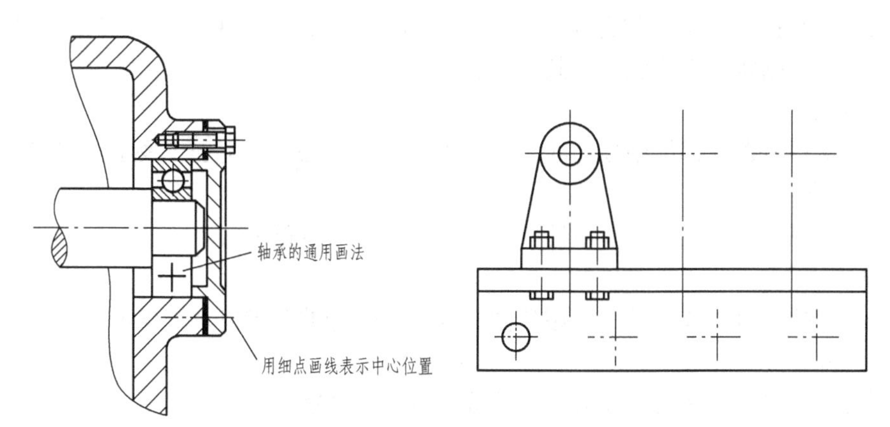

图 8-82　简化画法

二、装配图的尺寸标注和技术要求

（一）装配图的尺寸标注

装配图的主要功能是表达产品的装配关系，而不是制造零件的依据。因此它不需标注各组成部分的所有尺寸，一般只需标出如下几种类型的尺寸。

1. 性能（规格）尺寸

性能（规格）尺寸是表明装配体规格和性能的尺寸，是设计和选用产品的主要依据。如图 8-76 所示，球阀的进、出口尺寸 $\phi20$ 决定流体的流量，代表球阀的工作能力。

2. 装配尺寸

装配尺寸包括以下两类尺寸：

1）配合尺寸是指所有零件间对配合性质有特别要求的尺寸，它表示零件间的配合性质和相对运动情况，如图 8-76 所示，阀盖与阀体的配合尺寸 $\phi54H11/h11$。

2）零件之间、部件之间或它们与机座之间必须保证的相对位置尺寸，如图 8-76 中的尺寸 90。

3. 安装尺寸

安装尺寸是机器或部件安装到机座或其他工作位置时所需的尺寸，包括安装面的大小，安装孔的定形、定位尺寸等，如图 8-76 中尺寸 M36×2、90、52 等。

4. 外形尺寸

外形尺寸是指反映装配体总长、总宽、总高的外形轮廓尺寸。这些尺寸通常是包装、运输和安装等过程中所需要的。图 8-76 中球阀的总长、总宽、总高分别为 110、75 和 126。

5. 其他重要尺寸

在设计过程中经过计算而确定的尺寸和主要零件的主要尺寸以及在装配或使用中必须说明的尺寸，如图 8-76 中 $S\phi45h11$。

必须指出：不是每一张装配图都具有上述尺寸，有时某些尺寸兼有几种意义。装配图的尺寸标注，应根据部件的作用，反映设计者的意图。

（二）装配图的技术要求

除图形中已用代号表达的以外，对机器（部件）在包装、运输、安装、调试和使用过程中应满足的一些技术要求及注意事项等，通常注写在标题栏、明细栏的上边或左边空白处。技术要求应根据实际需要注写，其内容有以下几项：

1. 装配要求

装配要求包括机器或部件中零件的相对位置、装配方法、装配加工及工作状态等。

2. 检验要求

检验要求包括对机器或部件基本性能的检验方法和测试条件等。

3. 使用要求

使用要求包括对机器或部件的使用条件、维修、保养的要求以及操作说明等。

4. 其他要求

不便用符号或尺寸标注的性能规格参数等，也可用文字注写在技术要求中。

（三）装配图中的零、部件序号和明细栏

1. 装配图中的零、部件序号和明细栏

为了便于图样管理、组织生产、机器装配和看懂装配图，在装配图中必须对零、部件编注序号和代号，并填写在明细栏中。

2. 零（部）件序号及其编排方法

（1）一般规定　装配图中零、部件序号应遵守下列一般规定：

1）装配图中所有的零、部件都必须编写序号。

2）装配图中一个部件可以只编写一个序号，同一装配图中相同的零、部件只编写一次。

3）装配图中零、部件序号，要与明细栏中的序号一致。

（2）序号的编排方法　装配图中零、部件序号的编排按下列方法进行：

1）装配图中编写零、部件序号的常用方法有三种，如图 8-83 所示。

2）同一装配图中编写零、部件序号的形式应一致。

3）指引线应自所指部分的可见轮廓引出，并在末端画一圆点，如图 8-84 所示。如所指

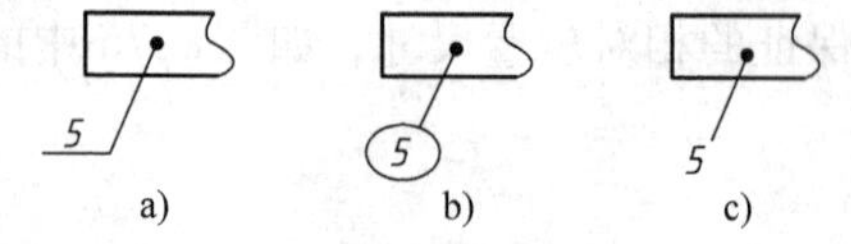

图 8-83　序号的编写方式

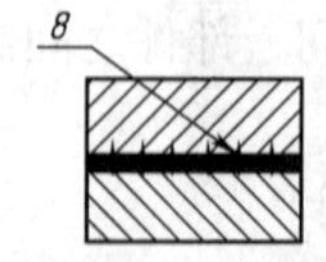

图 8-84　指引线画法

部分轮廓内不便画圆点时，可在指引线末端画一箭头，并指向该部分的轮廓。

4）指引线可画成折线，但只可曲折一次。

5）一组紧固件以及装配关系清楚的零件组，可以采用公共指引线，如图 8-85 所示。

6）零件的序号应沿水平或垂直方向按顺时针或逆时针方向排列，序号间隔尽可能相等，如图 8-85 球阀装配图中零件序号为顺时针方向排列。

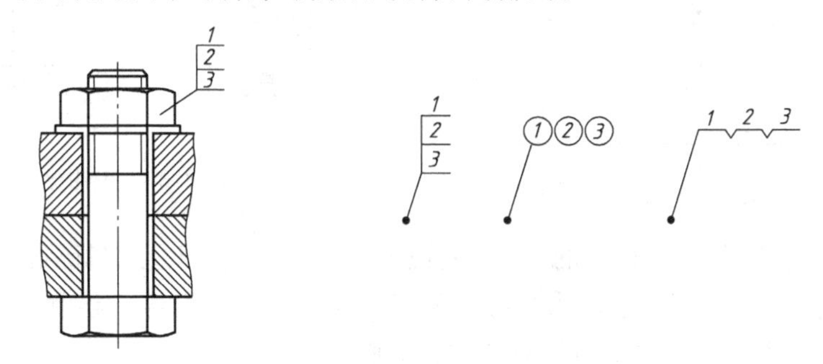

图 8-85　公共指引线

3. 标题栏及明细栏

标题栏和明细栏的格式按 GB/T 10609.1—2008 和 GB/T 10609.2—2009 规定绘制，具体样式参见第一章相关内容。装配图中标题栏格式与零件图中相同，填写明细栏时要注意以下问题。

1）明细栏画在标题栏上方，如位置不够，可在标题栏左边接着绘制。也可另纸单独编写，并计入装配图的总张数。

2）零、部件序号按从小到大的顺序由下而上填写，以便添加漏画的零件。

3）代号栏：填写非标准零、部件的图样编号或标准零、部件的国标代号。

4）名称栏：填写非标准零、部件的名称或标准零、部件的名称和规格尺寸。

5）备注栏：填写零件的热处理、表面处理等要求、齿轮弹簧等零件的主要参数以及“借用件”、“无图”等补充说明。

第七节　基于 SolidWorks 的装配体异维图示

装配体工程图的绘制方法与零件工程图类似，只是在零、部件的级别上多了一些控制命令。下面以虎钳为例，介绍基于 SolidWorks 的装配体异维图示步骤。

一、生成装配体工程图

创建工程图操作步骤如下：

1）选择“工程图”模板。

2）系统弹出“图纸格式/大小”对话框，如图 8-86 所示，选择“A3 - 横向”纸张后，单击“确定”按钮，进入工程图的绘制模式。

3）显示“模型视图”属性管理器，单击“浏览”按钮，在“打开”对话框中选择“虎钳.asm”文件。

4）根据虎钳的表达要求，先建立虎钳的俯视图。单击▣按钮，然后移动鼠标到图形区域，并单击确定虎钳的俯视图，如图 8-87 所示。

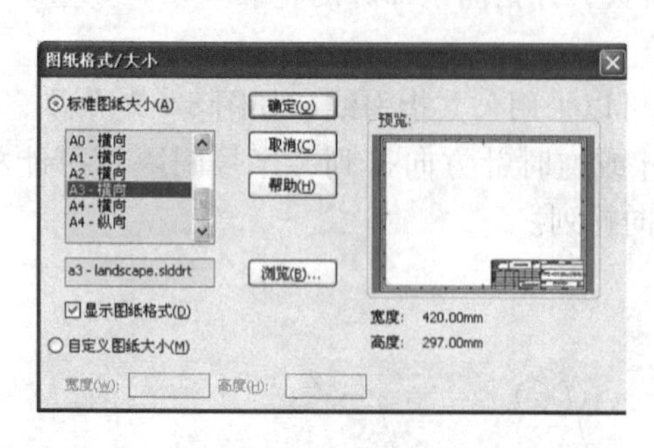

图 8-86　“图纸格式/大小”对话框

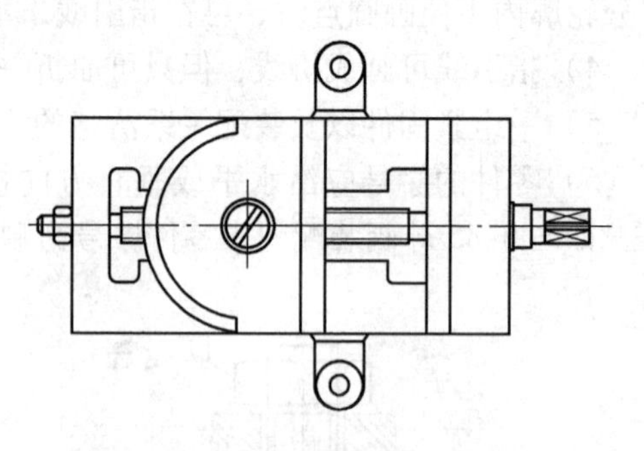

图 8-87　虎钳俯视图

5）单击“工程图”工具栏中的（剖面视图）工具，然后移动鼠标到图 8-88 所示的俯视图前后对称线，当鼠标指针显示为中心关系时，在推理线的引导下绘制出图 8-88 所示的剖切线。此时系统弹出“剖面视图”对话框，如图 8-89 所示。

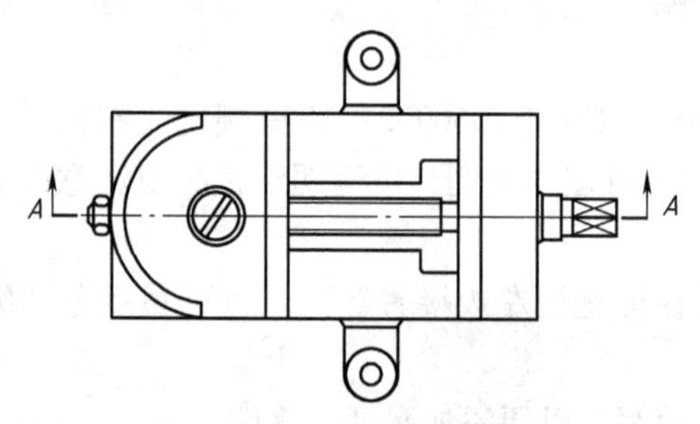

图 8-88　绘制剖面线

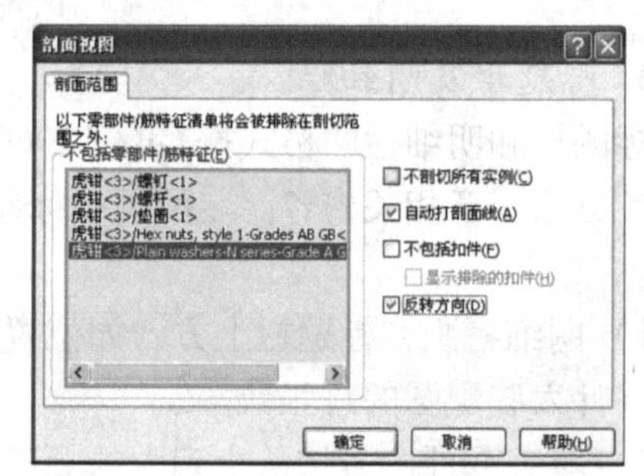

图 8-89　“剖面视图”对话框

在图形区域中直接选择零部件（选择螺杆、垫圈和螺母）作为不剖的零部件，单击“确定”按钮，进入“剖面视图 *A*—*A*”属性管理器，在剖面线的“标号”文本框中“*A*”，然后再移动鼠标到图形区域确定剖视图的位置，结果如图 8-90 所示。

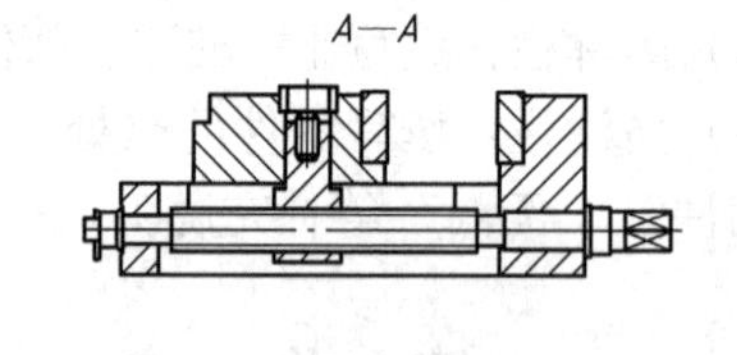

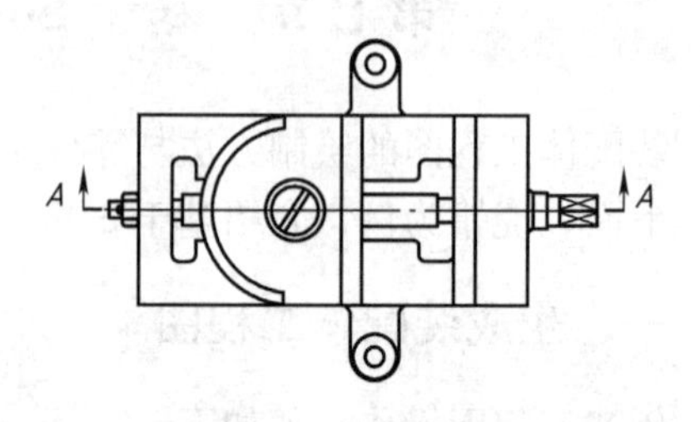

图 8-90　绘制剖面视图

6）单击工具栏中的（投影视图）工具，显示“投影视图”属性管理器。从主视图开始右移鼠标到适当的位置确定装配体左视图。如图8-91 所示。

7）激活虎钳左视图，绘制一个覆盖模型半边的矩形（剖切线），并选择之，如图 8-92a 所示。单击工程图工具栏上的“断开的剖视图”按钮，弹出“断开的剖视图”属性管理器。选择“深度参考”，在俯视图中选择螺钉头部的圆心设定剖视深度，得到剖视图结果如图 8-92b 所示。

8）在左视图中绘制并选择一个闭合轮廓（剖切线），如图 8-92c 所示，然后选择该闭合曲线，重复第 7 步的方法绘制“局部剖视图”，隐藏左视图中与中心线重合的轮廓线，添

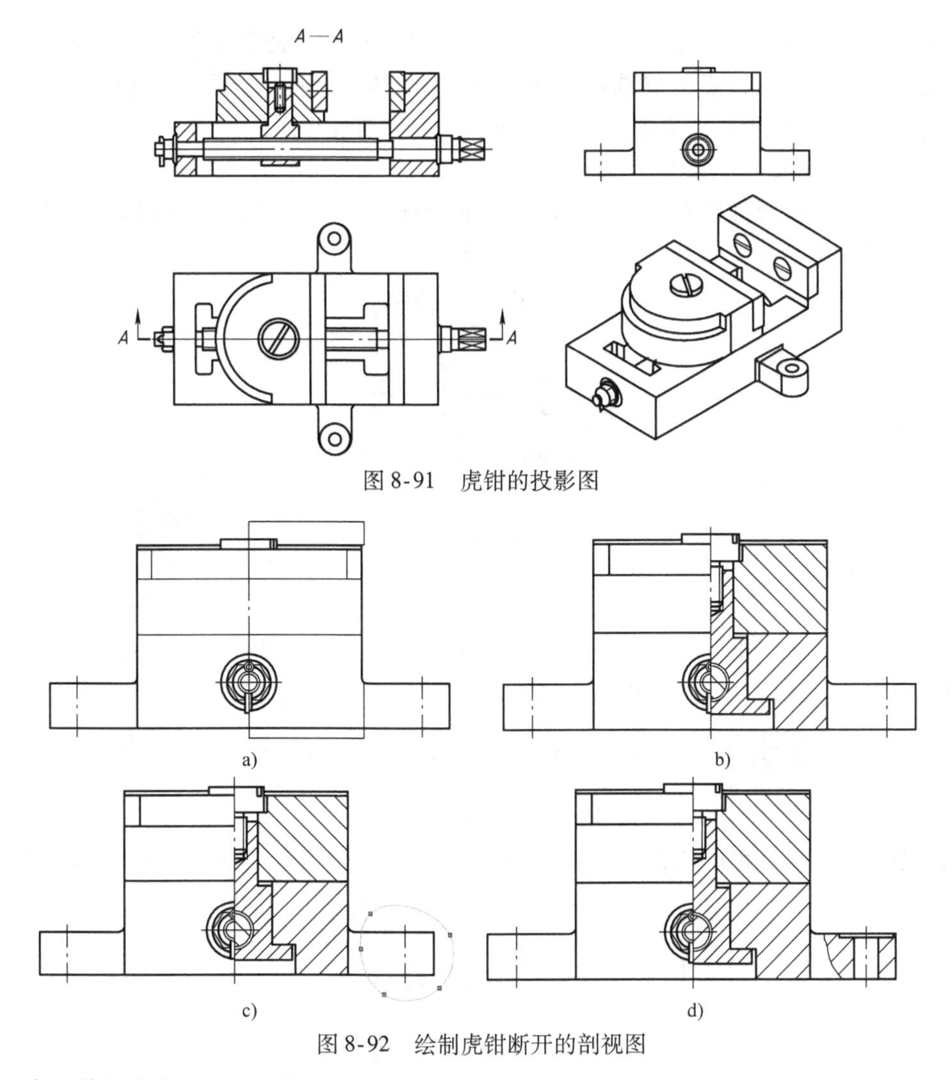

图 8-91 虎钳的投影图

图 8-92 绘制虎钳断开的剖视图

加中心线，结果如图 8-92d 所示。

二、插入零件序号

在装配图的视图上可以插入各个零部件的序号，其顺序按照材料明细栏的序号顺序而定。

单击“工程图”工具栏上的“零件序号”按钮，然后单击装配体中的每一个零部件，弹出“零件序号”属性管理器，在“零件序号文字”下拉列表框中选择“自定义”选项，在“自定义文字”文本框内输入相应的序号，如图 8-93 所示，单击“确定”按钮，完成操作。

三、材料明细栏

在企业生产组织过程中，BOM（Bill of Material）表是描述产品零件基本管理和生产属性的信息载体。工程图中的材料明细相当于简化的 BOM 表，通过表格的形式罗列装配体中零部件的各种信息。

1. 添加零件明细

选中视图，单击“注解”工具栏上的“表格”按钮，在下拉图标中选择，弹出“材料明细表”属性管理器，单击“表格模板”按钮，选择“表模板”，在“表格位置”选项组中选中“附加到定位点”复选框，在“材料明细表类型”选项组中选择“仅限零件”单选按钮，如图 8-94 所示，单击“确定”按钮，完成操作。

2. 编辑零件明细栏表格格式

移动鼠标到材料明细栏左上角，鼠标指针变为，单击，在“材料明细表”属性管理器中弹出“表格位置”选项组，如图 8-95 所示。

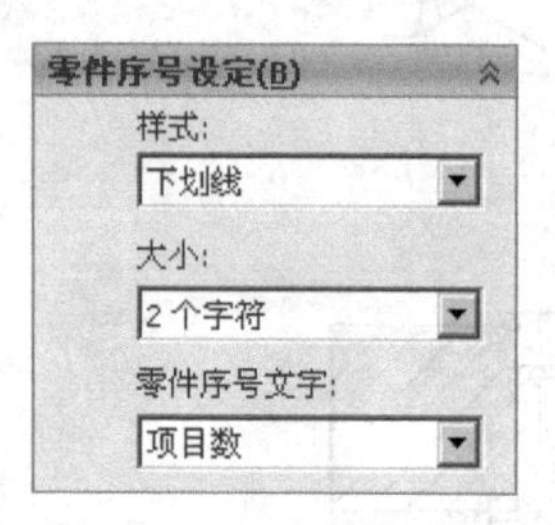

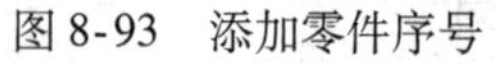
图 8-93 添加零件序号

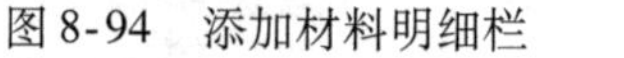
图 8-94 添加材料明细栏

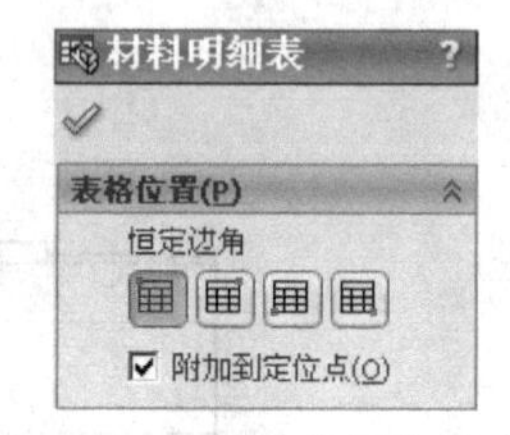

图 8-95 “表格位置”选项组

单击材料明细栏单元格，弹出单元格工具栏，如图 8-96 所示。

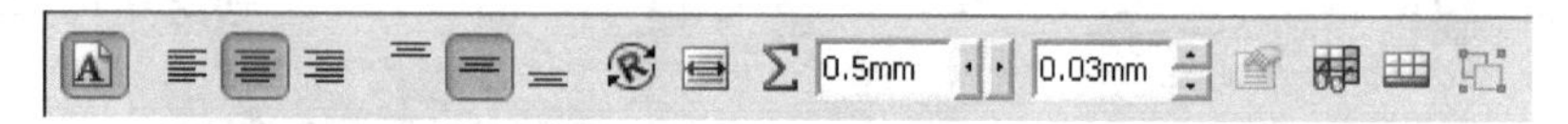

图 8-96 单元格工具栏

利用单元格工具栏提供的各项功能，可以完成明细栏创建，最终结果如图 8-97 所示。

11	调整垫	1	Q235	
10	螺钉 GB68—2000 M8×16	1	Q235	
9	护口板	2	45	
8	螺杆	1	45	
7	方块螺母	1	Q275	
6	螺钉	1	Q235	
5	活动钳块	1	HT200	
4	钳座	1	HT200	
3	垫圈 GB/T 97.1—2002 10	1	Q235	
2	销 GB/T 91—2000 2.5×20	1	Q235	
1	螺母 GB6170—2000 M10	1	Q235	
序号	名称	数量	材料	备注
虎钳		比例	1:1	HQ—001
		件数		
制图		重量		共 张 第 张
描图				
审核				

图 8-97 明细栏创建

3. 保存自定义材料明细栏

右击材料明细栏，从弹出的快捷菜单中选择“保存为模板”命令，在弹出的“另存为”对话框中，输入“自定义材料明细栏 . SLDBOMTBT”，单击“保存”按钮。

四、完成装配体的异维图

利用“注解”工具完成虎钳的中心线、尺寸、配合及技术要求的添加，最终的虎钳异维图如图 8-98 所示。

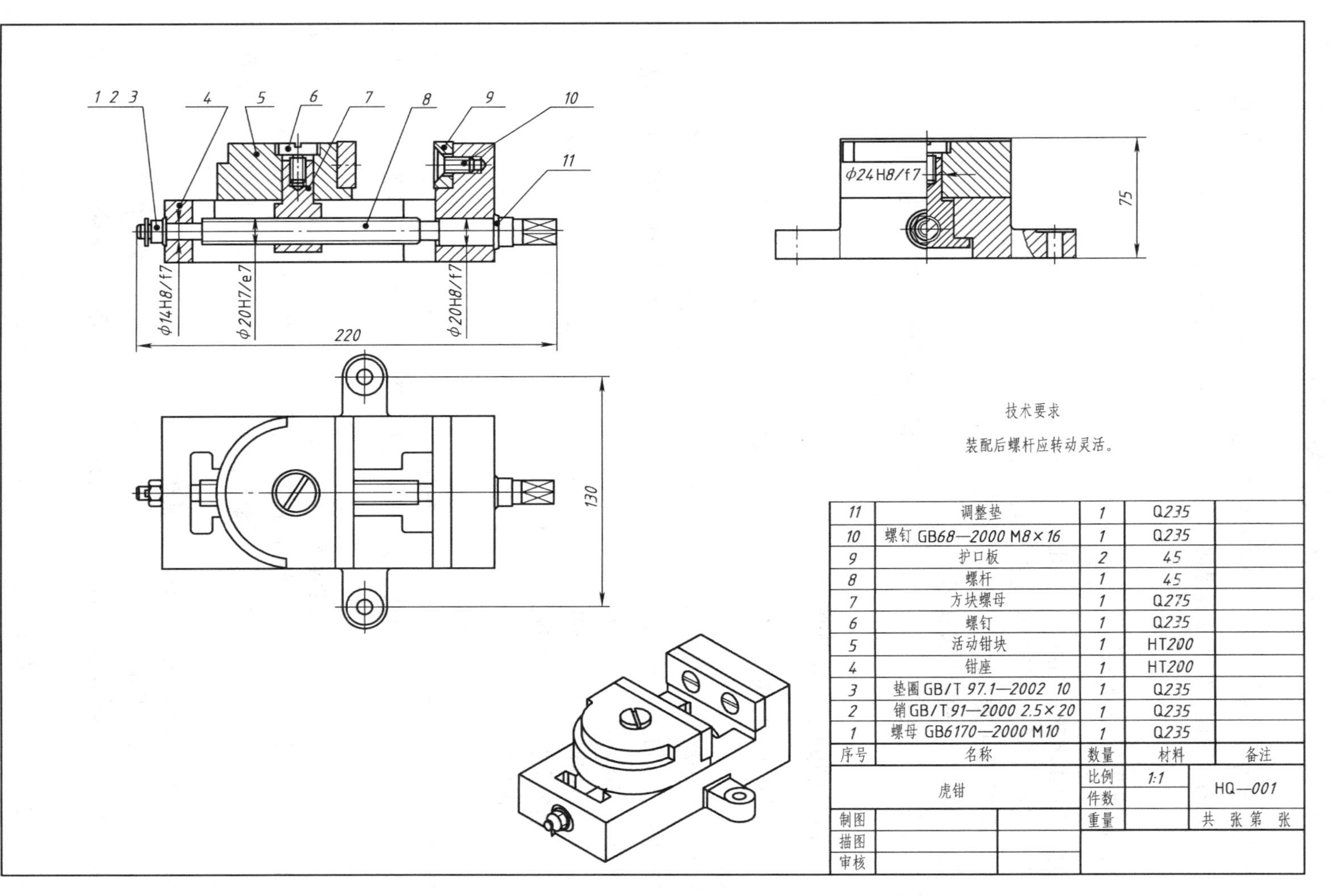

1 2 3 4 5 6 7 8 9 10 11
φ14H8/f7
φ20H7/e7
φ20H8/f7
220
φ24H8/f7
75
130
技术要求
装配后螺杆应转动灵活。
11 调整垫 1 Q235
10 螺钉 GB68—2000 M8×16 1 Q235
9 护口板 2 45
8 螺杆 1 45
7 方块螺母 1 Q275
6 螺钉 1 Q235
5 活动钳块 1 HT200
4 钳座 1 HT200
3 垫圈 GB/T 97.1—2002 10 1 Q235
2 销 GB/T 91—2000 2.5×20 1 Q235
1 螺母 GB6170—2000 M10 1 Q235
序号 名称 数量 材料 备注
虎钳
比例 1:1
件数
重量
HQ—001
共 张 第 张
制图
描图
审核

图 8-98 虎钳异维图

第八节 读 装 配 图

从机器设备的方案论证、设计，到生产装配、安装、调试、使用维修等各个阶段，都是以装配图为依据的。因此，作为工程界的从业人员，必须掌握读装配图以及由装配图拆画零件图的方法。

一、读装配图的基本要求

读装配图的基本要求可归纳为以下几点：

1）了解部件的名称、用途、性能和工作原理。

2）弄清各零件间的相对位置、装配关系和装拆顺序。

3）弄懂各零件的结构形状及作用。

读装配图要达到上述要求，不仅要掌握制图知识，还需要具备一定的生产和相关专业知识。

二、读装配图的方法和步骤

下面以图 8-76 所示球阀装配图为例，说明读装配图的一般方法和步骤。

1. 概括了解

由标题栏、明细栏了解部件的名称、用途以及各组成零件的名称、数量、材料等，对于有些复杂的部件或机器还需查看说明书和有关技术资料，以便对部件或机器的工作原理和零件间的装配关系做深入的分析了解。

由图 8-76 的标题栏、明细栏可知，该图所表达的是管路附件——球阀，该球阀由 11 种零件组成。球阀的主要作用是控制管路中流体的流通量。从其作用及技术要求可知，密封结构是该球阀的关键部位。

2. 分析各视图及其所表达的内容

分析各视图之间的关系，找出主视图，弄清各个视图所表达的重点，弄清视图剖切位置、向视图、斜视图和局部视图的投影方向和表达部位等。看图时，一般应按主视图→其他基本视图→其他辅助视图的顺序进行。

图 8-76 所示的球阀，共采用三个基本视图。主视图采用局部剖视图，主要反映该阀的组成、结构和工作原理。俯视图采用局部剖视图，主要反映阀盖和阀体以及扳手和阀杆的连接关系。左视图采用半剖视图，主要反映阀盖和阀体等零件的形状及阀盖和阀体间连接孔的位置和尺寸等。

3. 弄懂零件间的装配关系和部件工作原理

找出装配体的各装配干线（即主要轴线）分析各零件是如何安装、连接到一起的。如果零件是运动的，要了解运动在零件间是如何传递的。另外，还要了解零件的装拆、调整顺序和方法。

图 8-76 所示的球阀，有两条装配线。从主视图看，一条是水平方向；另一条是垂直方向。其装配关系是：阀盖和阀体用四个双头螺柱和螺母联接，并用合适的调整垫调节阀芯与密封圈之间的松紧程度。阀体垂直方向上装配有阀杆，阀杆下部的凸块嵌入到阀芯上的凹槽

内。为防止流体泄漏，在此处装有填料垫、填料，并旋入填料压紧套将填料压紧。

球阀的工作原理：扳手在主视图中的位置时，阀门为全部开启，管路中流体的流通量最大；当扳手顺时针旋转到俯视图中细双点画线所示的位置时，阀门为全部关闭，管路中流体的流通量为零；挡扳手处在这两个极限位置之间时，管路中流体的流通量随扳手的位置而改变。

4. 分析零件的结构形状

在弄懂部件工作原理和零件间的装配关系后，分析零件的结构形状，可有助于进一步了解部件的结构特点。

分析某一零件的结构形状时，首先要在装配图中找出反映该零件形状特征的投影轮廓。接着可按视图间的投影关系、同一零件在各剖视图中的剖面线方向、间隔必须一致的画法规定，将该零件的相应投影从装配图中分离出来。然后根据分离出的投影，按形体分析和结构分析的方法，弄清零件的结构形状。

5. 总结

概括装配件的工作原理，结构特点和设计意图作为总结。还可以想一想，怎样将零件拆下来，又怎样把它们组装起来，如果零件是运动的，看一看运动是怎样在零件间传递的。另外，动与不动零件间要考虑润滑和密封问题，看看图中是怎样处理的。

三、由装配图拆画零件图

如前所述，一般设计过程是先画出装配图，然后根据装配图设计出详细的零件，并画出零件图，这一由装配图拆画零件图的过程简称为拆图。拆图应在全面读懂装配图的基础上进行。

1. 拆画零件图时要注意的三个问题

1）由于装配图与零件图的表达要求不同，在装配图上往往不能把每个零件的结构形状完全表达清楚，有的零件在装配图中的表达方案也不符合该零件的结构特点。因此，在拆画零件图时，对那些未能表达完全的结构形状，应根据零件的作用、装配关系和工艺要求予以确定并表达清楚。此外对所画零件的视图表达方案一般不应简单地照抄装配图。

2）由于装配图上对零件的尺寸标注不完全，因此在拆画零件图时，除装配图上已有的与该零件有关的尺寸要直接照搬外，其余尺寸可按比例从装配图上量取。标准结构和工艺结构，可查阅相关国家标准来确定。

3）标注表面粗糙度、尺寸公差、几何公差等技术要求时，应根据零件在装配体中的作用，参考同类产品及有关资料确定。

2. 拆画零件图示例

以图 8-76 所示球阀中的阀体接头为例，介绍拆画零件图的一般步骤。

（1）确定表达方案　由装配图上分离出阀体接头的轮廓，如图 8-99 所示。

根据盘类零件的表达特点，决定主视图采用沿对称面的全剖，侧视图采用一般视图。

（2）尺寸标注　对于装配图上已有的与该零件有关的尺寸要直接照搬，其余尺寸可按比例从装配图上量取。标准结构和工艺结构，可查阅相关国家标准确定，标注阀盖的尺寸。

（3）技术要求标注　根据阀体接头在装配体中的作用，参考同类产品的有关资料，标注表面粗糙度、尺寸公差、几何公差等，并注写技术要求。

（4）填写标题栏及核查　填写标题栏，核对检查，完成后的全图如图 8-100 所示。

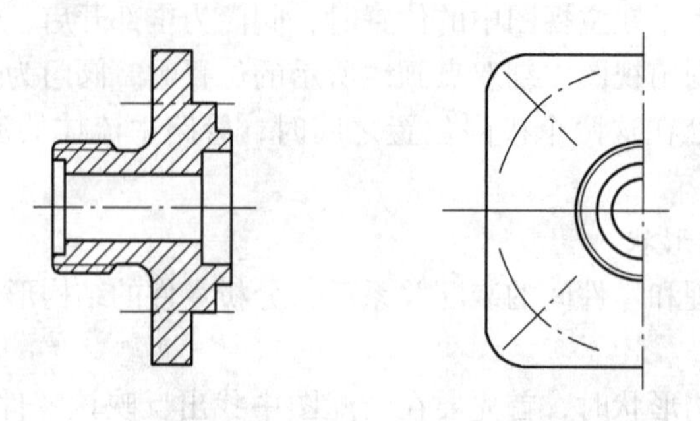

图 8-99　分离出的阀体接头轮廓

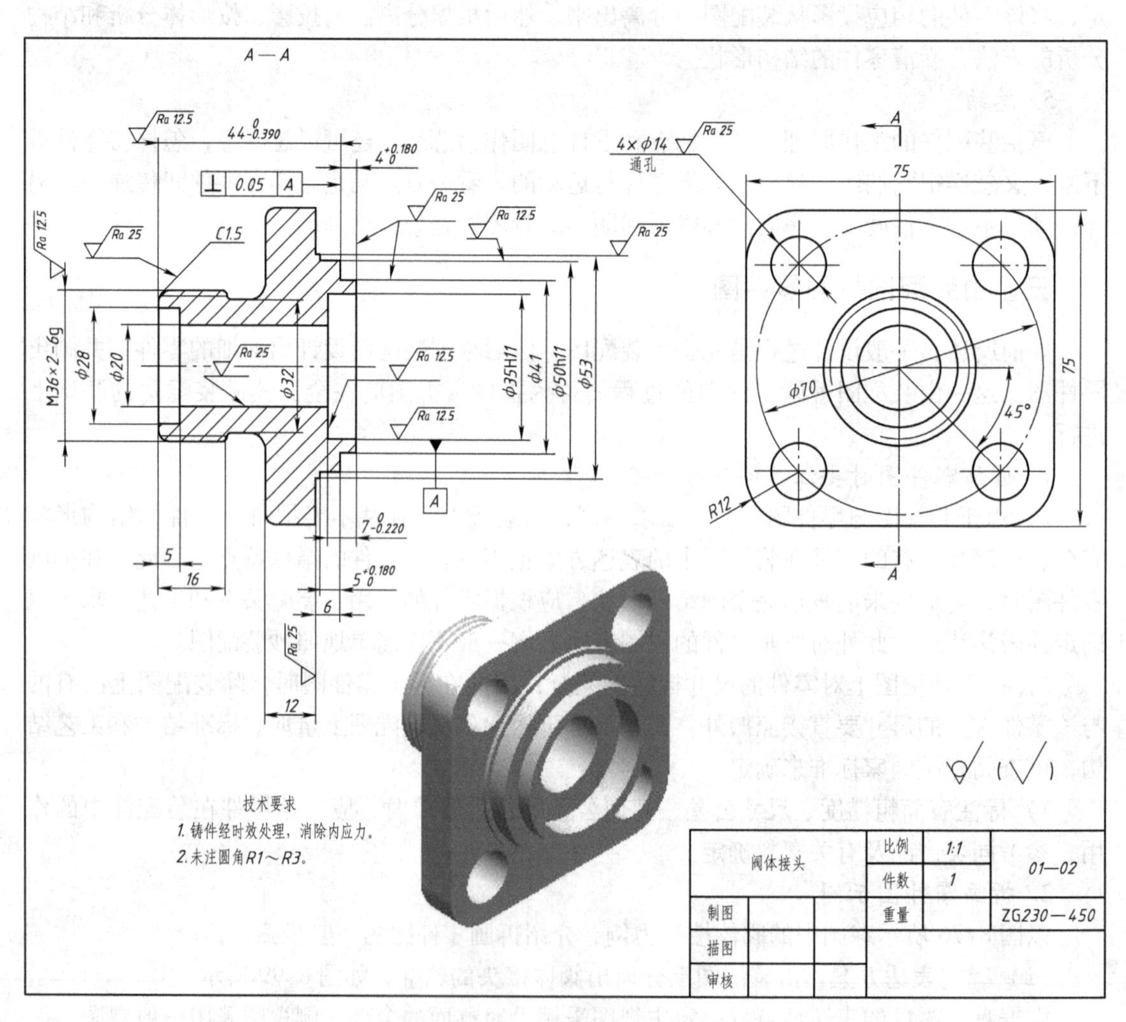

图 8-100　阀体接头的零件图

附　录

附录 A　常用螺纹及螺纹紧固件

1. 螺纹

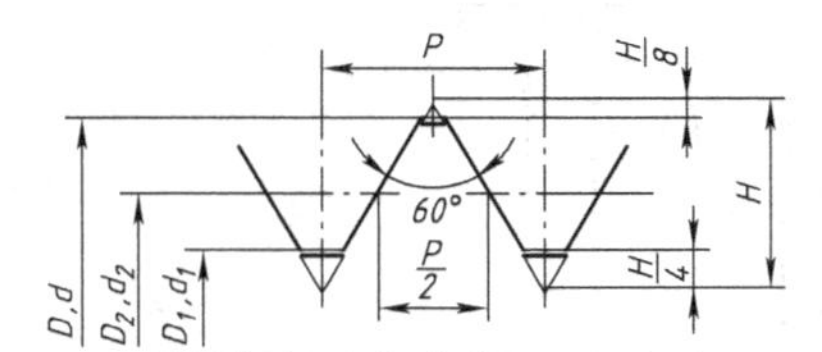

表 A-1　普通螺纹直径与螺距系列（GB/T 193—2003）　（单位：mm）

公称直径 D、d			螺距 P		公称直径 D、d			螺距 P	
第 1 系列	第 2 系列	第 3 系列	粗牙	细　牙	第 1 系列	第 2 系列	第 3 系列	粗牙	细　牙
1	1.1		0.25	0.2			65		4，3，2，1.5
1.2			0.25	0.2		68		6	4，3，2，1.5
	1.4		0.3	0.2	72		70		6，4，3，2，1.5
1.6	1.8		0.35	0.2			75		4，3，2，1.5
2			0.4	0.25		76			4，3，2，1.5
	2.2		0.45	0.25			78		2
2.5			0.45	0.35	80				6，4，3，2，1.5
3			0.5	0.35			82		2
	3.5		0.6	0.35	90	85			6，4，3，2
4			0.7	0.5	100	95			6，4，3，2
	4.5		0.75	0.5	110	105			6，4，3，2
5			0.8	0.5		115			6，4，3，2
		5.5		0.5		120			6，4，3，2
6			1	0.75	125	130			8，6，4，3，2
	7		1	0.75			135		6，4，3，2
8		9	1.25	1，0.75	140				8，6，4，3，2
10			1.5	1.25，1，0.75			145		6，4，3，2
		11	1.5	1.5，1，0.75		150			8，6，4，3，2
12			1.75	1.25，1，0.75			155		6，4，3
	14		2	1.5，1.25①，1	160				8，6，4，3
		15		1.5，1			165		6，4，3
16			2	1.5，1		170			8，6，4，3
		17		1.5，1			175		6，4，3
20	18		2.5	2，1.5，1	180				8，6，4，3
	22		2.5	2，1.5，1			185		6，4，3
24			3	2，1.5，1	200	190			8，6，4，3
		25		2，1.5，1			195		6，4，3
		26		1.5			205		6，4，3
	27		3	2，1.5，1	220	210			8，6，4，3
		28		2，1.5，1			215		6，4，3
30			3.5	(3)，2，1.5，1			225		6，4，3
		32		2，1.5		240	230		8，6，4，3
	33		3.5	(3)，2，1.5			235		6，4，3
		35②		1.5			245		6，4，3
36	39		4	3，2，1.5	250				8，6，4，3
		38		1.5			255		6，4
		40		3，2，1.5		260			8，6，4
42	45		4.5	4，3，2，1.5			265		6，4
48	52		5	4，3，2，1.5	280		270		8，6，4

① 仅用于发动机的火花塞。

② 仅用于轴承的锁紧螺母。

表 A-2　细牙普通螺纹螺距与小径的关系

螺　距　P	小径 D_1、d_1	螺　距　P	小径 D_1、d_1	螺　距　P	小径 D_1、d_1
0.35	$d-1+0.621$	1	$d-2+0.918$	2	$d-3+0.835$
0.5	$d-1+0.459$	1.25	$d-2+0.647$	3	$d-4+0.752$
0.75	$d-1+0.188$	1.5	$d-2+0.376$	4	$d-5+0.670$

注：表中的小径按 $D_1=d_1=d-2\times\frac{5}{8}H$，$H=\frac{\sqrt{3}}{2}P$ 计算得出。

2. 梯形螺纹

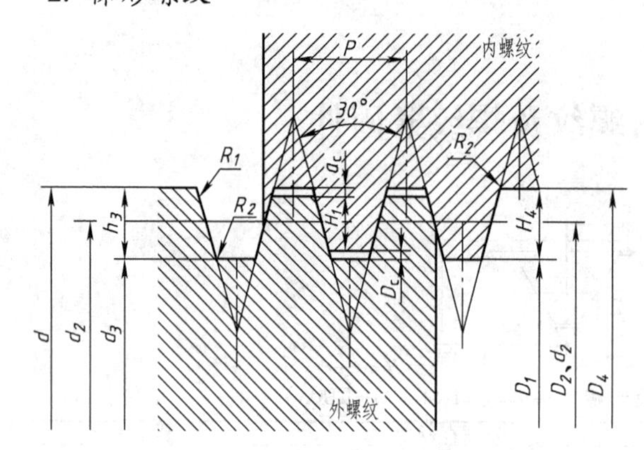

标 记 示 例

公称直径 40mm，导程 14mm，螺距为 7mm 的左旋双线梯形螺纹：

Tr40×14（P7）LH

表 A-3　梯形螺纹直径与螺距系列、基本尺寸

（摘自 GB/T 5796.2—2005、GB/T 5796.3—2005）　　　　（单位：mm）

公称直径 d 第一系列	公称直径 d 第二系列	螺距 P	中径 $d_2=D_2$	大径 D_4	小径 d_3	小径 D_1
8		1.5	7.25	8.30	6.20	6.50
	9	1.5	8.25	9.30	7.20	7.50
		2	8.00	9.50	6.50	7.00
10		1.5	9.25	10.30	8.20	8.50
		2	9.00	10.50	7.50	8.00
	11	2	10.00	11.50	8.50	9.00
		3	9.50	11.50	7.50	8.00
12		2	11.00	12.50	9.50	10.00
		3	10.50	12.50	8.50	9.00
	14	2	13.00	14.50	11.50	12.00
		3	12.50	14.50	10.50	11.00
16		2	15.00	16.50	13.50	14.00
		4	14.00	16.50	11.50	12.00
	18	2	17.00	18.50	15.50	16.00
		4	16.00	18.50	13.50	14.00
20		2	19.00	20.50	17.50	18.00
		4	18.00	20.50	15.50	16.00
	22	3	20.50	22.50	18.50	19.00
		5	19.50	22.50	16.50	17.00
		8	18.00	23.00	13.00	14.00
24		3	22.50	24.50	20.50	21.00
		5	21.50	24.50	18.50	19.00
		8	20.00	25.00	15.00	16.00

公称直径 d 第一系列	公称直径 d 第二系列	螺距 P	中径 $d_2=D_2$	大径 D_4	小径 d_3	小径 D_1
	26	3	24.50	26.50	22.50	23.00
		5	23.50	26.50	20.50	21.00
		8	22.00	27.00	17.00	18.00
28		3	26.50	28.50	24.50	25.00
		5	25.50	28.50	22.50	23.00
		8	24.00	29.00	19.00	20.00
	30	3	28.50	30.50	26.50	27.00
		6	27.00	31.00	23.00	24.00
		10	25.00	31.00	19.00	20.00
32		3	30.50	32.50	28.50	29.00
		6	29.00	33.00	25.00	26.00
		10	27.00	33.00	21.00	22.00
	34	3	32.50	34.50	30.50	31.00
		6	31.00	35.00	27.00	28.00
		10	29.00	35.00	23.00	24.00
36		3	34.50	36.50	32.50	33.00
		6	33.00	37.00	29.00	30.00
		10	31.00	37.00	25.00	26.00
	38	3	36.50	38.50	34.50	35.00
		7	34.50	39.00	30.00	31.00
		10	33.00	39.00	27.00	28.00
40		3	38.50	40.50	36.50	37.00
		7	36.50	41.00	32.00	33.00
		10	35.00	41.00	29.00	30.00

3. 55°非密封管螺纹

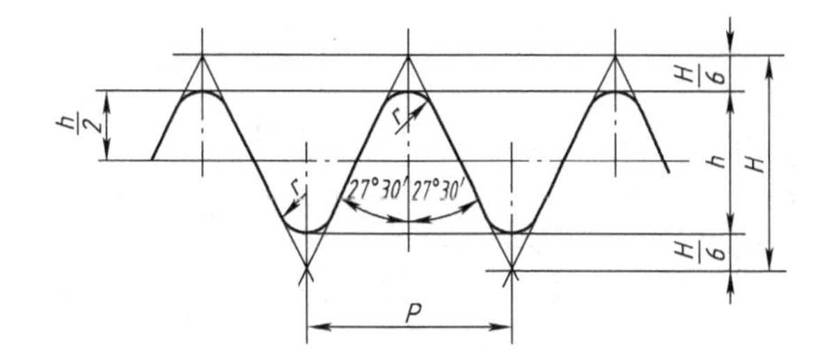

标记示例

尺寸代号为2的右旋圆柱内螺纹的标记为G2；尺寸代号为3的A级右旋圆柱外螺纹的标记为G3A。

尺寸代号为2的左旋圆柱内螺纹的标记为G2LH；尺寸代号为3的A级左旋圆柱外螺纹的标记为G3A－LH。

表A-4　55°非密封管螺纹（摘自GB/T 7307—2001）

尺寸代号	每25.4mm内所包含的牙数 n	螺距 P /mm	牙高 h /mm	基本直径		
				大径 $d=D$ /mm	中径 $d_2=D_2$ /mm	小径 $d_1=D_1$ /mm
1/16	28	0.907	0.581	7.723	7.142	6.561
1/8	28	0.907	0.581	9.728	9.147	8.566
1/4	19	1.337	0.856	13.157	12.301	11.445
3/8	19	1.337	0.856	16.662	15.806	14.950
1/2	14	1.814	1.162	20.955	19.793	18.631
5/8	14	1.814	1.162	22.911	21.749	20.587
3/4	14	1.814	1.162	26.441	25.279	24.117
7/8	14	1.814	1.162	30.201	29.039	27.877
1	11	2.309	1.479	33.249	31.770	30.291
$1\frac{1}{8}$	11	2.309	1.479	37.897	36.418	34.939
$1\frac{1}{4}$	11	2.309	1.479	41.910	40.431	38.952
$1\frac{1}{2}$	11	2.309	1.479	47.803	46.324	44.845
$1\frac{3}{4}$	11	2.309	1.479	53.746	52.267	50.788
2	11	2.309	1.479	59.614	58.135	56.656
$2\frac{1}{4}$	11	2.309	1.479	65.710	64.231	62.752
$2\frac{1}{2}$	11	2.309	1.479	75.184	73.705	72.226
$2\frac{3}{4}$	11	2.309	1.479	81.534	80.055	78.576
3	11	2.309	1.479	87.884	86.405	84.926
$3\frac{1}{2}$	11	2.309	1.479	100.330	98.851	97.372
4	11	2.309	1.479	113.030	111.551	110.072
$4\frac{1}{2}$	11	2.309	1.479	125.730	124.251	122.772
5	11	2.309	1.479	138.430	136.951	135.472
$5\frac{1}{2}$	11	2.309	1.479	151.130	149.651	148.172
6	11	2.309	1.479	163.830	162.351	160.872

4. 六角头螺栓

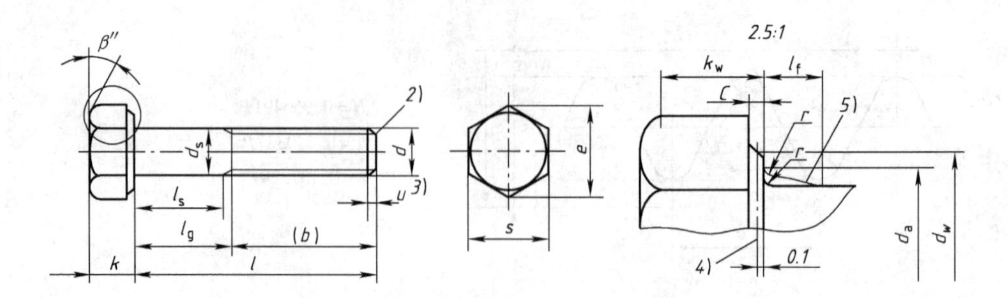

注：

1）$\beta = 15° \sim 30°$。

2）末端应倒角，对螺纹规格≤M4 可为辗制末端（GB/T2）。

3）不完整螺纹 $u \leqslant 2P$。

4）d_w 的仲裁基准。

5）圆滑过渡。

标 记 示 例

螺纹规格 d = M12、公称长度 l = 80mm、性能等级为 8.8 级，表面氧化，产品等级为 A 级的六角头螺栓：

螺栓　GB/T5782　M12 × 80

表 A-5　六角头螺栓—A 和 B 级（摘自 GB/T 5782—2000）　（单位：mm）

螺纹规格			M3	M4	M5	M6	M8	M10	M12	M16	M20	M24	M30	M36	M42
$b_{参考}$	$l \leqslant 125$		12	14	16	18	22	26	30	38	46	54	66	—	—
	$125 < l \leqslant 200$		18	20	22	24	28	32	36	44	52	60	72	84	96
	$l > 200$		31	33	35	37	41	45	49	57	65	73	85	97	109
c			0.4	0.4	0.5	0.5	0.6	0.6	0.6	0.8	0.8	0.8	0.8	0.8	1
d_w	产品等级	A	4.57	5.88	6.88	8.88	11.63	14.63	16.63	22.49	28.19	33.61	—	—	—
		B、C	4.45	5.74	6.74	8.74	11.47	14.47	16.47	22	27.7	33.25	42.75	51.11	59.95
e	产品等级	A	6.01	7.66	8.79	11.05	14.38	17.77	20.03	26.75	33.53	39.98	—	—	—
		B、C	5.88	7.50	8.63	10.89	14.20	17.59	19.85	26.17	32.95	39.55	50.85	60.79	72.02
k	公称		2	2.8	3.5	4	5.3	6.4	7.5	10	12.5	15	18.7	22.5	26
r			0.1	0.2	0.2	0.25	0.4	0.4	0.6	0.6	0.8	0.8	1	1	1.2
s	公称		5.5	7	8	10	13	16	18	24	30	36	46	55	65
l（商品规格范围）			20 ~ 30	25 ~ 40	25 ~ 50	30 ~ 60	40 ~ 80	45 ~ 100	50 ~ 120	65 ~ 160	80 ~ 200	90 ~ 240	110 ~ 300	140 ~ 360	160 ~ 440
l 系列			12，16，20，25，30，35，40，45，50，55，60，65，70，80，90，100，110，120，130 140，150，160，180，200，220，240，260，280，300，320，340，360，380，400，420，440，460，480，500												

注：1. A 级用于 $d \leqslant 24$mm 和 $l \leqslant 10d$ 或≤150mm 的螺栓；

B 级用于 $d > 24$mm 和 $l > 10d$ 或 > 150mm 的螺栓。

2. 螺纹规格 d 范围：GB/T 5780 为 M5 ~ M64；GB/T 5782 为 M1.6 ~ M64。

3. 公称长度范围：GB/T 5780 为 25 ~ 500mm；GB/T 5782 为 12 ~ 500mm。

5. 双头螺柱

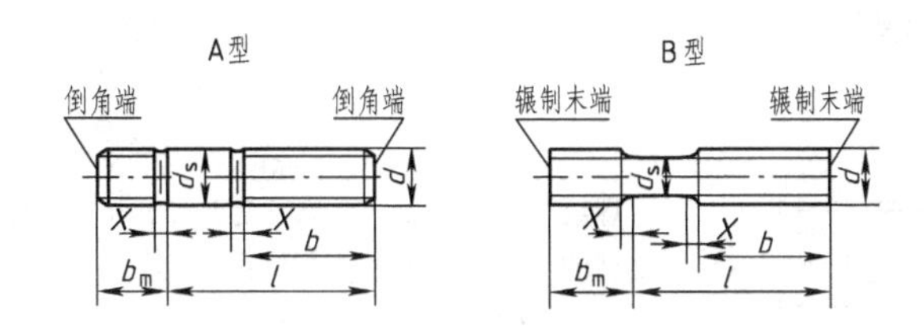

双头螺柱　$b_m=1d$（GB/T 897—1988）　$b_m=1.25d$（GB/T 898—1988）

$b_m=1.5d$（GB/T 899—1988）　$b_m=2d$（GB/T 900—1988）

标记示例

两端均为粗牙普通螺纹，$d=10\text{mm}$，$l=50\text{mm}$，性能等级为 4.8 级、不经表面处理、B 型、$b_m=1.25d$ 的双头螺柱：

螺柱　GB/T 898 M10×50

旋入机体一端为粗牙普通螺纹，旋螺母一端为螺距 $P=1\text{mm}$ 的细牙普通螺纹，$d=10\text{mm}$，$l=50\text{mm}$，性能等级 4.8 级，不经表面处理、A 型、$b_m=1.25d$ 的双头螺柱：

螺柱　GB/T 898 AM10～M10×1×50

表 A-6　双头螺柱（摘自 GB/T 897～900—1988）　（单位：mm）

螺纹规格 d		M5	M6	M8	M10	M12	(M14)	M16	(M18)	M20	(M22)	M24	(M27)	M30
b_m	GB/T 897—1988	5	6	8	10	12	14	16	18	20	22	24	27	30
	GB/T 898—1988	6	8	10	12	15	—	20	—	25	—	30	—	38
	GB/T 899—1988	8	10	12	15	18	21	24	27	30	33	36	40	45
	GB/T 900—1988	10	12	16	20	24	28	32	36	40	44	48	54	60
	max	5.0	6.0	8.0	10.0	12.0	14.0	16.0	18.0	20.0	22.0	24.0	27.0	30.0
	min	4.7	5.7	7.64	9.64	11.57	13.57	15.57	17.57	19.48	21.48	23.48	26.48	29.48
X max		1.5P												
l		b												
16		10												
(18)		10	10	12										
20		10	10	12										
(22)		16	14	16	14	16								
25		16	14	16	14	16								
(28)		16	14	16	16	16	18	20						
30		16	18	22	16	20	18	20						
(32)		16	18	22	16	20	18	20	22	25				
35		16	18	22	16	20	25	20	22	25	30			
(38)		16	18	22	26	20	25	30	22	25	30			
40		16	18	22	26	30	25	30	35	35	30	30		
45		16	18	22	26	30	25	30	35	35	40	30	35	
50		16	18	22	26	30	25	30	35	35	40	30	35	
(55)			18	22	26	30	34	30	35	35	40	45	35	
60			18	22	26	30	34	38	35	35	40	45	35	40
(65)			18	22	26	30	34	38	42	35	40	45	50	40
70			18	22	26	30	34	38	42	46	40	45	50	50
(75)			18	22	26	30	34	38	42	46	50	45	50	50
80			18	22	26	30	34	38	42	46	50	54	50	50
(85)				22	26	30	34	38	42	46	50	54		50
90				22	26	30	34	38	42	46	50	54		50

注：尽可能不用括号内的规格。

6. 螺钉

(1) 开槽圆柱头螺钉

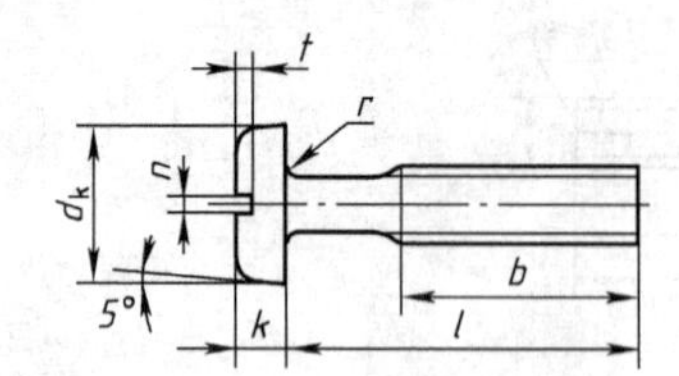

标 记 示 例

螺纹规格 d = M5、公称长度 l = 20mm、性能等级为 4.8 级、不经表面处理的 A 级开槽圆柱头螺钉：

螺钉　GB/T 65　M5 × 20

表 A-7　开槽圆柱头螺钉（摘自 GB/T 65—2000）　　（单位：mm）

螺纹规格	M4	M5	M6	M8	M10
P	0.7	0.8	1	1.25	1.5
b	38	38	38	38	38
d_k	7	8.5	10	13	16
k	2.6	3.3	3.9	5	6
n	1.2	1.2	1.6	2	2.5
r	0.2	0.2	0.25	0.4	0.4
t	1.1	1.3	1.6	2	2.4
公称长度 l	5 ~ 40	6 ~ 50	8 ~ 60	10 ~ 80	12 ~ 80
l 系列	5，6，8，10，12，(14)，16，20，25，30，35，40，45，50，(55)，60，(65)，70，(75)，80				

注：1. 公称长度 l≤40mm 的螺钉，制出全螺纹。

2. P 为螺距。

3. 括号内的规格尽可能不采用。

4. 螺纹规格 d = M1.6 ~ M10，公称长度 l = 2 ~ 80mm。

(2) 开槽盘头螺钉

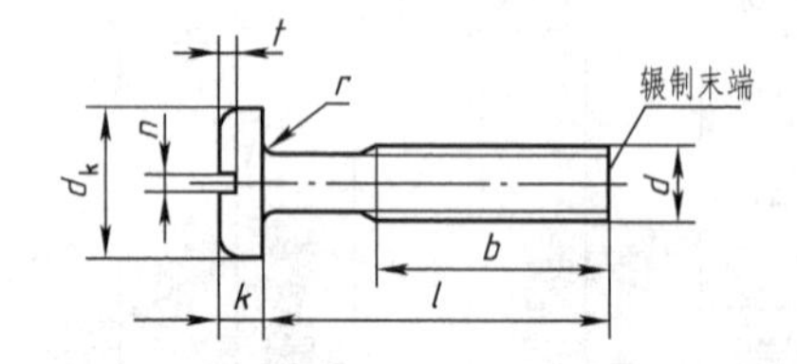

标 记 示 例

螺纹规格 d = M5、公称长度 l = 20、性能等级为 4.8 级、不经表面处理的 A 级开槽盘头螺钉：

螺钉　GB/T67　M5 × 20

表 A-8　开槽盘头螺钉（摘自 GB/T 67—2000）　　（单位：mm）

螺纹规格	M1.6	M2	M2.5	M3	M4	M5	M6	M8	M10
P	0.35	0.4	0.45	0.5	0.7	0.8	1	1.25	1.5
b	25	25	25	25	38	38	38	38	38
d_k	3.2	4	5	5.6	8	9.5	12	16	20
k	1	1.3	1.5	1.8	2.4	3	3.6	4.8	6
n	0.4	0.5	0.6	0.8	1.2	1.2	1.6	2	2.5
r	0.1	0.1	0.1	0.1	0.2	0.2	0.25	0.4	0.4
t	0.35	0.5	0.6	0.7	1	1.2	1.4	1.9	2.4
公称长度 l	2 ~ 16	2.5 ~ 20	3 ~ 25	4 ~ 30	5 ~ 40	6 ~ 50	8 ~ 60	10 ~ 80	12 ~ 80
l 系列	2，2.5，3，4，5，6，8，10，12，(14)，16，20，25，30，35，40，45，50，(55)，60，(65)，70，(75)，80								

注：1. 括号内的规格尽可能不采用。

2. P 为螺距。

3. M1.6 ~ M3 的螺钉，公称长度 l≤30mm 的，制出全螺纹。

(3) 开槽沉头螺钉

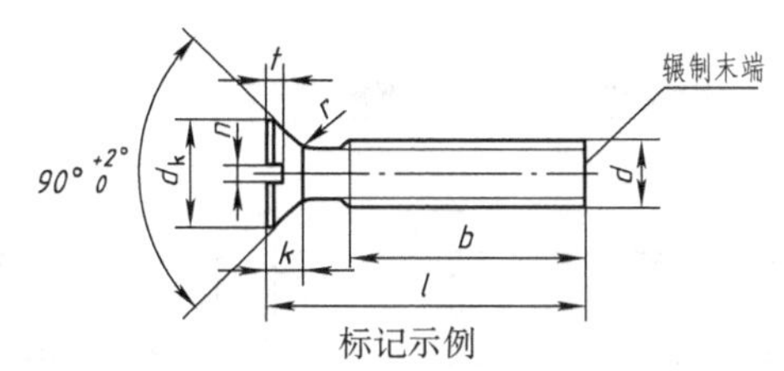

标记示例

螺纹规格 d = M5、公称长度 l = 20mm、性能等级为 4.8 级、不经表面处理的 A 级开槽沉头螺钉：

螺钉　GB/T68　M5×20

表 A-9　开槽沉头螺钉（摘自 GB/T 68—2000）　　（单位：mm）

螺纹规格	M1.6	M2	M2.5	M3	M4	M5	M6	M8	M10
P	0.35	0.4	0.45	0.5	0.7	0.8	1	1.25	1.5
b	25	25	25	25	38	38	38	38	38
d_k	3.6	4.4	5.5	6.3	9.4	10.4	12.6	17.3	20
k	1	1.2	1.5	1.65	2.7	2.7	3.3	4.65	5
n	0.4	0.5	0.6	0.8	1.2	1.2	1.6	2	2.5
r	0.4	0.5	0.6	0.8	1	1.3	1.5	2	2.5
t	0.5	0.6	0.75	0.85	1.3	1.4	1.6	2.3	2.6
公称长度 l	2.5~16	3~20	4~25	5~30	6~40	8~50	8~60	10~80	12~80
l 系列	2.5，3，4，5，6，8，10，12，(14)，16，20，25，30，35，40，45，50，(55)，60，(65)，70，(75)，80								

注：1. 括号内的规格尽可能不采用。

2. P 为螺距。

3. M1.6~M3 的螺钉，公称长度 l≤30mm 的，制出全螺纹。

4. M14~M10 的螺钉，公称长度 l≤45mm 的，制出全螺纹。

(4) 内六角圆柱头螺钉

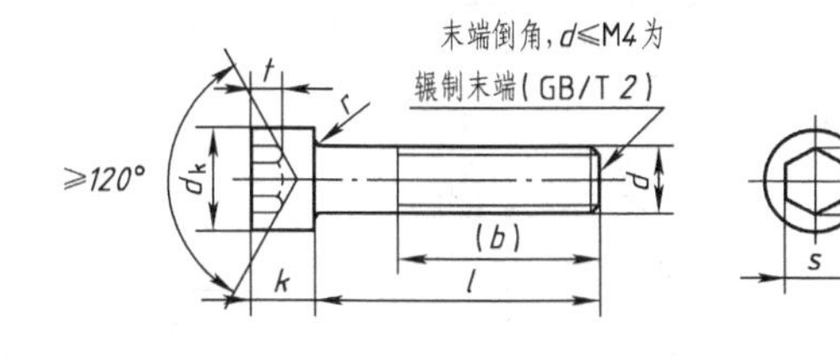

标记示例

螺纹规格 d = M5、公称长度 l = 20mm、性能等级为 8.8 级、表面氧化的内六角圆柱头螺钉：

螺钉　GB/T 70.1　M5×20

表 A-10　内六角圆柱头螺钉（摘自 GB/T 70.1—2000）　　（单位：mm）

螺纹规格	M3	M4	M5	M6	M8	M10	M12	M14	M16	M20
P（螺距）	0.5	0.7	0.8	1	1.25	1.5	1.75	2	2	2.5
b 参考	18	20	22	24	28	32	36	40	44	52
d_k	5.5	7	8.5	10	13	16	18	21	24	30
k	3	4	5	6	8	10	12	14	16	20
t	1.3	2	2.5	3	4	5	6	7	8	10
s	2.5	3	4	5	6	8	10	12	14	17
e	2.873	3.443	4.583	5.723	6.683	9.149	11.429	13.716	15.996	19.437
r	0.1	0.2	0.2	0.25	0.4	0.4	0.6	0.6	0.6	0.8
公称长度 l	5~30	6~40	8~50	10~60	12~80	16~100	20~120	25~140	25~160	30~200
l≤表中数值时，制出全螺纹	20	25	25	30	35	40	45	55	55	65
l 系列	2.5，3，4，5，6，8，10，12，16，20，25，30，35，40，45，50，55，60，65，70，80，90，100，110，120，130，140，150，160，180，200，220，240，260，280，300									

注：1. 螺纹规格 d = M1.6~M64。

2. P 为螺距。

（5）十字槽沉头螺钉

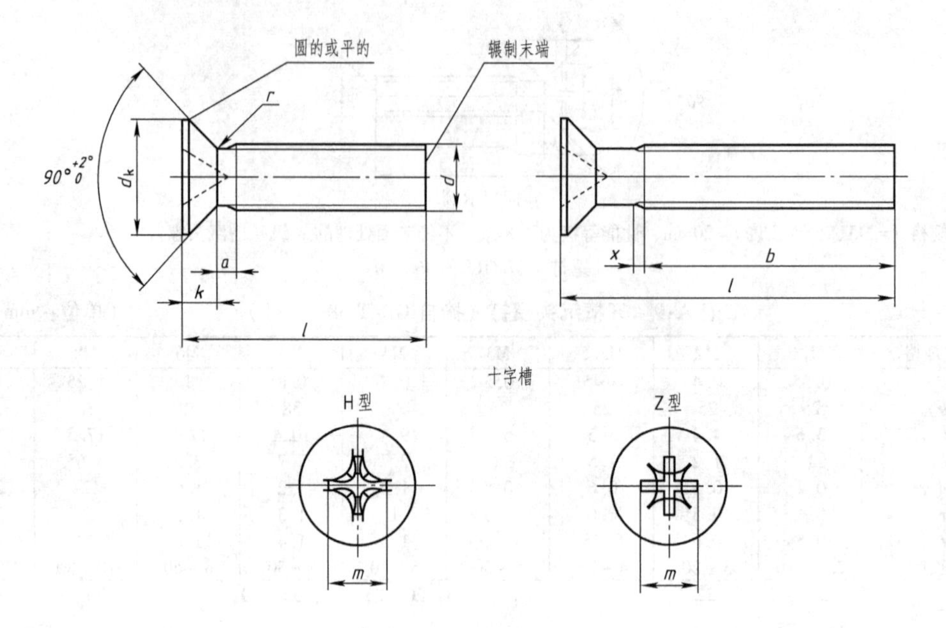

标 记 示 例

螺纹规格 d = M5、公称长度 l = 20mm、性能等级为 4.8 级、不经表面处理的 H 型十字槽沉头螺钉的标记：

螺钉　GB/T 819.1　M5 × 20

表 A-11　十字槽沉头螺钉（摘自 GB/T 819.1—2000）　　（单位：mm）

螺纹规格 d			M1.6	M2	M2.5	M3	M4	M5	M6	M8	M10
p			0.35	0.4	0.45	0.5	0.7	0.8	1	1.25	1.5
a		max	0.7	0.8	0.9	1	1.4	1.6	2	2.5	3
b		min	25	25	25	25	38	38	38	38	38
d_k	理论值	max	3.6	4.4	5.5	6.3	9.4	10.4	12.6	17.3	20
	实际值	max	3	3.8	4.7	5.5	8.4	9.3	11.3	15.8	18.3
		min	2.7	3.5	4.4	5.2	8	8.9	10.9	15.4	17.8
k		max	1	1.2	1.5	1.65	2.7	2.7	3.3	4.65	5
r		max	0.4	0.5	0.6	0.8	1	1.3	1.5	2	2.5
x		max	0.9	1	1.1	1.25	1.75	2	2.5	3.2	3.8
十字槽	槽号	No.	0		1		2		3	4	
	H型	m 参考	1.6	1.9	2.9	3.2	4.6	5.2	6.8	8.9	10
	H型 插入深度	min	0.6	0.9	1.4	1.7	2.1	2.7	3	4	5.1
	H型 插入深度	max	0.9	1.2	1.8	2.1	2.6	3.2	3.5	4.6	5.7
	Z型	m 参考	1.6	1.9	2.8	3	4.4	4.9	6.6	8.8	9.8
	Z型 插入深度	min	0.7	0.95	1.45	1.6	2.05	2.6	3	4.15	5.2
	Z型 插入深度	max	0.95	1.2	1.75	2	2.5	3.05	3.45	4.6	5.65
l											
公称	min	max									
3	2.8	3.2									
4	3.7	4.3									
5	4.7	5.3									
6	5.7	6.3									
8	7.7	8.3									
10	9.7	10.3			商品						
12	11.6	12.4									
(14)	13.6	14.4									

（续）

螺纹规格 d			M1.6	M2	M2.5	M3	M4	M5	M6	M8	M10
16	15.6	16.4					规格				
20	19.6	20.4									
25	24.6	25.4									
30	29.6	30.4							范围		
35	34.5	35.5									
40	39.5	40.5									
45	44.5	45.5									
50	49.5	50.5									
(55)	54.4	55.6									
60	59.4	60.6									

注：1. 尽可能不采用括号内的规格。
2. P 为螺距。
3. d_k 的理论值按 GB/T 5279 规定。
4. 公称长度在表格中虚线以上的螺钉，制出全螺纹，$b=l-(k+a)$。

（6）紧定螺钉

开槽锥端紧定螺钉（GB/T 71—1985）

开槽锥端紧定螺钉（GB/T 73—1985）

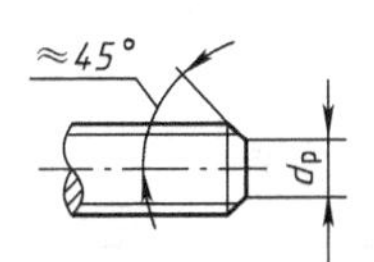

开槽锥端紧定螺钉（GB/T 75—1985）

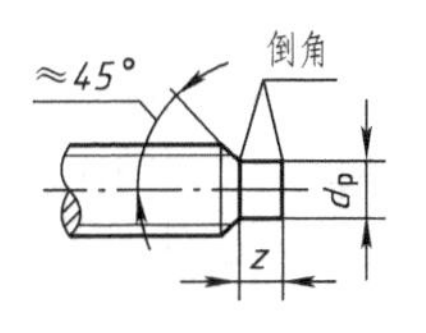

标 记 示 例

螺纹规格 d = M5 公称长度 l = 12mm 性能等级为 14H 级 表面氧化的开槽长圆柱端紧定螺钉：

螺钉　GB/T 75　M5 × 12

表 A-12　紧定螺钉（摘自 GB/T 71 ~ 75—1985）　（单位：mm）

螺纹规格 d		M1.6	M2	M2.5	M3	M4	M5	M6	M8	M10	M12
P		0.35	0.4	0.45	0.5	0.7	0.8	1	1.25	1.5	1.75
n		0.25	0.25	0.4	0.4	0.6	0.8	1	1.2	1.6	2
t		0.74	0.84	0.95	1.05	1.42	1.63	2	2.5	3	3.6
d_t		0.16	0.2	0.25	0.3	0.4	0.5	1.5	2	2.5	3
d_p		0.8	1	1.5	2	2.5	3.5	4	5.5	7	8.5
z		1.05	1.25	1.5	1.75	2.25	2.75	3.25	4.3	5.3	6.3
l	GB/T 71—1985	2 ~ 8	3 ~ 10	3 ~ 12	4 ~ 16	6 ~ 20	8 ~ 25	8 ~ 30	10 ~ 40	12 ~ 50	14 ~ 60
	GB/T 73—1985	2 ~ 8	2 ~ 10	2.5 ~ 12	3 ~ 16	4 ~ 20	5 ~ 25	6 ~ 30	8 ~ 40	10 ~ 50	12 ~ 60
	GB/T 75—1985	2.5 ~ 8	3 ~ 10	4 ~ 12	5 ~ 16	6 ~ 20	8 ~ 25	10 ~ 30	10 ~ 40	12 ~ 50	14 ~ 60
l 系列		2, 2.5, 3, 4, 5, 6, 8, 10, 12, (14), 16, 20, 25, 30, 35, 40, 45, 50, (55), 60									

注：1. l 为公称长度。
2. 括号内的规格尽可能不采用。
3. P 为螺距。

7. 螺母

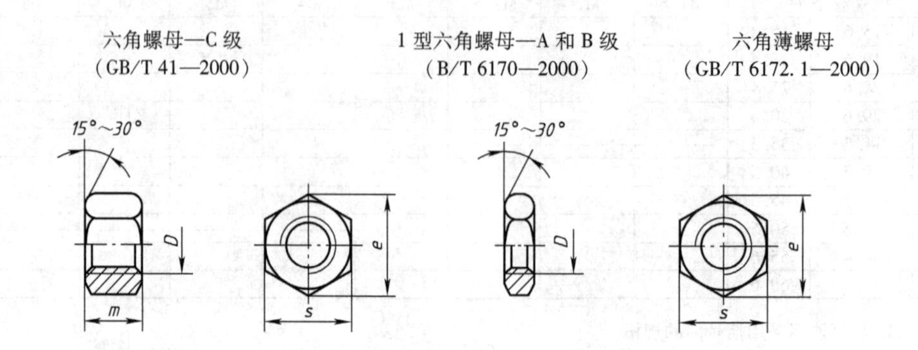

六角螺母—C 级（GB/T 41—2000）　　1 型六角螺母—A 和 B 级（B/T 6170—2000）　　六角薄螺母（GB/T 6172.1—2000）

标 记 示 例

螺纹规格 D = M12、性能等级为 5 级、不经表面处理、C 级的六角螺母：

螺母　GB/T 41　M12

螺纹规格 D = M12、性能等级为 8 级、不经表面处理、A 级的 1 型六角螺母：

螺母　GB/T 6170　M12

表 A-13　螺母　　（单位：mm）

螺纹规格 D		M3	M4	M5	M6	M8	M10	M12	M16	M20	M24	M30	M36	M42
e	GB/T 41			8.63	10.89	14.20	17.59	19.85	26.17	32.95	39.55	50.85	60.79	72.02
	GB/T 6170	6.01	7.66	8.79	11.05	14.38	17.77	20.03	26.75	32.95	39.55	50.85	60.79	72.02
	GB/T 6172.1	6.01	7.66	8.79	11.05	14.38	17.77	20.03	26.75	32.95	39.55	50.85	60.79	72.02
S	GB/T 41			8	10	13	16	18	24	30	36	46	55	65
	GB/T 6170	5.5	7	8	10	13	16	18	24	30	36	46	55	65
	GB/T 6172.1	5.5	7	g	10	13	16	18	24	30	36	46	55	65
m	GB/T 41			5.6	6.1	7.9	9.5	12.2	15.9	18.7	22.3	26.4	31.5	34.9
	GB/T 6170	2.4	3.2	4.7	5.2	6.8	8.4	10.8	14.8	18	21.5	25.6	31	34
	GB/T 6172.1	1.8	2.2	2.7	3.2	4	5	6	8	10	12	15	18	21

注：A 级用于 $D \leqslant 16$mm；B 级用于 $D > 16$mm。

8. 垫圈

(1) 平垫圈

小垫圈（GB/T 848—2002）A 级　　平垫圈（GB/T 97.1—2002）A 级

平垫圈　倒角型（GB/T 97.2—2002）A 级　　大垫圈（GB/T 96.1—2002）A 级

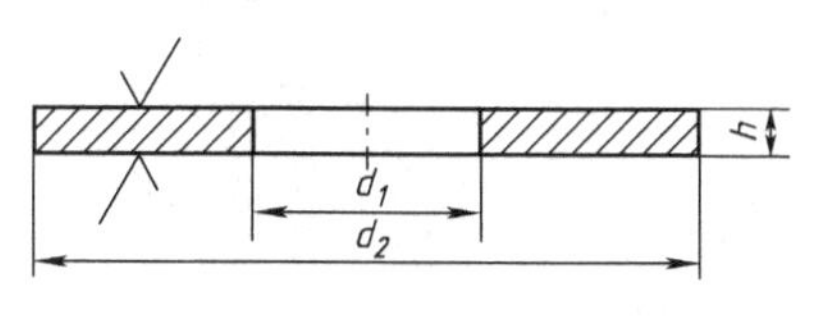

(GB/T 96.1—2002、GB/T 97.1—2002)
(GB/T 848—2002)

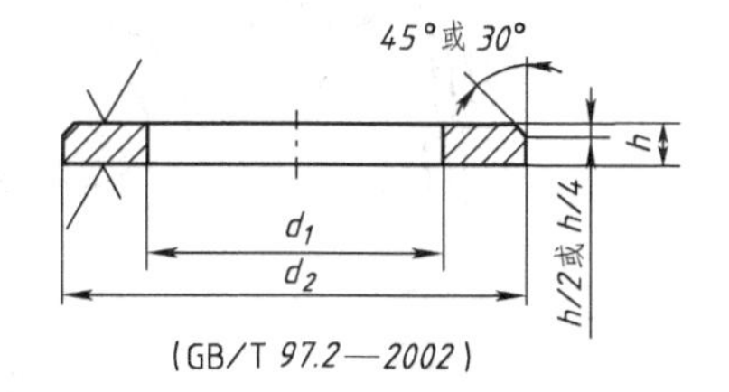

(GB/T 97.2—2002)

标记示例

标准系列公称规格 8mm、由钢制造的硬度等级为 200HV 级，不经表面处理，产品等级为 A 级的平垫圈：

垫圈　GB/T 97.1 8

表 A-14　垫圈　　（单位：mm）

公称规格（螺纹大径）d			1.6	2	2.5	3	4	5	6	8	10	12	16	20	24	30	36
d_1 内径	max	GB/T 848—2002	1.84	2.34	2.84	3.38	4.48	5.48	6.62	8.62	10.77	13.27	17.27	21.33	25.33	31.39	37.62
		GB/T 97.1—2002															
		GB/T 97.2—2002	—	—	—	—	—										
		GB/T 96.1—2002	—	—	—	3.38	4.48								25.52	33.62	39.62
	公称 min	GB/T 848—2002	1.7	2.2	2.7	3.2	4.3	5.3	6.4	8.4	10.5	13	17	21	25	31	37
		GB/T 97.1—2002															
		GB/T 97.2—2002	—	—	—	—	—										
		GB/T 96.1—2002	—	—	—	3.2	4.3									33	39
d_2 外径	公称 max	GB/T 848—2002	3.5	4.5	5	6	8	9	11	15	18	20	28	34	39	50	60
		GB/T 97.1—2002	4	5	6	7	9	10	12	16	20	24	30	37	44	56	66
		GB/T 97.2—2002	—	—	—	—	—										
		GB/T 96.1—2002	—	—	—	9	12	15	18	24	30	37	50	60	72	92	110
	min	GB/T 848—2002	3.2	4.2	4.7	5.7	7.64	8.64	10.57	14.57	17.57	19.48	27.48	33.38	38.38	49.38	58.8
		GB/T 97.1—2002	3.7	4.7	5.7	6.64	8.64	9.64	11.57	15.57	19.48	23.48	29.48	36.38	43.38	55.26	64.8
		GB/T 97.2—2002	—	—	—	—	—										
		GB/T 96.1—2002	—	—	—	8.64	11.57	14.57	17.57	23.48	29.48	36.38	49.38	59.26	70.8	90.6	108.6
h 厚度	公称	GB/T 848—2002	0.3	0.3	0.5	0.5	0.5	1	1.6	1.6	1.6	2	2.5	3	4	4	5
		GB/T 97.1—2002	0.3	0.3	0.5	0.5	0.8				2	2.5	3				
		GB/T 97.2—2002	—	—	—	—	—										
		GB/T 96.1—2002	—	—	—	0.8	1			2	2.5	3	3	4	5	6	8
	max	GB/T 848—2002	0.35	0.35	0.55	0.55	0.55	1.1	1.8	1.8	1.8	2.2	2.7	3.3	4.3	4.3	5.6
		GB/T 97.1—2002					0.9				2.2	2.7	3.3				
		GB/T 97.2—2002	—	—	—	—	—										
		GB/T 96.1—2002	—	—	—	0.9	1.1			2.2	2.7	3.3	3.3	4.3	5.6	6.6	9
	min	GB/T 848—2002	0.25	0.25	0.45	0.45	0.45	0.9	1.4	1.4	1.4	1.8	2.3	2.7	3.7	3.7	4.4
		GB/T 97.1—2002					0.7				1.8	2.3	2.7				
		GB/T 97.2—2002	—	—	—	—	—										
		GB/T 96.1—2002	—	—	—	0.7	0.9			1.8	2.3	2.7	2.7	3.7	4.4	5.4	7

注：1. GB/T 848—2002 中，$\sqrt{Ra1.6}$用于 $h \leqslant 3$mm，$\sqrt{Ra3.2}$用于 $h > 3$mm。

2. GB/T 96.1—2002、GB/T 97.1—2002、GB/T 97.2—2002 中，$\sqrt{Ra1.6}$用于 $h \leqslant 3$mm，$\sqrt{Ra3.2}$用于 3mm $< h \leqslant$ 6mm，$\sqrt{Ra6.3}$用于 $h > 6$mm。

（2）弹簧垫圈

标准型弹簧垫圈
（GB/T 93—1987）

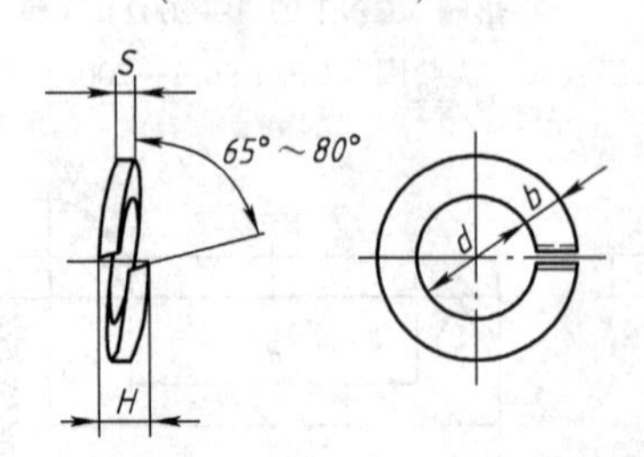

轻型弹簧垫圈
（GB/T 859—1987）

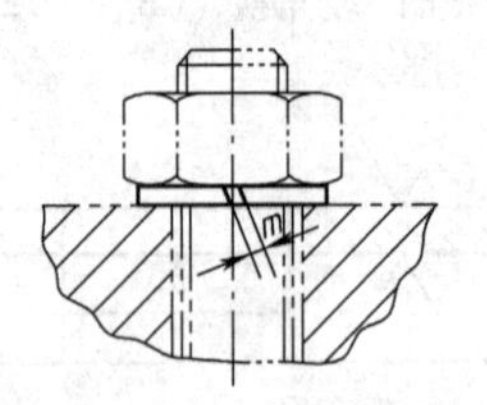

标 记 示 例

规格16、材料为65Mn、表面氧化的标准型弹簧垫圈：垫圈 GB/T 93 16

表 A-15 弹簧垫圈（摘自 GB/T 93—1987、GB/T 859—1987） （单位：mm）

规格（螺纹大径）		3	4	5	6	8	10	12	（14）	16	（18）	20	（22）	24	（27）	30
	d	3.1	4.1	5.1	6.1	8.1	10.2	12.2	14.2	16.2	18.2	20.2	22.5	24.5	27.5	30.5
H	GB/T 93	1.6	2.2	2.6	3.2	4.2	5.2	6.2	7.2	8.2	9	10	11	12	13.6	15
	GB/T 859	1.2	1.6	2.2	2.6	3.2	4	5	6	6.4	7.2	8	9	10	11	12
S（*b*）	GB/T 93	0.8	1.1	1.3	1.6	2.1	2.6	3.1	3.6	4.1	4.5	5	5.5	6	6.8	7.5
S	GB/T 859	0.6	0.8	1.1	1.3	1.6	2	2.5	3	3.2	3.6	4	4.5	5	5.5	6
m≤	GB/T 93	0.4	0.55	0.65	0.8	1.05	1.3	1.55	1.8	2.05	2.25	2.5	2.75	3	3.4	3.75
	GB/T 859	0.3	0.4	0.55	0.65	0.8	1	1.25	1.5	1.6	1.8	2	2.25	2.5	2.75	3
b	GB/T 859	1	1.2	1.5	2	2.5	3	3.5	4	4.5	5	5.5	6	7	8	9

注：1. 括号内的规格尽可能不采用。

2. *m* 应大于零。

附录 B　常用键与销

1. 平键和键槽的剖面尺寸

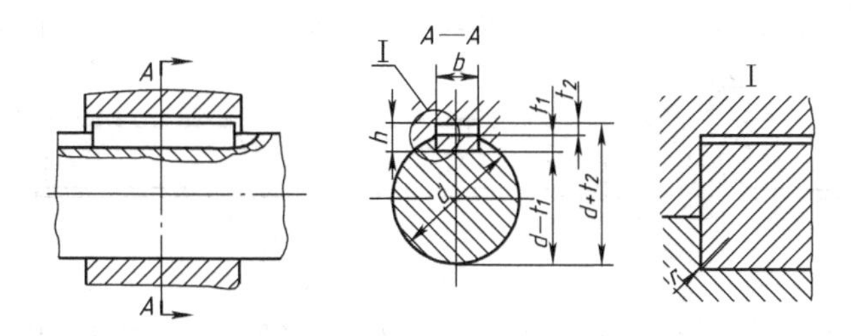

表 B-1　平键和键槽的剖面尺寸（摘自 GB/T 1095—2003）　　（单位：mm）

<table>
<tr><th>轴</th><th>键</th><th colspan="12">键　槽</th></tr>
<tr><th rowspan="4">公称直径 d（参照值）</th><th rowspan="4">键尺寸 $b\times h$</th><th colspan="6">宽　度 b</th><th colspan="4">深　度</th><th colspan="2" rowspan="3">半径 r</th></tr>
<tr><th rowspan="3">基本尺寸</th><th colspan="5">极限偏差</th><th colspan="2">轴 t_1</th><th colspan="2">毂 t_2</th></tr>
<tr><th colspan="2">正常联结</th><th>紧密联结</th><th colspan="2">松联结</th><th rowspan="2">基本尺寸</th><th rowspan="2">极限偏差</th><th rowspan="2">基本尺寸</th><th rowspan="2">极限偏差</th></tr>
<tr><th>轴 N9</th><th>毂 JS9</th><th>轴和毂 P9</th><th>轴 H9</th><th>毂 D10</th><th>min</th><th>max</th></tr>
<tr><td>自 6～8</td><td>2×2</td><td>2</td><td rowspan="2">-0.004
-0.029</td><td rowspan="2">+0.0125
-0.0125</td><td rowspan="2">-0.006
-0.031</td><td rowspan="2">+0.025
0</td><td rowspan="2">+0.060
+0.020</td><td>1.2</td><td rowspan="5">+0.1
0</td><td>1.0</td><td rowspan="5">+0.1
0</td><td rowspan="3">0.08</td><td rowspan="3">0.16</td></tr>
<tr><td>>8～10</td><td>3×3</td><td>3</td><td>1.8</td><td>1.4</td></tr>
<tr><td>>10～12</td><td>4×4</td><td>4</td><td rowspan="3">0
-0.030</td><td rowspan="3">+0.015
-0.015</td><td rowspan="3">-0.012
-0.042</td><td rowspan="3">+0.030
0</td><td rowspan="3">+0.078
+0.030</td><td>2.5</td><td>1.8</td></tr>
<tr><td>>12～17</td><td>5×5</td><td>5</td><td>3.0</td><td>2.3</td><td rowspan="3">0.16</td><td rowspan="3">0.25</td></tr>
<tr><td>>17～22</td><td>6×6</td><td>6</td><td>3.5</td><td>2.8</td></tr>
<tr><td>>22～30</td><td>8×7</td><td>8</td><td rowspan="2">0
-0.036</td><td rowspan="2">+0.018
-0.018</td><td rowspan="2">-0.015
-0.051</td><td rowspan="2">+0.036
0</td><td rowspan="2">+0.098
+0.040</td><td>4.0</td><td rowspan="11">+0.2
0</td><td>3.3</td><td rowspan="12">+0.2
0</td></tr>
<tr><td>>30～38</td><td>10×8</td><td>10</td><td>5.0</td><td>3.3</td><td rowspan="5">0.25</td><td rowspan="5">0.40</td></tr>
<tr><td>>38～44</td><td>12×8</td><td>12</td><td rowspan="4">0
-0.043</td><td rowspan="4">+0.0215
-0.0215</td><td rowspan="4">-0.018
-0.061</td><td rowspan="4">+0.043
0</td><td rowspan="4">+0.120
+0.050</td><td>5.0</td><td>3.3</td></tr>
<tr><td>>44～50</td><td>14×9</td><td>14</td><td>5.5</td><td>3.8</td></tr>
<tr><td>>50～58</td><td>16×10</td><td>16</td><td>6.0</td><td>4.3</td></tr>
<tr><td>>58～65</td><td>18×11</td><td>18</td><td>7.0</td><td>4.4</td></tr>
<tr><td>>65～75</td><td>20×12</td><td>20</td><td rowspan="4">0
-0.052</td><td rowspan="4">+0.026
-0.026</td><td rowspan="4">-0.022
-0.074</td><td rowspan="4">+0.052
0</td><td rowspan="4">+0.149
+0.065</td><td>7.5</td><td>4.9</td><td rowspan="5">0.40</td><td rowspan="5">0.60</td></tr>
<tr><td>>75～85</td><td>22×14</td><td>22</td><td>9.0</td><td>5.4</td></tr>
<tr><td>>85～95</td><td>25×14</td><td>25</td><td>9.0</td><td>5.4</td></tr>
<tr><td>>95～110</td><td>28×16</td><td>28</td><td>10.0</td><td>6.4</td></tr>
<tr><td>>110～130</td><td>32×18</td><td>32</td><td rowspan="5">0
-0.062</td><td rowspan="5">+0.031
-0.031</td><td rowspan="5">-0.026
-0.088</td><td rowspan="5">+0.062
0</td><td rowspan="5">+0.180
+0.080</td><td>11.0</td><td>7.4</td></tr>
<tr><td>>130～150</td><td>36×20</td><td>36</td><td>12.0</td><td rowspan="10">+0.3
0</td><td>8.4</td><td rowspan="4">0.70</td><td rowspan="4">1.00</td></tr>
<tr><td>>150～170</td><td>40×22</td><td>40</td><td>13.0</td><td>9.4</td><td rowspan="9">+0.3
0</td></tr>
<tr><td>>170～200</td><td>45×25</td><td>45</td><td>15.0</td><td>10.4</td></tr>
<tr><td>>200～230</td><td>50×28</td><td>50</td><td>17.0</td><td>11.4</td></tr>
<tr><td>>230～260</td><td>56×32</td><td>56</td><td rowspan="4">0
-0.074</td><td rowspan="4">+0.037
-0.037</td><td rowspan="4">-0.032
-0.106</td><td rowspan="4">+0.074
0</td><td rowspan="4">+0.220
+0.100</td><td>20.0</td><td>12.4</td><td rowspan="3">1.20</td><td rowspan="3">1.60</td></tr>
<tr><td>>260～290</td><td>63×32</td><td>63</td><td>20.0</td><td>12.4</td></tr>
<tr><td>>290～330</td><td>70×36</td><td>70</td><td>22.0</td><td>14.4</td></tr>
<tr><td>>330～380</td><td>80×40</td><td>80</td><td>25.0</td><td>15.4</td><td rowspan="3">2.00</td><td rowspan="3">2.50</td></tr>
<tr><td>>380～440</td><td>90×45</td><td>90</td><td rowspan="2">0
-0.087</td><td rowspan="2">+0.0435
-0.0435</td><td rowspan="2">-0.037
-0.124</td><td rowspan="2">+0.087
0</td><td rowspan="2">+0.260
+0.120</td><td>28.0</td><td>17.4</td></tr>
<tr><td>>440～500</td><td>100×50</td><td>100</td><td>31.0</td><td>19.5</td></tr>
</table>

2. 普通平键的型式尺寸

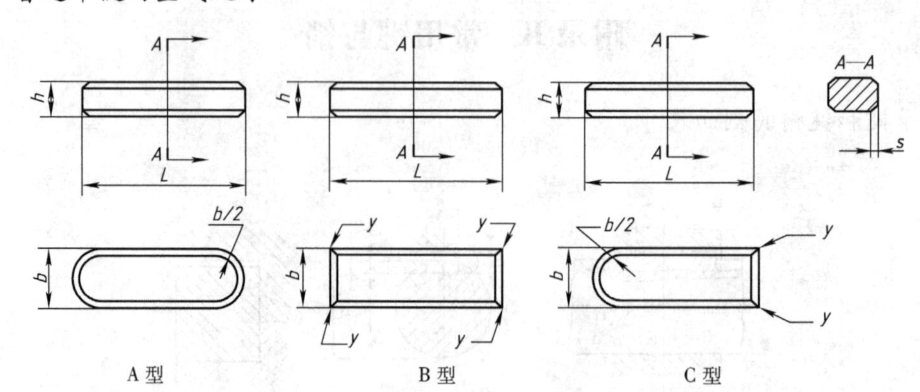

A 型　　　　B 型　　　　C 型

普通 A 型平键，$b=16$mm，$h=10$mm，$L=100$mm：GB/T 1096 键　16 × 10 × 100

普通 B 型平键，$b=16$mm，$h=10$mm，$L=100$mm：GB/T 1096 键 B　16 × 10 × 100

普通 C 型平键，$b=16$mm，$h=10$mm，$L=100$mm：GB/T 1096 键 C　16 × 10 × 100

表 B-2　普通平键的型式尺寸（摘自 GB/T 1096—2003）　　（单位：mm）

b	2	3	4	5	6	8	10	12	14	16	18	20	22	25	28	32	36	40	45	50
h	2	3	4	5	6	7	8	8	9	10	11	12	14	14	16	18	20	22	25	28
倒角 *s* 或倒圆	0.16 ~ 0.25			0.25 ~ 0.40			0.40 ~ 0.60					0.60 ~ 0.80					1.0 ~ 1.2			
L 范围	6 ~ 20	6 ~ 36	8 ~ 45	10 ~ 56	14 ~ 70	18 ~ 90	22 ~ 110	28 ~ 140	36 ~ 160	45 ~ 180	50 ~ 200	56 ~ 220	63 ~ 250	70 ~ 280	80 ~ 320	90 ~ 360	100 ~ 400	100 ~ 400	110 ~ 450	125 ~ 500

注：*L* 系列 6mm、8mm、10mm、12mm、14mm、16mm、18mm、20mm、22mm、25mm、28mm、32mm、36mm、40mm、45mm、50mm、56mm、63mm、70mm、80mm、90mm、100mm、110mm、125mm、140mm、160mm、180mm、200mm 等。

3. 圆柱销

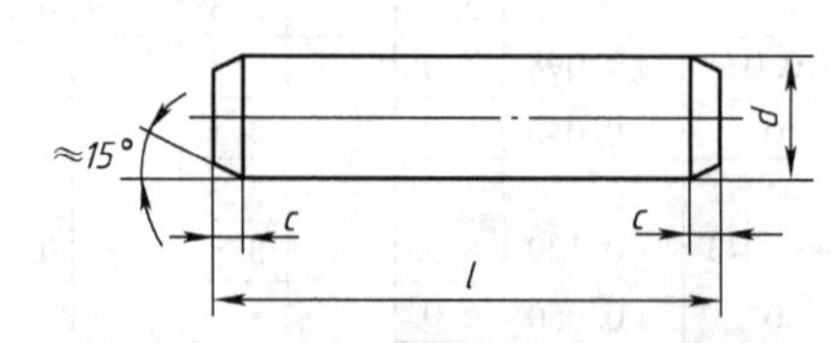

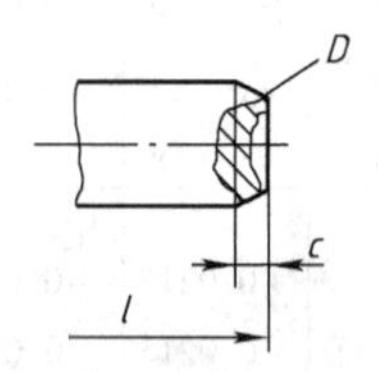

注：末端形状，由制造者确定允许倒圆或凹穴。

标 记 示 例

公称直径 $d=6$mm，公差为 m6，公称长度 $l=30$mm，材料为钢，普通淬火（A 型），表面氧化处理的圆柱销：

销　GB/T 119.2 6 × 30

表 B-3　圆柱销（摘自 GB/T 119.1—2000、GB/T 119.2—2000　　（单位：mm）

d	m6/h8① GB/T 119.1—2000 m6① GB/T 119.2—2000	4	5	6	8	10	12	16	20
	c ≈	0.63	0.8	1.2	1.6	2	2.5	3	3.5
l（公称）	GB/T 119.1—2000	8 ~ 40	10 ~ 50	12 ~ 60	14 ~ 80	18 ~ 95	22 ~ 140	26 ~ 180	35 ~ 200
	GB/T 119.2—2000	10 ~ 40	12 ~ 50	14 ~ 60	18 ~ 80	22 ~ 100	26 ~ 100	40 ~ 100	50 ~ 100

注：GB/T 119.1—2000 公称长度大于 200mm，按 20mm 递增。GB/T 119.2—2000 公称长度大于 100mm，按 20mm 递增。

① 其他公差由供需双方协议。

4. 圆锥销

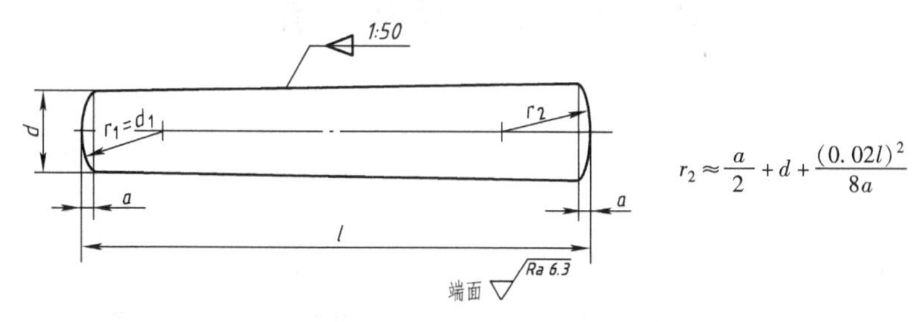

$$r_2 \approx \frac{a}{2} + d + \frac{(0.02l)^2}{8a}$$

标 记 示 例

公称直径 d = 6mm，公称长度 l = 30mm，材料为 35 钢，热处理硬度 28 ~ 38HRC，表面氧化处理的 A 型圆锥销

销　GB/T 117 6 × 30

表 B-4　圆锥销（摘自 GB/T 117—2000）　　　　（单位：mm）

d h10①	0.6	0.8	1	1.2	1.5	2	2.5	3	4	5	6	8	10	12	16	20	25
$a\approx$	0.08	0.1	0.12	0.16	0.2	0.25	0.3	0.4	0.5	0.63	0.8	1	1.2	1.6	2	2.5	3
l②（公称）	4 ~ 8	5 ~ 12	6 ~ 16	6 ~ 20	8 ~ 24	10 ~ 35	10 ~ 35	12 ~ 45	14 ~ 55	18 ~ 60	22 ~ 90	22 ~ 120	26 ~ 160	32 ~ 180	40 ~ 200	45 ~ 200	50 ~ 200

① 其他公差，如 a11，c11 和 f8 由供需双方协议。

② 公称大于 200mm，按 20mm 递增。

5. 开口销

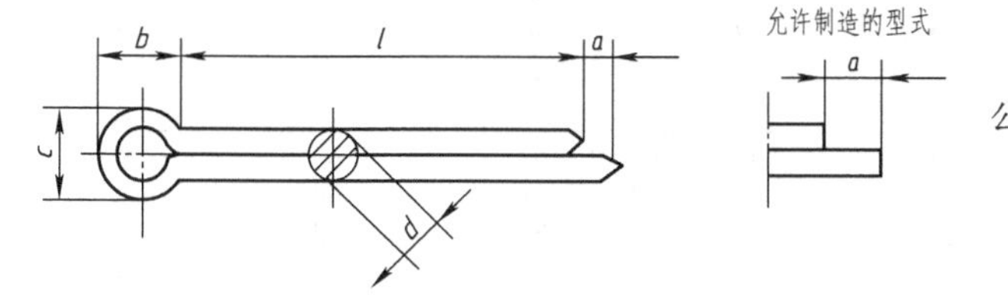

标 记 示 例：

公称规格为 5mm、公称长度 l = 50mm，材料为 Q215 或 Q235、不经表面处理的开口销：

销　GB/T 91 5 × 50

表 B-5　开口销（摘自 GB/T 91—2000）　　　　（单位：mm）

公称规格		0.6	0.8	1	1.2	1.6	2	2.5	3.2	4	5	6.3	8	10	13
d	min	0.4	0.6	0.8	0.9	1.3	1.7	2.1	2.7	3.5	4.4	5.7	7.3	9.3	12.1
	max	0.5	0.7	0.9	1.0	1.4	1.8	2.3	2.9	3.7	4.6	5.9	7.5	9.5	12.4
c	min	0.9	1.2	1.6	1.7	2.4	3.2	4.0	5.1	6.5	8.0	10.3	13.1	16.6	21.7
	max	1.0	1.4	1.8	2.0	2.8	3.6	4.6	5.8	7.4	9.2	11.8	15.0	19.0	24.8
$b\approx$		2	2.4	3	3	3.2	4	5	6.4	8	10	12.6	16	20	26
a_{max}		1.6			2.5				3.2	4				6.3	
l（公称）		4 ~ 12	5 ~ 16	6 ~ 20	8 ~ 25	8 ~ 32	10 ~ 40	12 ~ 50	14 ~ 63	18 ~ 80	22 ~ 100	32 ~ 125	40 ~ 160	45 ~ 200	71 ~ 250
长度 l 的系列		4，5，6，8，10，12，14，16，18，20，22，25，28，32，36，40，45，50，56，63，71，80，90，100，112，125，140，160，180，200，224，250，280													

注：公称规格等于开口销孔的直径。

附录 C　常用滚动轴承

1. 深沟球轴承

6000 型

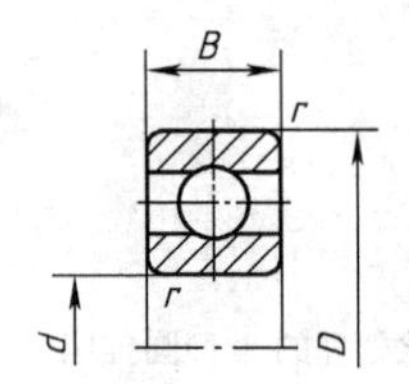

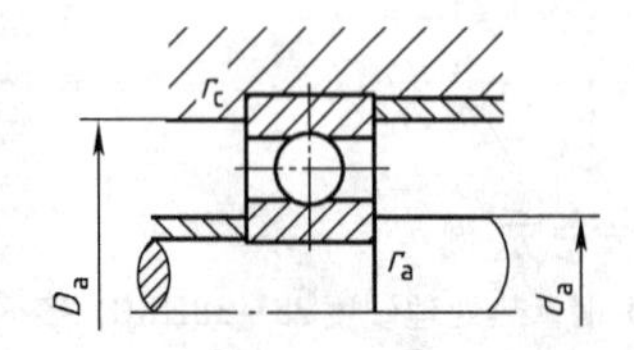

标 记 示 列

内径 $d=20$mm 的 60000 型深钩球轴承，尺寸系列为（0）2，组合代号为 62：

表 C-1　滚动轴承　深沟球轴承外形尺寸（GB/T 276—1994）　　（单位：mm）

轴承代号	基本尺寸				安装尺寸		
	d	D	B	r_{smin}	d_a min	D_a max	r_{asmax}
（1）0 尺寸系列							
6000	10	26	8	0.3	12.4	23.6	0.3
6001	12	28	8	0.3	14.4	25.6	0.3
6002	15	32	9	0.3	17.4	29.6	0.3
6003	17	35	10	0.3	19.4	32.6	0.3
6004	20	42	12	0.6	25	37	0.6
6005	25	47	12	0.6	30	42	0.6
6006	30	55	13	1	36	49	1
6007	35	62	14	1	41	56	1
6008	40	68	15	1	46	62	1
6009	45	75	16	1	51	69	1
6010	50	80	16	1	56	74	1
6011	55	90	18	1.1	62	83	1
6012	60	95	18	1.1	67	88	1
6013	65	100	18	1.1	72	93	1
6014	70	110	20	1.1	77	103	1
6015	75	115	20	1.1	82	108	1
6016	80	125	22	1.1	87	118	1
6017	85	130	22	1.1	92	123	1
6018	90	140	24	1.5	99	131	1.5
6019	95	145	24	1.5	104	136	1.5
6020	100	150	24	1.5	109	141	1.5
（0）2 尺寸系列							
6200	10	30	9	0.6	15	25	0.6
6201	12	32	10	0.6	17	27	0.6
6202	15	35	11	0.6	20	30	0.6
6203	17	40	12	0.6	22	35	0.6
6204	20	47	14	1	26	41	1
6205	25	52	15	1	31	46	1
6206	30	62	16	1	36	56	1
6207	35	72	17	1.1	42	65	1
6208	40	80	18	1.1	47	73	1
6209	45	85	19	1.1	52	78	1
6210	50	90	20	1.1	57	83	1
6211	55	100	21	1.5	64	91	1.5
6212	60	110	22	1.5	69	101	1.5
6213	65	120	23	1.5	74	111	1.5
6214	70	125	24	1.5	79	116	1.5
6215	75	130	25	1.5	84	121	1.5

（续）

轴承代号	基本尺寸				安装尺寸		
	d	D	B	r_{smin}	d_a min	D_a max	r_{asmax}
6216	80	140	26	2	90	130	2
6217	85	150	28	2	95	140	2
6218	90	160	30	2	100	150	2
6219	95	170	32	2.1	107	158	2.1
6220	100	180	34	2.1	112	168	2.1
（0）3尺寸系列							
6300	10	35	11	0.6	15	30	0.6
6301	12	37	12	1	18	31	1
6302	15	42	13	1	21	36	1
6303	17	47	14	1	23	41	1
6304	20	52	15	1.1	27	45	1
6305	25	62	17	1.1	32	55	1
6306	30	72	19	1.1	37	65	1
6307	35	80	21	1.5	44	71	1.5
6308	40	90	23	1.5	49	81	1.5
6309	45	100	25	1.5	54	91	1.5
6310	50	110	27	2	60	100	2
6311	55	120	29	2	65	no	2
6312	60	130	31	2.1	72	118	2.1
6313	65	140	33	2.1	77	128	2.1
6314	70	150	35	2.1	82	138	2.1
6315	75	160	37	2.1	87	148	2.1
6316	80	170	39	2.1	92	158	2.1
6317	85	180	41	3	99	166	2.5
6318	90	190	43	3	104	176	2.5
6319	95	200	45	3	109	186	2.5
6320	100	215	47	3	114	201	2.5
（0）4尺寸系列							
6403	17	62	17	1.1	24	55	1
6404	20	72	19	1.1	27	65	1
6405	25	80	21	1.5	34	71	1.5
6406	30	90	23	1.5	39	81	1.5
6407	35	100	25	1.5	44	91	1.5
6408	40	110	27	2	50	100	2
6409	45	120	29	2	55	110	2
6410	50	130	31	2.1	62	118	2.1
6411	55	140	33	2.1	67	128	2.1
6412	60	150	35	2.1	72	138	2.1
6413	65	160	37	2.1	77	148	2.1
6414	70	180	42	3	84	166	2.5
6415	75	190	45	3	89	176	2.5
6416	80	200	48	3	94	186	2.5
6417	85	210	52	4	103	192	3
6418	90	225	54	4	108	207	3
6420	100	250	58	4	118	232	3

注：r_{smin}为r的单向最小倒角尺寸；r_{asmax}为r_{as}的单向最大倒角尺寸。

2. 圆锥滚子轴承

30000 型

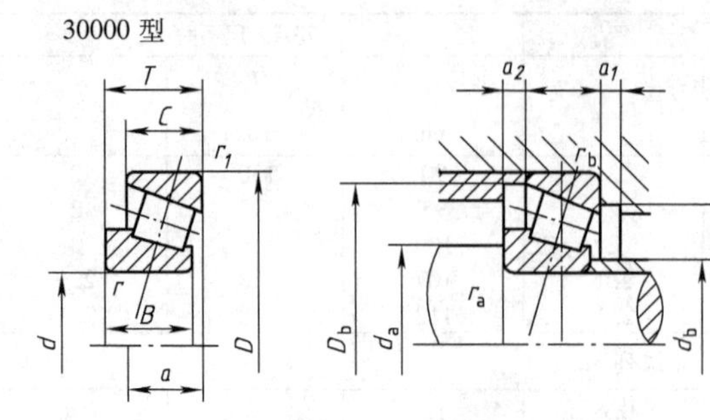

标 记 示 例

内径 d = 20mm，尺寸系列代号为 02 的圆锥滚子轴承：

滚动轴承 30204 GB/T 297—1994

表 C-2　圆锥滚子轴承（摘自 GB/T 297—1994）　　（单位：mm）

轴承代号	基本尺寸								安装尺寸								
	d	D	T	B	C	r_{smin}	r_{1smin}	$a\approx$	d_s min	d_b max	D_a min	Da max	D_b min	a_1 min	a_2 min	r_{asmax}	r_{bsmax}
02 尺寸系列																	
30203	17	40	13.25	12	11	1	1	9.9	23	23	34	34	37	2	2.5	1	1
30204	20	47	15.25	14	12	1	1	11.2	26	27	40	41	43	2	3.5	1	1
30205	25	52	16.25	15	13	1	1	12.5	31	31	44	46	48	2	3.5	1	1
30206	30	62	17.25	16	14	1	1	13.8	36	37	53	56	58	2	3.5	1	1
30207	35	72	18.25	17	15	1.5	1.5	15.3	42	44	62	65	67	3	3.5	1.5	1.5
30208	40	80	19.75	18	16	1.5	1.5	16.9	47	49	69	73	75	3	4	1.5	1.5
30209	45	85	20.75	19	16	1.5	1.5	18.6	52	53	74	78	80	3	5	1.5	1.5
30210	50	90	21.75	20	17	1.5	1.5	20	57	58	79	83	86	3	5	1.5	1.5
30211	55	100	22.75	21	18	2	1.5	21	64	64	88	91	95	4	5	2	1.5
30212	60	110	23.75	22	19	2	1.5	22.3	69	69	96	101	103	4	5	2	1.5
30213	65	120	24.75	23	20	2	1.5	23.8	74	77	106	111	114	4	5	2	1.5
30214	70	125	26.25	24	21	2	1.5	25.8	79	81	110	116	119	4	5.5	2	1.5
30215	75	130	27.25	25	22	2	1.5	27.4	84	85	115	121	125	4	5.5	2	1.5
30216	80	140	28.25	26	22	2.5	2	28.1	90	90	124	130	133	4	6	2.1	2
30217	85	150	30.5	28	24	2.5	2	30.3	95	96	132	140	142	5	6.5	2.1	2
30218	90	160	32.5	30	26	2.5	2	32.3	100	102	140	150	151	5	6.5	2.1	2
30219	95	170	34.5	32	27	3	2.5	34.2	107	108	149	158	160	5	7.5	2.5	2.1
30220	100	180	37	34	29	3	2.5	36.4	112	114	157	168	169	5	8	2.5	2.1
03 尺寸系列																	
30302	15	42	14.25	13	11	1	1	9.6	21	22	36	36	38	2	3.5	1	1
30303	17	47	15.25	14	12	1	1	10.4	23	25	40	41	43	3	3.5	1	1
30304	20	52	16.25	15	13	1.5	1.5	11.1	27	28	44	45	48	3	3.5	1.5	1.5
30305	25	62	18.25	17	15	1.5	1.5	13	32	34	54	55	58	3	3.5	1.5	1.5
30306	30	72	20.75	19	16	1.5	1.5	15.3	37	40	62	65	66	3	5	1.5	1.5
30307	35	80	22.75	21	18	2	1.5	16.8	44	45	70	71	74	3	5	2	1.5
30308	40	90	25.25	23	20	2	1.5	19.5	49	52	77	81	84	3	5.5	2	1.5
30309	45	100	27.25	25	22	2	1.5	21.3	54	59	86	91	94	3	5.5	2	1.5
30310	50	110	29.25	27	23	2.5	2	23	60	65	95	100	103	4	6.5	2	2
30311	55	120	31.5	29	25	2.5	2	24.9	65	70	104	110	112	4	6.5	2.5	2
30312	60	130	33.5	31	26	3	2.5	26.6	72	76	112	118	121	5	7.5	2.5	2.1
30313	65	140	36	33	28	3	2.5	28.7	77	83	122	128	131	5	8	2.5	2.1
30314	70	150	38	35	30	3	2.5	30.7	82	89	130	138	141	5	8	2.5	2.1
30315	75	160	40	37	31	3	2.5	32	87	95	139	148	150	5	9	2.5	2.1
30316	80	170	42.5	39	33	3	2.5	34.4	92	102	148	158	160	5	9.5	2.5	2.1

（续）

轴承代号	基本尺寸								安装尺寸								
	d	D	T	B	C	r_{smin}	r_{1smin}	$a\approx$	d_s min	d_b max	D_a min	Da max	D_b min	a_1 min	a_2 min	r_{asmax}	r_{bsmax}
30317	85	180	44.5	41	34	4	3	35.9	99	107	156	166	168	6	10.5	3	2.5
30318	90	190	46.5	43	36	4	3	37.5	104	113	165	176	178	6	10.5	3	2.5
30319	95	200	49.5	45	38	4	3	40.1	109	118	172	186	185	6	11.5	3	2.5
30320	100	215	51.5	47	39	4	3	42.2	114	127	184	201	199	6	12.5	3	2.5
22 尺寸系列																	
32206	30	62	21.25	20	17	1	1	15.6	36	36	52	56	58	3	4.5	1	1
32207	35	72	24.25	23	19	1.5	1.5	17.9	42	42	61	65	68	3	5.5	1.5	1.5
32208	40	80	24.75	23	19	1.5	1.5	18.9	47	48	68	73	75	3	6	1.5	1.5
32209	45	85	24.75	23	19	us	1.5	20.1	52	53	73	78	81	3	6	1.5	1.5
32210	50	90	24.75	23	19	1.5	1.5	21	57	57	78	83	86	3	6	1.5	1.5
32211	55	100	26.75	25	21	2	1.5	22.8	64	62	87	91	96	4	6	2	1.5
32212	60	110	29.75	28	24	2	1.5	25	69	68	95	101	105	4	6	2	1.5
32213	65	120	32.75	31	27	2	1.5	27.3	74	75	104	111	115	4	6	2	1.5
32214	70	125	33.25	31	27	2	1.5	28.8	79	79	108	116	120	4	6.5	2	1.5
32215	75	130	33.25	31	27	2	1.5	30	84	84	115	121	126	4	6.5	2	1.5
32216	80	140	35.25	33	28	2.5	2	31.4	90	89	122	130	135	5	7.5	2.1	2
32217	85	150	38.5	36	30	2.5	2	33.9	95	95	130	140	143	5	8.5	2.1	2
32218	90	160	42.5	40	34	2.5	2	36.8	100	101	138	150	153	5	8.5	2.1	2
32219	95	170	45.5	43	37	3	2.5	39.2	107	106	145	158	163	5	8.5	2.5	2.1
32220	100	180	49	46	39	3	2.5	41.9	112	113	154	168	172	5	10	2.5	2.1
23 尺寸系列																	
32303	17	47	20.25	19	16	1	1	12.3	23	24	39	41	43	3	4.5	1	1
32304	20	52	22.25	21	18	1.5	1.5	13.6	27	26	43	45	48	3	4.5	1.5	1.5
32305	25	62	25.25	24	20	1.5	1.5	15.9	32	32	52	55	58	3	5.5	1.5	1.5
32306	30	72	28.75	27	23	1.5	1.5	18.9	37	38	59	65	66	4	6	1.5	1.5
32307	35	80	32.75	31	25	2	1.5	20.4	44	43	66	71	74	4	8.5	2	1.5
32308	40	90	35.25	33	27	2	1.5	23.3	49	49	73	81	83	4	8.5	2	1.5
32309	45	100	38.25	36	30	2	1.5	25.6	54	56	82	91	93	4	8.5	2	1.5
32310	50	110	42.25	40	33	2.5	2	28.2	60	61	90	100	102	5	9.5	2	2
32311	55	120	45.5	43	35	2.5	2	30.4	65	66	99	110	111	5	10	2.5	2
32312	60	130	48.5	46	37	3	2.5	32	72	72	107	118	122	6	11.5	2.5	2.1
32313	65	140	51	48	39	3	2.5	34.3	77	79	117	128	131	6	12	2.5	2.1
32314	70	150	54	51	42	3	2.5	36.5	82	84	125	138	141	6	12	2.5	2.1
32315	75	160	58	55	45	3	2.5	39.4	87	91	133	148	150	7	13	2.5	2.1
32316	80	170	61.5	58	48	3	2.5	42.1	92	97	142	158	160	7	13.5	2.5	2.1
32317	85	180	63.5	60	49	4	3	43.5	99	102	150	166	168	8	14.5	3	2.5
32318	90	190	67.5	64	53	4	3	46.2	104	107	157	176	178	8	14.5	3	2.5
32319	95	200	71.5	67	55	4	3	49	109	114	166	186	187	8	16.5	3	2.5
32320	100	215	77.5	73	60	4	3	52.9	114	122	177	201	201	8	17.5	3	2.5

注：r_{smin}等含义同表 C-1。

3. 推力球轴承

51000 型

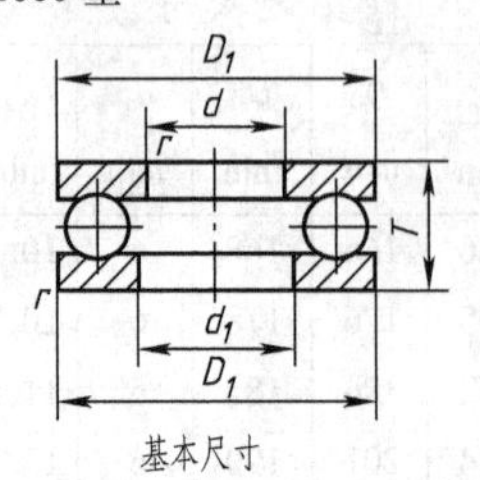

基本尺寸

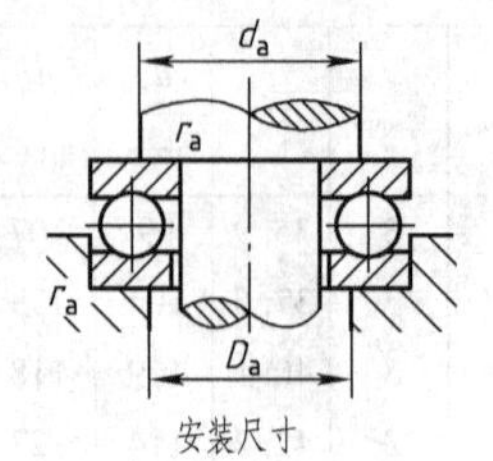

安装尺寸

5200 型

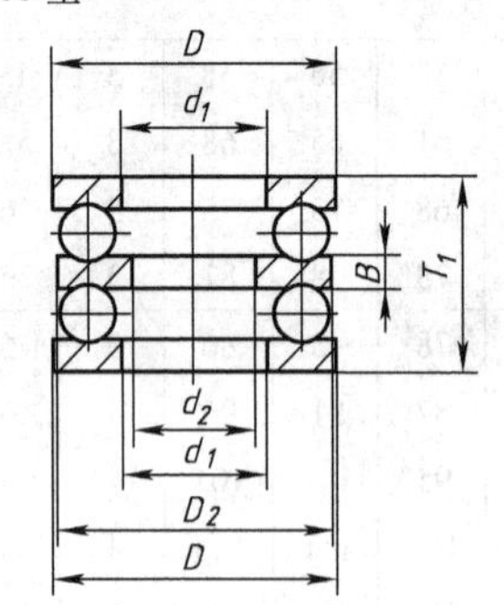

标 记 示 例

内径 $d=20$mm，51000 型推力球轴承，12 尺寸系列：

滚动轴承　51204　GB/T 28697—2012

表 C-3　推力球轴承（摘自 GB/T 28697—2012）　　（单位：mm）

轴承代号		基本尺寸											安装尺寸					
		d	d_2	D	T	T_1	d_1 min	D_1 max	D_2 max	B	r_{smin}	r_{1smin}	d_a min	D_a max	D_b min	d_b max	r_{asmax}	r_{1asmax}
12（51000 型）、22（52000 型）尺寸系列																		
51200	—	10	—	26	11	—	12	26	—	—	0.6	—	20	16		—	0.6	—
51201	—	12	—	28	11	—	14	28	—	—	0.6	—	22	18		—	0.6	—
51202	52202	15	10	32	12	22	17	32	32	5	0.6	0.3	25	22		15	0.6	0.3
51203	—	17	—	35	12	—	19	35	—	—	0.6	—	28	24		—	0.6	—
51204	52204	20	15	40	14	26	22	40	40	6	0.6	0.3	32	28		20	0.6	0.3
51205	52205	25	20	47	15	28	27	47	47	7	0.6	0.3	38	34		25	0.6	0.3
51206	52206	30	25	52	16	29	32	52	52	7	0.6	0.3	43	39		30	0.6	0.3
51207	52207	35	30	62	18	34	37	62	62	8	1	0.3	51	46		35	1	0.3
51208	52208	40	30	68	19	36	42	68	68	9	1	0.6	57	51		40	1	0.6
51209	52209	45	35	73	20	37	47	73	73	9	1	0.6	62	56		45	1	0.6
51210	52210	50	40	78	22	39	52	78	78	9	1	0.6	67	61		50	1	0.6
51211	52211	55	45	90	25	45	57	90	90	10	1	0.6	76	69		55	1	0.6
51212	52212	60	50	95	26	46	62	95	95	10	1	0.6	81	74		60	1	0.6
51213	52213	65	55	100	27	47	67	100		10	1	0.6	86	79	79	65	1	0.6
51214	52214	70	55	105	27	47	72	105		10	1	1	91	84	84	70	1	1
51215	52215	75	60	110	27	47	77	110		10	1	1	96	89	89	75	1	1
51216	52216	80	65	115	28	48	82	115		10	1	1	101	94	94	80	1	1

（续）

轴承代号		基本尺寸											安装尺寸					
		d	d_2	D	T	T_1	d_1 min	D_1 max	D_2 max	B	r_{smin}	r_{1smin}	d_a min	D_a max	D_b min	d_b max	r_{asmax}	r_{1asmax}
12（51000 型）、22（52000 型）尺寸系列																		
51217	52217	85	70	125	31	55	88	125		12	1	1	109	101	109	85	1	1
51218	52218	90	75	135	35	62	93	135		14	1.1	1	117	108	108	90	1	1
51220	52220	100	85	150	38	67	103	150		15	1.1	1	130	120	120	100	1	1
13（51000 型）、23（52000）尺寸系列																		
51304	—	20	—	47	18	—	22	47		—	1	—	36	31	—	—	1	—
51305	52305	25	20	52	18	34	27	52		8	1	0.3	41	36	36	25	1	0.3
51306	52306	30	25	60	21	38	32	60		9	1	0.3	48	42	42	30	1	0.3
51307	52307	35	30	68	24	44	37	68		10	1	0.3	55	48	48	35	1	0.3
51308	52308	40	30	78	26	49	42	78		12	1	0.6	63	55	55	40	1	0.6
51309	52309	45	35	85	28	52	47	85		12	1	0.6	69	61	61	45	1	0.6
51310	52310	50	40	95	31	58	52	95		14	1.1	0.6	77	68	68	50	1	0.6
51311	52311	55	45	105	35	64	57	105		15	1.1	0.6	85	75	75	55	1	0.6
51312	52312	60	50	110	35	64	62	110		15	1.1	0.6	90	80	80	60	1	0.6
51313	52313	65	55	115	36	65	67	115		15	1.1	0.6	95	85	85	65	1	0.6
51314	52314	70	55	125	40	72	72	125		16	1.1	1	103	92	92	70	1	1
51315	52315	75	60	135	44	79	77	135		18	1.5	1	111	99	99	75	1.5	1
51316	52316	80	65	140	44	79	82	140		18	1.5	1	116	104	104	80	1.5	1
51317	52317	85	70	150	49	87	88	150		19	1.5	1	124	111	114	85	1.5	1
51318	52318	90	75	155	50	88	93	155		19	1.5	1	129	116	116	90	1.5	1
51320	52320	100	85	170	55	97	103	170		21	1.5	1	142	128	128	100	1.5	1
14（51000 型）、24（52000 型）尺寸系列																		
51405	52405	25	15	60	24	45	27	60		11	1	0.6	46	39		25	1	0.6
51406	52406	30	20	70	28	52	32	70		12	1	0.6	54	46		30	1	0.6
51407	52407	35	25	80	32	59	37	80		14	1.1	0.6	62	53		35	1	0.6
51408	52408	40	30	90	36	65	42	90		15	1.1	0.6	70	60		40	1	0.6
51409	52409	45	35	100	39	72	47	100		17	1.1	0.6	78	67		45	1	0.6
51410	52410	50	40	110	43	78	52	110		18	1.5	0.6	86	74		50	1.5	0.6
51411	52411	55	45	120	48	87	57	120		20	1.5	0.6	94	81		55	1.5	0.6
51412	52412	60	50	130	51	93	62	130		21	1.5	0.6	102	88		60	1.5	0.6
51413	52413	65	50	140	56	101	68	140		23	2	1	110	95		65	2.0	1
51414	52414	70	55	150	60	107	73	150		24	2	1	118	102		70	2.0	1
51415	52415	75	60	160	65	115	78	160	160	26	2	1	125	110		75	2.0	1
51416	—	80	—	170	68	—	83	170	—	—	2.1	—	133	117		—	2.1	—
51417	52417	85	65	180	72	128	88	177	179.5	29	2.1	1.1	141	124		85	2.1	1
51418	52418	90	70	190	77	135	93	187	189.5	30	2.1	1.1	149	131		90	2.1	1
51420	52420	100	80	210	85	150	103	205	209.5	33	3	1.1	165	145		100	2.5	1

注：r_{smin}等含义同表 C-1。

附录 D　零件倒圆、倒角与砂轮越程槽

1. 零件倒圆与倒角

表 D-1　零件倒圆与倒角（摘自 GB/T 6403.4—2008）　　（单位：mm）

型　式													
R、C 尺寸系列	0.1	0.2	0.3	0.4	0.5	0.6	0.8	1.0	1.2	1.6	2.0	2.5	3.0
	4.0	5.0	6.0	8.0	10	12	16	20	25	32	40	50	
装配型式	$c_1>R$			$R_1>R$			$c<0.58R_1$			$c_1>c$			

Cmax 与 R_1 的关系（$C<0.58R_1$）												
	R_1	0.1	0.2	0.3	0.4	0.5	0.6	0.8	1.0	1.2	1.6	2.0
	Cmax	–	0.1	0.1	0.2	0.2	0.3	0.4	0.5	0.6	0.8	1.0
	R_1	2.5	3.0	4.0	5.0	6.0	8.0	10	12	16	20	25
	Cmax	1.2	1.6	2.0	2.5	3.0	4.0	5.0	6.0	8.0	10	12

表 D-2　与零件直径 ϕ 相应的倒角 C、倒圆 R 的推荐值（摘自 GB/T 6403.4—2008）

（单位：mm）

ϕ	~3	>3~6	>6~10	>10~18	>18~30	>30~50	>50~80	>80~120	>120~180
C 或 R	0.2	0.4	0.6	0.8	1.0	1.6	2.0	2.5	3.0
ϕ	>180~250	>250~320	>320~400	>400~500	>500~630	>630~800	>800~1000	>1000~1250	>1250~1600
C 或 R	4.0	5.0	6.0	8.0	10	12	16	20	25

注：1. α 一般采用 45°，也可采用 30°或 60°。

2. 内角外角分别为倒圆、倒角（倒角为 45°）时，R_1、C_1 为正偏差，R 和 C 为负偏差。

2. 砂轮越程槽

表 D-3　砂轮越程槽（摘自 GB/T 6403.5—2008）　　（单位：mm）

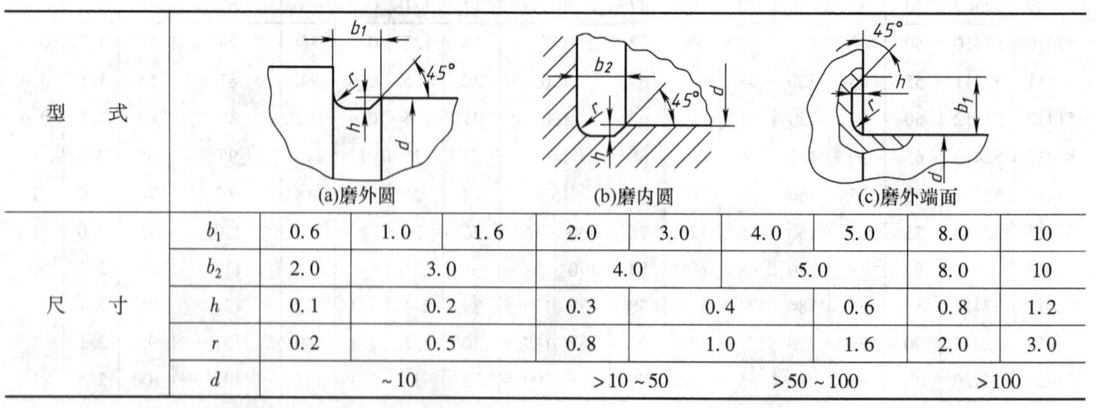

(a)磨外圆　(b)磨内圆　(c)磨外端面

尺　寸										
	b_1	0.6	1.0	1.6	2.0	3.0	4.0	5.0	8.0	10
	b_2	2.0	3.0		4.0		5.0		8.0	10
	h	0.1	0.2		0.3	0.4		0.6	0.8	1.2
	r	0.2	0.5		0.8	1.0		1.6	2.0	3.0
	d	~10			>10~50		>50~100		>100	

注：越程槽内两直线相交处，不允许产生尖角。

附录 E　紧固件通孔及沉孔尺寸

表 E-1　紧固件通孔及沉孔尺寸（摘自 GB/T 5277—1985、GB/T 152.2～4—1988）

（单位：mm）

螺栓或螺钉直径 d		3	3.5	4	5	6	8	10	12	14	16	20	24	30	36	42	48
通孔直径 d_h（GB/T 5277—1985）	精装配	3.2	3.7	4.3	5.3	6.4	8.4	10.5	13	15	17	21	25	31	37	43	50
	中等装配	3.4	3.9	4.5	5.5	6.6	9	11	13.5	15.5	17.5	22	26	33	39	45	52
	粗装配	3.6	4.2	4.8	5.8	7	10	12	14.5	16.5	18.5	24	28	35	42	48	56
六角头螺栓和六角螺母用沉孔（GB/T 152.4—1988）	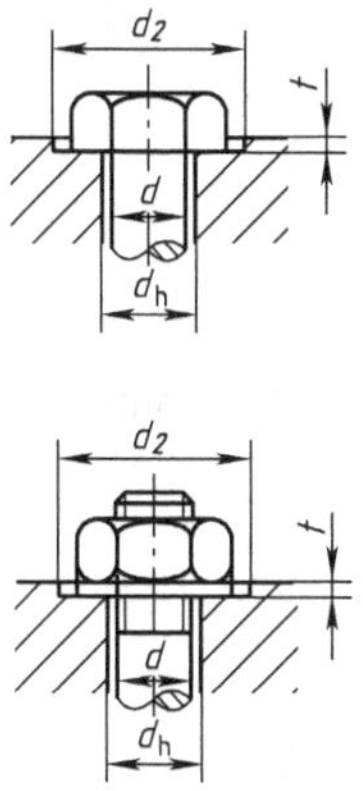 d_2	9	—	10	11	13	18	22	26	30	33	40	48	61	71	82	98
	t	只要能制出与通孔轴线垂直的圆平面即可															
沉头用沉孔（GB/T 152.2—1988）	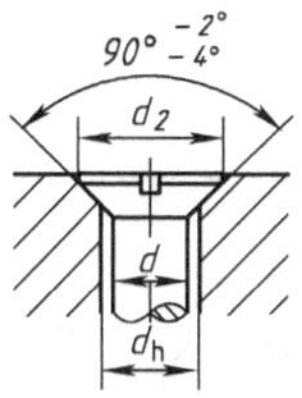 d_2	6.4	8.4	9.6	10.6	12.8	17.6	20.3	24.4	28.4	32.4	40.4	—	—	—	—	—
开槽圆柱头用的圆柱头沉孔（GB/T 152.3—1988）	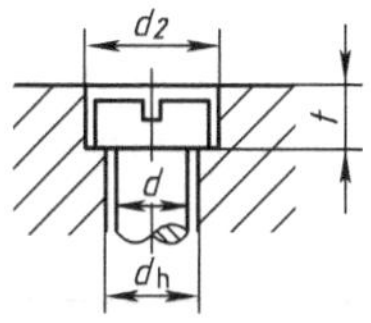 d_2	—	—	8	10	11	15	18	20	24	26	33	—	—	—	—	—
	t	—	—	3.2	4	4.7	6	7	8	9	10.5	12.5	—	—	—	—	—
内六角圆柱头用的圆柱头沉孔（GB/T 152.3—1988）	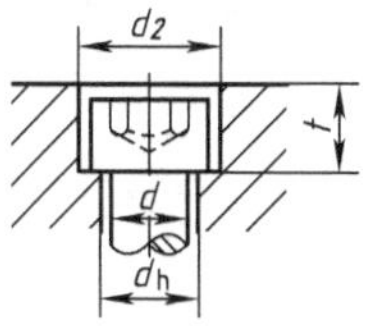 d_2	6		8	10	11	15	18	20	24	26	33	40	48	57	—	—
	t	3.4	—	4.6	5.7	6.8	9	11	13	15	17.5	21.5	25.5	32	38	—	—

附录F　常用材料及热处理

1. 金属材料

(1) 铸铁

灰铸铁（CB/T 9439—2010）

球墨铸铁（GB/T 1348—2009）

可锻铸铁（GB/T 9440—2010）

表F-1　铸铁

名称	牌　号	应用举例	说　明
灰铸铁	HT 100 HT 150	用于低强度铸件，如盖、手轮、支架等 用于中度铸件，如底座、刀架、轴承座、胶带轮盖等	“HT”表示灰铸铁，后面的数字表示抗拉强度值（MPa）
	HT 200 HT 250	用于高强度铸件，如床身、机座、齿轮、凸轮、汽缸泵体、联轴器等	
	HT 300 HT 350	用于高强度耐磨铸件，如齿轮、凸轮、重载荷床身、高压泵、阀壳体、锻模、冷冲压模等	
球墨铸铁	QT800－2 QT700－2 QT600－3	具有较高强度，但塑性低，用于曲轴、凸轮轴、齿轮、汽缸、缸套、轧辊、水泵轴、活塞环、摩擦片等零件	“QT”表示球墨铸铁，其后第一组数字表示抗拉强度值（MPa），第二组数字表示断后伸长率（%）
	QT500－7 QT400－18	具有较高的塑性和适当的强度，用于承受冲击负荷的零件	
可锻铸铁	KTH 300－06 KTH 330－08* KTH 350－10 KTH 370－12*	黑心可锻铸铁，用于承受冲击振动的零件：汽车、拖拉机、农机铸件	“KT”表示可锻铸铁，“H”表示黑心“B”表示白心，第一组数字表示抗拉强度值（MPa），第二组数字表示断后伸率（%） KTH300－06适用于气密性零件 有*号者为推荐牌号
	KTB 350－04 KTB 380－12 KTB 400－05 KTB 450－07	白心可锻铸铁，韧性较低，但强度高，耐磨性、加工性好。可代替低、中碳钢及低合金钢的重要零件，如曲轴、连杆、机床附件等	

(2) 钢

碳素结构钢（GB/T 700—2006）

优质碳素结构钢（GB/T 699—1999）

合金结构钢（GB/T 3077—1999）

碳素工具钢（GB/T 1298—2008）

一般工程用铸造碳钢件（GB/T 11352—2009）

表 F-2　钢

名称	牌　号	应用举例	说　明
碳素结构钢	Q215　A级 　　　B级	金属结构件、拉杆、套圈、铆钉、螺栓、短轴、心轴、凸轮（载荷不大的）、垫圈；渗碳零件及焊接件	“Q”为碳素结构钢屈服强度“屈”字的汉语拼音首位字母，后面数字表示屈服强度数值。如Q235表示碳素结构钢屈服 新旧牌号对照： Q215—A2（A2F） Q235—A3 Q275—A4
	Q235　A级 　　　B级 　　　C级 　　　D级	金属结构件，心部强度要求不高的渗碳或氰化零件，吊钩、拉杆、套圈、汽缸、齿轮、螺栓，螺母、连杆、轮轴、楔、盖及焊接件	
	Q275	轴、轴销、刹车杆、螺母、螺栓、垫圈、连杆、齿轮以及其他强度较高的零件	
优质碳素结构钢	08F	可塑性要求高的零件，如管子、垫圈、渗碳件、氰化件等；拉杆、卡头、垫圈、焊件	牌号的两位数字表示平均含碳量，称为C的质量分数。45钢即表示C的质量分数为0.45%，表示平均含碳量为0.45%。 C的质量分数≤0.25%的碳钢属低碳钢（渗碳钢） C的质量分数在0.25%～0.6%之间的碳钢属中碳钢（调质钢） C的质量分数≥0.6%的碳钢属高碳钢 在牌号后加符号“F”表示沸腾钢
	10	渗碳件、紧固件、冲模锻件、化工贮器	
	15	杠杆、轴套、钩、螺钉、渗碳件与氰化件	
	20	轴、辊子、连接器，紧固件中的螺栓、螺母	
	25	曲轴、转轴、轴销、连杆、横梁、星轮	
	30	曲轴、摇杆、拉杆、键、销、螺栓	
	35	齿轮、齿条、链轮、凸轮、轧辊、曲柄轴	
	40	齿轮、轴、联轴器、衬套、活塞销、链轮	
	45	活塞杆、轮轴、齿轮、不重要的弹簧	
	50	齿轮、连杆、扁弹簧、轧辊、偏心轮、轮圈、轮缘	
	55	偏心轮、弹簧圈、垫圈、调整片、偏心轴等	
	60	叶片弹簧、螺旋弹簧	
	65		
	15Mn	活塞销、凸轮轴、拉杆、铰链、焊管、钢板	Mn的质量分数较高的钢，须加注化学元素符号“Mn”
	20Mn	螺栓、传动螺杆、制动板、传动装置、转换拨叉	
	30Mn	万向联轴器、分配轴、曲轴、高强度螺栓、螺母	
	40Mn	滑动滚子轴	
	45Mn	承受磨损零件、摩擦片、转动滚子、齿轮、凸轮	
	50Mn	弹簧、发条	
	60Mn	弹簧环、弹簧垫圈	
	65Mn		

（续）

名称	牌　号	应用举例	说　明
铬钢	15Cr 20Cr 30Cr 40Cr 45Cr 50Cr	渗碳齿轮、凸轮、活塞销、离合器 较重要的渗碳件 重要的调质零件，如轮轴、齿轮、摇杆、螺栓等 较重要的调质零件，如齿轮、进气阀、辊子、轴等 强度及耐磨性高的轴、齿轮、螺栓等 重要的轴、齿轮、螺旋弹簧、止推环	钢中加入一定量的合金元素，提高了钢的力学性能和耐磨性，也提高了钢在热处理时的淬透性，保证金属在较大截面上获得好的力学性能 铬钢、铬锰钢和铬锰钛钢都是常用的合金结构钢
铬锰钢	15CrMn 20CrMn 40CrMn	垫圈、汽封套筒、齿轮、滑键拉钩、卤杆、偏心轮； 轴、轮轴、连杆、曲柄轴及其他高耐磨零件； 轴、齿轮	
铬锰钛钢	18CrMnTi 30CrMnTi 40CrMnTi	汽车上重要渗碳件，如齿轮等 汽车、拖拉机上强度特高的渗碳齿轮 强度高、耐磨性高的大齿轮、主轴等	
碳素工具钢	T7 T7A	能承受震动和冲击的工具，硬度适中时有较大的韧性 用于制造凿子、钻软岩石的钻头，冲击式打眼机钻头，大锤等	用“T”后附以平均含碳量的千分数表示，有 T7 ~ T13。高级优质碳素工具钢须在牌号后加注“A” 平均含碳量约为 0.7% ~ 1.3%
	T8 T8A	有足够的韧性和较高的硬度，用于制造能承受振动的工具，如钻中等硬度岩石的钻头，简单模子，冲头等	
一般工程用铸造碳钢件	ZG200 - 400 ZG230 - 450 ZG270 - 500 ZG310 - 570 ZG340 - 640	各种形状的机件，如机座、箱壳 铸造平坦的零件，如机座、机盖、箱体、铁砧台，工作温度在 450°C 以下的管路附件等，焊接性良好 各种形状的铸件，如飞轮、机架、联轴器等，焊接性能尚可 各种形状的机件，如齿轮、齿圈、重负荷机架等 起重、运输机中的齿轮、联轴器等重要的机件	ZG230 - 450 表示：工程用铸钢，屈服强度为 230MPa，抗拉强度 450MPa

注：1. 钢随着平均含碳量的上升，抗拉强度，硬度增加，延伸率降低。
2. 在 GB/T 5613—1995 中铸钢用“ZG”后跟名义万分碳含量表示，如 ZG25、ZG45 等。

（3）有色金属及其合金

普通黄铜（CB/T 5231—2001）

铸造铜合金（GB/T 1176—1987）

铸造铝合金（GB/T 1173—1995）

铸造轴承合金（GB/T 1174—1992）

变形铝及铝合金化学成分（GB/T 3190—2008）

表 F-3　有色金属及其合金

合金牌号	合金名称	铸造方法	应用举例	说　　明
普通黄铜及铸造铜合金				
H62	普通黄铜		散热器、垫圈、弹簧、各种网、螺钉等	H 表示黄铜，后面数字表示铜的平均质量分数的百分数
ZCuSn5Pb5Zn5	铸造锡青铜	S、J Li、Ia	较高负荷、中速下工作的耐磨耐蚀件，如轴瓦、衬套、缸套及蜗轮等	“Z”为铸造汉语拼音的首位字母、各化学元素后面的数字表示该元素质量分数的百分数
ZCuSn10Pl	铸造锡青铜	S J Li La	高负荷（20MPa 以下）和高滑动速度（8m/s）下工作的耐磨件，如连杆、衬套、轴瓦、蜗轮等	
ZCuSn10Pb5	铸造锡青铜	S J	耐蚀、耐酸件及破碎机衬套、轴瓦等	
ZCuPb17Sn4Zn4	铸造铅青铜	S J	一般耐磨件、轴承等	
ZCuAllOFe3	铸造铝青铜	S J Li，La	要求强度高、耐磨、耐蚀的零件，如轴套、螺母、蜗轮、齿轮等	
ZCuAl10Fe3Mn2	铸造铝青铜	S J		
ZCuZn38	铸造黄铜	S J	一般结构件和耐蚀件，如法兰、阀座、螺母等	
ZCuZn40Pb2	铸造黄铜	S J	一般用途的耐磨、耐蚀件，如轴套、齿轮等	
ZCuZn38Mn2Pb2	铸造黄铜	S J	一般用途的结构件，如套筒、衬套、轴瓦、滑块等耐磨零件	
ZCuZn16Si4	铸造黄铜	S J	接触海水工作的管配件以及水泵、叶轮等	
铸造铝合金				
ZAlSi2	ZL102 铸造铝合金	SB、JB RB、KB J	气缸活塞及高温工作的承受冲击载荷的复杂薄壁零件	ZL102 表示硅的质量分数为 10% ~ 13%、余量为铝的铝硅合金
ZA1Si9Mg	ZL104 铸造铝合金	S、J、R、K J SB、RB、KB J、JB	形状复杂的高温静载荷或受冲击作用的大型零件，如扇风机叶片、水冷气缸头	
ZAlMg5Si1	ZL303 铸造铝合金	S、J、R、K	高耐蚀性或在高温度下工作的零件	
ZAlZn10Si7	ZIA01 铸造铝合金	S、R、K J	铸造性能较好，可不热处理，用于形状复杂的大型薄壁零件，耐蚀性差	

（续）

合金牌号	合金名称	铸造方法	应用举例	说明
铸造轴承合金				
ZSnSb12Pb10Cu4 ZSnSb11Cu6 ZSnSb8Cu4	锡基轴承合金	J J J	汽轮机、压缩机、机车、发电机、球磨机、轧机减速器、发动机等各种机器的滑动轴承衬	各化学元素后面的数字表示该元素质量分数的百分数
ZPbSb16Sn16Cu2 ZPbSb15Sn10 ZPbSb15Sn5	铅基轴承合金	J J J		
变形铝及铝合金化学成分				
2A13	硬铝		适用于中等强度的零件，焊接性能好	含铜、镁和锰的合金

注：铸造方法中，S—砂型铸造；J—金属型铸造；Li—离心铸造；La—连续铸造；R—熔模铸造；K—壳型铸造；B—变质处理。

2. 常用热处理工艺

表 F-4　常用热处理工艺

名词	代号	说明	应用
退火	5111	将钢件加热到临界温度以上（一般是710～715℃，个别合金钢800～900℃）30～50℃，保温一段时间，然后缓慢冷却（一般在炉中冷却）	用来消除铸、锻、焊零件的内应力，降低硬度，便于切削加工，细化金属晶粒，改善组织，增加韧性
正火	5121	将钢件加热到临界温度以上，保温一段时间，然后用空气冷却，冷却速度比退火为快	用来处理低碳和中碳结构钢及渗碳零件，使其组织细化，增加强度与韧性，减少内应力，改善切削性能
淬火	5131	将钢件加热到临界温度以上，保温一段时间，然后在水、盐水或油中（个别材料在空气中）急速冷却，使其得到高硬度	用来提高钢的硬度和强度极限。但淬火会引起内应力使钢变脆，所以淬火后必须回火
淬火和回火	5141	回火是将淬硬的钢件加热到临界点以下的温度，保温一段时间，然后在空气中或油中冷却下来	用来消除淬火后的脆性和内应力，提高钢的塑性和冲击韧性
调质	5151	淬火后在450～650℃进行高温回火，称为调质	用来使钢获得高的韧性和足够的强度。重要的齿轮、轴及丝杆等零件是调质处理的

（续）

名词	代　号	说　明	应　用
表面淬火和回火	5210	用火焰或高频电流将零件表面迅速加热至临界温度以上，急速冷却	使零件表面获得高硬度，而心部保持一定的韧性，使零件既耐磨又能承受冲击。表面淬火常用来处理齿轮等
渗碳	5310	在渗碳剂中将钢件加热到900～950℃，停留一定时间，将碳渗入钢表面，深度为0.5～2 mm，再淬火后回火	增加钢件的耐磨性能，表面硬度、抗拉强度及疲劳极限 适用于低碳、中碳（w_C <0.40%）结构钢的中小型零件
渗氮	5330	渗氮是在500～600℃通入氨的炉子内加热，向钢的表面渗入氮原子的过程。氮化层为0.025～0.8 mm，氮化时间需40～50h	增加钢件的耐磨性能、表面硬度、疲劳极限和抗蚀能力 适用于合金钢、碳钢、铸铁件，如机床主轴、丝杠以及在潮湿碱水和燃烧气体介质的环境中工作的零件
氰化	Q59（氰化淬火后，回火至56－62HRC）	在820～860℃炉内通入碳和氮，保温1～2h，使钢件的表面同时渗入碳、氮原子，可得到0.2～0.5mm的氰化层	增加表面硬度、耐磨性、疲劳强度和耐蚀性 用于要求硬度高、耐磨的中、小型及薄片零件和刀具等
时效	时效处理	低温回火后，精加工之前，加热到100～160℃，保持10～40h。对铸件也可用天然时效（放在露天中一年以上）	使工件消除内应力和稳定形状，用于量具、精密丝杠、床身导轨、床身等
发蓝发黑	发蓝或发黑	将金属零件放在很浓的碱和氧化剂溶液中加热氧化，使金属表面形成一层氧化铁所组成的保护性薄膜	防腐蚀、美观。用于一般连接的标准件和其他电子类零件
镀镍	镀镍	用电解方法，在钢件表面镀一层镍	防腐蚀、美化
镀铬	镀铬	用电解方法，在钢件表面镀一层铬	提高表面硬度、耐磨性和耐蚀能力，也用于修复零件上磨损了的表面
硬度	HBW（布氏硬度）	材料抵抗硬的物体压入其表面的能力称“硬度”。根据测定的方法不同，可分布氏硬度、洛氏硬度和维氏硬度。硬度的测定是检验材料经热处理后的机械性能	用于退火、正火、调质的零件及铸件的硬度检验
	HRC（洛氏硬度）		用于经淬火、回火及表面渗碳、渗氮等处理的零件硬度检验
	HV（维氏硬度）		用于薄层硬化零件的硬度检验

注：热处理工艺代号尚可细分，如空冷淬火代号为5131a，油冷淬火代号为5131e，水冷淬火代号为5131w等。

3. 非金属材料

表 F-5　非金属材料

材料名称	牌　号	说　明	应用举例
耐油石棉橡胶板		有厚度 0.4 ~ 3.0mm 的 10 种规格	供航空中发动机用的煤油、润滑油及冷气系统结合处的密封衬垫材料
耐酸碱橡胶板	2030 2040	较高硬度 中等硬度	具有耐酸碱性能，在温度 -30 ~ +60℃的 20% 浓度的酸碱液体中工作，用作冲制密封性能较好的垫圈
耐油橡胶板	3001 3002	较高硬度	可在一定温度的机油、变压器油、汽油等介质中工作，适用冲制各种形状的垫圈
耐热橡胶板	4001 4002	较高硬度 中等硬度	可在 -30 ~ +100t、且压力不大的条件下，于热空气、蒸汽介质中工作，用作冲制各种垫圈和隔热垫板
酚醛层压板	3302 -1 3302 -2	3302 -1 的机械性能比 3302 -2 高	用做结构材料及用以制造各种机械零件
聚四氟乙烯树脂	SFL -4 ~13	耐腐蚀、耐高温（+250℃），并具有一定的强度，能切削加工成各种零件	用于腐蚀介质中，起密封和减磨作用，用作垫圈等
工业有机玻璃		耐盐酸、硫酸、草酸、烧碱和纯碱等一般酸碱以及二氧化硫、臭氧等气体腐蚀	适用于耐腐蚀和需要透明的零件
油浸石棉盘根	YS450	盘根形状分 F（方形）、Y（圆形）、N（扭制）三种，按需选用	适用于回转轴、住复活塞或阀门杆上作密封材料，介质为蒸汽、空气、工业用水、重质石油产品
橡胶石棉盘根	XS450	该牌号盘根只有 F（方形）	适用于作蒸汽机、往复泵的活塞和阀门杆上作密封材料
工业用平面毛毡	1 12 -44 232 -36	厚度为 1 ~ 40mm。112 -44 表示白色细毛块毡，密度为 0.44g/cm³；232 -36 表示灰色粗毛块毡，密度为 0.36g/cm³	用做密封、防漏油、防振、缓冲衬垫等。按需要选用细毛、半粗毛、粗毛
软钢纸板		厚度为 0.5 ~3.0mm	用做密封连接处的密封垫片
尼龙	尼龙 6 尼龙 9 尼龙 66 尼龙 610 尼龙 1010	具有优良的机械强度和耐磨性。可以使用成形加工和切削加工制造零件，尼龙粉末还可喷涂于各种零件表面提高耐磨性和密封性	广泛用做机械、化工及电气零件，如轴承、齿轮、凸轮、滚子、辊轴、泵叶轮、风扇叶轮、蜗轮、螺钉、螺母、垫圈、高压密封圈、阀座、输油管、储油容器等。尼龙粉末还可喷涂于各种零件表面

（续）

材料名称	牌　　号	说　　明	应用举例
MC尼龙（无填充）		强度特高	适于制造大型齿轮、蜗轮、轴套、大型阀门密封圈、导向环、导轨、滚动轴承保持架、船尾轴承、起重汽车吊索绞盘蜗轮、柴油发动机燃料泵齿轮、矿山铲掘机轴承、水压机立柱导套、大型轧钢机辊道轴瓦等
聚甲醛（均聚物）		具有良好的磨擦性能和抗磨损性能，尤其是优越的干磨擦性能	用于制造轴承、齿轮、凸轮、滚轮、辊子、阀门上的阀杆螺母、垫圈、法兰、垫片、泵叶轮、鼓风机叶片、弹簧、管道等
聚碳酸酯		具有高的冲击韧性和优异的尺寸稳定性	用于制造齿轮、蜗轮、蜗杆、齿条、凸轮、心轴、轴承、滑轮、铰链、传动链、螺栓、螺母、垫圈、铆钉、泵叶轮、汽车化油器部件、节流阀、各种外壳等

附录G　极限与配合

1. 标准公差

表G-1　标准公差（摘自GB/T 1800.1—2009）

公称尺寸/mm		标准公差等级																	
		IT1	IT2	IT3	IT4	IT5	IT6	IT7	IT8	IT9	IT10	IT11	IT12	IT13	IT14	IT15	IT16	IT17	IT18
大于	至	μm											mm						
—	3	0.8	1.2	2	3	4	6	10	14	25	40	60	0.1	0.14	0.25	0.4	0.6	1	1.4
3	6	1	1.5	2.5	4	5	8	12	18	30	48	75	0.12	0.18	0.3	0.48	0.75	1.2	1.8
6	10	1	1.5	2.5	4	6	9	15	22	36	58	90	0.15	0.22	0.36	0.58	0.9	1.5	2.2
10	18	1.2	2	3	5	8	11	18	27	43	70	110	0.18	0.27	0.43	0.7	1.1	1.8	2.7
18	30	1.5	2.5	4	6	9	13	21	33	52	84	130	0.21	0.33	0.52	0.84	1.3	2.1	3.3
30	50	1.5	2.5	4	7	11	16	25	39	62	100	160	0.25	0.39	0.62	1	1.6	2.5	3.9
50	8	2	3	5	8	13	19	30	46	74	120	190	0.3	0.46	0.74	1.2	1.9	3	4.6
80	120	2.5	4	6	10	15	22	35	54	87	140	220	0.35	0.54	0.87	1.4	2.2	3.5	5.4
120	180	3.5	5	8	12	18	25	40	63	100	160	250	0.4	0.63	1	1.6	2.5	4	6.3
180	250	4.5	7	10	14	20	29	46	72	115	185	290	0.46	0.72	1.15	1.85	2.9	4.6	7.2
250	315	6	8	12	16	23	32	52	81	130	210	320	0.52	0.81	1.3	2.1	3.2	5.2	8.1
315	400	7	9	13	18	25	36	57	89	140	230	360	0.57	0.89	1.4	2.3	3.6	5.7	8.9
400	500	8	10	15	20	27	40	63	97	155	250	400	0.63	0.97	1.55	2.5	4	6.3	9.7

2. 轴的基本偏差数值

表 G-2　轴的基本偏差

公称尺寸/mm		基本偏差														
		上极限偏差（es）														
		所有标准公差等级												IT5和IT6	IT7	IT8
大于	至	a	b	c	cd	d	e	ef	f	fg	g	h	js	j		
—	3	-270	-140	-60	-34	-20	-14	-10	-6	-4	-2	0	极限偏差 = ±(IT*n*)/2，式中 IT*n* 是 IT 值数	-2	-4	-6
3	6	-270	-140	-70	-46	-30	-20	-14	-10	-6	-4	0		-2	-4	—
6	10	-280	-150	-80	-56	-40	-25	-18	-13	-8	-5	0		-2	-5	—
10	14	-290	-150	-95	—	-50	-32	—	-16	—	-6	0		-3	-6	—
14	18															
18	24	-300	-160	-100	—	-65	-40	—	-20	—	-7	0		-4	-8	—
24	30															
30	40	-310	-170	-120	—	-80	-50	—	-25	—	-9	0		-5	-10	—
40	50	-320	-180	-130												
50	65	-340	-190	-140	—	-100	-60	—	-30	—	-10	0		-7	-12	—
65	80	-360	-200	-150												
80	100	-380	-220	-170	—	-120	-72	—	-36	—	-12	0		-9	-15	—
100	120	-410	-240	-180												
120	140	-460	-260	-200	—	-145	-85	—	-43	—	-14	0		-11	-18	—
140	160	-520	-280	-210												
160	180	-580	-310	-230												
180	200	-660	-340	-240	—	-170	-100	—	-50	—	-15	0		-13	-21	—
200	225	-740	-380	-260												
225	250	-820	-420	-280												
250	280	-920	-480	-300	—	-190	-110	—	-56	—	-17	0		-16	-26	—
280	315	-1050	-540	-330												
315	355	-1200	-600	-360	—	-210	-215	—	-62	—	-18	0		-18	-28	—
355	400	-1350	-680	-400												
400	450	-1500	-760	-440	—	-230	-135	—	-68	—	-20	0		-20	-32	—
450	500	-1650	-840	-480												

注：1. 公称尺寸小于或等于 1 时，基本偏差 a 和 b 均不采用。

2. 公差带 js7 至 js11，若 IT*n* 值是奇数，则取极限偏差 = ±（IT*n* - 1）/2。

数值（摘自 GB/T 1800.1—2009）（单位：μm）

差数值															
下极限偏差（ei）															
IT4 至 IT7	≤IT3 >IT7	所有标准公差等级													
k		m	n	p	r	s	t	u	v	x	y	z	za	zb	zc
0	0	+2	+4	+6	+10	+14	—	+18	—	+20	—	+26	+32	+40	+60
+1	0	+4	+8	+12	+15	+19	—	+23	—	+28	—	+35	+42	+50	+80
+1	0	+6	+10	+15	+19	+23	—	+28	—	+34	—	+42	+52	+67	+97
+1	0	+7	+12	+18	+23	+28	—	+33	—	+40	—	+50	+64	+90	+130
									+39	+45	—	+60	+77	+108	+150
+2	0	+8	+15	+22	+28	+35	—	+41	+47	+54	+63	+73	+98	+136	+188
							+41	+48	+55	+64	+75	+88	+118	+160	+218
+2	0	+9	+17	+26	+34	+43	+48	+60	+68	+80	+94	+112	+148	+200	+274
							+54	+70	+81	+97	+114	+136	+180	+242	+325
+2	0	+11	+20	+32	+41	+53	+66	+87	+102	+122	+144	+172	+226	+300	+405
					+43	+59	+75	+102	+120	+146	+174	+210	+274	+360	+480
+3	0	+13	+23	+37	+51	+71	+91	+124	+146	+178	+214	+258	+335	+445	+585
					+54	+79	+104	+144	+172	+210	+254	+310	+400	+525	+690
+3	0	+15	+27	+43	+63	+92	+122	+170	+202	+248	+300	+365	+470	+620	+800
					+65	+100	+134	+190	+228	+280	+340	+415	+535	+700	+900
					+68	+108	+146	+210	+252	+310	+380	+465	+600	+780	+1000
+4	0	+17	+31	+50	+77	+122	+166	+236	+284	+350	+425	+520	+670	+880	+1150
					+80	+130	+180	+258	+310	+385	+470	+575	+740	+960	+1250
					+84	+140	+196	+284	+340	+425	+520	+640	+820	+1050	+1350
+4	0	+20	+34	+56	+94	+158	+218	+315	+385	+475	+580	+710	+920	+1200	+1550
					+98	+170	+240	+350	+425	+525	+650	+790	+1000	+1300	+1700
+4	0	+21	+37	+62	+108	+190	+268	+390	+475	+590	+730	+900	+1150	+1500	+1900
					+114	+208	+294	+435	+530	+660	+820	+1000	+1300	+1650	+2100
+5	0	+23	+40	+68	+126	+232	+330	+490	+595	+740	+920	+1100	+1450	+1850	+2400
					+132	+252	+360	+540	+660	+820	+1000	+1250	+1600	+2100	+2600

3. 孔的基本偏差数值

表 G-3　孔的基本偏差

公称尺寸/mm		基本偏																		
		下极限偏差（EI）																		
		所有标准公差等级											IT6	IT7	IT8	≤IT8	>IT8	≤IT8	>IT8
大于	至	A	B	C	CD	D	E	EF	F	FG	G	H	JS	J			K		M	
—	3	+270	+140	+60	+34	+20	+14	+10	+6	+4	+2	0		+2	+4	+6	0	0	−2	−2
3	6	+270	+140	+70	+46	+30	+20	+14	+10	+6	+4	0		+5	+6	+10	−1+Δ	—	−4+Δ	−4
6	10	+280	+150	+80	+56	+40	+25	+18	+13	+8	+5	0		+5	+8	+12	−1+Δ	—	−6+Δ	−6
10	14	+290	+150	+95	—	+50	+32	—	+16	—	+6	0		+6	+10	+15	−1+Δ	—	−7+Δ	−7
14	18																			
18	24	+300	+160	+110	—	+65	+40	—	+20	—	+7	0		+8	+12	+20	−2+Δ	—	−8+Δ	−8
24	30																			
30	40	+310	+170	+120	—	+80	+50		+25	—	+9	0		+10	+14	+24	−2+Δ	—	−9+Δ	−9
40	50	+320	+180	+130																
50	65	+340	+190	+140	—	+100	+60	—	+30	—	+10	0		+13	+18	+28	−2+Δ	—	−11+Δ	−11
65	80	+360	+200	+150																
80	100	+380	+220	+170	—	+120	+72	—	+36	—	+12	0	极限偏差 = ±(IT*n*)/2，式中 IT*n* 是 IT 值数	+16	+22	+34	−3+Δ	—	−13+Δ	−13
100	120	+410	+240	+180																
120	140	+460	+260	+200	—	+145	+85	—	+43	—	+14	0		+18	+26	+41	−3+Δ	—	−15+Δ	−15
140	+160	+520	+280	+210																
160	+180	+580	+310	+230																
180	200	+660	+340	+240	—	+170	+100	—	+50	—	+15	0		+22	+30	+47	−4+Δ	—	−17+Δ	−17
200	225	+740	+380	+260																
225	250	+820	+420	+280																
250	280	+920	+480	+300	—	+190	+110	—	+56	—	+17	0		+25	+36	+55	−4+Δ	—	−20+Δ	−20
280	315	+1050	+540	+330																
315	355	+1200	+600	+360	—	+210	+125	—	+62	—	+18	0		+29	+39	+60	−4+Δ	—	−21+Δ	−21
355	400	+1350	+680	+400																
400	450	+1500	+760	+440	—	+230	+135	—	+68	—	+20	0		+33	+43	+66	−5+Δ	—	−23+Δ	−23
450	500	+1650	+840	+480																

注：1. 公称尺寸小于或等于 1 时，基本偏差 A 和 B 及大于 IT8 的 N 均不采用。

2. 公差带 JS7 至 JS11，若 IT*n* 值数是奇数，则取极限偏差 = ±(IT*n* −1)/2。

3. 对小于或等于 IT8 的 K、M、N 和小于或等于 IT7 的 P 至 ZC，所需 Δ 值从表内右侧选取。例如：18 ~30 段的 K7。

4. 特殊情况：250 ~315 段的 M6，ES = −9μm（代替 −11μm）。

数值（摘自 GB/T 1800.1—2009）　　（单位：μm）

差数值															Δ值					
上极限偏差（ES）																				
≤IT8	>IT8	≤IT7	标准公差等级大于IT7												标准公差等级					
N		P至ZC	P	R	S	T	U	V	X	Y	Z	ZA	ZB	ZC	IT3	IT4	IT5	IT6	IT7	IT8
-4	-4	在大于IT7的相应数值上增加一个Δ值	-6	-10	-14	—	-18	—	-20	—	-26	-32	-40	-60	0	0	0	0	0	0
-8+Δ	0		-12	-15	-19	—	-23	—	-28	—	-35	-42	-50	-80	1	1.5	1	3	4	6
-10+Δ	0		-15	-19	-23	—	-28	—	-34	—	-42	-52	-67	-97	1	1.5	2	3	6	7
-12+Δ	0		-18	-23	-28	—	-33	—	-40	—	-50	-64	-90	-130	1	2	3	3	7	9
								-39	-45	—	-60	-77	-108	-150						
-15+Δ	0		-22	-28	-35	—	-41	-47	-54	-63	-73	-98	-136	-188	1.5	2	3	4	8	12
						-41	-48	-55	-64	-75	-88	-118	-160	-218						
-17+Δ	0		-26	-34	-43	-48	-60	-68	-80	-94	-112	-148	-200	-274	1.5	3	4	5	9	14
						-54	-70	-81	-97	-114	-136	-180	-242	-325						
-20+Δ	0		-32	-41	-53	-66	-87	-102	-122	-144	-172	-226	-300	-405	2	3	5	6	11	16
				-43	-59	-75	-102	-120	-146	-174	-210	-274	-360	-480						
-23+Δ	0		-37	-51	-71	-91	-124	-146	-178	-214	-258	-335	-445	-585	2	4	5	7	13	19
				-54	-79	-104	-144	-172	-210	-254	-310	-400	-525	-690						
-27+Δ	0		-43	-63	-92	-122	-170	-202	-248	-300	-365	-470	-620	-800	3	4	6	7	15	23
				-65	-100	-134	-190	-228	-280	-340	-415	-535	-700	-900						
				-68	-108	-146	-210	-252	-310	-380	-465	-600	-780	-1000						
-31+Δ	0		-50	-77	-122	-166	-236	-284	-350	-425	-520	-670	-880	-1150	3	4	6	9	17	26
				-80	-130	-180	-258	-310	-385	-470	-575	-740	-960	-1250						
				-84	-140	-196	-284	-340	-425	-520	-640	-820	-1050	-1350						
-34+Δ	0		-56	-94	-158	-218	-315	-385	-475	-580	-710	-920	-1200	-1550	4	4	7	9	20	29
				-98	-170	-240	-350	-425	-525	-650	-790	-1000	-1300	-1700						
-37+Δ	0		-62	-108	-190	-268	-390	-475	-590	-730	-900	-1150	-1500	-1900	4	5	7	11	21	32
				-114	-208	-294	-435	-530	-660	-820	-1000	-1300	-1650	-2100						
-40+Δ	0		-68	-126	-232	-330	-490	-595	-740	-920	-1100	-1450	-1850	-2400	5	5	7	13	23	34
				-132	-252	-360	-540	-660	-820	-1000	-1250	-1600	-2100	-2600						

Δ=8μm，所以 ES=（-2+8）μm=+6μm；18～30 段的 S6：Δ=4μm，所以 ES=（-35+4）μm=-31μm。

4. 优先选用的轴的公差带

表 G-4　优先选用的轴的公差带（摘自 GB/T 1800.2—2009）　　（单位：μm）

代号		c	d	f	g	h				k	n	p	s	u
公称尺寸/mm		公差等级												
大于	至	11	9	7	6	6	7	9	11	6	6	6	6	6
—	3	−60 −120	−20 −45	−6 −16	−2 −8	0 −6	0 −10	0 −25	0 −60	+6 0	+10 +4	+12 +6	+20 +14	+24 +18
3	6	−70 −145	−30 −60	−10 −22	−4 −12	0 −8	0 −12	0 −30	0 −75	+9 +1	+16 +8	+20 +12	+27 +19	+31 23
6	10	−80 −170	−40 −76	−13 −28	−5 −14	0 −9	0 −15	0 −36	0 −90	+10 +1	+19 +10	+24 +15	+32 +23	+37 +28
10	14	−95 −205	−50 −93	−16 −34	−6 −17	0 −11	0 −18	0 −43	0 −110	+12 +1	+23 +12	+29 +18	+39 +28	+44 +33
14	18													
18	24	−110 −240	−65 −117	−20 −41	−7 −20	0 −13	0 −21	0 −52	0 −130	+15 +2	+28 +15	+35 +22	+48 +35	+54 +41
24	30													+61 +48
30	40	−120 −280	−80 −142	−25 −50	−9 −25	0 −16	0 −25	0 −62	0 −160	+18 +2	+33 +17	+42 +26	+59 +43	+76 +60
40	50	−130 −290												+86 +70
50	65	−140 −330	−100 −174	−30 −60	−10 −29	0 −19	0 −30	0 −74	0 −190	+21 +2	+39 +20	+51 +32	+72 +53	+106 +87
65	80	−150 −340											+78 +59	+121 +102
80	100	−170 −390	−120 −207	−36 −71	−12 −34	0 −22	0 −35	0 −87	0 −220	+25 +3	+45 +23	+59 +37	+93 +71	+146 +124
100	120	−180 −400											+101 +79	+166 +144
120	140	−200 −450	−145 −245	−43 −83	−14 −39	0 −25	0 −40	0 −100	0 −250	+28 +3	+52 +27	+68 +43	+117 +92	+195 +170
140	160	−210 −460											+125 +100	+215 +190
160	180	−230 −480											+133 +108	+235 +210
180	200	−240 −530	−170 −285	−50 −96	−15 −44	0 −29	0 −46	0 −115	0 −290	+33 +4	+60 +31	+79 +50	+151 +122	+265 +236
200	225	−260 −550											+159 +130	+287 +258
225	250	−280 −570											+169 +140	+313 +284
250	280	−300 −620	−190 −320	−56 −108	−17 −49	0 −32	0 −52	0 −130	0 −320	+36 +4	+66 +34	+88 +56	+190 +158	+347 +315
280	315	−330 −650											+202 +170	+382 +350
315	355	−360 −720	−210 −350	−62 −119	−18 −54	0 −36	0 −57	0 −140	0 −360	+40 +4	+73 +37	+98 +62	+226 +190	+426 +390
355	400	−400 −760											+244 +208	+471 +435
400	450	−440 −840	−230 −385	−68 −131	−20 −60	0 −40	0 −63	0 −155	0 −400	+45 +5	+80 +40	+108 +68	+272 +232	+530 +490
450	500	−480 −880											+292 +252	+580 +540

5. 优先选用的孔的公差带

表 G-5　优先选用的孔的公差带（摘自 GB/T 1800.2—2009）　　（单位：μm）

代号		C	D	F	G	H				K	N	P	S	U
公称尺寸/mm		公差等级												
大于	至	11	9	8	7	7	8	9	11	7	7	7	7	7
—	3	+120 +60	+45 +20	+20 +6	+12 +2	+10 0	+14 0	+25 0	+60 0	0 -10	-4 -14	-6 -16	-14 -24	-18 -28
3	6	+145 +70	+60 +30	+28 +10	+16 +4	+12 0	+18 0	+30 0	+75 0	+3 -9	-4 -16	-8 -20	-15 -27	-19 -31
6	10	+170 +80	+76 +40	+35 +13	+20 +5	+15 0	+22 0	+36 0	+90 0	+5 -10	-4 -19	-9 -24	-17 -32	-22 -37
10	14	+205 +95	+93 +50	+43 +16	+24 +6	+18 0	+27 0	+43 0	+110 0	+6 -12	-5 -23	-11 -29	-21 -39	-26 -44
14	18													
18	24	+240 +110	+117 +65	+53 +20	+28 +7	+21 0	+33 0	+52 0	+130 0	+6 -15	-7 -28	-14 -35	-27 -48	-33 -54
24	30													-40 -61
30	40	+280 +120	+142 +80	+64 +25	+34 +9	+25 0	+39 0	+62 0	+160 0	+7 -18	-8 -33	-17 -42	-34 -59	-51 -76
40	50	+290 +130												-61 -86
50	65	+330 +140	+174 +100	+76 +30	+40 +10	+30 0	+46 0	+74 0	+190 0	+9 -21	-9 -39	-21 51	-42 -72	-76 -106
65	80	+340 +150											-48 -78	-91 -121
80	100	+390 +170	+207 +120	+90 +36	+47 +12	+35 0	+54 0	+87 0	+220 0	+10 -25	-10 -45	-24 -59	-58 -93	-111 -146
100	120	+400 +180											-66 -101	-131 -166
120	140	+450 +200	+245 +145	+106 +43	+54 +14	+40 0	+63 0	+100 0	+250 0	+12 -28	-12 -52	-28 -68	-77 -117	-155 -195
140	160	+460 +210											-85 -125	-175 -215
160	180	+480 +230											-93 -133	-195 -235
180	200	+530 +240	+285 +170	+122 +50	+61 +15	+46 0	+72 0	+115 0	+290 0	+13 -33	-14 -60	-33 -79	-105 -151	-219 -265
200	225	+550 +260											-113 -159	-241 -287
225	250	+570 +280											-123 -169	-267 -313
250	280	+620 +300	+320 +190	+137 +56	+69 +17	+52 0	+81 0	+130 0	+320 0	+16 -36	-14 -66	-36 -88	-138 -190	-295 -347
280	315	+650 +330											-150 -202	-330 -382
315	355	+720 +360	+350 +210	+151 +62	+75 +18	+57 0	+89 0	+140 0	+360 0	+17 -40	-16 -73	-41 -98	-169 -226	-369 -426
355	400	+760 +400											-187 -244	-414 -471
400	450	+840 +440	+385 +230	+165 +68	+83 +20	+63 0	+97 0	+155 0	+400 0	+18 -45	-17 -80	-45 -108	-209 -272	-467 -530
450	500	+880 +480											-229 -292	-517 -580

参考文献

[1] 王贯超．SolidWorks 机械设计教程［M］．北京：中国纺织出版社，2011.
[2] 应放天．设计思维与表达［M］．武汉：华中科技大学出版社，2005.
[3] 冷俊峰．模具机械制图［M］．武汉：华中科技大学出版社，2008.
[4] 刘海兰，李小平．现代工程制图［M］．南京：东南大学出版社，2006.
[5] 王兰美，孙玉峰．机械制图实验教程［M］．济南：山东大学出版社，2005.
[6] 常明主．画法几何与机械制图［M］．武汉：华中科技大学出版社，2004.
[7] 张淑娟．画法几何与机械制图［M］．北京：中国农业出版社，2007.
[8] 孔宪庶．画法几何与机械制图［M］．北京：中国铁道出版社，2000.
[9] 冯开平．画法几何与机械制图［M］．广州：华南理工大学出版社，2007.
[10] 姜全新．机械制图［M］．武汉：华中科技大学出版社，2005.

《现代机械工程制图》

白聿钦　莫亚林　主编

读者信息反馈表

尊敬的老师：

您好！感谢您多年来对机械工业出版社的支持和厚爱！为了进一步提高我社教材的出版质量，更好地为我国高等教育发展服务，欢迎您对我社的教材多提宝贵意见和建议。另外，如果您在教学中选用了本书，欢迎您对本书提出修改建议和意见。

机械工业出版社教育服务网网址：http：//www. cmpedu. com

一、基本信息

姓名：________　性别：________职称：________　职务：________________________

邮编：________　地址：____

任教课程：____

电话：______—__________（H）____________（O）__________________________________

电子邮件：______________________________________　手机：__________________

二、您对本书的意见和建议

（欢迎您指出本书的疏误之处）

三、您对我们的其他意见和建议

请与我们联系：

100037　机械工业出版社·高等教育分社　舒恬　收

Tel：010-8837 9217，68997455（Fax）

E-mail：shutianCMP@ gmail. com